工业和信息化部“十四五”规划教材
清华大学本科优秀教材建设项目资助

U0161918

微积分原理

（下）

◆ 崔建莲　王　勇　编著

電子工業出版社
Publishing House of Electronics Industry
北京 · BEIJING

内 容 提 要

本套教材分上、下两册．上册内容包括实数集与初等函数、数列极限、函数极限与连续、导数与微分、微分学基本定理及应用、不定积分、定积分、广义积分和常微分方程．下册内容包括多元函数的极限与连续、多元函数微分学及其应用、重积分、曲线积分、曲面积分、数项级数、函数项级数、傅里叶级数和含参积分．

本套教材可作为高等院校理工科专业微积分课程的教材，也可供准备考研的学生复习使用．

未经许可，不得以任何方式复制或抄袭本书之部分或全部内容．
版权所有，侵权必究．

图书在版编目（CIP）数据

微积分原理．下 / 崔建莲，王勇编著．—北京：电子工业出版社，2023.10

ISBN 978-7-121-46424-9

Ⅰ．①微…　Ⅱ．①崔…　②王…　Ⅲ．①微积分－高等学校－教材　Ⅳ．①O172

中国国家版本馆 CIP 数据核字（2023）第 183363 号

责任编辑：张　鑫
印　　刷：涿州市般润文化传播有限公司
装　　订：涿州市般润文化传播有限公司
出版发行：电子工业出版社
　　　　　北京市海淀区万寿路 173 信箱　　邮编：100036
开　　本：787×1 092　1/16　印张：22.25　字数：555 千字
版　　次：2023 年 10 月第 1 版
印　　次：2024 年 12 月第 3 次印刷
定　　价：69.00 元

凡所购买电子工业出版社图书有缺损问题，请向购买书店调换．若书店售缺，请与本社发行部联系，联系及邮购电话：（010）88254888，88258888．

质量投诉请发邮件至 zlts@phei.com.cn，盗版侵权举报请发邮件至 dbqq@phei.com.cn．

本书咨询联系方式：zhangxinbook@126.com．

前言

PREFACE

微积分是理工科高等学校非数学类专业最基础、重要的一门核心课程．许多后继数学课程及物理和各种工程学课程都是在微积分课程的基础上展开的，因此学好这门课程对每一位理工科学生来说都非常重要．本书在传授微积分知识的同时，注重培养学生的数学思维、语言逻辑和创新能力，弘扬数学文化，培养科学精神．

20 世纪著名的数学家冯·诺伊曼曾说："微积分是现代数学取得的最高成就，对它的重要性怎样估计也是不会过分的．"

微积分的起源要追溯到 17 世纪 60 年代中期．经过人类漫长的岁月，牛顿、莱布尼茨两位先驱在前人工作的基础上各自独立创立了微分法和积分法，并且发现它们是对立统一的（表现为"微积分基本定理"）．后经伯努利兄弟和欧拉的改进、扩展及提高，微积分上升到了分析学的高度．随后，数学大师柯西、黎曼、刘维尔和魏尔斯特拉斯赋予了微积分特别的严格性和精确性．然而随着应用的不断扩大和深化，数学家们发现，严格性和精确性只解决了逻辑推理的基本问题，而逻辑推理所依存的理论基础才是更根本的问题．之后，当近代数学天才康托尔、戴德金、贝尔、博雷尔、勒贝格把严格性和精确性同集合论与艰深的实数理论结合起来后，微积分的创建过程才到达终点．

2018 年，教育部等六部门联合发布《关于实施基础学科拔尖学生培养计划 2.0 的意见》，其中提出全面落实立德树人根本任务，建设一批国家青年英才培养基地，创新学习方式，促进科教融合，选拔培养一批基础学科拔尖人才．经过 5 年的努力，"基础学科拔尖学生培养计划"的引领示范作用更加凸显，一批勇攀科学高峰、推动科学文化发展的优秀拔尖人才崭露头角，创新型人才不断涌现，我国在某些方面的科研技术已经走在世界前列，同时对科研人员提出更高的数理要求．为落实科教兴国、人才强国、创新驱动发展战略，培养更优秀的专业科研人才，2020 年，教育部出台了"强基计划"，即部分高校开展基础学科招生改革试点，突出基础学科的支撑引领作用，夯实基础学科能力素养，重点破解基础学科领军人才短缺和长远发展的瓶颈问题．近年来，清华大学等一些高水平学校在创新拔尖人才培养方面正在进行有益的尝试，作为清华大学对拔尖学生实施"精英教育"的实验区，未央书院、探微书院、致理书院等几个书院秉承"成人成才、通专融合、学术型、国际化、高素质、重创新"的培养理念，帮助学生奠定学术志趣、夯实数理基础，面向国家需求，着眼全球发展，立足关键领域，高起点、高标准、高质量培养人才，把学生发展和国家发展紧密结合起来，强学生之基、强国家之基，以“探索路子、培育苗子”为使命宗旨，培养造就未来的学术带头人、工程领军等杰出人才.

本套教材是对创新拔尖人才培养的重要探索，在工业和信息化部“十四五”规划教材建设的要求下，坚持以学生为中心，通过深度与广度的探索，强化学生的数理基础，也是针对清华大学未央书院、探微书院、致理书院、新雅书院等及其他高校创新拔尖学生编写的微积分教材．作者基于多年的教学实践经验，对已有微积分教材的编排方式做了一些与时俱进的改革，对内容做了适当删减和增补，除如传统教材一样重视对基础知识和基本技能的传授外，还增加了一些分析学新内容及在物理、力学等学科中的应用．在本书的编写过程中，我们仔细研读了国内外相关优秀教材，总结分析了多年来讲授微积分的教学经验，通过对知识的传授，提高学生应用数学解决实际问题的能力，培养学生应用知识并进一步更新知识的能力.

本套教材分上、下两册．极限是微积分的基本理论，上册先介绍了数列极限，对实数集的完备性进行了深入探讨，为学生进一步学好微积分奠定坚实的理论基础．在此基础上，进一步介绍函数极限与连续、导数与微分、微分学基本定理及应用、不定积分、定积分、广义积分和常微分方程．下册内容包括多元函数的极限与连续、多元函数微分学及其应用、重积分、曲线积分、曲面积分、数项级数、函数项级数、傅里叶级数、含参积分．结合学生的实际情况，与现有的微积分教材相比较，增加了一些新的内容，如上、下极限，方程求根的牛顿迭代公式，函数黎曼可积的勒贝格定理，定积分在分析学方面的应用，常系数线性常微分方程的应用——质点的振动，完善条件极值进而最值的判断依据，若当测度理论及傅里叶积分等．多元函数的微分学内容后紧跟积分学内容，将含参变量积分放到级数理论后，既保证了课程体系的连贯性，又相对节省了授课时间，更有助于学生对知识的理解，从而使微积分课程的理论体系更完整，使课程的教学工作更贴近当代数学的发展，更好地服务后续课程.

本套教材在清华大学很多院系使用过若干次，由作者根据多年微积分课程的讲授整理编写而成，教材中所有内容由崔建莲、王勇合力完成．带“*”的章节是选学内容，供学有余力的学生课后拓展学习．上、下两册可分两学期使用，课堂讲授均为 75 学时，每学期还需配 24～26 学时的习题讨论课.

本套教材可作为高等院校理工科专业微积分课程的教材，书中有丰富的例题讲解，也配有大量的习题练习，既适用于教师课堂讲课参考，又适用于学生自学，还可供准备考研的学生复习使用.

本套教材中对微积分课程各个部分历史发展所做的介绍，基本以莫里斯·克莱因所著的《古今数学思想》和威廉·邓纳姆所著的《微积分的历程》为依据.

本书的出版得到了清华大学本科教育教学改革—本科优秀教材建设项目的大力支持，特此说明，并对清华大学教务处和数学科学系领导的关心与帮助表示感谢．感谢清华大学微积分团队老师们的帮助和支持. 本书有些写作思想受到了作者在授课过程中与学生讨论的启发，对此向学生们表示感谢. 清华大学未央书院仉振北、马睿等及其他院系 20 多位优秀同学帮助编写了部分课后习题，清华大学材料学院研究生张开元帮忙对书稿进行了校对，参与书稿校对的还有多位助教和本科学生，在此作者一并予以感谢. 另外，本书的责任编辑张鑫不仅为本书的出版做了很多工作，而且对部分插图做了改进和增补，使本书的质量得到了提高，为此作者向张鑫编辑表示感谢.

在本套教材的写作中，我们力求减少差错，但因编写时间较为仓促，疏漏和不足之处在所难免，敬请广大读者谅解并给予指正. 作者谨在此致以诚挚的谢意.

作　者

2023 年 2 月于清华园

本书配套部分习题答案，读者可扫码下载.

目 录

CONTENTS

第 10 章　多元函数的极限与连续

自然界中，量的相互依赖关系是多种多样的．一元函数是数量之间的最简单关系，描述了一个变量与另一个变量之间的对应关系．通常情况下，一个事物的变化与发展不止依赖于一种因素，而是多种因素同时存在，例如，一个长方体的体积依赖于它的长、宽和高；一个质点运动的动能与它的质量和运动速度都有关系．我们生活的空间是三维的，但为了讨论某些问题的方便，需要考虑更高维的空间．例如，在相对论中，三维空间与时间是有联系的，即相对运动的参考系中的时空之间存在特定的函数关系，称之为洛伦兹变换．再如，在经典力学中，为了考察由 N 个质点组成的力学系统在空间中的运动，我们需要用 $3N$ 个坐标来描述这个系统的空间位置．换句话说，整个系统位形空间是一个 $3N$ 维欧氏空间．因此，为了更深入地认识复杂的客观世界，需要用多个变量来表示变量之间的定量关系，这时一元函数就不够用了，我们必须考虑一个或者多个变量同时依赖于许多其他变量的情形，这就是多元函数或多元向量值函数．

另外，可能由于生物进化，几何图像对人类有特殊的吸引力，古希腊的数学家对三角形、圆和球等几何对象做了深入的研究．直到有了解析几何和多元微积分学，数学家对高维空间中的曲面才有了更深的理解和研究，产生了微分几何、黎曼几何和拓扑学．多元微积分是现代几何学的最基本工具．

我们知道，研究一元函数及其极限必须掌握一维空间（实数集）$\mathbb{R}$ 的结构和连续性．而多元函数的定义域是 n 维欧氏空间的子集，因此为讨论多元函数及其极限与连续性，也必须掌握 n 维欧氏空间 $\mathbb{R}^n$ 的结构和连续性．

10.1　$\mathbb{R}^n$中的点集拓扑和点列

10.1.1　$\mathbb{R}^n$ 中的点集拓扑

我们知道，对平面上的一点 A，对应了一个向量 $\overrightarrow{OA}$，其中 O 是坐标原点．任取平面上的另一点 B，定义平面上一点 C 满足 $\overrightarrow{OC}=\overrightarrow{OA}+\overrightarrow{OB}$，则 $\overrightarrow{OC}$ 是 $\overrightarrow{OA}$ 和 $\overrightarrow{OB}$ 张成平行四边形的对角线向量，即向量加法满足平行四边形法则（如图 10-1-1 所示）．定义 $-\overrightarrow{OA}=\overrightarrow{AO}$，是与 $\overrightarrow{OA}$ 大小相等、方向相反的向量．给定 $\lambda>0$，定义数乘向量 $\lambda\overrightarrow{OA}$ 方向与 $\overrightarrow{OA}$ 相同，其长度是 $\overrightarrow{OA}$ 长度的 λ 倍．若 $\lambda<0$，则定义 $\lambda\overrightarrow{OA}=-(-\lambda)\overrightarrow{OA}$．定义任何向

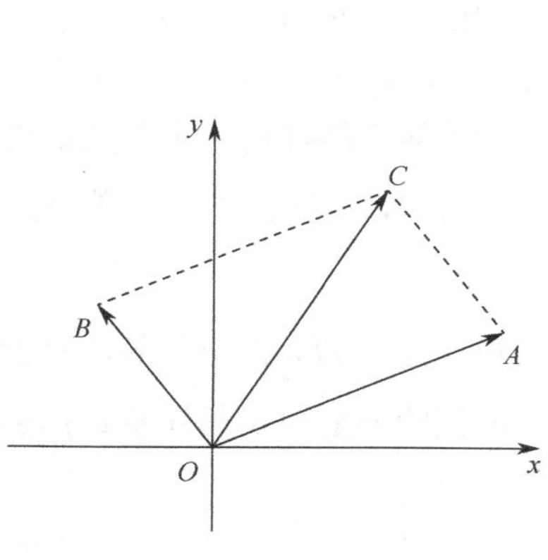

图 10-1-1

量与零相乘是零向量$\mathbf{0}$．这样定义的向量加法和数乘满足：

（1）加法交换律：$\overrightarrow{OA}+\overrightarrow{OB}=\overrightarrow{OB}+\overrightarrow{OA}$；

（2）加法结合律：$(\overrightarrow{OA}+\overrightarrow{OB})+\overrightarrow{OC}=\overrightarrow{OA}+(\overrightarrow{OB}+\overrightarrow{OC})$；

（3）数乘分配律：$(\lambda+\mu)\overrightarrow{OA}=\lambda\overrightarrow{OA}+\mu\overrightarrow{OA}$．

而且，对$\forall\lambda,\mu\in\mathbb{R},\ \forall\overrightarrow{OA},\overrightarrow{OB}\in\mathbb{R}^2$，我们有$\lambda\overrightarrow{OA}+\mu\overrightarrow{OB}\in\mathbb{R}^2$，即满足线性组合运算的封闭性．这样，平面上的点集就形成一个线性空间．

但是，只有上述加法和数乘运算还不能说明不同点之间的距离大小，因此，我们需要定义平面上向量的拓扑，即解决点与点之间孰远孰近的问题．为此，定义向量$\overrightarrow{OA}$与向量$\overrightarrow{OB}$的内积

$$\langle\overrightarrow{OA},\overrightarrow{OB}\rangle=|\overrightarrow{OA}|\cdot|\overrightarrow{OB}|\cos\angle(\overrightarrow{OA},\overrightarrow{OB}),$$

其中$|\overrightarrow{OA}|$和$|\overrightarrow{OB}|$分别表示向量$\overrightarrow{OA}$与向量$\overrightarrow{OB}$的长度，而$\angle(\overrightarrow{OA},\overrightarrow{OB})$表示向量$\overrightarrow{OA}$与$\overrightarrow{OB}$的夹角．这个内积在物理和力学中常被记为点乘，即$\overrightarrow{OA}\cdot\overrightarrow{OB}$．显然内积满足如下性质．

（1）正定性：$\langle\overrightarrow{OA},\overrightarrow{OA}\rangle=|\overrightarrow{OA}|^2\geqslant 0$，且等号成立当且仅当$\overrightarrow{OA}=\mathbf{0}$．

（2）对称性：$\langle\overrightarrow{OA},\overrightarrow{OB}\rangle=\langle\overrightarrow{OB},\overrightarrow{OA}\rangle$．两个非零长度向量内积为零当且仅当它们相互垂直（正交）．

（3）线性：对$\forall\lambda,\mu\in\mathbb{R}$，以及平面上任意三个点$A,B,C$，有

$$\langle\lambda\overrightarrow{OA}+\mu\overrightarrow{OB},\overrightarrow{OC}\rangle=\lambda\langle\overrightarrow{OA},\overrightarrow{OC}\rangle+\mu\langle\overrightarrow{OB},\overrightarrow{OC}\rangle.$$

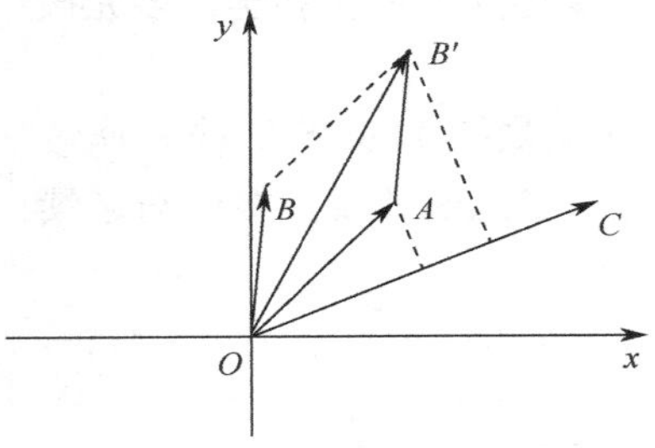

图 10-1-2

下面证明内积满足线性运算．显然只需证明

$$\langle\overrightarrow{OA}+\overrightarrow{OB},\overrightarrow{OC}\rangle=\langle\overrightarrow{OA},\overrightarrow{OC}\rangle+\langle\overrightarrow{OB},\overrightarrow{OC}\rangle.$$

由内积定义可知$\langle\overrightarrow{OA},\overrightarrow{OC}\rangle$的几何意义是向量$\overrightarrow{OA}$在向量$\overrightarrow{OC}$上的投影再乘以向量$\overrightarrow{OC}$的长度．而由图 10-1-2，显然有两个向量相加后在一个向量上投影等于两个向量分别投影再相加，即

$$\langle\overrightarrow{OA}+\overrightarrow{OB},\overrightarrow{OC}\rangle=\langle\overrightarrow{OA}+\overrightarrow{AB'},\overrightarrow{OC}\rangle=\langle\overrightarrow{OA},\overrightarrow{OC}\rangle+\langle\overrightarrow{AB'},\overrightarrow{OC}\rangle=\langle\overrightarrow{OA},\overrightarrow{OC}\rangle+\langle\overrightarrow{OB},\overrightarrow{OC}\rangle,$$

其中$\overrightarrow{AB'}=\overrightarrow{OB}$．

平面上的任何一个向量都可以用一组基来表示．令$\boldsymbol{i},\boldsymbol{j}$分别表示$x$轴和$y$轴正方向的单位向量，即平面的一对单位正交基，则$\overrightarrow{OA}=\boldsymbol{i}|\overrightarrow{OA}|\cos\theta+\boldsymbol{j}|\overrightarrow{OA}|\sin\theta=\boldsymbol{i}x+\boldsymbol{j}y$，其中

$$x=|\overrightarrow{OA}|\cos\theta,\quad y=|\overrightarrow{OA}|\sin\theta$$

分别是向量$\overrightarrow{OA}$在两个基向量上的投影，即$x=\langle\overrightarrow{OA},\boldsymbol{i}\rangle$，$y=\langle\overrightarrow{OA},\boldsymbol{j}\rangle$．令$\overrightarrow{OB}=\xi\boldsymbol{i}+\eta\boldsymbol{j}$．利用内积的分配律及基向量$\boldsymbol{i},\boldsymbol{j}$的正交性质$\langle\boldsymbol{i},\boldsymbol{j}\rangle=0$，有$\langle\overrightarrow{OA},\overrightarrow{OB}\rangle=x\xi+y\eta$．定义向量$\overrightarrow{OA}$的范数为

$$\|\overrightarrow{OA}\|=\sqrt{\langle\overrightarrow{OA},\overrightarrow{OA}\rangle}=|\overrightarrow{OA}|=\sqrt{x^2+y^2}.$$

可以验证，这个范数满足以下性质.

（1）非负性：$\|\overrightarrow{OA}\|\geqslant 0$ 且 $\|\overrightarrow{OA}\|=0$ 当且仅当 $\overrightarrow{OA}=\mathbf{0}$.

（2）仿射性：对 $\forall\lambda\in\mathbb{R}$，有 $\|\lambda\overrightarrow{OA}\|=|\lambda|\,\|\overrightarrow{OA}\|$.

（3）三角不等式：对平面上的任意两点 A,B，有 $\|\overrightarrow{OA}+\overrightarrow{OB}\|\leqslant\|\overrightarrow{OA}\|+\|\overrightarrow{OB}\|$.

实际上，满足上面三个性质的函数也是范数的定义，上面用内积定义的范数只是范数的一种常用形式，通常称之为 2−范数或欧几里得范数.

定义平面上 A,B 两点之间的距离为向量 $\overrightarrow{AB}$ 的范数，即

$$d(A,B)=\|\overrightarrow{AB}\|=\sqrt{(x-\xi)^2+(y-\eta)^2}.$$

定义平面上一点 A 的 ε−邻域为 $\mathscr{B}(\overrightarrow{OA},\varepsilon)=\{\overrightarrow{OB}\in\mathbb{R}^2:\ \|\overrightarrow{AB}\|<\varepsilon\}$，即以 A 点为中心、半径为 ε 的开圆盘（不包括边界）. 如果平面上一个集合 $\mathscr{O}\subset\mathbb{R}^2$ 满足：对 $\forall A\in\mathscr{O}$，$\exists\varepsilon>0$，使得 $\mathscr{B}(\overrightarrow{OA},\varepsilon)\subset\mathscr{O}$，则称 $\mathscr{O}$ 为 $\mathbb{R}^2$ 中的开集. 如果一个集合的补集是开集，则定义这个集合为闭集.

对三维欧氏空间 $\mathbb{R}^3$ 中的任一点 A，我们也把它看成向量 $\overrightarrow{OA}$，其中 O 是坐标原点. 与二维欧氏空间相同，$\mathbb{R}^3$ 中的向量加法也满足平行四边形法则. 设 $\{\boldsymbol{e}_1,\boldsymbol{e}_2,\boldsymbol{e}_3\}$ 是 $\mathbb{R}^3$ 的一组单位正交基，即

$$\langle\boldsymbol{e}_i,\boldsymbol{e}_j\rangle=\delta_{ij}=\begin{cases}1,\ i=j;\\0,\ i\neq j.\end{cases}$$

这样定义的 δ_{ij} 称为 Kronecker δ 函数. 令 $\overrightarrow{OA}=x_1\boldsymbol{e}_1+x_2\boldsymbol{e}_2+x_3\boldsymbol{e}_3$，另一点 B 表示为

$$\overrightarrow{OB}=y_1\boldsymbol{e}_1+y_2\boldsymbol{e}_2+y_3\boldsymbol{e}_3,$$

定义这两个向量的内积为 $\langle\overrightarrow{OA},\overrightarrow{OB}\rangle=x_1y_1+x_2y_2+x_3y_3$. 由于这样定义的内积依赖于基坐标的选取，为了说明内积具有协变性，需要证明这样定义的内积在不同单位正交基下形式不变. 设 $\{\boldsymbol{e}_1',\boldsymbol{e}_2',\boldsymbol{e}_3'\}$ 是另一组单位正交基，令

$$(\boldsymbol{e}_1'\ \boldsymbol{e}_2'\ \boldsymbol{e}_3')=(\boldsymbol{e}_1\ \boldsymbol{e}_2\ \boldsymbol{e}_3)\boldsymbol{Q},$$

其中 $\boldsymbol{Q}=(\boldsymbol{Q}_{ij})$ 是 3×3 阶实可逆矩阵. 上式两边右乘 $\boldsymbol{Q}$ 的逆 $\boldsymbol{Q}^{-1}$，得到 $(\boldsymbol{e}_1'\ \boldsymbol{e}_2'\ \boldsymbol{e}_3')\boldsymbol{Q}^{-1}=(\boldsymbol{e}_1\ \boldsymbol{e}_2\ \boldsymbol{e}_3)$. 由于 $\boldsymbol{Q}_{ij}$ 是 $\boldsymbol{e}_j'$ 在 $\boldsymbol{e}_i$ 上的投影（方向余弦），而 $(\boldsymbol{Q}^{-1})_{ji}$ 是 $\boldsymbol{e}_i$ 在 $\boldsymbol{e}_j'$ 上的投影，因此有 $\boldsymbol{Q}^{-1}=\boldsymbol{Q}^{\mathrm{T}}$（矩阵 $\boldsymbol{Q}$ 的转置)，即变换矩阵 $\boldsymbol{Q}$ 是正交矩阵. 令

$$\overrightarrow{OA}=x_1\boldsymbol{e}_1+x_2\boldsymbol{e}_2+x_3\boldsymbol{e}_3=(\boldsymbol{e}_1\ \boldsymbol{e}_2\ \boldsymbol{e}_3)\boldsymbol{x}=(\boldsymbol{e}_1'\ \boldsymbol{e}_2'\ \boldsymbol{e}_3')\boldsymbol{x}',$$

其中 $\boldsymbol{x},\boldsymbol{x}'\in\mathbb{R}^3$ 是向量 $\overrightarrow{OA}$ 在对应基下的坐标列向量，由于基坐标的表示具有唯一性，因此有 $\boldsymbol{x}=\boldsymbol{Q}\boldsymbol{x}'$.

同理，令

$$\overrightarrow{OB}=y_1\boldsymbol{e}_1+y_2\boldsymbol{e}_2+y_3\boldsymbol{e}_3=(\boldsymbol{e}_1\ \boldsymbol{e}_2\ \boldsymbol{e}_3)\boldsymbol{y}=(\boldsymbol{e}_1'\ \boldsymbol{e}_2'\ \boldsymbol{e}_3')\boldsymbol{y}',$$

则有 $\boldsymbol{y}=\boldsymbol{Q}\boldsymbol{y}'$. 根据上面内积的定义，有

$$\langle\overrightarrow{OA},\overrightarrow{OB}\rangle_e=\boldsymbol{x}^{\mathrm{T}}\boldsymbol{y}=(\boldsymbol{Q}\boldsymbol{x}')^{\mathrm{T}}\boldsymbol{Q}\boldsymbol{y}'=\boldsymbol{x}'^{\mathrm{T}}\boldsymbol{Q}^{\mathrm{T}}\boldsymbol{Q}\boldsymbol{y}'=\boldsymbol{x}'^{\mathrm{T}}\boldsymbol{y}'=\langle\overrightarrow{OA},\overrightarrow{OB}\rangle_{e'}.$$

因此，这样定义的内积在不同单位正交基下具有相同的形式和相同的值. 与平面情形相

同，定义向量 $\overrightarrow{OA}$ 的范数为$\|\overrightarrow{OA}\|=\sqrt{\langle\overrightarrow{OA},\overrightarrow{OA}\rangle}=\sqrt{x_1^2+x_2^2+x_3^2}$．则这个范数在不同的单位正交基下具有相同的值，并且满足非负性、仿射性及三角不等式．可以证明，这样定义的内积与二维情形下的定义是等价的．由于我们把平面和三维空间都看成向量空间，因此把$\mathbb{R}^2$或者$\mathbb{R}^3$中的点用粗体英文小写字母表示，即$\boldsymbol{x}=\overrightarrow{OA}$，在一组单位正交基$\{\boldsymbol{e}_1,\boldsymbol{e}_2,\boldsymbol{e}_3\}$下写成坐标形式$\boldsymbol{x}=(x_1,x_2,x_3)$．设$\boldsymbol{x}\in\mathbb{R}^3$，定义$\boldsymbol{x}$的$\varepsilon$-邻域为$\mathscr{B}(\boldsymbol{x},\varepsilon)=\left\{\boldsymbol{y}\in\mathbb{R}^3:\|\boldsymbol{y}-\boldsymbol{x}\|<\varepsilon\right\}$，即以$\boldsymbol{x}$为球心、半径为$\varepsilon$的开球．如果一个集合$\mathscr{O}\subset\mathbb{R}^3$满足：对$\forall\boldsymbol{x}\in\mathscr{O}$，$\exists\varepsilon>0$，使得$\mathscr{B}(\boldsymbol{x},\varepsilon)\subset\mathscr{O}$，则称$\mathscr{O}$为$\mathbb{R}^3$中的开集．如果一个集合的补集是开集，则定义这个集合为闭集．

下面我们把平面和三维空间中的向量和内积推广到高维空间中．虽然高维欧氏空间中的向量不像平面和三维空间中的向量那样可直观地在纸上画出来，但是平面和三维空间中向量的基坐标表示，向量的加法、数乘和内积都可以推广到高维空间中．首先，向量空间$\mathbb{R}^n$是一个线性空间，对加法和数乘运算封闭，即对$\forall\boldsymbol{x},\boldsymbol{y}\in\mathbb{R}^n$及$\forall\alpha,\beta\in\mathbb{R}$，有$\alpha\boldsymbol{x}+\beta\boldsymbol{y}\in\mathbb{R}^n$．$\mathbb{R}^n$中向量加法的直观理解是高维空间中的平行四边形法则．考虑$\mathbb{R}^n$中的一组单位正交基$\{\boldsymbol{e}_1,\boldsymbol{e}_2,\cdots,\boldsymbol{e}_n\}$，后面所用的向量都是在这组基下的坐标．因此，我们简记成$\boldsymbol{x}=(x_1,x_2,\cdots,x_n)$．设$\boldsymbol{y}=(y_1,y_2,\cdots,y_n)$，定义$\boldsymbol{x},\boldsymbol{y}$的**内积**为$\langle\boldsymbol{x},\boldsymbol{y}\rangle=\sum\limits_{i=1}^n x_iy_i$．容易验证，内积具有下列性质．

（1）正定性：$\langle\boldsymbol{x},\boldsymbol{x}\rangle\geqslant0$，且等号成立当且仅当$\boldsymbol{x}=\boldsymbol{0}$．

（2）对称性：$\langle\boldsymbol{x},\boldsymbol{y}\rangle=\langle\boldsymbol{y},\boldsymbol{x}\rangle$．

（3）线性：对$\forall\alpha,\beta\in\mathbb{R}$，$\forall\boldsymbol{x},\boldsymbol{y},\boldsymbol{z}\in\mathbb{R}^n$，有$\langle\alpha\boldsymbol{x}+\beta\boldsymbol{y},\boldsymbol{z}\rangle=\alpha\langle\boldsymbol{x},\boldsymbol{z}\rangle+\beta\langle\boldsymbol{y},\boldsymbol{z}\rangle$．

与三维空间情形相同，我们需要这样用坐标定义的内积在不同的单位正交基下的形式和内积值都相同．证明过程与三维情况完全相同，只不过两组单位正交基之间的变换矩阵是n阶正交矩阵．

我们把定义了内积的向量空间$\mathbb{R}^n$称为$\boldsymbol{n}$**维欧氏空间**．对$\forall\boldsymbol{x}\in\mathbb{R}^n$，定义$\boldsymbol{x}$的范数$\|\boldsymbol{x}\|=\sqrt{\langle\boldsymbol{x},\boldsymbol{x}\rangle}$，因为对$n=2$或3的情形，这个范数与按照欧氏几何计算的向量的长度是一致的，这样的范数称为**欧几里得范数**．这个范数具有下列三条性质．

（1）非负性：$\|\boldsymbol{x}\|\geqslant0$，且$\|\boldsymbol{x}\|=0$当且仅当$\boldsymbol{x}=\boldsymbol{0}$．

（2）仿射性：对$\forall\lambda\in\mathbb{R}$，有$\|\lambda\boldsymbol{x}\|=|\lambda|\cdot\|\boldsymbol{x}\|$．

（3）三角不等式：对$\forall\boldsymbol{x},\boldsymbol{y}\in\mathbb{R}^n$，有$\|\boldsymbol{x}+\boldsymbol{y}\|\leqslant\|\boldsymbol{x}\|+\|\boldsymbol{y}\|$．

前两条性质比较直观，下面验证第三条．在n维欧氏空间中，Cauchy-Schwarz 不等式通过内积表示为$|\langle\boldsymbol{x},\boldsymbol{y}\rangle|\leqslant\|\boldsymbol{x}\|\cdot\|\boldsymbol{y}\|$，这样

$$\|\boldsymbol{x}+\boldsymbol{y}\|^2=\langle\boldsymbol{x}+\boldsymbol{y},\boldsymbol{x}+\boldsymbol{y}\rangle=\|\boldsymbol{x}\|^2+2\langle\boldsymbol{x},\boldsymbol{y}\rangle+\|\boldsymbol{y}\|^2\leqslant\|\boldsymbol{x}\|^2+2\|\boldsymbol{x}\|\|\boldsymbol{y}\|+\|\boldsymbol{y}\|^2=(\|\boldsymbol{x}\|+\|\boldsymbol{y}\|)^2,$$

从而得到$\|\boldsymbol{x}+\boldsymbol{y}\|\leqslant\|\boldsymbol{x}\|+\|\boldsymbol{y}\|$.

定义 10.1.1 设$\boldsymbol{x}=(x_1,x_2,\cdots,x_n)$，$\boldsymbol{y}=(y_1,y_2,\cdots,y_n)\in\mathbb{R}^n$，定义$\boldsymbol{x},\boldsymbol{y}$两点之间的距离

$$d(\boldsymbol{x},\boldsymbol{y})=\|\boldsymbol{x}-\boldsymbol{y}\|=\sqrt{\sum_{i=1}^{n}(x_i-y_i)^2}.$$

可以看出，距离满足非负性、对称性和三角不等式．设 $\boldsymbol{x}_0\in\mathbb{R}^n$，对 $\forall\delta>0$，称以 $\boldsymbol{x}_0$ 为球心、以 δ 为半径的开球 $\mathscr{B}(\boldsymbol{x}_0,\delta)=\left\{\boldsymbol{x}\in\mathbb{R}^n:\ \|\boldsymbol{x}-\boldsymbol{x}_0\|<\delta\right\}$ 为 $\boldsymbol{x}_0$ **的 δ−邻域**；称集合

$$\mathscr{B}_0(\boldsymbol{x}_0,\delta)=\left\{\boldsymbol{x}\in\mathbb{R}^n:\ 0<\|\boldsymbol{x}-\boldsymbol{x}_0\|<\delta\right\}=\mathscr{B}(\boldsymbol{x}_0,\delta)\setminus\{\boldsymbol{x}_0\}$$

为 $\boldsymbol{x}_0$ **的去心 δ−邻域**.

下面讨论点与集合的关系.

定义 10.1.2 设非空集合 $\Omega\subset\mathbb{R}^n$，$\boldsymbol{x}\in\mathbb{R}^n$.

（i）如果存在 $\delta>0$ 使得 $\boldsymbol{x}$ 的 δ−邻域 $\mathscr{B}(\boldsymbol{x},\delta)$ 全部包含在 Ω 内，即 $\mathscr{B}(\boldsymbol{x},\delta)\subset\Omega$，则称 $\boldsymbol{x}$ 为集合 Ω 的内点．Ω 的所有内点构成的集合称为 Ω 的内部，记为 Ω°.

（ii）如果存在 $\delta>0$ 使得 $\boldsymbol{x}$ 的 δ−邻域 $\mathscr{B}(\boldsymbol{x},\delta)$ 与集合 Ω 不交，即 $\mathscr{B}(\boldsymbol{x},\delta)\cap\Omega=\varnothing$，则称 $\boldsymbol{x}$ 为集合 Ω 的外点．Ω 的所有外点的集合称为 Ω 的外部.

定义 $\Omega^c=\mathbb{R}^n\setminus\Omega$ 为 Ω 的余集或补集，则 Ω 的外部可表示为 $(\Omega^c)^\circ$.

（iii）如果点 $\boldsymbol{x}$ 的任意一个 δ−邻域 $\mathscr{B}(\boldsymbol{x},\delta)$ 既含有 Ω 中的点，又含有不属于 Ω 的点，即

$$\mathscr{B}(\boldsymbol{x},\delta)\cap\Omega\neq\varnothing,\ \mathscr{B}(\boldsymbol{x},\delta)\cap\Omega^c\neq\varnothing,$$

则称 $\boldsymbol{x}$ 为集合 Ω 的边界点．Ω 的所有边界点构成的集合称为 Ω 的边界，记为 $\partial\Omega$.

（iv）如果对 $\forall\delta>0$，$\boldsymbol{x}$ 的去心 δ−邻域 $\mathscr{B}_0(\boldsymbol{x},\delta)$ 都含有集合 Ω 中的点，即

$$\mathscr{B}_0(\boldsymbol{x},\delta)\cap\Omega\neq\varnothing,$$

则称 $\boldsymbol{x}$ 为集合 Ω 的聚点；Ω 的所有聚点构成的集合称为 Ω 的导集，记为 Ω'．称 $\bar{\Omega}=\Omega\cup\Omega'$ 为 Ω 的闭包，显然闭包 $\bar{\Omega}=\Omega\cup\partial\Omega$.

（v）若 $\boldsymbol{x}\in\Omega$，且存在 $\delta>0$ 使得 $\boldsymbol{x}$ 的 δ−邻域 $\mathscr{B}(\boldsymbol{x},\delta)$ 除 $\boldsymbol{x}$ 外不含有集合 Ω 中的其他点，即 $\mathscr{B}(\boldsymbol{x},\delta)\cap\Omega=\{\boldsymbol{x}\}$，则称 $\boldsymbol{x}$ 是 Ω 的孤立点.

例 10.1.1 令 $\Omega=\{(x,y)\in\mathbb{R}^2\mid 0<x^2+y^2\leqslant 1\}$，则 $(0,0)$ 既是 Ω 的边界点，也是聚点，但 $(0,0)$ 不属于 Ω；而 $x^2+y^2=1$ 上的点，既是 Ω 的边界点，也是 Ω 的聚点，这些聚点都属于 Ω.

上例说明，一个集合的聚点可以属于该集合，也可以不属于该集合，但孤立点一定属于该集合.

定义 10.1.3 设 $\Omega\subset\mathbb{R}^n$ 非空.

（1）如果 Ω 的每个点都是其内点，即 $\Omega^\circ=\Omega$，则称 Ω 是 $\mathbb{R}^n$ 中的开集.

（2）如果 Ω 的余集 $\Omega^c=\mathbb{R}^n\setminus\Omega$ 是开集，则称 Ω 是闭集．等价地，若 $\bar{\Omega}=\Omega$，则 Ω 是闭集.

约定：全空间 $\mathbb{R}^n$ 和空集 $\varnothing$ 既是开集又是闭集.

开集具有下面的性质.

定理 10.1.1 （i）任意多（可数或者不可数）个开集的并集是开集；（ii）有限个开集的交集是开集.

证明 （i）设 $\Omega=\bigcup\limits_{\alpha\in\Lambda}\Omega_\alpha$，其中 Λ 是指标集，Ω_α 是开集．任取点 $\boldsymbol{x}\in\Omega$，则存在 $\alpha\in\Lambda$

使得 $\boldsymbol{x}\in\Omega_\alpha$. 因为 Ω_α 是开集，所以 $\boldsymbol{x}$ 是 Ω_α 的内点，故存在 $\delta>0$ 使得 $\mathscr{B}(\boldsymbol{x},\delta)\subset\Omega_\alpha$，从而 $\mathscr{B}(\boldsymbol{x},\delta)\subset\Omega$，因此 Ω 是开集.

（ii）设 $\Omega=\bigcap\limits_{i=1}^{n}\Omega_i$，其中每个 Ω_i 都是开集. 任取点 $\boldsymbol{x}\in\Omega$，则 $\boldsymbol{x}\in\Omega_i$，$i=1,2,\cdots,n$. 由于每个 Ω_i 都是开集，因此对每个 $i=1,2,\cdots,n$，存在 $\delta_i>0$ 使得 $\mathscr{B}(\boldsymbol{x},\delta_i)\subset\Omega_i$. 取 $\delta=\min\{\delta_1,\delta_2,\cdots,\delta_n\}$，则 $\delta>0$ 且 $\mathscr{B}(\boldsymbol{x},\delta)\subset\mathscr{B}(\boldsymbol{x},\delta_i)\subset\Omega_i$，$i=1,2,\cdots,n$，故 $\mathscr{B}(\boldsymbol{x},\delta)\subset\bigcap\limits_{i=1}^{n}\Omega_i=\Omega$，所以 Ω 是开集. 证毕.

为了证明与开集的性质对偶的闭集的性质，我们给出关于集合的两个运算：

$$\left(\bigcap_{\alpha\in\Lambda}\Omega_\alpha\right)^c=\bigcup_{\alpha\in\Lambda}\Omega_\alpha^c,\quad \left(\bigcup_{\alpha\in\Lambda}\Omega_\alpha\right)^c=\bigcap_{\alpha\in\Lambda}\Omega_\alpha^c,$$

其中 Λ 是指标集（可数或者不可数）. 这两个运算称为 de Morgan 律，证明留给读者. 运用 de Morgan 律及开集的性质，不难得到下列闭集的结论.

定理 10.1.2 （i）任意多个（可数或者不可数）闭集的交集是闭集；（ii）有限个闭集的并集是闭集.

定义 10.1.4 设 $\Omega\subset\mathbb{R}^n$，若存在 $r>0$ 使得 $\Omega\subset\mathscr{B}(\boldsymbol{0},r)$，称 Ω 为有界集，其中 $\boldsymbol{0}\in\mathbb{R}^n$ 是坐标原点；否则为无界集.

例 10.1.2 设 $\boldsymbol{x}_0\in\mathbb{R}^n$, $\delta>0$，集合 $\mathscr{B}(\boldsymbol{x}_0,\delta)$ 和 $\mathscr{B}_0(\boldsymbol{x}_0,\delta)$ 都是开集，其边界分别为 $\partial\mathscr{B}(\boldsymbol{x}_0,\delta)=\{\boldsymbol{x}\in\mathbb{R}^n:\ \|\boldsymbol{x}-\boldsymbol{x}_0\|=\delta\}$ 和 $\partial\mathscr{B}_0(\boldsymbol{x}_0,\delta)=\{\boldsymbol{x}\in\mathbb{R}^n:\ \|\boldsymbol{x}-\boldsymbol{x}_0\|=\delta\}\cup\{\boldsymbol{x}_0\}$，其闭包都是 $\overline{\mathscr{B}}(\boldsymbol{x}_0,\delta)=\overline{\mathscr{B}}_0(\boldsymbol{x}_0,\delta)=\{\boldsymbol{x}\in\mathbb{R}^n:\ \|\boldsymbol{x}-\boldsymbol{x}_0\|\leqslant\delta\}$，集合 $\mathscr{B}(\boldsymbol{x}_0,\delta),\mathscr{B}_0(\boldsymbol{x}_0,\delta),\partial\mathscr{B}(\boldsymbol{x}_0,\delta),\partial\mathscr{B}_0(\boldsymbol{x}_0,\delta)$ 和 $\overline{\mathscr{B}}(\boldsymbol{x}_0,\delta)$ 都是有界集，其中 $\overline{\mathscr{B}}(\boldsymbol{x}_0,\delta)$ 是有界闭集.

实轴上区间的一个特点是连成一片，即区间具有连通性. 下面讨论 $\mathbb{R}^n$ 中连通集的概念，只讨论集合的道路连通性，因为道路连通对现阶段的学习已经够用.

定义 10.1.5 设 $\Omega\subset\mathbb{R}^n$ 是非空集合. 若对 Ω 中的任意两点 $\boldsymbol{x},\boldsymbol{y}$，都可以用一条完全在 Ω 中的连续曲线将它们联结起来，称集合 Ω 是道路连通的. 集合 Ω 中的连续曲线可表示为参数方程：

$$x_i=\psi_i(t)\quad(i=1,2,\cdots,n),$$

其中 $\psi_i\ (i=1,2,\cdots,n)$ 是 $[0,1]$ 上的连续函数，满足

$$\boldsymbol{x}=(\psi_1(0),\psi_2(0),\cdots,\psi_n(0)),$$

$$\boldsymbol{y}=(\psi_1(1),\psi_2(1),\cdots,\psi_n(1)),$$

且对 $\forall t\in[0,1]$，有 $(\psi_1(t),\psi_2(t),\cdots,\psi_n(t))\in\Omega$.

定义 10.1.6 （i）$\mathbb{R}^n$ 中连通的非空开集称为开区域；（ii）开区域与它的边界构成的集合称为闭区域.

10.1.2 $\mathbb{R}^n$ 中的点列

定义 10.1.7 设 $\{\boldsymbol{x}_i\}_{i=1}^{\infty}$ 是 $\mathbb{R}^n$ 中的点列，其中 $\boldsymbol{x}_i=(x_{i1},x_{i2},\cdots,x_{in})\in\mathbb{R}^n$，$i=1,2,\cdots$，且设

$\boldsymbol{x}_0=(x_{01},x_{02},\cdots,x_{0n})\in\mathbb{R}^n$ 为定点．如果 $\|\boldsymbol{x}_i-\boldsymbol{x}_0\|\to 0$（$i\to\infty$），称点列 $\{\boldsymbol{x}_i\}_{i=1}^{\infty}$ 收敛于 $\boldsymbol{x}_0$，记为 $\lim\limits_{i\to\infty}\boldsymbol{x}_i=\boldsymbol{x}_0$．

容易验证收敛点列具有下面的性质，证明留给读者．

定理 10.1.3　设 $\{\boldsymbol{x}_i\}_{i=1}^{\infty}$ 是 $\mathbb{R}^n$ 中的点列，其中 $\boldsymbol{x}_i=(x_{i1},x_{i2},\cdots,x_{in})\in\mathbb{R}^n$，$i=1,2,\cdots$，且设 $\boldsymbol{x}_0=(x_{01},x_{02},\cdots,x_{0n})\in\mathbb{R}^n$ 为定点．则下列结论成立：

（i）$\lim\limits_{i\to\infty}\boldsymbol{x}_i=\boldsymbol{x}_0$ 当且仅当 $\lim\limits_{i\to\infty}x_{ik}=x_{0k}$，$k=1,2,\cdots,n$. 即点列的各分量分别收敛于 $\boldsymbol{x}_0$ 的相应分量，换句话说，点列的收敛是按照坐标收敛的；

（ii）若点列 $\{\boldsymbol{x}_i\}_{i=1}^{\infty}$ 收敛，则其极限必唯一；

（iii）若点列 $\{\boldsymbol{x}_i\}_{i=1}^{\infty}$ 收敛，则该点列必定是有界的．

10.1.3　$\mathbb{R}^n$ 的完备性

我们知道，一个数列是收敛的当且仅当它是一个柯西列．定理 10.1.3（i）表明，点列的收敛问题转化为数列的收敛问题，因此 $\mathbb{R}^n$ 中也有类似的概念及结论．

定义 10.1.8　设 $\{\boldsymbol{x}_i\}_{i=1}^{\infty}$ 是 $\mathbb{R}^n$ 中的点列，若对 $\forall\varepsilon>0,\ \exists N\in\mathbb{N}^+$，使得对 $\forall l,\ k\in\mathbb{N}^+$，当 $l,\ k>N$ 时，有 $\|\boldsymbol{x}_k-\boldsymbol{x}_l\|<\varepsilon$，称 $\{\boldsymbol{x}_i\}_{i=1}^{\infty}$ 是 $\mathbb{R}^n$ 中的基本点列，或称柯西列．

定理 10.1.4（柯西收敛原理）　$\mathbb{R}^n$ 中的点列是收敛的当且仅当它是柯西列．

定理 10.1.5　设 $\Omega\subset\mathbb{R}^n$ 为闭集，$\{\boldsymbol{x}_i\}_{i=1}^{\infty}\subset\Omega$ 且 $\lim\limits_{i\to\infty}\boldsymbol{x}_i=\boldsymbol{a}$，则 $\boldsymbol{a}\in\Omega$.

证明　假设 $\boldsymbol{a}\notin\Omega$，则 $\boldsymbol{a}\in\mathbb{R}^n\setminus\Omega$．因为 $\Omega\subset\mathbb{R}^n$ 为闭集，所以 Ω 的余集 $\mathbb{R}^n\setminus\Omega$ 是开集，故 $\boldsymbol{a}$ 是 $\mathbb{R}^n\setminus\Omega$ 的内点，从而存在 $\delta>0$ 使得 $\Omega\cap\mathscr{B}(\boldsymbol{a},\delta)=\varnothing$，这与条件 $\lim\limits_{i\to\infty}\boldsymbol{x}_i=\boldsymbol{a}$ 矛盾，故 $\boldsymbol{a}\in\Omega$. 证毕.

由于点列的收敛问题转化为数列的收敛问题，因此类似于实数集完备性的几个等价刻画，可得到 $\mathbb{R}^n$ 中点列的下列结论．

定理 10.1.6　$\mathbb{R}^n$ 是完备的，即 $\mathbb{R}^n$ 中的柯西列必收敛于 $\mathbb{R}^n$ 中的点．

定理 10.1.7（致密性定理）　$\mathbb{R}^n$ 中的任一有界点列必有收敛的子列．

定理 10.1.8（闭集套定理）　设 $\{\Omega_i\}_{i=1}^{\infty}\subset\mathbb{R}^n$ 为一列非空闭集，且 $\Omega_1\supset\Omega_2\supset\cdots\supset\Omega_n\supset\cdots$，若 $\lim\limits_{i\to\infty}\mathrm{diam}\Omega_i=0$，则 $\bigcap\limits_{i=1}^{\infty}\Omega_i$ 含有唯一的一个点．

集合 $\Omega\subset\mathbb{R}^n$ 的直径定义为 $\mathrm{diam}\Omega=\sup\limits_{\boldsymbol{x},\boldsymbol{y}\in\Omega}\|\boldsymbol{x}-\boldsymbol{y}\|$.

定理 10.1.9（有限覆盖定理）　设 $\Omega\subset\mathbb{R}^n$ 为有界闭集，$\{\mathscr{O}_\alpha\}_{\alpha\in I}\subset\mathbb{R}^n$ 是一开集族，若 $\Omega\subset\bigcup\limits_{\alpha\in I}\mathscr{O}_\alpha$，则存在有限个开集 $\mathscr{O}_{\alpha_i}$（$i=1,2,\cdots,m$）使得 $\Omega\subset\bigcup\limits_{i=1}^{m}\mathscr{O}_{\alpha_i}$.

定理 10.1.10（聚点定理）　设 $\Omega\subset\mathbb{R}^n$ 是含有无穷多个点的有界集合，则 Ω 一定存在聚点．

并不是所有有关数列收敛的定理都可以推广到 n 维空间中的点列上．例如，“单调有界数列极限一定存在”，在点列的情形下，就无法推广到与之相应的结论，这是因为在点列的情形下，无法定义一种合适的“序”，从而也就没有了点列单调性的概念.

*10.1.4 $\mathbb{R}^n$ 中的等价范数

需要指出的是，用内积定义的欧几里得范数只是 $\mathbb{R}^n$ 的一种范数. 接下来引入更一般的范数概念.

定义 10.1.9 设 $N(\cdot)$ 是定义在 $\mathbb{R}^n$ 上的一个函数，满足下列条件：

（i）正定性：对 $\forall \boldsymbol{x}\in\mathbb{R}^n$，$N(\boldsymbol{x})\geqslant 0$，且 $N(\boldsymbol{x})=0$ 当且仅当 $\boldsymbol{x}=\boldsymbol{0}$；

（ii）仿射性：对 $\forall \lambda\in\mathbb{R}$ 及 $\forall \boldsymbol{x}\in\mathbb{R}^n$，有 $N(\lambda\boldsymbol{x})=|\lambda|N(\boldsymbol{x})$；

（iii）三角不等式：对 $\forall \boldsymbol{x},\ \boldsymbol{y}\in\mathbb{R}^n$，有 $N(\boldsymbol{x}+\boldsymbol{y})\leqslant N(\boldsymbol{x})+N(\boldsymbol{y})$，

称 $N(\cdot)$ 是 $\mathbb{R}^n$ 上的一个范数.

常见的 $\mathbb{R}^n$ 范数是 p－范数（也称 Banach 范数），对 $\forall \boldsymbol{x}=(x_1,x_2,\cdots,x_n)\in\mathbb{R}^n$，定义 $\boldsymbol{x}$ 的 p－范数为 $\|\boldsymbol{x}\|_p=\left(\sum\limits_{i=1}^n|x_i|^p\right)^{\frac{1}{p}}$，其中 $1\leqslant p<\infty$. 定义 $\|\boldsymbol{x}\|_\infty=\max\limits_{1\leqslant i\leqslant n}|x_i|$ 为 $\boldsymbol{x}$ 的无穷范数. 显然，对 $\forall p\in[1,+\infty)$，p－范数满足正定性和仿射性. 为证明其满足三角不等式，需要下面的引理.

引理 10.1.1（Young 不等式） 设 $a,b\geqslant 0,\ p,q>0$ 满足 $\dfrac{1}{p}+\dfrac{1}{q}=1$，则 $ab\leqslant\dfrac{a^p}{p}+\dfrac{b^q}{q}$，且等号成立当且仅当 $a^p=b^q$.

证明 令 $f(x)=\dfrac{x^p}{p}+\dfrac{1}{q}-x,\ x\geqslant 0$，则有 $f'(x)=x^{p-1}-1$. 因此 $f'(x)=0$ 当且仅当 $x=1$. 由于 $f''(1)=p-1>0$，因此 $f(x)$ 对 $x\in[0,+\infty)$ 在 $x=1$ 处取严格最小值. 又 $f(1)=0$，因此

$$\forall x\in[0,+\infty),\ \ f(x)\geqslant 0,$$

且 $f(x)=0$ 当且仅当 $x=1$. 令 $x^*=ab^{\frac{1}{1-p}}$，则由 $f(x^*)\geqslant 0$ 得 $ab\leqslant\dfrac{a^p}{p}+\dfrac{b^q}{q}$，且 $f(x^*)=0$ 当且仅当 $a^p=b^q$. 证毕.

引理 10.1.2（Hölder 不等式） 对 $\forall \boldsymbol{x},\boldsymbol{y}\in\mathbb{R}^n$，有 $|\boldsymbol{x}^{\mathrm{T}}\boldsymbol{y}|\leqslant\|\boldsymbol{x}\|_p\|\boldsymbol{y}\|_q$，其中 $\dfrac{1}{p}+\dfrac{1}{q}=1,$ $p,q>0$.

证明 对 $\forall \boldsymbol{x}=\begin{pmatrix}x_1\\x_2\\\vdots\\x_n\end{pmatrix},\ \boldsymbol{y}=\begin{pmatrix}y_1\\y_2\\\vdots\\y_n\end{pmatrix}\in\mathbb{R}^n$ 及 $\forall p,q>0$ 满足 $\dfrac{1}{p}+\dfrac{1}{q}=1$，令 $A=\|\boldsymbol{x}\|_p=\left(\sum\limits_{i=1}^n|x_i|^p\right)^{\frac{1}{p}}$，$B=\|\boldsymbol{y}\|_q=\left(\sum\limits_{i=1}^n|y_i|^q\right)^{\frac{1}{q}}$，并令 $a_k=\dfrac{|x_k|}{A},\ b_k=\dfrac{|y_k|}{B}$，则由 Young 不等式知

$$a_k b_k \leqslant \frac{a_k^p}{p} + \frac{b_k^q}{q}, \quad k = 1, 2, \cdots, n.$$

对 k 求和，有

$$\sum_{k=1}^{n} \frac{|x_k y_k|}{AB} \leqslant \sum_{k=1}^{n} \frac{|x_k|^p}{pA^p} + \sum_{k=1}^{n} \frac{|y_k|^q}{qB^q} = \frac{1}{pA^p} \sum_{k=1}^{n} |x_k|^p + \frac{1}{qB^q} \sum_{k=1}^{n} |y_k|^q = \frac{A^p}{pA^p} + \frac{B^q}{qB^q} = 1,$$

故 $\left|\boldsymbol{x}^{\mathrm{T}} \boldsymbol{y}\right| \leqslant \sum_{k=1}^{n} |x_k y_k| \leqslant AB = \|\boldsymbol{x}\|_p \|\boldsymbol{y}\|_q$．证毕.

定理 10.1.11（Minkowski 不等式） 对 $1 \leqslant p \leqslant \infty$ 及 $\forall \boldsymbol{x}, \boldsymbol{y} \in \mathbb{R}^n$，有 $\|\boldsymbol{x} + \boldsymbol{y}\|_p \leqslant \|\boldsymbol{x}\|_p + \|\boldsymbol{y}\|_p$．

证明　显然只需讨论 $1 \leqslant p < \infty$ 的情形．对 $\forall \boldsymbol{x} = \begin{pmatrix} x_1 \\ x_2 \\ \vdots \\ x_n \end{pmatrix}, \boldsymbol{y} = \begin{pmatrix} y_1 \\ y_2 \\ \vdots \\ y_n \end{pmatrix} \in \mathbb{R}^n$ 及 $\forall p, q > 0$ 满足 $\frac{1}{p} + \frac{1}{q} = 1$，利用 Hölder 不等式，有

$$\begin{aligned} \|\boldsymbol{x} + \boldsymbol{y}\|_p^p &= \sum_{k=1}^{n} |x_k + y_k|^p \leqslant \sum_{k=1}^{n} |x_k| |x_k + y_k|^{p-1} + \sum_{k=1}^{n} |y_k| |x_k + y_k|^{p-1} \\ &\leqslant \|\boldsymbol{x}\|_p \left(\sum_{k=1}^{n} |x_k + y_k|^{(p-1)q} \right)^{\frac{1}{q}} + \|\boldsymbol{y}\|_p \left(\sum_{k=1}^{n} |x_k + y_k|^{(p-1)q} \right)^{\frac{1}{q}}, \end{aligned}$$

由于 $\frac{1}{p} + \frac{1}{q} = 1$，即 $(p-1)q = p$，因此 $\left(\sum_{k=1}^{n} |x_k + y_k|^{(p-1)q} \right)^{\frac{1}{q}} = \left(\sum_{k=1}^{n} |x_k + y_k|^p \right)^{\frac{1}{q}} = \|\boldsymbol{x} + \boldsymbol{y}\|_p^{\frac{p}{q}}$．故上面的不等式表明 $\|\boldsymbol{x} + \boldsymbol{y}\|_p^p \leqslant \left(\|\boldsymbol{x}\|_p + \|\boldsymbol{y}\|_p \right) \|\boldsymbol{x} + \boldsymbol{y}\|_p^{\frac{p}{q}}$，即 $\|\boldsymbol{x} + \boldsymbol{y}\|_p \leqslant \|\boldsymbol{x}\|_p + \|\boldsymbol{y}\|_p$．证毕.

由 p－范数的定义可知，对 $\forall p \in [1, +\infty)$ 及 $\forall \boldsymbol{x} \in \mathbb{R}^n$，都有

$$\|\boldsymbol{x}\|_\infty \leqslant \|\boldsymbol{x}\|_p \leqslant n^{\frac{1}{p}} \|\boldsymbol{x}\|_\infty.$$

因此对 $\forall p, q \in [1, +\infty)$，有

$$\frac{1}{\sqrt[q]{n}} \|\boldsymbol{x}\|_q \leqslant \|\boldsymbol{x}\|_p \leqslant n^{\frac{1}{p}} \|\boldsymbol{x}\|_q.$$

给定 $\mathbb{R}^n$ 空间中的点列 $\{\boldsymbol{x}_k\}_{k \in \mathbb{N}}$，如果该点列依照 p－范数收敛到 $\boldsymbol{x}_*$，即 $\lim_{k \to \infty} \|\boldsymbol{x}_k - \boldsymbol{x}_*\|_p = 0$，则该点列一定依照 q－范数收敛到 $\boldsymbol{x}_*$，即 $\lim_{k \to \infty} \|\boldsymbol{x}_k - \boldsymbol{x}_*\|_q = 0$．因此，$\mathbb{R}^n$ 中的任意两个 p－范数是等价的，也就是说，它们定义的开集是相同的．一般来说，对定义在线性空间 $\mathbb{R}^n$ 上的两个范数 $\|\cdot\|_\alpha$ 和 $\|\cdot\|_\beta$，如果存在只与空间维数相关的常数 $C_1(n)$ 和 $C_2(n)$ 使得对 $\forall \boldsymbol{x} \in \mathbb{R}^n$，有下列不等式成立：

$$C_1(n) \|\boldsymbol{x}\|_\beta \leqslant \|\boldsymbol{x}\|_\alpha \leqslant C_2(n) \|\boldsymbol{x}\|_\beta,$$

则称这两个范数 $\|\cdot\|_\alpha$ 和 $\|\cdot\|_\beta$ 是**等价**的.

需要指出的是，对无穷维空间，如函数空间，不同的 p -范数定义的空间是不同的，这些内容将在函数论和泛函分析等后续课程中介绍．定义在区间 $[a,b]$ 上的函数 $f(x)$ 的 p -范数定义为

$$\|f\|_p=\left(\int_a^b|f(x)|^p\right)^{\frac{1}{p}},\ 1\leqslant p<+\infty .$$

而这里的积分是勒贝格意义下的积分．不用黎曼积分的原因是黎曼可积函数空间 $R[a,b]$ 是不完备的，即一个黎曼可积的函数序列可以收敛到黎曼不可积函数，如狄利克雷函数．而勒贝格可积函数空间是完备的，勒贝格积分和测度理论将在后续课程实分析中介绍．

习题 10.1

1．设 $\boldsymbol{x},\boldsymbol{y},\boldsymbol{x}_m,\boldsymbol{y}_m\in\mathbb{R}^n$，$m=1,2,\cdots$，且 $\lim\limits_{m\to\infty}\boldsymbol{x}_m=\boldsymbol{x}$，$\lim\limits_{m\to\infty}\boldsymbol{y}_m=\boldsymbol{y}$．证明：

（1）$\lim\limits_{m\to\infty}(\boldsymbol{x}_m\pm\boldsymbol{y}_m)=\boldsymbol{x}\pm\boldsymbol{y}$；（2）$\lim\limits_{m\to\infty}\|\boldsymbol{x}_m\|=\|\boldsymbol{x}\|$.

2．证明距离函数 $d(\boldsymbol{x},\boldsymbol{y})=\|\boldsymbol{x}-\boldsymbol{y}\|$ 具有下列性质：

（1）$\forall\boldsymbol{x},\boldsymbol{y},\boldsymbol{z}\in\mathbb{R}^n$，$|d(\boldsymbol{x},\boldsymbol{y})-d(\boldsymbol{x},\boldsymbol{z})|\leqslant d(\boldsymbol{y},\boldsymbol{z})$；

（2）若 $\lim\limits_{m\to\infty}\boldsymbol{x}_m=\boldsymbol{x}$，$\lim\limits_{l\to\infty}\boldsymbol{y}_l=\boldsymbol{y}$，则 $\lim\limits_{\substack{m\to\infty\\ l\to\infty}}d(\boldsymbol{x}_m,\boldsymbol{y}_l)=d(\boldsymbol{x},\boldsymbol{y})$，即对 $\forall\varepsilon>0$, $\exists N\in\mathbb{N}$，使得当 $m,l>N$ 时，有 $|d(\boldsymbol{x}_m,\boldsymbol{y}_l)-d(\boldsymbol{x},\boldsymbol{y})|<\varepsilon$.

3．设 f 是定义在 $(-\infty,+\infty)$ 上的连续函数．证明：

（1）点集 $\{(x,y)\in\mathbb{R}^2:\ x\in\mathbb{R},\ y<f(x)\}$ 和 $\{(x,y)\in\mathbb{R}^2:\ x\in\mathbb{R},\ y>f(x)\}$ 都是开集；

（2）点集 $\{(x,y)\in\mathbb{R}^2:\ x\in\mathbb{R},\ y=f(x)\}$，$\{(x,y)\in\mathbb{R}^2:\ x\in\mathbb{R},\ y\leqslant f(x)\}$ 和 $\{(x,y)\in\mathbb{R}^2:\ x\in\mathbb{R},\ y\geqslant f(x)\}$ 都是闭集.

4．设 $\boldsymbol{x}\in\mathbb{R}^n$，$r>0$ 是正数．证明：（1）开球 $\mathscr{B}(\boldsymbol{x},r)$ 是开集；（2）闭球 $\overline{\mathscr{B}}(\boldsymbol{x},r)$ 是闭集.

5．设 Ω, Ω_1, $\Omega_2\in\mathbb{R}^n$ 是任意的非空点集．证明：

（1）若 $\Omega_1\subset\Omega_2$，则 $\Omega_1^\circ\subseteq\Omega_2^\circ$, $\Omega_1'\subseteq\Omega_2'$, $\overline{\Omega_1}\subseteq\overline{\Omega_2}$；

（2）$(\Omega^\circ)^\circ=\Omega^\circ$, $(\Omega')'=\Omega'$, $\overline{(\overline{\Omega})}=\overline{\Omega}$, 因此任意点集的内部都是开集，任意点集的导集和闭包都是闭集；

（3）$(\Omega_1\cap\Omega_2)^\circ=\Omega_1^\circ\cap\Omega_2^\circ$, $(\Omega_1\cup\Omega_2)^\circ\supseteq\Omega_1^\circ\cup\Omega_2^\circ$；

（4）$(\Omega_1\cup\Omega_2)'=\Omega_1'\cup\Omega_2'$, $(\Omega_1\cap\Omega_2)'\subseteq\Omega_1'\cap\Omega_2'$；

（5）$\overline{\Omega_1\cup\Omega_2}=\overline{\Omega}_1\cup\overline{\Omega}_2$，$\overline{\Omega_1\cap\Omega_2}\subseteq\overline{\Omega}_1\cap\overline{\Omega}_2$.

6．证明：如果 $\mathscr{U}$ 是开集，$\mathscr{V}$ 是闭集，则 $\mathscr{U}\setminus\mathscr{V}$ 是开集，$\mathscr{V}\setminus\mathscr{U}$ 是闭集.

7．设 Ω, Ω_1, $\Omega_2\in\mathbb{R}^n$ 是任意的非空点集．证明：

（1）$\partial\Omega=\overline{\Omega}\cap\overline{\Omega^c}$，因此任意点集的边界总是闭集，且 $\partial\Omega=\partial\Omega^c$；

（2）$\overline{\Omega}=\Omega\cup\partial\Omega$，因此 Ω 是闭集当且仅当 $\partial\Omega\subseteq\Omega$；

（3）$\partial\bar{\Omega}\subseteq\partial\Omega$. 问关系式 $\partial\bar{\Omega}=\partial\Omega$ 是否恒成立？又问能否从 $\Omega_1\subseteq\Omega_2$ 推出 $\partial\Omega_1\subseteq\partial\Omega_2$？

（4）$\partial(\Omega_1\cup\Omega_2)\subseteq\partial\Omega_1\cup\partial\Omega_2$，$\partial(\Omega_1\cap\Omega_2)\subseteq\partial\Omega_1\cup\partial\Omega_2$；

（5）如果 Ω_1, Ω_2 都是开集，且 $\Omega_1\cap\Omega_2=\varnothing$，则 $\partial(\Omega_1\cup\Omega_2)=\partial\Omega_1\cup\partial\Omega_2$.

8. 连通的闭集是否为闭区域？如果是，请证明；如果不是，请举出反例.

9. 证明：$\mathbb{R}^n$ 中的收敛点列必为有界点列.

10. 证明：若点列 $\{\boldsymbol{x}_n\}$ 存在极限，则极限值唯一.

11. 点 $\boldsymbol{x}\in\mathbb{R}^n$ 到点集 $\Omega\subset\mathbb{R}^n$ 的距离 $d(\boldsymbol{x},\Omega)=\inf\limits_{\boldsymbol{y}\in\Omega}d(\boldsymbol{x},\boldsymbol{y})$，证明：

（1）$\bar{\Omega}=\{\boldsymbol{x}\in\mathbb{R}^n:d(\boldsymbol{x},\Omega)=0\}$;

（2）若 Ω 是闭集，则对 $\forall\boldsymbol{x}\in\Omega^c$，有 $d(\boldsymbol{x},\Omega)>0$；

（3）对 $\forall r>0$，点集 $\{\boldsymbol{x}\in\mathbb{R}^n:d(\boldsymbol{x},\Omega)<r\}$ 是开集；点集 $\{\boldsymbol{x}\in\mathbb{R}^n:d(\boldsymbol{x},\Omega)\leqslant r\}$ 是闭集.

12. 两集合 Ω, $\Lambda\subset\mathbb{R}^n$ 之间的距离定义为 $d(\Omega,\Lambda)=\inf\limits_{\boldsymbol{x}\in\Omega,\boldsymbol{y}\in\Lambda}\|\boldsymbol{x}-\boldsymbol{y}\|$. 证明下列命题：

（1）如果 $\Omega\subset\mathbb{R}^n$ 是闭集，则对 $\forall\boldsymbol{x}\in\Omega^c$，存在 $\boldsymbol{y}\in\Omega$ 使得 $d(\boldsymbol{x},\Omega)=d(\boldsymbol{x},\boldsymbol{y})$；

（2）如果 $\Omega\subset\mathbb{R}^n$ 是有界闭集，则一定存在 $\boldsymbol{x},\boldsymbol{y}\in\Omega$ 使得 $\operatorname{diam}\Omega=d(\boldsymbol{x},\boldsymbol{y})$；

（3）如果 $\Omega_1,\Omega_2\subset\mathbb{R}^n$ 是闭集，且至少有一个是有界集，则存在 $\boldsymbol{x}\in\Omega_1$, $\boldsymbol{y}\in\Omega_2$ 使得

$$d(\Omega_1,\Omega_2)=d(\boldsymbol{x},\boldsymbol{y}).$$

13. 设 $S\subset\mathbb{R}^n$ 是一个非空集合. 证明：$S=S'$ 当且仅当 S 闭，且 S 无孤立点.

14. 证明闭集套定理.

15. 由致密性定理证明柯西收敛定理.

10.2　多元函数与多元向量值函数

10.2.1　多元函数的概念

定义 10.2.1　设 $\Omega\subset\mathbb{R}^n$ 是非空点集，若对 $\forall\boldsymbol{x}\in\Omega$，按照对应关系 f 都对应唯一的一个实数 $y\in\mathbb{R}$，称对应关系 f 是定义在数集 Ω 上的 n 元函数，表示为 $f:\Omega\to\mathbb{R}$，与 $\boldsymbol{x}$ 对应的数 y 称为 f 在 $\boldsymbol{x}$ 的函数值，表示为 $y=f(\boldsymbol{x})$，Ω 称为函数 f 的定义域，集合 $\{y=f(\boldsymbol{x}):\boldsymbol{x}\in\Omega\}$ 称为函数 f 的值域.

设 $\boldsymbol{x}\in\Omega\subset\mathbb{R}^n$，记 $\boldsymbol{x}=(x_1,x_2,\cdots,x_n)$，则 $y=f(\boldsymbol{x})$ 也可写成 $y=f(x_1,x_2,\cdots,x_n)$，每个 x_i 称为 f 的自变量，其中 $i=1,2,\cdots,n$，y 是因变量. 对应 $n=1$, 2, 3，分别称为一元、二元、三元函数. 给定一个函数，若没有明确指明它的定义域，则它的定义域应是使该函数有意义的点的集合.

例如，函数 $\ln(1-z)$ 的定义域是 $\{z\in\mathbb{R}:\ z<1\}$，而函数 $\sqrt{z-x^2-y^2}$ 的定义域是

$$\{(x,y,z)\in\mathbb{R}^3:\ z\geqslant x^2+y^2\},$$

因此三元函数 $f(x,y,z)=\ln(1-z)+\sqrt{z-x^2-y^2}$ 的定义域是集合

$$\Omega=\{(x,y,z)\in\mathbb{R}^3:\ x^2+y^2\leqslant z<1\}.$$

定义在同一集合上的两个函数可进行四则运算．设 f，g 均为定义在集合 $\Omega\subset\mathbb{R}^n$ 上的 n 元函数，则对 $\forall\boldsymbol{x}\in\Omega$ 及 $\forall\lambda\in\mathbb{R}$，有

（1）$(f\pm g)(\boldsymbol{x})=f(\boldsymbol{x})\pm g(\boldsymbol{x})$；

（2）$(\lambda f)(\boldsymbol{x})=\lambda f(\boldsymbol{x})$；

（3）$(fg)(\boldsymbol{x})=f(\boldsymbol{x})g(\boldsymbol{x})$；

（4）当 $g(\boldsymbol{x})\neq 0$ 时，$\left(\dfrac{f}{g}\right)(\boldsymbol{x})=\dfrac{f(\boldsymbol{x})}{g(\boldsymbol{x})}$.

10.2.2　二元函数的图像

一元微积分建立了一元函数与平面曲线之间的联系，既帮助我们借助几何直观分析和解决微积分理论问题（如微分、积分中值定理），又使得我们能够应用微积分的方法和成果研究几何问题（如求曲线的切线等）．对多元函数，自然也希望能够建立函数与几何图形之间的联系．一般来说，n 元函数 $y=f(x_1,x_2,\cdots,x_n)$ 的几何图像是 $(n+1)$ 维欧氏空间 $(\boldsymbol{x},y)\in\mathbb{R}^{n+1}$ 中的 n 维超曲面．

定义 10.2.2　设 $f:D\subset\mathbb{R}^2\to\mathbb{R}$ 是一个二元函数，在空间建立右手直角坐标系 $Oxyz$，任取 $(x,y)\in D$，对应空间中唯一的一点 $(x,y,f(x,y))$，称点集 $\{(x,y,f(x,y)):\ (x,y)\in D\}$ 为函数 $z=f(x,y)$ 的图像．

我们经常遇到的二元函数的图像绝大部分都是三维空间中的曲面．显然函数 f 的定义域 D 是曲面 $z=f(x,y)$ 在 Oxy 坐标平面上的投影．二元函数除可用曲面表示外，也可用平面上的一系列等位线表示，称点集 $\{(x,y):f(x,y)=c\}$ 为曲面 $z=f(x,y)$ 的等位线或等高线，它是垂直于 z 轴的平面 $z=c$ 与曲面 $z=f(x,y)$ 的交线在 Oxy 坐标平面上的投影．

例 10.2.1　$z=x^2+y^2$ 是定义在 $\mathbb{R}^2$ 上的以原点为顶点、开口向上的旋转抛物面．该曲面由 Oxz 坐标平面内曲线 $\{(x,y,z)\in\mathbb{R}^3:z=x^2,y=0\}$ 绕 z 轴旋转而成，如图 10-2-1 所示．

例 10.2.2　$z=\sqrt{x^2+y^2}$ 是定义在 $\mathbb{R}^2$ 上的以原点为顶点、开口向上的圆锥面．该圆锥面由 Oxz 坐标平面内 V 形线 $\{(x,y,z)\in\mathbb{R}^3:\ z=|x|,y=0\}$ 绕 z 轴旋转而成，如图 10-2-2 所示．

例 10.2.3　$z=ax+by+c$ 是 $\mathbb{R}^3$ 中的平面．定义 $\boldsymbol{n}=(-a,-b,1)$，$\boldsymbol{r}=(x,y,z)$，则该函数可以记为 $\boldsymbol{r}\cdot\boldsymbol{n}=c$，且该平面以 $\boldsymbol{n}$ 为法向，平面上的任何一个点 $\boldsymbol{r}$ 在该法向上的投影为常数 c，如图 10-2-3 所示．

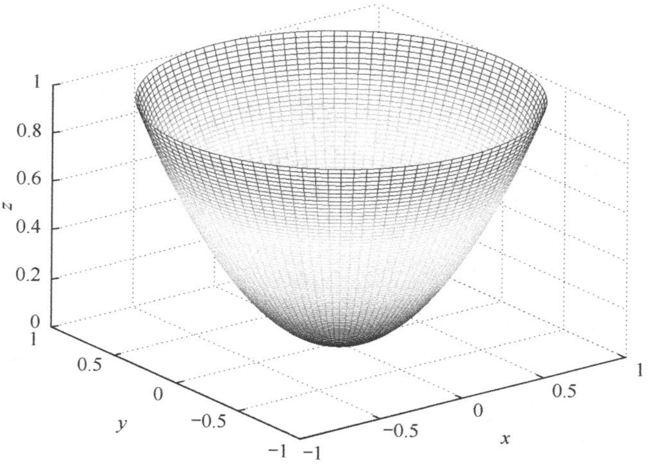

图 10-2-1

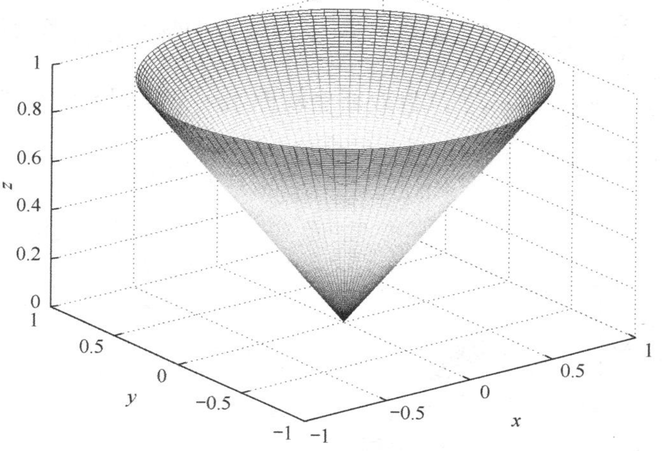

图 10-2-2

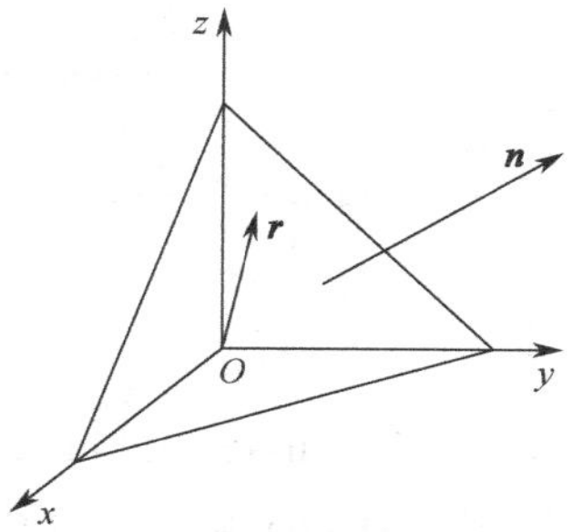

图 10-2-3

例 10.2.4　$z=\sqrt{1-x^2-y^2}$ 是定义在单位圆域 $x^2+y^2 \leqslant 1$ 上的上半球面，如图 10-2-4 所示.

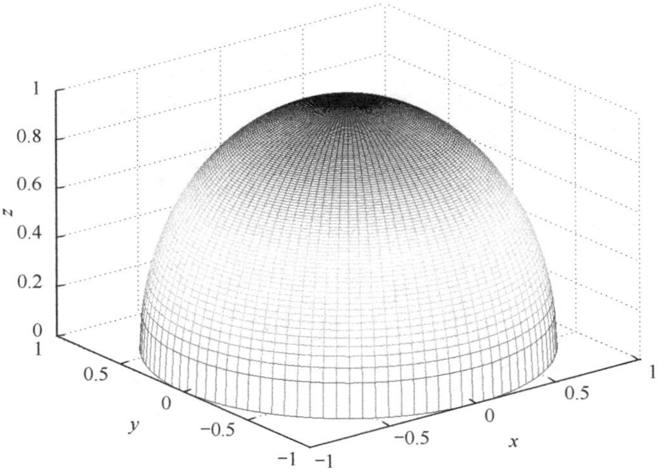

图 10-2-4

例 10.2.5　$z=\dfrac{x^2}{a^2}-\dfrac{y^2}{b^2}$ 是定义在整个 $\mathbb{R}^2$ 上的双曲抛物面，其形状与马鞍相似，故又称马鞍面．特别地，取 $a=b=\sqrt{2}$，将双曲抛物面 $2z=x^2-y^2$ 绕 z 轴旋转 $\dfrac{\pi}{4}$ 得到 $z=xy$．双曲抛物面如图 10-2-5 所示.

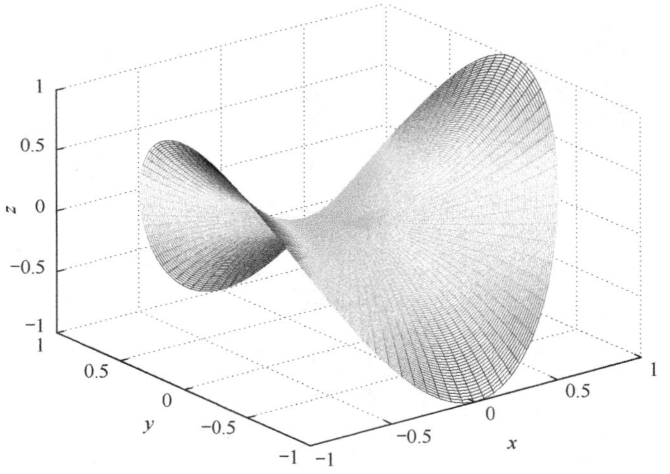

图 10-2-5

例 10.2.6　$x^2+y^2=2ay\ (a>0)$ 在 $\mathbb{R}^3$ 中的图像是母线平行于 z 轴的圆柱面.

该方程可以写成 $x^2+(y-a)^2=a^2$，在 Oxy 坐标平面内是以 $(0,a)$ 为圆心、半径为 a 的圆，在 $\mathbb{R}^3$ 中是沿着直线 $\{(x,y,z)\in\mathbb{R}^3:\ x=0,y=a\}$ 上下平移形成的圆柱面.

例 10.2.7　椭球面 $\dfrac{x^2}{a^2}+\dfrac{y^2}{b^2}+\dfrac{z^2}{c^2}=1$.

把 Oyz 坐标平面上的椭圆 $\frac{y^2}{b^2}+\frac{z^2}{c^2}=1$ 绕 z 轴旋转，所得曲面是旋转椭球面，其方程为 $\frac{x^2+y^2}{b^2}+\frac{z^2}{c^2}=1$．再把旋转椭球面沿 x 轴方向伸缩 $\frac{a}{b}$ 倍，便得椭球面 $\frac{x^2}{a^2}+\frac{y^2}{b^2}+\frac{z^2}{c^2}=1$．

通常情况下，$\mathbb{R}^3$ 中的曲面也可以用参数方程表示，例如，上述椭球面也可以表示为

$$\begin{cases} x=a\cos\theta\cos\varphi, \\ y=b\cos\theta\sin\varphi, (\theta,\varphi)\in\left[-\frac{\pi}{2},\frac{\pi}{2}\right]\times[0,2\pi). \\ z=c\sin\theta, \end{cases}$$

例 10.2.8　曲面 $\begin{cases} x=(a+b\cos\theta)\cos\varphi, \\ y=(a+b\cos\theta)\sin\varphi \\ z=c\sin\theta, \end{cases}$，$(\theta,\varphi)\in[0,2\pi)\times[0,2\pi)$ 是 $\mathbb{R}^3$ 中的环面，由 Oxz 坐标平面中椭圆 $\frac{(x-a)^2}{b^2}+\frac{z^2}{c^2}=1$ 绕 z 轴旋转一周而成，如图 10-2-6 所示.

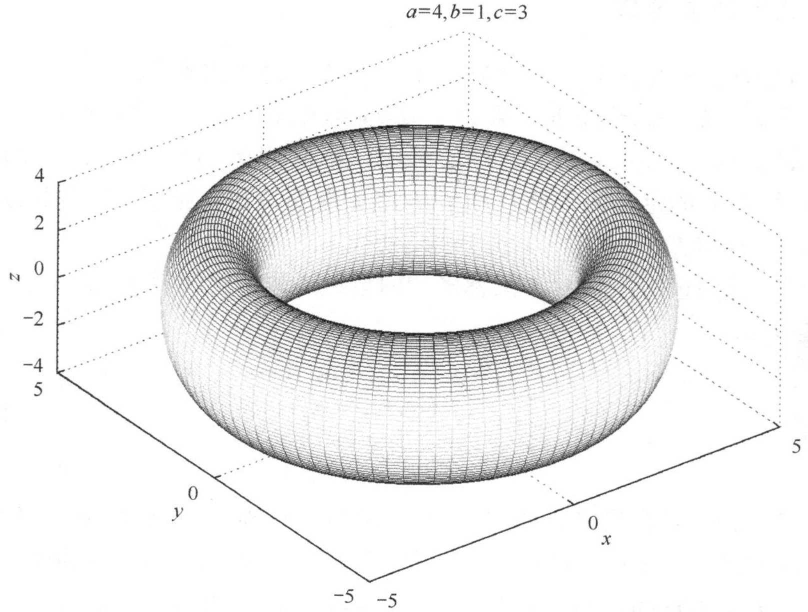

图 10-2-6

例 10.2.9　考虑曲面 $\begin{cases} x=(a+b\cos\theta)\cos\varphi, \\ y=(a+b\sin\theta)\cos\varphi, \\ z=c\sin\varphi, \end{cases}$ $(\theta,\varphi)\in[0,2\pi)\times[0,2\pi)$．对这个曲面就不容易想象出具体形状，借助 MATLAB，可以画出该曲面，如图 10-2-7 所示.

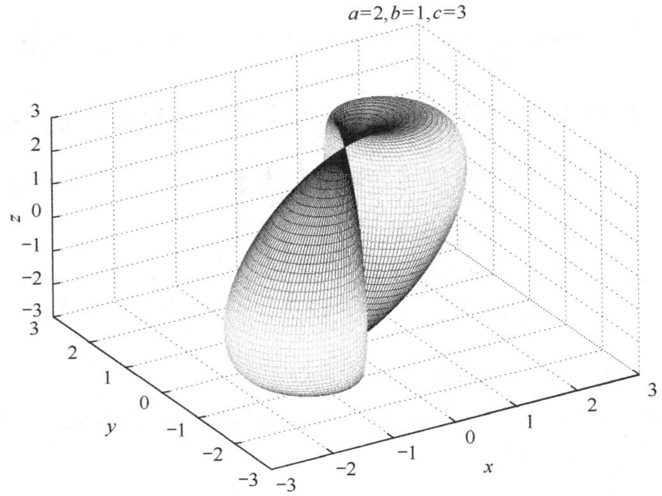

图 10-2-7

10.2.3 多元向量值函数

将多元函数的值域由一维推广到多维，即得到多元向量值函数.

定义 10.2.3 设 $D\subset\mathbb{R}^n$ 是非空集合．对 $\forall \boldsymbol{x}=(x_1,x_2,\cdots,x_n)\in D$，在某个对应法则 $\boldsymbol{f}$ 下，有唯一的 $\boldsymbol{y}=(y_1,y_2,\cdots,y_m)\in\mathbb{R}^m$ 与之对应，称对应 $\boldsymbol{f}$：$D\to\mathbb{R}^m$ 是一个映射，记为 $\boldsymbol{y}=\boldsymbol{f}(\boldsymbol{x})$．$D$ 称为 $\boldsymbol{f}$ 的定义域，记为 $D(\boldsymbol{f})$；当 $\boldsymbol{x}$ 取遍 D 时，把 $\boldsymbol{f}$ 在 $\mathbb{R}^m$ 中的取值范围称为 $\boldsymbol{f}$ 的值域，记为 $R(\boldsymbol{f})$.

由于 $\boldsymbol{y}\in\mathbb{R}^m$ 是向量，故映射 $\boldsymbol{f}$ 又称多元向量值函数．将映射 $\boldsymbol{f}:D\to\mathbb{R}^m$，$\boldsymbol{y}=\boldsymbol{f}(\boldsymbol{x})$ 按照坐标分量写出：

$$\begin{cases} y_1=f_1(x_1,x_2,\cdots,x_n),\\ y_2=f_2(x_1,x_2,\cdots,x_n),\\ \qquad\vdots\\ y_m=f_m(x_1,x_2,\cdots,x_n),\end{cases}$$

其中 $f_i\ (i=1,2,\cdots,m)$ 都是定义在 D 上的 n 元函数．一般地，不是很严格地说，如果 $n<m$，多元向量值函数 $\boldsymbol{y}=\boldsymbol{f}(\boldsymbol{x})$ 的几何图像可以理解为 $\mathbb{R}^m$ 中的 n 维超曲面．特别地，映射 $\boldsymbol{f}:\mathbb{R}\to\mathbb{R}^n$，$t\mapsto\boldsymbol{f}(t)$ 的几何图像是 $\mathbb{R}^n$ 中的曲线，而 $\boldsymbol{f}:\mathbb{R}^2\to\mathbb{R}^n,(x,y)\mapsto\boldsymbol{f}(x,y)$ 的几何图像是 $\mathbb{R}^n$ 中的二维曲面．反过来，如果 $m<n$，多元向量值函数 $\boldsymbol{y}=\boldsymbol{f}(\boldsymbol{x})$ 的几何图像可以理解为 $\mathbb{R}^n$ 中的 $n-m$ 维超曲面．特别地，如果 $m=n$，$\boldsymbol{y}=(y_1,y_2,\cdots,y_n)$ 可以理解成 n 维弯曲空间的一组局部坐标．上面这些粗略的几何理解的严格化是后续课程微分几何和微分拓扑学等的内容.

当然，多元向量值函数也可以用其他方式去理解．例如，在信号与系统理论中有重要作用的双线性变换：$\boldsymbol{f}:\mathbb{R}^2\to\mathbb{R}^2, s=\boldsymbol{f}(z)=\dfrac{z-1}{z+1}$．这里我们把两个平面上的点都看成复数，即 $z,s\in\mathbb{C}$．可以证明：z－平面上的单位圆映射到了 s－平面上的虚轴，z－平面上单

位圆内部映射到了 s −平面的左半平面，z −平面上单位圆外部映射到了 s −平面的右半平面，如图 10-2-8 所示．特别地，z −平面的圆 $|z|=r$ 映射到了 s −平面上的圆

$$\left(\xi-\frac{r^2-1}{r^2+1}\right)^2+\eta^2=\left(\frac{2r}{r^2-1}\right)^2,$$

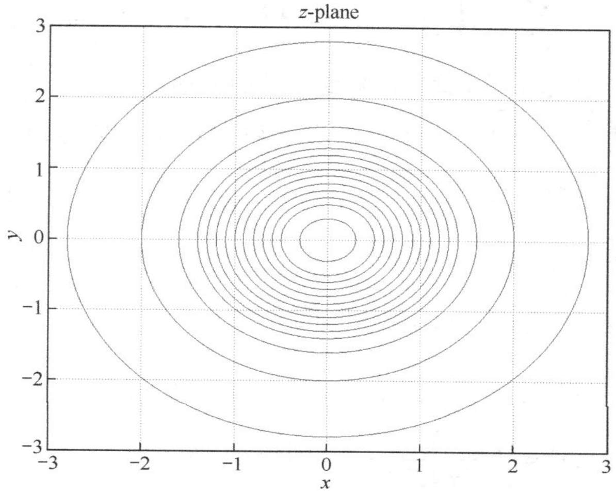

图 10-2-8

其中 $s=\xi+\mathrm{i}\eta$，如图 10-2-9 所示．这类函数（称为解析函数）在后续课程复变函数论中会有详细介绍．

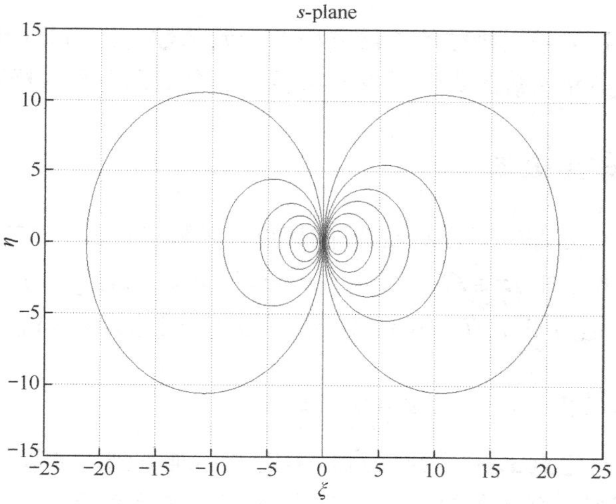

图 10-2-9

习题 10.2

1．如果 n 元函数 $f(x_1,x_2,\cdots,x_n)$ 对任意实数 t 都满足 $f(tx_1,tx_2,\cdots,tx_n)=t^k f(x_1,x_2,\cdots,x_n)$，称函数 f 是 $x_1,x_2,\cdots,x_n$ 的 k 次齐次式，下列函数是否为齐次式？若是，求出次数 k．

（1） $f(x,y,z)=\sqrt{x^3+y^3+z^3}+xyz$；　　（2） $f(x_1,x_2,\cdots,x_n)=\dfrac{\sum\limits_{i=1}^{n}x_i}{\prod\limits_{i=1}^{n}x_i}$；

（3） $f(x_1,x_2,\cdots,x_n)=\sum\limits_{i=1}^{n}x_i+\prod\limits_{i=1}^{n}x_i$；　　（4） $f(x_1,x_2,\cdots,x_n)=\sum\limits_{i=1}^{n}\sum\limits_{j=1}^{n}a_{ij}x_ix_j$.

2．求下列函数的定义域，并画出函数定义域的图形．

（1） $f(x,y)=\sqrt{4x^2+y^2-1}$；　　（2） $f(x,y)=\ln(xy)$；

（3） $f(x,y)=\arcsin\dfrac{x^2-y^2}{x^2+y^2}$.

3．求下列函数表达式：

（1）已知 $f\left(x+y,\dfrac{y}{x}\right)=x^2-y^2$，求 $f(x,y)$；

（2）已知 $z=\sqrt{y}+f\left(\sqrt{x}-1\right)$，且当 $y=1$ 时 $z=x$，求 $f(y)$；

（3）已知 $f(x-y,\ln x)=\left(1-\dfrac{y}{x}\right)\dfrac{e^x}{e^y\ln x^x}$，求 $f(x,y)$.

10.3　多元函数的极限

我们知道一元微积分是用极限的方法来研究一元函数的，因此极限理论是一元微积分的基础理论．为建立多元函数的类似理论，需要先研究多元函数的极限．

10.3.1　多元函数的重极限

定义 10.3.1　设 $\boldsymbol{x}_0$ 是非空集合 $\Omega\subset\mathbb{R}^n$ 的聚点，函数 f 在 Ω 上有定义，$a\in\mathbb{R}$ 给定．若对 $\forall\varepsilon>0,\ \exists\delta>0$，使得对 $\forall\boldsymbol{x}\in\Omega$，当 $0<\|\boldsymbol{x}-\boldsymbol{x}_0\|<\delta$ 时，有 $|f(\boldsymbol{x})-a|<\varepsilon$，称 $\boldsymbol{x}$ 趋向 $\boldsymbol{x}_0$ 时，$f(\boldsymbol{x})$ 有极限 a，记为 $\lim\limits_{\substack{\boldsymbol{x}\to\boldsymbol{x}_0\\ \boldsymbol{x}\in\Omega}}f(\boldsymbol{x})=a$．通常把这种极限称为 $f(\boldsymbol{x})$ 在 $\boldsymbol{x}_0$ 点的重极限．

注 1　当 $\boldsymbol{x}_0$ 为 Ω 的内点时，记为 $\lim\limits_{\boldsymbol{x}\to\boldsymbol{x}_0}f(\boldsymbol{x})=a$.

注 2　动点 $\boldsymbol{x}$ 趋向定点 $\boldsymbol{x}_0$ 的方式任意，由定义不难看到，如果函数 f 在点 $\boldsymbol{x}_0$ 处存在极限，则动点 $\boldsymbol{x}$ 沿任何一条连续曲线趋于定点 $\boldsymbol{x}_0$ 时，函数都必然存在极限，且极限都是 a，因此如果动点 $\boldsymbol{x}$ 沿两条不同的曲线趋近定点时，函数值趋向不同，则函数 f 在点 $\boldsymbol{x}_0$ 处不存在极限．

例 10.3.1　证明函数 $f(x,y)=xy\dfrac{x^2-y^2}{x^2+y^2}$（$(x,y)\neq(0,0)$）在 $(0,0)$ 点的极限为零．

证法 1　对 $\forall\varepsilon>0$，取 $\delta=\sqrt{2\varepsilon}$，则对任意的 (x,y)，当 $0<\sqrt{x^2+y^2}<\delta$ 时，有

$$\left|xy\frac{x^2-y^2}{x^2+y^2}\right| \leqslant \frac{1}{2}\left|x^2-y^2\right| \leqslant \frac{1}{2}(x^2+y^2) < \varepsilon,$$

故 $\lim\limits_{(x,y)\to(0,0)} f(x,y)=0$．证毕.

若函数表达式中出现 x^2+y^2 的形式，可考虑用极坐标求解.

证法 2　令 $x=\rho\cos\theta,\ y=\rho\sin\theta$，其中 $0\leqslant\theta\leqslant 2\pi$．则当 $(x,y)\to(0,0)$ 时，有 $\rho\to 0$，因此

$$0\leqslant|f(x,y)|=\left|\frac{1}{4}\rho^2\sin 4\theta\right|\leqslant\frac{1}{4}\rho^2\to 0\ (\rho\to 0),$$

故 $\lim\limits_{(x,y)\to(0,0)} f(x,y)=0$．证毕.

例 10.3.2　设 $f(x,y)=\dfrac{xy}{x^2+y^2}$（$(x,y)\neq(0,0)$）．讨论函数 $f(x,y)$ 在 $(0,0)$ 点是否存在极限？

解　令 $y=kx$，则当 $x\to 0$ 时，有 $y\to 0$，而 $f(x,kx)=\dfrac{k}{1+k^2}$，因此取 $k_1\neq k_2$ 使得

$$f(x,k_1x)=\frac{k_1}{1+k_1^2}\neq\frac{k_2}{1+k_2^2}=f(x,k_2x),$$

则 $\lim\limits_{(x,y)\to(0,0)} f(x,k_1x)\neq\lim\limits_{(x,y)\to(0,0)} f(x,k_2x)$，故 $\lim\limits_{(x,y)\to(0,0)} f(x,y)$ 不存在.

例 10.3.3　设 $f(x,y)=\dfrac{xy}{x+y}$，$(x,y)\neq(0,0)$．讨论函数 $f(x,y)$ 在 $(0,0)$ 点的极限是否存在？

解　令 $y=x$，则 $f(x,x)=\dfrac{x}{2}\to 0$（$(x,y)\to(0,0)$）；令 $y=x^2-x$，则

$$f(x,x^2-x)=x-1\to -1\quad((x,y)\to(0,0)),$$

所以 $\lim\limits_{(x,y)\to(0,0)} f(x,y)$ 不存在.

10.3.2　多元函数的累次极限

在例 10.3.3 中，对任意固定的非零的 y，$\lim\limits_{x\to 0} f(x,y)=\lim\limits_{x\to 0}\dfrac{xy}{x+y}=0$，从而 $\lim\limits_{y\to 0}\lim\limits_{x\to 0} f(x,y)=0$；对任意固定的非零的 x，$\lim\limits_{y\to 0} f(x,y)=\lim\limits_{y\to 0}\dfrac{xy}{x+y}=0$，故 $\lim\limits_{x\to 0}\lim\limits_{y\to 0} f(x,y)=0$. 读者有兴趣可以仔细研究该曲面 $z=\dfrac{xy}{x+y}$ 在(0,0)邻域内的图像．我们把上述两个极限分别称为函数在该点的累次极限.

定义 10.3.2　任意固定 $y\neq y_0$，即把二元函数 $f(x,y)$ 中的变量 y 看成常数，这时是关于 x 的一元函数，如果 $x\to x_0$ 时，$f(x,y)$ 有极限，记为 $\lim\limits_{x\to x_0} f(x,y)=\varphi(y)$．若 $\lim\limits_{y\to y_0}\varphi(y)=B$，即 $\lim\limits_{y\to y_0}\lim\limits_{x\to x_0} f(x,y)=B$，称此极限是函数 $f(x,y)$ 在点 (x_0,y_0) 先对 x 后对 y

的累次极限．

类似可定义先对 y 后对 x 的累次极限 $\lim\limits_{x\to x_0}\lim\limits_{y\to y_0}f(x,y)$. 不难看出，$n$ 元函数在一点的累次极限有 $n!$ 个．

例 10.3.3 说明，函数在一点的两个累次极限都存在，但函数在该点的二重极限不存在；反过来，二重极限存在，累次极限也不一定存在．

例 10.3.4 证明：$f(x,y)=\begin{cases}x\sin\dfrac{1}{y}+y\sin\dfrac{1}{x}, & xy\neq 0;\\ 0, & xy=0\end{cases}$ 在 $(0,0)$ 点的极限是零，但在该点的两个累次极限都不存在．

证明 当 $xy=0$ 时，$f(x,y)=0$，因此 $|f(x,y)-0|=0$；若 $xy\neq 0$，则

$$0\leqslant|f(x,y)-0|=\left|x\sin\frac{1}{y}+y\sin\frac{1}{x}\right|\leqslant|x|+|y|\leqslant\sqrt{2}\sqrt{x^2+y^2}\to 0\ \ ((x,y)\to(0,0)),$$

所以 $\lim\limits_{(x,y)\to(0,0)}f(x,y)=0$．但 $\lim\limits_{x\to 0}f(x,y)$ 和 $\lim\limits_{y\to 0}f(x,y)$ 都不存在，所以两个累次极限都不存在．证毕．

本例说明，二重极限存在，但两个累次极限都不存在．

由此可见，二重极限与累次极限没有必然的蕴含关系．但累次极限是连续计算两次一元函数的极限，而一元函数的极限已为我们熟知，因此如果二重极限和累次极限都存在，二者是否相等？若相等，那么二重极限的计算就可转化为累次极限的计算．

定理 10.3.1 若 $f(x,y)$ 在 $\boldsymbol{x}_0=(x_0,y_0)$ 的二重极限与某个累次极限都存在，则二者必相等．

证明 不妨设 $\lim\limits_{(x,y)\to(x_0,y_0)}f(x,y)=A$ 且累次极限 $\lim\limits_{x\to x_0}\lim\limits_{y\to y_0}f(x,y)=B$．

对 $\forall\varepsilon>0$，因为 $\lim\limits_{(x,y)\to(x_0,y_0)}f(x,y)=A$，所以存在 $\delta>0$ 使得当

$$0<|x-x_0|<\frac{\delta}{\sqrt{2}},\quad 0<|y-y_0|<\frac{\delta}{\sqrt{2}},$$

从而 $0<\sqrt{(x-x_0)^2+(y-y_0)^2}<\delta$ 时，有

$$|f(x,y)-A|<\varepsilon. \tag{10.3.1}$$

因为 $\lim\limits_{x\to x_0}\lim\limits_{y\to y_0}f(x,y)=B$，所以当 $0<|x-x_0|<\dfrac{\delta}{\sqrt{2}}$ 时，有 $\lim\limits_{y\to y_0}f(x,y)=\varphi(x)$ 存在，且

$$B=\lim_{x\to x_0}\lim_{y\to y_0}f(x,y)=\lim_{x\to x_0}\varphi(x).$$

对不等式（10.3.1）两端在 $y\to y_0$ 时取极限，有 $\lim\limits_{y\to y_0}|f(x,y)-A|\leqslant\varepsilon$，即 $|\varphi(x)-A|\leqslant\varepsilon$，从而

$$|B-A|=\lim_{x\to x_0}|\varphi(x)-A|\leqslant\varepsilon.$$

由 ε 的任意性知 $A=B$．证毕．

由上面的证明过程可得到下面的结论．

推论 10.3.1 若 $f(x,y)$ 在 $\boldsymbol{x}_0=(x_0,y_0)$ 的二重极限存在，且对 $\forall x\neq x_0$，$\lim\limits_{y\to y_0}f(x,y)=\varphi(x)$

存在，则 $\lim\limits_{x\to x_0}\lim\limits_{y\to y_0} f(x,y)=\lim\limits_{x\to x_0}\varphi(x)$ 存在且 $\lim\limits_{x\to x_0}\lim\limits_{y\to y_0} f(x,y)=\lim\limits_{(x,y)\to(x_0,y_0)} f(x,y)$.

推论 10.3.2　若二重极限与两个累次极限都存在，则三者必定相等.

推论 10.3.3　若两个累次极限都存在但不相等，则二重极限一定不存在.

定理 10.3.1 中的 x,y 都是一维变量，不难发现，当 x,y 为高维变量时，定理的结论仍然成立.

定理 10.3.2　设函数 $f(\boldsymbol{x},\boldsymbol{y})$（其中 $\boldsymbol{x}=(x_1,x_2,\cdots,x_{n_1})$，$\boldsymbol{y}=(y_1,y_2,\cdots,y_{n_2})$）是在 $\mathbb{R}^{n_1+n_2}$ 中的点 $\boldsymbol{z}_0=(\boldsymbol{x}_0,\boldsymbol{y}_0)$（其中 $\boldsymbol{x}_0=(x_{01},x_{02},\cdots,x_{0n_1})$，$\boldsymbol{y}_0=(y_{01},y_{02},\cdots,y_{0n_2})$）的某个去心邻域 $\Omega_1\times\Omega_2$ 内有定义（其中 Ω_1 是 $\boldsymbol{x}_0$ 的去心邻域，Ω_2 是 $\boldsymbol{y}_0$ 的去心邻域），且重极限 $\lim\limits_{\substack{(\boldsymbol{x},\boldsymbol{y})\to(\boldsymbol{x}_0,\boldsymbol{y}_0)\\(\boldsymbol{x},\boldsymbol{y})\in\Omega_1\times\Omega_2}} f(\boldsymbol{x},\boldsymbol{y})$ 存在．又设 $\lim\limits_{\boldsymbol{x}\to\boldsymbol{x}_0}\lim\limits_{\boldsymbol{y}\to\boldsymbol{y}_0} f(\boldsymbol{x},\boldsymbol{y})$ 存在，则 $\lim\limits_{\substack{(\boldsymbol{x},\boldsymbol{y})\to(\boldsymbol{x}_0,\boldsymbol{y}_0)\\(\boldsymbol{x},\boldsymbol{y})\in\Omega_1\times\Omega_2}} f(\boldsymbol{x},\boldsymbol{y})=\lim\limits_{\boldsymbol{x}\to\boldsymbol{x}_0}\lim\limits_{\boldsymbol{y}\to\boldsymbol{y}_0} f(\boldsymbol{x},\boldsymbol{y})$.

更一般地，定理 10.3.1 可推广为下面的结论.

定理 10.3.3　设函数 $f(\boldsymbol{x})$，其中 $\boldsymbol{x}=(x_1,x_2,\cdots,x_n)$，在 $\mathbb{R}^n$ 中的点 $\boldsymbol{x}_0=(x_{01},x_{02},\cdots,x_{0n})$ 的某个去心邻域 Ω 内有定义，且重极限 $\lim\limits_{\substack{\boldsymbol{x}\to\boldsymbol{x}_0\\\boldsymbol{x}\in\Omega}} f(\boldsymbol{x})$ 存在．则对 $1,2,\cdots,n$ 的任意一个排列 $i_1,i_2,\cdots,i_n$，当累次极限 $\lim\limits_{x_{i_1}\to x_{0i_1}}\lim\limits_{x_{i_2}\to x_{0i_2}}\cdots\lim\limits_{x_{i_n}\to x_{0i_n}} f(x_1,x_2,\cdots,x_n)$ 存在时，必有

$$\lim_{\substack{\boldsymbol{x}\to\boldsymbol{x}_0\\\boldsymbol{x}\in\Omega}} f(\boldsymbol{x})=\lim_{x_{i_1}\to x_{0i_1}}\lim_{x_{i_2}\to x_{0i_2}}\cdots\lim_{x_{i_n}\to x_{0i_n}} f(x_1,x_2,\cdots,x_n).$$

推论 10.3.4　设函数 $f(\boldsymbol{x})$，其中 $\boldsymbol{x}=(x_1,x_2,\cdots,x_n)$，在 $\mathbb{R}^n$ 中的点 $\boldsymbol{x}_0=(x_{01},x_{02},\cdots,x_{0n})$ 的某个去心邻域 Ω 内有定义，且重极限 $\lim\limits_{\substack{\boldsymbol{x}\to\boldsymbol{x}_0\\\boldsymbol{x}\in\Omega}} f(\boldsymbol{x})$ 存在．则对 $1,2,\cdots,n$ 的任意两个排列 $i_1,i_2,\cdots,i_n$ 与 $j_1,j_2,\cdots,j_n$，当累次极限

$$\lim_{x_{i_1}\to x_{0i_1}}\lim_{x_{i_2}\to x_{0i_2}}\cdots\lim_{x_{i_n}\to x_{0i_n}} f(x_1,x_2,\cdots,x_n)\text{ 与 }\lim_{x_{j_1}\to x_{0j_1}}\lim_{x_{j_2}\to x_{0j_2}}\cdots\lim_{x_{j_n}\to x_{0j_n}} f(x_1,x_2,\cdots,x_n)$$

都存在时，必有

$$\begin{aligned}&\lim_{x_{i_1}\to x_{0i_1}}\lim_{x_{i_2}\to x_{0i_2}}\cdots\lim_{x_{i_n}\to x_{0i_n}} f(x_1,x_2,\cdots,x_n)\\=&\lim_{x_{j_1}\to x_{0j_1}}\lim_{x_{j_2}\to x_{0j_2}}\cdots\lim_{x_{j_n}\to x_{0j_n}} f(x_1,x_2,\cdots,x_n)\\=&\lim_{\substack{\boldsymbol{x}\to\boldsymbol{x}_0\\\boldsymbol{x}\in\Omega}} f(\boldsymbol{x}).\end{aligned}$$

10.3.3　向量值函数的极限

下面讨论多元向量值函数的极限.

定义 10.3.3　设 $\boldsymbol{x}_0=(x_{01},x_{02},\cdots,x_{0n})$ 是非空集合 $\Omega\subset\mathbb{R}^n$ 的聚点，$\boldsymbol{f}:\Omega\to\mathbb{R}^m$ 为映射，且 $\boldsymbol{a}=(a_1,a_2,\cdots,a_m)\in\mathbb{R}^m$ 给定．如果对 $\forall\varepsilon>0$，$\exists\delta>0$，使得对 $\forall\boldsymbol{x}\in\Omega$，当 $0<\|\boldsymbol{x}-\boldsymbol{x}_0\|<\delta$ 时，有 $\|\boldsymbol{f}(\boldsymbol{x})-\boldsymbol{a}\|<\varepsilon$，则称 $\boldsymbol{x}\to\boldsymbol{x}_0$ 时，$\boldsymbol{f}(\boldsymbol{x})$ 以 $\boldsymbol{a}$ 为极限，记作 $\lim\limits_{\substack{\boldsymbol{x}\to\boldsymbol{x}_0\\\boldsymbol{x}\in\Omega}}\boldsymbol{f}(\boldsymbol{x})=\boldsymbol{a}$.

由于点列的收敛是按照坐标分量分别收敛的，我们将映射 $\boldsymbol{f}:\Omega\subset\mathbb{R}^n\to\mathbb{R}^m$ 按照坐标

分量写成函数组的形式

$$\begin{cases} y_1 = f_1(x_1, x_2, \cdots, x_n), \\ y_2 = f_2(x_1, x_2, \cdots, x_n), \\ \qquad \vdots \\ y_m = f_m(x_1, x_2, \cdots, x_n), \end{cases}$$

其中 f_i（$i = 1, 2, \cdots, m$）都是定义在 Ω 上的 n 元函数．这样 $\lim\limits_{\substack{\boldsymbol{x}\to\boldsymbol{x}_0\\ \boldsymbol{x}\in\Omega}} \boldsymbol{f}(\boldsymbol{x}) = \boldsymbol{a}$ 当且仅当

$$\lim_{\substack{\boldsymbol{x}\to\boldsymbol{x}_0\\ \boldsymbol{x}\in\Omega}} f_i(\boldsymbol{x}) = a_i,\ i = 1, 2, \cdots, m,$$

其中，$\boldsymbol{a} = (a_1, a_2, \cdots, a_m)$.

多元函数除在一点的极限外，还有其他类型的极限，如其中一个或多个变量趋于无穷的情形．

例 10.3.5 求 $\lim\limits_{\substack{x\to 0\\ y\to\infty}} (1+x)^{\frac{y+1}{xy}}$.

解 该极限属于1^{∞}型，$\lim\limits_{\substack{x\to 0\\ y\to\infty}} (1+x)^{\frac{y+1}{xy}} = \lim\limits_{\substack{x\to 0\\ y\to\infty}} (1+x)^{\frac{1}{x}\frac{y+1}{y}} = \mathrm{e}$.

例 10.3.6 求 $\lim\limits_{\substack{x\to\infty\\ y\to\infty}} \dfrac{x+y}{xy}$.

解 $\lim\limits_{\substack{x\to\infty\\ y\to\infty}} \dfrac{x+y}{xy} = \lim\limits_{\substack{x\to\infty\\ y\to\infty}} \left(\dfrac{1}{x} + \dfrac{1}{y}\right) = 0$.

例 10.3.7 求 $\lim\limits_{\substack{x\to+\infty\\ y\to-\infty}} (x^2+y^2)\mathrm{e}^{y-x}$.

解 令 $y = -z$，则 $\lim\limits_{\substack{x\to+\infty\\ y\to-\infty}} (x^2+y^2)\mathrm{e}^{y-x} = \lim\limits_{\substack{x\to+\infty\\ z\to+\infty}} (x^2+z^2)\mathrm{e}^{-(x+z)}$．因为

$$x^2 + z^2 < (x+z)^2,\quad x\to+\infty,\ z\to+\infty,$$

所以

$$0 \leqslant (x^2+z^2)\mathrm{e}^{-(x+z)} < (x+z)^2\mathrm{e}^{-(x+z)}\quad (x\to+\infty,\ z\to+\infty).$$

令 $x + z = \rho$，则 $x\to+\infty,\ z\to+\infty$ 时，有 $\rho\to+\infty$，而 $\lim\limits_{\rho\to+\infty} \rho^2\mathrm{e}^{-\rho} = 0$．所以

$$\lim_{\substack{x\to+\infty\\ z\to+\infty}} (x^2+z^2)\mathrm{e}^{-(x+z)} = 0.$$

故 $\lim\limits_{\substack{x\to+\infty\\ y\to-\infty}} (x^2+y^2)\mathrm{e}^{y-x} = 0$.

不难看出，多元函数的极限与一元函数的极限有类似的一些性质，下面不加证明地将这些性质列出，且我们总假设函数 $f(\boldsymbol{x})$ 与 $g(\boldsymbol{x})$，其中 $\boldsymbol{x} = (x_1, x_2, \cdots, x_n)$，在 $\mathbb{R}^n$ 中的点 $\boldsymbol{x}_0 = (x_{01}, x_{02}, \cdots, x_{0n})$ 的某个去心邻域 Ω 内有定义．

定理 10.3.4（极限唯一性） 若 $\lim\limits_{\substack{\boldsymbol{x}\to\boldsymbol{x}_0\\ \boldsymbol{x}\in\Omega}} f(\boldsymbol{x}) = a$ 且 $\lim\limits_{\substack{\boldsymbol{x}\to\boldsymbol{x}_0\\ \boldsymbol{x}\in\Omega}} f(\boldsymbol{x}) = b$，则 $a = b$.

定理 10.3.5（局部有界性） 若 $\lim\limits_{\substack{x\to x_0\\ x\in\Omega}} f(\boldsymbol{x})$ 存在，则存在 $\delta>0$ 及 $M>0$ 使得对 $\forall \boldsymbol{x}\in\Omega$，当 $0<\|\boldsymbol{x}-\boldsymbol{x}_0\|<\delta$ 时，有 $|f(\boldsymbol{x})|\leqslant M$.

定理 10.3.6（局部保号性） 设 $\lim\limits_{\substack{x\to x_0\\ x\in\Omega}} f(\boldsymbol{x})=a$.

（i）若 $a>0$（或 $a<0$），则存在 $\delta>0$ 使得对 $\forall \boldsymbol{x}\in\Omega$，当 $0<\|\boldsymbol{x}-\boldsymbol{x}_0\|<\delta$ 时，有 $f(\boldsymbol{x})>0$（或 $f(\boldsymbol{x})<0$）；

（ii）若存在 $\delta>0$ 使得对 $\forall \boldsymbol{x}\in\Omega$，当 $0<\|\boldsymbol{x}-\boldsymbol{x}_0\|<\delta$ 时，有 $f(\boldsymbol{x})>0$（或 $f(\boldsymbol{x})<0$），则 $a\geqslant 0$（或 $a\leqslant 0$）.

定理 10.3.7（四则运算） 设 $\lim\limits_{\substack{x\to x_0\\ x\in\Omega}} f(\boldsymbol{x})=a$，$\lim\limits_{\substack{x\to x_0\\ x\in\Omega}} g(\boldsymbol{x})=b$. 则

$$\lim_{\substack{x\to x_0\\ x\in\Omega}}[f(\boldsymbol{x})\pm g(\boldsymbol{x})]=a\pm b,\quad \lim_{\substack{x\to x_0\\ x\in\Omega}} f(\boldsymbol{x})\cdot g(\boldsymbol{x})=ab,\quad \lim_{\substack{x\to x_0\\ x\in\Omega}}\frac{f(\boldsymbol{x})}{g(\boldsymbol{x})}=\frac{a}{b}\ (b\neq 0).$$

定理 10.3.8（局部保序性） 设 $\lim\limits_{\substack{x\to x_0\\ x\in\Omega}} f(\boldsymbol{x})=a$，$\lim\limits_{\substack{x\to x_0\\ x\in\Omega}} g(\boldsymbol{x})=b$.

若存在 $\delta>0$ 使得对 $\forall \boldsymbol{x}\in\Omega$，当 $0<\|\boldsymbol{x}-\boldsymbol{x}_0\|<\delta$ 时，有 $f(\boldsymbol{x})\leqslant g(\boldsymbol{x})$，则 $a\leqslant b$.

定理 10.3.9（柯西收敛原理） $\lim\limits_{\substack{x\to x_0\\ x\in\Omega}} f(\boldsymbol{x})$ 存在当且仅当对 $\forall\varepsilon>0$，$\exists\delta>0$，使得对 $\forall \boldsymbol{x},\ \boldsymbol{y}\in\Omega$，当 $0<\|\boldsymbol{x}-\boldsymbol{x}_0\|<\delta$ 且 $0<\|\boldsymbol{y}-\boldsymbol{x}_0\|<\delta$ 时，有 $|f(\boldsymbol{x})-f(\boldsymbol{y})|<\varepsilon$.

定理 10.3.10（海涅归结原则） $\lim\limits_{\substack{x\to x_0\\ x\in\Omega}} f(\boldsymbol{x})=a$ 的充要条件是对 Ω 内任意收敛到 $\boldsymbol{x}_0$ 的点列 $\{\boldsymbol{x}_k\}$ 满足 $\boldsymbol{x}_k\neq\boldsymbol{x}_0(k\in\mathbb{N}^+)$，都有 $\lim\limits_{k\to\infty} f(\boldsymbol{x}_k)=a$.

习题 10.3

1．下列函数当 $(x,y)\to(0,0)$ 时其极限是否存在？若存在求其值，若不存在则说明理由.

（1）$\dfrac{\arcsin(x^2+y^2)}{x^2+y^2}$；　（2）$\dfrac{xy}{\sqrt{x^2+y^2}}$；　（3）$(x^2+y^2)\mathrm{e}^{-x-y}$；

（4）$\dfrac{x+y}{|x|+|y|}$；　（5）$\dfrac{x^2-y^2}{x^2+y^2}$；　（6）$\dfrac{1-\cos(xy)}{x^2+y^2}$；

（7）$\dfrac{x^3-y^3}{x+y}$；　（8）$\dfrac{xy-\sin(xy)}{xy-xy\cos(xy)}$；　（9）$(x^2+y^2)^{xy}$；

（10）$\dfrac{x^3y}{x^6+y^2}$；　（11）$\dfrac{x^4y^4}{(x^2+y^4)^3}$；　（12）$\dfrac{\sin(x^2y)-\arcsin(x^2y)}{x^6y^3}$.

2．求下列函数极限.

（1）$\lim\limits_{\substack{x\to 3\\ y\to 0}}\dfrac{\ln(x+\sin y)}{\sqrt{x^2+y^2}}$；　（2）$\lim\limits_{\substack{x\to\infty\\ y\to\infty}}\dfrac{x+y}{x^2+xy+y^2}$；　（3）$\lim\limits_{\substack{x\to\infty\\ y\to\infty}}\dfrac{\ln(x^2+y^2)}{\sqrt{x^2+y^2}}$；

（4）$\lim\limits_{\substack{x\to\infty\\ y\to 0}}\left(1+\dfrac{1}{x}\right)^{\frac{x^2}{x+y}}$；（5）$\lim\limits_{\substack{x\to\infty\\ y\to\infty}}\left(\dfrac{|xy|}{x^2+y^2}\right)^{x^2}$；（6）$\lim\limits_{(x,y)\to(0,0)}(x^2+y^2)^{x^2y^2}$.

3．讨论下列函数在给定点处的重极限与累次极限是否存在，若存在则求其值.

（1）$\dfrac{|x-y|}{|x|+|y|}$，$(0,0)$；（2）$\dfrac{x^y}{1+x^y}$，$(x\to+\infty, y\to 0^+)$；

（3）$(x+y)\sin\dfrac{1}{x}\sin\dfrac{1}{y}$，$(0,0)$；（4）$\sin\dfrac{x^4}{x^4+y^4}$，$(0,0)$；

（5）$\dfrac{x^2y^2}{x^2y^2+(x-y)^2}$，$(0,0)$.

4．讨论累次极限与重极限的关系.

5．证明下列极限.

（1）$\lim\limits_{(x,y)\to(0,0)}\dfrac{x^2y^2}{x^3+y^3}$不存在.

（2）$\lim\limits_{(x,y)\to(0,0)}f(x,y)$不存在，其中$f(x,y)=\begin{cases}\dfrac{xy}{x^2+y^2}+y\sin\dfrac{1}{x}, & x\neq 0;\\ 0, & x=0.\end{cases}$

（3）$\lim\limits_{\substack{x\to 0\\ y\to 0}}\dfrac{\sqrt{1+xy}+\sqrt{1-xy}-2}{\sqrt{1+x^2y^2}-1}=-\dfrac{1}{2}$.（4）$\lim\limits_{\substack{x\to 0\\ y\to 0}}\dfrac{x^3+xy^2}{x^2+y^2-xy}=0$.

（5）$\lim\limits_{\substack{x\to\infty\\ y\to\infty}}\dfrac{x+y}{x^2+y^2+1}=0$.

6．设$f(x,y)=\dfrac{x^2y}{x^4+y^2}$．为求$\lim\limits_{(x,y)\to(0,0)}f(x,y)$，令$x=\rho\cos\theta,\ y=\rho\sin\theta$，得

$$\lim_{(x,y)\to(0,0)}f(x,y)=\lim_{\rho\to 0}\frac{\rho\cos^2\theta\sin\theta}{\rho^2\cos^4\theta+\sin^2\theta}=0\ （\theta\neq 0,\pi）,$$

而$\theta=0,\ \pi$时，$f(x,y)=0$，因此$\lim\limits_{(x,y)\to(0,0)}f(x,y)=0$．请讨论这样的解法是否正确？

7．设$\lim\limits_{x\to x_0}g(x)=0,\ \lim\limits_{y\to y_0}h(y)=A$，且在$(x_0,y_0)$的邻域内有不等式$|f(x,y)-h(y)|\leqslant g(x)$成立，证明：$\lim\limits_{(x,y)\to(x_0,y_0)}f(x,y)=A$.

8．证明定理 10.3.4 至定理 10.3.10.

10.4　多元函数和向量值函数的连续性

10.4.1　多元函数连续的概念

基于多元函数在一点的极限，下面给出多元函数在一点处连续的概念.

定义 10.4.1　设函数 f 在点集 $D\subset\mathbb{R}^n$ 上有定义，$\boldsymbol{x}_0\in D$ 且 $\boldsymbol{x}_0$ 是 D 的聚点．若

$$\lim_{\substack{\boldsymbol{x}\to\boldsymbol{x}_0\\ \boldsymbol{x}\in D}} f(\boldsymbol{x})=f(\boldsymbol{x}_0),$$

即对 $\forall\varepsilon>0,\ \exists\delta>0$ 使得当 $\boldsymbol{x}\in D\bigcap\mathscr{B}(\boldsymbol{x}_0,\delta)$ 时，有 $|f(\boldsymbol{x})-f(\boldsymbol{x}_0)|<\varepsilon$，则称 f 在 $\boldsymbol{x}_0$ 点处连续，$\boldsymbol{x}_0$ 称为函数 $f(\boldsymbol{x})$ 的连续点．

规定点集 D 上的任意函数都在 D 的每个孤立点处连续．

定义 10.4.2　如果函数在一点处不连续，则该点称为函数的间断点（或不连续点）．具体地，

（i）若 $\lim\limits_{\substack{\boldsymbol{x}\to\boldsymbol{x}_0\\ \boldsymbol{x}\in D}} f(\boldsymbol{x})$ 存在但 $\lim\limits_{\substack{\boldsymbol{x}\to\boldsymbol{x}_0\\ \boldsymbol{x}\in D}} f(\boldsymbol{x})\neq f(\boldsymbol{x}_0)$，称 $\boldsymbol{x}_0$ 为函数 $f(\boldsymbol{x})$ 的可去间断点；

（ii）若 $\lim\limits_{\substack{\boldsymbol{x}\to\boldsymbol{x}_0\\ \boldsymbol{x}\in D}} f(\boldsymbol{x})$ 不存在，称 $\boldsymbol{x}_0$ 为函数 $f(\boldsymbol{x})$ 的本性间断点．

例 10.4.1　求下列函数的间断点集：$f(x,y)=\begin{cases} x\sin\dfrac{1}{y}, & y\neq 0;\\ 0, & y=0.\end{cases}$

解　首先考察函数在原点的连续性．由于对 $\forall x$，有 $f(x,0)=0$，且当 $y\neq0$ 时，

$$|f(x,y)-f(0,0)|=\left|x\sin\frac{1}{y}\right|\leqslant|x|\leqslant\sqrt{x^2+y^2},$$

因此对 $\forall\varepsilon>0$，取 $\delta=\dfrac{\varepsilon}{2}$，则当 $0<\sqrt{x^2+y^2}<\delta$ 时，有 $|f(x,y)-f(0,0)|<\varepsilon$．即

$$\lim_{(x,y)\to(0,0)} f(x,y)=0=f(0,0),$$

故 $f(x,y)$ 在 $(0,0)$ 点处连续．

对任意的 $x_0\neq0$，因为 $\lim\limits_{(x,y)\to(x_0,0)} f(x,y)=\lim\limits_{(x,y)\to(x_0,0)} x\sin\dfrac{1}{y}$ 不存在，所以 $f(x,y)$ 在 $(x_0,0)$ 点处不连续，即该函数在 x 轴上除原点外的任何一点处都不连续．当 $y\neq0$ 时，对任意的 x，$f(x,y)$ 在 (x,y) 点处连续．故函数 $f(x,y)$ 的间断点集是 $\{(x,y):\ y=0\}\backslash\{(0,0)\}$．

定义 10.4.3　若函数 f 在开集 $D\subset\mathbb{R}^n$ 内的每点处都连续，称函数 f 在开集 D 上连续；若 f 在闭集 $D\subset\mathbb{R}^n$ 的内部连续，且在 D 的边界 ∂D 上的每点处都连续，称函数 f 在闭集 D 上连续．集合 D 上的连续函数全体记为 $C(D)$.

由极限的四则运算，容易得到函数在一点处连续的如下四则运算．

定理 10.4.1　若函数 f 与 g 在点集 $D\subset\mathbb{R}^n$ 上有定义，$\boldsymbol{x}_0\in D$ 是 D 的聚点．如果 f 与 g 在点 $\boldsymbol{x}_0$ 处连续，则

（i）$\lim\limits_{\substack{\boldsymbol{x}\to\boldsymbol{x}_0\\ \boldsymbol{x}\in D}}(f(\boldsymbol{x})\pm g(\boldsymbol{x}))=f(\boldsymbol{x}_0)\pm g(\boldsymbol{x}_0)$；

（ii）$\lim\limits_{\substack{\boldsymbol{x}\to\boldsymbol{x}_0\\ \boldsymbol{x}\in D}} f(\boldsymbol{x})\cdot g(\boldsymbol{x})=f(\boldsymbol{x}_0)\cdot g(\boldsymbol{x}_0)$；

（iii）当 $g(\boldsymbol{x}_0)\neq 0$ 时， $\lim\limits_{\substack{\boldsymbol{x}\to\boldsymbol{x}_0\\ \boldsymbol{x}\in D}}\dfrac{f(\boldsymbol{x})}{g(\boldsymbol{x})}=\dfrac{f(\boldsymbol{x}_0)}{g(\boldsymbol{x}_0)}$.

该定理的证明与一元函数情形完全类似．对向量值函数来说，也有类似的连续概念．

定义 10.4.4 设 $\Omega\subset\mathbb{R}^n$ 是非空集合， $\boldsymbol{f}:\Omega\to\mathbb{R}^m$ 为映射． $\boldsymbol{x}_0\in\Omega$ 是 Ω 的聚点．如果 $\lim\limits_{\substack{\boldsymbol{x}\to\boldsymbol{x}_0\\ \boldsymbol{x}\in\Omega}}\boldsymbol{f}(\boldsymbol{x})=\boldsymbol{f}(\boldsymbol{x}_0)$，称 $\boldsymbol{f}$ 在 $\boldsymbol{x}_0$ 点处连续．即对 $\forall\varepsilon>0,\ \exists\delta>0$，使得当 $\boldsymbol{x}\in\Omega\cap\mathscr{B}(\boldsymbol{x}_0,\delta)$ 时，有 $\boldsymbol{f}(\boldsymbol{x})\in\mathscr{B}(\boldsymbol{f}(\boldsymbol{x}_0),\varepsilon)$．若 $\boldsymbol{f}$ 在 Ω 中的每点处都连续，则 $\boldsymbol{f}$ 在 Ω 上连续，记为 $\boldsymbol{f}\in C(\Omega)$．

我们知道，向量值函数在一点的极限存在当且仅当它的各个分量坐标函数分别在该点的极限存在．由此得到向量值函数在一点处连续当且仅当它的各个分量坐标函数分别在该点处连续．下面结论的证明与一元复合函数的连续性证明类似，故略去．

定理 10.4.2（复合向量值函数的连续性） 设 $\boldsymbol{f}:D\subset\mathbb{R}^n\to\mathbb{R}^m$ 与 $\boldsymbol{g}:\Omega\subset\mathbb{R}^m\to\mathbb{R}^k$ 是两个映射，且 $\boldsymbol{f}$ 的值域包含在 Ω 中．若 $\boldsymbol{f}$ 在点 $\boldsymbol{x}_0\in D$ 处连续， $\boldsymbol{g}$ 在点 $\boldsymbol{y}_0=\boldsymbol{f}(\boldsymbol{x}_0)$ 处连续，则复合映射 $\boldsymbol{g}\circ\boldsymbol{f}$ 在点 $\boldsymbol{x}_0$ 处连续．

例 10.4.2 设 $I\subset\mathbb{R}$ 是区间， $x(t),\ y(t),\ z(t)$ 是 I 上的连续函数，则

$$\begin{cases}x=x(t),\\ y=y(t), & (\ t\in I\ ),\\ z=z(t)\end{cases}$$

定义了一个 $I\to\mathbb{R}^3$ 的连续映射，这个映射的值域是 $\mathbb{R}^3$ 中的一条连续曲线．

例 10.4.3 设 $D\subset\mathbb{R}^2$ 是区域， $x(u,v),\ y(u,v),\ z(u,v)$ 是 D 上的三个二元连续函数，则

$$\begin{cases}x=x(u,v),\\ y=y(u,v), & (\ (u,v)\in D\ ),\\ z=z(u,v)\end{cases}$$

定义了一个 $D\to\mathbb{R}^3$ 的连续映射，这个映射的值域是 $\mathbb{R}^3$ 中的一张连续曲面．

10.4.2 多元函数对各个变量的分别连续

对多元函数来说，类似累次极限，还有对各个变量分别连续的概念．

定义 10.4.5 设 $f(x,y)$ 定义在集合 $D\subset\mathbb{R}^2$ 上， $\boldsymbol{x}_0=(x_0,y_0)\in D$ 是 D 的聚点．

（i）固定 $y=y_0$，则 $f(x,y_0)$ 是 x 的一元函数，若 $f(x,y_0)$ 在点 x_0 处连续，称 $f(x,y)$ 在 $\boldsymbol{x}_0=(x_0,y_0)$ 关于变量 x 连续．类似可定义 $f(x,y)$ 在 $\boldsymbol{x}_0=(x_0,y_0)$ 关于变量 y 连续．

（ii）若 $f(x,y)$ 在 $\boldsymbol{x}_0=(x_0,y_0)$ 关于变量 x 和 y 都连续，称 $f(x,y)$ 在 $\boldsymbol{x}_0=(x_0,y_0)$ 关于两个变量分别连续．

由定义， $f(x,y)$ 在 $\boldsymbol{x}_0=(x_0,y_0)$ 关于变量 x 连续，是指当动点 $\boldsymbol{x}=(x,y)$ 沿水平直线 $y=y_0$ 趋向于 $\boldsymbol{x}_0=(x_0,y_0)$ 时，有 $f(x,y)\to f(x_0,y_0)$．由此看出，函数在一点处连续，则在该点关于两个变量分别连续；反之，则不一定．

例 10.4.4　设 $f(x,y)=\begin{cases}\dfrac{xy}{x^2+y^2}, & x^2+y^2\neq 0;\\ 0, & x^2+y^2=0.\end{cases}$ 讨论 $f(x,y)$ 在 $(0,0)$ 点的连续性及关于每个变量的分别连续性.

解　容易看到 $\lim\limits_{y\to 0}f(0,y)=0=f(0,0)$，且 $\lim\limits_{x\to 0}f(x,0)=0=f(0,0)$，所以 $f(x,y)$ 在 $(0,0)$ 点关于两个变量分别连续，但由例 10.3.2 知，$\lim\limits_{(x,y)\to(0,0)}f(x,y)$ 不存在，所以 $f(x,y)$ 在 $(0,0)$ 点处不连续.

10.4.3　多元连续函数的性质

有界闭区间上的一元连续函数具有有界性、最值性、一致连续性，这些性质的证明用到有界闭区间的列紧性（致密性定理），而 $\mathbb{R}^n$ 也具有这样的拓扑性质. 因此，一元连续函数的上述性质都可推广到有界闭集上的多元连续函数，其证明与一元函数相应性质的证明类似，从略.

定理 10.4.3（有界性）　设 $D\subset\mathbb{R}^n$ 为有界闭集，$f(\boldsymbol{x})\in C(D)$，则 $f(\boldsymbol{x})$ 在 D 上有界，即存在 $M>0$，使得对 $\forall\boldsymbol{x}\in D$，有 $|f(\boldsymbol{x})|\leqslant M$.

定理 10.4.4（最值性）　设 $D\subset\mathbb{R}^n$ 为有界闭集，$f(\boldsymbol{x})\in C(D)$，则 $f(\boldsymbol{x})$ 在 D 上能取到最值，即存在 $\boldsymbol{x}_1$，$\boldsymbol{x}_2\in D$ 使得 $f(\boldsymbol{x}_1)=\min\{f(\boldsymbol{x}):\forall\boldsymbol{x}\in D\}$，$f(\boldsymbol{x}_2)=\max\{f(\boldsymbol{x}):\forall\boldsymbol{x}\in D\}$.

定义 10.4.6（一致连续）　设 $f(\boldsymbol{x})$ 是定义在非空集合 $D\subset\mathbb{R}^n$ 上的 n 元函数，若对 $\forall\varepsilon>0,\ \exists\delta>0$，使得对 $\forall\boldsymbol{x}_1$，$\boldsymbol{x}_2\in D$，当 $\|\boldsymbol{x}_1-\boldsymbol{x}_2\|<\delta$ 时，有 $|f(\boldsymbol{x}_1)-f(\boldsymbol{x}_2)|<\varepsilon$，称 $f(\boldsymbol{x})$ 在集合 D 上一致连续.

定理 10.4.5（一致连续性）　设 $D\subset\mathbb{R}^n$ 为有界闭集，n 元函数 $f(\boldsymbol{x})\in C(D)$. 则 $f(\boldsymbol{x})$ 在 D 上一致连续.

区间上的连续函数还具有介值性，而区间的一个特点是连成一片，即区间具有连通性. 类似地，对连通集上的多元连续函数，也具有介值性. 回忆 $\mathbb{R}^n$ 中连通集的概念，若对 Ω 中的任意两点 $\boldsymbol{x},\boldsymbol{y}$，都可以用一条完全在 Ω 中的连续曲线将它们连接起来，即存在连续映射 $\gamma:[0,1]\to\Omega$ 使得 $\gamma(0)=\boldsymbol{x}$，$\gamma(1)=\boldsymbol{y}$ 且 $\gamma(t)\in\Omega\ (\forall t\in[0,1])$.

定理 10.4.6（介值性）　设 $D\subset\mathbb{R}^n$ 是连通集且 n 元函数 $f(\boldsymbol{x})\in C(D)$. 任取 $\boldsymbol{x}_1$，$\boldsymbol{x}_2\in D$，假设 $f(\boldsymbol{x}_1)<f(\boldsymbol{x}_2)$，则对 $\forall\lambda\in(f(\boldsymbol{x}_1),f(\boldsymbol{x}_2))$，至少存在一点 $\boldsymbol{x}\in D$ 使得 $f(\boldsymbol{x})=\lambda$.

证明　任取 $\boldsymbol{x}_1$，$\boldsymbol{x}_2\in D$ 使得 $f(\boldsymbol{x}_1)<f(\boldsymbol{x}_2)$. 因为 $D\subset\mathbb{R}^n$ 是连通集，所以存在连续映射 $\gamma:[0,1]\to D$ 使得 $\gamma(0)=\boldsymbol{x}_1$，$\gamma(1)=\boldsymbol{x}_2$，则复合映射 $\varphi(t)=f(\gamma(t))\in C[0,1]$，且 $\varphi(0)=f(\boldsymbol{x}_1)$，$\varphi(1)=f(\boldsymbol{x}_2)$，故由闭区间上一元连续函数的介值性知，$\varphi$ 取得介于 $f(\boldsymbol{x}_1)$ 和 $f(\boldsymbol{x}_2)$ 之间的任何值. 因此，函数 $f(\boldsymbol{x})$ 在点集 $\gamma([0,1])=\{\gamma(t):t\in[0,1]\}$ 上取得介于 $f(\boldsymbol{x}_1)$ 和 $f(\boldsymbol{x}_2)$ 之间的任何值. 证毕.

习题 10.4

1．判断下列函数在 $(0,0)$ 点的连续性.

（1）$f(x,y)=\begin{cases}\dfrac{\sin(x^3+y^3)}{x^2+y^2}, & x^2+y^2\neq 0;\\ 0, & x^2+y^2=0.\end{cases}$ （2）$f(x,y)=\begin{cases}1, & x^2+y^2\neq 0;\\ 0, & x^2+y^2=0.\end{cases}$

（3）$f(x,y)=\begin{cases}\dfrac{x^2y^2}{(x^2+y^2)^{\frac{3}{2}}}, & x^2+y^2\neq 0;\\ 0, & x^2+y^2=0.\end{cases}$ （4）$f(x,y)=\begin{cases}\dfrac{xy^2}{x^2+y^4}, & x^2+y^2\neq 0;\\ 0, & x^2+y^2=0.\end{cases}$

2．分析下列函数的连续性，若有间断点，求出其间断点集.

（1）$f(x,y)=\begin{cases}\dfrac{x-y^2}{x^3+y^3}, & x+y\neq 0;\\ 0, & x+y=0.\end{cases}$ （2）$f(x,y)=\begin{cases}\dfrac{x}{y^2}\mathrm{e}^{-\frac{x^2}{y^2}}, & y\neq 0;\\ 0, & y=0.\end{cases}$

（3）$f(x,y)=\begin{cases}\dfrac{\mathrm{e}^{4x^2y^2}-1}{x^2+y^2}, & x^2+y^2\neq 0;\\ 0, & x^2+y^2=0.\end{cases}$

3．证明下列函数在其定义域上是连续的.

（1）$f(x,y)=\begin{cases}\dfrac{\ln(1+xy)}{x}, & x\neq 0;\\ y, & x=0.\end{cases}$

（2）$f(x,y)=\begin{cases}x-y+\dfrac{xy^2}{x^2+y^2}, & (x,y)\neq(0,0);\\ 0, & (x,y)=(0,0).\end{cases}$

4．函数 $f(x,y)$ 定义在 $I_1=\{(x,y): 0\leqslant x\leqslant 1,\ 0\leqslant y\leqslant 1\}$ 上，在底边 $I_0=\{(x,0): 0\leqslant x\leqslant 1\}$ 上连续，证明：$\exists\delta>0$ 使得 $f(x,y)$ 在 $I_\delta=\{(x,y): 0\leqslant x\leqslant 1, 0\leqslant y\leqslant\delta\}$ 上有界.

5．设 f 是定义在 $\mathbb{R}^2$ 上的连续函数，且 $\lim\limits_{x^2+y^2\to+\infty} f(x,y)=+\infty$，证明：$f$ 有最小值.

6．设 $P_1,P_2,\cdots,P_k$ 是 $\mathbb{R}^2$ 上 k 个相异的点，证明：存在一个最小半径的圆覆盖了这 k 个点.

7．设 $\boldsymbol{A},\boldsymbol{B}$ 是两个 n 阶的实对称矩阵，其中 $\boldsymbol{B}$ 是正定矩阵．设多元函数 $G(\boldsymbol{x})=(\boldsymbol{x}^{\mathrm{T}}\boldsymbol{B}\boldsymbol{x})^{-1}(\boldsymbol{x}^{\mathrm{T}}\boldsymbol{A}\boldsymbol{x})$．证明：$G(\boldsymbol{x})$ 在 $\mathbb{R}^n$ 上可取到最大值.

8．若函数 $f(x,y)$ 在区域 D 上关于两个变量分别连续，证明：在下列条件之一满足时，$f(x,y)$ 在区域 D 上处处连续.

（1）对其中的一个变量（如 y）满足 Lipschitz 条件：即 $\exists L>0$ 使得对 $\forall(x,y_1)$,

$(x,y_2)\in D$，有$|f(x,y_1)-f(x,y_2)|\leqslant L|y_1-y_2|$.

（2）对其中的一个变量（如x）连续，关于另一个变量（如y）一致连续，即对函数定义域内任意的x_0，对$\forall\varepsilon>0,\ \exists\delta>0$（只与$\varepsilon$，$x_0$有关，而与$y$无关），当$|x-x_0|<\delta$时，对任意的$y$，有$|f(x,y)-f(x_0,y)|<\varepsilon$.

（3）对其中的一个变量单调.

9．证明：$f(x,y)=\sin(x^2+y^2)$在$\mathbb{R}^2$上非一致连续.

10．已知函数$f:\mathbb{R}^n\to\mathbb{R}$连续，且$\lim\limits_{\|\boldsymbol{x}\|\to+\infty}f(\boldsymbol{x})$存在，证明：$f$在$\mathbb{R}^n$上一致连续.

11．证明定理 10.4.3 至定理 10.4.5.

第 11 章　多元函数微分学

多元函数的微分学与一元函数的微分学在内容上大体是平行的，它们的意义与作用也是相同的．我们知道，一元函数的导数是研究函数性质的重要工具，多元函数也有类似的概念．如果将多元函数除某个自变量外，其余的自变量都暂时看成常数，则多元函数就成为关于该自变量的一元函数，它的导数就是多元函数关于该自变量的偏导数．

11.1　多元函数的偏导数与全微分

11.1.1　多元函数的偏导数

定义 11.1.1　设 $y=f(x_1,x_2,\cdots,x_n)$ 在 $\boldsymbol{x}_0=(x_{01},x_{02},\cdots,x_{0n})$ 的某个邻域内有定义．如果一元函数 $x_1\to f(x_1,x_{02},\cdots,x_{0n})$ 在 x_{01} 处可导，即

$$\lim_{\Delta x_1\to 0}\frac{f(x_{01}+\Delta x_1,x_{02},\cdots,x_{0n})-f(x_{01},x_{02},\cdots,x_{0n})}{\Delta x_1}$$

存在，则称此极限为 $f(x_1,x_2,\cdots,x_n)$ 在点 $\boldsymbol{x}_0$ 关于 x_1 的偏导数，记为 $\left.\frac{\partial f}{\partial x_1}\right|_{\boldsymbol{x}_0}$，或 $\frac{\partial f}{\partial x_1}(\boldsymbol{x}_0)$，或 $f'_{x_1}(\boldsymbol{x}_0)$．类似地，可定义 $f(x_1,x_2,\cdots,x_n)$ 在 $\boldsymbol{x}_0$ 点关于其他坐标变量 x_i（$i=2,3,\cdots,n$）的偏导数 $\left.\frac{\partial f}{\partial x_i}\right|_{\boldsymbol{x}_0}$，也记为 $\frac{\partial f}{\partial x_i}(\boldsymbol{x}_0)$ 或 $f'_{x_i}(\boldsymbol{x}_0)$．若函数在其定义域内每一点对每个自变量的偏导数都存在，我们也经常省略偏导函数的自变量，记为 $\frac{\partial f}{\partial x_1}$，$\frac{\partial f}{\partial x_2}$，…，$\frac{\partial f}{\partial x_n}$．

例 11.1.1　求 $f(x,y)=\arctan\frac{x+y}{1-xy}$ 对 x,y 的偏导数．

解　求 $\frac{\partial f}{\partial x}$，把 y 看成常数，关于 x 的一元函数对 x 求导，得

$$\frac{\partial f}{\partial x}=\frac{\dfrac{(1-xy)-(x+y)(-y)}{(1-xy)^2}}{1+\left(\dfrac{x+y}{1-xy}\right)^2}=\frac{1+y^2}{1+x^2y^2+x^2+y^2}=\frac{1}{1+x^2},$$

同理可求得 $\frac{\partial f}{\partial y}=\frac{\dfrac{(1-xy)-(x+y)(-x)}{(1-xy)^2}}{1+\left(\dfrac{x+y}{1-xy}\right)^2}=\frac{1}{1+y^2}$．

例 11.1.2　求 $f(x,y)=|xy|$ 对 x,y 的偏导数.

解　当 $x\neq 0$ 时，由于 $f(x,y)=|y|x\operatorname{sgn}x$，因此 $f_x'(x,y)=|y|\operatorname{sgn}x$；对 $y\neq 0$，下面求 $f(x,y)$ 在点 $(0,y)$ 关于 x 的偏导数 $f_x'(0,y)$. 由定义，有

$$f_x'(0,y)=\lim_{\Delta x\to 0}\frac{f(\Delta x,y)-f(0,y)}{\Delta x}=\lim_{\Delta x\to 0}\frac{|\Delta x||y|-0}{\Delta x}\text{不存在};$$

现在求 $f_x'(0,0)$，由定义，有 $f_x'(0,0)=\lim\limits_{\Delta x\to 0}\dfrac{f(\Delta x,0)-f(0,0)}{\Delta x}=0$. 故

$$f_x'(x,y)=\begin{cases}|y|\operatorname{sgn}x, & x\neq 0;\\ \text{不存在}, & x=0,\ y\neq 0;\\ 0, & x=y=0.\end{cases}$$

类似的讨论可得 $f_y'(x,y)=\begin{cases}|x|\operatorname{sgn}y, & y\neq 0;\\ \text{不存在}, & y=0,\ x\neq 0;\\ 0, & x=y=0.\end{cases}$

一元函数在一点处可导，则函数在该点处连续，反之，连续不一定可导. 接下来探讨多元函数在一点的偏导数存在与函数在该点处连续之间的关系.

例 11.1.3　讨论函数 $f(x,y)$ 在 $(0,0)$ 点的连续性与偏导数，其中

$$f(x,y)=\begin{cases}\dfrac{xy}{x^2+y^2}, & (x,y)\neq(0,0);\\ 0, & (x,y)=(0,0).\end{cases}$$

解　由例 10.3.2 知 $f(x,y)$ 在 $(0,0)$ 点不存在极限，因此 $f(x,y)$ 在 $(0,0)$ 点处不连续. 根据偏导数的定义，有 $f_x'(0,0)=\lim\limits_{x\to 0}\dfrac{f(x,0)-f(0,0)}{x}=0$，同理可求 $f_y'(0,0)=0$.

例 11.1.4　讨论 $f(x,y)=\sqrt{x^2+y^2}$ 在 $(0,0)$ 点的连续性和偏导数.

解　$f(x,0)=|x|$ 在 0 点不存在导数，故 $f_x'(0,0)$ 不存在，同理 $f_y'(0,0)$ 也不存在. 但

$$\lim_{(x,y)\to(0,0)}f(x,y)=0=f(0,0),$$

故 $f(x,y)$ 在 $(0,0)$ 点处连续.

上面的两个例子说明：多元函数在一点的偏导数存在与否和函数在该点的连续性互不蕴含. 实际上，偏导数 $f_x'(x_0,y_0)$ 存在，意指一元函数 $f(x,y_0)$ 在 x_0 点处可导，从而一元函数 $f(x,y_0)$ 在点 x_0 处连续，即偏导数 $f_x'(x_0,y_0)$ 存在，则二元函数 $f(x,y)$ 沿着直线 $y=y_0$ 在点 x_0 处连续，即 $f(x,y)$ 在 (x_0,y_0) 关于变量 x 连续. 故二元函数在一点的两个偏导数存在表明函数在该点关于两个自变量分别连续. 而二元函数在一点的连续是与它在该点邻域有关的概念.

我们知道，一元函数的导数其几何意义是曲线在一点的切线斜率，二元函数在一点的偏导数本质上是一元函数的导数，因此二元函数在一点的偏导数也应该是曲线在一点的切线斜率. 实际上，函数 $z=f(x,y)$ 的图像是空间中的一个曲面 S，函数 $f(x,y)$ 在 $P_0(x_0,y_0)$ 关于 x 的偏导数 $f_x'(x_0,y_0)$ 是一元函数 $f(x,y_0)$ 在 x_0 的导数，函数 $z=f(x,y_0)$ 的图像是曲面 S 与平面 $y=y_0$ 相交的空间曲线

$$C_1:\begin{cases} z=f(x,y),\\ y=y_0. \end{cases}$$

于是 $f_x'(x_0,y_0)$ 就是空间曲线 C_1 在 $Q(x_0,y_0,f(x_0,y_0))$ 点的切线斜率 $\tan\alpha$．同理，$f_y'(x_0,y_0)$ 是空间曲线 $C_2:\begin{cases} z=f(x,y),\\ x=x_0 \end{cases}$ 在 $Q(x_0,y_0,f(x_0,y_0))$ 点的切线斜率 $\tan\beta$，如图 11-1-1 所示.

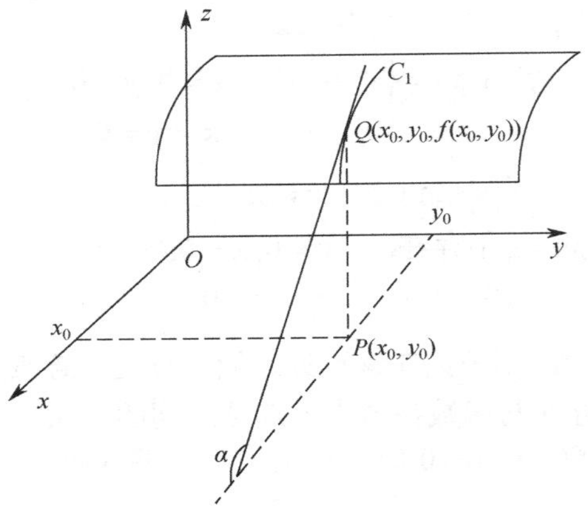

图 11-1-1

11.1.2 多元函数的全微分

对一元函数来说，微分是建立在可导概念的基础上的．回忆一下，一元函数 $y=f(x)$ 在 x_0 点处可微，有

$$\Delta y=f'(x_0)\Delta x+o(\Delta x)\ （\Delta x\to 0），$$

且 $y=f(x)$ 在 x_0 的微分 $\mathrm{d}y=f'(x_0)\Delta x$，即微分是 Δx 的线性函数，其中 $o(\Delta x)$ 是当 $\Delta x\to 0$ 时比 Δx 高阶的无穷小量．为将一元函数的微分推广到多元函数的情形，下面介绍多元函数无穷小量的概念.

定义 11.1.2 若当 $\boldsymbol{x}=(x_1,x_2,\cdots,x_n)\to\boldsymbol{x}_0=(x_{01},x_{02},\cdots,x_{0n})$ 时，有 $f(\boldsymbol{x})\to 0$，称多元函数 $f(\boldsymbol{x})$ 当 $\boldsymbol{x}\to\boldsymbol{x}_0$ 时是无穷小量．无穷小量函数有时也记为 $f(\boldsymbol{x})=o(1),\ \boldsymbol{x}\to\boldsymbol{x}_0$.

记 $\rho=\|\boldsymbol{x}-\boldsymbol{x}_0\|=\sqrt{\sum\limits_{i=1}^{n}(x_i-x_{0i})^2}$.

定义 11.1.3 设 $f(\boldsymbol{x})=o(1),\ g(\boldsymbol{x})=o(1),\ \boldsymbol{x}\to\boldsymbol{x}_0$，且 k 是正整数.

（i）若 $\lim\limits_{\boldsymbol{x}\to\boldsymbol{x}_0}\dfrac{f(\boldsymbol{x})}{\rho^k}=0$，称函数 f 是 $\boldsymbol{x}\to\boldsymbol{x}_0$ 时比 ρ^k 高阶的无穷小，记为 $f(\boldsymbol{x})=o(\rho^k)\ (\boldsymbol{x}\to\boldsymbol{x}_0)$.

（ii）若存在 $\alpha>0,\beta>0$ 使得 $\alpha g(\boldsymbol{x})\leqslant f(\boldsymbol{x})\leqslant\beta g(\boldsymbol{x}),\ \boldsymbol{x}\to\boldsymbol{x}_0$，则称 $f(\boldsymbol{x})$ 与 $g(\boldsymbol{x})$ 是 $\boldsymbol{x}\to\boldsymbol{x}_0$ 时的同阶无穷小量.

下面讨论建立在偏导数基础上的全微分的概念.

定义 11.1.4　设 $y=f(x_1,x_2,\cdots,x_n)$ 在点 $\boldsymbol{x}_0=(x_{01},x_{02},\cdots,x_{0n})$ 的某个邻域内有定义. 若 f 在 $\boldsymbol{x}_0$ 的函数值的全改变量 $\Delta y=f(x_{01}+\Delta x_1,x_{02}+\Delta x_2,\cdots,x_{0n}+\Delta x_n)-f(x_{01},x_{02},\cdots,x_{0n})$ 可表示为

$$\Delta y=A_1\Delta x_1+A_2\Delta x_2+\cdots+A_n\Delta x_n+o\left(\|\Delta\boldsymbol{x}\|\right)\quad\left(\|\Delta\boldsymbol{x}\|\to 0\right),\tag{11.1.1}$$

其中 A_i 是与 Δx_i（$i=1,2,\cdots,n$）无关的常数，且 $\Delta\boldsymbol{x}=(\Delta x_1,\Delta x_2,\cdots,\Delta x_n)$，$\|\Delta\boldsymbol{x}\|=\sqrt{\sum\limits_{i=1}^{n}\Delta x_i^2}$，称 f 在 $\boldsymbol{x}_0$ 处可微，且把式（11.1.1）中关于 $\Delta x_1,\Delta x_2,\cdots,\Delta x_n$ 的线性主要部分 $A_1\Delta x_1+A_2\Delta x_2+\cdots+A_n\Delta x_n$ 称为 f 在 $\boldsymbol{x}_0$ 的全微分，记为

$$\mathrm{d}f(\boldsymbol{x}_0)=A_1\Delta x_1+A_2\Delta x_2+\cdots+A_n\Delta x_n\,.\tag{11.1.2}$$

与一元函数相同，自变量的改变量等于自变量的微分，因此若 f 在 $\boldsymbol{x}_0$ 处可微，则 f 在 $\boldsymbol{x}_0$ 的全微分又可写为

$$\mathrm{d}f(\boldsymbol{x}_0)=A_1\mathrm{d}x_1+A_2\mathrm{d}x_2+\cdots+A_n\mathrm{d}x_n\,.$$

例 11.1.5　证明：函数 $f(x_1,x_2,\cdots,x_n)=\sum\limits_{i=1}^{n}\sum\limits_{j=1}^{n}a_{ij}x_ix_j$ $(a_{ij}=a_{ji})$ 可微，且求其全微分.

证明　记 $\boldsymbol{x}=(x_1,x_2,\cdots,x_n)$，$\Delta\boldsymbol{x}=(\Delta x_1,\Delta x_2,\cdots,\Delta x_n)$，$\boldsymbol{A}=(a_{ij})_{n\times n}$. 则

$$f(x_1,x_2,\cdots,x_n)=\sum_{i=1}^{n}\sum_{j=1}^{n}a_{ij}x_ix_j=\boldsymbol{x}\boldsymbol{A}\boldsymbol{x}^{\mathrm{T}}\,,$$

这里 $\boldsymbol{x}$ 被看成行向量，且

$$\begin{aligned}&f(x_1+\Delta x_1,x_2+\Delta x_2,\cdots,x_n+\Delta x_n)-f(x_1,x_2,\cdots,x_n)\\&=(\boldsymbol{x}+\Delta\boldsymbol{x})\boldsymbol{A}(\boldsymbol{x}+\Delta\boldsymbol{x})^{\mathrm{T}}-\boldsymbol{x}\boldsymbol{A}\boldsymbol{x}^{\mathrm{T}}\\&=2\boldsymbol{x}\boldsymbol{A}(\Delta\boldsymbol{x})^{\mathrm{T}}+\Delta\boldsymbol{x}\boldsymbol{A}(\Delta\boldsymbol{x})^{\mathrm{T}}.\end{aligned}\tag{11.1.3}$$

因为 $\boldsymbol{A}=(a_{ij})_{n\times n}$ 为实对称矩阵，因此存在正交矩阵 $\boldsymbol{Q}$ 使得 $\boldsymbol{Q}\boldsymbol{A}\boldsymbol{Q}^{\mathrm{T}}$ 是对角矩阵，即

$$\boldsymbol{Q}\boldsymbol{A}\boldsymbol{Q}^{\mathrm{T}}=\mathrm{diag}(\lambda_1,\lambda_2,\cdots,\lambda_n)\,.$$

令 $\boldsymbol{x}=\boldsymbol{y}\boldsymbol{Q}$ 且 $\boldsymbol{y}=(y_1,y_2,\cdots,y_n)$，则

$$f(\boldsymbol{x})=\boldsymbol{x}\boldsymbol{A}\boldsymbol{x}^{\mathrm{T}}=\boldsymbol{y}\boldsymbol{Q}\boldsymbol{A}\boldsymbol{Q}^{\mathrm{T}}\boldsymbol{y}^{\mathrm{T}}=\sum_{i=1}^{n}\lambda_iy_i^2\,,$$

因为 $\min\{\lambda_1,\lambda_2,\cdots,\lambda_n\}\left(\sum\limits_{i=1}^{n}y_i^2\right)\leqslant\sum\limits_{i=1}^{n}\lambda_iy_i^2\leqslant\max\{\lambda_1,\lambda_2,\cdots,\lambda_n\}\left(\sum\limits_{i=1}^{n}y_i^2\right)$，且

$$\|\boldsymbol{x}\|=\|\boldsymbol{y}\boldsymbol{Q}\|=\|\boldsymbol{y}\|=\sqrt{\sum_{i=1}^{n}y_i^2}\,,$$

所以

$$\min\{\lambda_1,\lambda_2,\cdots,\lambda_n\}\|\boldsymbol{x}\|\leqslant\frac{f(\boldsymbol{x})}{\|\boldsymbol{x}\|}\leqslant\max\{\lambda_1,\lambda_2,\cdots,\lambda_n\}\|\boldsymbol{x}\|\,,$$

从而 $\lim\limits_{\|\boldsymbol{x}\|\to 0}\dfrac{f(\boldsymbol{x})}{\|\boldsymbol{x}\|}=0$. 故式（11.1.3）中，$\Delta\boldsymbol{x}\boldsymbol{A}(\Delta\boldsymbol{x})^{\mathrm{T}}$ 满足 $\lim\limits_{\|\Delta\boldsymbol{x}\|\to 0}\dfrac{\Delta\boldsymbol{x}\boldsymbol{A}(\Delta\boldsymbol{x})^{\mathrm{T}}}{\|\Delta\boldsymbol{x}\|}=0$，而 $2\boldsymbol{x}\boldsymbol{A}(\Delta\boldsymbol{x})^{\mathrm{T}}$ 是

$\Delta\boldsymbol{x}$ 的线性部分，因此由全微分的定义，函数 f 可微，且 f 的全微分

$$\mathrm{d}f = 2\boldsymbol{x}\boldsymbol{A}(\mathrm{d}\boldsymbol{x})^{\mathrm{T}} = 2(x_1, x_2, \cdots, x_n)\begin{pmatrix} a_{11} & a_{12} & \cdots & a_{1n} \\ a_{21} & a_{22} & \cdots & a_{2n} \\ \vdots & \vdots & & \vdots \\ a_{n1} & a_{n2} & \cdots & a_{nn} \end{pmatrix}\begin{pmatrix} \mathrm{d}x_1 \\ \mathrm{d}x_2 \\ \vdots \\ \mathrm{d}x_n \end{pmatrix}.$$

11.1.3 函数可微的条件

如果函数在一点处可微，那么全微分表达式（11.1.2）中的常数 A_1，$A_2,\cdots,A_n$ 分别等于什么？下面的结论告诉我们，函数在一点处可微，则在该点的偏导数必定都存在，且函数在该点处连续.

定理 11.1.1 设 $y=f(\boldsymbol{x})$ 在点 $\boldsymbol{x}_0=(x_{01},x_{02},\cdots,x_{0n})$ 的某个邻域内有定义．若 f 在 $\boldsymbol{x}_0$ 点处可微，且 $\mathrm{d}f(\boldsymbol{x}_0)=A_1\mathrm{d}x_1+A_2\mathrm{d}x_2+\cdots+A_n\mathrm{d}x_n$ ，则

（i）f 在 $\boldsymbol{x}_0$ 点关于每个自变量的偏导数都存在，且 $A_i=f'_{x_i}(\boldsymbol{x}_0)$，$i=1,2,\cdots,n$；

（ii）f 在 $\boldsymbol{x}_0$ 点处连续.

证明 （i）因为 f 在 $\boldsymbol{x}_0$ 点处可微，且 $\mathrm{d}f(\boldsymbol{x}_0)=A_1\mathrm{d}x_1+A_2\mathrm{d}x_2+\cdots+A_n\mathrm{d}x_n$ ，所以

$$\begin{aligned} & f(x_{01}+\Delta x_1, x_{02}+\Delta x_2, \cdots, x_{0n}+\Delta x_n) - f(x_{01}, x_{02}, \cdots, x_{0n}) \\ = & \sum_{i=1}^{n} A_i \Delta x_i + o\left(\sqrt{\sum_{i=1}^{n}\Delta x_i^2}\right) \quad \left(\sum_{i=1}^{n}\Delta x_i^2 \to 0\right). \end{aligned}$$

令 $\Delta x_i=0$ ，$i=2,3,\cdots,n$ ，则

$$f(x_{01}+\Delta x_1, x_{02}, \cdots, x_{0n}) - f(x_{01}, x_{02}, \cdots, x_{0n}) = A_1\Delta x_1 + o(|\Delta x_1|) \ (\Delta x_1 \to 0),$$

故

$$\begin{aligned} f'_{x_1}(\boldsymbol{x}_0) &= \lim_{\Delta x_1 \to 0} \frac{f(x_{01}+\Delta x_1, x_{02}, \cdots, x_{0n}) - f(x_{01}, x_{02}, \cdots, x_{0n})}{\Delta x_1} \\ &= A_1 + \lim_{\Delta x_1 \to 0} \frac{o(|\Delta x_1|)}{\Delta x_1} = A_1. \end{aligned}$$

同理可得 $A_i=f'_{x_i}(\boldsymbol{x}_0)$，$i=2,3,\cdots,n.$

（ii）因为 f 在 $\boldsymbol{x}_0$ 点处可微，且 $\mathrm{d}f(\boldsymbol{x}_0)=A_1\mathrm{d}x_1+A_2\mathrm{d}x_2+\cdots+A_n\mathrm{d}x_n$ ，所以

$$\begin{aligned} \Delta y &= f(x_{01}+\Delta x_1, x_{02}+\Delta x_2, \cdots, x_{0n}+\Delta x_n) - f(x_{01}, x_{02}, \cdots, x_{0n}) \\ &= \sum_{i=1}^{n} A_i \Delta x_i + o\left(\sqrt{\sum_{i=1}^{n}\Delta x_i^2}\right) \to 0 \quad \left(\sqrt{\sum_{i=1}^{n}\Delta x_i^2} \to 0\right), \end{aligned}$$

故 f 在 $\boldsymbol{x}_0$ 点处连续．证毕.

我们知道一元函数的可微与可导是等价的．对于多元函数，定理 11.1.1 指出函数在一点处可微，则在该点处关于每个自变量的偏导数都存在．反之，若函数在一点处关于每个自变量的偏导数都存在，函数在该点是否可微？

例 11.1.6　讨论 $f(x,y)=\sqrt{|xy|}$ 在 $(0,0)$ 点的偏导数及可微性.

解　容易计算 $f_x'(0,0)=\lim\limits_{\Delta x\to 0}\dfrac{f(\Delta x,0)-f(0,0)}{\Delta x}=0$，$f_y'(0,0)=\lim\limits_{\Delta y\to 0}\dfrac{f(0,\Delta y)-f(0,0)}{\Delta y}=0$. 因此函数 $f(x,y)$ 在 $(0,0)$ 点的两个偏导数都存在.

下面讨论函数在该点的可微性. 由于

$$\Delta f=f(\Delta x,\Delta y)-f(0,0)=\sqrt{|\Delta x\Delta y|},$$

特别地，取 $\Delta x=\Delta y$，有 $\Delta f=|\Delta x|$，$\sqrt{\Delta x^2+\Delta y^2}=\sqrt{2}|\Delta x|$，从而

$$\lim_{\substack{\Delta x\to 0\\ \Delta y\to 0}}\frac{\Delta f-f_x'(0,0)\Delta x-f_y'(0,0)\Delta y}{\sqrt{\Delta x^2+\Delta y^2}}=\frac{1}{\sqrt{2}}\neq 0,$$

故由全微分的定义，函数 f 在 $(0,0)$ 点处不可微.

结合定理 11.1.1，本例说明，函数的偏导数存在只是函数可微的必要条件，而非充分条件. 下面讨论函数在一点处可微的充分条件.

定理 11.1.2　设 $f(x_1,x_2,\cdots,x_n)$ 在点 $\boldsymbol{x}_0=(x_{01},x_{02},\cdots,x_{0n})$ 的某个邻域内有定义. 若 f 在 $\boldsymbol{x}_0$ 点的邻域内关于每个自变量的偏导数 $\dfrac{\partial f}{\partial x_i}$ $(i=1,2,\cdots,n)$ 都存在，且所有这些偏导数都在 $\boldsymbol{x}_0$ 点处连续，则 f 在 $\boldsymbol{x}_0$ 点处可微，且 $\mathrm{d}f(\boldsymbol{x}_0)=\sum\limits_{i=1}^{n}f_{x_i}'(\boldsymbol{x}_0)\mathrm{d}x_i$.

证明　为书写简单，我们仅以二元函数 $f(x,y)$ 为例来证明结论，对三元及三元以上的函数，证明类似. 假设 $f(x,y)$ 在 $\boldsymbol{x}_0=(x_0,y_0)$ 点的邻域 G 内两个偏导数 $\dfrac{\partial f}{\partial x}$, $\dfrac{\partial f}{\partial y}$ 都存在，且它们都在 $\boldsymbol{x}_0$ 点处连续. 设 Δx, Δy 充分小使得 $(x_0+\Delta x,y_0+\Delta y)$, $(x_0,y_0+\Delta y)\in G$，考察 $f(x,y)$ 在 $\boldsymbol{x}_0=(x_0,y_0)$ 的改变量

$$\begin{aligned}\Delta f&=f(x_0+\Delta x,y_0+\Delta y)-f(x_0,y_0)\\&=[f(x_0+\Delta x,y_0+\Delta y)-f(x_0,y_0+\Delta y)]+[f(x_0,y_0+\Delta y)-f(x_0,y_0)].\end{aligned}$$

对第一个括号内的表达式，固定 $y_0+\Delta y$，关于 x 的一元函数 $f(x,y_0+\Delta y)$ 在以 x_0 和 $x_0+\Delta x$ 为端点的区间上运用拉格朗日微分中值定理，则存在 $\theta_1\in(0,1)$ 使得

$$f(x_0+\Delta x,y_0+\Delta y)-f(x_0,y_0+\Delta y)=f_x'(x_0+\theta_1\Delta x,y_0+\Delta y)\Delta x.$$

对第二个括号，运用微分中值定理，存在 $\theta_2\in(0,1)$ 使得

$$f(x_0,y_0+\Delta y)-f(x_0,y_0)=f_y'(x_0,y_0+\theta_2\Delta y)\Delta y.$$

因为 $\dfrac{\partial f}{\partial x}$, $\dfrac{\partial f}{\partial y}$ 在 $\boldsymbol{x}_0$ 点处连续，所以

$$\lim_{(\Delta x,\Delta y)\to(0,0)}f_x'(x_0+\theta_1\Delta x,y_0+\Delta y)=f_x'(x_0,y_0)\text{ 且 }\lim_{\Delta y\to 0}f_y'(x_0,y_0+\theta_2\Delta y)=f_y'(x_0,y_0),$$

这样

$$f_x'(x_0+\theta_1\Delta x,y_0+\Delta y)=f_x'(x_0,y_0)+\alpha,$$

其中 $\lim\limits_{(\Delta x,\Delta y)\to(0,0)}\alpha=0$，且

$$f_y'(x_0,y_0+\theta_2\Delta y)=f_y'(x_0,y_0)+\beta,$$

其中 $\lim\limits_{\Delta y\to 0}\beta=0$．故 $\Delta f=f_x'(x_0,y_0)\Delta x+f_y'(x_0,y_0)\Delta y+\alpha\Delta x+\beta\Delta y$．因为

$$0\leqslant\frac{|\alpha\Delta x+\beta\Delta y|}{\sqrt{\Delta x^2+\Delta y^2}}\leqslant|\alpha|\frac{|\Delta x|}{\sqrt{\Delta x^2+\Delta y^2}}+|\beta|\frac{|\Delta y|}{\sqrt{\Delta x^2+\Delta y^2}}\leqslant|\alpha|+|\beta|\to 0\quad((\Delta x,\Delta y)\to(0,0)),$$

所以 $\lim\limits_{(\Delta x,\Delta y)\to(0,0)}\dfrac{\alpha\Delta x+\beta\Delta y}{\sqrt{\Delta x^2+\Delta y^2}}=0$．故 $f(x,y)$ 在 $\boldsymbol{x}_0=(x_0,y_0)$ 处可微，且 $\mathrm{d}f(\boldsymbol{x}_0)=f_x'(\boldsymbol{x}_0)\mathrm{d}x+f_y'(\boldsymbol{x}_0)\mathrm{d}y$．证毕．

定理 11.1.1 和定理 11.1.2 表明，多元函数在一点处可微要比它在该点存在偏导数的要求高，这是因为函数 f 在一点 $\boldsymbol{x}_0$ 处可微由函数在这点邻域内的性态决定，而它在该点存在偏导数仅由函数在过该点的特殊路径 $x_i=x_{0i},i=1,2,\cdots,n$ 上的性态决定．定理 11.1.2 表明如果在该点存在偏导数的基础上，再添加偏导数在该点的连续条件，这就将函数在该点邻域内的局部性态扩大到该点整个邻域内的性态，从而满足了可微的要求．下面的例子说明定理 11.1.2 中可微的充分条件不是必要的．

例 11.1.7 证明 $f(x,y)=\begin{cases}(x^2+y^2)\sin\dfrac{1}{x^2+y^2}, & x^2+y^2\neq 0;\\ 0, & x^2+y^2=0\end{cases}$ 在 $(0,0)$ 点处可微，但两个偏导数在该点处不连续．

证明 因为 $f_x'(0,0)=\lim\limits_{x\to 0}\dfrac{f(x,0)-f(0,0)}{x}=\lim\limits_{x\to 0}x\sin\dfrac{1}{x^2}=0$，

$$f_y'(0,0)=\lim_{y\to 0}\frac{f(0,y)-f(0,0)}{y}=\lim_{y\to 0}y\sin\frac{1}{y^2}=0,$$

且 $\Delta f=f(x,y)-f(0,0)=(x^2+y^2)\sin\dfrac{1}{x^2+y^2}$，所以

$$\lim_{(x,y)\to(0,0)}\frac{\Delta f-0}{\sqrt{x^2+y^2}}=\lim_{(x,y)\to(0,0)}\frac{(x^2+y^2)\sin\dfrac{1}{x^2+y^2}}{\sqrt{x^2+y^2}}=\lim_{(x,y)\to(0,0)}\sqrt{x^2+y^2}\sin\frac{1}{x^2+y^2}=0,$$

故函数 $f(x,y)$ 在 $(0,0)$ 点处可微．

当 $x^2+y^2\neq 0$ 时，$f_x'=2x\sin\dfrac{1}{x^2+y^2}-\dfrac{2x}{x^2+y^2}\cos\dfrac{1}{x^2+y^2}$，特别地，取 $y=x$，则 $\lim\limits_{x\to 0}f_x'(x,x)=\lim\limits_{x\to 0}\left(2x\sin\dfrac{1}{2x^2}-\dfrac{1}{x}\cos\dfrac{1}{2x^2}\right)$ 不存在，所以 $f_x'(x,y)$ 在 $(0,0)$ 点处不连续，同理可证，$f_y'(x,y)$ 在 $(0,0)$ 点处不连续．证毕．

接下来讨论函数可微的充要条件．

定理 11.1.3 设 $f(\boldsymbol{x})$ 在点 $\boldsymbol{x}_0=(x_{01},x_{02},\cdots,x_{0n})$ 的某个邻域内有定义．则函数 f 在 $\boldsymbol{x}_0$ 点处可微的充要条件是 f 在 $\boldsymbol{x}_0$ 点的全改变量可表示为 $\Delta f=\sum\limits_{i=1}^{n}f_{x_i}'(\boldsymbol{x}_0)\Delta x_i+\sum\limits_{i=1}^{n}\varepsilon_i\Delta x_i$，其中

$\varepsilon_i(i=1,2,\cdots,n)$ 是 Δx_1，Δx_2，$\cdots$，Δx_n 的函数，且是当 $\sqrt{\sum_{i=1}^{n}\Delta x_i^2}\to 0$ 时的无穷小量.

证明 为使形式上书写简单，我们只对二元函数 $f(x,y)$ 的情形给出证明，更高元函数的情形类似可证．由定理 11.1.2 的证明知充分性成立；下证必要性，设函数 $f(x,y)$ 在 $\boldsymbol{x}_0=(x_0,y_0)$ 处可微，则由可微的定义，有

$$\Delta f=f(x_0+\Delta x,y_0+\Delta y)-f(x_0,y_0)=f_x'(x_0,y_0)\Delta x+f_y'(x_0,y_0)\Delta y+\alpha(\Delta x,\Delta y),$$

其中 $\lim\limits_{(\Delta x,\Delta y)\to(0,0)}\dfrac{\alpha(\Delta x,\Delta y)}{\sqrt{\Delta x^2+\Delta y^2}}=0$．因为

$$\sqrt{\Delta x^2+\Delta y^2}\leqslant|\Delta x|+|\Delta y|\leqslant\sqrt{2}\sqrt{\Delta x^2+\Delta y^2},$$

所以当 $(\Delta x,\Delta y)\to(0,0)$ 时，$\sqrt{\Delta x^2+\Delta y^2}$ 和 $|\Delta x|+|\Delta y|$ 是同阶无穷小量，因此 $\lim\limits_{(\Delta x,\Delta y)\to(0,0)}\dfrac{\alpha(\Delta x,\Delta y)}{|\Delta x|+|\Delta y|}=0$．注意到

$$\alpha(\Delta x,\Delta y)=\frac{\alpha(\Delta x,\Delta y)\operatorname{sgn}\Delta x}{|\Delta x|+|\Delta y|}\Delta x+\frac{\alpha(\Delta x,\Delta y)\operatorname{sgn}\Delta y}{|\Delta x|+|\Delta y|}\Delta y,$$

令

$$\varepsilon_1=\frac{\alpha(\Delta x,\Delta y)\operatorname{sgn}\Delta x}{|\Delta x|+|\Delta y|},\quad \varepsilon_2=\frac{\alpha(\Delta x,\Delta y)\operatorname{sgn}\Delta y}{|\Delta x|+|\Delta y|},$$

则 ε_1 与 ε_2 是 $\Delta x,\Delta y$ 的函数，且 $\lim\limits_{(\Delta x,\Delta y)\to(0,0)}\varepsilon_i=0,\ i=1,\ 2$．证毕.

11.1.4 全微分在函数近似计算中的应用

如果函数 $f(\boldsymbol{x})$ 在 $\boldsymbol{x}_0=(x_{01},x_{02},\cdots,x_{0n})$ 点处可微，则当 $\|\Delta\boldsymbol{x}\|\to 0$ 时，

$$f(x_{01}+\Delta x_1,x_{02}+\Delta x_2,\cdots,x_{0n}+\Delta x_n)-f(x_{01},x_{02},\cdots,x_{0n})=\sum_{i=1}^{n}f_{x_i}'(\boldsymbol{x}_0)\Delta x_i+o(\|\Delta\boldsymbol{x}\|),$$

其中 $\Delta\boldsymbol{x}=(\Delta x_1,\Delta x_2,\cdots,\Delta x_n)$ 且 $\|\Delta\boldsymbol{x}\|=\sqrt{\sum_{i=1}^{n}\Delta x_i^2}$，这样当 $\|\Delta\boldsymbol{x}\|$ 充分小时，有

$$f(x_{01}+\Delta x_1,x_{02}+\Delta x_2,\cdots,x_{0n}+\Delta x_n)\approx f(x_{01},x_{02},\cdots,x_{0n})+\sum_{i=1}^{n}f_{x_i}'(\boldsymbol{x}_0)\Delta x_i.$$

例 11.1.8 计算 $\sqrt{3.01^2+3.98^2}$ 的近似值.

解 函数 $f(x,y)=\sqrt{x^2+y^2}$ 在 $(3,4)$ 点的全微分

$$\mathrm{d}f(3,4)=f_x'(3,4)\Delta x+f_y'(3,4)\Delta y,\ \Delta x=0.01,\ \Delta y=-0.02,$$

所以 $\sqrt{3.01^2+3.98^2}\approx 5+f_x'(3,4)0.01+f_y'(3,4)(-0.02)=4.99$.

例 11.1.9 设某物体在空气中的质量是 m_1g，浸入水中时的质量是 m_2g，试计算物体的密度 ρ．当测量值 m_1，m_2 的误差分别是 Δm_1，Δm_2 时，估计所求得的 ρ 的误差 $\Delta\rho$.

解 根据阿基米德定律，m_1-m_2 等于与物体同体积的水的质量，在 cm·g·s 单位制

中，其在数值上等于物体的体积，因此 $\rho=\dfrac{m_1}{m_1-m_2}$. 当测量值 m_1，m_2 的误差 Δm_1，Δm_2 很小时，由全微分的概念，ρ 的误差 $\Delta\rho\approx\rho'_{m_1}\Delta m_1+\rho'_{m_2}\Delta m_2=-\dfrac{m_2}{(m_1-m_2)^2}\Delta m_1+\dfrac{m_1}{(m_1-m_2)^2}\Delta m_2$，因此

$$|\Delta\rho|\leqslant\frac{m_2}{(m_1-m_2)^2}|\Delta m_1|+\frac{m_1}{(m_1-m_2)^2}|\Delta m_2|=\frac{m_2|\Delta m_1|+m_1|\Delta m_2|}{(m_1-m_2)^2}.$$

例如，一片黄铜片，已知 $m_1=100\text{g}$，$m_2=88\text{g}$，$\Delta m_1=0.005\text{g}$，$\Delta m_2=0.008\text{g}$. 则 $\rho=\dfrac{100}{100-88}=8.33$（$\text{g/cm}^3$），且 $\Delta\rho\approx\dfrac{88\times0.005+100\times0.008}{(100-88)^2}\approx0.009$（$\text{g/cm}^3$）.

习题 11.1

1．求下列函数的偏导数.

（1）$f(x,y)=(x+y)\sin(x+y)$.

（2）$f(x,y)=\tan^2(x^2+y^2)$.

（3）$f(x,y)=\dfrac{\ln(1+xy)}{\ln x+\ln y}$.

（4）$f(x,y)=\arctan\dfrac{y}{x^2}$.

（5）$f(x,y)=\ln\left(x+\sqrt{x^2-y^2}\right)$.

（6）$f(x,y)=y^x+x^y$.

（7）$f(x,y)=\cos(1+2^{xy})$.

（8）$f(x,y)=\arcsin\dfrac{x}{\sqrt{x^2+y^2}}$.

（9）$f(x,y,z)=\left(\dfrac{x}{y}\right)^z$.

（10）$f(x,y)=\begin{cases}\dfrac{\sin(x^2y^2)}{x^2+y^2}, & (x,y)\neq(0,0);\\ 0, & (x,y)=(0,0).\end{cases}$

（11）$f(x,y)=\begin{cases}x^2y^2\arctan\dfrac{1}{x}\arctan\dfrac{1}{y}, & x\neq0,\ y\neq0;\\ 0, & xy=0.\end{cases}$

2．考察下列函数在坐标原点的可微性.

（1）$f(x,y)=\begin{cases}\dfrac{x^2y}{x^2+y^2}, & (x,y)\neq(0,0);\\ 0, & (x,y)=(0,0).\end{cases}$

（2）$f(x,y)=\begin{cases}\dfrac{2xy}{\sqrt{x^2+y^2}}, & x^2+y^2\neq0;\\ 0, & x^2+y^2=0.\end{cases}$

（3）$f(x,y)=\begin{cases}\dfrac{x^2y^2}{\sqrt{(x^2+y^2)^3}}, & x^2+y^2\neq0;\\ 0, & x^2+y^2=0.\end{cases}$

（4）$f(x,y)=\begin{cases}\dfrac{x^3+y^3}{x^2+y^2}, & (x,y)\neq(0,0);\\ 0, & (x,y)=(0,0).\end{cases}$

（5）$f(x,y)=\sqrt{x^2+y^4}$.

（6）$f(x,y)=|x-y|\varphi(x,y)$，其中 $\varphi(x,y)$ 在原点的某个邻域内连续，且 $\varphi(0,0)=0$.

3．求下列函数的全微分．

（1）$f(x,y,z)=\sin\dfrac{1}{\sqrt{x^2+y^2+z^2}}$ 在 $\left(\dfrac{\sqrt{2}}{2},\dfrac{1}{2},-\dfrac{1}{2}\right)$；（2）$f(x,y,z)=\mathrm{e}^{x+y+z}$；

（3）$f(x,y,z)=\sqrt{1+x^2+y^2+z^2}$；　　（4）$f(x,y,z)=\ln(1+x^2+y^2+z^2)$；

（5）$f(x,y)=\dfrac{x-y}{x+y}$；　　（6）$f(x,y)=\arccos \mathrm{e}^{xy}$．

4．设二元函数 $f(x,y)$ 在全平面 $\mathbb{R}^2$ 上可微，(a,b) 为平面 $\mathbb{R}^2$ 上给定的一点，$\mathrm{d}f(a,b)=3\mathrm{d}x-\mathrm{d}y$，求极限 $\lim\limits_{x\to 0}\dfrac{f(a+x,b+x)-f(a,b)}{x}$．

5．证明：若 $f_y'(x,y)$ 在 (x_0,y_0) 处连续，且 $f_x'(x_0,y_0)$ 存在，则 $f(x,y)$ 在 (x_0,y_0) 处可微．

6．利用全微分解答下列各题．

（1）圆台的上、下底半径分别为 $r=20\text{cm}$，$R=30\text{cm}$，高 $h=40\text{cm}$，当 $\Delta r=0.4\text{cm}$，$\Delta R=0.3\text{cm}$，$\Delta h=0.2\text{cm}$ 时，求圆台体积增量的近似值．

（2）求 $S=\sqrt{4.01^2+7.03^2-1.01^2}$ 的近似值．

7．设 $f(x,y)$ 定义在 $\mathbb{R}^2$ 上，若对 x 连续，对 y 的偏导数在 $\mathbb{R}^2$ 上有界，证明 $f(x,y)$ 在 $\mathbb{R}^2$ 上连续．

11.2　高阶偏导数与复合函数的微分

类似于一元函数高阶导数的概念，多元函数也有高阶偏导数的概念．

11.2.1　高阶偏导数

如果 $f(x,y)$ 在集合 D 中处处有偏导数 $f_x'(x,y)$ 和 $f_y'(x,y)$，则这两个偏导数是定义在 D 上的二元函数，因此可考虑它们分别关于 x,y 的偏导数．

定义 11.2.1 设 $f(x,y)$ 在集合 D 中处处有偏导数 $f_x'(x,y)$ 和 $f_y'(x,y)$．任取 $\boldsymbol{x}_0=(x_0,y_0)\in D$．

（i）如果 $f_x'(x,y)$ 在 $\boldsymbol{x}_0$ 点关于 x 的偏导数存在，即 $\lim\limits_{x\to x_0}\dfrac{f_x'(x,y_0)-f_x'(x_0,y_0)}{x-x_0}$ 存在，则称此极限为 $f(x,y)$ 在 $\boldsymbol{x}_0$ 点关于 x 的二阶偏导数，记为 $f_{xx}''(\boldsymbol{x}_0)$，或 $\left.\dfrac{\partial^2 f}{\partial x^2}\right|_{\boldsymbol{x}_0}$，或 $\dfrac{\partial^2 f}{\partial x^2}(\boldsymbol{x}_0)$；

（ii）若 $f_x'(x,y)$ 在 $\boldsymbol{x}_0$ 点关于 y 的偏导数存在，即 $\lim\limits_{y\to y_0}\dfrac{f_x'(x_0,y)-f_x'(x_0,y_0)}{y-y_0}$ 存在，则称此极限为 $f(x,y)$ 在 $\boldsymbol{x}_0$ 点先对 x 后对 y 的二阶混合偏导数，记为 $f_{xy}''(\boldsymbol{x}_0)$，或 $\left.\dfrac{\partial^2 f}{\partial y\partial x}\right|_{\boldsymbol{x}_0}$，或

$\dfrac{\partial^2 f}{\partial y\partial x}(\boldsymbol{x}_0)$.

类似地，函数 $f'_y(x,y)$ 在 $\boldsymbol{x}_0$ 对 x 的偏导数称为 $f(x,y)$ 在 $\boldsymbol{x}_0$ 先对 y 后对 x 的二阶混合偏导数，记为 $f''_{yx}(\boldsymbol{x}_0)$，或 $\left.\dfrac{\partial^2 f}{\partial x\partial y}\right|_{\boldsymbol{x}_0}$，或 $\dfrac{\partial^2 f}{\partial x\partial y}(\boldsymbol{x}_0)$；函数 $f'_y(x,y)$ 在 $\boldsymbol{x}_0$ 对 y 的偏导数称为 $f(x,y)$ 在 $\boldsymbol{x}_0$ 关于 y 的二阶偏导数，记为 $f''_{yy}(\boldsymbol{x}_0)$，或 $\left.\dfrac{\partial^2 f}{\partial y^2}\right|_{\boldsymbol{x}_0}$，或 $\dfrac{\partial^2 f}{\partial y^2}(\boldsymbol{x}_0)$.

二元函数的二阶偏导数最多有 4 个．如果二阶偏导数在 D 内处处存在，则又可以分别对自变量求偏导数，进而得到三阶偏导数，容易看到，二元函数的三阶偏导数最多有 8 个……类似地，若 $n-1$ 阶偏导数在 D 内处处存在，则又可以分别对自变量求偏导，得到函数的 n 阶偏导数，不难看出，二元函数的 n 阶偏导数最多有 2^n 个．一般的 n 元函数的高阶偏导数是类似的.

例 11.2.1 求 $f(x,y)=x\cos y$ 的二阶偏导数.

解 $\dfrac{\partial f}{\partial x}=\cos y$，$\dfrac{\partial^2 f}{\partial x^2}=0$，$\dfrac{\partial^2 f}{\partial y\partial x}=-\sin y$；

$\dfrac{\partial f}{\partial y}=-x\sin y$，$\dfrac{\partial^2 f}{\partial x\partial y}=-\sin y$，$\dfrac{\partial^2 f}{\partial y^2}=-x\cos y$.

例 11.2.2 求 $f(x,y)=\begin{cases} xy\dfrac{x^2-y^2}{x^2+y^2}, & (x,y)\neq(0,0); \\ 0, & (x,y)=(0,0) \end{cases}$ 在 $(0,0)$ 点的两个二阶混合偏导数.

解 若 $y\neq 0$，则 $f'_x(0,y)=\lim\limits_{x\to 0}\dfrac{f(x,y)-f(0,y)}{x}=\lim\limits_{x\to 0}\dfrac{y(x^2-y^2)}{x^2+y^2}=-y$；若 $y=0$，则 $f'_x(0,0)=\lim\limits_{x\to 0}\dfrac{f(x,0)-f(0,0)}{x}=0$，故 $f''_{xy}(0,0)=\lim\limits_{y\to 0}\dfrac{f'_x(0,y)-f'_x(0,0)}{y}=-1$.

同理，若 $x\neq 0$，则 $f'_y(x,0)=\lim\limits_{y\to 0}\dfrac{f(x,y)-f(x,0)}{y}=\lim\limits_{y\to 0}\dfrac{x(x^2-y^2)}{x^2+y^2}=x$；若 $x=0$，则 $f'_y(0,0)=\lim\limits_{y\to 0}\dfrac{f(0,y)-f(0,0)}{y}=0$，故 $f''_{yx}(0,0)=\lim\limits_{x\to 0}\dfrac{f'_y(x,0)-f'_y(0,0)}{x}=1$.

上面的例子说明函数的两个二阶混合偏导数存在但不一定相等．一般情况下，混合偏导数与求偏导的顺序有关．下面探讨二阶混合偏导数与求偏导次序无关的条件.

定理 11.2.1（施瓦茨定理） 若在 $\boldsymbol{x}_0=(x_0,y_0)$ 的邻域内 $f(x,y)$ 的两个二阶混合偏导数 f''_{xy} 和 f''_{yx} 都存在，且它们都在 $\boldsymbol{x}_0$ 点处连续，则 $f''_{xy}(\boldsymbol{x}_0)=f''_{yx}(\boldsymbol{x}_0)$.

（施瓦茨，Hermann Amandus Schwartz，1843—1921，德国人）

证明 对任意固定的充分小的 $\Delta y\neq 0$，令

$$\varphi(x)=f(x,y_0+\Delta y)-f(x,y_0),$$

则 $\varphi(x)$ 在 x_0 的邻域内可导，且 $\varphi'(x)=f'_x(x,y_0+\Delta y)-f'_x(x,y_0)$.

另外，对 $\varphi(x)$ 应用微分中值定理，存在 $0<\theta_1<1$ 使得

$$\begin{aligned}\varphi(x_0+\Delta x)-\varphi(x_0)&=\varphi'(x_0+\theta_1\Delta x)\Delta x\\&=[f'_x(x_0+\theta_1\Delta x,y_0+\Delta y)-f'_x(x_0+\theta_1\Delta x,y_0)]\Delta x\\&=f''_{xy}(x_0+\theta_1\Delta x,y_0+\theta_2\Delta y)\Delta x\Delta y,\end{aligned}$$

上面第三个等式对 f'_x 关于变量 y 应用微分中值定理，其中 $0<\theta_2<1$.

对任意固定的充分小的 $\Delta x\neq 0$，令 $\psi(y)=f(x_0+\Delta x,y)-f(x_0,y)$. 则 $\psi(y)$ 在 y_0 的邻域内可导，且

$$\psi'(y)=f'_y(x_0+\Delta x,y)-f'_y(x_0,y).$$

类似的讨论可知，存在 $0<\theta_3<1$ 及 $0<\theta_4<1$ 使得

$$\begin{aligned}\psi(y_0+\Delta y)-\psi(y_0)&=\psi'(y_0+\theta_3\Delta y)\Delta y\\&=[f'_y(x_0+\Delta x,y_0+\theta_3\Delta y)-f'_y(x_0,y_0+\theta_3\Delta y)]\Delta y\\&=f''_{yx}(x_0+\theta_4\Delta x,y_0+\theta_3\Delta y)\Delta x\Delta y.\end{aligned}$$

注意到

$$\begin{aligned}\varphi(x_0+\Delta x)-\varphi(x_0)&=f(x_0+\Delta x,y_0+\Delta y)-f(x_0+\Delta x,y_0)-f(x_0,y_0+\Delta y)+f(x_0,y_0)\\&=\psi(y_0+\Delta y)-\psi(y_0),\end{aligned}$$

因此

$$f''_{xy}(x_0+\theta_1\Delta x,y_0+\theta_2\Delta y)=f''_{yx}(x_0+\theta_4\Delta x,y_0+\theta_3\Delta y).$$

因为 f''_{xy} 和 f''_{yx} 在 $\boldsymbol{x}_0$ 点处连续，故 $f''_{xy}(x_0,y_0)=f''_{yx}(x_0,y_0)$. 证毕.

设函数 $f(\boldsymbol{x})$（其中 $\boldsymbol{x}=(x_1,x_2,\cdots,x_n)$）定义在开集 $D\subset\mathbb{R}^n$ 上. 任取 $\boldsymbol{x}_0\in D$，若 $f(\boldsymbol{x})$ 在 D 上存在偏导数，且 $f(\boldsymbol{x})$ 的每个偏导数在 $\boldsymbol{x}_0$ 点处可微，称 $f(\boldsymbol{x})$ 在 $\boldsymbol{x}_0$ 点处二阶可微. 一般地，有下列概念.

定义 11.2.2　设函数 $f(\boldsymbol{x})$ 定义在开集 $D\subset\mathbb{R}^n$ 上. 任取 $\boldsymbol{x}_0\in D$. 若函数 $f(\boldsymbol{x})$ 在 D 上存在 $n-1$ 阶偏导数，且所有的 $n-1$ 阶偏导数在 $\boldsymbol{x}_0$ 点处可微，称 $f(\boldsymbol{x})$ 在 $\boldsymbol{x}_0$ 点处 n 阶可微（$n\geqslant 2$）.

定理 11.2.1（施瓦茨定理）对一般的 $n(\geqslant 3)$ 元函数也是成立的. 符号 $C^k(D)$ 表示集合 D 上 k 阶偏导连续的函数全体，这样的函数也称为是 k 阶连续可微的.

11.2.2　复合函数的微分

一元复合函数的求导有链式法则. 对多元函数来说，由于偏导数存在，函数不一定连续，因此仅存在偏导数的多元函数复合后偏导数不一定存在. 所以对函数的要求条件会更强一些，下面先考虑复合函数是单变量的情形.

定理 11.2.2　设 $z=f(x_1,x_2,\cdots,x_n)$ 是可微函数，$x_i=x_i(t)$（$i=1,2,\cdots,n$）是 t 的可导函数，则复合函数 $z=f(x_1(t),x_2(t),\cdots,x_n(t))$ 是 t 的可导函数，且 $\dfrac{\mathrm{d}z}{\mathrm{d}t}=\sum\limits_{i=1}^{n}\dfrac{\partial z}{\partial x_i}\dfrac{\mathrm{d}x_i}{\mathrm{d}t}$.

证明　为书写简单，我们只对外层是二元函数的情形给出证明. 设 $z=f(x,y)$ 是可微函数，$x=x(t),y=y(t)$ 是 t 的可导函数. 任给自变量 t 的一个改变量 Δt，相应地，x 和 y

分别有改变量Δx和Δy，从而z有改变量Δz．因为$z=f(x,y)$可微，由定理 11.1.3（可微的充要条件），有

$$\Delta z=\frac{\partial f}{\partial x}\Delta x+\frac{\partial f}{\partial y}\Delta y+\varepsilon_1\Delta x+\varepsilon_2\Delta y\text{，其中}\lim_{\substack{\Delta x\to 0\\ \Delta y\to 0}}\varepsilon_i=0\text{，}i=1,2\text{，}$$

所以$\dfrac{\Delta z}{\Delta t}=\dfrac{\partial f}{\partial x}\dfrac{\Delta x}{\Delta t}+\dfrac{\partial f}{\partial y}\dfrac{\Delta y}{\Delta t}+\varepsilon_1\dfrac{\Delta x}{\Delta t}+\varepsilon_2\dfrac{\Delta y}{\Delta t}$．由于$x=x(t),\ y=y(t)$是$t$的可导函数，从而关于$t$连续，因此当$\Delta t\to 0$时，有$\Delta x\to 0$且$\Delta y\to 0$，故

$$\begin{aligned}\lim_{\Delta t\to 0}\frac{\Delta z}{\Delta t}&=\frac{\partial f}{\partial x}\lim_{\Delta t\to 0}\frac{\Delta x}{\Delta t}+\frac{\partial f}{\partial y}\lim_{\Delta t\to 0}\frac{\Delta y}{\Delta t}+\lim_{\substack{\Delta x\to 0\\ \Delta y\to 0}}\varepsilon_1\lim_{\Delta t\to 0}\frac{\Delta x}{\Delta t}+\lim_{\substack{\Delta x\to 0\\ \Delta y\to 0}}\varepsilon_2\lim_{\Delta t\to 0}\frac{\Delta y}{\Delta t}\\&=\frac{\partial f}{\partial x}\frac{\mathrm{d}x}{\mathrm{d}t}+\frac{\partial f}{\partial y}\frac{\mathrm{d}y}{\mathrm{d}t},\end{aligned}$$

所以$z=f(x(t),y(t))$是t的可导函数且$\dfrac{\mathrm{d}z}{\mathrm{d}t}=\dfrac{\partial z}{\partial x}\dfrac{\mathrm{d}x}{\mathrm{d}t}+\dfrac{\partial z}{\partial y}\dfrac{\mathrm{d}y}{\mathrm{d}t}$．证毕.

由于偏导数本质上是一元函数的导数，因此由定理 11.2.2 可得到复合函数是多变量的微分.

推论 11.2.1 设$z=f(x_1,x_2,\cdots,x_n)$是可微函数，$x_i=x_i(t_1,t_2,\cdots,t_m)$（$i=1,2,\cdots,n$）存在偏导数，则复合函数$z=f(x_1(t_1,t_2,\cdots,t_m),x_2(t_1,t_2,\cdots,t_m),\cdots,x_n(t_1,t_2,\cdots,t_m))$存在偏导数，且

$$\frac{\partial z}{\partial t_j}=\sum_{i=1}^{n}\frac{\partial z}{\partial x_i}\frac{\partial x_i}{\partial t_j},\ j=1,2,\cdots,m.$$

以上复合函数的求导公式称为链式法则.

需要注意的是，应用链式法则时，外层函数要可微，内层函数要可导或偏导数存在.

例 11.2.3 设 $f(x,y)=\begin{cases}\dfrac{x^2y}{x^2+y^2}, & x^2+y^2\neq 0;\\ 0, & x^2+y^2=0.\end{cases}$ 取$x=t,\ y=t$，则复合函数$F(t)=f(t,t)=\dfrac{1}{2}t$.

显然对所有的t，$F'(t)=\dfrac{1}{2}$．另外，容易求出$f'_x(0,0)=0=f'_y(0,0)$，若盲目地应用链式法则求导，则得到错误的结果$F'(0)=f'_x(0,0)x'(0)+f'_y(0,0)y'(0)=0$．这是因为函数$f(x,y)$在$(0,0)$点处不可微，事实上，取$y=x$，则$\lim\limits_{\substack{x\to 0\\ y\to 0}}\dfrac{\frac{x^2y}{x^2+y^2}}{\sqrt{x^2+y^2}}=\lim\limits_{\substack{x\to 0\\ y\to 0}}\dfrac{x^2y}{(x^2+y^2)^{\frac{3}{2}}}=\dfrac{1}{2^{\frac{3}{2}}}\neq 0$.

例 11.2.4 求函数$z=\varphi(x)^{\psi(x)}$的导数，其中$\varphi(x),\ \psi(x)$可导.

解 令$u=\varphi(x),\ v=\psi(x)$，则$z=u^v$，因此

$$\begin{aligned}z'(x)&=\frac{\partial z}{\partial u}\frac{\mathrm{d}u}{\mathrm{d}x}+\frac{\partial z}{\partial v}\frac{\mathrm{d}v}{\mathrm{d}x}=vu^{v-1}\varphi'(x)+u^v\ln u\psi'(x)\\&=\psi(x)\varphi(x)^{\psi(x)-1}\varphi'(x)+\varphi(x)^{\psi(x)}(\ln\varphi(x))\cdot\psi'(x).\end{aligned}$$

例 11.2.5　设 $z=f(x,y,t)$ 可微，且 $x=x(s,t)$， $y=y(s,t)$ 存在偏导数．求 $\frac{\partial z}{\partial s}$， $\frac{\partial z}{\partial t}$．

解　$\frac{\partial z}{\partial s}=\frac{\partial f}{\partial x}\frac{\partial x}{\partial s}+\frac{\partial f}{\partial y}\frac{\partial y}{\partial s}$；　$\frac{\partial z}{\partial t}=\frac{\partial f}{\partial x}\frac{\partial x}{\partial t}+\frac{\partial f}{\partial y}\frac{\partial y}{\partial t}+\frac{\partial f}{\partial t}$．

例 11.2.6　设 $u=f(x,y)$， $v=g(x,y,u)$， $w=h(x,u,v)$ 可微，求 $\frac{\partial w}{\partial x}$， $\frac{\partial w}{\partial y}$．

解　复合这几个函数得 $w=h(x,f(x,y),g(x,y,f(x,y)))$，所以

$$\frac{\partial w}{\partial x}=h_1'+h_2'f_x'+h_3'(g_1'+g_3'f_x');\qquad \frac{\partial w}{\partial y}=h_2'f_y'+h_3'(g_2'+g_3'f_y'),$$

其中 h_i' 表示 h 对它的第 i 个中间变量求偏导．

例 11.2.7　设 $u=f(x,y)$ 有连续的二阶偏导数， $x=x(t)$， $y=y(t)$ 二阶可导，求 $\frac{\mathrm{d}^2u}{\mathrm{d}t^2}$．

解　$\frac{\mathrm{d}u}{\mathrm{d}t}=\frac{\partial f}{\partial x}\frac{\mathrm{d}x}{\mathrm{d}t}+\frac{\partial f}{\partial y}\frac{\mathrm{d}y}{\mathrm{d}t}$；

$$\begin{aligned}\frac{\mathrm{d}^2u}{\mathrm{d}t^2}&=\frac{\mathrm{d}}{\mathrm{d}t}\left(\frac{\partial f}{\partial x}\right)\frac{\mathrm{d}x}{\mathrm{d}t}+\frac{\partial f}{\partial x}\frac{\mathrm{d}^2x}{\mathrm{d}t^2}+\frac{\mathrm{d}}{\mathrm{d}t}\left(\frac{\partial f}{\partial y}\right)\frac{\mathrm{d}y}{\mathrm{d}t}+\frac{\partial f}{\partial y}\frac{\mathrm{d}^2y}{\mathrm{d}t^2}\\&=\frac{\partial^2 f}{\partial x^2}\left(\frac{\mathrm{d}x}{\mathrm{d}t}\right)^2+2\frac{\partial^2 f}{\partial x\partial y}\frac{\mathrm{d}x}{\mathrm{d}t}\frac{\mathrm{d}y}{\mathrm{d}t}+\frac{\partial f}{\partial x}\frac{\mathrm{d}^2x}{\mathrm{d}t^2}+\frac{\partial^2 f}{\partial y^2}\left(\frac{\mathrm{d}y}{\mathrm{d}t}\right)^2+\frac{\partial f}{\partial y}\frac{\mathrm{d}^2y}{\mathrm{d}t^2}.\end{aligned}$$

例 11.2.8　设 $\varphi(t)$ 在 $\mathbb{R}$ 上二阶可导，$\psi(t)$ 在 $\mathbb{R}$ 上可导．令

$$f(x,y)=\varphi(x+y)+\varphi(x-y)+\int_{x-y}^{x+y}\psi(t)\mathrm{d}t,$$

求 $f_{xy}''(x,y)$．

解　$f_x'(x,y)=\varphi'(x+y)+\varphi'(x-y)+\psi(x+y)-\psi(x-y)$，故

$$f_{xy}''(x,y)=\varphi''(x+y)-\varphi''(x-y)+\psi'(x+y)+\psi'(x-y).$$

11.2.3　一阶全微分的形式不变性

设 $z=f(u,v)$， $u=u(x,y)$， $v=v(x,y)$ 均连续可微，则将 z 看成 x,y 的二元函数，有

$$\mathrm{d}z=\frac{\partial z}{\partial x}\mathrm{d}x+\frac{\partial z}{\partial y}\mathrm{d}y.$$

另外，由复合函数的链式法则，有

$$\frac{\partial z}{\partial x}=\frac{\partial f}{\partial u}\frac{\partial u}{\partial x}+\frac{\partial f}{\partial v}\frac{\partial v}{\partial x},\quad \frac{\partial z}{\partial y}=\frac{\partial f}{\partial u}\frac{\partial u}{\partial y}+\frac{\partial f}{\partial v}\frac{\partial v}{\partial y},$$

代入 $\mathrm{d}z=\frac{\partial z}{\partial x}\mathrm{d}x+\frac{\partial z}{\partial y}\mathrm{d}y$，得

$$\begin{aligned}\mathrm{d}z&=\frac{\partial z}{\partial x}\mathrm{d}x+\frac{\partial z}{\partial y}\mathrm{d}y=\left(\frac{\partial f}{\partial u}\frac{\partial u}{\partial x}+\frac{\partial f}{\partial v}\frac{\partial v}{\partial x}\right)\mathrm{d}x+\left(\frac{\partial f}{\partial u}\frac{\partial u}{\partial y}+\frac{\partial f}{\partial v}\frac{\partial v}{\partial y}\right)\mathrm{d}y\\&=\frac{\partial f}{\partial u}\left(\frac{\partial u}{\partial x}\mathrm{d}x+\frac{\partial u}{\partial y}\mathrm{d}y\right)+\frac{\partial f}{\partial v}\left(\frac{\partial v}{\partial x}\mathrm{d}x+\frac{\partial v}{\partial y}\mathrm{d}y\right)\end{aligned}$$

$$=\frac{\partial f}{\partial u}\mathrm{d}u+\frac{\partial f}{\partial v}\mathrm{d}v.$$

称 $\mathrm{d}z=\frac{\partial f}{\partial u}\mathrm{d}u+\frac{\partial f}{\partial v}\mathrm{d}v$ 为一阶微分的形式不变性，即 u,v 无论是作为 z 的中间变量，还是作为 z 的自变量，都有 $\mathrm{d}z=\frac{\partial f}{\partial u}\mathrm{d}u+\frac{\partial f}{\partial v}\mathrm{d}v$ 成立．利用一阶全微分的形式不变性计算复合函数的偏导数，相对容易，不容易出错．

例 11.2.9 设 $z=f(x-y^2,xy)\in C^1$，求 $\mathrm{d}z,\ \frac{\partial z}{\partial x},\ \frac{\partial z}{\partial y}$.

解

$$\begin{aligned}\mathrm{d}z&=f_1'(x-y^2,xy)\mathrm{d}(x-y^2)+f_2'(x-y^2,xy)\mathrm{d}(xy)\\&=f_1'(x-y^2,xy)(\mathrm{d}x-2y\mathrm{d}y)+f_2'(x-y^2,xy)(y\mathrm{d}x+x\mathrm{d}y)\\&=\left(f_1'(x-y^2,xy)+yf_2'(x-y^2,xy)\right)\mathrm{d}x+\left(xf_2'(x-y^2,xy)-2yf_1'(x-y^2,xy)\right)\mathrm{d}y,\end{aligned}$$

故 $\frac{\partial z}{\partial x}=f_1'(x-y^2,xy)+yf_2'(x-y^2,xy),\ \frac{\partial z}{\partial y}=xf_2'(x-y^2,xy)-2yf_1'(x-y^2,xy)$.

例 11.2.10 设 $z=f(x,u,v)$，$u=g(x,y)$ 和 $v=h(x,y,u)$ 都可微，求 $\frac{\partial z}{\partial x},\ \frac{\partial z}{\partial y}$.

解 由于

$$\begin{aligned}\mathrm{d}z&=f_x'\mathrm{d}x+f_u'\mathrm{d}u+f_v'\mathrm{d}v\\&=f_x'\mathrm{d}x+f_u'(g_x'\mathrm{d}x+g_y'\mathrm{d}y)+f_v'(h_x'\mathrm{d}x+h_y'\mathrm{d}y+h_u'\mathrm{d}u)\\&=(f_x'+f_u'g_x'+f_v'h_x')\mathrm{d}x+(f_u'g_y'+f_v'h_y')\mathrm{d}y+f_v'h_u'(g_x'\mathrm{d}x+g_y'\mathrm{d}y)\\&=(f_x'+f_u'g_x'+f_v'h_x'+f_v'h_u'g_x')\mathrm{d}x+(f_u'g_y'+f_v'h_y'+f_v'h_u'g_y')\mathrm{d}y,\end{aligned}$$

故 $\frac{\partial z}{\partial x}=f_x'+f_u'g_x'+f_v'h_x'+f_v'h_u'g_x',\ \frac{\partial z}{\partial y}=f_u'g_y'+f_v'h_y'+f_v'h_u'g_y'$.

习题 11.2

1．证明下列结论．

（1）函数 $f(x,y)=\begin{cases}\dfrac{xy}{x^2+y^2}, & (x,y)\neq(0,0);\\ 0, & (x,y)=(0,0)\end{cases}$ 在 $(0,0)$ 点处不连续，但在该点存在任意阶偏导数 $\frac{\partial^n f}{\partial x^n}(0,0)$ 和 $\frac{\partial^n f}{\partial y^n}(0,0)$；

（2）函数 $f(x,y)=\begin{cases}\dfrac{xy^2}{x^2+y^2}, & (x,y)\neq(0,0);\\ 0, & (x,y)=(0,0)\end{cases}$ 在 $(0,0)$ 点存在偏导数 $\frac{\partial^2 f}{\partial x\partial y}(0,0)$，但不存在偏导数 $\frac{\partial^2 f}{\partial y\partial x}(0,0)$.

2．求下列复合函数的偏导数$\dfrac{\partial z}{\partial x}$和$\dfrac{\partial z}{\partial y}$，其中$f$是可微函数．

（1）$z=\arctan\dfrac{u}{v}$，$u=x^2+y^2$，$v=xy$；

（2）$z=f(x^2-y^2,\ \mathrm{e}^{xy})$；

（3）$z=f(x,x+y,\ x-y)$；

（4）$z=xy+\dfrac{y}{x}f(xy)$；

（5）$z=f(x\ln x,\ 2x-y)$．

3．设$f(x,y)$可微．证明：$f(x,y)\equiv c$是微分方程$P(x,y)\mathrm{d}x+Q(x,y)\mathrm{d}y=0$的解当且仅当$Pf'_y=Qf'_x$．

4．设f可微，$z=xy+xf\left(\dfrac{y}{x}\right)$，证明：$x\dfrac{\partial z}{\partial x}+y\dfrac{\partial z}{\partial y}=z+xy$．

5．设$u=f(x,y)$，$x=r\cos\theta$，$y=r\sin\theta$，f可微，证明：

$$\left(\frac{\partial u}{\partial r}\right)^2+\left(\frac{1}{r}\frac{\partial u}{\partial\theta}\right)^2=\left(\frac{\partial f}{\partial x}\right)^2+\left(\frac{\partial f}{\partial y}\right)^2.$$

6．设$u(x,y)$有二阶偏导数，无零点．证明：$u(x,y)$满足方程$u\dfrac{\partial^2 u}{\partial x\partial y}=\dfrac{\partial u}{\partial x}\cdot\dfrac{\partial u}{\partial y}$当且仅当$u(x,y)=f(x)g(y)$．

7．设$f\in C^2(\mathbb{R}^2)$满足拉普拉斯方程$\dfrac{\partial^2 f}{\partial x^2}+\dfrac{\partial^2 f}{\partial y^2}=0$，证明：$u(x,y)=f\left(\dfrac{x}{x^2+y^2},\dfrac{y}{x^2+y^2}\right)$也满足拉普拉斯方程．

8．设$f(x,y)=\varphi(xy)$，而函数φ满足：存在$\delta>0,\mu>\dfrac{1}{2}$和$C>0$使得$|\varphi(t)|\leqslant C|t|^{\mu}$（$\forall t\in(-\delta,\delta)$）．证明：$f(x,y)$在$(0,0)$点处可微．

9．解答下列各题．

（1）设$f(x,y)=\begin{cases}\mathrm{e}^{-\frac{1}{x^2+y^2}}, & x^2+y^2\neq 0;\\ 0, & x^2+y^2=0.\end{cases}$求$f''_{xx}(0,0)$与$f''_{xy}(0,0)$．

（2）设$f(x,y)=\mathrm{e}^x\sin y$，求$f^{(n+m)}_{x^n y^m}(0,0)$．

10．求下列函数的二阶偏导数．

（1）$f(x,y)=\cos^2(ax-by)$；

（2）$f(x,y)=\mathrm{e}^{-ax}\sin by$；

（3）$f(x,y)=x\mathrm{e}^{-xy}$；

（4）$f(x,y)=\ln\left(x+\sqrt{1-y^2}\right)$．

11．证明下列函数满足相应的微分方程．

（1）$z=2\cos^2\left(x-\dfrac{y}{2}\right)$满足$2\dfrac{\partial^2 z}{\partial y^2}+\dfrac{\partial^2 z}{\partial x\partial y}=0$；

（2） $f(x,y)=\ln\sqrt{x^2+y^2}-2xy$ 满足 $\dfrac{\partial^2 f}{\partial x^2}+\dfrac{\partial^2 f}{\partial y^2}=0$；

（3） $u=\dfrac{1}{\sqrt{x^2+y^2+z^2}}$ 满足 $\dfrac{\partial^2 u}{\partial x^2}+\dfrac{\partial^2 u}{\partial y^2}+\dfrac{\partial^2 u}{\partial z^2}=0$；

（4） $u=x^2 f\left(\dfrac{y}{x}\right)+y^{-2}g\left(\dfrac{y}{x}\right)$ 满足 $x^2u''_{xx}+2xyu''_{xy}+y^2u''_{yy}+xu'_x+yu'_y=4u$.

12．（杨定理）设函数 $f(x,y)$ 在 (x_0,y_0) 点的邻域 W 内有定义，且在 W 内存在偏导数．若两个偏导函数 $f'_x(x,y)$，$f'_y(x,y)$ 在 (x_0,y_0) 点处可微，则 $f''_{xy}(x_0,y_0)=f''_{yx}(x_0,y_0)$．

13．设 $f'_x(x,y)$，$f'_y(x,y)$ 在 (x_0,y_0) 的邻域内存在，且 $f''_{xy}(x,y)$ 在 (x_0,y_0) 点处连续，则 $f''_{yx}(x_0,y_0)$ 存在且 $f''_{xy}(x_0,y_0)=f''_{yx}(x_0,y_0)$．

11.3 方向导数与梯度

11.3.1 方向导数

我们来看下面的问题．一块长方形金属板，四个顶点的坐标分别是(1,1)，(4,1)，(1,3)，(4,3)．在坐标原点处有一团火焰，它使金属板受热．假定金属板上任意一点处的温度与该点到原点的距离成反比．在(3,2)点处有一只蚂蚁，问这只蚂蚁应朝哪个方向爬行才能最快到达较凉快的地方？我们自然会想到，蚂蚁应该沿着由热变冷变化最快的方向爬行．这就涉及沿着某个方向函数的变化率问题，下面回忆线性代数中有关向量的部分内容．

给定一点 $P(x,y,z)$，则对应一个向量 $\overrightarrow{OP}=x\boldsymbol{i}+y\boldsymbol{j}+z\boldsymbol{k}$，其中 $\boldsymbol{i},\boldsymbol{j},\boldsymbol{k}$ 分别表示 x，y，z 轴正向单位向量，且 $\|\overrightarrow{OP}\|=\sqrt{x^2+y^2+z^2}$．用 α，β，γ 分别表示射线 $\overrightarrow{OP}$ 与 x 轴、y 轴及 z 轴正向的夹角，则

$$\cos\alpha=\frac{x}{\sqrt{x^2+y^2+z^2}},\ \cos\beta=\frac{y}{\sqrt{x^2+y^2+z^2}},\ \cos\gamma=\frac{z}{\sqrt{x^2+y^2+z^2}},$$

且 $\cos^2\alpha+\cos^2\beta+\cos^2\gamma=1$，称 $\boldsymbol{n}=(\cos\alpha,\cos\beta,\cos\gamma)$ 为向量 $\overrightarrow{OP}$ 的方向向量，三个分量分别称为该向量的方向余弦．向量 $\overrightarrow{OP}=x\boldsymbol{i}+y\boldsymbol{j}+z\boldsymbol{k}$ 与 $\overrightarrow{OQ}=a\boldsymbol{i}+b\boldsymbol{j}+c\boldsymbol{k}$ 的点积（或称内积）为

$$\overrightarrow{OP}\cdot\overrightarrow{OQ}=ax+by+cz=\|\overrightarrow{OP}\|\cdot\|\overrightarrow{OQ}\|\cos\theta,$$

其中 θ 是两向量的夹角；它们的叉积（或称外积）为

$$\overrightarrow{OP}\times\overrightarrow{OQ}=\begin{vmatrix}\boldsymbol{i} & \boldsymbol{j} & \boldsymbol{k}\\ x & y & z\\ a & b & c\end{vmatrix}=(cy-bz)\boldsymbol{i}+(az-cx)\boldsymbol{j}+(bx-ay)\boldsymbol{k},$$

且 $\|\overrightarrow{OP}\times\overrightarrow{OQ}\|=\|\overrightarrow{OP}\|\cdot\|\overrightarrow{OQ}\|\sin\theta$.

设 $P_0(x_0,y_0,z_0)\in\mathbb{R}^3$ 给定，$\boldsymbol{v}=(v_1,v_2,v_3)^{\mathrm{T}}\in\mathbb{R}^3$ 是单位向量，经过点 P_0 且与非零向量 $\boldsymbol{v}$ 平行的直线 l 被唯一确定，$\boldsymbol{v}=(v_1,v_2,v_3)^{\mathrm{T}}$ 称为直线 l 的方向向量，现在求直线的方程．设 $P(x,y,z)$ 是直线 l 上的任意一点，则 $\overrightarrow{P_0P}$ 与 $\boldsymbol{v}$ 平行，故存在 $t\in\mathbb{R}$ 使得 $\overrightarrow{P_0P}=t\boldsymbol{v}$，这样我们得到空间直线 l 的参数方程

$$\begin{cases}x=x_0+tv_1,\\ y=y_0+tv_2,\\ z=z_0+tv_3\end{cases}\quad(t\in\mathbb{R}).$$

若只考虑 $t\geqslant 0$，则定义了以 P_0 为初始点、以 $\boldsymbol{v}$ 为方向的射线 $s(\boldsymbol{v})=\{t\boldsymbol{v}\mid t\geqslant 0\}$．现在考察动点沿射线的变化率．

定义 11.3.1　设函数 $z=f(x_1,x_2,\cdots,x_n)$ 在点 $P_0(x_{01},x_{02},\cdots,x_{0n})\in\mathbb{R}^n$ 的某个邻域内有定义，且设 $s(\boldsymbol{v})$ 是以单位向量 $\boldsymbol{v}=(v_1,v_2,\cdots,v_n)^{\mathrm{T}}\in\mathbb{R}^n$ 为方向、以 P_0 为起点的射线．若动点 $P(x_1,x_2,\cdots,x_n)$ 沿着射线 $s(\boldsymbol{v})$ 趋于点 P_0 时，极限

$$\lim_{t\to0^+}\frac{f(x_{01}+tv_1,x_{02}+tv_2,\cdots,x_{0n}+tv_n)-f(x_{01},x_{02},\cdots,x_{0n})}{t}$$

存在，则称该极限值是函数 $z=f(x_1,x_2,\cdots,x_n)$ 在点 P_0 沿方向 $\boldsymbol{v}$ 的方向导数，记为 $\left.\dfrac{\partial f}{\partial\boldsymbol{v}}\right|_{P_0}$ 或 $\dfrac{\partial f}{\partial\boldsymbol{v}}(P_0)$ 或 $f'_{\boldsymbol{v}}(P_0)$．

注 1　从定义中观察到，这里的参数 t 是沿着方向 $\boldsymbol{v}$ 由 P_0 到 P 的有向距离．

注 2　$\left.\dfrac{\partial f}{\partial\boldsymbol{v}}\right|_{P_0}$ 是 $z=f(x_1,x_2,\cdots,x_n)$ 在 P_0 点沿方向 $\boldsymbol{v}$ 的变化率．所以 $\left.\dfrac{\partial f}{\partial\boldsymbol{v}}\right|_{P_0}>0$ 表示函数沿着方向 $\boldsymbol{v}$ 是增加的；$\left.\dfrac{\partial f}{\partial\boldsymbol{v}}\right|_{P_0}<0$ 表示函数沿着方向 $\boldsymbol{v}$ 是减小的．

注 3　若 $\left.\dfrac{\partial f}{\partial x}\right|_{P_0}$ 存在，则 $\left.\dfrac{\partial f}{\partial\boldsymbol{i}}\right|_{P_0}=\left.\dfrac{\partial f}{\partial x}\right|_{P_0}$，$\left.\dfrac{\partial f}{\partial(-\boldsymbol{i})}\right|_{P_0}=-\left.\dfrac{\partial f}{\partial x}\right|_{P_0}$，其中 $\boldsymbol{i}=(1,0)$．

例 11.3.1　求 $f(x,y)=\sqrt{x^2+y^2}$ 在 $(0,0)$ 点沿任意单位向量 $\boldsymbol{v}=(v_1,v_2)^{\mathrm{T}}$ 的方向导数．

解　因为 $\left.\dfrac{\partial f}{\partial\boldsymbol{v}}\right|_{(0,0)}=\lim\limits_{t\to0^+}\dfrac{f(tv_1,tv_2)-f(0,0)}{t}=\lim\limits_{t\to0^+}\dfrac{|t|}{t}=1$，所以函数 $f(x,y)$ 在 $(0,0)$ 点沿任何方向的方向导数都存在且都等于 1.

例 11.3.2　讨论 $f(x,y)=\begin{cases}1, & y=x^2,\ x>0;\\ 0, & 其他\end{cases}$ 在 $(0,0)$ 点的方向导数与连续性．

解　显然 $(0,0)$ 是函数的间断点．但对任意的单位向量 $\boldsymbol{v}$，方向导数存在且都等于零．事实上，设 $s(\boldsymbol{v})$ 是过 $(0,0)$ 点且以 $\boldsymbol{v}$ 为方向向量的射线，则该射线充分靠近原点的线段与曲线 $y=x^2$（$x>0$）没有公共点，因而在这一小段射线上，$f(x,y)=0$，由方向导数

定义易知 $\left.\dfrac{\partial f}{\partial \boldsymbol{v}}\right|_{(0,0)}=0.$

本例说明函数在一点沿着任意方向的方向导数都存在也不能保证函数在该点的连续性.

11.3.2 梯度

函数在一点存在极限蕴含函数在该点沿着任意一条曲线的极限都存在，从而在该点沿着任意方向的极限都存在. 接下来我们将探讨，可微函数沿着任意方向的方向导数都存在，且都可由沿着坐标轴方向的导数来决定.

定义 11.3.2 设函数 $z=f(x_1,x_2,\cdots,x_n)$ 在点 $\boldsymbol{x}_0=(x_{01},x_{02},\cdots,x_{0n})\in\mathbb{R}^n$ 处可微，称向量

$$(f'_{x_1}(\boldsymbol{x}_0),f'_{x_2}(\boldsymbol{x}_0),\cdots,f'_{x_n}(\boldsymbol{x}_0))$$

为函数 f 在 $\boldsymbol{x}_0$ 点的梯度，记作 $\operatorname{grad} f(\boldsymbol{x}_0)$，也用符号 $\nabla f(\boldsymbol{x}_0)$ 表示，其中 $\nabla=\left(\dfrac{\partial}{\partial x_1},\dfrac{\partial}{\partial x_2},\cdots,\dfrac{\partial}{\partial x_n}\right)$ 是向量微分算子，读作 Nabla 算子，且

$$\nabla f(\boldsymbol{x}_0)=\left(\frac{\partial}{\partial x_1},\frac{\partial}{\partial x_2},\cdots,\frac{\partial}{\partial x_n}\right)f(\boldsymbol{x}_0).$$

定理 11.3.1 设函数 $z=f(x_1,x_2,\cdots,x_n)$ 在点 $\boldsymbol{x}_0=(x_{01},x_{02},\cdots,x_{0n})\in\mathbb{R}^n$ 处可微. 则函数 $z=f(x_1,x_2,\cdots,x_n)$ 在 $\boldsymbol{x}_0\in\mathbb{R}^n$ 沿任意方向 $\boldsymbol{v}=(\cos\alpha_1,\cos\alpha_2,\cdots,\cos\alpha_n)$ 的方向导数都存在，且

$$\left.\frac{\partial f}{\partial \boldsymbol{v}}\right|_{\boldsymbol{x}_0}=\left.\frac{\partial f}{\partial x_1}\right|_{\boldsymbol{x}_0}\cos\alpha_1+\left.\frac{\partial f}{\partial x_2}\right|_{\boldsymbol{x}_0}\cos\alpha_2+\cdots+\left.\frac{\partial f}{\partial x_n}\right|_{\boldsymbol{x}_0}\cos\alpha_n.$$

证明 函数 $z=f(x_1,x_2,\cdots,x_n)$ 在 $\boldsymbol{x}_0\in\mathbb{R}^n$ 沿方向 $\boldsymbol{v}=(\cos\alpha_1,\cos\alpha_2,\cdots,\cos\alpha_n)$ 的方向导数

$$\left.\frac{\partial f}{\partial \boldsymbol{v}}\right|_{\boldsymbol{x}_0}=\lim_{t\to0^+}\frac{f(x_{01}+t\cos\alpha_1,x_{02}+t\cos\alpha_2,\cdots,x_{0n}+t\cos\alpha_n)-f(x_{01},x_{02},\cdots,x_{0n})}{t}.$$

令

$$z(t)=f(x_{01}+t\cos\alpha_1,x_{02}+t\cos\alpha_2,\cdots,x_{0n}+t\cos\alpha_n),$$

则由复合函数的链式法则知，$z(t)$ 在 $t=0$ 处可导，故 $\left.\dfrac{\partial f}{\partial \boldsymbol{v}}\right|_{\boldsymbol{x}_0}$ 存在，且

$$\begin{aligned}\left.\frac{\partial f}{\partial \boldsymbol{v}}\right|_{\boldsymbol{x}_0}&=z'(0)=\left.\frac{\partial f}{\partial x_1}\right|_{\boldsymbol{x}_0}\left.\frac{\mathrm{d}x_1}{\mathrm{d}t}\right|_{t=0}+\left.\frac{\partial f}{\partial x_2}\right|_{\boldsymbol{x}_0}\left.\frac{\mathrm{d}x_2}{\mathrm{d}t}\right|_{t=0}+\cdots+\left.\frac{\partial f}{\partial x_n}\right|_{\boldsymbol{x}_0}\left.\frac{\mathrm{d}x_n}{\mathrm{d}t}\right|_{t=0}\\&=\left.\frac{\partial f}{\partial x_1}\right|_{\boldsymbol{x}_0}\cos\alpha_1+\left.\frac{\partial f}{\partial x_2}\right|_{\boldsymbol{x}_0}\cos\alpha_2+\cdots+\left.\frac{\partial f}{\partial x_n}\right|_{\boldsymbol{x}_0}\cos\alpha_n\\&=\operatorname{grad} f(\boldsymbol{x}_0)\cdot\boldsymbol{v}.\end{aligned}$$

注 结合例 11.3.2 可知，函数在一点处可微是函数在该点沿着任何方向的方向导数存在

的充分条件，不是必要条件．也注意到，在上面的方向导数的计算公式 $\left.\frac{\partial f}{\partial \boldsymbol{v}}\right|_{\boldsymbol{x}_0}=\operatorname{grad} f(\boldsymbol{x}_0)\cdot\boldsymbol{v}$ 中，**$\boldsymbol{v}$ 是单位向量**．因此，为方便读者记忆，令 $\boldsymbol{e}_v$ 是向量 $\boldsymbol{v}$ 的单位向量，则函数 f 在 $\boldsymbol{x}_0$ 点沿方向 $\boldsymbol{v}$ 的方向导数的计算公式可表示为 $\left.\frac{\partial f}{\partial \boldsymbol{v}}\right|_{\boldsymbol{x}_0}=\operatorname{grad} f(\boldsymbol{x}_0)\cdot\boldsymbol{e}_v$．

下面分析方向导数何时达到最值．如果 $\operatorname{grad} f(\boldsymbol{x}_0)\neq\boldsymbol{0}$，则

$$\left.\frac{\partial f}{\partial \boldsymbol{v}}\right|_{\boldsymbol{x}_0}=\operatorname{grad} f(\boldsymbol{x}_0)\cdot\boldsymbol{e}_v=\|\operatorname{grad} f(\boldsymbol{x}_0)\|\cos\theta,$$

其中 θ 是 $\operatorname{grad} f(\boldsymbol{x}_0)$ 与 $\boldsymbol{v}$ 的夹角．我们看到

（1）当 $\theta=0$，即 $\boldsymbol{e}_v=\frac{\operatorname{grad} f(\boldsymbol{x}_0)}{\|\operatorname{grad} f(\boldsymbol{x}_0)\|}$ 时，f 在 $\boldsymbol{x}_0$ 点的方向导数达到最大，最大值是 $\|\operatorname{grad} f(\boldsymbol{x}_0)\|$．即在任意一点处，如果梯度是非零向量，则**梯度方向是函数值增加最快的方向**，梯度向量的长度就是函数在该点的方向导数的最大值．

（2）当 $\theta=\pi$，即 $\boldsymbol{e}_v=-\frac{\operatorname{grad} f(\boldsymbol{x}_0)}{\|\operatorname{grad} f(\boldsymbol{x}_0)\|}$ 时，函数在 $\boldsymbol{x}_0$ 点沿着梯度方向的反方向 $-\operatorname{grad} f(\boldsymbol{x}_0)$ 的方向导数最小，最小值是 $-\|\operatorname{grad} f(\boldsymbol{x}_0)\|$．即在任意一点处，如果梯度是非零向量，则**梯度方向的反方向是函数值减小最快的方向**，梯度向量长度的负数倍就是方向导数的最小值．

（3）当 $\theta=\frac{\pi}{2}$，即 $\boldsymbol{v}$ 和 $\operatorname{grad} f(\boldsymbol{x}_0)$ 垂直时，函数在 $\boldsymbol{x}_0$ 点沿着与梯度方向 $\operatorname{grad} f(\boldsymbol{x}_0)$ 垂直的方向其方向导数为零，即沿着与梯度方向 $\operatorname{grad} f(\boldsymbol{x}_0)$ 垂直的方向函数的变化率为零．

曲面 $z=f(x,y)$ 被平面 $z=c$ 所截得的曲线 $\begin{cases}z=f(x,y),\\ z=c\end{cases}$ 在 Oxy 坐标平面上的投影是一条平面曲线 $f(x,y)=c$，由于该曲线上的点到平面 Oxy 的距离是相等的，故称其为曲面 $z=f(x,y)$ 的等值线或等高线．对三元函数 $w=u(x,y,z)$，集合 $\{(x,y,z):\ u(x,y,z)=c\}$ 表示一个等值面，等值面是一张曲面．有关梯度向量的几何意义，读者可参考 15.4.1 节．

例 11.3.3　设 $u(x,y,z)=\frac{x^2}{a^2}+\frac{y^2}{b^2}+\frac{z^2}{c^2}$，其中 $a>b>c>0$．求在 $(0,0,0)$ 点处函数增长最快的方向．

解　由于 $\operatorname{grad} u(0,0,0)=\boldsymbol{0}$，因此不能应用梯度方向是函数值增加最快方向的性质，需要另想办法．任取单位向量 $\boldsymbol{v}=(\alpha,\beta,\gamma)$，则函数 $u(x,y,z)$ 在 $(0,0,0)$ 点沿该方向的变化率

$$\frac{u(\alpha t,\beta t,\gamma t)-u(0,0,0)}{t}=\left(\frac{\alpha^2}{a^2}+\frac{\beta^2}{b^2}+\frac{\gamma^2}{c^2}\right)t.$$

因为 $a>b>c>0$，且 $\alpha^2+\beta^2+\gamma^2=1$，所以当 $t>0$ 充分小时，沿方向 $\boldsymbol{v}=(0,0,\pm1)$，

$$\frac{u(\alpha t,\beta t,\gamma t)-u(0,0,0)}{t}=\frac{1}{c^2}t$$

最大，因此函数在坐标原点处函数值增长最快的方向是 $\boldsymbol{v}=(0,0,\pm1)$．

例 11.3.4 设 $f(x,y,z)=x^2+y^2+z^2$，求 $f(x,y,z)$ 在 $\boldsymbol{x}_0=(1,0,-1)$ 点处沿着方向 $\boldsymbol{v}=(1,2,2)$ 的方向导数，并求出使得函数在该点的方向导数分别取得最大值、最小值与零的方向.

解 容易观察出函数 $f(x,y,z)$ 在 $\boldsymbol{x}_0=(1,0,-1)$ 点处可微，因此

$$\left.\frac{\partial f}{\partial \boldsymbol{v}}\right|_{\boldsymbol{x}_0}=(f_x'(\boldsymbol{x}_0),f_y'(\boldsymbol{x}_0),f_z'(\boldsymbol{x}_0))\cdot\frac{1}{3}(1,2,2)=-\frac{2}{3}.$$

由于 $\operatorname{grad} f(\boldsymbol{x}_0)=(2,0,-2)\neq\boldsymbol{0}$，因此当 $\boldsymbol{v}_1=\dfrac{\operatorname{grad} f(\boldsymbol{x}_0)}{\|\operatorname{grad} f(\boldsymbol{x}_0)\|}=\left(\dfrac{\sqrt{2}}{2},0,-\dfrac{\sqrt{2}}{2}\right)$ 时，方向导数取得最大值 $\left.\dfrac{\partial f}{\partial \boldsymbol{v}_1}\right|_{\boldsymbol{x}_0}=\sqrt{8}$；当

$$\boldsymbol{v}_2=-\frac{\operatorname{grad} f(\boldsymbol{x}_0)}{\|\operatorname{grad} f(\boldsymbol{x}_0)\|}=\left(-\frac{\sqrt{2}}{2},0,\frac{\sqrt{2}}{2}\right)$$

时，方向导数取得最小值 $\left.\dfrac{\partial f}{\partial \boldsymbol{v}_2}\right|_{\boldsymbol{x}_0}=-\sqrt{8}$；当 $\boldsymbol{v}_3=(a,\pm\sqrt{1-2a^2},a)$，函数在 $\boldsymbol{x}_0$ 点沿着方向 $\boldsymbol{v}_3$ 方向导数为零.

例 11.3.5 设 $f(x,y)$ 是定义在 $\mathbb{R}^2$ 上的可微函数，且满足

$$\lim_{r\to+\infty}(xf_x'+yf_y')=a>0\quad\left(r=\sqrt{x^2+y^2}\right).$$

试证：$f(x,y)$ 在 $\mathbb{R}^2$ 上必有最小值.

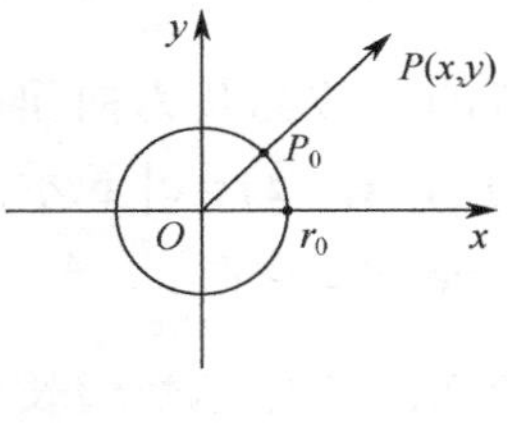

图 11-3-1

证明 因为 $\lim\limits_{r\to+\infty}(xf_x'+yf_y')=a>0\ \left(r=\sqrt{x^2+y^2}\right)$，由极限的保号性，存在 $r_0>0$，使得当 $r>r_0$ 时，有 $xf_x'+yf_y'>0$. 由于 $f(x,y)$ 沿方向 $\boldsymbol{r}=(x,y)$ 的方向导数为 $\dfrac{\partial f}{\partial \boldsymbol{r}}=\dfrac{1}{r}(xf_x'+yf_y')$，故当 $r>r_0$ 时，$f(x,y)$ 沿方向 $\boldsymbol{r}$ 是递增的. 在闭圆域 $D=\{(x,y)\mid x^2+y^2\leqslant r_0^2\}$ 外任取一点 $P(x,y)$. 设 $\overrightarrow{OP}$ 与圆周 $\{(x,y)\mid x^2+y^2=r_0^2\}$ 交于点 $P_0(x_0,y_0)$（如图 11-3-1 所示），则 $f(x,y)>f(x_0,y_0)$. 因为 $f(x,y)$ 在有界闭区域 D 上连续，所以 $f(x,y)$ 在有界闭区域 D 上能取到最小值，从而该最小值也是 $f(x,y)$ 在 $\mathbb{R}^2$ 上的最小值. 证毕.

习题 11.3

1．设 $f(x,y)=\sqrt[3]{xy}$，证明：f 在 $(0,0)$ 点处连续且偏导数存在，但沿方向 $\boldsymbol{v}=(a,b)^{\mathrm{T}}\in\mathbb{R}^2$（$ab\neq0$）的方向导数不存在.

2．证明下列函数在点 $(0,0)$ 处沿任意方向的方向导数都存在，但在该点处不连续.

（1）$f(x,y)=\begin{cases}\dfrac{x^2y}{x^4+y^2}, & (x,y)\neq(0,0);\\ 0, & (x,y)=(0,0).\end{cases}$

（2）$f(x,y)=\begin{cases}\dfrac{x^3}{y}, & y\neq 0;\\ 0, & y=0.\end{cases}$

3．设 $f(x,y)=\sqrt{|x^2-y^2|}$．考察函数在原点处沿哪些方向的方向导数存在．

4．解答下列各题．

（1）设 $f(x,y,z)=x^2+y^2+z^2-xy-xz+yz$．求 f 在 $(1,1,1)$ 点的方向导数的最值，并指出取得最值时的方向，以及哪个方向的方向导数为零？

（2）求 $u=x+y+z$ 在沿 $x^2+y^2+z^2=1$ 上点的外法向（径向朝外）的方向导数．并问在球面上何点该方向导数取：（1）最大值；（2）最小值；（3）0．

（3）设 $f(x,y)$ 在 (x_0,y_0) 点的微分为 $3\mathrm{d}x-2\mathrm{d}y$，且该函数在 (x_0,y_0) 点沿 $\boldsymbol{l}_1$ 方向增加最快，沿 $\boldsymbol{l}_2$ 方向减小最快，求单位向量 $\boldsymbol{l}_1$，$\boldsymbol{l}_2$．

5．设 $f(x,y)$ 是定义在开区域 $D\subset\mathbb{R}^2$ 上的可微函数，且 $\nabla f(x,y)=\mathbf{0}$（$\forall(x,y)\in D$）．证明：$f(x,y)$ 在 D 上是常值函数．

6．设 $f(x,y)$ 在 (x_0,y_0) 点处可微，且在该点沿两个线性无关的方向 $\boldsymbol{l}_1$，$\boldsymbol{l}_2\in\mathbb{R}^2$ 的方向导数为零．证明：$\nabla f(x_0,y_0)=\mathbf{0}$.

7．设 $f(x,y)=\begin{cases}x-y+\dfrac{xy^2}{x^2+y^2}, & (x,y)\neq(0,0);\\ 0, & (x,y)=(0,0).\end{cases}$ 证明：在坐标原点 $(0,0)$ 处，$f(x,y)$ 连续，且沿任何方向的方向导数存在，但不可微．

8．求下列函数在点 $\boldsymbol{x}_0$ 处沿方向 $\boldsymbol{l}$ 的方向导数．

（1）$z=\sum\limits_{i=1}^{n}\sum\limits_{j=1}^{n}x_ix_j$，$\boldsymbol{x}_0=(1,1,\cdots,1)$，$\boldsymbol{l}=(-1,-1,\cdots,-1)$；

（2）$z=\ln(x_1+x_2+\cdots+x_n)$，$\boldsymbol{x}_0=(1,0,\cdots,0)$，$\boldsymbol{l}=(1,1,\cdots,1)$．

9．证明：若 $\mathbb{R}^2$ 上的可微函数 $f(x,y)$ 满足 $xf'_x(x,y)+yf'_y(x,y)=0$，则 $f(x,y)$ 恒为常数．

11.4　向量值函数的微分

11.4.1　向量值函数的微分

回忆向量空间之间的线性变换．

定义 11.4.1　设 $\boldsymbol{f}:\mathbb{R}^n\to\mathbb{R}^m$ 为映射，若对 $\forall\boldsymbol{x},\boldsymbol{y}\in\mathbb{R}^n$ 及 $\forall\alpha,\beta\in\mathbb{R}$，有

$$f(\alpha \boldsymbol{x}+\beta \boldsymbol{y})=\alpha \boldsymbol{f}(\boldsymbol{x})+\beta \boldsymbol{f}(\boldsymbol{y}),$$

则称映射 $\boldsymbol{f}$ 是线性的.

定理 11.4.1 线性映射 $\boldsymbol{f}:\mathbb{R}^n \to \mathbb{R}^m$ 与 $m\times n$ 阶矩阵一一对应. 即

（i）设 $\boldsymbol{A}$ 是任意一个 $m\times n$ 阶矩阵. 则对 $\forall \boldsymbol{x}\in\mathbb{R}^n$，$\boldsymbol{f}(\boldsymbol{x})=\boldsymbol{A}\boldsymbol{x}$ 定义了一个 $\mathbb{R}^n\to\mathbb{R}^m$ 的线性映射.

（ii）若 $\boldsymbol{f}:\mathbb{R}^n\to\mathbb{R}^m$ 是线性映射，则存在 $m\times n$ 阶矩阵 $\boldsymbol{A}$ 使得对 $\forall \boldsymbol{x}\in\mathbb{R}^n$，有 $\boldsymbol{f}(\boldsymbol{x})=\boldsymbol{A}\boldsymbol{x}$.

证明 （i）显然. 下面证明（ii）成立. 设 $\boldsymbol{f}:\mathbb{R}^n\to\mathbb{R}^m$ 是一线性映射. 记 $\boldsymbol{e}_1,\boldsymbol{e}_2,\cdots,\boldsymbol{e}_n$ 是 $\mathbb{R}^n$ 中的一组标准正交基. 则 $\boldsymbol{f}(\boldsymbol{e}_i)\in\mathbb{R}^m$，$i=1,2,\cdots,n$. 令 $\boldsymbol{A}=(\boldsymbol{f}(\boldsymbol{e}_1)\ \ \boldsymbol{f}(\boldsymbol{e}_2)\ \ \cdots\ \ \boldsymbol{f}(\boldsymbol{e}_n))$，则 $\boldsymbol{A}$ 是 $m\times n$ 阶矩阵，且对任意的 $\boldsymbol{x}=\sum\limits_{i=1}^{n}x_i\boldsymbol{e}_i\in\mathbb{R}^n$，有

$$\boldsymbol{f}(\boldsymbol{x})=\boldsymbol{f}\left(\sum_{i=1}^{n}x_i\boldsymbol{e}_i\right)=\sum_{i=1}^{n}x_i\boldsymbol{f}(\boldsymbol{e}_i)=(\boldsymbol{f}(\boldsymbol{e}_1)\ \ \boldsymbol{f}(\boldsymbol{e}_2)\ \ \cdots\ \ \boldsymbol{f}(\boldsymbol{e}_n))\boldsymbol{x}=\boldsymbol{A}\boldsymbol{x}.$$

证毕.

对 $m\times n$ 阶矩阵 $\boldsymbol{A}=(a_{ij})_{m\times n}$，定义其范数为

$$\|\boldsymbol{A}\|=\sup\left\{\|\boldsymbol{A}\boldsymbol{x}\|:\ \boldsymbol{x}\in\mathbb{R}^n,\ \|\boldsymbol{x}\|=1\right\},$$

则 $\|\boldsymbol{A}\|<+\infty$，且对 $\forall \boldsymbol{x}\in\mathbb{R}^n$，

$$\|\boldsymbol{A}\boldsymbol{x}\|=\|\boldsymbol{x}\|\left\|\boldsymbol{A}\frac{\boldsymbol{x}}{\|\boldsymbol{x}\|}\right\|\leqslant\|\boldsymbol{x}\|\cdot\sup\left\{\|\boldsymbol{A}\boldsymbol{y}\|:\ \forall \boldsymbol{y}\in\mathbb{R}^n,\ \|\boldsymbol{y}\|=1\right\}=\|\boldsymbol{A}\|\cdot\|\boldsymbol{x}\|.$$

性质 11.4.1 线性映射 $\boldsymbol{f}:\mathbb{R}^n\to\mathbb{R}^m$ 是连续的.

证明 设 $\boldsymbol{f}:\mathbb{R}^n\to\mathbb{R}^m$ 是线性映射，由定理 11.4.1 知，存在 $\boldsymbol{A}\in M_{m\times n}$ 使得 $\boldsymbol{f}(\boldsymbol{x})=\boldsymbol{A}\boldsymbol{x}$ 对所有的 $\boldsymbol{x}\in\mathbb{R}^n$ 成立. 任取 $\boldsymbol{x}_0\in\mathbb{R}^n$，当 $\|\boldsymbol{x}-\boldsymbol{x}_0\|\to 0$ 时，有

$$\|\boldsymbol{f}(\boldsymbol{x})-\boldsymbol{f}(\boldsymbol{x}_0)\|=\|\boldsymbol{A}(\boldsymbol{x}-\boldsymbol{x}_0)\|\leqslant\|\boldsymbol{A}\|\cdot\|\boldsymbol{x}-\boldsymbol{x}_0\|\to 0,$$

即线性映射 $\boldsymbol{f}:\mathbb{R}^n\to\mathbb{R}^m$ 是连续的. 证毕.

特别地，当 $m=1$ 时，线性函数 $\boldsymbol{f}:\mathbb{R}^n\to\mathbb{R}$ 是连续的.

推论 11.4.1 （i）令 $\boldsymbol{a}\in\mathbb{R}^n$，$\forall \boldsymbol{x}\in\mathbb{R}^n$，定义 $f(\boldsymbol{x})=\langle\boldsymbol{x},\boldsymbol{a}\rangle=\boldsymbol{a}^{\mathrm{T}}\boldsymbol{x}$，则 $f:\mathbb{R}^n\to\mathbb{R}$ 是线性函数.

（ii）设 $f:\mathbb{R}^n\to\mathbb{R}$ 是线性函数，则存在 $\boldsymbol{a}\in\mathbb{R}^n$，使得对 $\forall x\in\mathbb{R}^n$，有 $f(\boldsymbol{x})=\langle\boldsymbol{x},\boldsymbol{a}\rangle=\boldsymbol{a}^{\mathrm{T}}\boldsymbol{x}$.

定义 11.4.2 设 $\boldsymbol{x}_0=(x_{01},x_{02},\cdots,x_{0n})\in\mathbb{R}^n$，$\Delta\boldsymbol{x}=(\Delta x_1,\Delta x_2,\cdots,\Delta x_n)$. 若映射 $\boldsymbol{f}:\mathbb{R}^n\to\mathbb{R}^m$ 在 $\boldsymbol{x}_0$ 的全改变量

$$\boldsymbol{f}(\boldsymbol{x}_0+\Delta\boldsymbol{x})-\boldsymbol{f}(\boldsymbol{x}_0)=\boldsymbol{A}\Delta\boldsymbol{x}+\boldsymbol{\alpha}(\Delta\boldsymbol{x}),$$

其中 $\boldsymbol{A}$ 是与 $\Delta\boldsymbol{x}$ 无关的 $m\times n$ 阶的矩阵，$\boldsymbol{\alpha}(\Delta\boldsymbol{x})$ 是 $\Delta\boldsymbol{x}$ 的函数并满足 $\lim\limits_{\|\Delta\boldsymbol{x}\|\to 0}\dfrac{\|\boldsymbol{\alpha}(\Delta\boldsymbol{x})\|}{\|\Delta\boldsymbol{x}\|}=0$，则称映射 $\boldsymbol{f}$ 在 $\boldsymbol{x}_0$ 点处可微.

映射 $\boldsymbol{f}:\mathbb{R}^n\to\mathbb{R}^m$ 按照分量坐标函数表示为 $\begin{cases} y_1=f_1(x_1,x_2,\cdots,x_n),\\ y_2=f_2(x_1,x_2,\cdots,x_n),\\ \quad\vdots \\ y_m=f_m(x_1,x_2,\cdots,x_n).\end{cases}$ 容易看出映射 $\boldsymbol{f}$ 在 $\boldsymbol{x}_0$ 处可微当且仅当 m 个坐标分量 n 元函数 $f_1,f_2,\cdots,f_m$ 在 $\boldsymbol{x}_0$ 处可微．若映射 $\boldsymbol{f}$ 在 $\boldsymbol{x}_0$ 处可微，则 $f_1,f_2,\cdots,f_m$ 在 $\boldsymbol{x}_0$ 的偏导数组成的矩阵

$$\left.\begin{pmatrix} \dfrac{\partial f_1}{\partial x_1} & \dfrac{\partial f_1}{\partial x_2} & \cdots & \dfrac{\partial f_1}{\partial x_n} \\ \dfrac{\partial f_2}{\partial x_1} & \dfrac{\partial f_2}{\partial x_2} & \cdots & \dfrac{\partial f_2}{\partial x_n} \\ \vdots & \vdots & & \vdots \\ \dfrac{\partial f_m}{\partial x_1} & \dfrac{\partial f_m}{\partial x_2} & \cdots & \dfrac{\partial f_m}{\partial x_n} \end{pmatrix}\right|_{\boldsymbol{x}_0}$$

称为映射 $\boldsymbol{f}$ 在 $\boldsymbol{x}_0$ 的雅可比（Jacobi）矩阵，记为 $\mathrm{D}\boldsymbol{f}(\boldsymbol{x}_0)$ 或 $\left.\dfrac{\partial(f_1,f_2,\cdots,f_m)}{\partial(x_1,x_2,\cdots,x_n)}\right|_{\boldsymbol{x}_0}$．由雅可比矩阵确定的线性映射 $\boldsymbol{\Phi}:\mathbb{R}^n\to\mathbb{R}^m$ 满足 $\boldsymbol{\Phi}(\boldsymbol{x})=\mathrm{D}\boldsymbol{f}(\boldsymbol{x}_0)\boldsymbol{x},\ \forall\boldsymbol{x}\in\mathbb{R}^n$，称为 $\boldsymbol{f}$ 在 $\boldsymbol{x}_0$ 的微分映射，用 $\mathrm{d}\boldsymbol{f}(\boldsymbol{x}_0)$ 表示 $\boldsymbol{f}$ 在 $\boldsymbol{x}_0$ 的微分，则 $\mathrm{d}\boldsymbol{f}(\boldsymbol{x}_0)=\mathrm{D}\boldsymbol{f}(\boldsymbol{x}_0)\mathrm{d}\boldsymbol{x}=\left.\dfrac{\partial(f_1,f_2,\cdots,f_m)}{\partial(x_1,x_2,\cdots,x_n)}\right|_{\boldsymbol{x}_0}\begin{pmatrix}\mathrm{d}x_1\\ \mathrm{d}x_2\\ \vdots\\ \mathrm{d}x_n\end{pmatrix}$.

例 11.4.1　设 $I\subset\mathbb{R}$ 是区间，$x(t),\ y(t),\ z(t)$ 是 I 上的可导函数，则由变换

$$\begin{cases} x=x(t),\\ y=y(t), \qquad (\forall t\in I),\\ z=z(t)\end{cases}$$

确定了一个可微映射 $\boldsymbol{f}:I\to\mathbb{R}^3$，这个映射在 $t_0\in I$ 的微分 $\mathrm{d}\boldsymbol{f}(t_0)=\begin{pmatrix}x'(t_0)\\ y'(t_0)\\ z'(t_0)\end{pmatrix}\mathrm{d}t$.

例 11.4.2　设 $D\subset\mathbb{R}^2$ 是区域，$x(u,v),\ y(u,v),\ z(u,v)\in C^1(D)$，则变换

$$\begin{cases} x=x(u,v),\\ y=y(u,v), \qquad (\forall (u,v)\in D),\\ z=z(u,v)\end{cases}$$

确定了一个可微映射 $\boldsymbol{f}:D\to\mathbb{R}^3$，这个映射在 $\boldsymbol{x}_0=(u_0,v_0)\in D$ 的微分

$$\mathrm{d}\boldsymbol{f}(\boldsymbol{x}_0)=\left.\frac{\partial(x,y,z)}{\partial(u,v)}\right|_{\boldsymbol{x}_0}\begin{pmatrix}\mathrm{d}u\\ \mathrm{d}v\end{pmatrix}.$$

11.4.2 复合映射的微分

定理 11.4.2 设 $\Omega\subset\mathbb{R}^n$ 和 $D\subset\mathbb{R}^m$ 是非空集合，$\boldsymbol{u}=\boldsymbol{f}(\boldsymbol{x}):\Omega\to\mathbb{R}^m$ 和 $\boldsymbol{y}=\boldsymbol{g}(\boldsymbol{u}):D\to\mathbb{R}^k$ 是两个映射，满足 $R(\boldsymbol{f})\subseteq D(\boldsymbol{g})$. 如果 $\boldsymbol{f}$ 在 $\boldsymbol{x}_0\in\Omega$ 处可微，$\boldsymbol{g}$ 在 $\boldsymbol{u}_0=\boldsymbol{f}(\boldsymbol{x}_0)\in D$ 处可微，则复合映射 $\boldsymbol{g}\circ\boldsymbol{f}$ 在 $\boldsymbol{x}_0$ 处可微，且 $\mathrm{D}(\boldsymbol{g}\circ\boldsymbol{f})(\boldsymbol{x}_0)=\mathrm{D}\boldsymbol{g}(\boldsymbol{u}_0)\cdot\mathrm{D}\boldsymbol{f}(\boldsymbol{x}_0)$.

证明 在 $\boldsymbol{x}_0\in\Omega$ 给改变量 $\Delta\boldsymbol{x}$，则相应地有 $\boldsymbol{u}_0=\boldsymbol{f}(\boldsymbol{x}_0)\in D$ 的改变量 $\Delta\boldsymbol{u}=\boldsymbol{f}(\boldsymbol{x}_0+\Delta\boldsymbol{x})-\boldsymbol{f}(\boldsymbol{x}_0)$ 和 $\boldsymbol{y}_0=\boldsymbol{g}(\boldsymbol{u}_0)$ 的改变量 $\Delta\boldsymbol{y}=\boldsymbol{g}(\boldsymbol{u}_0+\Delta\boldsymbol{u})-\boldsymbol{g}(\boldsymbol{u}_0)$. 因为 $\boldsymbol{g}$ 在 $\boldsymbol{u}_0=\boldsymbol{f}(\boldsymbol{x}_0)\in D$ 可微，所以

$$\Delta\boldsymbol{y}=\boldsymbol{g}(\boldsymbol{u}_0+\Delta\boldsymbol{u})-\boldsymbol{g}(\boldsymbol{u}_0)=\boldsymbol{A}\Delta\boldsymbol{u}+\boldsymbol{\alpha}(\Delta\boldsymbol{u}),$$

其中 $\boldsymbol{A}=\mathrm{D}\boldsymbol{g}(\boldsymbol{u}_0)$ 且 $\boldsymbol{\alpha}:\mathbb{R}^m\to\mathbb{R}^k$ 满足 $\lim\limits_{\|\Delta\boldsymbol{u}\|\to0}\dfrac{\|\boldsymbol{\alpha}(\Delta\boldsymbol{u})\|}{\|\Delta\boldsymbol{u}\|}=0$. 因为 $\boldsymbol{f}$ 在 $\boldsymbol{x}_0\in\Omega$ 可微，因此

$$\Delta\boldsymbol{u}=\boldsymbol{f}(\boldsymbol{x}_0+\Delta\boldsymbol{x})-\boldsymbol{f}(\boldsymbol{x}_0)=\boldsymbol{B}\Delta\boldsymbol{x}+\boldsymbol{\beta}(\Delta\boldsymbol{x}),$$

其中 $\boldsymbol{B}=\mathrm{D}\boldsymbol{f}(\boldsymbol{x}_0)$ 且 $\boldsymbol{\beta}:\mathbb{R}^n\to\mathbb{R}^m$ 满足 $\lim\limits_{\|\Delta\boldsymbol{x}\|\to0}\dfrac{\|\boldsymbol{\beta}(\Delta\boldsymbol{x})\|}{\|\Delta\boldsymbol{x}\|}=0$. 这样 $\boldsymbol{g}\circ\boldsymbol{f}$ 在 $\boldsymbol{x}_0$ 的全改变量

$$\begin{aligned}\Delta\boldsymbol{y}&=\boldsymbol{g}(\boldsymbol{f}(\boldsymbol{x}_0+\Delta\boldsymbol{x}))-\boldsymbol{g}(\boldsymbol{f}(\boldsymbol{x}_0))\\&=\boldsymbol{g}(\boldsymbol{u}_0+\Delta\boldsymbol{u})-\boldsymbol{g}(\boldsymbol{u}_0)\\&=\boldsymbol{A}\Delta\boldsymbol{u}+\boldsymbol{\alpha}(\Delta\boldsymbol{u})\\&=\boldsymbol{A}\boldsymbol{B}\Delta\boldsymbol{x}+\boldsymbol{A}\boldsymbol{\beta}(\Delta\boldsymbol{x})+\boldsymbol{\alpha}(\Delta\boldsymbol{u}).\end{aligned}$$

因为 $\lim\limits_{\|\Delta\boldsymbol{u}\|\to0}\dfrac{\|\boldsymbol{\alpha}(\Delta\boldsymbol{u})\|}{\|\Delta\boldsymbol{u}\|}=0$，所以 $\|\boldsymbol{\alpha}(\Delta\boldsymbol{u})\|=\sigma\|\Delta\boldsymbol{u}\|$，其中 $\lim\limits_{\|\Delta\boldsymbol{u}\|\to0}\sigma=0$. 由于映射可微必定连续，因此当 $\|\Delta\boldsymbol{x}\|\to0$ 时，有 $\|\Delta\boldsymbol{u}\|\to0$. 又

$$0\leqslant\frac{\|\boldsymbol{\alpha}(\Delta\boldsymbol{u})\|}{\|\Delta\boldsymbol{x}\|}=\frac{\sigma\|\Delta\boldsymbol{u}\|}{\|\Delta\boldsymbol{x}\|}\leqslant\frac{\sigma\left(\|\boldsymbol{B}\|\cdot\|\Delta\boldsymbol{x}\|+\|\boldsymbol{\beta}(\Delta\boldsymbol{x})\|\right)}{\|\Delta\boldsymbol{x}\|}\to0\quad\left(\|\Delta\boldsymbol{x}\|\to0\right),$$

所以 $\lim\limits_{\|\Delta\boldsymbol{x}\|\to0}\dfrac{\|\boldsymbol{\alpha}(\Delta\boldsymbol{u})\|}{\|\Delta\boldsymbol{x}\|}=0$. 从而 $\lim\limits_{\|\Delta\boldsymbol{x}\|\to0}\dfrac{\|\boldsymbol{A}\boldsymbol{\beta}(\Delta\boldsymbol{x})+\boldsymbol{\alpha}(\Delta\boldsymbol{u})\|}{\|\Delta\boldsymbol{x}\|}=0.$ 故 $\boldsymbol{g}\circ\boldsymbol{f}$ 在 $\boldsymbol{x}_0$ 处可微且

$$\mathrm{D}(\boldsymbol{g}\circ\boldsymbol{f})(\boldsymbol{x}_0)=\boldsymbol{A}\cdot\boldsymbol{B}=\mathrm{D}\boldsymbol{g}(\boldsymbol{u}_0)\cdot\mathrm{D}\boldsymbol{f}(\boldsymbol{x}_0).$$

证毕.

上述链式法则可以推广到有限个连续可微向量值多元函数的复合，即若

$$\boldsymbol{f}_k:\Omega_k\subset\mathbb{R}^{n_k}\to\Omega_{k+1}\subset\mathbb{R}^{n_{k+1}}\quad(k=1,2,\cdots,m)$$

是连续可微的，并且设

$$\boldsymbol{x}_1\in\Omega_1\subset\mathbb{R}^{n_1}\xrightarrow{\boldsymbol{f}_1}\boldsymbol{x}_2\in\Omega_2\subset\mathbb{R}^{n_2}\xrightarrow{\boldsymbol{f}_2}\cdots\xrightarrow{\boldsymbol{f}_{m-1}}\boldsymbol{x}_m\in\Omega_m\subset\mathbb{R}^{n_m}\xrightarrow{\boldsymbol{f}_m}\boldsymbol{x}_{m+1}\in\Omega_{m+1}\subset\mathbb{R}^{n_{m+1}},$$

则复合向量值函数 $\boldsymbol{f}=\boldsymbol{f}_m\circ\boldsymbol{f}_{m-1}\circ\cdots\circ\boldsymbol{f}_2\circ\boldsymbol{f}_1$：$\Omega_1\subset\mathbb{R}^{n_1}\to\Omega_{m+1}\subset\mathbb{R}^{n_{m+1}}$ 也连续可微，并且有

$$\mathrm{D}\boldsymbol{f}(\boldsymbol{x}_1)=\mathrm{D}\boldsymbol{f}_m(\boldsymbol{x}_m)\cdot\mathrm{D}\boldsymbol{f}_{m-1}(\boldsymbol{x}_{m-1})\cdot\;\cdots\;\cdot\mathrm{D}\boldsymbol{f}_2(\boldsymbol{x}_2)\cdot\mathrm{D}\boldsymbol{f}_1(\boldsymbol{x}_1).$$

其中 $\mathrm{D}\boldsymbol{f}_k(\boldsymbol{x}_k)\in M_{n_{k+1}\times n_k}$，$\mathrm{D}\boldsymbol{f}(\boldsymbol{x}_1)\in M_{n_{m+1}\times n_1}$.

例 11.4.3 令 $\begin{cases}y_1=u_1u_2-u_1u_3,\\y_2=u_1u_3-u_2^2,\end{cases}$ 且 $\begin{cases}u_1=x_1\cos x_2+(x_1+x_2)^2,\\u_2=x_1\sin x_2+x_1x_2,\\u_3=x_1^2-x_1x_2+x_2^2.\end{cases}$ 求 $\left.\dfrac{\partial(y_1,y_2)}{\partial(x_1,x_2)}\right|_{(1,0)}$ 及 $\left.\dfrac{\partial y_1}{\partial x_2}\right|_{(1,0)}$.

解　当 $(x_1,x_2)=(1,0)$ 时，$(u_1,u_2,u_3)=(2,0,1)$，因此

$$\left.\frac{\partial(y_1,y_2)}{\partial(x_1,x_2)}\right|_{(1,0)}=\left.\frac{\partial(y_1,y_2)}{\partial(u_1,u_2,u_3)}\right|_{(2,0,1)}\cdot\left.\frac{\partial(u_1,u_2,u_3)}{\partial(x_1,x_2)}\right|_{(1,0)}=\begin{pmatrix}-1&2&-2\\1&0&2\end{pmatrix}\cdot\begin{pmatrix}3&2\\0&2\\2&-1\end{pmatrix}=\begin{pmatrix}-7&4\\7&0\end{pmatrix},$$

且 $\left.\dfrac{\partial y_1}{\partial x_2}\right|_{(1,0)}=4$.

习题 11.4

1．求下列变换所确定的向量值函数的雅可比矩阵 $\dfrac{\partial(u,v)}{\partial(x,y)}$.

（1）$\begin{cases}u=\sqrt{x^2+y^2},\\ v=\arctan\dfrac{y}{x};\end{cases}$　　（2）$\begin{cases}u=\mathrm{e}^x\cos y,\\ v=\mathrm{e}^x\sin y;\end{cases}$

（3）$\begin{cases}u=\dfrac{x}{x^2+y^2},\\ v=\dfrac{y}{x^2+y^2};\end{cases}$　　（4）$\begin{cases}u=\ln\sqrt{x^2+y^2},\\ v=\arctan\dfrac{y}{x}.\end{cases}$

2．求变换 $\begin{cases}x=r\cos\varphi\sin\theta,\\ y=r\cos\varphi\cos\theta,\\ z=r\sin\varphi\end{cases}$ （$r>0, 0\leqslant\theta\leqslant2\pi,-\dfrac{\pi}{2}\leqslant\varphi\leqslant\dfrac{\pi}{2}$）确定的向量值函数的雅可比矩阵 $\dfrac{\partial(x,y,z)}{\partial(r,\theta,\varphi)}$.

3．设向量值函数 $\boldsymbol{y}=\boldsymbol{f}(\boldsymbol{u})$，$\boldsymbol{u}=\boldsymbol{g}(\boldsymbol{x})$ 均可微，求复合向量值函数 $\boldsymbol{y}=\boldsymbol{f}\circ\boldsymbol{g}(\boldsymbol{x})$ 的雅可比矩阵和全微分.

（1）$\begin{cases}y_1=u_1+u_2,\\ y_2=u_1u_2,\\ y_3=\dfrac{u_2}{u_1};\end{cases}$　$\begin{cases}u_1=\dfrac{x}{x^2+y^2},\\ u_2=\dfrac{y}{x^2+y^2};\end{cases}$　　（2）$\begin{cases}y_1=\ln\sqrt{u_1^2+u_2^2},\\ y_2=\arctan\dfrac{u_1}{u_2};\end{cases}$　$\begin{cases}u_1=\mathrm{e}^x\cos y,\\ u_2=\mathrm{e}^x\sin y.\end{cases}$

4．设 $\mathbb{R}^3\to\mathbb{R}^2$ 向量值函数 $(y_1,y_2)=\boldsymbol{f}(x_1,x_2,x_3)$ 为 $\begin{cases}y_1=x_1x_2+x_2x_3+x_3x_1,\\ y_2=x_1x_2x_3.\end{cases}$ 问 $\boldsymbol{f}$ 在 $\mathbb{R}^3$ 上是否可微？若可微，求其雅可比矩阵及在 $\boldsymbol{x}_0=(1,-1,-2)$ 点处的微分.

5．已知所有二阶实方阵 $\boldsymbol{X}=\begin{pmatrix}x_{11}&x_{12}\\x_{21}&x_{22}\end{pmatrix}$ 构成一个 4 维线性空间 V，定义向量值函数 $\boldsymbol{f}:V\to V$ 为 $\boldsymbol{f}(\boldsymbol{X})=\boldsymbol{X}^2$，求 $\boldsymbol{f}(\boldsymbol{X})$ 在 $\boldsymbol{X}_0=\begin{pmatrix}1&0\\0&0\end{pmatrix}$ 处的全微分.

11.5　隐函数微分法与逆映射微分法

在学习一元函数微分法时，已经知道如何求由两个变量 x, y 的方程 $F(x,y)=0$ 所确定的隐函数的导数．那么，方程 $F(x,y)=0$ 是否确定了隐函数 $y=f(x)$？在什么条件下能确定这样一个隐函数？若隐函数 $y=f(x)$ 存在，其是否可导？这些都是隐函数定理要回答的问题．

11.5.1　隐函数的微分

回忆由两个变量的方程所确定的隐函数概念．

定义 11.5.1　设二元函数 $F(x,y)$ 的定义域包含 $I\times J$，其中 $I\subset\mathbb{R},\ J\subset\mathbb{R}$ 是区间．若对 $\forall x\in I$，存在唯一的 $y\in J$ 使得 $F(x,y)=0$，则称由方程 $F(x,y)=0$ 确定了一个从 I 到 J 的隐函数 $y=f(x)$.

定理 11.5.1　设定义在开集 $D\subset\mathbb{R}^2$ 上的二元函数 $F(x,y)$ 满足下列条件：

（i） $F(x,y)\in C^1(D)$；

（ii） $\exists(x_0,y_0)\in D$ 使得 $F(x_0,y_0)=0$；

（iii） $\dfrac{\partial F}{\partial y}(x_0,y_0)\neq 0$，

则存在包含 (x_0,y_0) 的开矩形区域 $I\times J\subset D$ 使得下列结论成立：

（1）对 $\forall x\in I$，存在唯一的 $y\in J$ 使得 $F(x,y)=0$，即方程 $F(x,y)=0$ 确定了隐函数 $y=f(x)$；

（2） $y_0=f(x_0)$；

（3） $f\in C^1(I)$；

（4）对 $\forall x\in I$，有 $f'(x)=-\dfrac{\dfrac{\partial F}{\partial x}(x,y)}{\dfrac{\partial F}{\partial y}(x,y)}$.

关于定理 11.5.1，有如下几点说明．

（1）本定理是局部性结论，给出方程在某点邻域内存在可微隐函数的充分条件，而非必要条件．具体来讲，条件（iii）是隐函数 $y=f(x)$ 存在的充分条件．例如，

$$F_1(x,y)=x-y^2=0,\quad F_2(x,y)=x-y^3=0,\quad \frac{\partial F_1}{\partial y}(0,0)=0,\quad \frac{\partial F_2}{\partial y}(0,0)=0,$$

但 $F_1(x,y)=0$ 在 $(0,0)$ 点的附近不存在 y 关于 x 的隐函数，$F_2(x,y)=0$ 在 $(0,0)$ 点的附近存在 y 关于 x 的隐函数．

（2）条件（ii）是必要的，说明 $F(x,y)=0$ 的点集非空．

（3）定理 11.5.1 只指出隐函数是存在的，并没有指出隐函数是“什么样”的，但我们

能借助给定的函数 $F(x,y)$ 的分析性质（如连续性、可微性）来讨论隐函数的分析性.

（4）若将条件 $\frac{\partial F}{\partial y}(x_0,y_0)\neq 0$ 改为 $\frac{\partial F}{\partial x}(x_0,y_0)\neq 0$，则方程 $F(x,y)=0$ 确定了一个隐函数 $x=g(y)$；若将条件（iii）改为 $\frac{\partial F}{\partial y}(x_0,y_0)\neq 0$ 且 $\frac{\partial F}{\partial x}(x_0,y_0)\neq 0$，则方程 $F(x,y)=0$ 既确定了隐函数 $x=g(y)$，又确定了隐函数 $y=f(x)$，此时二者互为反函数.

定理 11.5.1 的证明　先证明隐函数的存在性.

由条件 $\frac{\partial F}{\partial y}(x_0,y_0)\neq 0$ 及 $F(x,y)\in C^1(D)$，不妨设 $\frac{\partial F}{\partial y}(x_0,y_0)>0$，则由极限的保号性，$\exists\delta_1>0,\ \eta_1>0$ 使得对任意的 $(x,y)\in I_1\times J_1$，有 $\frac{\partial F}{\partial y}(x,y)>0$，其中 $I_1=(x_0-\delta_1,x_0+\delta_1)$，$J_1=(y_0-\eta_1,y_0+\eta_1)$. 从而 $F(x,y)$ 关于 y 严格单调递增. 因为 $F(x_0,y_0)=0$，取任意的正数 $\eta<\eta_1$，有

$$F(x_0,y_0-\eta)<0,\quad F(x_0,y_0+\eta)>0.$$

因为 $F(x,y)$ 可微，从而连续，所以关于两个变量分别连续. 关于变量 x 的连续表明存在 $\delta(0<\delta<\delta_1)$ 使得对 $\forall x\in(x_0-\delta,x_0+\delta)$，有

$$F(x,y_0-\eta)<0,\quad F(x,y_0+\eta)>0.$$

现在由一元连续函数的介值性和关于 y 的连续性及严格单调性知，存在唯一的 $y\in(y_0-\eta,y_0+\eta)$ 使得 $F(x,y)=0$. 故方程 $F(x,y)=0$ 确定了一个隐函数 $y=f(x)$.

下面证明 $y=f(x)$ 在 $(x_0-\delta,x_0+\delta)$ 内连续.

由上面隐函数的存在性证明知，对 $\forall\eta>0,\ \exists\delta>0$ 使得对 $\forall x\in(x_0-\delta,x_0+\delta)$，有 $y\in(y_0-\eta,y_0+\eta)$，故 $y=f(x)$ 在 x_0 点处连续. 任取 $x_1\in(x_0-\delta,x_0+\delta)$. 记 $y_1=f(x_1)$，则由上面证明隐函数存在过程知 $y_1\in(y_0-\eta,y_0+\eta)$ 且 $F(x_1,y_1)=0$. 由于 $\frac{\partial F}{\partial y}(x_1,y_1)>0$，这与 $F(x,y)$ 在 (x_0,y_0) 满足相同的条件，因此方程 $F(x,y)=0$ 在 (x_1,y_1) 的附近 $(x_1-\delta_2,x_1+\delta_2)\times(y_1-\eta_2,y_1+\eta_2)$（$\delta_2<\delta,\eta_2<\eta$）满足 $(x_1-\delta_2,x_1+\delta_2)\subset(x_0-\delta,x_0+\delta)$，且 $(y_1-\eta_2,y_1+\eta_2)\subset(y_0-\eta,y_0+\eta)$，确定了一个隐函数 $y=g(x)$，并且 $y=g(x)$ 在 x_1 点处连续. 由唯一性知，当 $x\in(x_1-\delta_2,x_1+\delta_2)$ 时，有 $g(x)=f(x)$，所以 $y=f(x)$ 在 x_1 点处连续. 由 $x_1\in(x_0-\delta,x_0+\delta)$ 的任意性知，$y=f(x)$ 在 $(x_0-\delta,x_0+\delta)$ 内连续.

现在证明 $y=f(x)$ 在 $(x_0-\delta,x_0+\delta)$ 内可导. 因为 $F(x,y)$ 在 D 内可微，所以对任意的 $(x,y)\in D$，$F(x,y)$ 在 $(x,y)\in D$ 的函数值的全改变量

$$\Delta F=F(x+\Delta x,y+\Delta y)-F(x,y)=F'_x\Delta x+F'_y\Delta y+\varepsilon_1\Delta x+\varepsilon_2\Delta y,$$

其中 $\lim\limits_{\substack{\Delta x\to 0\\ \Delta y\to 0}}\varepsilon_i=0,\ i=1,2$. 因为 $F(x,f(x))\equiv 0$，故 $\Delta F=0$，所以 $\frac{\Delta y}{\Delta x}=-\frac{F'_x+\varepsilon_1}{F'_y+\varepsilon_2}$. 当 $\Delta x\to 0$ 时，因为 $y=f(x)$ 连续，所以有 $\Delta y\to 0$，这样

$$\lim_{\Delta x\to 0}\frac{\Delta y}{\Delta x}=-\lim_{\Delta x\to 0}\frac{F'_x+\varepsilon_1}{F'_y+\varepsilon_2}=-\frac{F'_x+\lim\limits_{\substack{\Delta x\to 0\\ \Delta y\to 0}}\varepsilon_1}{F'_y+\lim\limits_{\substack{\Delta x\to 0\\ \Delta y\to 0}}\varepsilon_2}=-\frac{F'_x}{F'_y}.$$

证毕.

注 由定理 11.5.1 的证明可知，若 $F(x,y)\in C^q(D)(q\geqslant 1)$，则 $y=f(x)\in C^q(I)$.

例 11.5.1 方程 $\sin x+\ln y-xy^3=0$ 在 $(0,1)$ 的附近是否确定了隐函数，若有则在 $(0,1)$ 处求导数.

解 令 $F(x,y)=\sin x+\ln y-xy^3$，则 $F(0,1)=0,\ \dfrac{\partial F}{\partial x}(0,1)=0,\ \dfrac{\partial F}{\partial y}(0,1)=1$，因此由定理 11.5.1 知，在 $(0,1)$ 的附近方程 $F(x,y)=0$ 确定了隐函数 $y=f(x)$，且 $f'(0)=-\dfrac{\dfrac{\partial F}{\partial x}(0,1)}{\dfrac{\partial F}{\partial y}(0,1)}=0$.

本例说明我们无法从方程中直接解出 y,x 的显式（函数）关系，但从隐函数定理我们得到 y 是 x 的函数，且这个函数在它的定义域内存在任意阶导数.

定理 11.5.1 的证明对更多的变量也是适用的，故我们有下面的结论.

定理 11.5.2 设 $n+1$ 元函数 $F(\boldsymbol{x},y)$，其中 $\boldsymbol{x}=(x_1,x_2,\cdots,x_n)$，在 $(\boldsymbol{x}_0,y_0)\in\mathbb{R}^{n+1}$ 的某个邻域 W 中有定义，其中 $\boldsymbol{x}_0=(x_{01},x_{02},\cdots,x_{0n})$，并且满足下列条件：

（i） $F(\boldsymbol{x}_0,y_0)=0$；

（ii） $F\in C^q(W)\quad(q\geqslant 1)$；

（iii） $\left.\dfrac{\partial F}{\partial y}\right|_{(\boldsymbol{x}_0,y_0)}\neq 0$，

则 $\exists\delta>0,\eta>0$ 使得 $\mathscr{B}(\boldsymbol{x}_0,\delta)\times(y_0-\eta,y_0+\eta)\subset W$，且对 $\forall\boldsymbol{x}\in\mathscr{B}(\boldsymbol{x}_0,\delta)$，有唯一的 $y\in(y_0-\eta,y_0+\eta)$ 使得 $F(\boldsymbol{x},y)=0$，即方程 $F(\boldsymbol{x},y)=0$ 确定了一个隐函数 $y=y(\boldsymbol{x})$ 满足

（1） $y_0=y(\boldsymbol{x}_0),\quad y=y(\boldsymbol{x})\in C^q(\mathscr{B}(\boldsymbol{x}_0,\delta))$；

（2）当 $\boldsymbol{x}\in\mathscr{B}(\boldsymbol{x}_0,\delta)$ 时，有 $\dfrac{\partial y}{\partial x_i}(\boldsymbol{x})=-\dfrac{F'_{x_i}(\boldsymbol{x},y)}{F'_y(\boldsymbol{x},y)}$，$i=1,2,\cdots,n$.

结论（2）给出隐函数的求导公式，按如下方法求出：将 y 看成由方程 $F(x_1,x_2,\cdots,x_n,y)=0$ 确定的隐函数 $y=y(x_1,x_2,\cdots,x_n)$，从而隐式方程成为恒等式

$$F(x_1,x_2,\cdots,x_n,y(x_1,x_2,\cdots,x_n))=0,$$

两端分别关于 x_i 求偏导，利用复合函数的链式法则，得 $\dfrac{\partial F}{\partial x_i}+\dfrac{\partial F}{\partial y}\dfrac{\partial y}{\partial x_i}=0$，从而结论成立.

例 11.5.2 已知方程 $\sin z-xyz=0$ 确定隐函数 $z=f(x,y)$，求 $\dfrac{\partial z}{\partial x},\ \dfrac{\partial z}{\partial y}$.

解法 1 令 $F(x,y,z)=\sin z-xyz$，x,y,z 是三个独立变量，直接利用隐函数定理 11.5.2 求导公式，$\dfrac{\partial z}{\partial x}=-\dfrac{\dfrac{\partial F}{\partial x}}{\dfrac{\partial F}{\partial z}}=\dfrac{yz}{\cos z-xy}$，$\quad\dfrac{\partial z}{\partial y}=-\dfrac{\dfrac{\partial F}{\partial y}}{\dfrac{\partial F}{\partial z}}=\dfrac{xz}{\cos z-xy}$.

解法 2 在方程 $\sin z-xyz=0$ 中将 z 看成 x,y 的函数 $z=f(x,y)$，使得上式成为关于

x, y 的恒等式，两边分别对 x, y 求偏导，应用复合函数的链式法则，有

$$\frac{\partial z}{\partial x}\cos z - yz - xy\frac{\partial z}{\partial x} = 0,\quad \frac{\partial z}{\partial y}\cos z - xz - xy\frac{\partial z}{\partial y} = 0,$$

解得 $\dfrac{\partial z}{\partial x} = \dfrac{yz}{\cos z - xy}$，　$\dfrac{\partial z}{\partial y} = \dfrac{xz}{\cos z - xy}$.

例 11.5.3　设 $f(x,y,z) = xy^2z^3$ 及方程

$$x^2 + y^2 + z^2 = 3xyz. \tag{11.5.1}$$

（1）验证在 $\boldsymbol{x}_0 = (1,1,1)$ 附近由式（11.5.1）能确定可微的隐函数 $y = y(x,z)$ 及 $z = z(x,y)$；

（2）设 $g(x,z) = f(x, y(x,z), z)$ 且 $h(x,y) = f(x,y,z(x,y))$，求 $\dfrac{\partial g}{\partial x}$ 和 $\dfrac{\partial h}{\partial x}$ 及它们在 $\boldsymbol{x}_0$ 的值.

解　（1）令 $F(x,y,z) = x^2 + y^2 + z^2 - 3xyz$. 则

$$F'_x = 2x - 3yz，\quad F'_y = 2y - 3xz，\quad F'_z = 2z - 3xy.$$

因为 $F(\boldsymbol{x}_0) = 0$，$F'_x, F'_y, F'_z \in C(\mathbb{R}^3)$ 且 $F'_y(\boldsymbol{x}_0) = F'_z(\boldsymbol{x}_0) = -1 \neq 0$，所以在 $\boldsymbol{x}_0$ 的邻域内由式（11.5.1）能确定可微的隐函数 $y = y(x,z)$ 及 $z = z(x,y)$.

（2）当 $F'_y \neq 0$ 时，有 $\dfrac{\partial y}{\partial x} = -\dfrac{F'_x}{F'_y} = -\dfrac{2x-3yz}{2y-3xz}$；　同理，当 $F'_z \neq 0$ 时，有

$$\frac{\partial z}{\partial x} = -\frac{F'_x}{F'_z} = -\frac{2x-3yz}{2z-3xy},$$

所以

$$\frac{\partial g}{\partial x} = y^2z^3 + 2xyz^3\frac{\partial y}{\partial x},$$
$$\frac{\partial h}{\partial x} = y^2z^3 + 3xy^2z^2\frac{\partial z}{\partial x},$$

且 $\dfrac{\partial g}{\partial x}(1,1) = -1$，$\dfrac{\partial h}{\partial x}(1,1) = -2$.

注　一般情况下，$\dfrac{\partial g}{\partial x} \neq \dfrac{\partial h}{\partial x}$. 它们是两个不同的函数.

例 11.5.4　已知由方程 $F(x,y,z) = 0$ 确定的隐函数 $z = z(x,y)$ 有连续的二阶偏导数，求 z''_{xx}.

解　由隐函数求导公式，$z'_x = -\dfrac{F'_x}{F'_z} = G(x,y,z(x,y))$，所以 $z''_{xx} = \dfrac{\partial G}{\partial x} + \dfrac{\partial G}{\partial z}\dfrac{\partial z}{\partial x}$，其中

$$\frac{\partial G}{\partial x} = -\frac{F''_{xx}F'_z - F'_xF''_{zx}}{(F'_z)^2},\qquad \frac{\partial G}{\partial z} = -\frac{F''_{xz}F'_z - F'_xF''_{zz}}{(F'_z)^2},$$

故 $z''_{xx} = -\dfrac{F''_{xx}F'_z - F'_xF''_{zx}}{(F'_z)^2} + \dfrac{(F''_{xz}F'_z - F'_xF''_{zz})F'_x}{(F'_z)^3}$.

下面讨论由两个方程组成的方程组确定的隐函数组的问题.

定理 11.5.3　令 $\boldsymbol{x} = (x_1, x_2)$，$\boldsymbol{y} = (y_1, y_2)$，假设四元函数 $F_1(\boldsymbol{x},\boldsymbol{y}), F_2(\boldsymbol{x},\boldsymbol{y})$ 在 $(\boldsymbol{x}_0,\boldsymbol{y}_0) \in \mathbb{R}^4$ 的某个邻域 W 中有定义，其中 $\boldsymbol{x}_0 = (x_{01}, x_{02})$，$\boldsymbol{y}_0 = (y_{01}, y_{02})$，满足下列条件：

（i）$F_i(\boldsymbol{x}_0,\boldsymbol{y}_0) = 0,\ i = 1,2$；

（ii）$F_i \in C^q(W),\ i = 1,2$，且 $q \geqslant 1$；

（iii）矩阵 $\left.\dfrac{\partial(F_1,F_2)}{\partial(y_1,y_2)}\right|_{(x_0,y_0)}$ 可逆，

则 $\exists\delta>0,\ \eta>0$ 使得 $\mathscr{B}(\boldsymbol{x}_0,\delta)\times\mathscr{B}(\boldsymbol{y}_0,\eta)\subset W$ 及由 $\mathscr{B}(\boldsymbol{x}_0,\delta)\to\mathscr{B}(\boldsymbol{y}_0,\eta)$ 的函数 $y_1=f_1(x_1,x_2)$ 和 $y_2=f_2(x_1,x_2)$ 满足

（1） $y_{0i}=f_i(\boldsymbol{x}_0)$（$i=1,2$），且当 $\boldsymbol{x}\in\mathscr{B}(\boldsymbol{x}_0,\delta)$ 时，有 $F_i(\boldsymbol{x},f_1(\boldsymbol{x}),f_2(\boldsymbol{x}))=0$，即方程组 $F_i(\boldsymbol{x},\boldsymbol{y})=0$（$i=1,2$）确定了隐函数组 $y_1=f_1(x_1,x_2)$ 和 $y_2=f_2(x_1,x_2)$；

（2） $f_i(\boldsymbol{x})\in C^q(\mathscr{B}(\boldsymbol{x}_0,\delta)),\ i=1,2$；

（3）在 $\mathscr{B}(\boldsymbol{x}_0,\delta)$ 内，有 $\dfrac{\partial(y_1,y_2)}{\partial(x_1,x_2)}=-\left(\dfrac{\partial(F_1,F_2)}{\partial(y_1,y_2)}\right)^{-1}\dfrac{\partial(F_1,F_2)}{\partial(x_1,x_2)}$.

证明　首先证明由方程组

$$\begin{cases}F_1(x_1,x_2,y_1,y_2)=0,\\F_2(x_1,x_2,y_1,y_2)=0\end{cases}\tag{11.5.2}$$

确定的向量值隐函数 $\boldsymbol{y}=\boldsymbol{f}(\boldsymbol{x})$ 的存在性，其中 $\boldsymbol{x}=(x_1,x_2)$，$\boldsymbol{y}=(y_1,y_2)$.

因为矩阵 $\left.\dfrac{\partial(F_1,F_2)}{\partial(y_1,y_2)}\right|_{(x_0,y_0)}=\begin{pmatrix}\dfrac{\partial F_1}{\partial y_1}(\boldsymbol{x}_0,\boldsymbol{y}_0) & \dfrac{\partial F_1}{\partial y_2}(\boldsymbol{x}_0,\boldsymbol{y}_0)\\ \dfrac{\partial F_2}{\partial y_1}(\boldsymbol{x}_0,\boldsymbol{y}_0) & \dfrac{\partial F_2}{\partial y_2}(\boldsymbol{x}_0,\boldsymbol{y}_0)\end{pmatrix}$ 可逆，所以矩阵中的四个元不全为零，不妨设 $\dfrac{\partial F_2}{\partial y_2}(\boldsymbol{x}_0,\boldsymbol{y}_0)\neq 0$. 由定理 11.5.2，$F_2(x_1,x_2,y_1,y_2)=0$ 存在从 $\mathscr{B}((x_{01},x_{02},y_{01}),\delta_1)$ 到 $\mathscr{B}(y_{02},\eta_1)$ 的 C^1 类隐函数

$$y_2=g(x_1,x_2,y_1),\tag{11.5.3}$$

其中 $\delta_1>0$，$\eta_1>0$，且 $\dfrac{\partial y_2}{\partial y_1}=-\dfrac{\dfrac{\partial F_2}{\partial y_1}}{\dfrac{\partial F_2}{\partial y_2}}$.

考虑方程

$$F_1(x_1,x_2,y_1,g(x_1,x_2,y_1))=0.\tag{11.5.4}$$

在 $(\boldsymbol{x}_0,\boldsymbol{y}_0)$ 点，

$$\begin{aligned}&\left.\frac{\partial F_1(x_1,x_2,y_1,g(x_1,x_2,y_1))}{\partial y_1}\right|_{(x_0,y_0)}\\
&=\left.\left(\frac{\partial F_1}{\partial y_1}+\frac{\partial F_1}{\partial y_2}\cdot\frac{\partial y_2}{\partial y_1}\right)\right|_{(x_0,y_0)}\\
&=\left(\left.\frac{\partial F_2}{\partial y_2}\right|_{(x_0,y_0)}\right)^{-1}\left.\left(\frac{\partial F_1}{\partial y_1}\frac{\partial F_2}{\partial y_2}-\frac{\partial F_1}{\partial y_2}\frac{\partial F_2}{\partial y_1}\right)\right|_{(x_0,y_0)}\neq 0,\end{aligned}$$

由定理 11.5.2 可得，$\exists\delta>0,\ \eta_2>0$ 使得 $\mathscr{B}((x_{01},x_{02}),\delta)\times\mathscr{B}(y_{01},\eta_2)\subset\mathscr{B}((x_{01},x_{02},y_{01}),\delta_1)$，且式（11.5.4）确定了一个 $\mathscr{B}((x_{01},x_{02}),\delta)\to\mathscr{B}(y_{01},\eta_2)$ 的 C^1 类函数

$$y_1 = f_1(x_1,x_2),\ (x_1,x_2)\in\mathscr{B}((x_{01},x_{02}),\delta),\ y_1\in\mathscr{B}(y_{01},\eta_2).$$

记 $f_2(x_1,x_2)=g(x_1,x_2,f_1(x_1,x_2))$，令 $\eta=\min\{\eta_1,\eta_2\}>0$，结合式（11.5.3）可知

$$\begin{cases} y_1 = f_1(x_1,x_2), \\ y_2 = f_2(x_1,x_2) \end{cases}$$

为 $\mathscr{B}((x_{01},x_{02}),\delta)\to\mathscr{B}((y_{01},y_{02}),\eta)$ 的 C^1 类向量值函数，且满足

$$\begin{cases} F_1(x_1,x_2,f_1(x_1,x_2),f_2(x_1,x_2))=0, \\ F_2(x_1,x_2,f_1(x_1,x_2),f_2(x_1,x_2))=0. \end{cases} \tag{11.5.5}$$

这样就证明了向量值隐函数 $\begin{pmatrix} y_1 \\ y_2 \end{pmatrix}=\begin{pmatrix} f_1(x_1,x_2) \\ f_2(x_1,x_2) \end{pmatrix}$ 的存在性.

现在对方程组（11.5.5）中的每个方程两边分别关于 x_1 求偏导，

$$\begin{cases} \dfrac{\partial F_1}{\partial x_1}+\dfrac{\partial F_1}{\partial y_1}\dfrac{\partial y_1}{\partial x_1}+\dfrac{\partial F_1}{\partial y_2}\dfrac{\partial y_2}{\partial x_1}=0, \\ \dfrac{\partial F_2}{\partial x_1}+\dfrac{\partial F_2}{\partial y_1}\dfrac{\partial y_1}{\partial x_1}+\dfrac{\partial F_2}{\partial y_2}\dfrac{\partial y_2}{\partial x_1}=0; \end{cases}$$

或写成等价形式

$$\frac{\partial(F_1,F_2)}{\partial(y_1,y_2)}\begin{pmatrix} \dfrac{\partial y_1}{\partial x_1} \\ \dfrac{\partial y_2}{\partial x_1} \end{pmatrix}=-\begin{pmatrix} \dfrac{\partial F_1}{\partial x_1} \\ \dfrac{\partial F_2}{\partial x_1} \end{pmatrix}.$$

同理可得 $\dfrac{\partial(F_1,F_2)}{\partial(y_1,y_2)}\begin{pmatrix} \dfrac{\partial y_1}{\partial x_2} \\ \dfrac{\partial y_2}{\partial x_2} \end{pmatrix}=-\begin{pmatrix} \dfrac{\partial F_1}{\partial x_2} \\ \dfrac{\partial F_2}{\partial x_2} \end{pmatrix}$，故 $\dfrac{\partial(F_1,F_2)}{\partial(y_1,y_2)}\dfrac{\partial(y_1,y_2)}{\partial(x_1,x_2)}=-\dfrac{\partial(F_1,F_2)}{\partial(x_1,x_2)}$.

由于 $\left.\dfrac{\partial(F_1,F_2)}{\partial(y_1,y_2)}\right|_{(\boldsymbol{x}_0,\boldsymbol{y}_0)}$ 可逆，因此 $\dfrac{\partial(F_1,F_2)}{\partial(y_1,y_2)}$ 在 $(\boldsymbol{x}_0,\boldsymbol{y}_0)$ 点的某个邻域内也可逆，从而

$$\frac{\partial(y_1,y_2)}{\partial(x_1,x_2)}=-\left(\frac{\partial(F_1,F_2)}{\partial(y_1,y_2)}\right)^{-1}\frac{\partial(F_1,F_2)}{\partial(x_1,x_2)}.$$

从上述证明过程看到，若 $F_1(x_1,x_2,y_1,y_2)$ 与 $F_2(x_1,x_2,y_1,y_2)$ 的 q（$\geqslant 1$）阶偏导连续，则由方程组 $\begin{cases} F_1(x_1,x_2,y_1,y_2)=0, \\ F_2(x_1,x_2,y_1,y_2)=0 \end{cases}$ 确定的隐函数组 $\begin{pmatrix} y_1 \\ y_2 \end{pmatrix}=\begin{pmatrix} f_1(x_1,x_2) \\ f_2(x_1,x_2) \end{pmatrix}$ 中的每个函数 q 阶偏导连续. 证毕.

应用数学归纳法，定理 11.5.3 可推广到含有 $n+m$ 个变量的 m 个方程构成的方程组所确定的 m 个 n 元隐函数组.

定理 11.5.4　令 $\boldsymbol{x}=(x_1,x_2,\cdots,x_n)$，$\boldsymbol{y}=(y_1,y_2,\cdots,y_m)$，假设 $n+m$ 元函数 $F_i(\boldsymbol{x},\boldsymbol{y})$（$i=1,2,\cdots,m$）在 $(\boldsymbol{x}_0,\boldsymbol{y}_0)\in\mathbb{R}^{n+m}$ 的某个邻域 W 中有定义，满足下列条件：

（i）$F_i(\boldsymbol{x}_0,\boldsymbol{y}_0)=0,\ i=1,2,\cdots,m$；

（ii）$F_i \in C^q(W),\ i=1,2,\cdots,m$，且 $q \geqslant 1$；

（iii）矩阵 $\left.\dfrac{\partial(F_1,F_2,\cdots,F_m)}{\partial(y_1,y_2,\cdots,y_m)}\right|_{(x_0,y_0)}$ 可逆，

则 $\exists \delta>0,\ \eta>0$ 使得 $\mathscr{B}(\boldsymbol{x}_0,\delta)\times\mathscr{B}(\boldsymbol{y}_0,\eta)\subset \boldsymbol{W}$ 及向量值函数 $\boldsymbol{G}:\mathscr{B}(\boldsymbol{x}_0,\delta)\to\mathscr{B}(\boldsymbol{y}_0,\eta)$ 满足

（1）$\boldsymbol{y}_0=\boldsymbol{G}(\boldsymbol{x}_0)$，且当 $\boldsymbol{x}\in\mathscr{B}(\boldsymbol{x}_0,\delta)$ 时，有 $F_i(\boldsymbol{x},\boldsymbol{G}(\boldsymbol{x}))=0$，即 $\boldsymbol{y}=\boldsymbol{G}(\boldsymbol{x})$ 是由方程组 $F_i(\boldsymbol{x},\boldsymbol{y})=0$（$i=1,2,\cdots,m$）确定的隐函数组；

（2）$\boldsymbol{G}(\boldsymbol{x})\in C^q(\mathscr{B}(\boldsymbol{x}_0,\delta))$，$i=1,2,\cdots,m$；

（3）在 $\mathscr{B}(\boldsymbol{x}_0,\delta)$ 内，有 $\dfrac{\partial(y_1,y_2,\cdots,y_m)}{\partial(x_1,x_2,\cdots,x_n)}=-\left(\dfrac{\partial(F_1,F_2,\cdots,F_m)}{\partial(y_1,y_2,\cdots,y_m)}\right)^{-1}\dfrac{\partial(F_1,F_2,\cdots,F_m)}{\partial(x_1,x_2,\cdots,x_n)}$.

例 11.5.5 已知 C^2 类函数 $z=z(x,y)$ 满足方程

$$\frac{\partial^2 z}{\partial x^2}+\frac{\partial^2 z}{\partial x\partial y}+\frac{\partial z}{\partial x}=z. \tag{11.5.6}$$

试证：经变换

$$u=\frac{1}{2}(x+y),\quad v=\frac{1}{2}(x-y),\quad w=z\mathrm{e}^{y}, \tag{11.5.7}$$

将式（11.5.6）转化为以 u,v 为自变量、以 w 为因变量的微分方程 $\dfrac{\partial^2 w}{\partial u^2}+\dfrac{\partial^2 w}{\partial u\partial v}=2w$.

证明 把 z 看成以 w 为中间变量、以 x,y 为自变量的复合函数如下：

$$z=w\mathrm{e}^{-y},\quad w=w(u,v),\quad u=\frac{1}{2}(x+y),\quad v=\frac{1}{2}(x-y),$$

其中 $w=w(u,v)$ 是由方程组（11.5.7）确定的隐函数组 $x=x(u,v), y=y(u,v), w=w(u,v)$ 中的一个且是 C^2 类函数．按照复合函数的链式法则，有

$$\frac{\partial z}{\partial x}=\mathrm{e}^{-y}\frac{\partial w}{\partial x}=\mathrm{e}^{-y}\left(\frac{\partial w}{\partial u}\frac{\partial u}{\partial x}+\frac{\partial w}{\partial v}\frac{\partial v}{\partial x}\right)=\frac{1}{2}\mathrm{e}^{-y}\left(\frac{\partial w}{\partial u}+\frac{\partial w}{\partial v}\right),$$

$$\frac{\partial^2 z}{\partial x^2}=\frac{1}{4}\mathrm{e}^{-y}\left(\frac{\partial^2 w}{\partial u^2}+2\frac{\partial^2 w}{\partial u\partial v}+\frac{\partial^2 w}{\partial v^2}\right),$$

$$\frac{\partial^2 z}{\partial x\partial y}=\frac{1}{2}\mathrm{e}^{-y}\left(-\frac{\partial w}{\partial u}-\frac{\partial w}{\partial v}+\frac{1}{2}\frac{\partial^2 w}{\partial u^2}-\frac{1}{2}\frac{\partial^2 w}{\partial v^2}\right),$$

将它们代入式（11.5.6），得 $\dfrac{\partial^2 w}{\partial u^2}+\dfrac{\partial^2 w}{\partial u\partial v}=2w$．证毕.

例 11.5.6 验证方程组

$$\begin{cases}x^2+y^2-uv=0,\\ xy-u^2+v^2=0\end{cases}$$

在点 $(x_0,y_0,u_0,v_0)=(1,0,1,1)$ 的邻域满足定理 11.5.3 的条件，从而在点 $(1,0)$ 的邻域存在唯一一组有连续偏导数的隐函数组 $u=u(x,y),\ v=v(x,y)$，并求 $\dfrac{\partial u}{\partial x},\dfrac{\partial u}{\partial y},\dfrac{\partial v}{\partial x},\dfrac{\partial v}{\partial y}$.

解 令 $F_1(x,y,u,v)=x^2+y^2-uv,\ F_2(x,y,u,v)=xy-u^2+v^2$．则

$$\frac{\partial F_1}{\partial x}=2x,\frac{\partial F_1}{\partial y}=2y,\frac{\partial F_1}{\partial u}=-v,\frac{\partial F_1}{\partial v}=-u,\qquad \frac{\partial F_2}{\partial x}=y,\frac{\partial F_2}{\partial y}=x,\frac{\partial F_2}{\partial u}=-2u,\frac{\partial F_2}{\partial v}=2v$$

在 $(x_0,y_0,u_0,v_0)=(1,0,1,1)$ 点的邻域都连续，且 $F_1(1,0,1,1)=0$，$F_2(1,0,1,1)=0$．又

$$\begin{vmatrix}\dfrac{\partial F_1}{\partial u} & \dfrac{\partial F_1}{\partial v}\\ \dfrac{\partial F_2}{\partial u} & \dfrac{\partial F_2}{\partial v}\end{vmatrix}_{(1,1)}=\begin{vmatrix}-v & -u\\ -2u & 2v\end{vmatrix}_{(1,1)}=-2(u^2+v^2)\Big|_{(1,1)}=-4\neq 0,$$

因此由定理 11.5.3 知，在 $(1,0)$ 点的邻域存在唯一一组有连续偏导数的隐函数组 $u=u(x,y)$，$v=v(x,y)$．将方程组 $\begin{cases}x^2+y^2-uv=0,\\ xy-u^2+v^2=0\end{cases}$ 分别对 x 求偏导，得 $\begin{cases}2x-\dfrac{\partial u}{\partial x}v-u\dfrac{\partial v}{\partial x}=0,\\ y-2u\dfrac{\partial u}{\partial x}+2v\dfrac{\partial v}{\partial x}=0.\end{cases}$ 解得

$$\frac{\partial u}{\partial x}=\frac{4xv+yu}{2(u^2+v^2)},\quad \frac{\partial v}{\partial x}=\frac{4xu-yv}{2(u^2+v^2)}.$$

同理求得 $\dfrac{\partial u}{\partial y}=\dfrac{4yv+xu}{2(u^2+v^2)}$，$\dfrac{\partial v}{\partial y}=\dfrac{4yu-xv}{2(u^2+v^2)}$．

另解：由于

$$\begin{aligned}\frac{\partial(u,v)}{\partial(x,y)}&=-\left(\frac{\partial(F_1,F_2)}{\partial(u,v)}\right)^{-1}\frac{\partial(F_1,F_2)}{\partial(x,y)}\\ &=\frac{1}{2(u^2+v^2)}\begin{pmatrix}2v & u\\ 2u & -v\end{pmatrix}\cdot\begin{pmatrix}2x & 2y\\ y & x\end{pmatrix}=\frac{1}{2(u^2+v^2)}\begin{pmatrix}4vx+uy & 4vy+ux\\ 4ux-vy & 4uy-vx\end{pmatrix},\end{aligned}$$

从而求得 $\dfrac{\partial u}{\partial x},\dfrac{\partial u}{\partial y},\dfrac{\partial v}{\partial x},\dfrac{\partial v}{\partial y}$．

例 11.5.7 验证方程组 $\begin{cases}x^2+y^2+z^2=6,\\ x+y+z=0\end{cases}$ 在 $(x_0,y_0,z_0)=(1,-2,1)$ 的邻域满足定理 11.5.4 的条件，在 $x_0=1$ 的邻域存在唯一一组有连续导数的隐函数组 $y=y(x)$ 和 $z=z(x)$，并求 $y'(x)$，$z'(x)$.

解 令 $F_1(x,y,z)=x^2+y^2+z^2-6$，$F_2(x,y,z)=x+y+z$. 则 $F_1(1,-2,1)=0$，$F_2(1,-2,1)=0$. 且 $\dfrac{\partial F_1}{\partial x}=2x$，$\dfrac{\partial F_1}{\partial y}=2y$，$\dfrac{\partial F_1}{\partial z}=2z$，$\dfrac{\partial F_2}{\partial x}=1$，$\dfrac{\partial F_2}{\partial y}=1$，$\dfrac{\partial F_2}{\partial z}=1$ 在 $(x_0,y_0,z_0)=(1,-2,1)$ 的邻域连续，又 $\begin{vmatrix}\dfrac{\partial F_1}{\partial y} & \dfrac{\partial F_1}{\partial z}\\ \dfrac{\partial F_2}{\partial y} & \dfrac{\partial F_2}{\partial z}\end{vmatrix}_{(-2,1)}=\begin{vmatrix}2y & 2z\\ 1 & 1\end{vmatrix}_{(-2,1)}=-6\neq 0$．由定理 11.5.4 知，在 $x_0=1$ 的邻域存在一组有连续导数的隐函数组 $y=y(x)$ 和 $z=z(x)$．方程组 $\begin{cases}x^2+y^2+z^2=6,\\ x+y+z=0\end{cases}$ 对 x 求导数，解得

$$y'(x)=\frac{z-x}{y-z},\quad z'(x)=\frac{x-y}{y-z}.$$

11.5.2 逆映射的微分

假设 $f(x)$ 连续可微. 令 $F(x,y)=f(x)-y$，若 $F'_x(x_0,y_0)\neq 0$，则由方程 $F(x,y)=0$ 确定的 $y_0=f(x_0)$ 邻域内的隐函数 $x=g(y)$ 就是函数 $y=f(x)$ 的反函数. 对方程组的情形，有如下的逆映射定理.

定理 11.5.5 设 $\Omega\subset\mathbb{R}^n$ 是非空开集，映射 $\boldsymbol{y}=\boldsymbol{f}(\boldsymbol{x}):\Omega\to\mathbb{R}^n$ 连续可微. 若映射 $\boldsymbol{f}$ 在 $\boldsymbol{x}_0\in\Omega$ 的雅可比矩阵 $\mathrm{D}\boldsymbol{f}(\boldsymbol{x}_0)$ 可逆，记 $\boldsymbol{y}_0=\boldsymbol{f}(\boldsymbol{x}_0)$，则存在 $\delta>0,\ \eta>0$ 及连续可微映射 $\boldsymbol{g}:\mathscr{B}(\boldsymbol{y}_0,\eta)\to\mathscr{B}(\boldsymbol{x}_0,\delta)$ 满足 $\boldsymbol{g}(\boldsymbol{y}_0)=\boldsymbol{x}_0$，且对 $\forall\boldsymbol{y}\in\mathscr{B}(\boldsymbol{y}_0,\eta)$，有唯一的 $\boldsymbol{x}\in\mathscr{B}(\boldsymbol{x}_0,\delta)$ 使得 $\boldsymbol{x}=\boldsymbol{g}(\boldsymbol{y})$，称映射 $\boldsymbol{g}$ 是映射 $\boldsymbol{f}$ 的逆映射，记为 $\boldsymbol{g}=\boldsymbol{f}^{-1}$，且对 $\forall\boldsymbol{y}\in\mathscr{B}(\boldsymbol{y}_0,\eta)$，$\mathrm{D}\boldsymbol{f}^{-1}(\boldsymbol{y})=(\mathrm{D}\boldsymbol{f}(\boldsymbol{x}))^{-1}$.

证明 对 $\forall\boldsymbol{x}\in\Omega,\ \boldsymbol{y}\in\mathbb{R}^n$，令 $\boldsymbol{F}(\boldsymbol{x},\boldsymbol{y})=\boldsymbol{f}(\boldsymbol{x})-\boldsymbol{y}$. 则 $\boldsymbol{F}:\Omega\times\mathbb{R}^n\to\mathbb{R}^n$ 是连续可微映射，显然 $\boldsymbol{F}(\boldsymbol{x}_0,\boldsymbol{y}_0)=0$ 且 $\mathrm{D}_x\boldsymbol{F}(\boldsymbol{x}_0,\boldsymbol{y}_0)=\mathrm{D}\boldsymbol{f}(\boldsymbol{x}_0)$ 可逆. 由定理 11.5.4，存在 $\delta>0,\ \eta>0$ 及连续可微映射 $\boldsymbol{g}:\mathscr{B}(\boldsymbol{y}_0,\eta)\to\mathscr{B}(\boldsymbol{x}_0,\delta)$ 满足 $\boldsymbol{g}(\boldsymbol{y}_0)=\boldsymbol{x}_0$ 且对 $\forall\boldsymbol{y}\in\mathscr{B}(\boldsymbol{y}_0,\eta)$，有 $\boldsymbol{F}(\boldsymbol{g}(\boldsymbol{y}),\boldsymbol{y})\equiv 0$，即 $\boldsymbol{f}(\boldsymbol{g}(\boldsymbol{y}))=\boldsymbol{y}$，所以 $\boldsymbol{g}$ 是映射 $\boldsymbol{f}$ 的逆映射且 $\boldsymbol{g}(\boldsymbol{y})=\boldsymbol{x}$，记 $\boldsymbol{g}=\boldsymbol{f}^{-1}$，则 $\boldsymbol{x}=\boldsymbol{f}^{-1}(\boldsymbol{y})$. 记 $\mathbb{R}^n$ 上的恒等映射为 $\boldsymbol{I}$，则对 $\forall\boldsymbol{y}\in\mathscr{B}(\boldsymbol{y}_0,\eta)$，有 $(\boldsymbol{f}\circ\boldsymbol{f}^{-1})(\boldsymbol{y})=\boldsymbol{y}=\boldsymbol{I}(\boldsymbol{y})$，由复合映射的微分法，有

$$\mathrm{D}\boldsymbol{f}(\boldsymbol{x})\cdot\mathrm{D}\boldsymbol{f}^{-1}(\boldsymbol{y})=\boldsymbol{I}_n,$$

其中 $\boldsymbol{I}_n$ 是 $n\times n$ 阶的单位矩阵，所以 $\mathrm{D}\boldsymbol{f}^{-1}(\boldsymbol{y})=(\mathrm{D}\boldsymbol{f}(\boldsymbol{x}))^{-1}$. 证毕.

例 11.5.8 已知 $\begin{cases}u=\dfrac{y^2}{x},\\ v=xy.\end{cases}$ 求 $\left.\dfrac{\partial(x,y)}{\partial(u,v)}\right|_{(4,2)}$.

解 当 $(u,v)=(4,2)$ 时，$(x,y)=(1,2)$，所以

$$\det\left(\left.\frac{\partial(u,v)}{\partial(x,y)}\right|_{(1,2)}\right)=\left|\left.\begin{pmatrix}-\dfrac{y^2}{x^2} & \dfrac{2y}{x}\\ y & x\end{pmatrix}\right|_{(1,2)}\right|=-12\neq 0,$$

因此 $\left.\dfrac{\partial(u,v)}{\partial(x,y)}\right|_{(1,2)}$ 可逆，且 $\left.\dfrac{\partial(x,y)}{\partial(u,v)}\right|_{(4,2)}=\left(\left.\dfrac{\partial(u,v)}{\partial(x,y)}\right|_{(1,2)}\right)^{-1}=\begin{pmatrix}-\dfrac{1}{12} & \dfrac{1}{3}\\ \dfrac{1}{6} & \dfrac{1}{3}\end{pmatrix}$.

习题 11.5

1. 验证下列方程在指定点的邻域存在以 x 为自变量的隐函数，并求 $\dfrac{\mathrm{d}y}{\mathrm{d}x}$.

（1）$y=x\mathrm{e}^y+1$，点 $(0,1)$；

（2）$\sin x+2\cos y-\dfrac{1}{2}=0$，点 $\left(\dfrac{\pi}{6},\dfrac{3\pi}{2}\right)$.

2．验证下列方程在指定点的邻域存在以 x, y 为自变量的隐函数，并求 $\dfrac{\partial z}{\partial x}$ 与 $\dfrac{\partial z}{\partial y}$.

（1）$x+y-z-\cos(xyz)=0$，点 $(0,0,-1)$；

（2）$x^3+y^3+z^3-3xyz-4=0$，点 $(1,1,2)$.

3．下列方程中，在哪些点附近可以确定一个函数 $z=z(x,y)$，并求 $\dfrac{\partial z}{\partial x}$, $\dfrac{\partial z}{\partial y}$.

（1）$\mathrm{e}^{-(x+y+z)}=x+y+z$；

（2）$\sin xy+\sin yz+\sin zx=0$.

4．下列方程（或方程组）均确定了函数 $z=z(x,y)$，求解下列各表达式的值.

（1）$f(ax-cz,ay-bz)=0$,　f 可微，计算 $c\dfrac{\partial z}{\partial x}+b\dfrac{\partial z}{\partial y}$；

（2）$y+z=xf(x^2-z^2)$,　f 可微，计算 $x\dfrac{\partial z}{\partial x}+z\dfrac{\partial z}{\partial y}$；

（3）$f(x,x+y,x+y+z)=0$，f 可微，计算 $\dfrac{\partial z}{\partial x}$，$\dfrac{\partial z}{\partial y}$，$\dfrac{\partial^2 z}{\partial x^2}$；

（4）$\begin{cases}x=u\cos v,\\ y=u\sin v,\\ z=v,\end{cases}$ 计算 $\dfrac{\partial^2 z}{\partial x^2}$，$\dfrac{\partial^2 z}{\partial x\partial y}$.

5．方程组 $\begin{cases}x+y+z+z^2=0,\\ x+y^2+z+z^3=0\end{cases}$ 在点 $P(-1,1,0)$ 附近能否确定向量值函数 $\begin{pmatrix}y\\ z\end{pmatrix}=\boldsymbol{f}(x)$，如果能确定，求出 $y'(-1)$,　$z'(-1)$.

6．设 $z=z(x,y)$ 由方程 $f(x+y+z,x^2+y^2+z^2)=0$ 确定，求 $\mathrm{d}z$.

7．设函数 φ 二阶连续可微，请给出由方程 $x^3+y^3+z^3=\varphi(z)$ 能确定隐函数 $z=z(x,y)$ 的条件，并求 $\dfrac{\partial^2 z}{\partial x\partial y}$.

8．设二元函数 F 可微，$u=u(x,y)$ 是由方程 $F\left(x+\dfrac{u}{y},y+\dfrac{u}{x}\right)=0$ 确定的隐函数，证明：$u=u(x,y)$ 满足偏微分方程 $x\dfrac{\partial u}{\partial x}+y\dfrac{\partial u}{\partial y}=u-xy$.

9．设 $F(x,y,z)$ 是开集 $\Omega\subset\mathbb{R}^3$ 上的可微函数，且对任意的 $(x,y,z)\in\Omega$，都有 $F_x'(x,y,z)\neq 0$,　$F_y'(x,y,z)\neq 0$ 和 $F_z'(x,y,z)\neq 0$. 令 $x=x(y,z)$, $y=y(x,z)$ 和 $z=z(x,y)$ 为由方程 $F(x,y,z)=0$ 确定的隐函数．证明：$\dfrac{\partial x}{\partial y}\cdot\dfrac{\partial y}{\partial z}\cdot\dfrac{\partial z}{\partial x}=-1$,　$\dfrac{\partial x}{\partial z}\cdot\dfrac{\partial z}{\partial y}\cdot\dfrac{\partial y}{\partial x}=-1$.

10．设 $z(x,y)$ 是 C^2 类函数．经变换

$$\begin{cases}w=x+y+z,\\ u=x,\\ v=x+y,\end{cases}$$

将方程 $\frac{\partial^2 z}{\partial x^2}-2\frac{\partial^2 z}{\partial x\partial y}+\frac{\partial^2 z}{\partial y^2}+\frac{\partial z}{\partial x}-\frac{\partial z}{\partial y}=0$ 化为以 w 为因变量，以 u，v 为自变量的方程.

11．证明方程组

$$\begin{cases}F_1(x,y,u,v)=3x^2+y^2+u^2+v^2-1=0,\\ F_2(x,y,u,v)=x^2+2y^2-u^2+v^2-1=0\end{cases}$$

在点 $\left(0,\frac{1}{2},\sqrt{\frac{1}{8}},\sqrt{\frac{5}{8}}\right)$ 附近确定了一个向量值函数 $\boldsymbol{f}(x,y)=\begin{pmatrix}u(x,y)\\ v(x,y)\end{pmatrix}$，并求该映射在 $\left(0,\frac{1}{2}\right)$ 的雅可比矩阵和微分.

12．求下列向量值函数的逆映射的雅可比矩阵及其行列式.

（1）$\begin{cases}u=x^2-y^2,\\ v=2xy;\end{cases}$ （2）$\begin{cases}u=\mathrm{e}^x\cos y,\\ v=\mathrm{e}^x\sin y;\end{cases}$

（3）$\begin{cases}u=ax+by,\\ v=cx+dy;\end{cases}$ （4）$\begin{cases}u=x^3-y^3,\\ v=xy^2.\end{cases}$

13．设 $\begin{cases}x=\rho\cos\varphi,\\ y=\rho\sin\varphi.\end{cases}$ 求其逆映射的雅可比矩阵 $\frac{\partial(\rho,\varphi)}{\partial(x,y)}$.

14．设从 $(u_0,v_0)=(2,1)$ 的邻域到 $(x_0,y_0)=(3,4)$ 的邻域中，向量值函数 $\begin{cases}x=u+v,\\ y=u^2v^2\end{cases}$ 有可微的逆向量值函数 $\begin{cases}u=u(x,y),\\ v=v(x,y).\end{cases}$ 求 $\left.\frac{\partial u}{\partial x}\right|_{(3,4)}$.

第 12 章　多元函数微分学应用

12.1　多元函数微分学的几何应用

12.1.1　空间曲线

设 l 是空间 $\mathbb{R}^3$ 中过点 $\boldsymbol{r}_0=(x_0,y_0,z_0)$ 的一条直线，其方向向量为 $\boldsymbol{v}=(v_1,v_2,v_3)^{\mathrm{T}}$，则直线 l 的参数方程为 $\boldsymbol{r}-\boldsymbol{r}_0=t\boldsymbol{v},\ t\in\mathbb{R}$，或者写成分量形式

$$\begin{cases}x=x_0+tv_1,\\ y=y_0+tv_2,\\ z=z_0+tv_3,\end{cases}\quad t\in\mathbb{R}.$$

在上面的参数方程中，消去参数 t，得

$$\frac{x-x_0}{v_1}=\frac{y-y_0}{v_2}=\frac{z-z_0}{v_3},\tag{12.1.1}$$

称这个方程是直线 l 的点向式方程．若 v_1,v_2,v_3 中有个别为零，则按照空间解析几何中对称式方程的说明来理解．例如，若 $v_1=0$，则直线方程（12.1.1）应理解为 $\begin{cases}x-x_0=0,\\ \dfrac{y-y_0}{v_2}=\dfrac{z-z_0}{v_3};\end{cases}$ 若 $v_1=v_2=0$，则直线方程（12.1.1）应理解为 $\begin{cases}x-x_0=0,\\ y-y_0=0.\end{cases}$ 如图 12-1-1 所示，以 $\boldsymbol{r}_0$ 为起点、方向为 $\boldsymbol{v}$ 的射线方程为 $\boldsymbol{r}-\boldsymbol{r}_0=t\boldsymbol{v},\ t\geqslant 0$．过 $\boldsymbol{r}_1$ 和 $\boldsymbol{r}_2$ 两点的直线方程为 $\boldsymbol{r}=(1-t)\boldsymbol{r}_1+t\boldsymbol{r}_2,\ t\in\mathbb{R}$．以 $\boldsymbol{r}_1$ 和 $\boldsymbol{r}_2$ 为端点的直线段方程为

$$\boldsymbol{r}=(1-t)\boldsymbol{r}_1+t\boldsymbol{r}_2,\ t\in[0,1].$$

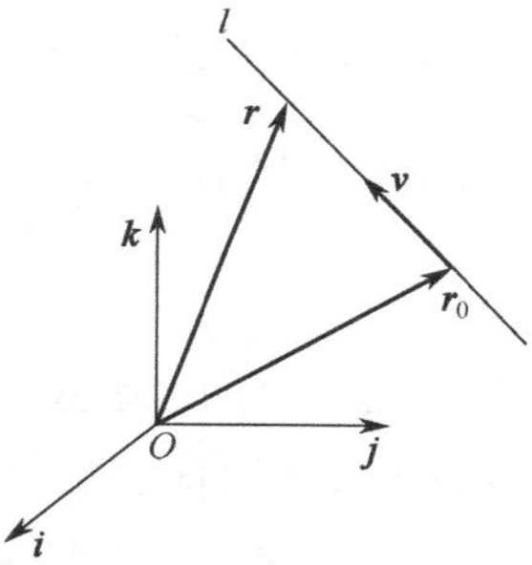

图 12-1-1

设空间 $\mathbb{R}^3$ 中曲线 L 的参数方程为 $\boldsymbol{r}=\boldsymbol{r}(t)$，直角坐标分量形式 $\begin{cases}x=x(t),\\ y=y(t),\\ z=z(t)\end{cases}$（$t\in I$）．取 $t_0\in I$，设 $x(t),y(t),z(t)$ 在 I 内可导，且 $x'(t_0),y'(t_0),z'(t_0)$ 不全为零．令 $x_0=x(t_0)$，$y_0=y(t_0)$，$z_0=z(t_0)$，则 $P_0(x_0,y_0,z_0)\in L$．在 t_0 任取改变量 Δt 使得 $t_0+\Delta t\in I$，则对应曲线 L 上一点

$$P(x(t_0+\Delta t),y(t_0+\Delta t),z(t_0+\Delta t))=P(x_0+\Delta x,y_0+\Delta y,z_0+\Delta z),$$

P_0P 是曲线 L 的割线，其方向向量 $(\Delta x,\Delta y,\Delta z)$，故割线 P_0P 的点向式方程

$$\frac{x-x_0}{\Delta x}=\frac{y-y_0}{\Delta y}=\frac{z-z_0}{\Delta z},$$

从而

$$\frac{x-x_0}{\frac{\Delta x}{\Delta t}}=\frac{y-y_0}{\frac{\Delta y}{\Delta t}}=\frac{z-z_0}{\frac{\Delta z}{\Delta t}},$$

当 $\Delta t\to 0$ 时，即点 P 沿曲线 L 无限趋近于 P_0 时，割线 P_0P 的极限位置就是曲线 L 在 P_0 点的切线，所以**曲线 L 在点 P_0 的切线方程**

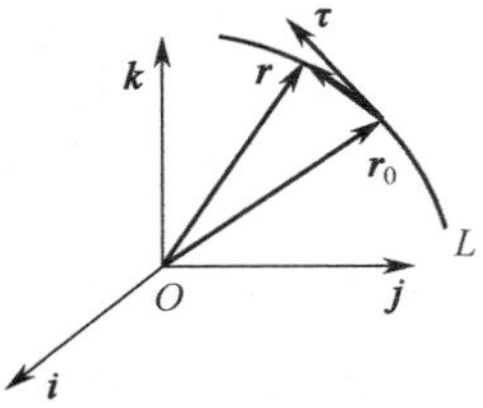

图 12-1-2

$$\frac{x-x_0}{x'(t_0)}=\frac{y-y_0}{y'(t_0)}=\frac{z-z_0}{z'(t_0)}.$$

切线的方向向量 $\boldsymbol{\tau}(t_0)=(x'(t_0)\ \ y'(t_0)\ \ z'(t_0))^{\mathrm{T}}$ 称为**曲线 L 在 P_0 的切向量**，如图 12-1-2 所示.

定义 12.1.1 曲线上处处有非零的切向量，并且切向量在曲线上连续变化，称这样的曲线是光滑的.

若空间曲线 L 的参数方程为 $\begin{cases}x=x(t),\\ y=y(t),\\ z=z(t)\end{cases}$ $(t\in I)$ 满足 $x(t),\ y(t),\ z(t)\in C^1(I)$，且对 $\forall t\in I$，有 $x'(t)^2+y'(t)^2+z'(t)^2\neq 0$，则曲线 L 是光滑的.

用抽象数学语言来说，$\mathbb{R}^3$ 中曲线 L 的参数方程是一个映射，即 $\boldsymbol{r}:I=[a,b]\subset\mathbb{R}\to\mathbb{R}^3,\ t\mapsto\boldsymbol{r}(t)$. 如果这个映射是二阶连续可微的且假设自变量是时间，我们可以定义速度 $\boldsymbol{v}(t)=\boldsymbol{r}'(t)=\frac{\mathrm{d}\boldsymbol{r}}{\mathrm{d}t}$，以及加速度 $\boldsymbol{a}(t)=\boldsymbol{v}'(t)=\frac{\mathrm{d}^2\boldsymbol{r}}{\mathrm{d}t^2}$. 假设曲线以弧长为中间变量，即 $\boldsymbol{r}=\boldsymbol{r}(s(t))$，则有

$$\boldsymbol{v}(t)=\frac{\mathrm{d}\boldsymbol{r}}{\mathrm{d}t}=\frac{\mathrm{d}\boldsymbol{r}}{\mathrm{d}s}\frac{\mathrm{d}s}{\mathrm{d}t}=s'(t)\boldsymbol{r}'(s).$$

定义弧长为 $\mathrm{d}s=\|\mathrm{d}\boldsymbol{r}\|=\sqrt{\mathrm{d}\boldsymbol{r}\cdot\mathrm{d}\boldsymbol{r}}$，有 $1=\|\boldsymbol{r}'(s)\|$，即 $\boldsymbol{r}'(s)\cdot\boldsymbol{r}'(s)=1$，且 $\boldsymbol{\tau}(s)=\boldsymbol{r}'(s)$ 是曲线的单位切向量，因此 $\boldsymbol{v}(t)=v(t)\boldsymbol{\tau}(s)$，其中 $v(t)=\|\boldsymbol{v}(t)\|=s'(t)$ 称为速率. 由于 $\boldsymbol{\tau}(s)\cdot\boldsymbol{\tau}(s)=1$，两边对弧长 s 求导，有 $\boldsymbol{\tau}'(s)\cdot\boldsymbol{\tau}(s)=0$，即长度恒定的向量导数总是垂直于该向量. 如图 12-1-3 所示，令 $\boldsymbol{\tau}'(s)=\kappa(s)\boldsymbol{n}(s)$，其中 $\kappa(s)\geqslant 0$ 称为曲率，$\boldsymbol{n}(s)$ 垂直于 $\boldsymbol{\tau}(s)$，且 $\|\boldsymbol{n}(s)\|=1$，称为单位主法向. 加速度为

$$\boldsymbol{a}(t)=\boldsymbol{v}'(t)=s''(t)\boldsymbol{\tau}(s)+\kappa(s)s'(t)^2\boldsymbol{n}(s),$$

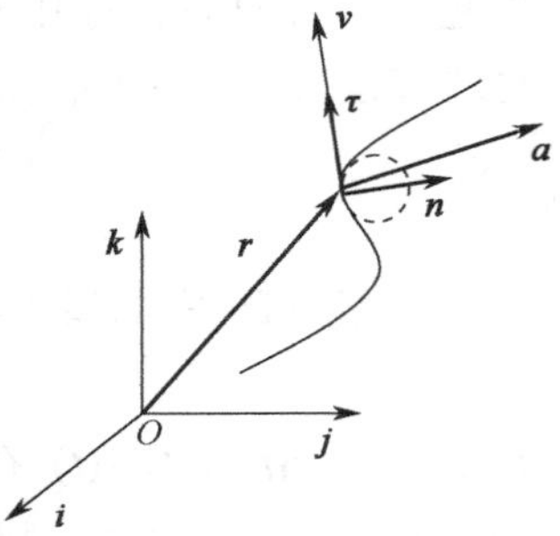

图 12-1-3

其中 $s''(t)\boldsymbol{\tau}(s)$ 为切向加速度，$\kappa(s)v(t)^2\boldsymbol{n}(s)$ 为向心加速度. 牛顿第一个意识到，一个质点在做匀速圆周运动时，其加速度不为零，而且指向圆心，即当速度大小不变而方向不断改变时，速度对时间的导数不为零，而且垂直于速度矢量. 因此，牛顿对导数的理解应该说一开始就是向量的导数，即位置矢量和速度矢量对时间的导数.

利用映射的观点，可以定义高维欧氏空间 $\mathbb{R}^n$ 中的曲线 $\boldsymbol{r}:I=[a,b]\subset\mathbb{R}\to\mathbb{R}^n,t\mapsto\boldsymbol{r}(t)$. 在单位正交基下表示为 $\boldsymbol{r}(t)=(x_1(t),x_2(t),\cdots,x_n(t))$. 如果该映射连续可微，则可以定义切

向量

$$v(t)=r'(t)=(x_1'(t),x_2'(t),\cdots,x_n'(t)),$$

定义弧长微元为

$$ds=\|dr\|=\sqrt{dr\cdot dr}=\sqrt{r'(t)\cdot r'(t)}dt=\sqrt{x_1'(t)^2+x_2'(t)^2+\cdots+x_n'(t)^2}dt .$$

12.1.2　空间曲面的切平面与法线

下面讨论空间曲面在一点处的切平面与法线.

设$F(x,y,z)$在$\boldsymbol{x}_0=(x_0,y_0,z_0)$的邻域$W$内有定义，若$F(x,y,z)\in C^1(W)$，$F(x_0,y_0,z_0)=0$且$F_z'(x_0,y_0,z_0)\neq 0$，则由隐函数定理 11.5.2，方程$F(x,y,z)=0$确定了一个定义在$(x_0,y_0)$邻域内的连续可微的隐函数$z=z(x,y)$满足$z_0=z(x_0,y_0)$. 函数$z=z(x,y)$在其定义域上的图像是一片曲面，因此$F(x,y,z)=0$是空间曲面的一般方程.

1．曲面 S 的一般方程：$F(x,y,z)=0$

设$F(x,y,z)$在$\boldsymbol{x}_0=(x_0,y_0,z_0)$的某个邻域内连续可微，且$\operatorname{grad}F(\boldsymbol{x}_0)=(F_x'(\boldsymbol{x}_0),\ F_y'(\boldsymbol{x}_0),\ F_z'(\boldsymbol{x}_0))\neq\boldsymbol{0},F(\boldsymbol{x}_0)=0$. 在曲面$S$上过$M_0$：$\boldsymbol{x}_0=(x_0,y_0,z_0)$任取一条光滑曲线$L:\begin{cases}x=x(t),\\ y=y(t),\ (t\in I)\\ z=z(t)\end{cases}$

满足

$$x(t),y(t),z(t)\in C^1(I)\text{ 且 }(x'(t),y'(t),z'(t))\neq\boldsymbol{0}\ (\forall t\in I),$$

则存在$t_0\in I$使得

$$x_0=x(t_0),\ y_0=y(t_0),\ z_0=z(t_0),$$

由于曲线L在曲面S上，因此$F(x(t),y(t),z(t))\equiv 0$，在$t_0$处求导，由复合函数的链式法则，有

$$F_x'(\boldsymbol{x}_0)x'(t_0)+F_y'(\boldsymbol{x}_0)y'(t_0)+F_z'(\boldsymbol{x}_0)z'(t_0)=0,$$

写成向量的形式

$$(F_x'(\boldsymbol{x}_0),F_y'(\boldsymbol{x}_0),F_z'(\boldsymbol{x}_0))\cdot(x'(t_0),y'(t_0),z'(t_0))=0,$$

即曲线L在M_0的切向量$\boldsymbol{\tau}=(x'(t_0),y'(t_0),z'(t_0))$与向量$\boldsymbol{n}=(F_x'(\boldsymbol{x}_0),F_y'(\boldsymbol{x}_0),F_z'(\boldsymbol{x}_0))$垂直，由于曲线$L$的任意性，因此向量$\boldsymbol{n}$与曲面$S$上过$M_0$的任意一条光滑曲线$L$的切线都垂直，于是这些切线一定位于过$M_0$的同一平面上，这个平面称为**曲面$S$在$M_0$的切平面**（如图 12-1-4 所示），向量

$$\boldsymbol{n}=(F_x'(\boldsymbol{x}_0),F_y'(\boldsymbol{x}_0),F_z'(\boldsymbol{x}_0))$$

称为**曲面S在M_0点的切平面的法向量**，也称为**曲面S在点M_0的法向量**. 于是在切平面上任取一点$M:\boldsymbol{x}=(x,y,z)$，向量

$$\overrightarrow{M_0M}=(x-x_0,y-y_0,z-z_0)$$

都与法向量$\boldsymbol{n}$垂直，故

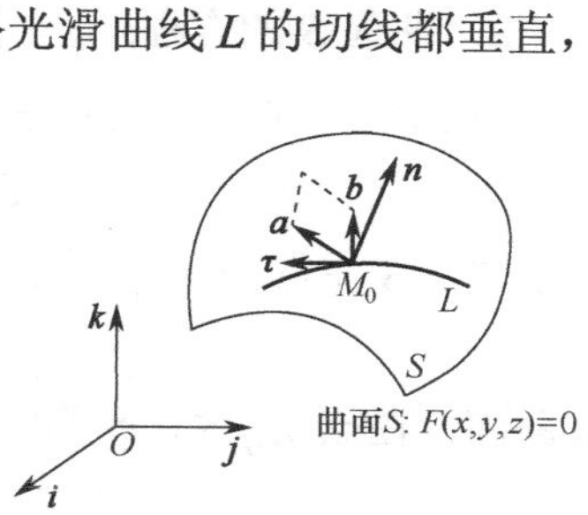

图 12-1-4

$$(F_x'(\boldsymbol{x}_0),F_y'(\boldsymbol{x}_0),F_z'(\boldsymbol{x}_0))\cdot(x-x_0,y-y_0,z-z_0)=0,$$

即得曲面 S 在 M_0 的切平面方程

$$F_x'(\boldsymbol{x}_0)(x-x_0)+F_y'(\boldsymbol{x}_0)(y-y_0)+F_z'(\boldsymbol{x}_0)(z-z_0)=0,$$

向量形式为 $(\boldsymbol{x}-\boldsymbol{x}_0)\cdot\operatorname{grad}F(\boldsymbol{x}_0)=0$.

通过曲面 S 上一点 M_0： $\boldsymbol{x}_0=(x_0,y_0,z_0)$，并垂直于经过点 M_0 的切平面的直线，称为**曲面 S 在点 M_0 的法线**，于是**曲面 S 在点 M_0 的法线方程**

$$\frac{x-x_0}{F_x'(\boldsymbol{x}_0)}=\frac{y-y_0}{F_y'(\boldsymbol{x}_0)}=\frac{z-z_0}{F_z'(\boldsymbol{x}_0)},$$

其向量形式为 $\boldsymbol{x}-\boldsymbol{x}_0=t\operatorname{grad}F(\boldsymbol{x}_0)$, $t\in\mathbb{R}$.

如果平面曲线由方程 $F(x,y)=0$ 给出，在其上一点 $P_0:\boldsymbol{x}_0=(x_0,y_0)$ 处的法向量

$$\boldsymbol{n}=F_x'(\boldsymbol{x}_0)\boldsymbol{i}+F_y'(\boldsymbol{x}_0)\boldsymbol{j},$$

切向量为 $\boldsymbol{\tau}=F_y'(\boldsymbol{x}_0)\boldsymbol{i}-F_x'(\boldsymbol{x}_0)\boldsymbol{j}$. **曲线在 P_0 点的切线方程**

$$F_x'(\boldsymbol{x}_0)(x-x_0)+F_y'(\boldsymbol{x}_0)(y-y_0)=0,$$

向量形式为 $(\boldsymbol{x}-\boldsymbol{x}_0)\cdot\boldsymbol{n}=0$ 或者 $\boldsymbol{x}=\boldsymbol{x}_0+t\boldsymbol{\tau}$, $t\in\mathbb{R}$；**曲线在 P_0 点的法线方程**

$$\frac{x-x_0}{F_x'(\boldsymbol{x}_0)}=\frac{y-y_0}{F_y'(\boldsymbol{x}_0)},$$

向量形式为 $(\boldsymbol{x}-\boldsymbol{x}_0)\cdot\boldsymbol{\tau}=0$ 或者 $\boldsymbol{x}=\boldsymbol{x}_0+t\boldsymbol{n}$, $t\in\mathbb{R}$.

定义 12.1.2 若曲面上处处有非零的法向量，且法向量在曲面上连续变化，称这样的曲面是光滑的.

设 $D\subset\mathbb{R}^3$ 是有界区域且 $F(x,y,z)\in C^1(D)$. 若对任意的 $\boldsymbol{x}=(x,y,z)\in D$,

$$F_x'(\boldsymbol{x})^2+F_y'(\boldsymbol{x})^2+F_z'(\boldsymbol{x})^2\neq 0,$$

则空间曲面片 $F(x,y,z)=0$ 是光滑的.

例 12.1.1 已知 $f(x,y)$ 在 (x_0,y_0) 处可微，且 $\operatorname{grad}f(x_0,y_0)=(1,2)$，求曲线 $f(x,y)=f(x_0,y_0)$ 在点 (x_0,y_0) 处的切线方程与法线方程.

解 曲线 $f(x,y)=f(x_0,y_0)$ 在点 (x_0,y_0) 处的切向量是 $\pm(2,-1)$. 故曲线 $f(x,y)=f(x_0,y_0)$ 在点 (x_0,y_0) 处的切线方程 $x+2y=x_0+2y_0$，法线方程 $2x-y=2x_0-y_0$.

2. 曲面 S 的方程：$z=f(x,y)$，其中 $f(x,y)\in C^1(D)$

令 $F(x,y,z)=f(x,y)-z$，则

$$F_x'=f_x'(x,y),\ F_y'=f_y'(x,y),\ F_z'=-1,$$

所以曲面 S 在点 $M_0(x_0,y_0,z_0)$（其中 $z_0=f(x_0,y_0)$）的切平面的法向量

$$\pm(f_x'(x_0,y_0),\ f_y'(x_0,y_0),\ -1).$$

故曲面 S 在点 M_0 的切平面方程

$$f_x'(x_0,y_0)(x-x_0)+f_y'(x_0,y_0)(y-y_0)-(z-z_0)=0.$$

曲面 S 在点 M_0 的法线方程 $\dfrac{x-x_0}{f_x'(x_0,y_0)}=\dfrac{y-y_0}{f_y'(x_0,y_0)}=\dfrac{z-z_0}{-1}$.

3．曲面 S 的参数方程 $\begin{cases} x = x(u,v), \\ y = y(u,v), \\ z = z(u,v), \end{cases} \quad (u,v) \in D \subset \mathbb{R}^2$

其向量形式为 $\boldsymbol{r} = \boldsymbol{r}(u,v)$，$(u,v) \in D \subset \mathbb{R}^2$．

设 x，y，$z \in C^1(D)$ 且在 D 内任意一点，雅可比矩阵 $\dfrac{\partial(x,y,z)}{\partial(u,v)}$ 的秩都为 2，则曲面块 S 是光滑的．给定 $P_0:(u_0,v_0) \in D$，则对应曲面 S 上的一点

$$\boldsymbol{r}_0 = \boldsymbol{r}(u_0,v_0) = (x(u_0,v_0), y(u_0,v_0), z(u_0,v_0)) = (x_0,y_0,z_0)．$$

（1）切平面的一般方程

固定 $v = v_0$，则得到一条以 u 为参数的曲线 $L_u: \begin{cases} x = x(u,v_0), \\ y = y(u,v_0), \\ z = z(u,v_0). \end{cases}$ 曲线 L_u 在 $\boldsymbol{r}_0 = (x_0,y_0,z_0)$ 的切向量为 $\boldsymbol{a} = \boldsymbol{r}_u'(u_0,v_0) = (x_u' \quad y_u' \quad z_u')^{\mathrm{T}}|_{P_0}$．固定 $u = u_0$，得到一条以 v 为参数的曲线 $L_v: \begin{cases} x = x(u_0,v), \\ y = y(u_0,v), \\ z = z(u_0,v). \end{cases}$ 曲线 L_v 在点 $\boldsymbol{r}_0 = (x_0,y_0,z_0)$ 的切向量为 $\boldsymbol{b} = \boldsymbol{r}_v'(u_0,v_0) = (x_v' \quad y_v' \quad z_v')^{\mathrm{T}}|_{P_0}$．向量 $\boldsymbol{a}$，$\boldsymbol{b}$ 都在曲面 S 在点 $\boldsymbol{r}_0$ 的切平面上，因此切平面的法向量

$$\boldsymbol{n} = \boldsymbol{a} \times \boldsymbol{b} = \boldsymbol{r}_u'(u_0,v_0) \times \boldsymbol{r}_v'(u_0,v_0) = \left.\begin{vmatrix} \boldsymbol{i} & \boldsymbol{j} & \boldsymbol{k} \\ x_u' & y_u' & z_u' \\ x_v' & y_v' & z_v' \end{vmatrix}\right|_{P_0} = (A,B,C)，$$

其中

$$A = \det\left.\frac{\partial(y,z)}{\partial(u,v)}\right|_{P_0}，\quad B = \det\left.\frac{\partial(z,x)}{\partial(u,v)}\right|_{P_0}，\quad C = \det\left.\frac{\partial(x,y)}{\partial(u,v)}\right|_{P_0}．$$

因为 $\left.\dfrac{\partial(x,y,z)}{\partial(u,v)}\right|_{P_0}$ 的秩为 2，所以 A，B，C 不全为零，故**曲面 S 在 $\boldsymbol{r}_0 = (x_0,y_0,z_0)$ 的切平面方程为**

$$(\boldsymbol{x} - \boldsymbol{r}_0) \cdot (\boldsymbol{r}_u'(u_0,v_0) \times \boldsymbol{r}_v'(u_0,v_0)) = 0，\ \boldsymbol{x} \in \mathbb{R}^3，$$

即

$$A(x-x_0) + B(y-y_0) + C(z-z_0) = 0．$$

曲面 S 在 $\boldsymbol{r}_0 = (x_0,y_0,z_0)$ 的法线方程为 $\boldsymbol{x} = \boldsymbol{r}_0 + t\boldsymbol{r}_u'(\boldsymbol{x}_0) \times \boldsymbol{r}_v'(\boldsymbol{x}_0)$， $t \in \mathbb{R}$，点向式方程为

$$\frac{x-x_0}{A} = \frac{y-y_0}{B} = \frac{z-z_0}{C}．$$

（2）切平面的参数方程

曲面的参数方程定义了一个可微映射 $\boldsymbol{f}: D \to \mathbb{R}^3$，曲面 S 就是这个映射的值域．映射 $\boldsymbol{f}$ 在 $(u_0,v_0) \in D$ 的微分映射是由雅可比矩阵唯一确定的线性映射 $D \to \mathbb{R}^3$，所以 $\boldsymbol{f}$ 在 (u_0,v_0) 的微分

$$\mathrm{d}\boldsymbol{f}(u_0,v_0)=\left.\frac{\partial(x,y,z)}{\partial(u,v)}\right|_{(u_0,v_0)}\begin{pmatrix}\Delta u\\ \Delta v\end{pmatrix}.$$

由于 $\boldsymbol{f}$ 可微，故当 $\|(\Delta u\ \ \Delta v)\|\to 0$ 时，$\|\Delta\boldsymbol{f}(u_0,v_0)-\mathrm{d}\boldsymbol{f}(u_0,v_0)\|$ 是比 $\|(\Delta u\ \ \Delta v)\|$ 高阶的无穷小量，因此将曲面 S 在 $\boldsymbol{r}_0=\boldsymbol{r}(u_0,v_0)$ 附近的一小片近似地看成切平面上的一小片平面，即以平代曲，从而得到切平面方程 $\begin{pmatrix}\Delta x\\ \Delta y\\ \Delta z\end{pmatrix}=\left.\dfrac{\partial(x,y,z)}{\partial(u,v)}\right|_{(u_0,v_0)}\begin{pmatrix}\Delta u\\ \Delta v\end{pmatrix}$，故**曲面 S 在 $\boldsymbol{r}_0=\boldsymbol{r}(u_0,v_0)$ 的切平面的参数方程为**

$$\boldsymbol{x}=\boldsymbol{r}_0+(u-u_0)\boldsymbol{r}_u'(u_0,v_0)+(v-v_0)\boldsymbol{r}_v'(u_0,v_0),\ \ \boldsymbol{x}\in\mathbb{R}^3.$$

按照分量坐标写出

$$\begin{cases}x=x_0+x_u'(u_0,v_0)(u-u_0)+x_v'(u_0,v_0)(v-v_0),\\ y=y_0+y_u'(u_0,v_0)(u-u_0)+y_v'(u_0,v_0)(v-v_0),\\ z=z_0+z_u'(u_0,v_0)(u-u_0)+z_v'(u_0,v_0)(v-v_0).\end{cases}$$

注 由以上探讨知，二元函数 $z=f(x,y)$ 在 (x_0,y_0) 点处可微的几何意义是曲面 $z=f(x,y)$ 在点 $(x_0,y_0,f(x_0,y_0))$ 存在切平面．这为我们认识函数的可微和全微分提供了直观的几何模型．例如，锥面 $z=\sqrt{x^2+y^2}$ 在其顶点 $(0,0,0)$ 不存在切平面，因此二元函数 $z=\sqrt{x^2+y^2}$ 在 $(0,0)$ 点处不可微．

12.1.3 空间曲线的切线与法平面

下面讨论空间曲线在一点的切线与法平面．

1．空间曲线的参数方程

设空间光滑曲线 L 的参数方程为 $\boldsymbol{r}=\boldsymbol{r}(t),\ t\in I\subset\mathbb{R}$，分量形式为 $\begin{cases}x=x(t),\\ y=y(t),\\ z=z(t)\end{cases}$ （$t\in I$）．其中 $x(t),\ \ y(t),\ \ z(t)\in C^1(I)$ 且 $\boldsymbol{r}'(t)=(x'(t)\ \ y'(t)\ \ z'(t))^{\mathrm{T}}\neq\boldsymbol{0}$（$\forall t\in I$）．

取 $t_0\in I$，令 $x_0=x(t_0),\ y_0=y(t_0),\ z_0=z(t_0)$，则 $P_0:\boldsymbol{r}_0=\boldsymbol{r}(t_0)=(x_0,y_0,z_0)\in L$ 且曲线 L 在 P_0 点的切向量 $\boldsymbol{\tau}=(x'(t_0)\ \ y'(t_0)\ \ z'(t_0))^{\mathrm{T}}\neq 0$，故曲线 L 在 P_0 点的切线方程为

$$\boldsymbol{r}=\boldsymbol{r}(t_0)+t\boldsymbol{r}'(t_0),\ t\in\mathbb{R},$$

其点向式方程为 $\dfrac{x-x_0}{x'(t_0)}=\dfrac{y-y_0}{y'(t_0)}=\dfrac{z-z_0}{z'(t_0)}$．

定义 12.1.3 一个平面通过空间曲线 L 上的一点 $P_0:\boldsymbol{x}_0=(x_0,y_0,z_0)$，且与过 P_0 的切线垂直，称为空间曲线 L 在点 P_0 的法平面；与法平面垂直的向量称为法平面的法向量．

由于曲线的切向量就是法平面的法向量，如果在法平面上任取一点 $P:\boldsymbol{x}=(x,y,z)$，则向量 $\overrightarrow{P_0P}:\boldsymbol{x}-\boldsymbol{x}_0=(x-x_0\ \ y-y_0\ \ z-z_0)$ 与曲线的切向量 $\boldsymbol{\tau}=(x'(t_0)\ \ y'(t_0)\ \ z'(t_0))^{\mathrm{T}}$ 都垂直，故**曲线 L 在 P_0 的法平面方程为** $(\boldsymbol{x}-\boldsymbol{x}_0)\cdot\boldsymbol{\tau}=0$，即

$$x'(t_0)(x-x_0)+y'(t_0)(y-y_0)+z'(t_0)(z-z_0)=0.$$

接下来讨论空间曲线的一般方程．假设函数 $F(x,y,z)$ 和 $G(x,y,z)$ 在 $\boldsymbol{x}_0=(x_0,y_0,z_0)$ 的邻域 W 内有定义，满足 F，$G\in C^1(W)$，$F(x_0,y_0,z_0)=0$，$G(x_0,y_0,z_0)=0$ 且矩阵 $\left.\dfrac{\partial(F,G)}{\partial(x,y,z)}\right|_{\boldsymbol{x}_0}$ 的秩为 2，即

$$\det\left.\frac{\partial(F,G)}{\partial(y,z)}\right|_{\boldsymbol{x}_0}，\ \det\left.\frac{\partial(F,G)}{\partial(z,x)}\right|_{\boldsymbol{x}_0}，\ \det\left.\frac{\partial(F,G)}{\partial(x,y)}\right|_{\boldsymbol{x}_0}$$

不全为零．不妨假设 $\det\left.\dfrac{\partial(F,G)}{\partial(y,z)}\right|_{\boldsymbol{x}_0}\neq 0$．则由定理 11.5.4 知，方程组 $\begin{cases}F(x,y,z)=0,\\G(x,y,z)=0\end{cases}$ 确定了一个隐函数组，即存在点 $\boldsymbol{x}_0$ 的某个邻域及其上定义的隐函数组 $y=y(x)$，$z=z(x)$．从而得到空间曲线 L：$\begin{cases}x=x,\\y=y(x),\\z=z(x),\end{cases}$ 即两曲面 $F(x,y,z)=0$ 与 $G(x,y,z)=0$ 的交线．所以 $\begin{cases}F(x,y,z)=0,\\G(x,y,z)=0\end{cases}$ 表示空间曲线的一般方程．

2．空间曲线 L 的一般方程：$\begin{cases}F(x,y,z)=0,\\G(x,y,z)=0\end{cases}$

设空间曲线 L 由曲面 $S_1:F(x,y,z)=0$ 和曲面 $S_2:G(x,y,z)=0$ 相交而成．其中函数 $F(x,y,z)$ 和 $G(x,y,z)$ 在其定义域内有连续的偏导数．在曲线 L 上任取一点 $\boldsymbol{x}_0=(x_0,y_0,z_0)\in L$，且设雅可比矩阵 $\left.\dfrac{\partial(F,G)}{\partial(x,y,z)}\right|_{\boldsymbol{x}_0}$ 的秩为 2．下面求曲线 L 在 $\boldsymbol{x}_0$ 点的切线方程．

设 π_1, π_2 分别表示曲面 S_1，S_2 在 $\boldsymbol{x}_0$ 点的切平面，由于曲线 L 既在曲面 S_1 上，又在曲面 S_2 上，因此曲线 L 在 $\boldsymbol{x}_0$ 点的切线既在切平面 π_1 上，又在切平面 π_2 上，从而曲线 L 在 $\boldsymbol{x}_0$ 点的切向量 $\boldsymbol{\tau}$ 既垂直于切平面 π_1 的法向量 $\operatorname{grad}F(\boldsymbol{x}_0)$，又垂直于切平面 π_2 的法向量 $\operatorname{grad}G(\boldsymbol{x}_0)$，这样 $\boldsymbol{\tau}$ 与向量

$$\operatorname{grad}F(\boldsymbol{x}_0)\times\operatorname{grad}G(\boldsymbol{x}_0)$$

共线，即曲线 L 在 $\boldsymbol{x}_0$ 点的切向量

$$\boldsymbol{\tau}=\operatorname{grad}F(\boldsymbol{x}_0)\times\operatorname{grad}G(\boldsymbol{x}_0)=\left.\begin{vmatrix}\boldsymbol{i}&\boldsymbol{j}&\boldsymbol{k}\\F'_x&F'_y&F'_z\\G'_x&G'_y&G'_z\end{vmatrix}\right|_{\boldsymbol{x}_0}=(A,B,C),$$

其中 $A=\det\left.\dfrac{\partial(F,G)}{\partial(y,z)}\right|_{\boldsymbol{x}_0}$，$B=\det\left.\dfrac{\partial(F,G)}{\partial(z,x)}\right|_{\boldsymbol{x}_0}$，$C=\det\left.\dfrac{\partial(F,G)}{\partial(x,y)}\right|_{\boldsymbol{x}_0}$．因为 $\left.\dfrac{\partial(F,G)}{\partial(x,y,z)}\right|_{\boldsymbol{x}_0}$ 的秩为 2，所以 A,B,C 不全为零．在曲线 L 上任取一点 $\boldsymbol{x}=(x,y,z)$，故得**曲线 L 在 $\boldsymbol{x}_0$ 点的切线方程**为

$$\boldsymbol{x}=\boldsymbol{x}_0+t\operatorname{grad}F(\boldsymbol{x}_0)\times\operatorname{grad}G(\boldsymbol{x}_0),\ t\in\mathbb{R},$$

其坐标分量形式为$\begin{cases}x=x_0+tA,\\y=y_0+tB,\\z=z_0+tC,\end{cases}$ 点向式方程为$\dfrac{x-x_0}{A}=\dfrac{y-y_0}{B}=\dfrac{z-z_0}{C}$.

曲线L在$\boldsymbol{x}_0$点的法平面方程为

$$(\boldsymbol{x}-\boldsymbol{x}_0)\cdot(\operatorname{grad}F(\boldsymbol{x}_0)\times\operatorname{grad}G(\boldsymbol{x}_0))=0,\ \boldsymbol{x}\in\mathbb{R}^3,$$

其等价形式为$A(x-x_0)+B(y-y_0)+C(z-z_0)=0$.

例 12.1.2 设f为可微函数，试证：曲面$f(x-ay,z-by)=0$的任一切平面恒与某一直线平行.

证明 令$F(x,y,z)=f(x-ay,z-by)$，则

$$F'_x=f'_1,\quad F'_y=-af'_1-bf'_2,\ F'_z=f'_2.$$

因为$aF'_x+F'_y+bF'_z=0$，即曲面的法向量$(F'_x,\ F'_y,\ F'_z)$与向量$(a,1,b)$垂直，所以曲面的切平面与方向向量为$(a,1,b)$的直线相平行.

例 12.1.3 求曲线$\begin{cases}x^2+y^2+z^2=9,\\xy-z=0\end{cases}$在$P_0(1,2,2)$点的切线方程与法平面方程.

解 曲线$\begin{cases}x^2+y^2+z^2=9,\\xy-z=0\end{cases}$ 在$P_0(1,2,2)$点处的切向量为$\begin{vmatrix}\boldsymbol{i}&\boldsymbol{j}&\boldsymbol{k}\\x&y&z\\y&x&-1\end{vmatrix}_{(1,2,2)}=(-4,5,-3)$，

所以切线方程$\dfrac{x-1}{-4}=\dfrac{y-2}{5}=\dfrac{z-2}{-3}$；法平面方程$4x-5y+3z=0$.

例 12.1.4 设F，G为可微函数，求曲线$L:\begin{cases}F(x,y,z)=0,\\G(x,y,z)=0\end{cases}$在$Oxy$坐标平面上的投影曲线的切线方程.

解 首先假设曲线L的参数方程为$\boldsymbol{r}=\boldsymbol{r}(t)$，其分量形式为$\begin{cases}x=x(t),\\y=y(t),\\z=z(t).\end{cases}$则曲线$L$在$t=t_0$的切向量为$\boldsymbol{\tau}=(x'(t_0)\ \ y'(t_0)\ \ z'(t_0))$，该向量在$Oxy$平面的投影$\boldsymbol{\tau}_{xy}=(x'(t_0)\ \ y'(t_0)\ \ 0)$. 而曲线$L$在$Oxy$平面的投影曲线为$L_{xy}:\begin{cases}x=x(t),\\y=y(t).\end{cases}$ 该曲线的切向量为$\boldsymbol{\tau}^{xy}=(x'(t_0)\ \ y'(t_0)\ \ 0)$，因此有$\boldsymbol{\tau}_{xy}=\boldsymbol{\tau}^{xy}$，即曲线在$Oxy$平面的投影曲线的切向量就是该曲线的切向量在$Oxy$平面的投影. 考虑曲线的隐式方程$L:\begin{cases}F(x,y,z)=0,\\G(x,y,z)=0.\end{cases}$ 设$P_0:\boldsymbol{x}_0=(x_0,y_0,z_0)$是曲线$L$上的任意一点，则曲线在$P_0$处的切向量为

$$\operatorname{grad}F(\boldsymbol{x}_0)\times\operatorname{grad}G(\boldsymbol{x}_0)=\left(\det\frac{\partial(F,G)}{\partial(y,z)}\bigg|_{\boldsymbol{x}_0},\det\frac{\partial(F,G)}{\partial(z,x)}\bigg|_{\boldsymbol{x}_0},\det\frac{\partial(F,G)}{\partial(x,y)}\bigg|_{\boldsymbol{x}_0}\right),$$

所以L在Oxy平面的投影曲线在$P_0^{xy}(x_0,y_0)$处的切向量$\left(\det\dfrac{\partial(F,G)}{\partial(y,z)}\bigg|_{\boldsymbol{x}_0},\det\dfrac{\partial(F,G)}{\partial(z,x)}\bigg|_{\boldsymbol{x}_0}\right)$，故

L 在 Oxy 平面的投影曲线在 $P_0^{xy}(x_0,y_0)$ 处的切线方程

$$\det\frac{\partial(F,G)}{\partial(z,x)}\bigg|_{x_0}(x-x_0)=\det\frac{\partial(F,G)}{\partial(y,z)}\bigg|_{x_0}(y-y_0).$$

若向量 (A_1,B_1,C_1) 与 (A_2,B_2,C_2) 不平行，则两平面

$$A_1x+B_1y+C_1z+D_1=0 \text{ 与 } A_2x+B_2y+C_2z+D_2=0$$

相交，其交线是一条直线 L，故直线 L 可表示为

$$\begin{cases}A_1x+B_1y+C_1z+D_1=0,\\ A_2x+B_2y+C_2z+D_2=0.\end{cases}$$

由于 (A_1,B_1,C_1) 与 (A_2,B_2,C_2) 不平行，因此对 $\forall\lambda\in\mathbb{R}$，$(A_1+\lambda A_2,B_1+\lambda B_2,C_1+\lambda C_2)\neq\mathbf{0}$，故方程

$$A_1x+B_1y+C_1z+D_1+\lambda(A_2x+B_2y+C_2z+D_2)=0 \tag{12.1.2}$$

表示经过直线 L 的一个平面；反之，经过直线 L 的任一平面（不包含 $A_2x+B_2y+C_2z+D_2=0$）都包含在上述方程表示的一族平面内，因此称式（12.1.2）为经过直线 L 的平面束.

例 12.1.5　过直线 $\begin{cases}10x+2y-2z=27,\\ x+y-z=0\end{cases}$ 作曲面 $3x^2+y^2-z^2=27$ 的切平面，求该切平面的方程.

解　设切平面经过曲面 $3x^2+y^2-z^2=27$ 上一点 (x_0,y_0,z_0)，则切平面的法向量为 $(3x_0,y_0,-z_0)$．过直线 $\begin{cases}10x+2y-2z=27,\\ x+y-z=0\end{cases}$ 的平面束可以表示为

$$(10x+2y-2z-27)+\lambda(x+y-z)=0,$$

其法向量为 $(10+\lambda,2+\lambda,-2-\lambda)$．因为向量 $(3x_0,y_0,-z_0)$ 与 $(10+\lambda,2+\lambda,-2-\lambda)$ 平行，所以

$$\frac{3x_0}{10+\lambda}=\frac{y_0}{2+\lambda}=\frac{-z_0}{-2-\lambda},$$

故 $y_0=z_0$．又知 $3{x_0}^2+{y_0}^2-{z_0}^2=27$，所以 $x_0=\pm3$．又点 (x_0,y_0,z_0) 在平面

$$(10x+2y-2z-27)+\lambda(x+y-z)=0 \tag{12.1.3}$$

上，将 $x_0=\pm3$ 代入式（12.1.3），分别解得 $\lambda=-1$ 或 $\lambda=-19$．代入式（12.1.3），故得到切平面方程为

$$9x+y-z=27 \quad \text{或} \quad 9x+17y-17z+27=0.$$

例 12.1.6　设 $f(x,y)$ 可微．求过曲线 $L:\begin{cases}z=f(x,y),\\ \dfrac{x-x_0}{\cos\theta}=\dfrac{y-y_0}{\sin\theta}\end{cases}$ 上一点 $M_0(x_0,y_0,z_0)$ 的切线与 Oxy 坐标平面的夹角 φ 的正弦.

解　曲面 $S_1:z=f(x,y)$ 在 $M_0(x_0,y_0,z_0)$ 点的法向量为 $\boldsymbol{n}_1=(f_x'(x_0,y_0),f_y'(x_0,y_0),-1)$，曲面 $S_2:\dfrac{x-x_0}{\cos\theta}=\dfrac{y-y_0}{\sin\theta}$ 在 M_0 的法向量为 $\boldsymbol{n}_2=(\sin\theta,-\cos\theta,0)$．因为 L 是曲面 S_1 和曲面 S_2 的交线，所以曲线 L 在 M_0 点的切向量与向量 $\boldsymbol{n}_1\times\boldsymbol{n}_2$ 共线，而

$$n_1 \times n_2 = -(\cos\theta, \sin\theta, f_x'(x_0, y_0)\cos\theta + f_y'(x_0, y_0)\sin\theta),$$

故 $\sin\varphi = \dfrac{\left|f_x'(x_0, y_0)\cos\theta + f_y'(x_0, y_0)\sin\theta\right|}{\sqrt{1+\left(f_x'(x_0, y_0)\cos\theta + f_y'(x_0, y_0)\sin\theta\right)^2}}$.

例 12.1.7 设 $P_0(x_0, y_0, z_0)$ 为平面 $\pi: Ax + by + Cz + D = 0$ 外一点，求点 P_0 到平面 π 的距离.

解 设 $P_0(x_0, y_0, z_0)$ 在平面 π 上的投影为 $P(x, y, z)$. 由于平面 π 的单位法向量是

$$e_n = \frac{(A, B, C)}{\sqrt{A^2 + B^2 + C^2}},$$

故点 P_0 到平面 π 的距离

$$d = |\overrightarrow{P_0P}| = |\overrightarrow{P_0P} \cdot e_n| = \left|(x - x_0, y - y_0, z - z_0) \cdot \frac{(A, B, C)}{\sqrt{A^2 + B^2 + C^2}}\right|$$

$$= \frac{|A(x - x_0) + B(y - y_0) + C(z - z_0)|}{\sqrt{A^2 + B^2 + C^2}},$$

由于点 $P(x, y, z)$ 在平面 π 上，因此 $Ax + by + Cz + D = 0$，从而点 P_0 到平面 π 的距离为

$$d = \frac{|Ax_0 + By_0 + Cz_0 + D|}{\sqrt{A^2 + B^2 + C^2}}.$$

习题 12.1

1．求下列曲面在给定点的切平面方程和法线方程.

（1） $z = x^2 + y^2$，点 $P_0(1,2,5)$；

（2） $(2a^2 - z^2)x^2 = a^2y^2$，点 $P_0(a,a,a)$ （$a \neq 0$）；

（3） $\begin{cases} x = u\cos v, \\ y = u\sin v, \\ z = av, \end{cases}$ 点 $(u, v) = (u_0, v_0)$.

2．在椭球面 $\dfrac{x^2}{a^2} + \dfrac{y^2}{b^2} + \dfrac{z^2}{c^2} = 1$ 上求一点 P，使得过点 P 的法线与坐标轴正方向成等角.

3．求过曲面 $x^2 + 2y^2 + 3z^2 = 21$ 上一点平行于平面 $x + 4y + 6z = 0$ 的切平面.

4．过曲面 $z = x^2 + y^2$ 上一点求切平面使之与直线 $l: \begin{cases} x + 2z = 1, \\ y + 2z = 2 \end{cases}$ 垂直.

5．证明下列各题.

（1）曲面 $z = yf\left(\dfrac{x}{y}\right)$ 的所有切平面相交于一个定点，其中 f 可微.

（2）曲面 $xyz = a^2$ 上任一点的切平面与坐标平面围成的四面体的体积为定值.

（3）曲面 $\sqrt{x} + \sqrt{y} + \sqrt{z} = \sqrt{a}$ 上任意一点处的切平面在各坐标轴上的截距之和为 a.

（4）曲面 $f(y - az, x - bz) = 0$ 上任一点的切平面与一定直线平行，其中 f 可微.

6．求曲线 $l:\begin{cases}x^2+y^2+z^2=6,\\x+y+z=0\end{cases}$ 在点 $P(1,-2,1)$ 处的切线方程与法平面方程.

7．证明：螺旋线 $\begin{cases}x=a\cos t,\\y=a\sin t,\\z=bt\end{cases}$ 的切线与 z 轴成定角.

8．已知函数 f 可微，若 π 为曲面 $S:f(x,y,z)=0$ 在点 $P_0(x_0,y_0,z_0)$ 处的切平面，l 为切平面 π 上任意一条过点 P_0 的直线，求证：在曲面 S 上存在一条曲线，该曲线在点 P_0 处的切线恰好为 l.

9．求证：通过曲面 $S:\mathrm{e}^{xyz}+x-y+z=3$ 上点 $(1,0,1)$ 的切平面平行于 y 轴.

10．已知 f 可微，证明曲面 $f\left(\dfrac{x-a}{z-c},\dfrac{y-b}{z-c}\right)=0$ 上任意一点处的切平面通过一定点，并求此点位置.

12.2　高阶全微分与泰勒公式

12.2.1　高阶全微分

多元函数的泰勒公式是研究函数极值问题的重要工具．在讨论多元函数的泰勒公式之前，我们先讨论多元函数的高阶全微分.

设函数 $f(\boldsymbol{x})$（其中 $\boldsymbol{x}=(x_1,x_2,\cdots,x_n)$）在开集 $D\subset\mathbb{R}^n$ 上可微．任取 $\boldsymbol{x}\in D$，则 $f(\boldsymbol{x})$ 在点 $\boldsymbol{x}$ 的全微分 $\mathrm{d}f(\boldsymbol{x})=\sum\limits_{i=1}^{n}f'_{x_i}(\boldsymbol{x})\mathrm{d}x_i$，它是新的自变量 $\mathrm{d}\boldsymbol{x}=(\mathrm{d}x_1,\mathrm{d}x_2,\cdots,\mathrm{d}x_n)$ 的线性函数．让 $\boldsymbol{x}$ 在 D 中变化，则 $\mathrm{d}f$ 是 $\boldsymbol{x}$ 和 $\mathrm{d}\boldsymbol{x}$ 两个 n 维变元的函数．若固定 $\mathrm{d}\boldsymbol{x}$，只让 $\boldsymbol{x}$ 在 D 中变化，则得到 D 上的函数 $\boldsymbol{x}\to\mathrm{d}f(\boldsymbol{x})$．设 $f\in C^2(D)$，则对 $\forall\boldsymbol{x}\in D$，$\dfrac{\partial^2 f}{\partial x_j\partial x_i}(\boldsymbol{x})=\dfrac{\partial^2 f}{\partial x_i\partial x_j}(\boldsymbol{x})$，$i,j=1,2,\cdots,n$，且函数 $f(\boldsymbol{x})$ 的一阶全微分 $\mathrm{d}f(\boldsymbol{x})$ 作为 $\boldsymbol{x}$ 的函数在 D 上可微，它在 $\boldsymbol{x}_0\in D$ 点的全微分称为 $f(\boldsymbol{x})$ 在 $\boldsymbol{x}_0$ 点的二阶全微分，记为 $\mathrm{d}^2f(\boldsymbol{x}_0)$，即

$$\mathrm{d}^2f(\boldsymbol{x}_0)=\mathrm{d}(\mathrm{d}f)(\boldsymbol{x}_0)=\mathrm{d}\left(\sum_{i=1}^{n}\frac{\partial f}{\partial x_i}\mathrm{d}x_i\right)(\boldsymbol{x}_0)=\sum_{i,j=1}^{n}\frac{\partial^2 f}{\partial x_j\partial x_i}(\boldsymbol{x}_0)\mathrm{d}x_j\mathrm{d}x_i$$

$$=(\mathrm{d}x_1\ \ \mathrm{d}x_2\ \ \cdots\ \ \mathrm{d}x_n)\begin{pmatrix}\dfrac{\partial^2 f}{\partial x_1^2}(\boldsymbol{x}_0) & \dfrac{\partial^2 f}{\partial x_1\partial x_2}(\boldsymbol{x}_0) & \cdots & \dfrac{\partial^2 f}{\partial x_1\partial x_n}(\boldsymbol{x}_0)\\ \dfrac{\partial^2 f}{\partial x_2\partial x_1}(\boldsymbol{x}_0) & \dfrac{\partial^2 f}{\partial x_2^2}(\boldsymbol{x}_0) & \cdots & \dfrac{\partial^2 f}{\partial x_2\partial x_n}(\boldsymbol{x}_0)\\ \vdots & \vdots & & \vdots\\ \dfrac{\partial^2 f}{\partial x_n\partial x_1}(\boldsymbol{x}_0) & \dfrac{\partial^2 f}{\partial x_n\partial x_2}(\boldsymbol{x}_0) & \cdots & \dfrac{\partial^2 f}{\partial x_n^2}(\boldsymbol{x}_0)\end{pmatrix}\begin{pmatrix}\mathrm{d}x_1\\ \mathrm{d}x_2\\ \vdots\\ \mathrm{d}x_n\end{pmatrix},$$

这是一个二次型，称其系数矩阵$\left(\dfrac{\partial^2 f}{\partial x_j \partial x_i}(\boldsymbol{x}_0)\right)_{n\times n}$为 f 在 $\boldsymbol{x}_0$ 点的**海森（Hesse）矩阵**，记为 $\boldsymbol{H}_f(\boldsymbol{x}_0)$，即 $\boldsymbol{H}_f(\boldsymbol{x}_0)=\left(\dfrac{\partial^2 f}{\partial x_j \partial x_i}(\boldsymbol{x}_0)\right)_{n\times n}$.

如果 $f\in C^3(D)$，则 f 的二阶全微分 $\mathrm{d}^2 f(\boldsymbol{x})$ 作为 $\boldsymbol{x}$ 的函数仍然可微，二阶全微分在 $\boldsymbol{x}$ 点的全微分称为 f 在 $\boldsymbol{x}$ 点的三阶全微分，记为 $\mathrm{d}^3 f(\boldsymbol{x})$. 一般地，若 $f\in C^{m+1}(D)$，称 f 的 m 阶全微分 $\mathrm{d}^m f$ 的全微分 $\mathrm{d}(\mathrm{d}^m f)$ 为 f 的 $m+1$ 阶全微分，记为 $\mathrm{d}^{m+1} f$. 二阶及二阶以上的全微分统称为高阶全微分.

下面求 f 的 $m+1$ 阶全微分 $\mathrm{d}^{m+1} f$ 的表达式. 为书写方便，以二元函数 $f(x,y)\in C^{m+1}(D)$ 为例来探讨. 固定 $\boldsymbol{x}_0=(x_0,y_0)$，记 $h=\Delta x=x-x_0$，$k=\Delta y=y-y_0$，则 $f(x,y)$ 在 $\boldsymbol{x}_0$ 的一阶全微分为 $\mathrm{d}f(\boldsymbol{x}_0)=f_x'(\boldsymbol{x}_0)h+f_y'(\boldsymbol{x}_0)k$，记为

$$\mathrm{d}f(\boldsymbol{x}_0)=\left(h\frac{\partial}{\partial x}+k\frac{\partial}{\partial y}\right)f(\boldsymbol{x}_0)\text{；}$$

$f(x,y)$ 在 $\boldsymbol{x}_0$ 的二阶全微分

$$\begin{aligned}\mathrm{d}^2 f(\boldsymbol{x}_0)&=\left.\frac{\partial(hf_x'+kf_y')}{\partial x}\right|_{\boldsymbol{x}_0}h+\left.\frac{\partial(hf_x'+kf_y')}{\partial y}\right|_{\boldsymbol{x}_0}k\\&=f_{xx}''(\boldsymbol{x}_0)h^2+2f_{xy}''(\boldsymbol{x}_0)hk+f_{yy}''(\boldsymbol{x}_0)k^2=\left(h\frac{\partial}{\partial x}+k\frac{\partial}{\partial y}\right)^2 f(\boldsymbol{x}_0).\end{aligned}$$

假设 $f(x,y)$ 在 $\boldsymbol{x}_0$ 的 m 阶全微分为

$$\mathrm{d}^m f(\boldsymbol{x}_0)=\sum_{i=0}^{m}C_m^i\frac{\partial^m f}{\partial x^i\partial y^{m-i}}(\boldsymbol{x}_0)h^i k^{m-i}=\left(h\frac{\partial}{\partial x}+k\frac{\partial}{\partial y}\right)^m f(\boldsymbol{x}_0),$$

则 $f(x,y)$ 在 $\boldsymbol{x}_0$ 的 $m+1$ 阶全微分为

$$\begin{aligned}\mathrm{d}^{m+1} f(\boldsymbol{x}_0)&=\mathrm{d}(\mathrm{d}^m f)(\boldsymbol{x}_0)=\sum_{i=0}^{m}C_m^i\mathrm{d}\left[\left(\frac{\partial^m f}{\partial x^i\partial y^{m-i}}\right)h^i k^{m-i}\right](\boldsymbol{x}_0)\\&=\sum_{i=0}^{m}C_m^i\left(\frac{\partial^{m+1} f}{\partial x^{i+1}\partial y^{m-i}}(\boldsymbol{x}_0)h+\frac{\partial^{m+1} f}{\partial x^i\partial y^{m+1-i}}(\boldsymbol{x}_0)k\right)h^i k^{m-i}\\&=\sum_{i=0}^{m-1}C_m^i\frac{\partial^{m+1} f}{\partial x^{i+1}\partial y^{m-i}}(\boldsymbol{x}_0)h^{i+1}k^{m-i}+C_m^m\frac{\partial^{m+1} f}{\partial x^{m+1}}(\boldsymbol{x}_0)h^{m+1}+\\&\quad C_m^0\frac{\partial^{m+1} f}{\partial y^{m+1}}(\boldsymbol{x}_0)k^{m+1}+\sum_{i=1}^{m}C_m^i\frac{\partial^{m+1} f}{\partial x^i\partial y^{m+1-i}}(\boldsymbol{x}_0)h^i k^{m+1-i}\\&=\sum_{i=1}^{m}(C_m^{i-1}+C_m^i)\frac{\partial^{m+1} f}{\partial x^i\partial y^{m+1-i}}(\boldsymbol{x}_0)h^i k^{m+1-i}+C_{m+1}^{m+1}\frac{\partial^{m+1} f}{\partial x^{m+1}}(\boldsymbol{x}_0)h^{m+1}+C_{m+1}^0\frac{\partial^{m+1} f}{\partial y^{m+1}}(\boldsymbol{x}_0)k^{m+1}\\&=\sum_{i=0}^{m+1}C_{m+1}^i\frac{\partial^{m+1} f}{\partial x^i\partial y^{m+1-i}}(\boldsymbol{x}_0)h^i k^{m+1-i}=\left(h\frac{\partial}{\partial x}+k\frac{\partial}{\partial y}\right)^{m+1} f(\boldsymbol{x}_0).\end{aligned}$$

12.2.2　泰勒公式

定理 12.2.1　设 $D\subset\mathbb{R}^2$ 是凸区域，$f(x,y)\in C^{n+1}(D)$ 且 $P_0(x_0,y_0)\in D$．则对 $\forall P(x,y)\in D$，$f(x,y)$ 在 $P_0(x_0,y_0)$ 点能展开成带有拉格朗日余项的 n 阶泰勒公式

$$f(x,y)=f(x_0,y_0)+\left(h\frac{\partial}{\partial x}+k\frac{\partial}{\partial y}\right)f(x_0,y_0)+\frac{1}{2}\left(h\frac{\partial}{\partial x}+k\frac{\partial}{\partial y}\right)^2 f(x_0,y_0)+\cdots+$$
$$\frac{1}{n!}\left(h\frac{\partial}{\partial x}+k\frac{\partial}{\partial y}\right)^n f(x_0,y_0)+\frac{1}{(n+1)!}\left(h\frac{\partial}{\partial x}+k\frac{\partial}{\partial y}\right)^{n+1} f(x_0+\theta h,y_0+\theta k),$$

其中 $0<\theta<1$，$h=x-x_0$，$k=y-y_0$．

证明　任取 $P(x,y)\in D$．令 $\Delta x=x-x_0,\Delta y=y-y_0$，则直线 P_0P 的参数方程为

$$\begin{cases}x=x_0+t\Delta x,\\ y=y_0+t\Delta y\end{cases}\quad(t\in\mathbb{R}).$$

记 $h=\Delta x,\ k=\Delta y$．则线段 $\overline{P_0P}$ 为点集 $\{(x,y)\mid x=x_0+th,\ y=y_0+tk,\ 0\leqslant t\leqslant 1\}$．因为 D 是凸集，所以 $\overline{P_0P}\subset D$，且当动点 (x,y) 在线段 $\overline{P_0P}$ 上变化时，函数 $f(x,y)$ 成为关于 t 的一元复合函数

$$g(t)=f(x_0+th,y_0+tk),\ 0\leqslant t\leqslant 1,$$

有 $g(t)\in C^{n+1}([0,1])$，将 $g(t)$ 在 $t=0$ 展开成带有拉格朗日余项的 n 阶泰勒公式

$$g(t)=g(0)+g'(0)t+\frac{1}{2}g''(0)t^2+\cdots+\frac{1}{n!}g^{(n)}(0)t^n+\frac{1}{(n+1)!}g^{(n+1)}(\theta t)t^{n+1},$$

其中 $0<\theta<1$．因为 $g(0)=f(x_0,y_0)$，$g(1)=f(x_0+h,y_0+k)=f(x,y)$，求出

$$g(1)=\sum_{i=0}^{n}\frac{1}{i!}g^{(i)}(0)+\frac{1}{(n+1)!}g^{(n+1)}(\theta),\ 0<\theta<1,$$

即求出 $f(x,y)$ 在 (x_0,y_0) 点的泰勒公式．故只需求出 $g^{(i)}(0)$ 及 $g^{(n+1)}(\theta)$．由复合函数的链式法则，有

$$g'(0)=\left(h\frac{\partial}{\partial x}+k\frac{\partial}{\partial y}\right)f(x_0,y_0),$$

$$g''(0)=\left.\frac{\mathrm{d}\left(h\dfrac{\partial f}{\partial x}+k\dfrac{\partial f}{\partial y}\right)}{\mathrm{d}t}\right|_{t=0}=\left(h\frac{\partial}{\partial x}+k\frac{\partial}{\partial y}\right)^2 f(x_0,y_0).$$

同理可求得

$$g^{(i)}(0)=\left.\frac{\mathrm{d}\left(h\dfrac{\partial}{\partial x}+k\dfrac{\partial}{\partial y}\right)^{i-1}f}{\mathrm{d}t}\right|_{t=0}=\left(h\frac{\partial}{\partial x}+k\frac{\partial}{\partial y}\right)^i f(x_0,y_0),\quad 1\leqslant i\leqslant n.$$

$$g^{(n+1)}(\theta)=\left(h\frac{\partial}{\partial x}+k\frac{\partial}{\partial y}\right)^{n+1}f(x_0+\theta h,y_0+\theta k),\ 0<\theta<1.$$ 证毕.

类似于一元函数的泰勒多项式，称

$$T_n(x,y)=f(x_0,y_0)+\left(h\frac{\partial}{\partial x}+k\frac{\partial}{\partial y}\right)f(x_0,y_0)+\frac{1}{2}\left(h\frac{\partial}{\partial x}+k\frac{\partial}{\partial y}\right)^2 f(x_0,y_0)+\cdots+$$
$$\frac{1}{n!}\left(h\frac{\partial}{\partial x}+k\frac{\partial}{\partial y}\right)^n f(x_0,y_0)$$

为 $f(x,y)$ 在 (x_0,y_0) 的 n **阶泰勒多项式**. 其中 $h=x-x_0$，$k=y-y_0$.

注 由定理 12.2.1 的证明及一元函数泰勒展开的唯一性知，**二元函数的泰勒展开式是唯一的**.

例 12.2.1 设 $f(x,y)=\begin{cases}\dfrac{1-e^{x(x^2+y^2)}}{x^2+y^2}, & (x,y)\neq(0,0);\\ 0, & (x,y)=(0,0).\end{cases}$

求 $f(x,y)$ 在 $(0,0)$ 的 4 阶泰勒多项式，并求 $\dfrac{\partial^2 f}{\partial x\partial y}(0,0)$, $\dfrac{\partial^4 f}{\partial x^4}(0,0)$.

解 由一元函数的泰勒展开式，有

$$e^{x(x^2+y^2)}=1+x(x^2+y^2)+\frac{1}{2}x^2(x^2+y^2)^2+o(x^2(x^2+y^2)^2),\quad (x,y)\to(0,0).$$

因此

$$\frac{1-e^{x(x^2+y^2)}}{x^2+y^2}=-x-\frac{1}{2}x^2(x^2+y^2)+o(x^2(x^2+y^2)),\quad (x,y)\to(0,0).$$

由泰勒展开式的唯一性知，$f(x,y)$ 在 $(0,0)$ 的 4 阶泰勒多项式是 $-x-\dfrac{1}{2}x^2(x^2+y^2)$，所以

$$\frac{\partial^2 f}{\partial x\partial y}(0,0)=0,\quad \frac{\partial^4 f}{\partial x^4}(0,0)=-\frac{1}{2}\cdot 4!=-12.$$

从定理 12.2.1 的证明过程中可得下面的**二元函数的微分中值定理**.

定理 12.2.2 设函数 $f(x,y)$ 在凸区域 $D\subset\mathbb{R}^2$ 上连续可微，$(x_0,y_0)\in D$. 则对 $\forall(x,y)\in D$，有

$$f(x,y)-f(x_0,y_0)=\left(h\frac{\partial}{\partial x}+k\frac{\partial}{\partial y}\right)f(x_0+\theta h,y_0+\theta k)\quad(0<\theta<1),$$

其中 $h=x-x_0$，$k=y-y_0$.

由定理 12.2.2 立得下列结论.

推论 12.2.1 设 $f(x,y)$ 在凸区域 D 上连续可微. 若对 $\forall(x,y)\in D$，有 $f'_x(x,y)=0$, $f'_y(x,y)=0$, 则 $f(x,y)$ 在 D 上是常值函数.

例 12.2.2 设 $D\subset\mathbb{R}^2$ 为凸的有界闭区域，$f(x,y)\in C^1(D)$. 试证：$f(x,y)$ 在区域 D 上满足 Lipschitz 条件，即 $\exists L>0$ 使得对 $\forall P_1,P_2\in D$，有 $|f(P_2)-f(P_1)|\leqslant L\|P_2-P_1\|$（两点之间的距离）.

证明　因为 $f(x,y)\in C^1(D)$，而有界闭区域上的连续函数是有界的，所以存在 $M>0$ 使得 $|f_x'(x,y)|\leqslant M$，$|f_y'(x,y)|\leqslant M$，$\forall(x,y)\in D$. 因为区域 D 是凸的，所以对 $\forall\lambda\in[0,1]$ 及 $\forall P,\ Q\in D$，有 $\lambda P+(1-\lambda)Q\in D$，故由定理 12.2.2 知，对任意的 $P_1(x_1,y_1)$，$P_2(x_2,y_2)\in D$，存在 $P^*\in\overline{P_1P_2}\subset D$ 使得

$$|f(P_2)-f(P_1)|=|f_x'(P^*)(x_2-x_1)+f_y'(P^*)(y_2-y_1)|\leqslant M\left(|x_2-x_1|+|y_2-y_1|\right)$$
$$\leqslant\sqrt{2}M\sqrt{(x_2-x_1)^2+(y_2-y_1)^2}=\sqrt{2}M\|P_1-P_2\|.$$

证毕.

定理 12.2.3　设 D 是包含 (x_0,y_0) 的凸区域，$f(x,y)\in C^n(D)$．则对 $\forall(x,y)\in D$，$f(x,y)$ 在 (x_0,y_0) 点可展开成带有皮亚诺余项的 n 阶泰勒公式

$$f(x,y)=f(x_0,y_0)+\left(h\frac{\partial}{\partial x}+k\frac{\partial}{\partial y}\right)f(x_0,y_0)+\frac{1}{2}\left(h\frac{\partial}{\partial x}+k\frac{\partial}{\partial y}\right)^2 f(x_0,y_0)+\cdots+$$
$$\frac{1}{n!}\left(h\frac{\partial}{\partial x}+k\frac{\partial}{\partial y}\right)^n f(x_0,y_0)+o\left(\left(\sqrt{h^2+k^2}\right)^n\right),\quad (h,k)\to(0,0),$$

其中 $h=x-x_0$，$k=y-y_0$.

证明　任取 $(x,y)\in D$．将 $f(x,y)$ 在 (x_0,y_0) 点展开成带有拉格朗日余项的 $n-1$ 阶泰勒公式

$$f(x,y)=f(x_0,y_0)+\left(h\frac{\partial}{\partial x}+k\frac{\partial}{\partial y}\right)f(x_0,y_0)+\frac{1}{2}\left(h\frac{\partial}{\partial x}+k\frac{\partial}{\partial y}\right)^2 f(x_0,y_0)+\cdots+$$
$$\frac{1}{(n-1)!}\left(h\frac{\partial}{\partial x}+k\frac{\partial}{\partial y}\right)^{n-1} f(x_0,y_0)+\frac{1}{n!}\left(h\frac{\partial}{\partial x}+k\frac{\partial}{\partial y}\right)^n f(x_0+\theta h,y_0+\theta k),$$

其中 $0<\theta<1$．因为 $f(x,y)$ 在 D 内存在 n 阶连续偏导数，所以当 $(h,k)\to(0,0)$ 时，

$$\frac{\partial^n f}{\partial x^i\partial y^{n-i}}(x_0+\theta h,y_0+\theta k)=\frac{\partial^n f}{\partial x^i\partial y^{n-i}}(x_0,y_0)+o(1),$$

容易观察出，当 $(h,k)\to(0,0)$ 时，$o(1)h^ik^{n-i}=o\left(\left(\sqrt{h^2+k^2}\right)^n\right)$，因此

$$\left(h\frac{\partial}{\partial x}+k\frac{\partial}{\partial y}\right)^n f(x_0+\theta h,y_0+\theta k)$$
$$=\sum_{i=0}^{n}C_n^i\frac{\partial^n f}{\partial x^i\partial y^{n-i}}(x_0+\theta h,y_0+\theta k)h^ik^{n-i}$$
$$=\sum_{i=0}^{n}C_n^i\frac{\partial^n f}{\partial x^i\partial y^{n-i}}(x_0,y_0)h^ik^{n-i}+o\left(\left(\sqrt{h^2+k^2}\right)^n\right)$$
$$=\left(h\frac{\partial}{\partial x}+k\frac{\partial}{\partial y}\right)^n f(x_0,y_0)+o\left(\left(\sqrt{h^2+k^2}\right)^n\right).$$

故结论成立．证毕.

利用带有皮亚诺余项的泰勒展开，可求函数在一点附近函数值的近似值.

例 12.2.3　利用函数在一点的二阶泰勒多项式求 $\sqrt{3.01^2+3.98^2}$ 的近似值.

解 令 $f(x,y)=\sqrt{x^2+y^2}$，$(x_0,y_0)=(3,4)$，$h=0.01,\ k=-0.02$，则 $f(x,y)$ 在 $(3,4)$ 点带有皮亚诺余项的二阶泰勒公式

$$
\begin{aligned}
f(x,y)=&f(3,4)+f'_x(3,4)h+f'_y(3,4)k+\\
&\frac{1}{2}(f''_{xx}(3,4)h^2+2f''_{xy}(3,4)hk+f''_{yy}(3,4)k^2)+o(h^2+k^2)\quad(h,k)\to(0,0),
\end{aligned}
$$

经计算，$f(3,4)=5$，$f'_x(3,4)=\dfrac{3}{5}$，$f'_y(3,4)=\dfrac{4}{5}$，$f''_{xx}(3,4)=\dfrac{4^2}{5^3}$，$f''_{xy}(3,4)=-\dfrac{12}{5^3}$，$f''_{yy}(3,4)=\dfrac{9}{5^3}$，将其代入上式，求得

$$
\begin{aligned}
&\sqrt{3.01^2+3.98^2}\\
\approx&f(3,4)+f'_x(3,4)\times0.01+f'_y(3,4)\times(-0.02)+\\
&\frac{1}{2}(f''_{xx}(3,4)\times(0.01)^2+2f''_{xy}(3,4)(-0.01\times0.02)+f''_{yy}(3,4)\times(0.02)^2)\\
=&4.99004.
\end{aligned}
$$

习题 12.2

1．分别写出下列函数在坐标原点处带有皮亚诺余项的二阶泰勒公式和带有拉格朗日余项的一阶的泰勒公式.

（1）$f(x,y)=\sin(x+y)$；

（2）$z=e^{x^2-y^2}$；

（3）$u=\ln(1+x+y+z)$.

2．写出下列函数在指定点处的泰勒多项式.

（1）$z=x^y$ 在点 $(1,1)$ 处的三阶泰勒多项式，并求 $(1.1)^{1.02}$ 的近似值；

（2）$z=e^{-x}\ln(1+y)$ 在点 $(0,0)$ 处的二阶泰勒多项式.

3．求证：当 $|x|$ 和 $|y|$ 充分小时，有近似式 $\dfrac{\cos x}{\cos y}\approx1-\dfrac{1}{2}x^2+\dfrac{1}{2}y^2$.

4．证明：若函数 $f(x,y)$ 在点 $(0,0)$ 的邻域内存在二阶偏导数，且二阶偏导函数在 $(0,0)$ 点处连续，则

$$
f''_{xx}(0,0)=\lim_{h\to0^+}\frac{f\left(2h,e^{-\frac{1}{2h}}\right)-2f\left(h,e^{-\frac{1}{h}}\right)+f(0,0)}{h^2}.
$$

12.3 多元函数的极值

在本套教材的上册中，我们讨论过一元函数的极值问题，但在实际应用中，遇到的更多是多元函数的极值．作为多元函数泰勒公式的应用，本节讨论多元函数的极值问题．

12.3.1　无条件极值

定义 12.3.1　设 n 元函数 $f(x_1,x_2,\cdots,x_n)$ 在 $\boldsymbol{x}_0=(x_{01},x_{02},\cdots,x_{0n})$ 的邻域 $\mathscr{B}$ 内有定义.

（i）若对 $\forall \boldsymbol{x}\in\mathscr{B}$，有 $f(\boldsymbol{x})\leqslant f(\boldsymbol{x}_0)$（或 $f(\boldsymbol{x})\geqslant f(\boldsymbol{x}_0)$），称函数 f 在 $\boldsymbol{x}_0$ 取极大值（或极小值），$f(\boldsymbol{x}_0)$ 为极大值（或极小值），$\boldsymbol{x}_0$ 为极大值点（或极小值点）. 极大值（点）和极小值（点）统称为极值（点）.

（ii）若对 $\forall \boldsymbol{x}\in\mathscr{B}\setminus\{\boldsymbol{x}_0\}$，有 $f(\boldsymbol{x})<f(\boldsymbol{x}_0)$（或 $f(\boldsymbol{x})>f(\boldsymbol{x}_0)$），称函数 f 在 $\boldsymbol{x}_0$ 取严格极大值（或严格极小值），$f(\boldsymbol{x}_0)$ 为严格极大值（或严格极小值），$\boldsymbol{x}_0$ 为严格极大值点（或严格极小值点）. 严格极大值（点）和严格极小值（点）统称为严格极值（点）.

注　函数的极值仅仅是函数在某点邻域内的性质，是函数在一点的局部行为，因此极值又称为局部极值（相对极值）. 也注意到极值点必须是定义域的内点.

定义 12.3.2　设 n 元函数 $f(x_1,x_2,\cdots,x_n)$ 在 $\boldsymbol{x}_0=(x_{01},x_{02},\cdots,x_{0n})$ 点存在偏导数，若 $f'_{x_i}(\boldsymbol{x}_0)=0,\ i=1,2,\cdots,n$，称 $\boldsymbol{x}_0$ 为函数的驻点或临界点.

极值点不一定是驻点，如 $f(x,y)=\sqrt{x^2+y^2}\geqslant 0=f(0,0)$，因此 $(0,0)$ 是函数 $f(x,y)$ 的极小值点，显然 $(0,0)$ 不是 $f(x,y)$ 的驻点. 我们知道，若一元函数在某点取得极值，且在该点可导，则函数在该点的导数必为零，即一元可微函数的极值点一定是驻点，因此对一元可微函数，驻点是极值点的必要条件. 对多元函数的极值问题，也有类似的结论.

定理 12.3.1　设 n 元函数 $f(x_1,x_2,\cdots,x_n)$ 在点 $\boldsymbol{x}_0=(x_{01},x_{02},\cdots,x_{0n})$ 取得极值. 如果 $f(x_1,x_2,\cdots,x_n)$ 在点 $\boldsymbol{x}_0$ 存在偏导数，则 $f'_{x_i}(\boldsymbol{x}_0)=0,\ i=1,2,\cdots,n$.

证明　固定 $x_j=x_{0j},\ j=2,\cdots,n$，则得到关于 x_1 的一元函数 $g(x_1)=f(x_1,x_{02},\cdots,x_{0n})$，由条件知，$x_{01}$ 是 $g(x_1)$ 的极值点. 由于 $g'(x_{01})=f'_{x_1}(\boldsymbol{x}_0)$ 存在，由一元函数取极值的必要条件知 $g'(x_{01})=0$，从而 $f'_{x_1}(\boldsymbol{x}_0)=0$，同理可求得 $f'_{x_i}(\boldsymbol{x}_0)=0,\ i=2,3,\cdots,n$. 证毕.

定理 12.3.1 表明，可微函数的极值点一定是其驻点. 这样求可微函数的极值点要先求其驻点. 那么函数在驻点处是否一定取得极值？现在我们讨论函数 $f(x,y)=x^2-y^2$，容易求出 $(0,0)$ 是该函数的驻点，但显然其不是极值点. 因为在 $(0,0)$ 的任意邻域内，存在点 $(x,0)$（$x\neq 0$），有

$$f(x,0)=x^2>0=f(0,0),$$

也存在点 $(0,y)$（$y\neq 0$）有 $f(0,y)=-y^2<0=f(0,0)$，所以 $f(0,0)$ 既非函数的极大值也非极小值，故函数的驻点 $(0,0)$ 不是该函数的极值点.

下面的结论给出了可微函数的驻点成为极值点的充分条件.

定理 12.3.2　设 n 元函数 $f(x_1,x_2,\cdots,x_n)$ 在 $\boldsymbol{x}_0=(x_{01},x_{02},\cdots,x_{0n})$ 的某个邻域 $\mathscr{U}$ 内有连续的二阶偏导数，且 $\boldsymbol{x}_0$ 是函数 f 的驻点. 则

（i）当海森矩阵 $\boldsymbol{H}_f(\boldsymbol{x}_0)$ 正定时，$\boldsymbol{x}_0$ 是 f 的严格极小值点；

（ii）当海森矩阵 $\boldsymbol{H}_f(\boldsymbol{x}_0)$ 负定时，$\boldsymbol{x}_0$ 是 f 的严格极大值点；

（iii）当海森矩阵 $\boldsymbol{H}_f(\boldsymbol{x}_0)$ 不定时，$\boldsymbol{x}_0$ 不是 f 的极值点；

（iv）当海森矩阵 $\boldsymbol{H}_f(\boldsymbol{x}_0)$ 半正定或半负定时，无法判断 $\boldsymbol{x}_0$ 是否是 f 的极值点.

证明 任取 $\boldsymbol{x}=(x_1,x_2,\cdots,x_n)\in\mathscr{U}$，当 $|x_i-x_{0i}|$（$i=1,2,\cdots,n$）充分小时，将 $f(\boldsymbol{x})$ 在驻点 $\boldsymbol{x}_0$ 处展开成带有皮亚诺余项的二阶泰勒公式

$$f(\boldsymbol{x})=f(\boldsymbol{x}_0)+\frac{1}{2}\sum_{i,j=1}^{n}\frac{\partial^2 f}{\partial x_i\partial x_j}(\boldsymbol{x}_0)(x_i-x_{0i})(x_j-x_{0j})+o\left(\sum_{i=1}^{n}(x_i-x_{0i})^2\right),$$

因此 $f(\boldsymbol{x})-f(\boldsymbol{x}_0)$ 与

$$\sum_{i,j=1}^{n}\frac{\partial^2 f}{\partial x_i\partial x_j}(\boldsymbol{x}_0)(x_i-x_{0i})(x_j-x_{0j})=\Delta\boldsymbol{x}^{\mathrm{T}}\boldsymbol{H}_f(\boldsymbol{x}_0)\Delta\boldsymbol{x}$$

有相同的符号，其中 $\Delta\boldsymbol{x}=\boldsymbol{x}-\boldsymbol{x}_0$．由于 $\boldsymbol{H}_f(\boldsymbol{x}_0)$ 是一个实对称矩阵，线性代数知识告诉我们，当 $\boldsymbol{H}_f(\boldsymbol{x}_0)$ 正定时，对所有的非零向量 $\boldsymbol{y}$，有 $\boldsymbol{y}^{\mathrm{T}}\boldsymbol{H}_f(\boldsymbol{x}_0)\boldsymbol{y}>0$，因此对 $\forall\boldsymbol{x}\in\mathscr{U}\setminus\{\boldsymbol{x}_0\}$，$f(\boldsymbol{x})>f(\boldsymbol{x}_0)$，故 $\boldsymbol{x}_0$ 是 f 的严格极小值点；当 $\boldsymbol{H}_f(\boldsymbol{x}_0)$ 负定时，对所有的非零向量 $\boldsymbol{y}$，有 $\boldsymbol{y}^{\mathrm{T}}\boldsymbol{H}_f(\boldsymbol{x}_0)\boldsymbol{y}<0$，因此对 $\forall\boldsymbol{x}\in\mathscr{U}\setminus\{\boldsymbol{x}_0\}$，$f(\boldsymbol{x})<f(\boldsymbol{x}_0)$，故 $\boldsymbol{x}_0$ 是 f 的严格极大值点；当 $\boldsymbol{H}_f(\boldsymbol{x}_0)$ 不定时，既存在非零向量 $\boldsymbol{y}$ 使得 $\boldsymbol{y}^{\mathrm{T}}\boldsymbol{H}_f(\boldsymbol{x}_0)\boldsymbol{y}<0$，也存在非零向量 $\boldsymbol{z}$ 使得 $\boldsymbol{z}^{\mathrm{T}}\boldsymbol{H}_f(\boldsymbol{x}_0)\boldsymbol{z}>0$，因此 $\boldsymbol{x}_0$ 不是 f 的极值点；当 $\boldsymbol{H}_f(\boldsymbol{x}_0)$ 半定时，存在非零向量 $\boldsymbol{y}$ 使得 $\boldsymbol{y}^{\mathrm{T}}\boldsymbol{H}_f(\boldsymbol{x}_0)\boldsymbol{y}=0$，因此这时无法通过皮亚诺余项判断 $f(\boldsymbol{x})-f(\boldsymbol{x}_0)$ 的符号，故此种情形无法判断 $\boldsymbol{x}_0$ 是否是 f 的极值点．证毕．

对海森矩阵是半正定或半负定的情形，我们有下面的判断驻点是函数的极值点的充分条件．

定理 12.3.3 设 n 元函数 $f(\boldsymbol{x})$ 在 $\boldsymbol{x}_0$ 的某个邻域 $\mathscr{U}$ 中有连续的二阶偏导数，且 $\boldsymbol{x}_0$ 是函数 $f(\boldsymbol{x})$ 的驻点．则下列结论成立：

（i）如果存在 $\delta>0$ 使得对 $\forall\boldsymbol{x}\in\mathscr{B}(\boldsymbol{x}_0,\delta)\subset\mathscr{U}$，都有海森矩阵 $\boldsymbol{H}_f(\boldsymbol{x})$ 半正定，则 $\boldsymbol{x}_0$ 是 $f(\boldsymbol{x})$ 的极小值点；

（ii）如果存在 $\delta>0$ 使得对 $\forall\boldsymbol{x}\in\mathscr{B}(\boldsymbol{x}_0,\delta)\subset\mathscr{U}$，都有海森矩阵 $\boldsymbol{H}_f(\boldsymbol{x})$ 半负定，则 $\boldsymbol{x}_0$ 是 $f(\boldsymbol{x})$ 的极大值点．

证明 对 $\forall\boldsymbol{x}\in\mathscr{B}(\boldsymbol{x}_0,\delta)$，将 $f(\boldsymbol{x})$ 在驻点 $\boldsymbol{x}_0$ 处展开为带有拉格朗日余项的一阶泰勒展开式，则存在 $\boldsymbol{x}^*\in\{(1-\lambda)\boldsymbol{x}_0+\lambda\boldsymbol{x}:\lambda\in(0,1)\}$，使得

$$f(\boldsymbol{x})-f(\boldsymbol{x}_0)=\frac{1}{2}\sum_{i,j=1}^{n}\frac{\partial^2 f}{\partial x_i\partial x_j}(\boldsymbol{x}^*)(x_i-x_{0i})(x_j-x_{0j})=\frac{1}{2}(\boldsymbol{x}-\boldsymbol{x}_0)^{\mathrm{T}}\boldsymbol{H}_f(\boldsymbol{x}^*)(\boldsymbol{x}-\boldsymbol{x}_0),$$

若存在 $\delta>0$ 使得对 $\forall\boldsymbol{x}\in\mathscr{B}(\boldsymbol{x}_0,\delta)\subset\mathscr{U}$，都有 f 在 $\boldsymbol{x}$ 点的海森矩阵 $\boldsymbol{H}_f(\boldsymbol{x})$ 半正定，则

$$f(\boldsymbol{x})-f(\boldsymbol{x}_0)=\frac{1}{2}(\boldsymbol{x}-\boldsymbol{x}_0)^{\mathrm{T}}\boldsymbol{H}_f(\boldsymbol{x}^*)(\boldsymbol{x}-\boldsymbol{x}_0)\geqslant 0,$$

因此驻点 $\boldsymbol{x}_0$ 是函数的极小值点；若对 $\forall\boldsymbol{x}\in\mathscr{B}(\boldsymbol{x}_0,\delta)$，$f$ 在 $\boldsymbol{x}$ 点的海森矩阵 $\boldsymbol{H}_f(\boldsymbol{x})$ 是半负定的，则

$$f(\boldsymbol{x})-f(\boldsymbol{x}_0)=\frac{1}{2}(\boldsymbol{x}-\boldsymbol{x}_0)^{\mathrm{T}}\boldsymbol{H}_f(\boldsymbol{x}^*)(\boldsymbol{x}-\boldsymbol{x}_0)\leqslant 0,$$

故驻点 $\boldsymbol{x}_0$ 是函数 f 的极大值点．证毕．

由定理 12.3.3 的证明可得下列结论．

推论 12.3.1　若凸区域上的二阶连续可微函数 $f(\boldsymbol{x})$ 的极值点唯一，且在其定义域内海森矩阵都是正定或半正定的，则该极小值点一定是最小值点；若在其定义域内海森矩阵都是负定或半负定的，则函数 $f(\boldsymbol{x})$ 在该极大值点一定取得最大值.

例 12.3.1　求 $z=\dfrac{1}{2}x^2+xy+\dfrac{1}{2}y^2-2x-2y+5$ 的全部极值点及极值.

解　解方程组 $\begin{cases} z'_x=x+y-2=0, \\ z'_y=x+y-2=0, \end{cases}$ 则直线 $x+y-2=0$ 上的点都是驻点．由于函数在整个 $\mathbb{R}^2$ 上的每一点处，其海森矩阵 $\begin{pmatrix} 1 & 1 \\ 1 & 1 \end{pmatrix}$ 都是半正定矩阵，故由定理 12.3.3 知直线 $x+y-2=0$ 上的点均是函数的极小值点，且极小值为 3. 由于函数在整个平面上可微，故无其他极值点.

由定理 12.3.3 的证明可得本例中这些极小值点也是最小值点．这个例子说明，对二元函数来说，即使不是常值函数，其驻点仍可以有无穷多个，且这些驻点可以构成曲线.

例 12.3.2　证明：$f(x,y)=x^3-4x^2+2xy-y^2$ 在 $\mathbb{R}^2$ 上有唯一的极大值点，但该极大值点不是最大值点.

证明　解方程组 $\begin{cases} f'_x=3x^2-8x+2y=0, \\ f'_y=2x-2y=0, \end{cases}$ 求得驻点 $\begin{cases} x=0, \\ y=0 \end{cases}$ 或 $\begin{cases} x=2, \\ y=2. \end{cases}$

由于函数 $f(x,y)$ 在 $(2,2)$ 点的海森矩阵

$$\boldsymbol{H}_f(2,2)=\begin{pmatrix} f''_{xx}(2,2) & f''_{xy}(2,2) \\ f''_{yx}(2,2) & f''_{yy}(2,2) \end{pmatrix}=\begin{pmatrix} 4 & 2 \\ 2 & -2 \end{pmatrix}$$

是不定的，因此 $(2,2)$ 不是函数 f 的极值点．求得函数在驻点 $(0,0)$ 处的海森矩阵

$$\boldsymbol{H}_f(0,0)=\begin{pmatrix} -8 & 2 \\ 2 & -2 \end{pmatrix}$$

是负定矩阵，所以 $(0,0)$ 是函数的极大值点，且极大值是 $f(0,0)=0$．但当 $x=y>3$ 时，

$$f(x,y)=x^2(x-3)-(x-y)^2>0=f(0,0),$$

故 $(0,0)$ 不是函数 f 的最大值点．证毕.

例 12.3.3　设 $D\subset\mathbb{R}^2$ 为有界闭凸集，$f(x,y)\in C^2(D)$ 且满足对任意 $(x,y)\in D$，有

$$f''_{xx}(x,y)+f''_{yy}(x,y)=0,\ f''_{xx}(x,y)\neq 0.$$

试证：$f(x,y)$ 在 D 上的最大值与最小值只能在 D 的边界 ∂D 上取得.

证明　因为 $f(x,y)\in C^2(D)$ 及有界闭集上的连续函数能取到最大值与最小值，所以 $f(x,y)$ 在 D 上存在最大值与最小值．假设 $f(x,y)$ 在 D 的某一内点 $\boldsymbol{x}_0=(x_0,y_0)$ 处取得最值，则 $\boldsymbol{x}_0=(x_0,y_0)$ 必定是 $f(x,y)$ 的一个极值点，由条件知，在 $\boldsymbol{x}_0=(x_0,y_0)$ 点，有

$$f''_{xx}(\boldsymbol{x}_0)f''_{yy}(\boldsymbol{x}_0)-f''_{xy}(\boldsymbol{x}_0)^2=-f''_{xx}(\boldsymbol{x}_0)^2-f''_{xy}(\boldsymbol{x}_0)^2<0,$$

这与 $\boldsymbol{x}_0$ 是 $f(x,y)$ 的极值点矛盾．因此 $f(x,y)$ 在 D 上的最大值与最小值只能在 ∂D 上取得．证毕.

例 12.3.4　设通过实验测得平面上的一组数据 (x_1,y_1), (x_2,y_2), $\cdots$, (x_n,y_n)，问：如何

由这组数据得到最佳的线性近似公式 $y=ax+b$？

解　所谓最佳，是指测量值与直线 $y=ax+b$ 上对应的点之间的误差绝对值之和为最小，由于绝对值函数有导数不存在的点，故用平方和代替绝对值，即关于 a, b 的函数 $f(a,b)=\sum\limits_{i=1}^{n}(ax_i+b-y_i)^2$ 达到最小．把未知的系数 a, b 看成独立变量，则 $f(a,b)$ 定义在 $\mathbb{R}^2$ 上．令

$$\begin{cases}0=f_a'(a,b)=2\sum\limits_{i=1}^{n}(ax_i+b-y_i)x_i,\\[2mm] 0=f_b'(a,b)=2\sum\limits_{i=1}^{n}(ax_i+b-y_i),\end{cases}$$

即 a, b 满足线性方程组

$$\begin{cases}\left(\sum\limits_{i=1}^{n}x_i^2\right)a+\left(\sum\limits_{i=1}^{n}x_i\right)b=\sum\limits_{i=1}^{n}x_iy_i,\\[2mm] \left(\sum\limits_{i=1}^{n}x_i\right)a+nb=\sum\limits_{i=1}^{n}y_i.\end{cases}$$

由于 $x_1,x_2,\cdots,x_n$ 互不相同，故 Cauchy-Schwarz 不等式知 $\left(\sum\limits_{i=1}^{n}x_i\right)^2<n\sum\limits_{i=1}^{n}x_i^2$．由此可知，上述线性方程组的系数矩阵行列式不等于零，所以方程组有唯一的解

$$\begin{cases}a=\dfrac{n\sum\limits_{i=1}^{n}x_iy_i-\left(\sum\limits_{i=1}^{n}x_i\right)\left(\sum\limits_{i=1}^{n}y_i\right)}{n\sum\limits_{i=1}^{n}x_i^2-\left(\sum\limits_{i=1}^{n}x_i\right)^2},\\[6mm] b=\dfrac{\left(\sum\limits_{i=1}^{n}y_i\right)\left(\sum\limits_{i=1}^{n}x_i^2\right)-\left(\sum\limits_{i=1}^{n}x_i\right)\left(\sum\limits_{i=1}^{n}x_iy_i\right)}{n\sum\limits_{i=1}^{n}x_i^2-\left(\sum\limits_{i=1}^{n}x_i\right)^2},\end{cases}$$

即驻点 (a,b) 唯一．因为 $f''_{aa}(a,b)=2\sum\limits_{i=1}^{n}x_i^2$，$f''_{ab}(a,b)=2\sum\limits_{i=1}^{n}x_i$，$f''_{bb}(a,b)=2n$，所以

$$f''_{aa}(a,b)f''_{bb}(a,b)-(f''_{ab}(a,b))^2=4n\sum_{i=1}^{n}x_i^2-4\left(\sum_{i=1}^{n}x_i\right)^2>0,\ f''_{bb}(a,b)=2n>0,$$

即海森矩阵 $\boldsymbol{H}_f(a,b)$ 是正定的，故此驻点是极小值点，也是最小值点．

这种求待定系数的方法称为最小二乘法．最小二乘法通过最小化误差的平方和寻找数据的最佳函数匹配．利用最小二乘法可以简便地求得未知的数据，并使这些求得的数据与实际数据之间误差的平方和为最小．许多工程问题，常常需要根据两个变量的几组实验数据来找出这两个变量满足的函数关系近似表达式，这个近似表达式称为经验公式，从而把实验中所积累的某些经验提高到理论上加以分析．

例 12.3.5　设在地面上有 n 个观测点 $A_1, A_2, \cdots, A_n$ 同时观测某人造地球卫星的飞行情况．由于观测条件的限制，各个观测点所得到的观测数据往往不是卫星运行的真实数据，而只是真实数据的一些误差很小的近似值．这样同一颗卫星从不同的观测点所获得的观测数据便不一定相同．设这 n 个观测点观测到的卫星的空间坐标分别为 (x_1, y_1, z_1)，(x_2, y_2, z_2)，$\cdots$，(x_n, y_n, z_n)．于是产生了下列问题：该以哪一组数作为卫星的坐标值？

解　利用最小二乘法，取与 n 个观测数据 (x_1, y_1, z_1)，(x_2, y_2, z_2)，$\cdots$，(x_n, y_n, z_n) 的误差的平方和最小的一组数作为卫星的坐标值．即取目标函数

$$f(x,y,z)=\sum_{i=1}^{n}((x-x_i)^2+(y-y_i)^2+(z-z_i)^2),$$

求出这个函数的最小值即是卫星的空间坐标．令

$$\begin{cases} f_x'(x,y,z)=2\sum_{i=1}^{n}(x-x_i)=0, \\ f_y'(x,y,z)=2\sum_{i=1}^{n}(y-y_i)=0, \\ f_z'(x,y,z)=2\sum_{i=1}^{n}(z-z_i)=0, \end{cases}$$

解得

$$x=\frac{1}{n}\sum_{i=1}^{n}x_i,\quad y=\frac{1}{n}\sum_{i=1}^{n}y_i,\quad z=\frac{1}{n}\sum_{i=1}^{n}z_i .$$

因此 f 在 $\mathbb{R}^3$ 上有唯一的驻点 $\boldsymbol{x}_0=\left(\frac{1}{n}\sum_{i=1}^{n}x_i, \frac{1}{n}\sum_{i=1}^{n}y_i, \frac{1}{n}\sum_{i=1}^{n}z_i\right)$，又 f 在 $\mathbb{R}^3$ 上的海森矩阵

$$\boldsymbol{H}_f(P)=\begin{pmatrix} 2n & 0 & 0 \\ 0 & 2n & 0 \\ 0 & 0 & 2n \end{pmatrix}$$

是正定的，故驻点 $\boldsymbol{x}_0$ 是函数 f 的极小值点，这个唯一的极小值点也是最小值点．

12.3.2　条件极值

前面讨论的是函数的局部极值问题，自变量可以在函数定义域内任意变化，也就是说自变量不受任何条件的约束，因此这种极值问题称为无条件极值．但在实际应用中，更常见的是，自变量要受某种条件的约束，即自变量的各个分量不是相互独立变化的，在自变量满足一定条件下求函数的极值问题称为条件极值问题．首先观察带有一个约束条件的极值问题．

1．拉格朗日乘子法

求目标函数 $z=f(x,y)$ 在约束条件 $\varphi(x,y)=0$ 下的极值．

假设 $f(x,y),\ \varphi(x,y)\in C^2$ 且 $\varphi_y'(x,y)\neq 0$．则由方程 $\varphi(x,y)=0$ 确定了隐函数 $y=y(x)$，将其代入函数 $f(x,y)$ 的表达式，则 $z=f(x,y(x))$ 是关于 x 的一元复合函数，这样就将条件极值问题转化为求 $z=f(x,y(x))$ 的普通极值问题．先求驻点，由复合函数的微分法，有 $z'(x)=f_x'+f_y'y'(x)=0$．另外，由隐函数求导法则，有 $y'(x)=-\dfrac{\varphi_x'}{\varphi_y'}$，故 $\dfrac{f_x'}{f_y'}=\dfrac{\varphi_x'}{\varphi_y'}$，这说明条件极值点必须满足这个方程和约束条件 $\varphi(x,y)=0$．为便于应用，令 $\dfrac{f_x'}{\varphi_x'}=\dfrac{f_y'}{\varphi_y'}=\lambda$，那么条件极值点必须满足方程组

$$\begin{cases} f_x'-\lambda\varphi_x'=0, \\ f_y'-\lambda\varphi_y'=0, \\ \varphi(x,y)=0. \end{cases} \tag{12.3.1}$$

现引进辅助函数 $L(x,y)=f(x,y)-\lambda\varphi(x,y)$，则方程组（12.3.1）就是二元函数 $L(x,y)$ 的普通极值点必须满足的条件，这种求解条件极值的方法称为**拉格朗日乘子法**．函数

$$L(x,y)=f(x,y)-\lambda\varphi(x,y)$$

称为**拉格朗日函数**，λ 称为**拉格朗日乘子**．

综上，为求 $z=f(x,y)$ 在条件 $\varphi(x,y)=0$ 下的极值，

（1）构造拉格朗日函数 $L(x,y)=f(x,y)-\lambda\varphi(x,y)$；

（2）解方程组 $\begin{cases} f_x'-\lambda\varphi_x'=0, \\ f_y'-\lambda\varphi_y'=0, \\ \varphi(x,y)=0; \end{cases}$ （12.3.2）

（3）求得拉格朗日函数的驻点 $\boldsymbol{x}_0=(a,b)$；

（4）判断驻点 $\boldsymbol{x}_0=(a,b)$ 是否是条件极值点．

对满足条件 $\varphi(x,y)=0$ 的任意点 (x,y)，令 $h=x-a,\ k=y-b$，当 $|h|,\ |k|$ 充分小时，将 $L(x,y)$ 在 (a,b) 点展开成带有皮亚诺余项的二阶泰勒公式

$$\begin{aligned} f(x,y)-f(a,b)&=L(x,y)-L(a,b) \\ &=\frac{1}{2}\left(h\frac{\partial}{\partial x}+k\frac{\partial}{\partial y}\right)^2 L(a,b)+o(h^2+k^2). \end{aligned} \tag{12.3.3}$$

所以当海森矩阵 $\boldsymbol{H}_L(\boldsymbol{x}_0)=\begin{pmatrix} L_{xx}'' & L_{xy}'' \\ L_{yx}'' & L_{yy}'' \end{pmatrix}\Bigg|_{\boldsymbol{x}_0}$ 正定时，对满足 $\varphi(x,y)=0$ 的任意点 (x,y)，有 $f(x,y)-f(a,b)>0$，故 $\boldsymbol{x}_0$ 是条件极小值点；当海森矩阵 $\boldsymbol{H}_L(\boldsymbol{x}_0)=\begin{pmatrix} L_{xx}'' & L_{xy}'' \\ L_{yx}'' & L_{yy}'' \end{pmatrix}\Bigg|_{\boldsymbol{x}_0}$ 负定时，对满足 $\varphi(x,y)=0$ 的任意点 (x,y)，有 $f(x,y)-f(a,b)<0$，所以 $\boldsymbol{x}_0=(a,b)$ 是条件极大值点；如果海森矩阵 $\boldsymbol{H}_L(\boldsymbol{x}_0)$ 是不定的，此时我们得不出"$f(x,y)$ 在 $\boldsymbol{x}_0=(a,b)$ 点不取得条件极值"的一般性结论，因为此时式（12.3.3）中的 $h,\ k$ 是有关的．在式（12.3.3）中，当 $|h|,\ |k|$ 充分小时，$f(x,y)-f(a,b)$ 的符号取决于

$$\left(h\frac{\partial}{\partial x}+k\frac{\partial}{\partial y}\right)^2 L(a,b)=L''_{xx}(\boldsymbol{x}_0)h^2+2L''_{xy}(\boldsymbol{x}_0)hk+L''_{yy}(\boldsymbol{x}_0)k^2,$$

亦即取决于 $\mathrm{d}^2L(\boldsymbol{x}_0)=L''_{xx}(\boldsymbol{x}_0)\mathrm{d}x^2+2L''_{xy}(\boldsymbol{x}_0)\mathrm{d}x\mathrm{d}y+L''_{yy}(\boldsymbol{x}_0)\mathrm{d}y^2$ 的符号．注意到 (x,y) 满足方程 $\varphi(x,y)=0$，对此方程两边微分，可得 $\mathrm{d}x,\mathrm{d}y$ 的关系，代入上述 $\mathrm{d}^2L(\boldsymbol{x}_0)$ 的表达式，即可判断出 $\mathrm{d}^2L(\boldsymbol{x}_0)$ 的符号．这样我们得到拉格朗日函数的驻点是条件极值点的如下充分性判断．

定理 12.3.4　设 $f(x,y)$, $\varphi(x,y)\in C^2$，记 $L(x,y)=f(x,y)-\lambda\varphi(x,y)$，且 $\boldsymbol{x}_0=(a,b)$ 是函数 $L(x,y)$ 的驻点，则

（i）当海森矩阵 $\boldsymbol{H}_L(\boldsymbol{x}_0)=\begin{pmatrix}L''_{xx} & L''_{xy}\\ L''_{yx} & L''_{yy}\end{pmatrix}\Bigg|_{\boldsymbol{x}_0}$ 正定时，目标函数 $f(x,y)$ 在约束条件 $\varphi(x,y)=0$ 下在 $\boldsymbol{x}_0$ 点取得条件极小值；

（ii）当海森矩阵 $\boldsymbol{H}_L(\boldsymbol{x}_0)=\begin{pmatrix}L''_{xx} & L''_{xy}\\ L''_{yx} & L''_{yy}\end{pmatrix}\Bigg|_{\boldsymbol{x}_0}$ 负定时，目标函数 $f(x,y)$ 在约束条件 $\varphi(x,y)=0$ 下在 $\boldsymbol{x}_0$ 点取得条件极大值；

（iii）若海森矩阵 $\boldsymbol{H}_L(\boldsymbol{x}_0)=\begin{pmatrix}L''_{xx} & L''_{xy}\\ L''_{yx} & L''_{yy}\end{pmatrix}\Bigg|_{\boldsymbol{x}_0}$ 是半定或不定的，则需要验证拉格朗日函数 L 在 $\boldsymbol{x}_0$ 点的二阶全微分 $\mathrm{d}^2L(\boldsymbol{x}_0)=L''_{xx}(\boldsymbol{x}_0)\mathrm{d}x^2+2L''_{xy}(\boldsymbol{x}_0)\mathrm{d}x\mathrm{d}y+L''_{yy}(\boldsymbol{x}_0)\mathrm{d}y^2$ 的符号，其中 $\mathrm{d}x,\mathrm{d}y$ 满足的关系由对方程 $\varphi(x,y)=0$ 两边微分可得．当 $\mathrm{d}^2L(\boldsymbol{x}_0)>0$ 时，目标函数 $f(x,y)$ 在约束条件 $\varphi(x,y)=0$ 下在 $\boldsymbol{x}_0$ 点取得条件极小值；当 $\mathrm{d}^2L(\boldsymbol{x}_0)<0$ 时，目标函数 $f(x,y)$ 在约束条件 $\varphi(x,y)=0$ 下在 $\boldsymbol{x}_0$ 点取得条件极大值．

此法可进一步推广到带有多个约束条件的条件极值问题．

定理 12.3.5　设 n 元函数 $f(x_1,x_2,\cdots,x_n)$，$\varphi_i(x_1,x_2,\cdots,x_n)\in C^2$（$i=1,2,\cdots,m$ 且 $m<n$）．记

$$\boldsymbol{x}=(x_1,x_2,\cdots,x_n)\text{，令 } L(\boldsymbol{x})=f(\boldsymbol{x})-\sum_{i=1}^{m}\lambda_i\varphi_i(\boldsymbol{x}),$$

设 $\boldsymbol{x}_0=(x_{01},x_{02},\cdots,x_{0n})$ 是下述方程组的解

$$\begin{cases}L'_{x_1}=f'_{x_1}(\boldsymbol{x})-\sum\limits_{i=1}^{m}\lambda_i\varphi'_{i,x_1}(\boldsymbol{x})=0,\\ \quad\vdots\\ L'_{x_n}=f'_{x_n}(\boldsymbol{x})-\sum\limits_{i=1}^{m}\lambda_i\varphi'_{i,x_n}(\boldsymbol{x})=0,\\ \varphi_1(\boldsymbol{x})=0,\\ \quad\vdots\\ \varphi_m(\boldsymbol{x})=0;\end{cases}$$

则 $d^2L(\boldsymbol{x}_0)=(dx_1\ \ dx_2\cdots\ dx_n)\boldsymbol{H}_L(\boldsymbol{x}_0)\begin{pmatrix}dx_1\\dx_2\\\vdots\\dx_n\end{pmatrix}$，其中 $dx_1,dx_2,\cdots,dx_n$ 的关系可从对 m 个方程

$$\varphi_i(x_1,x_2,\cdots,x_n)=0\quad(i=1,2,\cdots,m)$$

两边分别微分得到.

（i）若海森矩阵 $\boldsymbol{H}_L(\boldsymbol{x}_0)$ 是正定的，则目标函数 $f(\boldsymbol{x})$ 在 m 个约束条件 $\varphi_i(\boldsymbol{x})=0$ 下在 $\boldsymbol{x}_0$ 点取得条件极小值；

（ii）若海森矩阵 $\boldsymbol{H}_L(\boldsymbol{x}_0)$ 是负定的，则目标函数 $f(\boldsymbol{x})$ 在 m 个约束条件 $\varphi_i(\boldsymbol{x})=0$ 下在 $\boldsymbol{x}_0$ 点取得条件极大值；

（iii）若海森矩阵 $\boldsymbol{H}_L(\boldsymbol{x}_0)$ 是不定的或半定的，则

（a）当 $d^2L(\boldsymbol{x}_0)>0$ 时，目标函数 $f(\boldsymbol{x})$ 在 m 个约束条件 $\varphi_i(\boldsymbol{x})=0$ 下在 $\boldsymbol{x}_0$ 点取得条件极小值；

（b）当 $d^2L(\boldsymbol{x}_0)<0$ 时，目标函数 $f(\boldsymbol{x})$ 在 m 个约束条件 $\varphi_i(\boldsymbol{x})=0$ 下在 $\boldsymbol{x}_0$ 点取得条件极大值.

2．条件极值问题的几何解释

首先考虑带有一个约束条件的条件极值.

求 $z=f(x,y)$ 在条件 $\varphi(x,y)=0$ 下的极值．设 $f(x,y),\varphi(x,y)\in C^2$，且 $\varphi(x,y)=0$ 确定了平面上的一条光滑曲线 l，又设曲线 l（至少为曲线的一段）有参数方程 $\begin{cases}x=x(t),\\y=y(t)\end{cases}$（$\forall t\in I$）.所述问题为在曲线 l 上求 $f(x,y)$ 的最值.

假设 $f(x,y)$ 在 $\boldsymbol{x}_0=(x_0,y_0)$ 点达到条件极值，其中 $x_0=x(t_0)$，$y_0=y(t_0)$，则一元可微函数

$$g(t)=f(x(t),y(t))$$

在 t_0 点达到极值，由一元函数取极值的必要条件知 $g'(t_0)=0$，再由复合函数的链式法则，有

$$0=g'(t_0)=f'_x(\boldsymbol{x}_0)x'(t_0)+f'_y(\boldsymbol{x}_0)y'(t_0),$$

即 $\mathrm{grad}f(\boldsymbol{x}_0)\cdot\boldsymbol{\tau}=0$，其中 $\boldsymbol{\tau}=(x'(t_0),y'(t_0))\neq 0$ 是曲线 l 在 $\boldsymbol{x}_0$ 点的切向量，而 $\mathrm{grad}\varphi(\boldsymbol{x}_0)$ 是曲线 l 在 $\boldsymbol{x}_0$ 点的法向量，所以 $\mathrm{grad}f(\boldsymbol{x}_0)$ 与 $\mathrm{grad}\varphi(\boldsymbol{x}_0)$ 平行，故存在 $\lambda\in\mathbb{R}$ 使得

$$\mathrm{grad}f(\boldsymbol{x}_0)=\lambda\mathrm{grad}\varphi(\boldsymbol{x}_0),\ \text{即}\begin{cases}f'_x(\boldsymbol{x}_0)=\lambda\varphi'_x(\boldsymbol{x}_0),\\f'_y(\boldsymbol{x}_0)=\lambda\varphi'_y(\boldsymbol{x}_0).\end{cases}$$

另，还有约束条件 $\varphi(x,y)=0$，这与构造拉格朗日辅助函数求解其驻点的效果是一样的.

现在来考察带有两个约束条件的条件极值问题的几何解释.

求 $f(x,y,z)$ 在约束条件 $\varphi_1(x,y,z)=0$ 和 $\varphi_2(x,y,z)=0$ 下的条件极值．设 $f(x,y,z)$，$\varphi_1(x,y,z),\varphi_2(x,y,z)\in C^2$ 且 $\dfrac{\partial(\varphi_1,\varphi_2)}{\partial(x,y,z)}$ 秩为 2．则两曲面 $\varphi_1(x,y,z)=0$ 和 $\varphi_2(x,y,z)=0$ 确定了

一条空间曲线 $L:\begin{cases}\varphi_1(x,y,z)=0,\\ \varphi_2(x,y,z)=0,\end{cases}$ 则所述问题即是在曲线 L 上求函数 $f(x,y,z)$ 的最值.

设空间光滑曲线 L 的参数方程为 $\begin{cases}x=x(t),\\ y=y(t),\ (\forall t\in I).\\ z=z(t)\end{cases}$ 若 $f(x,y,z)$ 在 $P_0:\boldsymbol{x}_0=(x_0,y_0,z_0)\in L$ 取得极值，则存在 $t_0\in I$ 使得 $x_0=x(t_0)$，$y_0=y(t_0)$，$z_0=z(t_0)$，因此一元可微函数

$$g(t)=f(x(t),y(t),z(t))$$

在 t_0 点取得极值，从而 $g'(t_0)=0$，再由复合函数的微分法得

$$0=g'(t_0)=f_x'(\boldsymbol{x}_0)x'(t_0)+f_y'(\boldsymbol{x}_0)y'(t_0)+f_z'(\boldsymbol{x}_0)z'(t_0),$$

即 $\mathrm{grad}f(\boldsymbol{x}_0)\cdot\boldsymbol{\tau}=0$，注意到 $\boldsymbol{\tau}=(x'(t_0),y'(t_0),z'(t_0))\neq 0$ 是 L 在点 P_0 的切向量；另外，

$$\mathrm{grad}\varphi_1(\boldsymbol{x}_0)\cdot\boldsymbol{\tau}=0,\quad \mathrm{grad}\varphi_2(\boldsymbol{x}_0)\cdot\boldsymbol{\tau}=0,$$

且 $\mathrm{grad}\varphi_1(\boldsymbol{x}_0)$ 与 $\mathrm{grad}\varphi_2(\boldsymbol{x}_0)$ 相交，故 $\mathrm{grad}f(\boldsymbol{x}_0)$ 平行于 $\mathrm{grad}\varphi_1(\boldsymbol{x}_0)$ 与 $\mathrm{grad}\varphi_2(\boldsymbol{x}_0)$ 张成的平面，这样存在 $\lambda\in\mathbb{R}$，$\mu\in\mathbb{R}$ 使得 $\mathrm{grad}f(\boldsymbol{x}_0)=\lambda\mathrm{grad}\varphi_1(\boldsymbol{x}_0)+\mu\mathrm{grad}\varphi_2(\boldsymbol{x}_0)$，按其分量坐标写出

$$\begin{cases}f_x'(\boldsymbol{x}_0)=\lambda\varphi_{1,x}'(\boldsymbol{x}_0)+\mu\varphi_{2,x}'(\boldsymbol{x}_0),\\ f_y'(\boldsymbol{x}_0)=\lambda\varphi_{1,y}'(\boldsymbol{x}_0)+\mu\varphi_{2,y}'(\boldsymbol{x}_0),\\ f_z'(\boldsymbol{x}_0)=\lambda\varphi_{1,z}'(\boldsymbol{x}_0)+\mu\varphi_{2,z}'(\boldsymbol{x}_0).\end{cases}$$

再加两个约束条件 $\varphi_1(x,y,z)=0$ 与 $\varphi_2(x,y,z)=0$，这与构造辅助函数求解方程组的效果是一样的.

例 12.3.6　求函数 $f(x,y)=4x+xy^2+y^2$ 在圆域 $D=\{(x,y)\mid x^2+y^2\leqslant 1\}$ 上的最值.

解　因为 $f(x,y)=4x+xy^2+y^2$ 在圆域 $D=\{(x,y)\mid x^2+y^2\leqslant 1\}$ 上是连续的，所以存在最大值与最小值. 又 $f_x'(x,y)=4+y^2>0$，故在圆内无极值，从而最大值、最小值均在圆周 $x^2+y^2=1$ 上取到. 记

$$\varphi(x)=f(x,y(x))=1+5x-x^2-x^3,$$

其中 $x\in[-1,1]$. 注意到对 $\forall x\in[-1,1]$，$\varphi'(x)=(5+3x)(1-x)\geqslant 0$，因此 $\varphi(x)$ 在 $[-1,1]$ 上单调递增，故 $\max\limits_{(x,y)\in D}f(x,y)=f(1,0)=\varphi(1)=4$ 且 $\min\limits_{(x,y)\in D}f(x,y)=f(-1,0)=\varphi(-1)=-4$.

例 12.3.7　证明 $yx^y(1-x)<\mathrm{e}^{-1}$，$\forall(x,y)\in D=\{(x,y)\mid 0<x<1,y>0\}$.

证明　设 $f(x,y)=yx^y(1-x)$. 则对 $\forall y_0>0$，$f(x,y_0)=y_0x^{y_0}(1-x)$ 是定义在 $(0,1)$ 上的一元可微函数. 注意到 $\lim\limits_{x\to 0^+}f(x,y_0)=0=\lim\limits_{x\to 1^-}f(x,y_0)$，且 $f(x,y_0)>0$，$\forall x\in(0,1)$，因此 $f(x,y_0)$ 在 $(0,1)$ 内必有最大值. 令 $f_x'(x,y_0)=y_0x^{y_0-1}[y_0-x(1+y_0)]=0$，则 $f(x,y_0)$ 必在唯一的驻点 $x=\dfrac{y_0}{1+y_0}$ 处取得最大值 $\varphi(y_0)=f\left(\dfrac{y_0}{1+y_0},y_0\right)=\dfrac{1}{\left(1+\dfrac{1}{y_0}\right)^{y_0+1}}$，因为

$$\ln\varphi(y_0)=-(1+y_0)\ln\left(1+\frac{1}{y_0}\right),$$

且$\dfrac{\mathrm{d}(\ln\varphi(y_0))}{\mathrm{d}y_0}=\dfrac{1}{y_0}-\ln\left(1+\dfrac{1}{y_0}\right)>0$，故$\ln\varphi(y_0)$在$(0,+\infty)$上单调递增，从而$\varphi(y_0)$在$(0,+\infty)$上单调递增，又$\lim\limits_{y_0\to+\infty}\varphi(y_0)=\mathrm{e}^{-1}$，因此$\mathrm{e}^{-1}$是$f(x,y)$在$D$上不能达到的上确界，故不等式成立．证毕.

例 12.3.8 证明：对任意的正数x，y，z，恒有不等式$xy^2z^3\leqslant 108\left(\dfrac{x+y+z}{6}\right)^6$成立.

证明 对任意的$x>0,\ y>0,\ z>0$，令$f(x,y,z)=\ln x+2\ln y+3\ln z$，约束条件$x+y+z=r$，其中$r$是任意的正数．令

$$L(x,y,z)=f(x,y,z)-\lambda(x+y+z-r),$$

解方程组

$$\begin{cases}L'_x=\dfrac{1}{x}-\lambda=0,\\ L'_y=\dfrac{2}{y}-\lambda=0,\\ L'_z=\dfrac{3}{z}-\lambda=0,\\ x+y+z-r=0,\end{cases}$$

求得$(x,y,z,\lambda)=\left(\dfrac{r}{6},\dfrac{r}{3},\dfrac{r}{2},\dfrac{6}{r}\right)$．因为

$$L''_{xx}=-\frac{1}{x^2},\ L''_{yy}=-\frac{2}{y^2},\ L''_{zz}=-\frac{3}{z^2},\ L''_{xy}=L''_{yz}=L''_{zx}=0,$$

所以对任意的$x>0,\ y>0,\ z>0$，都有

$$\mathrm{d}^2L(x,y,z)=-\frac{1}{x^2}\mathrm{d}x^2-\frac{2}{y^2}\mathrm{d}y^2-\frac{3}{z^2}\mathrm{d}z^2<0,$$

故唯一的驻点$(x,y,z)=\left(\dfrac{r}{6},\dfrac{r}{3},\dfrac{r}{2}\right)$是极大值点，且这个极大值点也是最大值点，故

$$f(x,y,z)\leqslant f\left(\frac{r}{6},\frac{r}{3},\frac{r}{2}\right)=\ln 108\left(\frac{x+y+z}{6}\right)^6,$$

从而$xy^2z^3\leqslant 108\left(\dfrac{x+y+z}{6}\right)^6$．证毕.

例 12.3.9 求椭圆$5x^2+4xy+2y^2=1$的长半轴长和短半轴长.

解 令$f(x,y)=x^2+y^2$且$L(x,y)=x^2+y^2-\lambda(5x^2+4xy+2y^2-1)$，解方程组

$$\begin{cases}L'_x=2x-10\lambda x-4\lambda y=0,\\ L'_y=2y-4\lambda x-4\lambda y=0,\\ 5x^2+4xy+2y^2-1=0,\end{cases}$$

整理得

$$\begin{cases}(1-5\lambda)x-2\lambda y=0, & (12.3.4)\\ -2\lambda x+(1-2\lambda)y=0, & (12.3.5)\\ 5x^2+4xy+2y^2-1=0. & (12.3.6)\end{cases}$$

式（12.3.6）表明式（12.3.4）～式（12.3.6）有非零解，而齐次线性方程组有非零解的充要条件是其系数矩阵的行列式为零，故必有式（12.3.4）与式（12.3.5）的系数矩阵行列式$\begin{vmatrix}1-5\lambda & -2\lambda\\ -2\lambda & 1-2\lambda\end{vmatrix}=0$，因此$\lambda_1=1$，$\lambda_2=\dfrac{1}{6}$. 设对应于$\lambda_i$，方程组的解是$(x_i,y_i)$，代入式（12.3.4）～式（12.3.6），且将式（12.3.4）乘以x_i与式（12.3.5）乘以y_i相加，得

$$x_i^2+y_i^2-\lambda_i(5x_i^{\ 2}+4x_iy_i+2y_i^{\ 2})=0,$$

所以$x_i^2+y_i^2=\lambda_i$，$i=1,2$. 故椭圆的长半轴长为1，短半轴长为$\dfrac{1}{\sqrt{6}}$.

例 12.3.10　函数$z=z(x,y)$由方程$(x^2+y^2)z+\ln z+2(x+y+1)=0$确定，求$z(x,y)$的极值.

解法 1　方程$(x^2+y^2)z+\ln z+2(x+y+1)=0$两边分别对$x$, y求偏导，得

$$\begin{cases}2xz+\left(x^2+y^2+\dfrac{1}{z}\right)z'_x+2=0,\\ 2yz+\left(x^2+y^2+\dfrac{1}{z}\right)z'_y+2=0.\end{cases}$$

令$z'_x=0,\ z'_y=0$，解得$x=y=-\dfrac{1}{z}$. 代入原方程得$\ln z+2-\dfrac{2}{z}=0$. 令$g(z)=\ln z+2-\dfrac{2}{z}$，则

$$g'(z)=\frac{1}{z}+\frac{2}{z^2}>0,\ \forall z>0,$$

所以$g(z)$严格单调递增，又$g(1)=0$，所以$z=1$是函数$g(z)$的唯一零点. 此时$(x,y)=(-1,-1)$. 因为

$$\begin{cases}2z+4xz'_x+\left(x^2+y^2+\dfrac{1}{z}\right)z''_{xx}-\dfrac{1}{z^2}(z'_x)^2=0,\\ 2yz'_x+2xz'_y+\left(x^2+y^2+\dfrac{1}{z}\right)z''_{xy}-\dfrac{1}{z^2}z'_xz'_y=0,\\ 2z+4yz'_y+\left(x^2+y^2+\dfrac{1}{z}\right)z''_{yy}-\dfrac{1}{z^2}(z'_y)^2=0,\end{cases}$$

将$x=y=-1,\ z=1$及$z'_x(-1,-1)=0,\ z'_y(-1,-1)=0$代入上述方程组，得

$$z''_{xx}(-1,-1)=z''_{yy}(-1,-1)=-\frac{2}{3},\ z''_{xy}(-1,-1)=0,$$

所以$z''_{xx}(-1,-1)z''_{yy}(-1,-1)-(z''_{xy}(-1,-1))^2=\dfrac{4}{9}>0,\ z''_{xx}(-1,-1)<0$，故$z=1$是极大值.

解法 2　方程两边微分得$(2x\mathrm{d}x+2y\mathrm{d}y)z+(x^2+y^2)\mathrm{d}z+\dfrac{1}{z}\mathrm{d}z+2\mathrm{d}x+2\mathrm{d}y=0$，即

$$(2xz+2)\mathrm{d}x+(2yz+2)\mathrm{d}y+\left(x^2+y^2+\frac{1}{z}\right)\mathrm{d}z=0,$$

令 $\mathrm{d}z=0$，则有 $\begin{cases}2(xz+1)=0,\\2(yz+1)=0,\end{cases}$ 从而 $xz=-1,\ yz=-1$．代入原方程，得 $\ln z-\dfrac{2}{z}+2=0$，显然 $z=1$ 是方程的解．令 $g(z)=\ln z-\dfrac{2}{z}+2$，因为 $g'(z)=\dfrac{1}{z}+\dfrac{2}{z^2}>0$，所以 $g(z)$ 是 z 的严格单调递增函数，故 $z=1$ 是 $g(z)=0$ 的唯一解．对原方程求二阶微分，得

$$(2\mathrm{d}x^2+2\mathrm{d}y^2)z+(4x\mathrm{d}x+4y\mathrm{d}y)\mathrm{d}z-\frac{1}{z^2}\mathrm{d}z^2+\left(x^2+y^2+\frac{1}{z}\right)\mathrm{d}^2z=0,$$

注意到 $\mathrm{d}z=0$，将 $xz=-1,yz=-1$ 及 $z=1$ 代入，得 $\mathrm{d}^2z=-\dfrac{2}{3}(\mathrm{d}x^2+\mathrm{d}y^2)<0$，所以 $z=1$ 是函数的极大值且极大值点为 $(-1,-1)$.

例 12.3.11 令 $\boldsymbol{A}=(a_{ij})_{n\times n}$．若 $\boldsymbol{x}_0=(x_{01}\ \ x_{02}\ \ \cdots\ \ x_{0n})^{\mathrm{T}}\in\mathbb{R}^n$ 是函数

$$f(x_1,x_2,\cdots,x_n)=\sum_{i,j=1}^{n}a_{ij}x_ix_j\quad(a_{ij}=a_{ji})$$

在 $\sum\limits_{i=1}^{n}x_i^2=1$ 上的极值点，试证：$\boldsymbol{x}_0$ 是 $\boldsymbol{A}$ 的特征向量.

证明 令 $L(x_1,x_2,\cdots,x_n)=\sum\limits_{i,j=1}^{n}a_{ij}x_ix_j-\lambda\left(\sum\limits_{i=1}^{n}x_i^2-1\right)=2\sum\limits_{1=i<j}^{n}a_{ij}x_ix_j+\sum\limits_{i=1}^{n}a_{ii}x_i^2-\lambda\left(\sum\limits_{i=1}^{n}x_i^2-1\right)$，则 $\boldsymbol{x}_0=(x_{01}\ \ x_{02}\ \ \cdots\ \ x_{0n})^{\mathrm{T}}$ 应满足方程组 $\dfrac{\partial L}{\partial x_i}=0$（$i=1,2,\cdots,n$）及 $\sum\limits_{i=1}^{n}x_i^2=1$，故

$$2\sum_{\substack{i\neq j\\ j=1}}^{n}a_{ij}x_{0j}+2a_{ii}x_{0i}-2\lambda x_{0i}=0,$$

所以 $\sum\limits_{j=1}^{n}a_{ij}x_{0j}=\lambda x_{0i}$（$i=1,2,\cdots,n$），即 $\boldsymbol{A}\boldsymbol{x}_0=\lambda\boldsymbol{x}_0$．故 $\boldsymbol{x}_0$ 是 $\boldsymbol{A}$ 的特征向量．证毕.

例 12.3.12 设长方体的体积 V_0 为定值，求长方体表面积的最小值.

解 设长方体的长、宽、高分别为 $x,\ y,\ z$，则长方体的表面积 $S=2(xy+yz+zx)$ 且 $V_0=xyz$．令

$$L(x,y,z)=2(xy+yz+zx)-\lambda(xyz-V_0).$$

解方程组

$$\begin{cases}L'_x=2(y+z)-\lambda yz=0, & (12.3.7)\\ L'_y=2(x+z)-\lambda xz=0, & (12.3.8)\\ L'_z=2(y+x)-\lambda yx=0, & (12.3.9)\\ xyz=V_0. & (12.3.10)\end{cases}$$

由式（12.3.7）和式（12.3.8）可得 $\dfrac{y+z}{x+z}=\dfrac{y}{x}$，从而 $x=y$；由式（12.3.8）和式（12.3.9）

求得 $z=y$，再由式（12.3.10）解得 $x=y=z=\sqrt[3]{V_0}$．因此唯一的驻点 $(x,y,z)=\left(\sqrt[3]{V_0},\sqrt[3]{V_0},\sqrt[3]{V_0}\right)$ 是表面积函数的最小值点，从而长方体表面积的最小值是 $6\sqrt[3]{V_0^2}$．

注　对于像例 12.3.12 这样的实际问题，它的最小值一定存在，因此求得的唯一驻点就是函数的最小值点，不需再验证．

习题 12.3

1．设 $f(x,y)=(y-x^2)(y-2x^2)$．证明：沿着经过点 $(0,0)$ 的每一条直线，点 $(0,0)$ 均是 $f(x,y)$ 在该直线上的极小值点，但点 $(0,0)$ 不是 $f(x,y)$ 在 $\mathbb{R}^2$ 上的极小值点．

2．对下列函数，点 $(0,0)$ 是否为驻点？是否为极值点？

（1）$f(x,y)=x^2-4xy+5y^2-1$；　（2）$f(x,y)=\sqrt{x^2+y^2}$；

（3）$f(x,y)=(x+y)^2-y^2$．

3．探讨下列函数的极值．

（1）$f(x,y)=e^{2x}(x+y^2+2y)$；　（2）$z=xy+\dfrac{50}{x}+\dfrac{20}{y}$；

（3）$u=\sin x+\sin y+\sin z-\sin(x+y+z),\ 0\leqslant x,y,z\leqslant\pi$．

4．函数 $z=z(x,y)$ 由 $2x^2+2y^2+z^2+8xz-z+8=0$ 确定，求 $z=z(x,y)$ 的极值．

5．求下列函数在给定区域的最值．

（1）$f(x,y)=\sin x\sin y\sin(x+y)$，$(x,y)\in D=\{(x,y)\mid x\geqslant 0,y\geqslant 0,x+y\leqslant\pi\}$；

（2）$f(x,y)=(x^2+2y^2)e^{-x^2-y^2}$，　$x,y\in(-\infty,+\infty)$．

6．证明下列各题．

（1）设 $D\subset\mathbb{R}^2$ 是有界闭区域且设 $f\in C(D)$，f 在 D 内可微，满足方程 $\dfrac{\partial f}{\partial x}+\dfrac{\partial f}{\partial y}=kf(x,y),k>0$，若在 D 的边界 ∂D 上有 $f(x,y)=0$，试证 f 在 D 上恒等于零．

（2）设 $f(x,y)$ 是定义在 $D=\{(x,y)\mid x^2+y^2\leqslant 1\}$ 上的可微函数，$|f(x,y)|\leqslant 1$．试证：在 D 内存在一点 (x_0,y_0) 使得 $\left[\dfrac{\partial f}{\partial x}(x_0,y_0)\right]^2+\left[\dfrac{\partial f}{\partial y}(x_0,y_0)\right]^2\leqslant 16$．

(3) 设 $u(x,y)\in C^2(D)$．其中 $D=\{(x,y)\mid x^2+y^2\leqslant 1\}$．在 $\{(x,y)\mid x^2+y^2<1\}$ 内 $u(x,y)$ 满足 $\dfrac{\partial^2 u}{\partial x^2}+\dfrac{\partial^2 u}{\partial y^2}=u$，且在 $\{(x,y)\mid x^2+y^2=1\}$ 上，$u(x,y)\geqslant 0$．证明：在 D 上，$u(x,y)\geqslant 0$．

（4）函数 $f(x,y)=(1+e^y)\cos x-ye^y$ 有无穷多个极大值点而无极小值．

（5）函数 $f(x,y)=x^3+e^{3y}-3xe^y$ 在 $\mathbb{R}^2$ 上有唯一的极小值点，但该极小值点不是最小值点．

（6）设二元函数 $f(x,y)$ 在全平面上处处可微，且满足条件 $\lim\limits_{x^2+y^2\to+\infty}\dfrac{f(x,y)}{\sqrt{x^2+y^2}}=+\infty$.
试证：对任意给定的向量 $(a,b)\in\mathbb{R}^2$ ，均存在一点 $(\xi,\eta)\in\mathbb{R}^2$ 使得 $\mathrm{grad}f(\xi,\eta)=(a,b)$.

7．水流通过流量计时，假设流量 Q 与水位高 h 的关系为 $Q=a_1h^2+a_2h$. 现做了 6 次实验，测得 (i,h,Q) 的如下数据：

$(1,5,0.04)$，$(2,10,0.14)$，$(3,15,0.27)$，$(4,20,0.48)$，$(5,25,0.87)$，$(6,28,1.13)$，

利用最小二乘法确定 a_1,a_2 之值.

8．求下列条件极值.

（1）目标函数 $f(x,y)=x^2+y^2$，约束条件 $\dfrac{x}{a}+\dfrac{y}{b}=1$；

（2）目标函数 $f(x,y,z)=x^ly^mz^n$，约束条件 $ax+by+cz=k$，常数和变量都为正；

（3）目标函数 $f(x,y,z)=x^2+y^2+z^2$，约束条件 $\begin{cases}x+y-z=1,\\x+y+z=0.\end{cases}$

9．求函数 $f(x,y,z)=x^2+2y^2+z^2-2xy-2yz$ 在闭球 $\{(x,y,z)\,|\,x^2+y^2+z^2\leqslant 4\}$ 上的最值.

10．求解下列问题.

（1）求椭球面 $\left\{(x,y,z)\,|\,\dfrac{x^2}{a^2}+\dfrac{y^2}{b^2}+\dfrac{z^2}{c^2}=1\right\}$ 内接长方体的体积最值；

（2）求原点到曲线 $x^3-xy+y^3=1$（$x\geqslant 0,y\geqslant 0$）的最短距离；

（3）在平面直角坐标系中已知三点 $P_1(0,0)$，$P_2(1,0)$，$P_3(0,1)$，试在△$P_1P_2P_3$ 所围的闭域 $\overline{D}$ 上求那些点 $P(x,y)$，使它们到 P_1,P_2,P_3 的距离平方和分别为最大和最小；

（4）求椭圆 $\begin{cases}\dfrac{x^2}{a^2}+\dfrac{y^2}{b^2}+\dfrac{z^2}{c^2}=1,\\lx+my+nz=0\end{cases}$ 的面积，其中 $l^2+m^2+n^2=1$；

（5）求点 $(a,b,c)\in\mathbb{R}^3$ 到平面 $Ax+By+Cz+D=0$ 的距离；

（6）求椭圆 $x^2+\dfrac{y^2}{4}=1$ 上的点到直线 $x+y=4$ 距离的最值.

11．证明：圆的所有内接三角形中，以正三角形的面积为最大.

12．解答下列各题.

（1）水渠的断面为等腰梯形，在渠道表面抹上水泥，当断面面积一定时，梯形的上底、下底及腰的长度比例为多少时，所用水泥最省？

（2）断面为半圆形的柱形开口容器，其表面积 S 为定值时，求容积的最大值.

（3）在周长为定数的三角形中，求面积最大的三角形.

13．求解下列各题.

（1）求函数 $f(x,y,z)=x^2y^2z^2$ 在约束条件 $x^2+y^2+z^2=a^2$ 下的最大值，并证明

$$\sqrt[3]{x^2y^2z^2}\leqslant\frac{x^2+y^2+z^2}{3},$$

且等号成立当且仅当 $x = y = z$.

（2）类似（1）证明：设 $a_i > 0$, $i = 1, 2, \cdots, n$ ，有

$$\frac{n}{\frac{1}{a_1} + \frac{1}{a_2} + \cdots + \frac{1}{a_n}} \leqslant \sqrt[n]{a_1 a_2 \cdots a_n} \leqslant \frac{a_1 + a_2 + \cdots + a_n}{n} \leqslant \sqrt{\frac{a_1^2 + a_2^2 + \cdots + a_n^2}{n}},$$

且等号成立当且仅当 $a_1 = a_2 = \cdots = a_n$.

14．若 n 元函数 f 满足 $f(tx_1, tx_2, \cdots, tx_n) = t^k f(x_1, x_2, \cdots, x_n)$ ，称 f 是 k 次齐次函数．证明：设三元函数 $f(x, y, z)$ 可微，则函数 $f(x, y, z)$ 是 k 次齐次函数当且仅当 $xf'_x + yf'_y + zf'_z = kf(x, y, z)$.

第 13 章 重积分

我们知道，曲边梯形的面积可以归结为一元函数的定积分. 对复杂的平面区域，通过将其剖分为曲边梯形的方法，可进而求出任意平面区域的面积. 但是要把这一方法推广到一般的 n 维欧氏空间，就要应用 n 维区域的 n 维体积，需要用到 $n-1$ 重积分，因此只要 $n \geqslant 3$，目前就无法做到. 另外，这种方法不能处理不是区域的一般点集. n 维有界点集的 n 维体积即为 n 维若当测度，一般地，$\mathbb{R}^n$ 中有界点集是若当可测的当且仅当其边界是若当零测度集. 有关若当测度，可参考 13.5 节. 具有连续边界的有界闭区域对现阶段的学习已经够用. 因此为不致引起歧义，13.1 节至 13.4 节重积分涉及的有界闭区域，均指具有连续边界的有界闭区域.

13.1 二重积分的概念及性质

13.1.1 二重积分的概念

二重积分来源于许多实际问题，下面先探讨二重积分的几何背景与物理背景.

1. 二重积分的几何背景

设 $f(x,y)$ 是定义在有界闭区域 $D \subset \mathbb{R}^2$ 上的非负连续函数. 求以 D 为底、以曲面 $z=f(x,y)$ 为顶、母线平行于 z 轴的曲顶柱体 Ω 的体积.

解 如图 13-1-1 所示，为求曲顶柱体 Ω 的体积，将平面区域 D 任意分割成 n 个两两内部不交的小区域 $\Delta D_1, \Delta D_2, \cdots, \Delta D_n$，此分法记为 T（称为 D 的一个划分），相应地，曲顶柱体 Ω 也被分成 n 个小曲顶柱体 $\Delta\Omega_1, \Delta\Omega_2, \cdots, \Delta\Omega_n$，用 $\Delta\sigma_i$ 表示第 i 个小区域 ΔD_i 的面积. 对平面区域 D 分割得很细，即每个小区域的直径都很小时，函数 $z=f(x,y)$ 在其上的变化不大，因此可近似地看成取常数，从而 $\Delta\Omega_i$ 可近似看成平顶柱体，在 ΔD_i 中任取点 (ξ_i,η_i)，则 $\Delta\Omega_i$ 的体积 $V_i \approx f(\xi_i,\eta_i)\Delta\sigma_i$，整个曲顶柱体的体积近似地等于 $\sum_{i=1}^{n} f(\xi_i,\eta_i)\Delta\sigma_i$，当 D 的划分 T 越来越细时，和数应该越来越接近于原曲顶柱体的体积. 所谓划分 T 越来越细，是指对区域 D 逐次分下去，当每个小区域的直径越来越小时，就一个小区域 ΔD_i 来说，不仅它的面积越来越小，而且无限向一点收缩，令 $\|T\| = \max\{\operatorname{diam}(\Delta D_i) \mid i=1,2,\cdots,n\}$ 表示划分 T 的

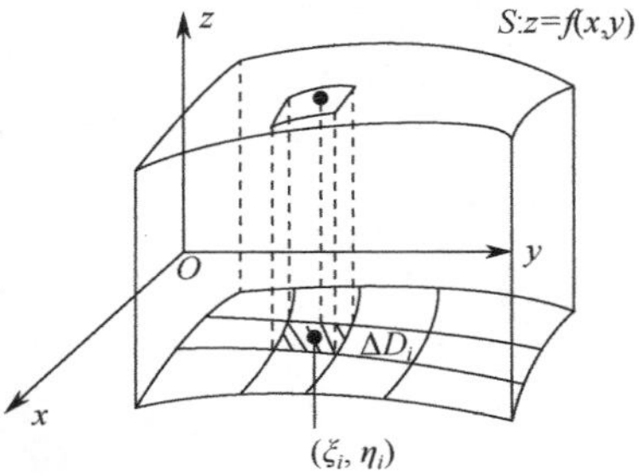

图 13-1-1

模．这样当$\|T\|\to 0$时，和数$\sum_{i=1}^{n} f(\xi_i,\eta_i)\Delta\sigma_i$的极限就应该是曲顶柱体的体积．因为曲顶柱体的体积是一个正常数，这个数不因对区域D的划分方式T的不同而改变，也不因在每个小区域ΔD_i内点(ξ_i,η_i)的取法不同而改变．

2．二重积分的物理背景

设有一块平面薄板，其上的物质质量分布不均匀，求薄板的质量．

解 将薄板置于平面直角坐标系中，用D表示薄板占据的平面有界闭区域，并且用$\rho(x,y)$表示区域D中点(x,y)处的面密度．将D以任意方式分成若干小区域ΔD_1，$\Delta D_2,\cdots$，ΔD_n，用$\Delta\sigma_i$表示第i个小区域ΔD_i的面积．如果小区域ΔD_i的直径很小，则其上的物质可近似看成是均匀分布的．在ΔD_i中任取点(ξ_i,η_i)，则小块薄板的质量近似等于$\rho(\xi_i,\eta_i)\Delta\sigma_i$，于是整个薄板的质量近似等于

$$\sum_{i=1}^{n}\rho(\xi_i,\eta_i)\Delta\sigma_i.$$

当对区域D分得越来越细时，每个小区域的直径越来越小，上述和数无限趋近于薄板的质量．故当

$$\|T\| = \max\{\text{diam}(\Delta D_i) \mid i=1,2,\cdots,n\}\to 0$$

时，上述和数的极限即为薄板的质量．薄板的质量是一个固定的数，与区域的划分方式及每个小区域内点的不同取法无关．

抛开上述两个问题的具体的几何与物理意义，把它们解决问题的共同的思想方法抽象出来，就得到二元函数在有界闭区域上积分的概念．

先介绍几个符号，设$D\subset\mathbb{R}^2$是有界闭区域，将D分割成有限个小区域$\Delta D_1,\Delta D_2,\cdots$，$\Delta D_n$，使得这些小区域两两内部不交且$D=\bigcup_{i=1}^{n}\Delta D_i$，称$T=\{\Delta D_1,\Delta D_2,\cdots,\Delta D_n\}$是$D$的一个分割，符号

$$\|T\| = \max\{\text{diam}(\Delta D_i) \mid i=1,2,\cdots,n\}$$

称为分割T的模．对$i=1,2,\cdots,n$，符号$\Delta\sigma_i$代表区域ΔD_i的面积．

定义 13.1.1（二重积分的概念） 设二元函数$f(x,y)$定义在有界闭区域$D\subset\mathbb{R}^2$上，任取D的分割$T=\{\Delta D_1,\Delta D_2,\cdots,\Delta D_n\}$及任意取点$(\xi_i,\eta_i)\in\Delta D_i$（$i=1,2,\cdots,n$），若$\lim\limits_{\|T\|\to 0}\sum_{i=1}^{n} f(\xi_i,\eta_i)\Delta\sigma_i$存在，且该极限值与区域$D$的划分方式$T$和每个小区域内点的取法无关，则称$f(x,y)$在$D$上（黎曼）可积，且称此极限值为$f(x,y)$在$D$上的二重积分，记为$\iint\limits_D f(x,y)\mathrm{d}\sigma$．

在二重积分$\iint\limits_D f(x,y)\mathrm{d}\sigma$中，符号$\iint$是二重积分符号，$D$为积分区域，$f(x,y)$是被积函数，$\mathrm{d}\sigma$是面积微元．由于二重积分$\iint\limits_D f(x,y)\mathrm{d}\sigma$是一个实数，仅与积分区域与被积函数有关，与积分变量的记号无关，因此$\iint\limits_D f(x,y)\mathrm{d}\sigma$又简记为$\iint\limits_D f\mathrm{d}\sigma$．

二重积分是个极限值，用“$\varepsilon-\delta$”语言叙述为：设函数$f(x,y)$定义在有界闭区域$D\subset\mathbb{R}^2$上，若存在实数I，使得对$\forall\varepsilon>0,\ \exists\delta>0,\ \forall T=\{\Delta D_1,\Delta D_2,\cdots,\Delta D_n\}$及任意的点$(\xi_i,\eta_i)\in\Delta D_i$（$i=1,2,\cdots,n$），当$\|T\|<\delta$时，有

$$\left|\sum_{i=1}^{n}f(\xi_i,\eta_i)\Delta\sigma_i-I\right|<\varepsilon,$$

称$f(x,y)$在D上可积，且$I=\iint\limits_D f(x,y)\mathrm{d}\sigma$.

用符号$R(D)$表示有界闭区域D上可积函数的全体.

二重积分的几何意义：若$f(x,y)\geqslant 0,\ \forall(x,y)\in D$，则二重积分$\iint\limits_D f(x,y)\,\mathrm{d}\sigma$是以曲面$z=f(x,y)$为顶、以$D\subset\mathbb{R}^2$为底、母线平行于$z$轴的曲顶柱体的体积.

13.1.2　可积的条件

重积分理论与一元函数的定积分理论完全平行地建立起来，以下简略地写出二重积分的一些主要结论，部分证明留给读者.

定理 13.1.1（可积必有界）　设$D\subset\mathbb{R}^2$是有界闭区域，且$f(x,y)\in R(D)$，则$f(x,y)$在D上有界，即存在$M>0$使得对任意的$(x,y)\in D$，有$|f(x,y)|\leqslant M$.

证明　因为$f(x,y)\in R(D)$，所以$\exists\delta>0$，对区域D的任意划分$T=\{\Delta D_1,\Delta D_2,\cdots,\Delta D_n\}$及任意取点$(\xi_i,\eta_i)\in\Delta D_i$（$i=1,\ 2,\cdots,n$），当$\|T\|<\delta$时，有

$$\left|\sum_{i=1}^{n}f(\xi_i,\eta_i)\Delta\sigma_i-\iint\limits_D f(x,y)\mathrm{d}\sigma\right|<1.$$

任意固定$i\in\{1,\ 2,\ \cdots,n\}$，则

$$|f(\xi_i,\eta_i)|\leqslant\frac{1}{\Delta\sigma_i}\left(\left|\sum_{j\neq i,j=1}^{n}f(\xi_j,\eta_j)\Delta\sigma_j\right|+\left|\iint\limits_D f(x,y)\mathrm{d}\sigma\right|+1\right),$$

对$j=1,\ 2,\ \cdots,n$且$j\neq i$，固定点$(\xi_j,\eta_j)\in\Delta D_j$，则

$$M_i=\frac{1}{\Delta\sigma_i}\left(\left|\sum_{j\neq i,j=1}^{n}f(\xi_j,\eta_j)\Delta\sigma_j\right|+\left|\iint\limits_D f(x,y)\mathrm{d}\sigma\right|+1\right)$$

是一个常数，故对$\forall(x,y)\in\Delta D_i$，有$|f(x,y)|\leqslant M_i$．令$M=\max\{M_1,M_2,\cdots,M_n\}$，则$M>0$且对$\forall(x,y)\in D$，有$|f(x,y)|\leqslant M$，所以$f(x,y)$在$D$上有界．证毕.

例 13.1.1　令$D=[0,1]\times[0,1]$，且$f(x,y)=\begin{cases}1, & \forall(x,y)\in D,\ x,\ y\in\mathbb{Q};\\ 0, & \text{其他}.\end{cases}$则$f(x,y)$在$D$上有界，但$f(x,y)\notin R(D)$．事实上，对区域$D$的任意一个分割$T=\{\Delta D_1,\Delta D_2,\cdots,\Delta D_n\}$，若对任意的$i=1,2,\cdots,n$，取$\boldsymbol{x}_i=(x_i,y_i)\in\Delta D_i$是有理点对，则积分和$\sum\limits_{i=1}^{n}f(\boldsymbol{x}_i)\Delta\sigma_i=\sigma(D)=1$；若$\boldsymbol{x}_i\in\Delta D_i$不是有理点对，则积分和$\sum\limits_{i=1}^{n}f(\boldsymbol{x}_i)\Delta\sigma_i=0$，故$\lim\limits_{\|T\|\to 0}\sum\limits_{i=1}^{n}f(\boldsymbol{x}_i)\Delta\sigma_i$不存

在，所以 $f(x,y)$ 在有界闭区域 D 上不可积.

该例和定理 13.1.1 表明函数有界是函数可积的必要但非充分条件．这样，为进一步讨论函数在有界闭区域上的可积性，我们可假设函数 $f(x,y)$ 在有界闭区域 D 上是有界的．对区域 D 的任意一个分割 $T=\{\Delta D_1,\Delta D_2,\cdots,\Delta D_n\}$，则函数 $f(x,y)$ 在每个小区域 ΔD_i 上是有界的，因此对每个 $i=1,2,\cdots,n$，

$$M_i=\sup\{f(x,y)\mid \forall(x,y)\in\Delta D_i\},\quad m_i=\inf\{f(x,y)\mid \forall(x,y)\in\Delta D_i\}$$

存在．分别称

$$S(T)=\sum_{i=1}^{n}M_i\Delta\sigma_i \text{ 和 } s(T)=\sum_{i=1}^{n}m_i\Delta\sigma_i$$

是 $f(x,y)$ 关于划分 T 的（达布）**上和（或大和）**与（达布）**下和（或小和）**．它们与一元函数达布和具有相似的性质，对达布和类似的讨论得到二元函数可积的如下充要条件.

定理 13.1.2　设 $D\subset\mathbb{R}^2$ 是有界闭区域，则 $f(x,y)\in R(D)$ 当且仅当对区域 D 的任意划分 $T=\{\Delta D_1,\Delta D_2,\cdots,\Delta D_n\}$，$\lim\limits_{\|T\|\to 0}S(T)=\lim\limits_{\|T\|\to 0}s(T)$，即 $\lim\limits_{\|T\|\to 0}\sum\limits_{i=1}^{n}\omega_i(f)\Delta\sigma_i=0$，其中

$$\begin{aligned}\omega_i(f)&=\sup\{f(x,y)\mid(x,y)\in\Delta D_i\}-\inf\{f(x,y)\mid(x,y)\in\Delta D_i\}\\&=\sup\{f(x,y)-f(u,v)\mid (x,y),\ (u,v)\in\Delta D_i\}\end{aligned}$$

称为 $f(x,y)$ 在 ΔD_i（$i=1,2,\cdots,n$）上的振幅.

利用这个充要条件和有界闭集上连续函数的一致连续性，可得到如下可积的充分条件.

定理 13.1.3　设 $D\subset\mathbb{R}^2$ 是有界闭区域，且 $f(x,y)\in C(D)$，则 $f(x,y)\in R(D)$.

13.1.3　二重积分的性质

以下我们总假设 $D\subset\mathbb{R}^2$ 是有界闭区域.

定理 13.1.4（线性）　设 $f(x,y)\in R(D)$，$g(x,y)\in R(D)$．则对任意的 $\alpha,\ \beta\in\mathbb{R}$，$\alpha f(x,y)+\beta g(x,y)\in R(D)$，且

$$\iint\limits_D(\alpha f(x,y)+\beta g(x,y))\mathrm{d}\sigma=\alpha\iint\limits_D f(x,y)\,\mathrm{d}\sigma+\beta\iint\limits_D g(x,y)\mathrm{d}\sigma.$$

定理 13.1.5（关于积分区域的可加性）　设 $D=D_1\cup D_2\cup\cdots\cup D_n$，$D_i^\circ\cap D_j^\circ=\varnothing,\ j\neq i$（即任意两个区域无公共内点）．则 $f(x,y)\in R(D)$ 当且仅当 $f(x,y)\in R(D_i)$，$i=1,2,\cdots,n$ 且

$$\iint\limits_D f(x,y)\mathrm{d}\sigma=\sum_{i=1}^{n}\iint\limits_{D_i}f(x,y)\mathrm{d}\sigma.$$

定理 13.1.6（积分不等式）　设 $f(x,y)\in R(D)$，$g(x,y)\in R(D)$，且对 $\forall(x,y)\in D$，有不等式 $f(x,y)\geqslant g(x,y)$，则 $\iint\limits_D f(x,y)\,\mathrm{d}\sigma\geqslant\iint\limits_D g(x,y)\,\mathrm{d}\sigma.$

定理 13.1.7（绝对可积性）　若 $f(x,y)\in R(D)$，则 $|f(x,y)|\in R(D)$ 且

$$\left|\iint\limits_D f(x,y)\,\mathrm{d}\sigma\right|\leqslant\iint\limits_D|f(x,y)|\mathrm{d}\sigma.$$

定理 13.1.8（乘积可积性）　若 $f(x,y),\ g(x,y)\in R(D)$，则 $fg\in R(D)$，且对 D 的任意

分割 $T=\{\Delta D_1,\Delta D_2,\cdots,\Delta D_n\}$ 及任意的点 $\boldsymbol{x}_i\in\Delta D_i$，$\boldsymbol{y}_i\in\Delta D_i$（$i=1,2,\cdots,n$），下式成立：

$$\lim_{\|T\|\to 0}\sum_{i=1}^{n} f(\boldsymbol{x}_i)g(\boldsymbol{y}_i)\Delta\sigma_i=\iint_D f(x,y)g(x,y)\,\mathrm{d}\sigma .$$

证明 只需证明等式成立．因为 $f(x,y)\in R(D)$，所以定理 13.1.1 表明 $f(x,y)$ 在 D 上有界，即存在 $M>0$ 使得对 $\forall(x,y)\in D$，有 $|f(x,y)|\leqslant M$．又 $g(x,y)\in R(D)$，故由定理 13.1.2 知，对 D 的任意的分割 $T=\{\Delta D_1,\Delta D_2,\cdots,\Delta D_n\}$，有

$$\lim_{\|T\|\to 0}\sum_{i=1}^{n}\omega_i(g)\Delta\sigma_i=0 .$$

所以对任意的点 $\boldsymbol{x}_i\in\Delta D_i$ 及 $\boldsymbol{y}_i\in\Delta D_i$（$i=1,2,\cdots,n$），有

$$\begin{aligned}0&\leqslant\left|\sum_{i=1}^{n} f(\boldsymbol{x}_i)g(\boldsymbol{y}_i)\Delta\sigma_i-\sum_{i=1}^{n} f(\boldsymbol{x}_i)g(\boldsymbol{x}_i)\Delta\sigma_i\right|\\&\leqslant M\sum_{i=1}^{n}|g(\boldsymbol{x}_i)-g(\boldsymbol{y}_i)|\Delta\sigma_i\\&\leqslant M\sum_{i=1}^{n}\omega_i(g)\Delta\sigma_i\to 0\quad(\|T\|\to 0),\end{aligned}$$

因此 $\lim\limits_{\|T\|\to 0}\sum\limits_{i=1}^{n} f(\boldsymbol{x}_i)g(\boldsymbol{y}_i)\Delta\sigma_i=\lim\limits_{\|T\|\to 0}\sum\limits_{i=1}^{n} f(\boldsymbol{x}_i)g(\boldsymbol{x}_i)\Delta\sigma_i=\iint\limits_D f(x,y)g(x,y)\mathrm{d}\sigma$．证毕.

定理 13.1.9（积分中值定理） 设 $f(x,y)\in C(D)$，$g(x,y)\in R(D)$，且 $g(x,y)$ 在区域 D 上不变号．则存在 $(\xi,\eta)\in D$ 使得 $\iint\limits_D f(x,y)g(x,y)\mathrm{d}\sigma=f(\xi,\eta)\iint\limits_D g(x,y)\mathrm{d}\sigma$.

特别地，若 $g(x,y)\equiv 1$，则 $\iint\limits_D f(x,y)\,\mathrm{d}\sigma=f(\xi,\eta)S_D$，其中 S_D 代表区域 D 的面积.

证明 不妨设 $g(x,y)\geqslant 0,\ \forall(x,y)\in D$．则 $\iint\limits_D g(x,y)\mathrm{d}\sigma\geqslant 0$. 因为 $f(x,y)\in C(D)$，所以函数在有界闭区域 D 上存在最大值与最小值，记

$$M=\max\{f(x,y)\mid (x,y)\in D\},\quad m=\min\{f(x,y)\mid (x,y)\in D\},$$

则对任意的 $(x,y)\in D$，$mg(x,y)\leqslant f(x,y)g(x,y)\leqslant Mg(x,y)$，从而

$$m\iint_D g(x,y)\mathrm{d}\sigma\leqslant\iint_D f(x,y)g(x,y)\mathrm{d}\sigma\leqslant M\iint_D g(x,y)\mathrm{d}\sigma.$$

若 $\iint\limits_D g(x,y)\mathrm{d}\sigma=0$，则 $\iint\limits_D f(x,y)g(x,y)\mathrm{d}\sigma=0$，结论显然成立．现在设 $\iint\limits_D g(x,y)\mathrm{d}\sigma>0$，则

$$m\leqslant\frac{\iint\limits_D f(x,y)g(x,y)\mathrm{d}\sigma}{\iint\limits_D g(x,y)\mathrm{d}\sigma}\leqslant M.$$

由有界闭区域上连续函数的介值性知，存在 $(\xi,\eta)\in D$ 使得

$$\iint_D f(x,y)g(x,y)\mathrm{d}\sigma=f(\xi,\eta)\iint_D g(x,y)\mathrm{d}\sigma.$$

证毕.

定理 13.1.10（对称性） 设 $f(x,y)\in R(D)$.

（i）设 $D=D_1\cup D_2$，其中 D_1，D_2 关于 x 轴对称.

（a）若 $f(x,y)$ 关于 y 是偶函数，即 $f(x,-y)=f(x,y)$，则 $\iint\limits_D f(x,y)\mathrm{d}\sigma=2\iint\limits_{D_1} f(x,y)\mathrm{d}\sigma$；

（b）若 $f(x,y)$ 关于 y 是奇函数，即 $f(x,-y)=-f(x,y)$，则 $\iint\limits_D f(x,y)\mathrm{d}\sigma=0$.

（ii）积分区域关于 y 轴对称，被积函数是 x 的奇偶函数，结论类似.

（iii）若 D 关于坐标原点对称，且 $f(-x,-y)=-f(x,y)$，则 $\iint\limits_D f(x,y)\mathrm{d}\sigma=0$.

定理 13.1.11（轮换对称性） 若 D 关于 $y=x$ 对称，即 $(x,y)\in D\Leftrightarrow(y,x)\in D$，则

$$\iint\limits_D f(x,y)\mathrm{d}\sigma=\iint\limits_D f(y,x)\mathrm{d}\sigma.$$

证明 设 $D=D_1\cup D_2$，且 D_1，D_2 关于 $y=x$ 对称，则 $(x,y)\in D_1\Leftrightarrow(y,x)\in D_2$，所以

$$\begin{aligned}\iint\limits_D f(x,y)\mathrm{d}\sigma&=\iint\limits_{D_1} f(x,y)\mathrm{d}\sigma+\iint\limits_{D_2} f(x,y)\mathrm{d}\sigma\\&=\iint\limits_{D_2} f(y,x)\mathrm{d}\sigma+\iint\limits_{D_1} f(y,x)\mathrm{d}\sigma\\&=\iint\limits_D f(y,x)\mathrm{d}\sigma.\end{aligned}$$

例 13.1.2 证明：若 $f(x)\in C[a,b]$，且 $f(x)>0$（$\forall x\in[a,b]$），则 $\iint\limits_D \dfrac{f(x)}{f(y)}\mathrm{d}\sigma\geqslant(b-a)^2$，其中 $D=[a,b]\times[a,b]$.

证明 因为 D 关于 $y=x$ 对称，所以 $\iint\limits_D \dfrac{f(x)}{f(y)}\mathrm{d}\sigma=\iint\limits_D \dfrac{f(y)}{f(x)}\mathrm{d}\sigma$. 故

$$\iint\limits_D \frac{f(x)}{f(y)}\mathrm{d}\sigma=\frac{1}{2}\iint\limits_D\left(\frac{f(y)}{f(x)}+\frac{f(x)}{f(y)}\right)\mathrm{d}\sigma\geqslant\iint\limits_D\mathrm{d}\sigma=(b-a)^2.$$

证毕.

例 13.1.3 计算 $\iint\limits_D \dfrac{x^2-y^2}{\sqrt{x+y+3}}\mathrm{d}\sigma$，其中 $D=\{(x,y):|x|+|y|\leqslant 1\}$.

解 因为积分区域 D 关于直线 $y=x$ 对称，由轮换对称性，有

$$\iint\limits_D \frac{x^2-y^2}{\sqrt{x+y+3}}\mathrm{d}\sigma=\iint\limits_D \frac{y^2-x^2}{\sqrt{x+y+3}}\mathrm{d}\sigma,$$

故 $\iint\limits_D \dfrac{x^2-y^2}{\sqrt{x+y+3}}\mathrm{d}\sigma=0$.

习题 13.1

1．设 $D=[-a,a]\times[-a,a]$，计算二重积分 $\iint\limits_D \sin(x+y)\mathrm{d}\sigma$.

2．设矩形区域 $J\subset I=[a,b]\times[c,d]$，且 $f(x,y)\in R(I)$．证明：$f(x,y)\in R(J)$.

3．设 $D\subset\mathbb{R}^2$ 是有界闭区域，非负函数 $f(x,y)\in C(D)$. 证明：若 $\iint\limits_D f(x,y)\,\mathrm{d}\sigma=0$，则对 $\forall(x,y)\in D$, $f(x,y)=0$.

4．设 $f(x,y)$ 在开区域 $D\subset\mathbb{R}^2$ 上连续，且对任意的闭圆盘 $\overline{\mathscr{B}}(\boldsymbol{x}_0,r)\subseteq D$ 都有 $\iint\limits_{\overline{\mathscr{B}}(\boldsymbol{x}_0,r)} f(x,y)\mathrm{d}\sigma=0$，证明：$\forall(x,y)\in D$, $f(x,y)=0$.

5．设函数 $f(x,y)$ 在 $(0,0)$ 的某个邻域内连续，计算极限 $\lim\limits_{r\to0^+}\dfrac{1}{r^2}\iint\limits_{x^2+y^2\leqslant r^2} f(x,y)\mathrm{d}\sigma$.

6．比较下列各组积分值的大小.

（1）$\iint\limits_D(x+y)^2\mathrm{d}\sigma$ 与 $\iint\limits_D(x+y)^3\mathrm{d}\sigma$，其中 $D=\{(x,y)\,|\,(x-2)^2+(y-2)^2\leqslant2\}$.

（2）$\iint\limits_D\ln(x+y)\mathrm{d}\sigma$ 与 $\iint\limits_D xy\mathrm{d}\sigma$，其中 D 由直线 $x=0$, $y=0$, $x+y=\dfrac{1}{2}$, $x+y=1$ 围成.

7．设 $f(t)$ 是 $\mathbb{R}$ 上的连续函数，且 $\forall t\in\mathbb{R}$, $f(t)>0$. 求二重积分 $\iint\limits_{x^2+y^2\leqslant R^2}\dfrac{af(x)+bf(y)}{f(x)+f(y)}\mathrm{d}\sigma$.

8．证明定理 13.1.7 和定理 13.1.10.

9．利用二重积分的几何意义求下列积分的值.

（1）$\iint\limits_{x^2+y^2\leqslant R^2}\sqrt{x^2+y^2}\mathrm{d}\sigma$;

（2）$\iint\limits_{|x|+|y|\leqslant1}\mathrm{d}\sigma$.

13.2　二重积分的计算

本节探讨二重积分的计算问题，其思想就是将其转化为累次积分，进而连续进行两次定积分的计算. 我们首先探讨直角坐标系下的面积微元.

13.2.1　直角坐标系

设 $D\subset\mathbb{R}^2$ 是有界闭区域，$f(x,y)\in R(D)$. 则对区域 D 的任意划分 $T=\{\Delta D_i\}_{i=1}^n$ 及任意取点 $(x_i,y_i)\in\Delta D_i$（$i=1,2,\cdots,n$），有 $\iint\limits_D f(x,y)\mathrm{d}\sigma=\lim\limits_{\|T\|\to0}\sum\limits_{i=1}^n f(x_i,y_i)\Delta\sigma_i$. 这里 ΔD_i 的形状是任意的，由于二重积分值与区域的分割方式无关，因此在直角坐标系中，若选取平行于坐标轴 x 轴和 y 轴的直线网来分割区域 D，则每个小区域 ΔD_k 是各边平行于坐标轴的闭矩形

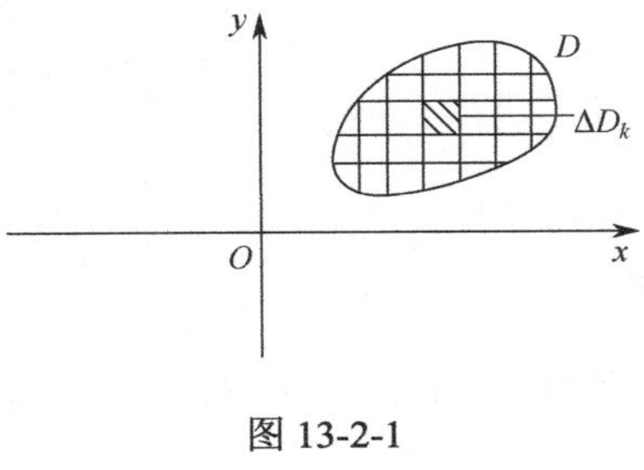

图 13-2-1

区域（如图 13-2-1 所示）. 用 $\Delta x_k, \Delta y_k$ 分别表示小闭矩形区域 ΔD_k 的长与宽，它的面积 $\Delta\sigma_k = \Delta x_k \cdot \Delta y_k$，当 $\|T\| \to 0$ 时，$\Delta\sigma_k = \Delta x_k \cdot \Delta y_k \to \mathrm{d}x\mathrm{d}y$，因此面积微元 $\mathrm{d}\sigma = \mathrm{d}x\mathrm{d}y$. 故 $\iint\limits_D f(x,y)\mathrm{d}\sigma = \iint\limits_D f(x,y)\mathrm{d}x\mathrm{d}y$.

下面先讨论积分区域 D 为闭矩形区域的情形.

定理 13.2.1　设 $D=[a,b]\times[c,d]$ 且 $f(x,y)\in R(D)$. 对 $\forall y\in[c,d]$，若 $I(y)=\int_a^b f(x,y)\mathrm{d}x$ 存在，则先对 x 后对 y 的累次积分 $\int_c^d\left(\int_a^b f(x,y)\mathrm{d}x\right)\mathrm{d}y$ 存在，且 $\iint\limits_D f(x,y)\mathrm{d}x\mathrm{d}y = \int_c^d\left(\int_a^b f(x,y)\mathrm{d}x\right)\mathrm{d}y$.

证明　在 $[a,b]$ 内任意插入 $n-1$ 个分点：

$$a=x_0<x_1<\cdots<x_{n-1}<x_n=b;$$

在 $[c,d]$ 内任意插入 $m-1$ 个分点：

$$c=y_0<y_1<\cdots<y_{m-1}<y_m=d.$$

这样构成闭矩形区域 $[a,b]\times[c,d]$ 的一个划分，记为 T，于是划分 T 将闭矩形区域 D 分成 nm 个小闭矩形区域 $\Delta D_{ij}=[x_{i-1},x_i]\times[y_{j-1},y_j]$. 因为 $f(x,y)\in R(D)$，所以 $f(x,y)$ 在 D 上有界，记

$$m_{ij}=\inf\{f(x,y):\ \forall(x,y)\in\Delta D_{ij}\},\quad M_{ij}=\sup\{f(x,y):\ \forall(x,y)\in\Delta D_{ij}\}.$$

任取 $\eta_j\in[y_{j-1},y_j]$ ($j=1,2,\cdots,m$). 则对 $\forall x\in[x_{i-1},x_i]$，有 $m_{ij}\leqslant f(x,\eta_j)\leqslant M_{ij}$. 因此

$$m_{ij}\Delta x_i \leqslant \int_{x_{i-1}}^{x_i} f(x,\eta_j)\mathrm{d}x \leqslant M_{ij}\Delta x_i,$$

从而

$$\sum_{i=1}^n m_{ij}\Delta x_i \leqslant \sum_{i=1}^n\int_{x_{i-1}}^{x_i} f(x,\eta_j)\mathrm{d}x = \int_a^b f(x,\eta_j)\mathrm{d}x = I(\eta_j) \leqslant \sum_{i=1}^n M_{ij}\Delta x_i,$$

故

$$\sum_{j=1}^m\sum_{i=1}^n m_{ij}\Delta x_i\Delta y_j \leqslant \sum_{j=1}^m I(\eta_j)\Delta y_j \leqslant \sum_{j=1}^m\sum_{i=1}^n M_{ij}\Delta x_i\Delta y_j.$$

因为 $f(x,y)\in R(D)$，所以

$$\lim_{\|T\|\to 0}\sum_{j=1}^m\sum_{i=1}^n m_{ij}\Delta x_i\Delta y_j = \iint\limits_D f(x,y)\mathrm{d}x\mathrm{d}y$$

且

$$\lim_{\|T\|\to 0}\sum_{j=1}^m\sum_{i=1}^n M_{ij}\Delta x_i\Delta y_j = \iint\limits_D f(x,y)\mathrm{d}x\mathrm{d}y.$$

当 $\max\{\Delta x_i \mid i=1,2,\cdots,n\}\to 0$ 且 $\max\{\Delta y_j \mid j=1,2,\cdots,m\}\to 0$ 时，有 $\|T\|\to 0$. 所以

$$\iint\limits_D f(x,y)\mathrm{d}x\mathrm{d}y = \lim_{\max\limits_{1\leqslant j\leqslant m}\{\Delta y_j\}\to 0}\sum_{j=1}^m I(\eta_j)\Delta y_j = \int_c^d I(y)\mathrm{d}y = \int_c^d\left(\int_a^b f(x,y)\mathrm{d}x\right)\mathrm{d}y.$$

证毕.

类似地，可得到另一种顺序的累次积分.

定理 13.2.2 设 $D=[a,b]\times[c,d]$ 且 $f(x,y)\in R(D)$. 对 $\forall x\in[a,b]$，若 $I(x)=\int_c^d f(x,y)\mathrm{d}y$ 存在，则先对 y 后对 x 的累次积分 $\int_a^b\left(\int_c^d f(x,y)\mathrm{d}y\right)\mathrm{d}x$ 存在，且 $\iint\limits_D f(x,y)\mathrm{d}x\mathrm{d}y=\int_a^b\left(\int_c^d f(x,y)\mathrm{d}y\right)\mathrm{d}x.$

再考虑积分区域 D 为 x－型区域的情形：

$$D=\{(x,y)\mid a\leqslant x\leqslant b,\ y_1(x)\leqslant y\leqslant y_2(x)\},\ y_1(x),\ y_2(x)\in C[a,b].$$

定理 13.2.3 设积分区域 D 为 x－型区域且 $f(x,y)\in C(D)$. 则

$$\iint\limits_D f(x,y)\mathrm{d}x\mathrm{d}y=\int_a^b\left(\int_{y_1(x)}^{y_2(x)} f(x,y)\mathrm{d}y\right)\mathrm{d}x.$$

证明 令 $c=\min\{y_1(x):\ \forall x\in[a,b]\}$，$d=\max\{y_2(x):\ \forall x\in[a,b]\}$，如图 13-2-2 所示，且令

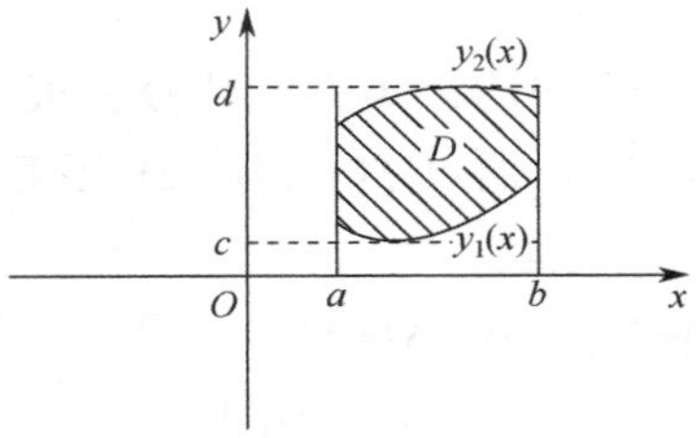

图 13-2-2

$$\Omega=\{(x,y):\ x\in[a,b],\ y\in[c,d]\},$$

$$g(x,y)=\begin{cases}f(x,y), & (x,y)\in D;\\ 0, & (x,y)\in\Omega\setminus D,\end{cases}$$

则 $g(x,y)\in R(\Omega)$ 且 $\iint\limits_\Omega g(x,y)\mathrm{d}x\mathrm{d}y=\iint\limits_D f(x,y)\mathrm{d}x\mathrm{d}y$，而

$$\iint\limits_\Omega g(x,y)\mathrm{d}x\mathrm{d}y=\int_a^b\left(\int_c^d g(x,y)\mathrm{d}y\right)\mathrm{d}x=\int_a^b\left(\int_{y_1(x)}^{y_2(x)} f(x,y)\mathrm{d}y\right)\mathrm{d}x,$$

故结论成立．证毕.

若积分区域 D 为 y－型区域：

$$D=\{(x,y):\ c\leqslant y\leqslant d,\ x_1(y)\leqslant x\leqslant x_2(y)\},\ x_1(y),\ x_2(y)\in C[c,d].$$

类似的讨论有下列结论.

定理 13.2.4 设积分区域 D 为 y－型区域且 $f(x,y)\in C(D)$. 则

$$\iint\limits_D f(x,y)\mathrm{d}x\mathrm{d}y=\int_c^d\left(\int_{x_1(y)}^{x_2(y)} f(x,y)\mathrm{d}x\right)\mathrm{d}y.$$

注（1）累次积分的外层积分限一定是常数区间；（2）累次积分中的积分下限一定小于积分上限.

例 13.2.1 计算 $\iint\limits_D \mathrm{e}^{-y^2}\mathrm{d}x\mathrm{d}y$，其中 D 是由三条直线 $x=0,\ y=1$ 和 $y=x$ 围成的三角形区域.

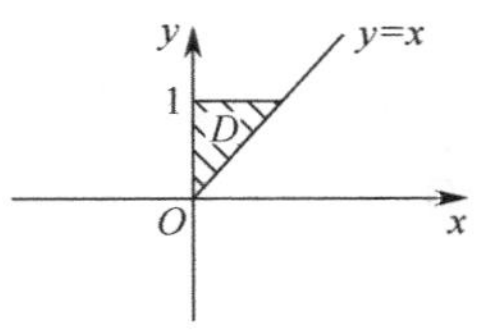

图 13-2-3

解 积分区域如图 13-2-3 所示，显然被积函数在积分区域上是连续的，因此化为先对 x 后对 y 的累次积分

$$\iint\limits_D \mathrm{e}^{-y^2}\mathrm{d}x\mathrm{d}y=\int_0^1\mathrm{d}y\int_0^y\mathrm{e}^{-y^2}\mathrm{d}x=\int_0^1 y\mathrm{e}^{-y^2}\mathrm{d}y=-\frac{1}{2}\mathrm{e}^{-y^2}\Big|_0^1=\frac{1}{2}(1-\mathrm{e}^{-1}).$$

若化为先对 y 后对 x 的累次积分，即 $\iint\limits_D \mathrm{e}^{-y^2}\mathrm{d}x\mathrm{d}y=\int_0^1\mathrm{d}x\int_x^1\mathrm{e}^{-y^2}\mathrm{d}y$. 对定积分 $\int_x^1\mathrm{e}^{-y^2}\mathrm{d}y$，由于被积函数的原函数不是初等函数，因此不能通过牛顿–莱布尼茨公式求得该定积分.

例 13.2.2　计算二重积分 $\iint\limits_D \frac{x^2}{y^2}\mathrm{d}x\mathrm{d}y$，其中积分区域 D 是由两条直线 $x=2, y=x$ 和曲线 $xy=1$ 围成的.

解　（1）将二重积分转化为先对 y 后对 x 的累次积分，积分区域 D 如图 13-2-4 所示，表示为

$$D=\left\{(x,y):\ 1\leqslant x\leqslant 2, \frac{1}{x}\leqslant y\leqslant x\right\},$$

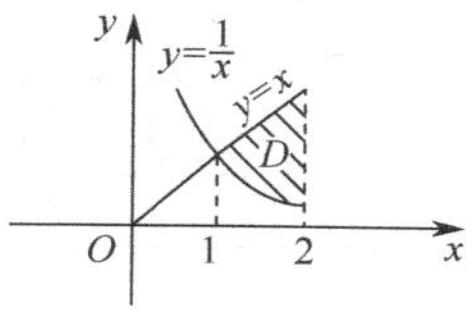

图 13-2-4

故 $\iint\limits_D \frac{x^2}{y^2}\mathrm{d}x\mathrm{d}y=\int_1^2\mathrm{d}x\int_{\frac{1}{x}}^{x}\frac{x^2}{y^2}\mathrm{d}y=\int_1^2 x^2\left(x-\frac{1}{x}\right)\mathrm{d}x=\frac{9}{4}.$

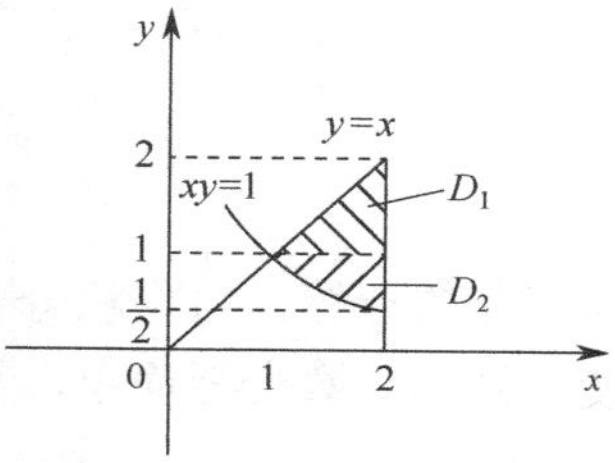

图 13-2-5

（2）将二重积分转化为先对 x 后对 y 的累次积分．此时积分区域 $D=D_1\cup D_2$，如图 13-2-5 所示，其中

$$D_1=\{(x,y):\ 1\leqslant y\leqslant 2, y\leqslant x\leqslant 2\},$$

$$D_2=\left\{(x,y):\ \frac{1}{2}\leqslant y\leqslant 1, \frac{1}{y}\leqslant x\leqslant 2\right\},$$

所以

$$\iint\limits_D \frac{x^2}{y^2}\mathrm{d}x\mathrm{d}y=\iint\limits_{D_1}\frac{x^2}{y^2}\mathrm{d}x\mathrm{d}y+\iint\limits_{D_2}\frac{x^2}{y^2}\mathrm{d}x\mathrm{d}y=\int_1^2\mathrm{d}y\int_y^2\frac{x^2}{y^2}\mathrm{d}x+\int_{\frac{1}{2}}^{1}\mathrm{d}y\int_{\frac{1}{y}}^{2}\frac{x^2}{y^2}\mathrm{d}x=\frac{9}{4}.$$

这两个例子说明，将重积分化为累次积分时，积分次序的选择是需要仔细考虑的，选择的不好，可能导致计算十分烦琐，甚至出现无法求出的情况.

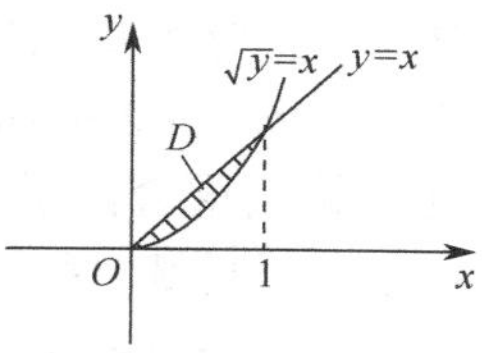

图 13-2-6

例 13.2.3　计算 $I=\int_0^1\mathrm{d}y\int_y^{\sqrt{y}}\frac{\sin x}{x}\mathrm{d}x$.

解　根据积分限画出积分区域的草图，如图 13-2-6 所示，然后交换积分顺序，此时 $D=\{(x,y):\ 0\leqslant x\leqslant 1, x^2\leqslant y\leqslant x\}$．所以

$$I=\int_0^1\mathrm{d}y\int_y^{\sqrt{y}}\frac{\sin x}{x}\mathrm{d}x=\iint\limits_D\frac{\sin x}{x}\mathrm{d}x\mathrm{d}y=\int_0^1\mathrm{d}x\int_{x^2}^{x}\frac{\sin x}{x}\mathrm{d}y=\int_0^1(1-x)\sin x\mathrm{d}x=1-\sin 1.$$

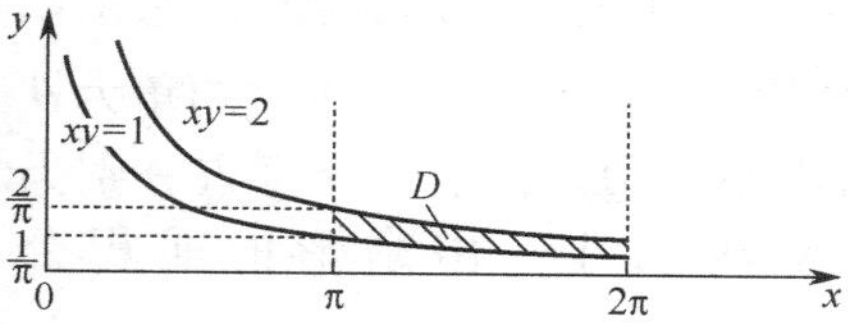

图 13-2-7

例 13.2.4　求积分 $\iint\limits_D\frac{\sin x}{y^2}\mathrm{d}x\mathrm{d}y$，其中积分区域 D 由双曲线 $xy=1, xy=2$ 和直线 $x=\pi,\ x=2\pi$ 围成.

解　转化为先对 y 后对 x 的累次积分，

$$D=\left\{(x,y):\ \pi\leqslant x\leqslant 2\pi,\quad \frac{1}{x}\leqslant y\leqslant\frac{2}{x}\right\},$$

如图 13-2-7 所示．所以

$$\iint\limits_D\frac{\sin x}{y^2}\mathrm{d}x\mathrm{d}y=\int_\pi^{2\pi}\mathrm{d}x\int_{\frac{1}{x}}^{\frac{2}{x}}\frac{\sin x}{y^2}\mathrm{d}y=\frac{1}{2}\int_\pi^{2\pi}x\sin x\mathrm{d}x=-\frac{3}{2}\pi.$$

例 13.2.5 计算由两个圆柱体 $x^2+y^2\leqslant a^2$ 和 $x^2+z^2\leqslant a^2$ 所围立体的体积.

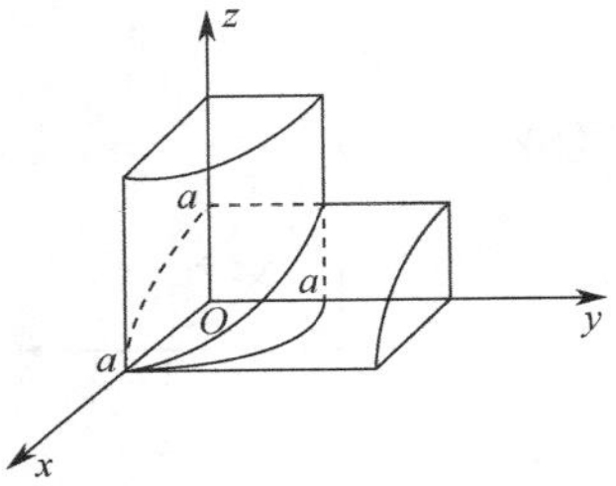

图 13-2-8

解 由对称性，这个立体在八个卦限中的图形是全等的，因此只需计算这个立体在第一卦限中部分的体积. 故只需要计算函数 $z=\sqrt{a^2-x^2}$ 在区域 $\{(x,y):\ x^2+y^2\leqslant a^2,\ \ x\geqslant 0,\ y\geqslant 0\}$（如图 13-2-8 所示）上的二重积分. 所以立体的体积

$$V=8\iint\limits_{\substack{x^2+y^2\leqslant a^2\\ x\geqslant 0, y\geqslant 0}}\sqrt{a^2-x^2}\,\mathrm{d}x\mathrm{d}y=8\int_0^a\sqrt{a^2-x^2}\,\mathrm{d}x\int_0^{\sqrt{a^2-x^2}}\mathrm{d}y$$

$$=8\int_0^a(a^2-x^2)\mathrm{d}x=\frac{16}{3}a^3.$$

13.2.2 二重积分的坐标变换

在一元函数的定积分计算中，通过做变量代换，往往可以简化积分的计算. 对重积分的计算，也经常需要做类似的处理，通过重积分的坐标变换，可使得被积函数变得简单，或将积分区域变得规则，进而转化为累次积分后容易计算.

1. 极坐标变换

极坐标变换是一类常用的坐标变换. 若积分区域的边界曲线的极坐标方程比较简单，则一般用极坐标变换计算二重积分比较方便. 为了用极坐标变换计算二重积分，要先知道在极坐标系中面积微元的表示.

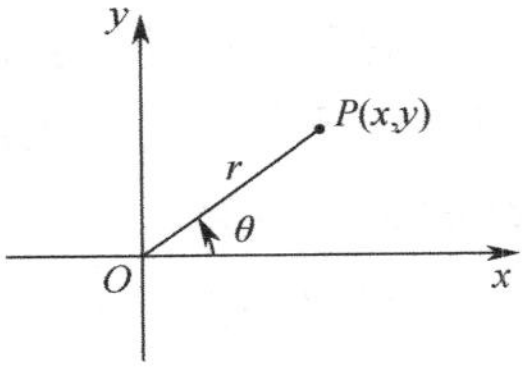

图 13-2-9

如图 13-2-9 所示，在直角坐标系中引入极坐标，并使极点与坐标原点重合，极轴与 x 轴正半轴重合，则同一点 P 的直角坐标 (x,y) 与极坐标 (r,θ) 之间的关系：

$$x=r\cos\theta,\ \ y=r\sin\theta\text{，其中}\ 0\leqslant\theta\leqslant 2\pi,\ r\geqslant 0.$$

在极坐标系中，当 $r=r_0$ 为常数时，表示以原点为中心的圆；当 $\theta=\theta_0$ 为常数时，表示从原点出发的射线. 设有界区域 D 如图 13-2-10 所示，用以原点为中心的一组同心圆与从原点出发的一组射线将 D 分成若干小曲边矩形域，这个分法记为 $T=\{\Delta D_1,\Delta D_2,\cdots,\Delta D_n\}$. 任取其中一个小曲边矩形域 ΔD，它由以原点为中心、以 r 与 $r+\Delta r$ 为半径的两个圆和从原点出发的角为 θ 和 $\theta+\Delta\theta$ 的两条射线所围成，这个小曲边矩形的四个顶点分别为 $(r,\theta),\ (r+\Delta r,\theta),\ (r,\theta+\Delta\theta),\ (r+\Delta r,\theta+\Delta\theta)$. 由扇形的面积公式，这个小曲边矩形域的面积

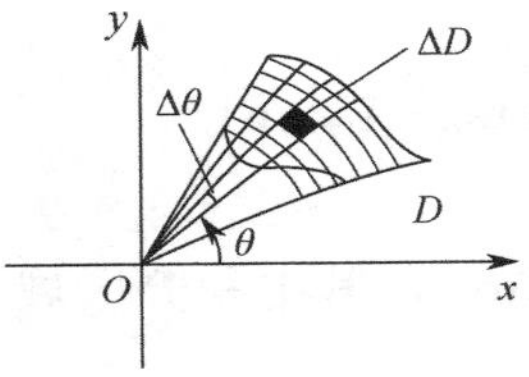

图 13-2-10

$$\Delta\sigma=\frac{1}{2}(r+\Delta r)^2\Delta\theta-\frac{1}{2}r^2\Delta\theta=r\Delta r\Delta\theta+\frac{1}{2}(\Delta r)^2\Delta\theta.$$

当 $\|T\|\to 0$ 时，有 $\Delta\theta\to 0,\Delta r\to 0$，而 $(\Delta r)^2\Delta\theta$ 是比 $\Delta r\Delta\theta$ 高阶的无穷小量，因此极坐标下的面积微元 $\mathrm{d}\sigma=r\mathrm{d}r\mathrm{d}\theta$，从而 $\iint\limits_D f(x,y)\mathrm{d}\sigma=\iint\limits_{D_{r\theta}}f(r\cos\theta,r\sin\theta)r\mathrm{d}r\mathrm{d}\theta.$

例 13.2.6　计算 $\iint\limits_D xy\mathrm{d}x\mathrm{d}y$，其中积分区域

$$D=\{(x,y)\mid y\geqslant 0,\quad x^2+y^2\geqslant 1,\ x^2+y^2-2x\leqslant 0\}.$$

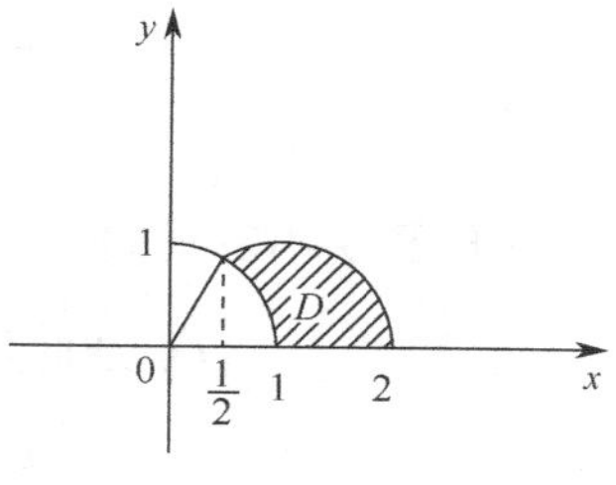

图 13-2-11

解　令 $\begin{cases}x=r\cos\theta,\\ y=r\sin\theta,\end{cases}$ 则

$D_{r\theta}=\left\{(r,\theta):\ 0\leqslant\theta\leqslant\dfrac{\pi}{3},\ 1\leqslant r\leqslant 2\cos\theta\right\}$（如图 13-2-11 所示）．故

$$\iint\limits_D xy\mathrm{d}x\mathrm{d}y=\iint\limits_{D_{r\theta}} r^2\cos\theta\sin\theta r\mathrm{d}r\mathrm{d}\theta=\int_0^{\frac{\pi}{3}}\cos\theta\sin\theta\mathrm{d}\theta\int_1^{2\cos\theta}r^3\mathrm{d}r=\frac{9}{16}.$$

例 13.2.7　利用二重积分计算概率积分 $I=\int_{-\infty}^{+\infty}\mathrm{e}^{-x^2}\mathrm{d}x$．

解　因为 $I=\int_{-\infty}^{+\infty}\mathrm{e}^{-x^2}\mathrm{d}x=\lim\limits_{R\to+\infty}\int_{-R}^{+R}\mathrm{e}^{-x^2}\mathrm{d}x$，令 $I_R=\int_{-R}^{+R}\mathrm{e}^{-x^2}\mathrm{d}x$．则

$$I_R^2=\left(\int_{-R}^{R}\mathrm{e}^{-x^2}\mathrm{d}x\right)\cdot\left(\int_{-R}^{R}\mathrm{e}^{-y^2}\mathrm{d}y\right)=\int_{-R}^{R}\mathrm{d}x\int_{-R}^{R}\mathrm{e}^{-(x^2+y^2)}\mathrm{d}y.$$

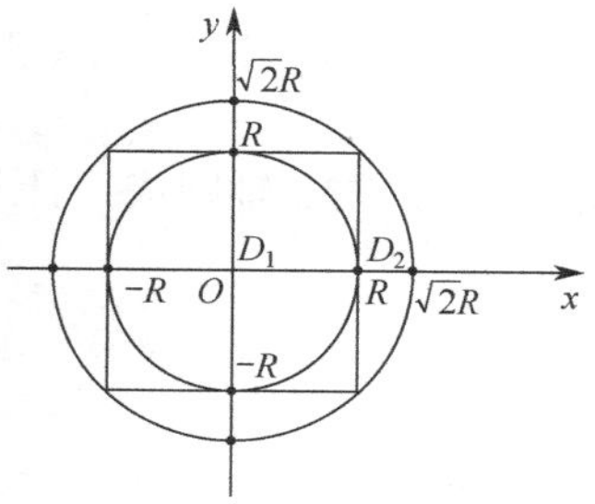

图 13-2-12

记 $D=[-R,R]\times[-R,R]$，且令 $\begin{cases}x=r\cos\theta,\\ y=r\sin\theta,\end{cases}$ 则

$$I_R^2=\iint\limits_D \mathrm{e}^{-r^2}r\mathrm{d}r\mathrm{d}\theta.$$

令 $D_1=\{(x,y)\mid\ x^2+y^2\leqslant R^2\}$ 且 $D_2=\{(x,y)\mid\ x^2+y^2\leqslant 2R^2\}$．则 $D_1\subset D\subset D_2$（如图 13-2-12 所示），故

$$\iint\limits_{D_1}\mathrm{e}^{-r^2}r\mathrm{d}r\mathrm{d}\theta\leqslant\iint\limits_{D}\mathrm{e}^{-r^2}r\mathrm{d}r\mathrm{d}\theta\leqslant\iint\limits_{D_2}\mathrm{e}^{-r^2}r\mathrm{d}r\mathrm{d}\theta.$$

又

$$\iint\limits_{D_1}\mathrm{e}^{-r^2}r\mathrm{d}r\mathrm{d}\theta=\int_0^{2\pi}\mathrm{d}\theta\int_0^R\mathrm{e}^{-r^2}r\mathrm{d}r=\pi(1-\mathrm{e}^{-R^2})\to\pi\ (R\to+\infty),$$

$$\iint\limits_{D_2}\mathrm{e}^{-r^2}r\mathrm{d}r\mathrm{d}\theta=\int_0^{2\pi}\mathrm{d}\theta\int_0^{\sqrt{2}R}\mathrm{e}^{-r^2}r\mathrm{d}r=\pi(1-\mathrm{e}^{-2R^2})\to\pi\ (R\to+\infty),$$

因此由双侧趋近定理知 $\lim\limits_{R\to+\infty}I_R^2=\pi$，所以 $\int_{-\infty}^{+\infty}\mathrm{e}^{-x^2}\mathrm{d}x=\lim\limits_{R\to+\infty}\int_{-R}^{R}\mathrm{e}^{-x^2}\mathrm{d}x=\sqrt{\pi}.$

例 13.2.8　设 $D=\{(x,y):\ x^2+y^2\leqslant a^2\}$，且 $f(x,y)\in C^1(D)$．若 $f(x,y)$ 在圆周上取值为零，证明：$\left|\iint\limits_D f(x,y)\mathrm{d}x\mathrm{d}y\right|\leqslant\dfrac{1}{3}\pi a^3\max\limits_{(x,y)\in D}\sqrt{(f_x')^2+(f_y')^2}$．

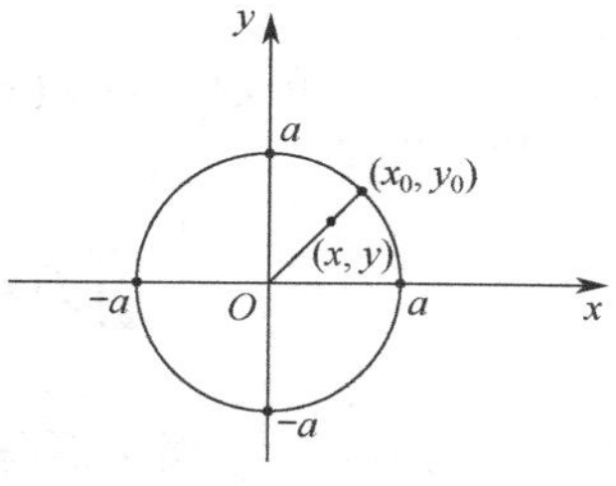

图 13-2-13

证明　记 $M=\max\limits_{(x,y)\in D}\sqrt{(f_x')^2+(f_y')^2}$．任取 $(x,y)\in D$，如图 13-2-13 所示.

由原点到 (x,y) 引射线，对应地在圆周上有一交点 (x_0,y_0)，则 $f(x_0,y_0)=0$. 由二元函数的微分中值定理，存在 (ξ,η) 位于连接点 (x,y) 和 (x_0,y_0) 的线段上使得

$$
\begin{aligned}
f(x,y) &= f(x_0,y_0)+f'_x(\xi,\eta)(x-x_0)+f'_y(\xi,\eta)(y-y_0) \\
&= f'_x(\xi,\eta)(x-x_0)+f'_y(\xi,\eta)(y-y_0),
\end{aligned}
$$

由柯西–施瓦茨不等式知，

$$
\begin{aligned}
|f(x,y)| &\leqslant \sqrt{f'_x(\xi,\eta)^2+f'_y(\xi,\eta)^2}\cdot\sqrt{(x-x_0)^2+(y-y_0)^2} \\
&\leqslant M\sqrt{(x-x_0)^2+(y-y_0)^2},
\end{aligned}
$$

从而 $\iint\limits_D |f(x,y)|\mathrm{d}x\mathrm{d}y \leqslant \iint\limits_D M\sqrt{(x-x_0)^2+(y-y_0)^2}\mathrm{d}x\mathrm{d}y$．令 $\begin{cases} x=r\cos\theta, \\ y=r\sin\theta, \end{cases}$ 则

$$
D_{r\theta}=\{(r,\theta)\colon\ 0\leqslant\theta\leqslant 2\pi,\ 0\leqslant r\leqslant a\},
$$

且 $\iint\limits_D \sqrt{(x-x_0)^2+(y-y_0)^2}\mathrm{d}x\mathrm{d}y=\iint\limits_{D_{r\theta}}(a-r)r\mathrm{d}r\mathrm{d}\theta=\int_0^{2\pi}\mathrm{d}\theta\int_0^a(a-r)r\mathrm{d}r=\dfrac{\pi a^3}{3}$. 故

$$
\left|\iint\limits_D f(x,y)\,\mathrm{d}x\mathrm{d}y\right| \leqslant \frac{1}{3}\pi a^3 \max_{(x,y)\in D}\sqrt{(f'_x)^2+(f'_y)^2}\ .
$$

证毕.

例 13.2.9 设平面区域 D 由曲线 $(x^2+y^2)^2=x^2-y^2$（$x\geqslant 0,\ y\geqslant 0$）与 x 轴围成，计算二重积分 $\iint\limits_D xy\mathrm{d}x\mathrm{d}y$.

解 令 $\begin{cases} x=r\cos\theta, \\ y=r\sin\theta, \end{cases}$ 则在极坐标系下的区域表示为

$$
\left\{(r,\theta)\,|\,0\leqslant r\leqslant\sqrt{\cos 2\theta},\quad 0\leqslant\theta\leqslant\frac{\pi}{4}\right\}.
$$

所以

$$
\iint\limits_D xy\mathrm{d}x\mathrm{d}y=\int_0^{\frac{\pi}{4}}\left(\int_0^{\sqrt{\cos 2\theta}} r^2\cos\theta\sin\theta r\mathrm{d}r\right)\mathrm{d}\theta=\int_0^{\frac{\pi}{4}}\frac{\sin 2\theta}{2}\frac{\cos^2 2\theta}{4}\mathrm{d}\theta=\frac{1}{48}.
$$

2. 一般的坐标变换

定理 13.2.5 设 D 为 Oxy 坐标平面上的有界闭区域，Ω 为 Ouv 坐标平面上的有界闭区域，连续可微双射 $\varphi\colon\begin{cases} x=x(u,v), \\ y=y(u,v) \end{cases}$ 把区域 Ω 映射为 D，且对任意的 $(u,v)\in\Omega$，Jacobi 矩阵 $\left.\dfrac{\partial(x,y)}{\partial(u,v)}\right|_{(u,v)}$ 可逆．若 $f(x,y)\in C(D)$，则

$$
\iint\limits_D f(x,y)\mathrm{d}x\mathrm{d}y=\iint\limits_\Omega f(x(u,v),y(u,v))\left|\det\frac{\partial(x,y)}{\partial(u,v)}\right|\mathrm{d}u\mathrm{d}v,
$$

其中，$\det\dfrac{\partial(x,y)}{\partial(u,v)}$ 表示矩阵 $\dfrac{\partial(x,y)}{\partial(u,v)}$ 的行列式.

证明　先证区域 D 的面积 $S_D=\iint\limits_{\Omega}\left|\det\frac{\partial(x,y)}{\partial(u,v)}\right|\mathrm{d}u\mathrm{d}v$.

在 Ouv 坐标平面上用平行于坐标轴的直线网分割区域 Ω，映射 φ 将 Ω 的分割映射为 D 的一个分割，即将 Ouv 坐标平面上的直线网映射为 Oxy 坐标平面上的曲线网（如图 13-2-14 所示）.

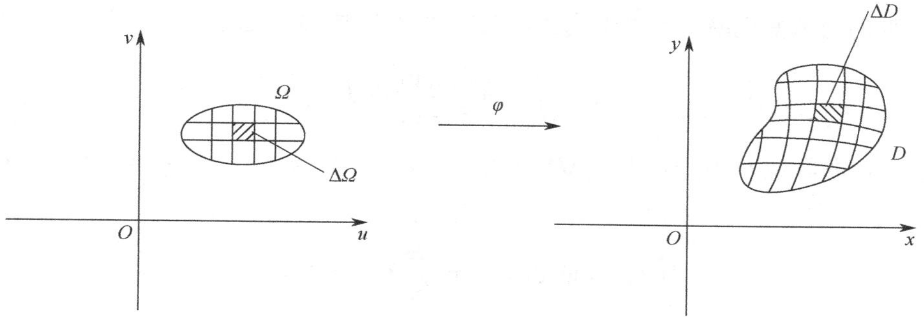

图 13-2-14

当 Ω 的小矩形区域 $\Delta\Omega$ 的最大直径趋于零时，因为 x,y 是二元连续函数，所以 D 的小区域 ΔD 的最大直径也趋于零．为求 ΔD 的面积，取矩形区域 $\Delta\Omega$ 的三个顶点 $P_0(u_0,v_0)$, $P_1(u_0+\Delta u,v_0)$, $P_2(u_0,v_0+\Delta v)$，不妨设 $\Delta u>0$, $\Delta v>0$，则 $\Delta\Omega$ 的面积为 $\Delta u\Delta v$．因为映射 φ 把 $\Delta\Omega$ 映射为 ΔD，所以曲边四边形 ΔD 的三个顶点分别是 $Q_0=\varphi(P_0)$, $Q_1=\varphi(P_1)$, $Q_2=\varphi(P_2)$．因映射 $\varphi:\Omega\to D$ 是可微的，故

$$\Delta\varphi(P_0)=\mathrm{d}\varphi(P_0)+\alpha(\Delta u,\Delta v)\text{，}$$

其中 $\lim\limits_{(\Delta u,\Delta v)\to(0,0)}\frac{\|\alpha(\Delta u,\Delta v)\|}{\|(\Delta u,\Delta v)\|}=0$，且 $\mathrm{d}\varphi(P_0)$ 是映射 φ 在 P_0 的微分，因此曲边四边形 ΔD 的面积可用平行四边形的面积近似代替，故 $S_{\Delta D}\approx\|\overrightarrow{Q_0Q_1}\times\overrightarrow{Q_0Q_2}\|$．而

$$\overrightarrow{Q_0Q_1}=\varphi(P_1)-\varphi(P_0)=\left.\frac{\partial(x,y)}{\partial(u,v)}\right|_{P_0}\begin{pmatrix}\Delta u\\0\end{pmatrix}+\xi(\Delta u)=\left.\begin{pmatrix}\dfrac{\partial x}{\partial u}\\[2mm]\dfrac{\partial y}{\partial u}\end{pmatrix}\right|_{P_0}\Delta u+\xi(\Delta u),$$

$$\overrightarrow{Q_0Q_2}=\varphi(P_2)-\varphi(P_0)=\left.\frac{\partial(x,y)}{\partial(u,v)}\right|_{P_0}\begin{pmatrix}0\\\Delta v\end{pmatrix}+\eta(\Delta v)=\left.\begin{pmatrix}\dfrac{\partial x}{\partial v}\\[2mm]\dfrac{\partial y}{\partial v}\end{pmatrix}\right|_{P_0}\Delta v+\eta(\Delta v),$$

其中 $\lim\limits_{\Delta u\to0}\frac{\|\xi(\Delta u)\|}{\Delta u}=0$，$\lim\limits_{\Delta v\to0}\frac{\|\eta(\Delta v)\|}{\Delta v}=0$．这样，当 $\Delta u\to0$，$\Delta v\to0$ 时，

$$S_{\Delta D}\approx\|\overrightarrow{Q_0Q_1}\times\overrightarrow{Q_0Q_2}\|=\left|\det\left.\frac{\partial(x,y)}{\partial(u,v)}\right|_{P_0}\right|\Delta u\Delta v+o(\Delta u\Delta v)\text{ .}$$

而当$\Delta u \to 0,\ \Delta v \to 0$时，有$\Delta x \to 0,\ \Delta y \to 0$，故

$$\mathrm{d}x\mathrm{d}y = \left|\det \frac{\partial(x,y)}{\partial(u,v)}\bigg|_{P_0}\right| \mathrm{d}u\mathrm{d}v . \tag{13.2.1}$$

这个式子表明，雅可比矩阵的行列式$\det \dfrac{\partial(x,y)}{\partial(u,v)}$在$P_0$点值的绝对值，是在映射$\varphi$的作用下$P_0$点处的面积变化率．所以由式（13.2.1）即得区域D的面积

$$S_D = \iint_{\Omega} \left|\det \frac{\partial(x,y)}{\partial(u,v)}\right| \mathrm{d}u\mathrm{d}v.$$

现在，任取区域D的分割$T = \{\Delta D_1, \Delta D_2, \cdots, \Delta D_n\}$及任意取点$(\xi_i, \eta_i) \in \Delta D_i$，$i = 1,2,\cdots,n$，则

$$\iint_D f(x,y)\mathrm{d}x\mathrm{d}y = \lim_{\|T\|\to 0} \sum_{i=1}^{n} f(\xi_i, \eta_i)\Delta\sigma_i .$$

令$T' = \{\Delta\Omega_1, \Delta\Omega_2, \cdots, \Delta\Omega_n\}$是区域$\Omega$由映射$\varphi$确定的相应分割，则存在$(u_i, v_i) \in \Delta\Omega_i$使得$\xi_i = x(u_i, v_i)$，$\eta_i = y(u_i, v_i)$．注意到映射$\varphi$是双射，因此当$\|T\| \to 0$时，有$\|T'\| \to 0$，故

$$\begin{aligned}
\iint_D f(x,y)\mathrm{d}x\mathrm{d}y &= \lim_{\|T\|\to 0} \sum_{i=1}^{n} f(\xi_i, \eta_i)\Delta\sigma_i \\
&= \lim_{\|T'\|\to 0} \sum_{i=1}^{n} f(x(u_i,v_i), y(u_i,v_i)) \iint_{\Delta\Omega_i} \left|\det \frac{\partial(x,y)}{\partial(u,v)}\right| \mathrm{d}u\mathrm{d}v \\
&= \lim_{\|T'\|\to 0} \sum_{i=1}^{n} f(x(u_i,v_i), y(u_i,v_i)) \left|\det \frac{\partial(x,y)}{\partial(u,v)}\bigg|_{(\bar{u}_i, \bar{v}_i)}\right| \Delta\sigma_i' \\
&= \iint_{\Omega} f(x(u,v), y(u,v)) \left|\det \frac{\partial(x,y)}{\partial(u,v)}\right| \mathrm{d}u\mathrm{d}v,
\end{aligned}$$

其中$(\bar{u}_i, \bar{v}_i) \in \Delta\Omega_i$，$\Delta\sigma_i'$是$\Delta\Omega_i$的面积，且第三个等式用到了积分中值定理．证毕．

例 13.2.10　设$0 < p < q,\ \ 0 < a < b$，且平面区域D由曲线$y^2 = px,\ y^2 = qx,\ x^2 = ay,\ x^2 = by$围成．求区域$D$的面积并计算$\displaystyle\iint_D \frac{1}{xy}\mathrm{d}x\mathrm{d}y.$

解　令$u = \dfrac{x^2}{y}$，$v = \dfrac{y^2}{x}$，则

$$\Omega = \{(u,v):\ a \leqslant u \leqslant b,\ p \leqslant v \leqslant q\}，且 \left|\det \frac{\partial(x,y)}{\partial(u,v)}\right| = \frac{1}{\left|\det \dfrac{\partial(u,v)}{\partial(x,y)}\right|} = \frac{1}{3},$$

所以区域D的面积$S_D = \displaystyle\iint_D \mathrm{d}x\mathrm{d}y = \iint_{\Omega} \frac{1}{3}\mathrm{d}u\mathrm{d}v = \frac{1}{3}(q-p)(b-a)$，且

$$\iint_D \frac{1}{xy}\mathrm{d}x\mathrm{d}y = \frac{1}{3}\iint_{\Omega} \frac{1}{uv}\mathrm{d}u\mathrm{d}v = \frac{1}{3}\int_a^b \frac{1}{u}\mathrm{d}u \int_p^q \frac{1}{v}\mathrm{d}v = \frac{1}{3}\ln\frac{b}{a}\ln\frac{q}{p}.$$

例 13.2.11　计算 $I=\iint\limits_{x^2+y^2\leqslant 1}|3x+4y|\mathrm{d}x\mathrm{d}y$.

解　令 $\boldsymbol{U}=\begin{pmatrix}\dfrac{3}{5} & \dfrac{4}{5}\\ -\dfrac{4}{5} & \dfrac{3}{5}\end{pmatrix}$ 且 $\begin{pmatrix}u\\v\end{pmatrix}=\boldsymbol{U}\begin{pmatrix}x\\y\end{pmatrix}$，则 $\boldsymbol{U}\boldsymbol{U}^{\mathrm{T}}=\boldsymbol{U}^{\mathrm{T}}\boldsymbol{U}=\boldsymbol{I}$，且

$$u^2+v^2=(x\ y)\boldsymbol{U}^{\mathrm{T}}\boldsymbol{U}\begin{pmatrix}x\\y\end{pmatrix}=x^2+y^2\leqslant 1.$$

故

$$\begin{aligned}I&=\iint\limits_{x^2+y^2\leqslant 1}|3x+4y|\mathrm{d}x\mathrm{d}y=\iint\limits_{u^2+v^2\leqslant 1}5|u|\mathrm{d}u\mathrm{d}v\\&=\int_{-1}^{1}\mathrm{d}u\int_{-\sqrt{1-u^2}}^{\sqrt{1-u^2}}5|u|\mathrm{d}v=10\int_{-1}^{1}|u|\sqrt{1-u^2}\mathrm{d}u=\frac{20}{3}.\end{aligned}$$

例 13.2.12　求椭圆

$$(a_1x+b_1y+c_1)^2+(a_2x+b_2y+c_2)^2=1$$

所围平面区域 D 的面积，其中 $a_1b_2\neq a_2b_1$.

解　令 $u=a_1x+b_1y+c_1$，$v=a_2x+b_2y+c_2$．则 $u^2+v^2=1$ 且

$$\det\frac{\partial(u,v)}{\partial(x,y)}=\begin{vmatrix}a_1 & b_1\\ a_2 & b_2\end{vmatrix}=a_1b_2-a_2b_1\neq 0,$$

从而 $\det\dfrac{\partial(x,y)}{\partial(u,v)}=(a_1b_2-a_2b_1)^{-1}$．故平面区域 D 的面积

$$S_D=\iint\limits_{D}\mathrm{d}x\mathrm{d}y=\iint\limits_{u^2+v^2\leqslant 1}\left|\det\frac{\partial(x,y)}{\partial(u,v)}\right|\mathrm{d}u\mathrm{d}v=\pi|a_1b_2-a_2b_1|^{-1}.$$

例 13.2.13　求 $\dfrac{x^2}{a^2}+\dfrac{y^2}{b^2}=1$ 所围区域 D 的面积.

解　令 $\begin{cases}x=ar\cos\theta,\\ y=br\sin\theta,\end{cases}$ 则 $D_{r\theta}=\{(r,\theta):\ 0\leqslant\theta\leqslant 2\pi,\ 0\leqslant r\leqslant 1\}$，且 $\left|\det\dfrac{\partial(x,y)}{\partial(r,\theta)}\right|=abr$，故区域 D 的面积

$$S_D=\iint\limits_{D}\mathrm{d}x\mathrm{d}y=\int_0^{2\pi}\mathrm{d}\theta\int_0^1 abr\mathrm{d}r=\pi ab.$$

例 13.2.14　求椭球面 $\dfrac{x^2}{a^2}+\dfrac{y^2}{b^2}+\dfrac{z^2}{c^2}=1$ 所围空间区域 Ω 的体积.

解　由对称性，椭球面在八个卦限中的图形是全等的，因此只需计算椭球体在第一卦限中部分的体积，即计算 $z=c\sqrt{1-\dfrac{x^2}{a^2}-\dfrac{y^2}{b^2}}$ 在区域

$$D=\left\{(x,y)\mid\ \frac{x^2}{a^2}+\frac{y^2}{b^2}\leqslant 1,\ x\geqslant 0,\ y\geqslant 0\right\}$$

上的二重积分．故所求体积

$$V=8c\iint_D\sqrt{1-\frac{x^2}{a^2}-\frac{y^2}{b^2}}\mathrm{d}x\mathrm{d}y.$$

令$\begin{cases}x=ar\cos\theta,\\ y=br\sin\theta,\end{cases}$ 则$0\leqslant r\leqslant 1$，$0\leqslant\theta\leqslant\frac{\pi}{2}$且$\mathrm{d}x\mathrm{d}y=abr\mathrm{d}r\mathrm{d}\theta$．所以

$$V=8c\iint_D\sqrt{1-\frac{x^2}{a^2}-\frac{y^2}{b^2}}\mathrm{d}x\mathrm{d}y=8abc\int_0^{\frac{\pi}{2}}\mathrm{d}\theta\int_0^1\sqrt{1-r^2}\,r\mathrm{d}r=\frac{4}{3}\pi abc.$$

习题 13.2

1．改变下列累次积分的积分顺序．

（1）$\int_0^1\left(\int_{2\sqrt{1-x}}^{\sqrt{4-x^2}}f(x,y)\mathrm{d}y\right)\mathrm{d}x+\int_1^2\left(\int_0^{\sqrt{4-x^2}}f(x,y)\mathrm{d}y\right)\mathrm{d}x$；

（2）$\int_1^2\left(\int_{2-x}^{\sqrt{2x-x^2}}f(x,y)\mathrm{d}y\right)\mathrm{d}x$；

（3）$\int_0^1\left(\int_0^{2x^2}f(x,y)\mathrm{d}y\right)\mathrm{d}x+\int_1^3\left(\int_0^{3-x}f(x,y)\mathrm{d}y\right)\mathrm{d}x$；

（4）$\int_{-6}^2\left(\int_{\frac{x^2-4}{4}}^{2-x}f(x,y)\mathrm{d}y\right)\mathrm{d}x.$

2．将二重积分$\iint_D f(x,y)\mathrm{d}x\mathrm{d}y$化为累次积分．

（1）$D=\{(x,y)\mid x+y\leqslant 1,y-x\leqslant 1,y\geqslant 0\}$；

（2）$D=\{(x,y)\mid y\geqslant x-2,x\geqslant y^2\}$．

3．画出积分区域的图形，并将二重积分$\iint_D f(x,y)\mathrm{d}x\mathrm{d}y$化为极坐标下的累次积分，其中

$D=\{(x,y)\mid x^2+(y-a)^2\leqslant a^2,(x-a)^2+y^2\leqslant a^2\}$，$a>0$是常数．

4．设$f(u)$连续，证明：$\iint_D f(x+y)\mathrm{d}x\mathrm{d}y=\int_{-A}^A f(u)(A-|u|)\mathrm{d}u$，其中

$$D=\left\{(x,y):|x|\leqslant\frac{A}{2},\ |y|\leqslant\frac{A}{2}\right\}.$$

5．计算下列二重积分．

（1）$\iint_D\frac{x+y}{x^2+y^2}\mathrm{d}x\mathrm{d}y$，　$D=\{(x,y)\mid x^2+y^2\leqslant x+y\}$；

（2）$\iint_D\frac{x^2}{1+y^2}\mathrm{d}x\mathrm{d}y$，　$D=[0,1]\times[0,1]$；

（3）$\iint_D|xy|\mathrm{d}x\mathrm{d}y$，　$D=\{(x,y)\mid x^2+y^2\leqslant R^2\}$；

（4）$\iint\limits_D xy\mathrm{d}x\mathrm{d}y$，$D=\{(x,y)\mid x^2+y^2-2y\leqslant 0, y\leqslant x\}$；

（5）$\iint\limits_D (x+y)\mathrm{d}x\mathrm{d}y$，$D=\{(x,y)\mid x^2+y^2\leqslant x+y\}$.

6．通过适当变量代换，计算下列二重积分.

（1）$\iint\limits_D (y-x)\mathrm{d}x\mathrm{d}y$，$D$是由$y=x+1, y=x-3, y=-\dfrac{x}{3}+\dfrac{7}{3}, y=-\dfrac{x}{3}+\dfrac{5}{3}$所围成的平面区域.

（2）$\iint\limits_D (x^2+y^2+1)\mathrm{d}x\mathrm{d}y$，$D$是由$xy=1, xy=2, y=x, y=4x$（$x>0, y>0$）所围成的平面区域.

（3）$\iint\limits_D (\sqrt{x}+\sqrt{y})\mathrm{d}x\mathrm{d}y$，$D$是由$\sqrt{x}+\sqrt{y}=1, x=0, y=0$所围成的平面区域.

（4）$\iint\limits_D (x^2+y^2)\mathrm{d}x\mathrm{d}y$，$D=\{(x,y):|x|+|y|\leqslant 1\}$.

（5）$\iint\limits_D (x-y^2)\mathrm{d}x\mathrm{d}y$，$D$是由$y=2, y^2-y-x=1, y^2+2y-x=2$所围成的平面区域.

7．求下列曲线所围平面区域的面积.

（1）$(x^2+y^2)^3=x^4+y^4$；

（2）$\sqrt{x}+\sqrt{y}=\sqrt{a}$与$x=0, y=0$；

（3）$\rho^2=4a^2\sin 2\theta$；

（4）$(x^2+y^2)^2=2ax^3$.

8．计算下列立体的体积.

（1）分别求出由平面$z=x-y$，$z=0$与圆柱面$x^2+y^2=2x$所围成的两个空间几何体的体积；

（2）求由曲面$z=x^2+2y^2$及$z=6-2x^2-y^2$所围立体的体积；

（3）求两个球体$x^2+y^2+z^2\leqslant 1, x^2+y^2+(z-2)^2\leqslant 4$所围立体的体积.

9．设函数$f(t)$连续，证明：

（1）$\iint\limits_{|x|+|y|\leqslant 1} f(x+y)\mathrm{d}x\mathrm{d}y=\int_{-1}^{1} f(t)\mathrm{d}t$；

（2）$\iint\limits_D f(xy)\mathrm{d}x\mathrm{d}y=\ln 2\int_1^2 f(t)\mathrm{d}t$，其中$D$是由$xy=1, xy=2, y=x, y=4x$所围成在第一象限的区域.

10．证明下列不等式.

（1）若$f(x)$是$[a,b]$上的非负连续函数，则

$$\left(\int_a^b f(x)\cos kx\mathrm{d}x\right)^2+\left(\int_a^b f(x)\sin kx\mathrm{d}x\right)^2\leqslant\left(\int_a^b f(x)\mathrm{d}x\right)^2;$$

（2）若$f(x)$，$p(x)$，$g(x)$在$[a,b]$上连续，$p(x)$是正值函数，$f(x)$，$g(x)$都是单调递增

函数或都是单调递减函数，则

$$\int_a^b p(x)f(x)\mathrm{d}x\cdot\int_a^b p(x)g(x)\mathrm{d}x\leqslant\int_a^b p(x)\mathrm{d}x\cdot\int_a^b p(x)f(x)g(x)\mathrm{d}x.$$

（上式也称为切比雪夫不等式.）

13.3 三重积分

将二重积分的被积函数由二元推广到三元，积分区域自然由平面区域推广到空间区域，这样得到三元函数在空间区域上的积分即三重积分．由于三元函数的图像存在于四维空间中，几何直观在这里已不存在了，但三重积分仍然有其物理意义：物质非均匀分布的空间物体的质量．将物体置于空间直角坐标系中，用 D 表示物体占据的空间有界区域，并且用 $\rho(x,y,z)$ 表示区域 D 中点 (x,y,z) 处的体密度．将 D 以任意方式分成若干小区域 ΔD_1，ΔD_2，$\cdots$，ΔD_n，这种分法记为 T．用 ΔV_i 表示第 i 个小区域 ΔD_i 的体积．如果小区域 ΔD_i 的直径很小，则其上的物质可近似看成是均匀分布的．任取 $(\xi_i,\eta_i,\zeta_i)\in\Delta D_i$，则小块物体的质量近似等于 $\rho(\xi_i,\eta_i,\zeta_i)\Delta V_i$，于是整个物体的质量近似等于 $\sum\limits_{i=1}^{n}\rho(\xi_i,\eta_i,\zeta_i)\Delta V_i$，当对区域 D 分割的越来越细时，每个小区域的直径越来越小，故当

$$\|T\|=\max\{\mathrm{diam}(\Delta D_i)\mid i=1,2,\cdots,n\}\to 0$$

时，上述和数趋于物体的质量，而物体的质量是一个固定的数，与区域的划分方式及每个小区域内点的不同取法都无关．将其解决问题的数学思想抽象出来，就得到三重积分的概念．

定义 13.3.1（三重积分的概念） 设三元函数 $f(x,y,z)$ 定义在有界闭区域 $D\subset\mathbb{R}^3$ 上，任取区域 D 的一个分割 $T=\{\Delta D_1,\Delta D_2,\cdots,\Delta D_n\}$，用 ΔV_i 表示第 i 个小区域 ΔD_i 的体积，且令

$$\|T\|=\max\{\mathrm{diam}(\Delta D_i)\mid i=1,2,\cdots,n\},$$

任取 $(\xi_i,\eta_i,\zeta_i)\in\Delta D_i$（$i=1,2,\cdots,n$）．若 $\lim\limits_{\|T\|\to 0}\sum\limits_{i=1}^{n}f(\xi_i,\eta_i,\zeta_i)\Delta V_i$ 存在，且极限值与区域 D 的划分方式 T 和每个小区域内点的取法都无关，则称 $f(x,y,z)$ 在区域 D 上（黎曼）可积，且称此极限值为 $f(x,y,z)$ 在 D 上的三重积分，记为 $\iiint\limits_D f(x,y,z)\mathrm{d}V$，其中 $\iiint$ 是三重积分符号，D 为积分区域，$f(x,y,z)$ 是被积函数，$\mathrm{d}V$ 是体积微元.

$\iiint\limits_D f(x,y,z)\mathrm{d}V$ 是个实数，仅与积分区域与被积函数有关，与积分变量的记号无关，因此 $\iiint\limits_D f(x,y,z)\mathrm{d}V$ 又简记为 $\iiint\limits_D f\mathrm{d}V$.

类似于二重积分面积微元的讨论，在直角坐标系下，我们有体积微元 $\mathrm{d}V=\mathrm{d}x\mathrm{d}y\mathrm{d}z$.

由于三重积分是二重积分的直接推广，因此二重积分所具有的性质，三重积分同样具有．例如，被积函数的奇偶性与积分区域的对称性：设积分区域 $D=D_1\cup D_2$，其中 D_1 与 D_2

关于 Oyz 坐标平面对称，(1) 如果 $f(x,y,z)$ 关于自变量 x 是奇函数，则 $\iiint\limits_D f(x,y,z)\mathrm{d}V=0$；(2) 如果 $f(x,y,z)$ 关于自变量 x 是偶函数，则 $\iiint\limits_D f(x,y,z)\mathrm{d}V=2\iiint\limits_{D_1} f(x,y,z)\mathrm{d}V$. 关于其他坐标平面的对称性结论类似.

由三重积分的定义知，$\iiint\limits_D \mathrm{d}V=V_D$ 是积分区域 D 的体积. 下面讨论三重积分的计算.

13.3.1 直角坐标系

设函数 $f(x,y,z)$ 在有界闭区域 $\Omega\subset\mathbb{R}^3$ 上连续. 针对积分区域 Ω 的不同形状，三重积分的计算分以下两种情形.

情形 1 先一后二法，即先计算一个定积分，再计算一个二重积分.

这种情形下，先确定二重积分的积分区域. 设积分区域 Ω 在 Oxy 坐标平面上的投影是有界闭区域 D，任取 $(x,y)\in D$，过该点作垂直于 Oxy 坐标平面的直线，分别与 Ω 的上下两曲面交于两点 $(x,y,z_2(x,y))$ 与 $(x,y,z_1(x,y))$（如图 13-3-1 所示），其中 $z_1(x,y),\ z_2(x,y)\in C(D)$，即

$$\Omega=\{(x,y,z):\ (x,y)\in D,\ z_1(x,y)\leqslant z\leqslant z_2(x,y)\},$$

则 $\iiint\limits_{\Omega} f(x,y,z)\mathrm{d}x\mathrm{d}y\mathrm{d}z=\iint\limits_D \mathrm{d}x\mathrm{d}y\int_{z_1(x,y)}^{z_2(x,y)} f(x,y,z)\mathrm{d}z$.

情形 2 先二后一法，即先计算一个二重积分，再计算定积分.

这种情形，先确定定积分的积分区间. 设积分区域 Ω 在 z 轴上的投影是区间 $[z_1,z_2]$，任取 $z\in[z_1,z_2]$，过点 $(0,0,z)$ 作垂直于 z 轴的平面，被 Ω 截出的平面有界闭区域为 D_z（如图 13-3-2 所示），即

$$\Omega=\{(x,y,z):\ z_1\leqslant z\leqslant z_2,\ (x,y)\in D_z\},$$

则 $\iiint\limits_{\Omega} f(x,y,z)\mathrm{d}x\mathrm{d}y\mathrm{d}z=\int_{z_1}^{z_2}\mathrm{d}z\iint\limits_{D_z} f(x,y,z)\mathrm{d}x\mathrm{d}y$.

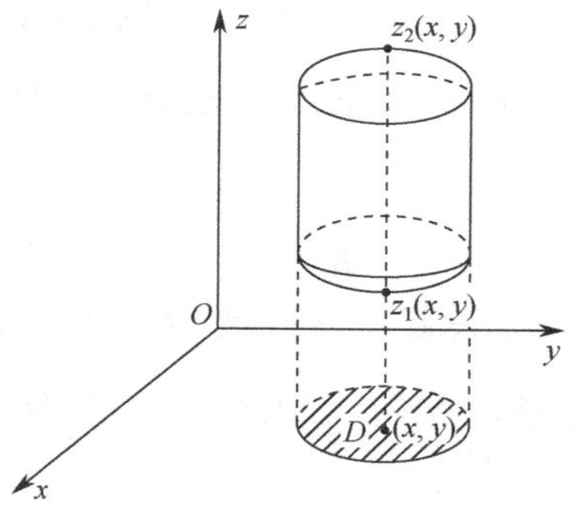

图 13-3-1

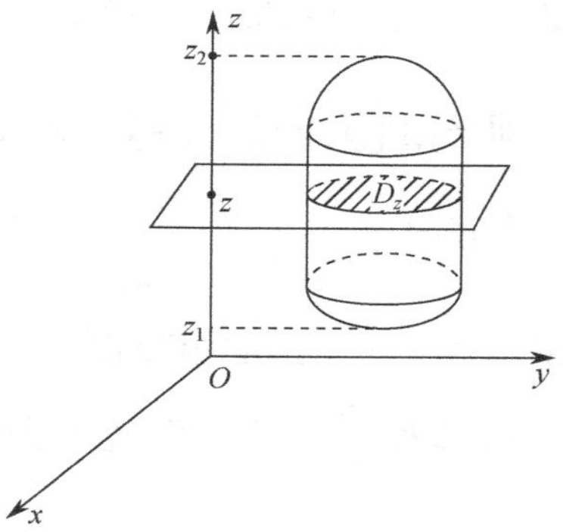

图 13-3-2

此法可换为其他次序的累次积分.

例 13.3.1 设$\Omega=\{(x,y,z):\ x\geqslant 0,\ y\geqslant 0,\ z\geqslant 0,\quad x+y+z\leqslant 1\}$．计算三重积分 $I=\iiint\limits_{\Omega}\frac{1}{(1+x+y+z)^3}\mathrm{d}x\mathrm{d}y\mathrm{d}z$．

解法 1 四面体Ω投影在Oxy平面上的有界闭区域为$D=\{(x,y):\ x\geqslant 0,\ y\geqslant 0,\ x+y\leqslant 1\}$，且$\Omega=\{(x,y,z):\ (x,y)\in D,\quad 0\leqslant z\leqslant 1-x-y\}$（如图 13-3-3 所示）．则

$$
\begin{aligned}
I&=\iiint\limits_{\Omega}\frac{1}{(1+x+y+z)^3}\mathrm{d}x\mathrm{d}y\mathrm{d}z=\iint\limits_{D}\mathrm{d}x\mathrm{d}y\int_0^{1-x-y}\frac{1}{(1+x+y+z)^3}\mathrm{d}z\\
&=\frac{1}{2}\iint\limits_{D}\frac{1}{(1+x+y)^2}\mathrm{d}x\mathrm{d}y-\frac{1}{8}\iint\limits_{D}\mathrm{d}x\mathrm{d}y\\
&=\frac{1}{2}\int_0^1\mathrm{d}x\int_0^{1-x}(1+x+y)^{-2}\mathrm{d}y-\frac{1}{16}=\frac{1}{16}(8\ln 2-5).
\end{aligned}
$$

解法 2 $\Omega=\{(x,y,z):\ 0\leqslant z\leqslant 1,\ (x,y)\in D_z\}$，$\quad D_z=\{(x,y):\ x\geqslant 0,\ y\geqslant 0,\ x+y\leqslant 1-z\}$（如图 13-3-4 所示）．则

$$
\begin{aligned}
I&=\iiint\limits_{\Omega}\frac{1}{(1+x+y+z)^3}\mathrm{d}x\mathrm{d}y\mathrm{d}z=\int_0^1\mathrm{d}z\iint\limits_{D_z}\frac{1}{(1+x+y+z)^3}\mathrm{d}x\mathrm{d}y\\
&=\int_0^1\mathrm{d}z\int_0^{1-z}\mathrm{d}x\int_0^{1-x-z}\frac{1}{(1+x+y+z)^3}\mathrm{d}y=\frac{1}{16}(8\ln 2-5).
\end{aligned}
$$

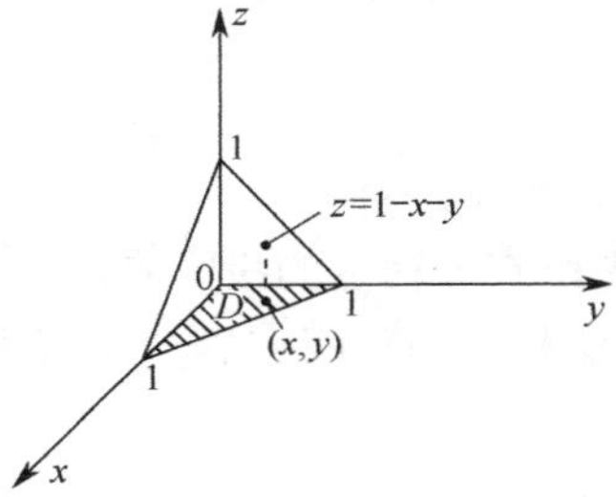

图 13-3-3

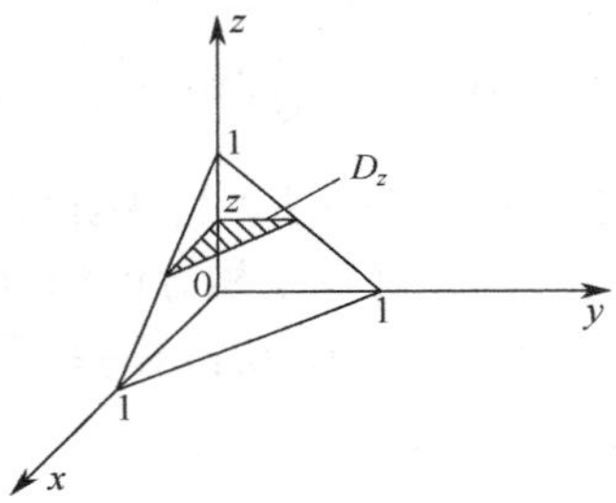

图 13-3-4

解法 3 对$\forall t\in[0,1]$，当$x+y+z=t$时，被积函数$f(x,y,z)=\frac{1}{(1+x+y+z)^3}=\frac{1}{(1+t)^3}$，即平面$\{(x,y,z):\ x+y+z=t\}$是函数$f(x,y,z)$的等值面，这些等值面与空间区域$\Omega$的一个底面

$$\{(x,y,z):\ x+y+z=1,\ x\geqslant 0,\ y\geqslant 0,\ z\geqslant 0\}$$

平行．用函数$f(x,y,z)$的等值面$\{(x,y,z):\ x+y+z=t\}$去截空间区域Ω，得到Ω的一个分割．则体积微元是底面边长为$\sqrt{2}t$的正三角形，高为$\frac{1}{\sqrt{3}}\mathrm{d}t$的柱体的体积，故$\mathrm{d}V=\frac{1}{2}t^2\mathrm{d}t$，从而

$$I=\int_0^1\frac{1}{2}t^2\frac{1}{(1+t)^3}\mathrm{d}t=\frac{1}{2}\int_0^1\left(\frac{1}{1+t}-\frac{2}{(1+t)^2}+\frac{1}{(1+t)^3}\right)\mathrm{d}t=\frac{1}{2}\left(\ln 2-\frac{5}{8}\right).$$

例 13.3.2　计算$I=\iiint\limits_{\Omega}(x+y)^2\mathrm{d}x\mathrm{d}y\mathrm{d}z$，其中空间区域$\Omega=\left\{(x,y,z):\ \dfrac{x^2}{a^2}+\dfrac{y^2}{b^2}+\dfrac{z^2}{c^2}\leqslant 1\right\}$.

解　$I=\iiint\limits_{\Omega}x^2\mathrm{d}x\mathrm{d}y\mathrm{d}z+2\iiint\limits_{\Omega}xy\mathrm{d}x\mathrm{d}y\mathrm{d}z+\iiint\limits_{\Omega}y^2\mathrm{d}x\mathrm{d}y\mathrm{d}z$，对第二个积分$\iiint\limits_{\Omega}xy\mathrm{d}x\mathrm{d}y\mathrm{d}z$，由于被积函数是$x$的奇函数，积分区域关于$Oyz$坐标平面对称，因此$\iiint\limits_{\Omega}xy\mathrm{d}x\mathrm{d}y\mathrm{d}z=0$. 积分$\iiint\limits_{\Omega}x^2\mathrm{d}x\mathrm{d}y\mathrm{d}z$和$\iiint\limits_{\Omega}y^2\mathrm{d}x\mathrm{d}y\mathrm{d}z$的计算类似，故我们只需计算其中一个积分.

下面计算$\iiint\limits_{\Omega}x^2\mathrm{d}x\mathrm{d}y\mathrm{d}z$. 将其转化为先二后一的累次积分. 对$\forall x\in[-a,a]$，过点$(x,0,0)$用平行于$Oyz$坐标平面的平面去截椭球体，截得一椭圆面

$$D_x=\left\{(y,z):\ \frac{y^2}{b^2\left(1-\dfrac{x^2}{a^2}\right)}+\frac{z^2}{c^2\left(1-\dfrac{x^2}{a^2}\right)}\leqslant 1\right\},$$

其面积为$\pi bc\left(1-\dfrac{x^2}{a^2}\right)$，所以

$$\iiint\limits_{\Omega}x^2\mathrm{d}x\mathrm{d}y\mathrm{d}z=\int_{-a}^{a}x^2\mathrm{d}x\iint\limits_{D_x}\mathrm{d}y\mathrm{d}z=\pi bc\int_{-a}^{a}x^2\left(1-\frac{x^2}{a^2}\right)\mathrm{d}x=\frac{4}{15}\pi a^3bc.$$

由对称性，得$\iiint\limits_{\Omega}y^2\mathrm{d}x\mathrm{d}y\mathrm{d}z=\dfrac{4}{15}\pi b^3ac$. 故$I=\dfrac{4}{15}\pi abc(a^2+b^2)$.

13.3.2　一般坐标变换

前一节已经详细地讨论了二重积分的换元法，这个结论可平行地推广到高维情形. 下面直接写出三重积分的换元公式.

定理 13.3.1　设$D,\ \Omega\subset\mathbb{R}^3$是有界闭区域，且连续可微的双射

$$\Phi:\begin{cases}x=x(u,v,w),\\ y=y(u,v,w),\\ z=z(u,v,w)\end{cases}$$

把区域D映射为区域Ω，且雅可比矩阵$\dfrac{\partial(x,y,z)}{\partial(u,v,w)}$在$D$内的每一点处都可逆. 若$f(x,y,z)\in C(\Omega)$，则$\iiint\limits_{\Omega}f(x,y,z)\mathrm{d}x\mathrm{d}y\mathrm{d}z=\iiint\limits_{D}f(x(u,v,w),y(u,v,w),z(u,v,w))\left|\det\dfrac{\partial(x,y,z)}{\partial(u,v,w)}\right|\mathrm{d}u\mathrm{d}v\mathrm{d}w.$

例 13.3.3　计算三重积分$I=\iiint\limits_{\Omega}\cos(mx+ny+lz)\mathrm{d}x\mathrm{d}y\mathrm{d}z$，其中$m,\ n,\ l$是不全为零的常数，空间区域$\Omega=\{(x,y,z):\ x^2+y^2+z^2\leqslant 1\}$.

解　令$\lambda=\sqrt{m^2+n^2+l^2}$，取实数$l_i,\ m_i,\ n_i$（$i=1,2$）使得

$$U=\begin{pmatrix}\dfrac{m}{\lambda} & \dfrac{n}{\lambda} & \dfrac{l}{\lambda}\\ m_1 & n_1 & l_1\\ m_2 & n_2 & l_2\end{pmatrix}\text{是正交矩阵，并令}\begin{pmatrix}u\\v\\w\end{pmatrix}=U\begin{pmatrix}x\\y\\z\end{pmatrix},$$

则正交变换U把单位球$\{(x,y,z):\ x^2+y^2+z^2\leqslant 1\}$映射为单位球$\{(u,v,w):\ u^2+v^2+w^2\leqslant 1\}$．故

$$\begin{aligned}I&=\iiint\limits_{\Omega}\cos(mx+ny+lz)\mathrm{d}x\mathrm{d}y\mathrm{d}z=\iiint\limits_{u^2+v^2+w^2\leqslant 1}\cos(\lambda u)\mathrm{d}u\mathrm{d}v\mathrm{d}w\\&=\int_{-1}^{1}\cos(\lambda u)\mathrm{d}u\iint\limits_{v^2+w^2\leqslant 1-u^2}\mathrm{d}v\mathrm{d}w=\pi\int_{-1}^{1}(1-u^2)\cos(\lambda u)\mathrm{d}u\\&=\frac{\pi}{\lambda}\int_{-1}^{1}(1-u^2)\mathrm{d}\sin(\lambda u)=\frac{4\pi}{\lambda^2}\left(\frac{\sin\lambda}{\lambda}-\cos\lambda\right).\end{aligned}$$

例 13.3.4 计算三重积分$\iiint\limits_{\Omega}(y-z)\arctan z\mathrm{d}x\mathrm{d}y\mathrm{d}z$，其中空间区域$\Omega$由平面$z=0,z=1$与曲面$x^2+\dfrac{1}{2}(y-z)^2=R^2$围成.

解 令$\begin{cases}u=x,\\ v=\dfrac{1}{\sqrt{2}}(y-z),\\ w=z,\end{cases}$则该变换将空间区域$\Omega$变换为$V=\{(u,v,w):\ u^2+v^2\leqslant R^2,$ $0\leqslant w\leqslant 1\}$（如图 13-3-5 所示）．由$\begin{cases}x=u,\\ y=\sqrt{2}v+w,\\ z=w\end{cases}$知

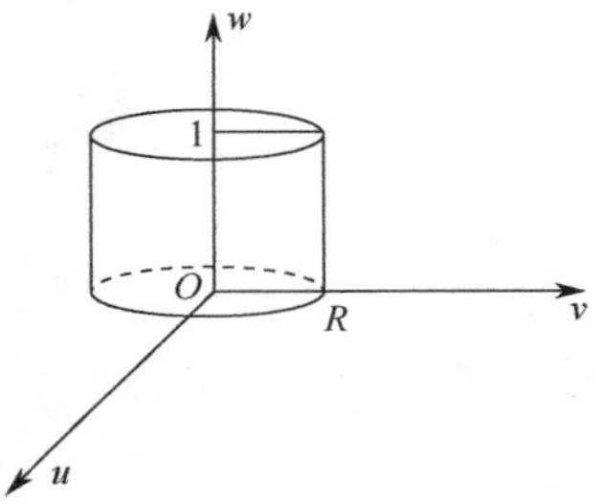

图 13-3-5

$$\det\frac{\partial(x,y,z)}{\partial(u,v,w)}=\begin{vmatrix}1&0&0\\0&\sqrt{2}&1\\0&0&1\end{vmatrix}=\sqrt{2},$$

故
$$\begin{aligned}&\iiint\limits_{\Omega}(y-z)\arctan z\mathrm{d}x\mathrm{d}y\mathrm{d}z=\iiint\limits_{V}2v\arctan w\mathrm{d}u\mathrm{d}v\mathrm{d}w\\&=2\int_0^1\arctan w\mathrm{d}w\iint\limits_{u^2+v^2\leqslant R^2}v\mathrm{d}u\mathrm{d}v=0.\end{aligned}$$

下面考虑几类在三重积分的计算中经常用到的坐标变换.

13.3.3 柱坐标变换

设$M(x,y,z)\in\mathbb{R}^3$在Oxy坐标平面上的投影为$P(x,y)$，r表示$\overrightarrow{OP}$的长度，θ表示$\overrightarrow{OP}$与x轴正向所成的角，此时

$$\begin{cases}x=r\cos\theta,\\ y=r\sin\theta,\\ z=z,\end{cases}$$

其中$r\geqslant 0,\ 0\leqslant\theta\leqslant 2\pi,\ -\infty<z<+\infty$．故点$M$由$(r,\theta,z)$完全确定，把用$(r,\theta,z)$中三个参数

表示空间点 M 的坐标系称为柱坐标系，如图 13-3-6 所示．$r=r_0$ 为常数，表示以 z 轴为中心轴的圆柱；$\theta=\theta_0$ 为常数，表示过 z 轴的半平面；$z=z_0$ 为常数，表示平行于 Oxy 坐标面的平面．在柱坐标变换下，

$$\det\frac{\partial(x,y,z)}{\partial(r,\theta,z)}=\begin{vmatrix}\cos\theta & -r\sin\theta & 0\\ \sin\theta & r\cos\theta & 0\\ 0 & 0 & 1\end{vmatrix}=r,$$

故柱坐标系下的体积微元 $\mathrm{d}x\mathrm{d}y\mathrm{d}z=r\mathrm{d}r\mathrm{d}\theta\mathrm{d}z$.

例 13.3.5　计算三重积分 $\iiint\limits_{\Omega}(x^2+y^2)\mathrm{d}x\mathrm{d}y\mathrm{d}z$，其中空间区域 Ω 由曲线 $\begin{cases}y^2=2z,\\ x=0\end{cases}$ 绕 z 轴旋转而成的曲面与平面 $z=2,z=8$ 围成.

解　旋转曲面的方程为 $z=\dfrac{x^2+y^2}{2}$．将三重积分转化为先二后一的累次积分，如图 13-3-7 所示，

$$\Omega=\{(x,y,z):\ 2\leqslant z\leqslant 8,\ (x,y)\in D_z\},$$

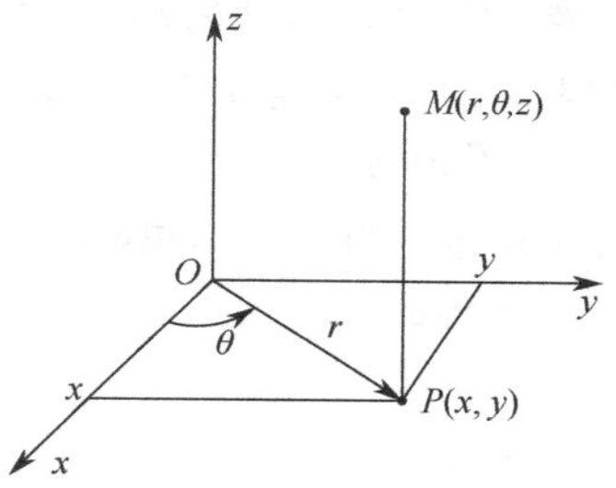

图 13-3-6

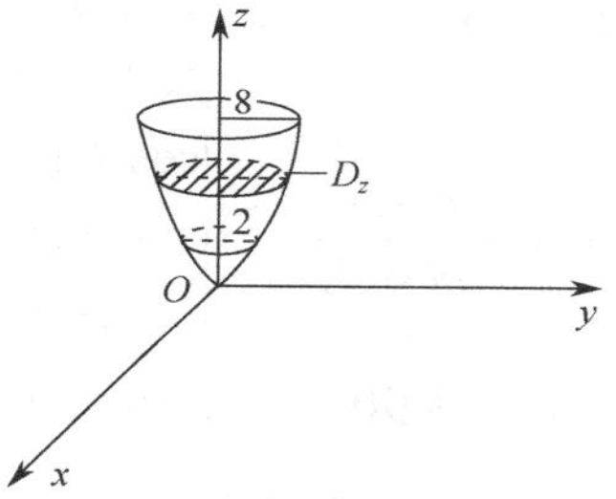

图 13-3-7

其中 $D_z=\{(x,y):\ x^2+y^2\leqslant 2z\}$，故

$$\iiint\limits_{\Omega}(x^2+y^2)\mathrm{d}x\mathrm{d}y\mathrm{d}z=\int_2^8\mathrm{d}z\iint\limits_{D_z}(x^2+y^2)\mathrm{d}x\mathrm{d}y=\int_2^8\mathrm{d}z\int_0^{2\pi}\mathrm{d}\theta\int_0^{\sqrt{2z}}r^2\cdot r\mathrm{d}r=336\pi.$$

例 13.3.6　计算三重积分 $\iiint\limits_{\Omega}x^2\mathrm{d}x\mathrm{d}y\mathrm{d}z$，其中空间区域 Ω 由两抛物面 $z=2(x^2+y^2)$ 和 $z=1+x^2+y^2$ 围成.

解　两抛物面 $z=2(x^2+y^2)$ 和 $z=1+x^2+y^2$ 的交线 $\begin{cases}z=2,\\ x^2+y^2=1.\end{cases}$ 将三重积分转化为先一后二的累次积分，空间区域 Ω 在 Oxy 坐标平面上的投影为平面区域

$$D=\{(x,y):\ x^2+y^2\leqslant 1\}$$

且　$\Omega=\{(x,y,z):\ 2(x^2+y^2)\leqslant z\leqslant 1+x^2+y^2,\ (x,y)\in D\}$，

如图 13-3-8 所示．故

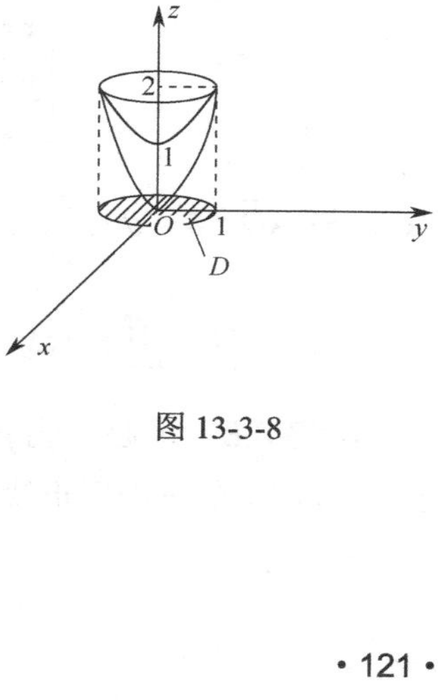

图 13-3-8

$$\iiint\limits_{\Omega} x^2 \mathrm{d}x\mathrm{d}y\mathrm{d}z = \iint\limits_{D} x^2 \mathrm{d}x\mathrm{d}y \int_{2(x^2+y^2)}^{1+x^2+y^2} \mathrm{d}z = \iint\limits_{D} x^2(1-x^2-y^2)\mathrm{d}x\mathrm{d}y$$

$$= \int_0^{2\pi} \cos^2\theta \mathrm{d}\theta \int_0^1 r^2(1-r^2) r\mathrm{d}r = \frac{\pi}{12}.$$

13.3.4 球坐标变换

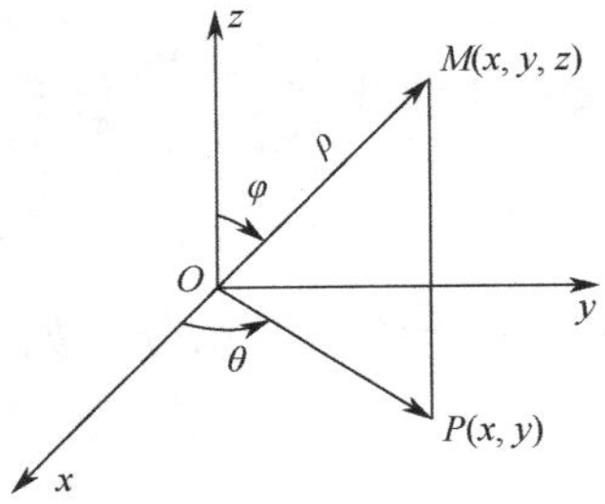

图 13-3-9

设 $M(x,y,z)\in\mathbb{R}^3$ 在 Oxy 坐标平面上的投影为 $P(x,y)$，ρ 表示 $\overrightarrow{OM}$ 的长度，φ 表示 $\overrightarrow{OM}$ 与 z 轴正向的夹角，θ 为 $\overrightarrow{OP}$ 与 x 轴正向的夹角（如图 13-3-9 所示），则 M 点的坐标可用 (ρ,θ,φ) 表示如下：

$$\begin{cases} x = \rho\cos\theta\sin\varphi, \\ y = \rho\sin\theta\sin\varphi, \\ z = \rho\cos\varphi, \end{cases}$$

其中 $\rho\geqslant 0$，$0\leqslant\theta\leqslant 2\pi$，$0\leqslant\varphi\leqslant\pi$. 把用 (ρ,θ,φ) 中三个参数表示空间点的坐标系称为球坐标系．在球坐标变换下，

$$\det\frac{\partial(x,y,z)}{\partial(\rho,\theta,\varphi)} = \begin{vmatrix} \cos\theta\sin\varphi & -\rho\sin\theta\sin\varphi & \rho\cos\theta\cos\varphi \\ \sin\theta\sin\varphi & \rho\cos\theta\sin\varphi & \rho\sin\theta\cos\varphi \\ \cos\varphi & 0 & -\rho\sin\varphi \end{vmatrix} = -\rho^2\sin\varphi,$$

故球坐标系下的体积微元 $\mathrm{d}x\mathrm{d}y\mathrm{d}z = \rho^2\sin\varphi\mathrm{d}\rho\mathrm{d}\theta\mathrm{d}\varphi$.

例 13.3.7 变换为球坐标系计算 $I = \int_0^1 \mathrm{d}x \int_0^{\sqrt{1-x^2}} \mathrm{d}y \int_{\sqrt{x^2+y^2}}^{\sqrt{2-x^2-y^2}} z^2 \mathrm{d}z$.

解 空间区域 Ω 投影在 Oxy 坐标平面上的区域为 $D=\{(x,y):\ x^2+y^2\leqslant 1,\ x\geqslant 0,\ y\geqslant 0\}$ 且

$$\Omega = \{(x,y,z):\ \sqrt{x^2+y^2}\leqslant z\leqslant\sqrt{2-x^2-y^2},\ (x,y)\in D\},$$

如图 13-3-10 所示．故 $I = \int_0^1 \mathrm{d}x \int_0^{\sqrt{1-x^2}} \mathrm{d}y \int_{\sqrt{x^2+y^2}}^{\sqrt{2-x^2-y^2}} z^2 \mathrm{d}z = \iiint\limits_{\Omega} z^2 \mathrm{d}x\mathrm{d}y\mathrm{d}z$.

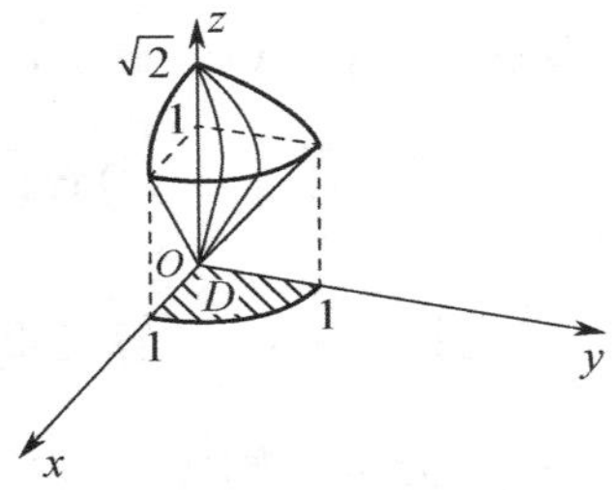

图 13-3-10

令

$$\begin{cases} x = \rho\cos\theta\sin\varphi, \\ y = \rho\sin\theta\sin\varphi, \\ z = \rho\cos\varphi, \end{cases}$$

则 $0\leqslant\rho\leqslant\sqrt{2}$，$0\leqslant\theta\leqslant\dfrac{\pi}{2}$，$0\leqslant\varphi\leqslant\dfrac{\pi}{4}$，且

$$I = \iiint\limits_{\Omega} z^2 \mathrm{d}x\mathrm{d}y\mathrm{d}z = \int_0^{\frac{\pi}{2}} \mathrm{d}\theta \int_0^{\frac{\pi}{4}} \mathrm{d}\varphi \int_0^{\sqrt{2}} \rho^2\cos^2\varphi\cdot\rho^2\sin\varphi\mathrm{d}\rho = \frac{2\sqrt{2}-1}{15}\pi.$$

例 13.3.8 求心脏线 $\rho = a(1+\cos\varphi)$（其中 $0\leqslant\varphi\leqslant\pi$，$a>0$）与极轴（图 13-3-11 中的 z 轴）围成的平面图形绕 z 轴旋转一周形成的旋转体的体积．

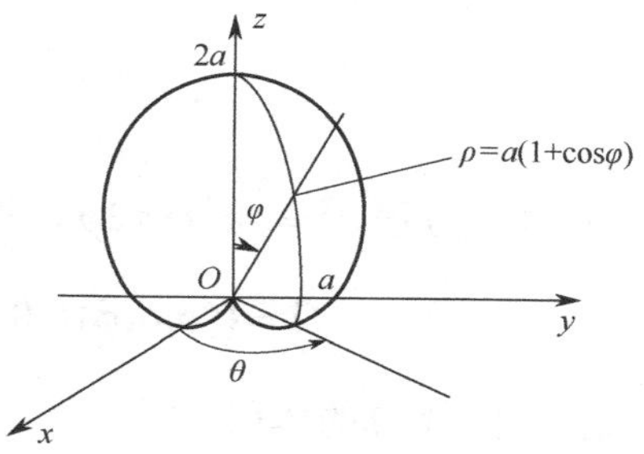

图 13-3-11

解　设心脏线绕 z 轴旋转一周形成的旋转体为 Ω．作球坐标变换

$$\begin{cases}x=\rho\cos\theta\sin\varphi,\\ y=\rho\sin\theta\sin\varphi,\\ z=\rho\cos\varphi,\end{cases}$$

其中坐标 ρ,φ 就是心脏线方程中的参数．则在球坐标系下，旋转体 Ω 表示为

$$\Omega'=\{(\rho,\varphi,\theta)\mid 0\leqslant\rho\leqslant a(1+\cos\varphi),\ 0\leqslant\varphi\leqslant\pi,0\leqslant\theta\leqslant 2\pi\},$$

故旋转体 Ω 的体积

$$\begin{aligned}V&=\iiint\limits_{\Omega}\mathrm{d}x\mathrm{d}y\mathrm{d}z=\iiint\limits_{\Omega'}\rho^2\sin\varphi\mathrm{d}\rho\mathrm{d}\varphi\mathrm{d}\theta\\&=\int_0^{2\pi}\mathrm{d}\theta\int_0^{\pi}\sin\varphi\mathrm{d}\varphi\int_0^{a(1+\cos\varphi)}\rho^2\mathrm{d}\rho\\&=\frac{2\pi a^3}{3}\int_0^{\pi}(1+\cos\varphi)^3\sin\varphi\mathrm{d}\varphi\\&=\frac{8\pi a^3}{3}.\end{aligned}$$

例 13.3.9　计算 $\iiint\limits_{\Omega}\left(\dfrac{x^2}{a^2}+\dfrac{y^2}{b^2}+\dfrac{z^2}{c^2}\right)\mathrm{d}x\mathrm{d}y\mathrm{d}z$，其中 $\Omega=\left\{(x,y,z)\,\middle|\,\dfrac{x^2}{a^2}+\dfrac{y^2}{b^2}+\dfrac{z^2}{c^2}\leqslant 1\right\}$.

解　作广义球坐标变换

$$\begin{cases}x=a\rho\cos\theta\sin\varphi,\\ y=b\rho\sin\theta\sin\varphi,\\ z=c\rho\cos\varphi,\end{cases}$$

则区域 Ω 的边界曲面的方程为 $\rho=1$ 且在广义球坐标系下区域表示为

$$\Omega'=\{(\rho,\varphi,\theta)\mid 0\leqslant\rho\leqslant 1,0\leqslant\varphi\leqslant\pi,0\leqslant\theta\leqslant 2\pi\}.$$

容易计算 $\left|\det\dfrac{\partial(x,y,z)}{\partial(\rho,\varphi,\theta)}\right|=abc\rho^2\sin\varphi$，故

$$\begin{aligned}\iiint\limits_{\Omega}\left(\frac{x^2}{a^2}+\frac{y^2}{b^2}+\frac{z^2}{c^2}\right)\mathrm{d}x\mathrm{d}y\mathrm{d}z&=\iiint\limits_{\Omega'}\rho^2\cdot abc\rho^2\sin\varphi\mathrm{d}\rho\mathrm{d}\varphi\mathrm{d}\theta\\&=abc\int_0^{2\pi}\mathrm{d}\theta\int_0^{\pi}\sin\varphi\mathrm{d}\varphi\int_0^1\rho^4\mathrm{d}\rho=\frac{4}{5}\pi abc.\end{aligned}$$

例 13.3.10　求曲面 $(x^2+y^2+z^2)^2=a^2(x^2+y^2-z^2)$ 所围空间区域 Ω 的体积，其中 $a>0$ 是常数.

解　由于曲面的方程关于三个坐标平面对称，因此空间区域 Ω 的体积是在第一卦限部分 Ω_1 体积的 8 倍．作球坐标变换

$$\begin{cases} x = \rho\cos\theta\sin\varphi, \\ y = \rho\sin\theta\sin\varphi, \\ z = \rho\cos\varphi, \end{cases}$$

则曲面的方程 $\rho^2 = -a^2\cos 2\varphi$，故

$$\Omega_1 = \{(\rho,\theta,\varphi) \mid 0 \leqslant \theta \leqslant \frac{\pi}{2},\ \frac{\pi}{4} \leqslant \varphi \leqslant \frac{\pi}{2},\ 0 \leqslant \rho \leqslant a\sqrt{-\cos 2\varphi}\},$$

且空间区域 Ω 的体积

$$V_\Omega = \iiint\limits_{\Omega} \mathrm{d}x\mathrm{d}y\mathrm{d}z = 8\iiint\limits_{\Omega_1} \rho^2\sin\varphi\mathrm{d}\rho\mathrm{d}\varphi\mathrm{d}\theta = 8\int_0^{\frac{\pi}{2}}\mathrm{d}\theta\int_{\frac{\pi}{4}}^{\frac{\pi}{2}}\mathrm{d}\varphi\int_0^{a\sqrt{-\cos 2\varphi}}\rho^2\sin\varphi\mathrm{d}\rho$$

$$= \frac{4\pi a^3}{3}\int_{\frac{\pi}{4}}^{\frac{\pi}{2}}\sin\varphi(-\cos 2\varphi)^{\frac{3}{2}}\mathrm{d}\varphi = -\frac{4\pi a^3}{3}\int_{\frac{\pi}{4}}^{\frac{\pi}{2}}(1-2\cos^2\varphi)^{\frac{3}{2}}\mathrm{d}\cos\varphi$$

$$\underline{\underline{\cos\varphi = t}}\ \frac{4\pi a^3}{3}\int_0^{\frac{\sqrt{2}}{2}}(1-2t^2)^{\frac{3}{2}}\mathrm{d}t\ \underline{\underline{\sqrt{2}t = \cos\alpha}}\ \frac{4\pi a^3}{3\sqrt{2}}\int_0^{\frac{\pi}{2}}\sin^4\alpha\mathrm{d}\alpha$$

$$= \frac{4\pi a^3}{3\sqrt{2}}\int_0^{\frac{\pi}{2}}\left(\frac{1-\cos 2\alpha}{2}\right)^2\mathrm{d}\alpha = \frac{\sqrt{2}\pi^2a^3}{8}.$$

习题 13.3

1. 求下列立体的体积.

（1）$\Omega = \left\{(x,y,z) \mid \sqrt{x^2+y^2} \leqslant z \leqslant H\right\}$；

（2）$\Omega = \{(x,y,z) \mid 0 \leqslant z \leqslant 1-x-y, 0 \leqslant y \leqslant 1-x, 0 \leqslant x \leqslant 1\}$.

2. 将三重积分 $\iiint\limits_{\Omega} f(x,y,z)\mathrm{d}x\mathrm{d}y\mathrm{d}z$ 化为直角坐标系下的累次积分.

（1）$\Omega = \{(x,y,z) \mid \sqrt{x^2+y^2} \leqslant z \leqslant 1\}$；

（2）$\Omega = \{(x,y,z) \mid 0 \leqslant z \leqslant x^2+y^2, x+y \leqslant 1, x \geqslant 0, y \geqslant 0\}$.

3. 计算累次积分 $\int_0^1\mathrm{d}x\int_0^x\mathrm{d}y\int_0^y\frac{\cos z}{(1-z)^2}\mathrm{d}z$ 的值.

4. 设 $f(t)$ 在 $(-\infty,+\infty)$ 上连续，$f(t) = 3\iiint\limits_{x^2+y^2+z^2 \leqslant t^2} f(\sqrt{x^2+y^2+z^2})\mathrm{d}x\mathrm{d}y\mathrm{d}z + |t|^3$，求 $f(t)$.

5. 函数 $f(x,y,z)$ 连续，计算极限 $\lim\limits_{r\to 0^+}\frac{1}{r^3}\iiint\limits_{x^2+y^2+z^2 \leqslant r^2} f(x,y,z)\mathrm{d}x\mathrm{d}y\mathrm{d}z$.

6. 计算下列三重积分的值.

（1）$\iiint\limits_{\Omega}(x+y)\mathrm{d}x\mathrm{d}y\mathrm{d}z$，其中 Ω 是由 $x=0,\ x=1,\ x^2+1 = \frac{y^2}{a^2}+\frac{z^2}{b^2}$ 所围成的空间区域;

（2）$\iiint\limits_{\Omega} xyz\mathrm{d}x\mathrm{d}y\mathrm{d}z,\quad \Omega = \{(x,y,z) \mid x^2+y^2+z^2 \leqslant 1, x \geqslant 0, y \geqslant 0, z \geqslant 0\}$；

（3）$\iiint\limits_{\Omega}(y+z)\mathrm{d}x\mathrm{d}y\mathrm{d}z$，$\Omega=\left\{(x,y,z)\mid \dfrac{x^2}{a^2}+\dfrac{y^2}{b^2}+\dfrac{z^2}{c^2}\leqslant 1, z\geqslant 0\right\}$；

（4）$\iiint\limits_{\Omega}(x^2+z^2)\mathrm{d}x\mathrm{d}y\mathrm{d}z$，其中 Ω 是球面 $x^2+y^2+(z-a)^2=a^2$ 所围成的空间区域；

（5）$\iiint\limits_{\Omega}(x^2+y^2+z^2)\mathrm{d}x\mathrm{d}y\mathrm{d}z$，$\Omega=\{(x,y,z)\mid y^2+z^2\leqslant x^2\leqslant R^2-y^2-z^2, x\geqslant 0\}$；

（6）$\iiint\limits_{\Omega}\sqrt{1-\dfrac{x^2}{a^2}-\dfrac{y^2}{b^2}-\dfrac{z^2}{c^2}}\mathrm{d}x\mathrm{d}y\mathrm{d}z$，$\Omega=\left\{(x,y,z)\mid \dfrac{x^2}{a^2}+\dfrac{y^2}{b^2}+\dfrac{z^2}{c^2}\leqslant 1\right\}$.

7．求下列曲面所围空间几何体的体积.

（1）$\left(\dfrac{x^2}{a^2}+\dfrac{y^2}{b^2}+\dfrac{z^2}{c^2}\right)^2=\dfrac{x^2}{a^2}+\dfrac{y^2}{b^2}$；

（2）$z=6-x^2-y^2$，$z=\sqrt{x^2+y^2}$；

（3）$x^2+y^2+z^2=a^2, x^2+y^2+z^2=b^2, x^2+y^2=z^2$（$z\geqslant 0, 0<a<b$）.

8．计算下列三重积分.

（1）$\iiint\limits_{\Omega}x^2\mathrm{d}x\mathrm{d}y\mathrm{d}z$，其中 Ω 由曲面 $z=y^2$，$z=4y^2$ 及平面 $z=x, z=2x$，$z=0, z=3$ 围成；

（2）$\iiint\limits_{\Omega}xy^2z^3\mathrm{d}x\mathrm{d}y\mathrm{d}z$，其中 Ω 由马鞍面 $z=xy$ 及平面 $y=x, x=1$，$z=0$ 围成；

（3）$\iiint\limits_{\Omega}(x+y+z)\cos(x+y+z)^2\mathrm{d}x\mathrm{d}y\mathrm{d}z$，其中

$$\Omega=\{(x,y,z)\mid 0\leqslant x-y\leqslant 1, 0\leqslant x-z\leqslant 1, 0\leqslant x+y+z\leqslant 1\}；$$

（4）$\iiint\limits_{\Omega}\left(x+|y|+|z|\right)\mathrm{d}x\mathrm{d}y\mathrm{d}z$，其中 $\Omega=\left\{(x,y,z):\ |x|+|y|+|z|\leqslant 1\right\}$.

9．计算积分 $\iiint\limits_{\Omega}xyz\mathrm{d}x\mathrm{d}y\mathrm{d}z$，其中

$$\Omega=\{(x,y,z)\mid x^2+y^2+z^2\leqslant 4, x^2+y^2+(z-2)^2\leqslant 4, x\geqslant 0, y\geqslant 0\}.$$

10．设 $a>0,b>0,c>0$．计算曲面 $\left(\dfrac{x}{a}+\dfrac{y}{b}\right)^2+\left(\dfrac{z}{c}\right)^2=1$ 与三个坐标面在第一卦限所围立体的体积.

13.4　重积分在几何和物理中的应用

利用二重积分或三重积分可以计算平面区域的面积或空间区域的体积，本节介绍用微元法计算空间曲面的面积和物理中如物体的质心、转动惯量、引力等.

13.4.1 空间曲面的面积

1. 曲面的参数方程

设曲面 S 由参数方程 $\begin{cases} x = x(u,v), \\ y = y(u,v), \\ z = z(u,v) \end{cases}$ 给出，其中 x，y，$z \in C^1(D)$，$D \subset \mathbb{R}^2$ 为有界闭区域，且 $\dfrac{\partial(x,y,z)}{\partial(u,v)}$ 在区域 D 内每一点的秩都为 2，下面求曲面 S 的面积.

计算曲面面积的思想：由于曲面 S 在其上的每点处都有切平面，将曲面剖分成若干小曲面块，在每个小曲面块上任取一点作曲面的切平面，该小曲面块在这个切平面上的投影为一个小平面块，以这个小平面块的面积作为相应小曲面块面积的近似值，从而求出曲面的面积微元.

用向量值函数表示曲面 $S: \boldsymbol{r} = \boldsymbol{r}(u,v) = \begin{pmatrix} x(u,v) \\ y(u,v) \\ z(u,v) \end{pmatrix}$，$(u,v) \in D$．设 M_0：$\boldsymbol{r}_0 = \boldsymbol{r}(u_0,v_0)$ 是曲面 S 上的一点，则 $\boldsymbol{r} = \boldsymbol{r}(u,v_0)$ 和 $\boldsymbol{r} = \boldsymbol{r}(u_0,v)$ 分别是该曲面上过 M_0 点的两条曲线，在 M_0 点的切向量分别为 $\boldsymbol{a} = \boldsymbol{r}_u'(u_0,v_0)$ 和 $\boldsymbol{b} = \boldsymbol{r}_v'(u_0,v_0)$，在 M_0 附近的有向弧长微元分别为 $\boldsymbol{r}_u'(u_0,v_0)\mathrm{d}u$ 和 $\boldsymbol{r}_v'(u_0,v_0)\mathrm{d}v$，这两段有向弧长微元形成的平行四边形的有向面积为

$$\mathrm{d}\boldsymbol{S} = \boldsymbol{r}_u'(u_0,v_0)\mathrm{d}u \times \boldsymbol{r}_v'(u_0,v_0)\mathrm{d}v = \boldsymbol{r}_u'(u_0,v_0) \times \boldsymbol{r}_v'(u_0,v_0)\mathrm{d}u\mathrm{d}v\,.$$

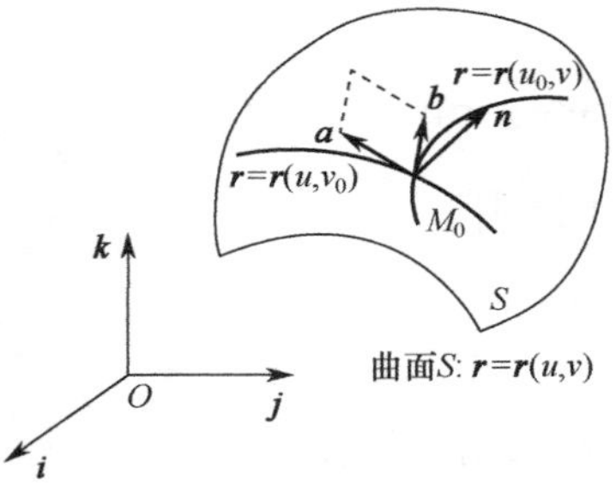

图 13-4-1

令 $\boldsymbol{n} = \dfrac{\boldsymbol{r}_u'(u_0,v_0) \times \boldsymbol{r}_v'(u_0,v_0)}{\left\|\boldsymbol{r}_u'(u_0,v_0) \times \boldsymbol{r}_v'(u_0,v_0)\right\|}$（如图 13-4-1 所示），并记 $\mathrm{d}\boldsymbol{S} = \boldsymbol{n}\mathrm{d}S$，则 $\boldsymbol{n}$ 是曲面 S 在 M_0 点的单位法向量，且面积微元

$$\begin{aligned} \mathrm{d}S &= \|\mathrm{d}\boldsymbol{S}\| = \left\|\boldsymbol{r}_u'(u_0,v_0) \times \boldsymbol{r}_v'(u_0,v_0)\right\|\mathrm{d}u\mathrm{d}v \\ &= \sqrt{\left\|\boldsymbol{r}_u'(u_0,v_0)\right\|^2 \left\|\boldsymbol{r}_v'(u_0,v_0)\right\|^2 - (\boldsymbol{r}_u'(u_0,v_0) \cdot \boldsymbol{r}_v'(u_0,v_0))^2}\,\mathrm{d}u\mathrm{d}v \\ &= \sqrt{EF - G^2}\,\mathrm{d}u\mathrm{d}v, \end{aligned}$$

其中 $E = \left\|\boldsymbol{r}_u'(u_0,v_0)\right\|^2$，$F = \left\|\boldsymbol{r}_v'(u_0,v_0)\right\|^2$，$G = \boldsymbol{r}_u'(u_0,v_0) \cdot \boldsymbol{r}_v'(u_0,v_0)$ 称为**高斯系数**．故**曲面的面积**

$$S = \iint_D \sqrt{EF - G^2}\,\mathrm{d}u\mathrm{d}v\,.$$

又知

$$\begin{aligned} \boldsymbol{r}_u'(u_0,v_0) \times \boldsymbol{r}_v'(u_0,v_0) &= \begin{vmatrix} \boldsymbol{i} & \boldsymbol{j} & \boldsymbol{k} \\ x_u' & y_u' & z_u' \\ x_v' & y_v' & z_v' \end{vmatrix}_{(u_0,v_0)} \\ &= \left(\det\left.\frac{\partial(y,z)}{\partial(u,v)}\right|_{(u_0,v_0)},\ \det\left.\frac{\partial(z,x)}{\partial(u,v)}\right|_{(u_0,v_0)},\ \det\left.\frac{\partial(x,y)}{\partial(u,v)}\right|_{(u_0,v_0)} \right) = (A,B,C), \end{aligned}$$

因此$\sqrt{A^2+B^2+C^2}=\|\boldsymbol{r}_u'(u_0,v_0)\times\boldsymbol{r}_v'(u_0,v_0)\|=\sqrt{EF-G^2}$，所以曲面的面积

$$S=\iint_D\sqrt{A^2+B^2+C^2}\,\mathrm{d}u\mathrm{d}v.$$

2．曲面方程$z=f(x,y)\in C^1(D)$

以(x,y)作为参数，则曲面的方程可表示为参数方程$S:\begin{cases}x=x,\\y=y,\\z=f(x,y),\end{cases}\quad(x,y)\in D$，用向量值函数表示为$\boldsymbol{r}=\boldsymbol{r}(x,y)=\begin{pmatrix}x\\y\\f(x,y)\end{pmatrix}$，且

$$\boldsymbol{r}_x'=(1,0,f_x'),\ \boldsymbol{r}_y'=(0,1,f_y'),\ \boldsymbol{r}_x'\times\boldsymbol{r}_y'=\begin{vmatrix}\boldsymbol{i}&\boldsymbol{j}&\boldsymbol{k}\\1&0&f_x'\\0&1&f_y'\end{vmatrix}=-\boldsymbol{i}f_x'-\boldsymbol{j}f_y'+\boldsymbol{k},$$

令$\boldsymbol{n}=\dfrac{\boldsymbol{r}_x'\times\boldsymbol{r}_y'}{\|\boldsymbol{r}_x'\times\boldsymbol{r}_y'\|}$，且有向面积微元$\mathrm{d}\boldsymbol{S}=\boldsymbol{n}\mathrm{d}S$，因此曲面的**面积微元**

$$\mathrm{d}S=\|\mathrm{d}\boldsymbol{S}\|=\|\boldsymbol{r}_x'\times\boldsymbol{r}_y'\|\mathrm{d}x\mathrm{d}y=\sqrt{1+f_x'(x,y)^2+f_y'(x,y)^2}\,\mathrm{d}x\mathrm{d}y,$$

从而**曲面的面积**

$$S=\iint_D\sqrt{1+f_x'(x,y)^2+f_y'(x,y)^2}\,\mathrm{d}x\mathrm{d}y.$$

例 13.4.1　设球半径为R，在球的径向离球表面h的点A处有一光源，试计算球面上被光照射部分的面积．

解　以球心为坐标原点，光源位于z轴上坐标为$(0,0,R+h)$的点处，建立直角坐标系（如图 13-4-2 所示）．则球面的方程为$x^2+y^2+z^2=R^2$．球面被光照射到的部分是一个球冠，底面圆半径为r．球冠的方程为$z=\sqrt{R^2-x^2-y^2}$，其中$(x,y)\in D=\{(x,y):\ x^2+y^2\leqslant r^2\}$且$r=\dfrac{R\sqrt{2Rh+h^2}}{R+h}$．所以球面上被光照射部分的面积为

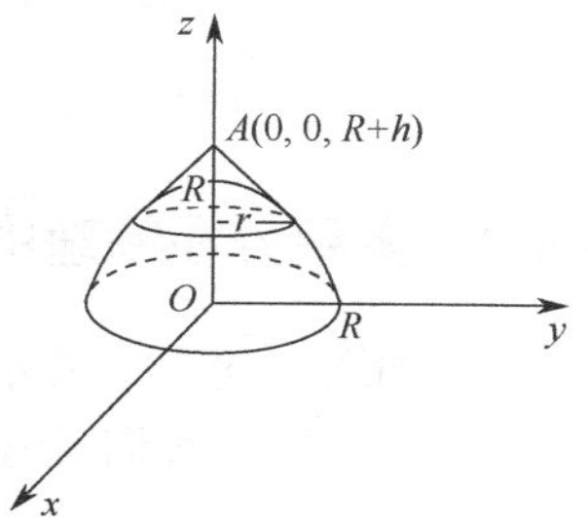

图 13-4-2

$$S=\iint_D\sqrt{1+z_x'^2+z_y'^2}\,\mathrm{d}x\mathrm{d}y=\iint_D\frac{R}{\sqrt{R^2-x^2-y^2}}\mathrm{d}x\mathrm{d}y=\int_0^{2\pi}\mathrm{d}\theta\int_0^r\frac{\rho R}{\sqrt{R^2-\rho^2}}\mathrm{d}\rho=\frac{2\pi R^2h}{R+h}.$$

例 13.4.2　计算球面$x^2+y^2+z^2=a^2$被柱面$x^2+y^2=ax$所截下的曲面的面积，其中常数$a>0$．

解法 1　球面的参数方程为

$$x=a\cos\theta\sin\varphi,\ y=a\sin\theta\sin\varphi,\ z=a\cos\varphi,\ \theta\in\left[-\frac{\pi}{2},\frac{\pi}{2}\right],\ \varphi\in[0,\pi],$$

则 $E = x_\theta'^2 + y_\theta'^2 + z_\theta'^2 = a^2\sin^2\varphi$，$F = x_\varphi'^2 + y_\varphi'^2 + z_\varphi'^2 = a^2$，$G = x_\theta' x_\varphi' + y_\theta' y_\varphi' + z_\theta' z_\varphi' = 0$. 将球面的参数方程代入柱面方程，得 $\sin\varphi = \cos\theta = \sin\left(\dfrac{\pi}{2} - \theta\right)$. 故当 θ，φ 在第一卦限变化时，有 $\theta + \varphi = \dfrac{\pi}{2}$. 在 Oxy 坐标平面上方的曲面部分如图 13-4-3 所示. 因此在第一卦限，θ，φ 满足的区域

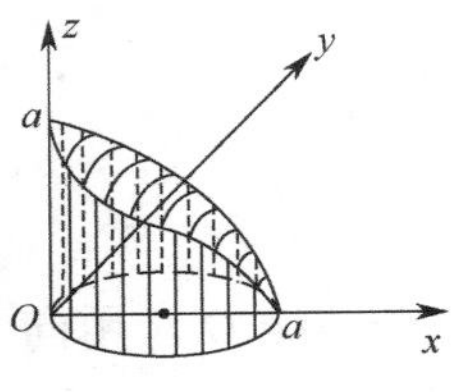

图 13-4-3

$$D_{\theta\varphi} = \left\{(\theta,\varphi):\ \theta \geqslant 0,\ \varphi \geqslant 0,\ \theta + \varphi \leqslant \frac{\pi}{2}\right\},$$

所以所求曲面的面积

$$S = 4\iint\limits_{D_{\theta\varphi}} \sqrt{EF - G^2}\,\mathrm{d}\theta\mathrm{d}\varphi = 4\iint\limits_{D_{\theta\varphi}} a^2\sin\varphi\,\mathrm{d}\theta\mathrm{d}\varphi$$

$$= 4a^2\int_0^{\frac{\pi}{2}}\mathrm{d}\theta\int_0^{\frac{\pi}{2}-\theta}\sin\varphi\,\mathrm{d}\varphi = 4a^2\int_0^{\frac{\pi}{2}}(1-\sin\theta)\,\mathrm{d}\theta = 2a^2(\pi - 2).$$

解法 2 所求曲面面积是第一卦限部分曲面面积的四倍，曲面的方程 $z = \sqrt{a^2 - x^2 - y^2}$，故曲面的面积

$$S = 4\iint\limits_{\substack{x^2+y^2\leqslant ax\\ x\geqslant 0, y\geqslant 0}} \sqrt{1 + z_x'^2 + z_y'^2}\,\mathrm{d}x\mathrm{d}y = 4\iint\limits_{\substack{x^2+y^2\leqslant ax\\ x\geqslant 0, y\geqslant 0}} \frac{a}{\sqrt{a^2 - x^2 - y^2}}\mathrm{d}x\mathrm{d}y.$$

令 $x = r\cos\theta$，$y = r\sin\theta$，则 $\theta \in [0, \dfrac{\pi}{2}]$，$r \in [0, a\cos\theta]$. 故

$$S = 4\iint\limits_{\substack{\theta\in[0,\frac{\pi}{2}]\\ r\in[0,a\cos\theta]}} \frac{ar}{\sqrt{a^2 - r^2}}\mathrm{d}r\mathrm{d}\theta = 4a\int_0^{\frac{\pi}{2}}\mathrm{d}\theta\int_0^{a\cos\theta}\frac{r}{\sqrt{a^2 - r^2}}\mathrm{d}r = 2a^2(\pi - 2).$$

13.4.2 重积分在物理中的应用

我们知道，利用重积分可以求物体的质量，除此之外，还可以求物体的质心、转动惯量及万有引力等. 我们只考虑三重积分，即只考虑三维物体，因为二维物体对应的是二重积分.

1. 质心坐标

设质量非均匀分布的物体所占据的空间区域为 Ω，其质量体密度为 $\rho(x,y,z)$，则物体的总质量 $M = \iiint\limits_{\Omega} \rho(x,y,z)\,\mathrm{d}x\mathrm{d}y\mathrm{d}z$. 现在求物体的质心坐标.

由 n 个质量分别为 M_1，M_2，$\cdots$，M_n 的质点构成的质点系，如果这 n 个质点在空间中的坐标分别是 (x_i, y_i, z_i)（$i = 1, 2, \cdots, n$），则该质点系的质心坐标 $(\overline{x}, \overline{y}, \overline{z})$ 为

$$\overline{x} = \frac{\sum\limits_{k=1}^{n} x_k M_k}{\sum\limits_{k=1}^{n} M_k},\quad \overline{y} = \frac{\sum\limits_{k=1}^{n} y_k M_k}{\sum\limits_{k=1}^{n} M_k},\quad \overline{z} = \frac{\sum\limits_{k=1}^{n} z_k M_k}{\sum\limits_{k=1}^{n} M_k}.$$

为求物体的质心坐标，采用微元法．在 Ω 内任取一点 (x,y,z)，该点附近体积为 $\mathrm{d}V$ 的一小块物体的质量是 $\mathrm{d}m=\rho(x,y,z)\mathrm{d}V$，将其看成一个质点，由于物体的质量连续分布在空间区域 Ω 上，由上述定义，各质点的位置关于质量的加权平均，得到物体的质心坐标 $(\tilde{x},\tilde{y},\tilde{z})$：

$$\tilde{x}=\frac{\iiint\limits_{\Omega}x\rho(x,y,z)\mathrm{d}V}{\iiint\limits_{\Omega}\rho(x,y,z)\mathrm{d}V},\ \tilde{y}=\frac{\iiint\limits_{\Omega}y\rho(x,y,z)\mathrm{d}V}{\iiint\limits_{\Omega}\rho(x,y,z)\mathrm{d}V},\ \tilde{z}=\frac{\iiint\limits_{\Omega}z\rho(x,y,z)\mathrm{d}V}{\iiint\limits_{\Omega}\rho(x,y,z)\mathrm{d}V}.$$

2．转动惯量

在运动过程中始终保持任意两点之间的相对位置不发生变化的物体称为刚体．转动惯量是刚体绕轴转动时惯性的度量，可形式地理解为一个物体对旋转运动的惯性．

设一刚体所占据的空间区域为 Ω，其质量密度为 $\rho(x,y,z)$，让该刚体以角速度 ω 绕一直线 l 匀速旋转，下面求它运动的动能 E．

在 Ω 内任取一点 (x,y,z)，该点附近体积为 $\mathrm{d}V$ 的小块刚体的质量为 $\mathrm{d}m=\rho(x,y,z)\mathrm{d}V$，将其看成一个质点，该质点绕轴 l 旋转的动能 $\mathrm{d}E=\dfrac{1}{2}\mathrm{d}mv^2$．因为 $v=r(x,y,z)\omega$，其中 $r(x,y,z)$ 是该质点到轴 l 的距离，所以

$$\mathrm{d}E=\frac{1}{2}r^2(x,y,z)\omega^2\rho(x,y,z)\mathrm{d}V,$$

因此该刚体绕轴 l 转动的动能

$$E=\frac{1}{2}\iiint\limits_{\Omega}r^2(x,y,z)\omega^2\rho(x,y,z)\mathrm{d}V=\frac{1}{2}\left(\iiint\limits_{\Omega}r^2(x,y,z)\rho(x,y,z)\mathrm{d}V\right)\omega^2.$$

记 $J=\iiint\limits_{\Omega}r^2(x,y,z)\rho(x,y,z)\mathrm{d}V$，这是一个只与刚体的质量密度、刚体和轴 l 的相对位置有关，而与刚体的运动状态无关的物理量，力学中把 J 称为刚体关于轴 l 的转动惯量．

例 13.4.3　设有可求面积的平面图形 S，轴 l_0 过平面图形 S 的质心垂直于平面，轴 l 与轴 l_0 平行．证明：S 关于轴 l 的转动惯量为 $J_l=J_{l_0}+Md^2$．其中 d 为两轴间的距离，M 为平面图形 S 的质量．

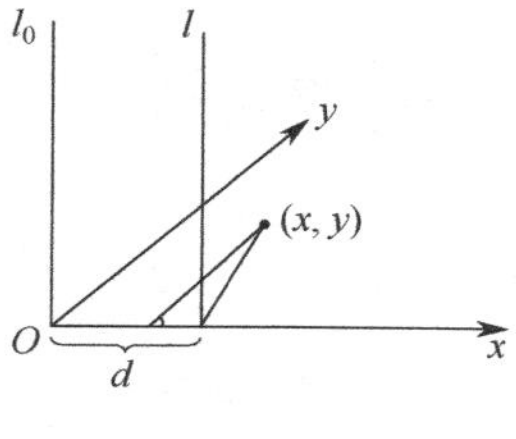

图 13-4-4

证明　取平面图形 S 的质心为坐标原点，轴 l_0 经过坐标原点，轴 l 与平面图形的交点在 x 轴上，建立直角坐标系（如图 13-4-4 所示）．设平面图形 S 的密度函数为 $\rho(x,y)$，则

$$\begin{aligned}J_l&=\iint\limits_{S}\rho(x,y)((d-x)^2+y^2)\mathrm{d}x\mathrm{d}y\\&=d^2\iint\limits_{S}\rho(x,y)\,\mathrm{d}x\mathrm{d}y-2d\iint\limits_{S}x\rho(x,y)\,\mathrm{d}x\mathrm{d}y+\iint\limits_{S}\rho(x,y)(x^2+y^2)\,\mathrm{d}x\mathrm{d}y,\end{aligned}$$

因为平面图形 S 的质心在坐标原点，所以 $\iint\limits_S x\rho(x,y)\,\mathrm{d}x\mathrm{d}y=0$． 而

$$\iint\limits_S \rho(x,y)\,\mathrm{d}x\mathrm{d}y=M,\ J_{l_0}=\iint\limits_S \rho(x,y)(x^2+y^2)\,\mathrm{d}x\mathrm{d}y,$$

故 $J_l=J_{l_0}+Md^2$. 证毕.

3. 万有引力

设物体 A 所占据的空间区域为 Ω，其质量密度为 $\rho(x,y,z)$． 在 Ω 外 $M_0(x_0,y_0,z_0)$ 处有一质量为 m_0 的质点 B，求物体 A 对质点 B 的万有引力.

解 在区域 Ω 内任取一点 (x,y,z)，该点附近体积是 $\mathrm{d}V$ 的一小块物体的质量 $\mathrm{d}m=\rho(x,y,z)\mathrm{d}V$，将其看成一个质点，由万有引力定律知，该质点对质点 B 的万有引力

$$\mathrm{d}\boldsymbol{F}=G\frac{m_0\mathrm{d}m}{\|\boldsymbol{r}\|^3}\boldsymbol{r}=G\frac{m_0\rho(x,y,z)\mathrm{d}V}{\|\boldsymbol{r}\|^3}\boldsymbol{r},$$

其中 G 为万有引力常数，$\boldsymbol{r}=(x-x_0,y-y_0,z-z_0)$，故物体 A 对质点 B 的万有引力

$$\boldsymbol{F}=\iiint\limits_\Omega G\frac{m_0\rho(x,y,z)}{\|\boldsymbol{r}\|^3}\boldsymbol{r}\mathrm{d}V,$$

从而 $\boldsymbol{F}$ 在三个坐标轴上的分量分别是

$$F_x=\iiint\limits_\Omega G\frac{m_0\rho(x,y,z)(x-x_0)}{\|\boldsymbol{r}\|^3}\mathrm{d}V,$$

$$F_y=\iiint\limits_\Omega G\frac{m_0\rho(x,y,z)(y-y_0)}{\|\boldsymbol{r}\|^3}\mathrm{d}V,$$

$$F_z=\iiint\limits_\Omega G\frac{m_0\rho(x,y,z)(z-z_0)}{\|\boldsymbol{r}\|^3}\mathrm{d}V.$$

例 13.4.4 求质量密度为常数 ρ、半径为 R 的均匀球体对球外质量为 m 的质点的万有引力．该质点到球心的距离为 h（$>R$）．

解 建立直角坐标系，使得球心位于坐标原点，质点位于 z 轴上坐标为 $(0,0,h)$ 的点（如图 13-4-5 所示）.

令 $\Omega=\{(x,y,z):\ x^2+y^2+z^2\leqslant R^2\}$． 则由上面推导出的万有引力公式，该球体对球外质量为 m 的质点的万有引力在三个坐标轴上的分量分别是

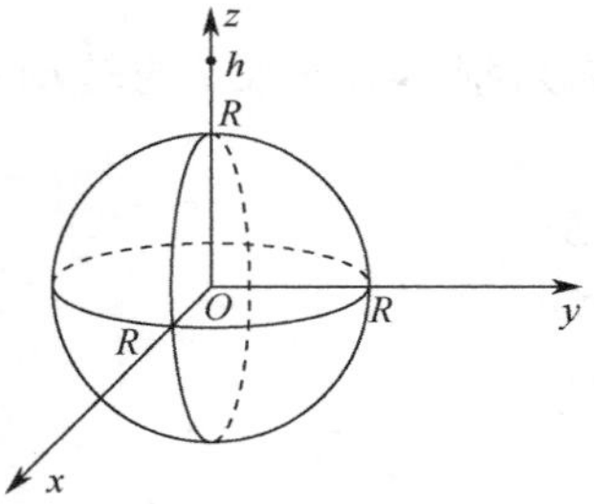

图 13-4-5

$$F_x=Gm\rho\iiint\limits_\Omega\frac{x}{(x^2+y^2+(z-h)^2)^{\frac{3}{2}}}\mathrm{d}x\mathrm{d}y\mathrm{d}z,$$

$$F_y=Gm\rho\iiint\limits_\Omega\frac{y}{(x^2+y^2+(z-h)^2)^{\frac{3}{2}}}\mathrm{d}x\mathrm{d}y\mathrm{d}z,$$

$$F_z = Gm\rho\iiint_{\Omega}\frac{z-h}{(x^2+y^2+(z-h)^2)^{\frac{3}{2}}}\mathrm{d}x\mathrm{d}y\mathrm{d}z.$$

由于积分区域 Ω 关于三个坐标平面对称，而 F_x，F_y 中被积函数分别关于 x，y 是奇函数，因此 $F_x=0$，$F_y=0$．下求 F_z．采用柱坐标变换，令 $x=r\cos\theta$，$y=r\sin\theta$，$z=z$，则

$$\Omega_{r\theta z}=\{(r,\theta,z):\ -R\leqslant z\leqslant R,\ 0\leqslant\theta\leqslant 2\pi,\ 0\leqslant r\leqslant\sqrt{R^2-z^2}\},$$

且

$$\begin{aligned}
F_z &= Gm\rho\int_{-R}^{R}\mathrm{d}z\iint_{x^2+y^2\leqslant R^2-z^2}\frac{z-h}{(x^2+y^2+(z-h)^2)^{\frac{3}{2}}}\mathrm{d}x\mathrm{d}y\\
&= Gm\rho\int_{-R}^{R}\mathrm{d}z\int_0^{2\pi}\mathrm{d}\theta\int_0^{\sqrt{R^2-z^2}}\frac{z-h}{(r^2+(z-h)^2)^{\frac{3}{2}}}r\mathrm{d}r\\
&= 2\pi Gm\rho\int_{-R}^{R}\left(-1-\frac{z-h}{\sqrt{R^2+h^2-2hz}}\right)\mathrm{d}z\\
&= -\frac{4\pi Gm\rho R^3}{3h^2}=-\frac{GMm}{h^2},
\end{aligned}$$

其中 $M=\dfrac{4\pi R^3\rho}{3}$ 是球体的质量.

本例说明均匀球体对球外一质点 B 的万有引力，等于将球体的质量全部集中在球心时对质点 B 的万有引力，这是在中学物理课程中已知的结论，但当时未能给出证明.

习题 13.4

1．求半径为 R 的球面面积.

2．求下列各题.

（1）圆柱面 $x^2+z^2=a^2$ 与 $y^2+z^2=a^2$ 所围立体的表面积；

（2）锥面 $z=\sqrt{x^2+y^2}$ 在柱面 $z^2=2x$ 内的面积；

（3）双曲抛物面 $z=xy$ 被圆柱面 $x^2+y^2=a^2$ 所截取部分的面积.

3．应用曲面面积公式，计算 Oxz 坐标平面上的光滑曲线 $z=f(x)$，$a\leqslant x\leqslant b$，$f(x)>0$ 绕 x 轴旋转所得旋转体侧面的面积.

4．求曲面 $z=\sqrt{x^2-y^2}$ 在柱面 $(x^2+y^2)^2=a^2(x^2-y^2)$ 内部分的曲面面积.

5．求由曲面 $x^2+y^2=az$ 与 $z=2a-\sqrt{x^2+y^2}$ 所包围的空间几何体的表面积.

6．求下列物体的质量.

（1）设球体的密度 ρ 与其到球心的距离 r 的关系为 $\rho=\dfrac{k}{1+r^2}$（$k>0$），球的半径为 a，求它的质量.

（2）一个内径为 4、外径为 8 的圆环，其任意一点的质量面密度与该点到圆环中心的

距离成反比（比例系数为k），已知圆环内圆周上各点面密度为 1，求圆环质量.

7．求下列曲面所围均匀物体的质心.

（1）$x^2+y^2+z^2=a^2\ (a>0)$，$z=\dfrac{1}{2}(x^2+y^2)$；

（2）$\dfrac{x^2}{a^2}+\dfrac{y^2}{b^2}+\dfrac{z^2}{c^2}=1$，$x\geqslant 0,\ y\geqslant 0,\ z\geqslant 0$.

8．物体在点(x,y,z)的点密度为$\rho=x+y+z$，$\Omega=\{(x,y,z)\,|\,0\leqslant x,y,z\leqslant 1\}$，求物体的质心.

9．求解下列各题.

（1）求曲面$x^2+y^2+z^2=2,\ x^2+y^2=z^2$（$z\geqslant 0$）所围成的均匀物体（设密度函数$\rho(x,y,z)=1$）关于$z$轴的转动惯量.

（2）总质量为M的非均匀球体$x^2+y^2+z^2\leqslant R^2$，在点$P(x,y,z)$的点密度与该点到球心的距离成正比（比例系数为k），求其对直径的转动惯量.

（3）求曲面$z=x^2+y^2, x+y=\pm 1, x-y=\pm 1, z=0$所围成的均匀物体关于$z$轴的转动惯量.

10．非均匀薄板$x^2+y^2\leqslant R^2$，其质量密度为$\rho=1+x^2+y^2$，求：

（1）第一象限部分的质心；（2）求薄板关于x轴的转动惯量.

11．求密度ρ为常数、半径为a、长度为$2b$的圆柱体对质量为m并位于以下位置的质点的万有引力：质点m位于圆柱体中心线的延长线上，距圆柱体中心线中点的距离为$h>b$.

12．半径为a的球体沉入比重为δ的液体中的深度为h（球心到液面的距离$h\geqslant a$），求在球面的上部和下部所受的液体的压力.

*13.5 n重积分

前面已经学习了二元函数在具有连续边界的平面有界闭区域上的二重积分与三元函数在具有连续边界的空间有界闭区域上的三重积分．我们知道，平面区域有面积，空间区域有体积，有了二维和三维空间中的几何直观，类比地，对空间维数n大于 3，接下来考虑n元函数在n维空间区域上的积分，即n重积分，简称重积分．我们称n维区域的体积为n维若当（Jordan）测度.

13.5.1 若当测度的定义

我们知道，曲边梯形的面积可通过一元函数的定积分求出．对一般的平面图形，可将其剖分为若干曲边梯形，进而求出其面积．这种方法不能处理不是区域的一般点集．因此需要用其他方法给出面积的定义.

为求平面图形D的面积，首先从D中划出最大数目的单位正方形（其每边分别平行于坐标轴）；然后在剩余部分划出最大数目的边长为0.1的正方形；接着在剩余部分划出最大数目的边长为0.01的正方形，如此继续，直到把D全部划分殆尽为止；最后把所有这样得到的正方形面积全部加起来，所得十进制实数即为区域D的面积．注意，因为只有内部才含正方形，所以这样计算出的面积实际上只度量了D的内部大小，而忽略了D的边界．故如果D的边界测度不为零（准确定义后面给出），则这样定义的面积就不能很好地反映D的大小．例如，考虑单位正方形$[0,1]\times[0,1]$中的两个图形D_1与D_2，其中

$$D_1=\{(x,y):\ x,y\in[0,1]\text{且都是有理数}\},$$
$$D_2=\{(x,y):\ x,y\in[0,1]\text{且至少有一个是无理数}\}.$$

由于D_1与D_2都没有内点，且$\partial D_1=\partial D_2=[0,1]\times[0,1]$，因此按照上述定义，$D_1$与$D_2$的面积都等于零，但显然$D_1\cup D_2=[0,1]\times[0,1]$，我们得到两个面积为零的集合的并集是一个面积为 1 的集合，这与面积可分拆和相加的常识相悖，从而说明上面的面积定义有缺陷．

上述定义面积的思想是从点集D的内部来计算它所含面积的大小．1881—1884 年，雷蒙（Du Bois-Reymond，1882）、哈纳客（Axel Harnack，1881）、斯托尔茨（Otto Stolz，1884）和康托尔（Cantor，1884）等采用与此不同的思想考虑面积问题．他们的方法是考虑由矩形区域构成的有限覆盖．对每个这样的覆盖，把其中所有矩形的面积相加，就得到了D的面积的一个上方近似值．关于所有可能的这种覆盖求这样得到的上方近似值的下确界，得到的数值定义为D的面积．不难发现，这种定义与前面的定义有类似的缺陷，因为按照这样的定义，上面单位正方形的两个子集D_1与D_2的面积都是 1．

佩亚诺（1887）和若当（1892）先后采用把上述两种定义结合起来考虑的方法，解决了这两种不同定义都存在缺陷的问题．他们把前一种方式得到的量称为D的内容量，把后一种方式得到的量称为D的外容量，并规定只有当D的内容量与外容量相等时，该点集D才有面积．佩亚诺只考虑了区域，若当则考虑了一般的点集．若当还证明了下述重要结果：有限个互不相交的有容量的点集（内容量与外容量相等的点集）的并集也有容量，其容量等于各个分集容量的和．后人把这二人发展起来的“容量理论”称为若当测度理论，把内容量与外容量相等的点集称为若当可测集，把容量即内容量和外容量的公共值称为点集的若当测度．下面给出$\mathbb{R}^n$中的若当可测集和若当测度的严格定义．

定义 13.5.1　对任意给定的满足条件$a_i<b_i$（$i=1,2,\cdots,n$）的两组实数$\{a_i\}$和$\{b_i\}$，把$\mathbb{R}^n$中的点集

$$\Omega=\{(x_1,x_2,\cdots,x_n)\in\mathbb{R}^n:\ a_i\leqslant x_i\leqslant b_i,\ i=1,2,\cdots,n\}$$

称为n维长方体，定义其n维体积为

$$v(\Omega)=(b_1-a_1)(b_2-a_2)\cdots(b_n-a_n).$$

把有限个长方体的并称为简单图形．容易看到，有限个简单图形的并和交仍然是简单图形，而且每个简单图形都可分解成有限个两两没有公共内点的长方体的并．若一个简单图形D分解成m个两两没有公共内点的长方体$D_1,D_2,\cdots,D_m$的并，则定义D的n维体积为

$$v(D)=v(D_1)+v(D_2)+\cdots+v(D_m).$$

这个定义是合理的，即$v(D)$的值不依赖于D的分解方式的选择．

令$S\subset\mathbb{R}^n$是任意一个有界点集，定义

$$m_*(S)=\sup\{v(D):\ D\text{为简单图形，且}D\subseteq S^\circ\},$$
$$m^*(S)=\inf\{v(D):\ D\text{为简单图形，且}\overline{S}\subseteq D^\circ\},$$

规定 $\sup\varnothing=0$．称 $m_*(S)$ 为 S 的内容量或若当内测度，$m^*(S)$ 为 S 的外容量或若当外测度．由定义可知，对 $\mathbb{R}^n$ 中任意的有界点集 S，其内容量 $m_*(S)$ 和外容量 $m^*(S)$ 都有定义，且 $m_*(S)\leqslant m^*(S)$.

定义 13.5.2 设 $S\subset\mathbb{R}^n$ 是有界点集，若 $m_*(S)=m^*(S)$，则称 S 是若当可测集，并称此公共值为 S 的若当测度，记为 $v(S)$.

13.5.2 若当可测的等价条件

我们把 $\mathbb{R}^n$ 中若当外测度等于零的点集称为若当零测集．显然若当零测集都是若当可测的，且其若当测度为零．

定理 13.5.1 设 $S\subset\mathbb{R}^n$ 是有界点集．则 S 为若当可测集的充要条件是 S 的边界 ∂S 是若当零测集，即对 $\forall\varepsilon>0$，存在简单图形 D 使得 $\partial S\subseteq D^\circ$，且 $v(D)<\varepsilon$.

证明 先证必要性．假设 S 是若当可测的．则对 $\forall\varepsilon>0$，由定义，存在两个简单图形 D_1 与 D_2 使得 $D_1\subseteq S^\circ\subseteq\overline{S}\subseteq D_2^\circ$，且

$$v(S)-v(D_1)<\frac{\varepsilon}{2},\ v(D_2)-v(S)<\frac{\varepsilon}{2}.$$

令 $D=D_2\setminus D_1^\circ$．则 D 是简单图形，且由

$$\partial S\subseteq D_2^\circ\text{和}\partial S\cap D_1=\varnothing$$

可知，$\partial S\subseteq D_2^\circ\setminus D_1=D^\circ$．现在上面两个不等式表明

$$v(D)=v(D_2)-v(D_1)=(v(D_2)-v(S))+(v(S)-v(D_1))<\varepsilon,$$

必要性得证．

下证充分性．假设对 $\forall\varepsilon>0$，存在简单图形 D 使得 $\partial S\subseteq D^\circ$，且 $v(D)<\varepsilon$．作 $\overline{S}$ 的开覆盖如下：对 $\forall x\in S^\circ$，作相应的长方体 Ω_x 使得 $x\in\Omega_x^\circ\subseteq\Omega_x\subseteq S^\circ$，则开集集合

$$\{D^\circ\}\cup\{\Omega_x^\circ\mid\ x\in S^\circ\}$$

覆盖了 $\overline{S}$．因此由有限覆盖定理知，$\overline{S}$ 的这个开覆盖存在有限子覆盖．由于这个开覆盖的任何子覆盖都必含有 D°，所以 $\exists x_1,x_2,\cdots,x_m\in S^\circ$ 使得 $\{D^\circ\}\cup\{\Omega_{x_1}^\circ,\ \Omega_{x_2}^\circ,\ \cdots,\ \Omega_{x_m}^\circ\}$ 覆盖了 $\overline{S}$．令

$$D_1=\bigcup_{i=1}^m\Omega_{x_i},\ D_2=D\cup D_1,$$

则 D_1 与 D_2 都是简单图形，且 $D_1\subseteq S^\circ\subseteq\overline{S}\subseteq D_2^\circ$，故

$$0\leqslant m^*(S)-m_*(S)\leqslant v(D_2)-v(D_1)\leqslant v(D)<\varepsilon,$$

从而由 ε 的任意性知 $m^*(S)=m_*(S)$．所以 S 是若当可测集．证毕．

该定理表明，检验 $\mathbb{R}^n$ 中的有界点集是否是若当可测集，只需验证其边界的 n 维若当测度是否为零．下面的结论给出了 $\mathbb{R}^n$ 中一类常见的具有 n 维若当零测度的点集，由此结论可推出一些易于检验的若当可测集的充分条件．

定理 13.5.2 设 $D\subset\mathbb{R}^{n-1}$ 是有界闭集，f 是定义在 D 上的 $n-1$ 元连续函数．令 S 为 f 的图像，即 S 是 $\mathbb{R}^n$ 中由方程

$$x_n=f(x_1,x_2,\cdots,x_{n-1}),\ \forall(x_1,x_2,\cdots,x_{n-1})\in D$$

所确定的点集，则 S 是 n 维若当零测集．

证明 为方便用 P, P_1, P_2 等记号表示 $\mathbb{R}^{n-1}$ 中的点．由有界闭集上连续函数的最值定理可知，f 在 D 上有最大值 a 和最小值 b，故 S 包含于 $\mathbb{R}^n$ 中的有界集合 $D\times[a,b]$ 中，所以它是有界点集，显然 S 是闭集．为了构造包含 S 的简单图形，在 $\mathbb{R}^{n-1}$ 中作一长方体 R 使得 $D\subseteq R^{\circ}$．R 的 $n-1$ 维体积仍记为 $v(R)$．由 f 在 D 上连续和 D 是有界闭集知 f 在 D 上一致连续，因此对 $\forall\varepsilon>0$，$\exists\delta>0$，使得对任意两点 P_1, $P_2\in D$，只要 $d(P_1,P_2)<\delta$，就有 $|f(P_1)-f(P_2)|<\dfrac{\varepsilon}{v(R)}$．把 R 剖分成直径小于 δ 的小长方体，设这些小长方体中与 D 相交的为 R_1, R_2, $\cdots$, R_m．在每个 $R_i\cap D$ $(i=1,2,\cdots,m)$上，因为 f 的振幅都小于 $\dfrac{\varepsilon}{v(R)}$，所以可作小区间 $[c_i,d_i]$ 使得 $d_i-c_i=\dfrac{\varepsilon}{v(R)}$，且

$$c_i<f(P)<d_i,\ \forall P\in R_i\cap D.$$

令 $\Omega_i=R_i\times[c_i,d_i]$, $i=1,2,\cdots,m$，并令 $D=\bigcup\limits_{i=1}^{m}\Omega_i$．则 $S\subseteq D^{\circ}$，且

$$v(D)\leqslant\sum_{i=1}^{m}v(\Omega_i)=\sum_{i=1}^{m}v(R_i)(d_i-c_i)=\frac{\varepsilon}{v(R)}\sum_{i=1}^{m}v(R_i)\leqslant\frac{\varepsilon}{v(R)}v(R)=\varepsilon,$$

因此 S 的 n 维若当测度是零．证毕．

推论 13.5.1 $\mathbb{R}^n$ 中由有限个光滑超曲面所围成的有界区域是若当可测集．

推论 13.5.2 设 $S\subset\mathbb{R}^n$ 是有界点集．若对 $\forall x_0\in\partial S$，$\exists\delta_{x_0}>0$ 使得 $\partial S\cap B(x_0,\delta_{x_0})$ 可表示成

$$x_i=f_{x_0}(x_1,\cdots,x_{i-1},x_{i+1},\cdots,x_n)\ \ (i=1,2,\cdots,n),$$

其中 f_{x_0} 为连续函数，则 S 是若当可测集．

13.5.3 若当测度的运算性质

应用定理 13.5.1，可证明下列结论．

定理 13.5.3 设 S_1, S_2, $\cdots$, $S_m\subset\mathbb{R}^n$ 是有界点集．如果 S_1, S_2, $\cdots$, S_m 是若当可测集，则其并 $\bigcup\limits_{i=1}^{m}S_i$ 也是若当可测集，且

$$v\left(\bigcup_{i=1}^{m}S_i\right)\leqslant\sum_{i=1}^{m}v(S_i).$$

进一步，若 S_1, S_2, $\cdots$, S_m 两两无公共内点，则等式

$$v\left(\bigcup_{i=1}^{m}S_i\right)=\sum_{i=1}^{m}v(S_i)$$

成立．该等式表明若当测度具有有限可加性．

证明 我们只证 $m=2$ 的情形，一般 m 的情形可由归纳法得证．

设 S_1，S_2 是若当可测集，则 ∂S_1，∂S_2 是若当零测集，故对 $\forall\varepsilon>0$，存在简单图形 D_1，D_2 使得 $\partial S_1\subseteq D_1^\circ$，$\partial S_2\subseteq D_2^\circ$，且 $v(D_1)<\dfrac{\varepsilon}{2}$，$v(D_2)<\dfrac{\varepsilon}{2}$．令 $D=D_1\cup D_2$，则 D 是简单图形，且

$$\partial(S_1\cup S_2)\subseteq\partial S_1\cup\partial S_2\subseteq D_1^\circ\cup D_2^\circ\subseteq(D_1\cup D_2)^\circ=D^\circ,$$
$$v(D)=v(D_1\cup D_2)\leqslant v(D_1)+v(D_2)<\varepsilon,$$

因此 $\partial(S_1\cup S_2)$ 是若当零测集，这样，我们证明了 $S_1\cup S_2$ 是若当可测集．

下证 $v(S_1\cup S_2)\leqslant v(S_1)+v(S_2)$．任取简单图形 D_1，D_2 使得 $\overline{S}_1\subseteq D_1^\circ$，$\overline{S}_2\subseteq D_2^\circ$．令 $D=D_1\cup D_2$，则 D 是简单图形，且

$$\overline{S_1\cup S_2}\subseteq\overline{S}_1\cup\overline{S}_2\subseteq D_1^\circ\cup D_2^\circ\subseteq(D_1\cup D_2)^\circ=D^\circ.$$

由于 $S_1\cup S_2$ 是若当可测集，因此

$$v(S_1\cup S_2)=m^*(S_1\cup S_2)\leqslant v(D)\leqslant v(D_1)+v(D_2).$$

从而由若当外测度的定义，有

$$v(S_1\cup S_2)\leqslant\inf_{\overline{S}_1\subseteq D_1^\circ}\inf_{\overline{S}_2\subseteq D_2^\circ}(v(D_1)+v(D_2))=\inf_{\overline{S}_1\subseteq D_1^\circ}v(D_1)+\inf_{\overline{S}_2\subseteq D_2^\circ}v(D_2)=m^*(S_1)+m^*(S_2)$$
$$=v(S_1)+v(S_2).$$

现在假设 S_1，S_2 没有公共内点．由上面的证明，我们只需证明 $v(S_1)+v(S_2)\leqslant v(S_1\cup S_2)$．任取简单图形 D_1，D_2 满足 $D_1\subseteq S_1^\circ$，$D_2\subseteq S_2^\circ$．令 $D=D_1\cup D_2$，则 D 是简单图形，且

$$D=D_1\cup D_2\subseteq S_1^\circ\cup S_2^\circ\subseteq(S_1\cup S_2)^\circ.$$

由于 $S_1\cup S_2$ 是若当可测集，这样由若当内测度的定义，有 $v(D)=m_*(S_1\cup S_2)=v(S_1\cup S_2)$．由于 S_1，S_2 没有公共内点且 $D_1\subseteq S_1^\circ$，$D_2\subseteq S_2^\circ$，因此 D_1，D_2 不相交，所以 $v(D)=v(D_1)+v(D_2)$．故

$$v(D_1)+v(D_2)\leqslant v(S_1\cup S_2),$$

从而

$$v(S_1)+v(S_2)=m_*(S_1)+m_*(S_2)=\sup_{D_1\subseteq S_1^\circ}v(D_1)+\sup_{D_2\subseteq S_2^\circ}v(D_2)$$
$$=\sup_{D_1\subseteq S_1^\circ}\sup_{D_2\subseteq S_2^\circ}(v(D_1)+v(D_2))\leqslant v(S_1\cup S_2).$$ 证毕．

定理 13.5.4 设 S_1，S_2 是若当可测集．则它们的差 $S_1\setminus S_2$ 也是若当可测集，且

$$v(S_1\setminus S_2)\geqslant v(S_1)-v(S_2).$$

若 $S_2\subset S_1$，则 $v(S_1\setminus S_2)=v(S_1)-v(S_2)$．

证明 由于 $\partial(S_1\setminus S_2)\subseteq\partial(S_1)\cup\partial(S_2)$，因此 $m^*(\partial(S_1\setminus S_2))\leqslant m^*(\partial S_1)+m^*(\partial S_2)$．因为 S_1，S_2 是若当可测集，所以 $m^*(\partial S_1)=m^*(\partial S_2)=0$，从而 $m^*(\partial(S_1\setminus S_2))=0$．故 $S_1\setminus S_2$ 是若当可测集．因为 $S_1\subseteq(S_1\setminus S_2)\cup S_2$，所以 $v(S_1)\leqslant v(S_1\setminus S_2)+v(S_2)$，即 $v(S_1\setminus S_2)\geqslant v(S_1)-v(S_2)$．

如果 $S_2\subset S_1$，则 $S_1=(S_1\setminus S_2)\cup S_2$，且 $(S_1\setminus S_2)\cap S_2=\varnothing$，所以 $v(S_1\setminus S_2)=v(S_1)-v(S_2)$．证毕．

定理 13.5.5　设 S 是若当可测集，则其闭包 $\overline{S}$ 和内部 S° 都是若当可测集，且 $v(S)=v(\overline{S})=v(S^\circ)$.

证明　因为 $\overline{S}=S\cup\partial S$，$S^\circ=S\setminus\partial S$，且 S 是若当可测集，所以 ∂S 是若当可测集且 $v(\partial S)=0$，应用定理 13.5.3 和定理 13.5.4，有 $\overline{S}$ 和 S° 都是若当可测集，且

$$v(S)\leqslant v(\overline{S})\leqslant v(S)+v(\partial S)=v(S)$$

表明 $v(\overline{S})=v(S)$，而 $v(S)\geqslant v(S^\circ)\geqslant v(S)-v(\partial S)=v(S)$ 蕴含 $v(S^\circ)=v(S)$．证毕.

定理 13.5.6　设 S_1，S_2，…，$S_m\subset\mathbb{R}^n$ 是有界点集．如果 S_1，S_2，…，S_m 是若当可测集，则其交集 $\bigcap\limits_{i=1}^{m}S_i$ 也是若当可测集.

证明　与定理 13.5.3 类似，只需对 $m=2$ 的情形给出证明．由于 S_1，S_2 是若当可测集，因此定理 13.5.3 和定理 13.5.4 表明 $S_1\cup S_2$，$S_1\setminus S_2$，$S_2\setminus S_1$ 都是若当可测集，再次利用定理 13.5.3 和定理 13.5.4 并利用等式 $S_1\cap S_2=(S_1\cup S_2)\setminus[(S_1\setminus S_2)\cup(S_2\setminus S_1)]$，有 $S_1\cap S_2$ 是若当可测集．证毕.

现在我们足以建立若当可测集上的重积分理论了．但必须指出，黎曼可积函数列的逐点极限函数不一定黎曼可积（本册最后一章内容级数理论部分将会清晰给出证明），因此黎曼积分并不完备；若当测度也是不完备的，即如果 S_1，S_2，…，S_m，…是一列若当可测集，则它们的并集 $\bigcup\limits_{i=1}^{\infty}S_i$ 不一定若当可测．例如，把闭区间 $[0,1]$ 中的全体有理数排成一个数列 $\{r_n\}_{n=1}^{\infty}$，并令 $S_n=\{r_n\}$（单点集），$n=1,2,\cdots$，则每个 S_n 都是若当零测集，但它们的并集 $\bigcup\limits_{n=1}^{\infty}S_n=\mathbb{Q}\cap[0,1]$ 内容量为 0，外容量为 1，所以不是若当可测集．另外，康托尔证明了，$\mathbb{R}$ 中的任意开集都可表示为至多可数个两两互不相交的开区间的并，这样按照人们的理解，$\mathbb{R}$ 中的开集是可测的，且其测度应等于构成它的所有开区间的长度之和．但采用类似于 $\mathbb{Q}\cap[0,1]$ 的构造方法，可以构造出开集的例子，使其按照若当可测集的定义是不可测的．这显然有悖人们对面积、体积及测度这些概念的理解，因此若当测度理论存在缺陷．为弥补若当测度理论的这种不完备性缺陷，博雷尔在 1898 年从定义开集及其余集的测度出发，对由开集和闭集经过至多可数多次集合运算得到的集合定义了测度，进而建立了具有可数可加性的博雷尔测度理论．测度 m 具有可数可加性，是指若 S_1，S_2，…，S_m，…是一列可测集，则它们的并集 $\bigcup\limits_{i=1}^{\infty}S_i$ 也是可测集，且当这些集合两两互不相交时，等式 $m\left(\bigcup\limits_{i=1}^{\infty}S_i\right)=\sum\limits_{i=1}^{\infty}m(S_i)$ 成立．1902 年，勒贝格把博雷尔的思想进一步发展，通过修改若当测度理论中外容量与内容量的定义，建立了勒贝格测度理论．勒贝格定义点集 S 的外测度 $m^*(S)$ 等于由至多可数个长方体构成的覆盖中所有长方体体积之和的下确界，并定义 S 的内测度 $m_*(S)$ 等于 S 在包含它的长方体 Q 中的余集 $Q\setminus S$ 之外测度的补量，即

$$m_*(S)=v(Q)-m^*(Q\setminus S),\ \ S\subset Q;$$

并定义当且仅当 $m_*(S)=m^*(S)$ 时，集合 S 是可测的．这样得到的可测集不仅包括全部的若

当可测集，也包括全部的博雷尔可测集，并且测度具有可数可加性，因而成功地弥补了若当测度理论中前面提到的各种缺陷．例如，前面给出的正方形 $[0,1]\times[0,1]$ 的两个子集 D_1，D_2，按照勒贝格测度都是可测集，且 $m(D_1)=0,\ m(D_2)=1$．勒贝格测度理论是迄今为止人们发现的最完善的测度理论，这一理论将在后续课程实变函数中深入讨论．

13.5.4　n 重积分

设 $\Omega\subset\mathbb{R}^n$ 是一个区域，如果对 $\forall x_0\in\partial\Omega$，存在 $\delta_{x_0}>0$ 使得 $\partial\Omega\cap B(x_0,\delta_{x_0})$ 可表示成

$$x_i=f_{x_0}(x_1,x_2,\cdots,x_{i-1},x_{i+1},\cdots,x_{n-1},x_n)\ \ (i=1,2,\cdots,n),$$

其中 f_{x_0} 为连续函数，则称 Ω 是具有连续边界的区域，由推论 13.5.2 可知有界的这种区域是若当可测的，因而具有体积（$n\geqslant 3$）或面积（$n=2$）．

定义 13.5.3　设 $\Omega\subset\mathbb{R}^n$ 是一个具有连续边界的有界区域，$y=f(x_1,x_2,\cdots,x_n)$ 是定义在 Ω 上的 n 元函数．对 Ω 的任意分割 $T=\{\Delta\Omega_1,\ \Delta\Omega_2,\ \cdots,\ \Delta\Omega_m\}$ 使得 $\Delta\Omega_i$（$1\leqslant i\leqslant m$）是具有连续边界的小区域，及任意取点 $(\xi_{i1},\xi_{i2},\cdots,\xi_{in})\in\Delta\Omega_i$，若 $\lim\limits_{\|T\|\to 0}\sum\limits_{i=1}^{m}f(\xi_{i1},\xi_{i2},\cdots,\xi_{in})v(\Delta\Omega_i)$ 存在，且与 Ω 的划分方式 T 无关，也与点 $(\xi_{i1},\xi_{i2},\cdots,\xi_{in})\in\Delta\Omega_i$ 的取法无关，则称 f 在 Ω 上可积，且称上述极限值为 f 在 Ω 上的 n 重积分．记为 $\iint\cdots\int_{\Omega}f(x_1,x_2,\cdots,x_n)\mathrm{d}x_1\mathrm{d}x_2\cdots\mathrm{d}x_n$ 或 $\int_{\Omega}f(\boldsymbol{x})\mathrm{d}\boldsymbol{x}$.

类似于二重积分和三重积分，n 重积分也有相应的性质及结论，其计算方法也是转化为累次积分．我们不加证明地列出其中一些结论．

定理 13.5.7　设 $\Omega\subset\mathbb{R}^n$ 是一个具有连续边界的有界闭区域，若函数 f 在 Ω 上可积，则 f 在 Ω 上有界．

以下总假设 $\Omega\subset\mathbb{R}^n$ 是一个具有连续边界的有界闭区域，且 f 是 Ω 上的有界函数．

定理 13.5.8　对 Ω 的任意一个剖分 $T=\{\Delta\Omega_1,\ \Delta\Omega_2,\ \cdots,\ \Delta\Omega_m\}$，$f$ 在 Ω 上可积的充要条件是 $\lim\limits_{\|T\|\to 0}\sum\limits_{i=1}^{m}\omega_i(f)v(\Delta\Omega_i)=0$．其中 $\omega_i(f)=\sup\limits_{\boldsymbol{x},\boldsymbol{y}\in\Delta\Omega_i}|f(\boldsymbol{x})-f(\boldsymbol{y})|$.

定理 13.5.9　设 f,g 在 Ω 上可积，则它们的乘积 fg 在 Ω 上可积，且对 Ω 的任意分割 $T=\{\Delta\Omega_1,\ \Delta\Omega_2,\ \cdots,\ \Delta\Omega_m\}$，及任意取点 ξ_i，$\eta_i\in\Delta\Omega_i$（$i=1,2,\cdots,m$），有

$$\lim_{\|T\|\to 0}\sum_{i=1}^{m}f(\xi_i)g(\eta_i)v(\Delta\Omega_i)=\int_{\Omega}f(\boldsymbol{x})g(\boldsymbol{x})\mathrm{d}\boldsymbol{x}.$$

定理 13.5.10　设 $\Omega,\ \varDelta\subset\mathbb{R}^n$ 是两个具有连续边界的有界闭区域，$\boldsymbol{\Phi}:\varDelta\to\Omega$ 是一个连续可微的双射，且其雅可比矩阵的行列式 $\det\mathbf{D}\boldsymbol{\Phi}(\boldsymbol{y})\neq 0,\ \forall\boldsymbol{y}\in\varDelta$，则区域 Ω 的 n 维体积

$$v(\Omega)=\int_{\varDelta}\left|\det\mathbf{D}\boldsymbol{\Phi}(\boldsymbol{y})\right|\mathrm{d}\boldsymbol{y}.$$

定理 13.5.11　设 $\Omega,\ \varDelta\subset\mathbb{R}^n$ 是两个具有连续边界的有界闭区域，$\boldsymbol{\Phi}:\varDelta\to\Omega$ 是一个连续可微的双射，且其雅可比矩阵的行列式 $\det\mathbf{D}\boldsymbol{\Phi}(\boldsymbol{y})\neq 0,\ \forall\boldsymbol{y}\in\varDelta$．设函数 f 在 Ω 上连续，则

$$\int_{\Omega} f(\boldsymbol{x})\mathrm{d}\boldsymbol{x} = \int_{\Delta} f(\Phi(\boldsymbol{y}))\left|\det \mathbf{D}\Phi(\boldsymbol{y})\right|\mathrm{d}\boldsymbol{y}.$$

13.5.5　*n* 维球坐标变换

对一般的n重积分（$n\geqslant 4$），我们考虑一种特殊的坐标变换——n维球坐标变换如下：

$$\Phi:\begin{cases} x_1 = r\sin\theta_1\sin\theta_2\cdots\sin\theta_{n-2}\sin\theta_{n-1}, \\ x_2 = r\sin\theta_1\sin\theta_2\cdots\sin\theta_{n-2}\cos\theta_{n-1}, \\ \quad\vdots \\ x_{n-2} = r\sin\theta_1\sin\theta_2\cos\theta_3, \\ x_{n-1} = r\sin\theta_1\cos\theta_2, \\ x_n = r\cos\theta_1, \end{cases} \tag{13.5.1}$$

其中，r 为点 $\boldsymbol{x}=(x_1,x_2,\cdots,x_n)$ 到坐标原点的距离．该变换把闭n维长方体

$$0\leqslant r\leqslant R，\quad 0\leqslant \theta_i\leqslant \pi \ (i=1,2,\cdots,n-2),\quad 0\leqslant \theta_{n-1}\leqslant 2\pi$$

映射为闭球 $x_1^2+x_2^2+\cdots+x_n^2\leqslant R^2$．直接通过该变换来计算雅可比矩阵 $\dfrac{\partial(x_1,x_2,\cdots,x_n)}{\partial(r,\theta_1,\cdots,\theta_{n-1})}$ 的行列式是非常困难的，下面我们应用向量值隐函数组定理计算．令

$$\begin{cases} F_1 = r^2-(x_1^2+x_2^2+\cdots+x_n^2)=0, \\ F_2 = r^2\sin^2\theta_1-(x_1^2+x_2^2+\cdots+x_{n-1}^2)=0, \\ F_3 = r^2\sin^2\theta_1\sin^2\theta_2-(x_1^2+x_2^2+\cdots+x_{n-2}^2)=0, \\ \quad\vdots \\ F_n = r^2\sin^2\theta_1\cdots\sin^2\theta_{n-1}-x_1^2=0, \end{cases} \tag{13.5.2}$$

则方程组（13.5.1）确定的函数组 $x_1,x_2,\cdots,x_n$ 满足方程组（13.5.2），因此

$$\frac{\partial(x_1,x_2,\cdots,x_n)}{\partial(r,\theta_1,\cdots,\theta_{n-1})} = -\left(\frac{\partial(F_1,F_2,\cdots,F_n)}{\partial(x_1,x_2,\cdots,x_n)}\right)^{-1}\frac{\partial(F_1,F_2,\cdots,F_n)}{\partial(r,\theta_1,\cdots,\theta_{n-1})},$$

故

$$\det\left(\frac{\partial(x_1,x_2,\cdots,x_n)}{\partial(r,\theta_1,\cdots,\theta_{n-1})}\right) = (-1)^n\frac{\det\dfrac{\partial(F_1,F_2,\cdots,F_n)}{\partial(r,\theta_1,\cdots,\theta_{n-1})}}{\det\left(\dfrac{\partial(F_1,F_2,\cdots,F_n)}{\partial(x_1,x_2,\cdots,x_n)}\right)}.$$

由于

$$\frac{\partial(F_1,F_2,\cdots,F_n)}{\partial(r,\theta_1,\cdots,\theta_{n-1})} = \begin{pmatrix} 2r & 0 & \cdots & 0 \\ 2r\sin^2\theta_1 & 2r^2\sin\theta_1\cos\theta_1 & \cdots & 0 \\ * & * & \cdots & 0 \\ \vdots & \vdots & & 0 \\ * & * & \cdots & 2r^2\sin^2\theta_1\cdots\sin^2\theta_{n-2}\sin\theta_{n-1}\cos\theta_{n-1} \end{pmatrix},$$

$$\frac{\partial(F_1,F_2,\cdots,F_n)}{\partial(x_1,x_2,\cdots,x_n)}=\begin{pmatrix} * & \cdots & * & * & -2x_n \\ * & \cdots & * & -2x_{n-1} & 0 \\ * & \cdots & -2x_{n-2} & 0 & 0 \\ \vdots & & \vdots & 0 & 0 \\ -2x_1 & 0 & \cdots & 0 & 0 \end{pmatrix},$$

直接计算可得

$$\begin{aligned}&\det\left(\frac{\partial(F_1,F_2,\cdots,F_n)}{\partial(r,\theta_1,\cdots,\theta_{n-1})}\right)\\ &=2^n r^{2n-1}\sin^{2n-3}\theta_1\cos\theta_1\sin^{2n-5}\theta_2\cos\theta_2\cdots\sin^3\theta_{n-2}\cos\theta_{n-2}\sin\theta_{n-1}\cos\theta_{n-1},\\ &\det\left(\frac{\partial(F_1,F_2,\cdots,F_n)}{\partial(x_1,x_2,\cdots,x_n)}\right)=(-1)^{n+1}2^n x_1x_2\cdots x_n\\ &=(-1)^{n+1}2^n r^n\sin^{n-1}\theta_1\cos\theta_1\sin^{n-2}\theta_2\cos\theta_2\cdots\sin^2\theta_{n-2}\cos\theta_{n-2}\sin\theta_{n-1}\cos\theta_{n-1},\end{aligned}$$

故

$$\left|\det\left(\frac{\partial(x_1,x_2,\cdots,x_n)}{\partial(r,\theta_1,\cdots,\theta_{n-1})}\right)\right|=r^{n-1}\sin^{n-2}\theta_1\sin^{n-3}\theta_2\cdots\sin\theta_{n-2}.$$

假设$\Omega\subset\mathbb{R}^n$是具有连续边界的有界闭区域，且函数$f$在$\Omega$上可积，则由定理 13.5.11 知，

$$\begin{aligned}&\iint\cdots\int_{\Omega}f(x_1,x_2,\cdots,x_n)\mathrm{d}x_1\mathrm{d}x_2\cdots\mathrm{d}x_n\\ =&\iint\cdots\int_{\Delta}f(r\sin\theta_1\sin\theta_2\cdots\sin\theta_{n-2}\sin\theta_{n-1},\cdots,r\cos\theta_1)r^{n-1}\sin^{n-2}\theta_1\sin^{n-3}\theta_2\cdots\sin\theta_{n-2}\mathrm{d}r\mathrm{d}\theta_1\mathrm{d}\theta_2\cdots\mathrm{d}\theta_{n-1},\end{aligned}\tag{13.5.3}$$

其中映射Φ把区域Δ映为区域Ω.

下面我们应用这个公式求n维球的体积．用$V_n(R)$表示半径为R的n维球$\mathscr{B}(0,R)$的体积，则变换$\boldsymbol{x}=R\boldsymbol{y}$把单位球$\mathscr{B}(0,1)$变为球$\mathscr{B}(0,R)$，这个变换的雅可比矩阵的行列式等于$R^n$，因此

$$V_n(R)=\int_{\mathscr{B}(0,R)}\mathrm{d}\boldsymbol{x}=R^n\int_{\mathscr{B}(0,1)}\mathrm{d}\boldsymbol{y}=R^n\omega_n,$$

其中$\omega_n=V_n(1)$是单位球$\mathscr{B}(0,1)$的体积．在式（13.5.3）中，取$f=1$，$\Omega=\mathscr{B}(0,1)$，则

$$\begin{aligned}\omega_n&=\int_{\|\boldsymbol{x}\|\leqslant1}\mathrm{d}\boldsymbol{x}\\ &=\int_0^{2\pi}\mathrm{d}\theta_{n-1}\int_0^{\pi}\mathrm{d}\theta_{n-2}\cdots\int_0^{\pi}\mathrm{d}\theta_1\int_0^1 r^{n-1}\sin^{n-2}\theta_1\sin^{n-3}\theta_2\cdots\sin\theta_{n-2}\mathrm{d}r\\ &=\frac{2\pi}{n}\left(\int_0^{\pi}\sin^{n-2}\theta_1\mathrm{d}\theta_1\right)\left(\int_0^{\pi}\sin^{n-3}\theta_2\mathrm{d}\theta_2\right)\cdots\left(\int_0^{\pi}\sin\theta_{n-2}\mathrm{d}\theta_{n-2}\right),\end{aligned}$$

故，只需对每个正整数k，计算定积分$I_k=\int_0^{\pi}\sin^k\theta\mathrm{d}\theta$．通过万能代换，我们可将这个定积分转化为有理函数的定积分，但这样计算较烦琐．下面应用 19.2 节介绍的伽马函数和贝塔函数来计算．

$$
\begin{aligned}
I_k &= 2\int_0^{\frac{\pi}{2}} \sin^k \theta \mathrm{d}\theta \quad （作变换 \theta = \arcsin u）\\
&= 2\int_0^1 \frac{u^k}{\sqrt{1-u^2}} \mathrm{d}u \quad （作变换 u=\sqrt{v}）\\
&= \int_0^1 \frac{v^{\frac{k}{2}-\frac{1}{2}}}{\sqrt{1-v}} \mathrm{d}v = \int_0^1 v^{\frac{k+1}{2}-1}(1-v)^{\frac{1}{2}-1} \mathrm{d}v\\
&= \mathrm{B}\left(\frac{k+1}{2},\frac{1}{2}\right) = \frac{\Gamma\left(\frac{k+1}{2}\right)\Gamma\left(\frac{1}{2}\right)}{\Gamma\left(\frac{k+2}{2}\right)} = \frac{\sqrt{\pi}\Gamma\left(\frac{k+1}{2}\right)}{\Gamma\left(\frac{k+2}{2}\right)},
\end{aligned}
$$

其中$\Gamma\left(\frac{1}{2}\right)=\sqrt{\pi}$．故

$$
\omega_n = \frac{2\pi}{n} \cdot \frac{\sqrt{\pi}\Gamma\left(\frac{n-1}{2}\right)}{\Gamma\left(\frac{n}{2}\right)} \cdot \frac{\sqrt{\pi}\Gamma\left(\frac{n-2}{2}\right)}{\Gamma\left(\frac{n-1}{2}\right)} \cdot \cdots \cdot \frac{\sqrt{\pi}\Gamma(1)}{\Gamma\left(\frac{3}{2}\right)} = \frac{2\pi^{\frac{n}{2}}}{n\Gamma\left(\frac{n}{2}\right)}.
$$

用$S_n(R)$表示半径为R的n维球$\mathscr{B}(0,R)$的表面积，则内半径为R、厚度为ΔR的球壳的体积以$S_n(R)\Delta R$为下界，以$S_n(R+\Delta R)\Delta R$为上界．因为这个体积等于$V_n(R+\Delta R)-V_n(R)$，所以

$$
S_n(R)\Delta R \leqslant V_n(R+\Delta R)-V_n(R) \leqslant S_n(R+\Delta R)\Delta R,
$$

故

$$
S_n(R) \leqslant \frac{V_n(R+\Delta R)-V_n(R)}{\Delta R} \leqslant S_n(R+\Delta R),
$$

令$\Delta R \to 0$，有$S_n(R)=V_n'(R)=nR^{n-1}\omega_n$.

特别地，$n-1$维单位球面$S^{n-1}=\partial\mathscr{B}(0,1)$的“面积”为$\sigma_n = S_n(1) = n\omega_n = \dfrac{2\pi^{\frac{n}{2}}}{\Gamma\left(\frac{n}{2}\right)}$.

命题 13.5.1　（i）n维单位球$\mathscr{B}(0,1)$的体积和$n-1$维单位球面$S^{n-1}=\partial\mathscr{B}(0,1)$的面积分别为

$$
\omega_n = \frac{2\pi^{\frac{n}{2}}}{n\Gamma\left(\frac{n}{2}\right)}, \qquad \sigma_n = n\omega_n = \frac{2\pi^{\frac{n}{2}}}{\Gamma\left(\frac{n}{2}\right)}.
$$

（ii）半径为R的n维球$\mathscr{B}(0,R)$的体积和表面积分别为

$$
V_n(R) = \frac{2\pi^{\frac{n}{2}}R^n}{n\Gamma\left(\frac{n}{2}\right)}, \qquad S_n(R) = \frac{2\pi^{\frac{n}{2}}R^{n-1}}{\Gamma\left(\frac{n}{2}\right)}.
$$

式（13.5.3）经常被用来求径向函数的积分．所谓**径向函数**，是指形如 $f(r)$（其中 $r=\|\boldsymbol{x}\|$）的函数．应用式（13.5.3），这种函数在球域 $\mathscr{B}(0,R)$ 上的积分可化为定积分，即有以下命题．

命题 13.5.2 设函数 f 在 $[0,R]$ 上可积．则

$$\int_{\|\boldsymbol{x}\|\leqslant R} f(\|\boldsymbol{x}\|)\,\mathrm{d}\boldsymbol{x}=\sigma_n\int_0^R f(r)r^{n-1}\mathrm{d}r=\frac{2\pi^{\frac{n}{2}}}{\Gamma\left(\frac{n}{2}\right)}\int_0^R f(r)r^{n-1}\mathrm{d}r.$$

证明 由式（13.5.3）及命题 13.5.1 的证明，有

$$\begin{aligned}
&\int_{\|\boldsymbol{x}\|\leqslant R} f(\|\boldsymbol{x}\|)\,\mathrm{d}\boldsymbol{x}\\
&=\int_0^{2\pi}\mathrm{d}\theta_{n-1}\int_0^{\pi}\mathrm{d}\theta_{n-2}\cdots\int_0^{\pi}\mathrm{d}\theta_1\int_0^1 f(r)r^{n-1}\sin^{n-2}\theta_1\sin^{n-3}\theta_2\cdots\sin\theta_{n-2}\mathrm{d}r\\
&=2\pi\left(\int_0^{\pi}\sin^{n-2}\theta_1\mathrm{d}\theta_1\right)\left(\int_0^{\pi}\sin^{n-3}\theta_2\mathrm{d}\theta_2\right)\cdots\left(\int_0^{\pi}\sin\theta_{n-2}\mathrm{d}\theta_{n-2}\right)\left(\int_0^R f(r)r^{n-1}\mathrm{d}r\right),\\
&=\sigma_n\int_0^R f(r)r^{n-1}\mathrm{d}r.
\end{aligned}$$

注 由伽马函数的递推式 $\Gamma(\alpha+1)=\alpha\Gamma(\alpha),\forall\alpha>0$，有

$$\Gamma\left(\frac{n}{2}\right)=\begin{cases}k!, & n=2k;\\ \dfrac{(2k-1)!!}{2^k}\sqrt{\pi}, & n=2k+1.\end{cases}$$

有关 Γ 函数的性质，参见 19.2 节．

第 14 章　曲线积分

前一章学习的重积分是定积分概念的推广．定积分以数轴上的线段为积分区间，而二重积分和三重积分则分别以平面区域和空间区域作为积分区域．平面上的第一型曲线积分也是定积分的推广，它将 x 轴线段上的积分推广到平面曲线段上的积分．第二型曲线积分是向量值函数在曲线段上的积分，它在场论中有多种不同的物理意义．格林公式是沟通平面封闭曲线上第二型曲线积分与该曲线所围平面有界闭区域上的二重积分之间的桥梁．

14.1　第一型曲线积分——关于弧长的曲线积分

14.1.1　第一型曲线积分的概念

1．可求长曲线

定义 14.1.1　设 L 是一条曲线，一端为 A，另一端为 B．若规定 A 为起点，B 为终点，即规定曲线 L 的方向由 A 到 B，则称 L 是一条有向曲线，记为 $L(A,B)$ 或 $\overset{\frown}{AB}$．起点与终点重合的曲线称为封闭曲线；没有自交点（除起点和终点外）的曲线称为简单曲线．规定了正方向的封闭曲线 L，记为 L^+．

定义 14.1.2　设 $L\subset\mathbb{R}^3$ 是一条简单曲线段，其参数方程为

$$x=x(t),\ y=y(t),\ z=z(t),\ t\in[\alpha,\beta],$$

任取 $[\alpha,\beta]$ 的一个分割 $T=\{t_1,\ t_2,\ \cdots,\ t_{n-1}\}$，并令 $t_0=\alpha,\ t_n=\beta$．记 $|T|=\max\limits_{1\leqslant i\leqslant n}\{\Delta t_i=t_i-t_{i-1}\}$，如果 $\lim\limits_{|T|\to 0}\sum\limits_{i=1}^{n}\sqrt{(x(t_i)-x(t_{i-1}))^2+(y(t_i)-y(t_{i-1}))^2+(z(t_i)-z(t_{i-1}))^2}$ 存在，且与 $[\alpha,\beta]$ 的分割方式无关，称曲线段 L 是可求长的，并称上述极限为曲线段 L 的弧长．

定理 14.1.1　设 $L\subset\mathbb{R}^3$：$x=x(t),\ y=y(t),\ z=z(t)\ (t\in[\alpha,\beta])$ 是光滑或分段光滑的曲线段，则 L 是可求长的，且其弧长 $s=\int_\alpha^\beta\sqrt{x'(t)^2+y'(t)^2+z'(t)^2}\,\mathrm{d}t$．

证明　分段光滑曲线段由有限段光滑曲线段首尾相接而成，因此我们只需讨论光滑曲线段．假设曲线段 L 是光滑的．任取 $[\alpha,\beta]$ 的一个分割 $T=\{t_1,\ t_2,\ \cdots,\ t_{n-1}\}$，并令 $t_0=\alpha,\ t_n=\beta$，相应地得到曲线段 L 的一个分割，分点记为 $M_i(x_i,y_i,z_i)$，其中

$$x_i=x(t_i),\ y_i=y(t_i),\ z_i=z(t_i)\quad(i=0,1,2,\cdots,n).$$

当 $|T|=\max\limits_{1\leqslant i\leqslant n}\{\Delta t_i=t_i-t_{i-1}\}$ 很小时，曲线段 $\overset{\frown}{M_{i-1}M_i}$ 的弧长 Δs_i 可通过直线段 $\overline{M_{i-1}M_i}$ 的长度近似，因此

$$\Delta s_i\approx\sqrt{(x(t_i)-x(t_{i-1}))^2+(y(t_i)-y(t_{i-1}))^2+(z(t_i)-z(t_{i-1}))^2},$$

因为 $x=x(t),\ y=y(t),\ z=z(t)\in C^1[\alpha,\beta]$，所以由微分中值定理，分别 $\exists\xi_i,\ \eta_i,\ \zeta_i\in(t_{i-1},t_i)$ 使得

$$x(t_i)-x(t_{i-1})=x'(\xi_i)\Delta t_i,\quad y(t_i)-y(t_{i-1})=y'(\eta_i)\Delta t_i,\quad z(t_i)-z(t_{i-1})=z'(\zeta_i)\Delta t_i,$$

所以曲线段 L 的弧长

$$s=\sum_{i=1}^{n}\Delta s_i\approx\sum_{i=1}^{n}\sqrt{x'(\xi_i)^2+y'(\eta_i)^2+z'(\zeta_i)^2}\,\Delta t_i,$$

当 $|T|\to 0$ 时，有 $|\xi_i-\eta_i|\to 0$ 且 $|\xi_i-\zeta_i|\to 0$，从而

$$\sqrt{(y'(\xi_i)-y'(\eta_i))^2+(z'(\xi_i)-z'(\zeta_i))^2}\to 0,$$

因为 $\sqrt{x'(t)^2+y'(t)^2+z'(t)^2}\in C[\alpha,\beta]$，所以

$$s=\lim_{|T|\to 0}\sum_{i=1}^{n}\sqrt{x'(\xi_i)^2+y'(\xi_i)^2+z'(\xi_i)^2}\,\Delta t_i=\int_\alpha^\beta\sqrt{x'(t)^2+y'(t)^2+z'(t)^2}\,\mathrm{d}t,$$

所以光滑曲线段 L 是可求长的，且其弧长 $s=\int_\alpha^\beta\sqrt{x'(t)^2+y'(t)^2+z'(t)^2}\,\mathrm{d}t$．证毕.

2．第一型曲线积分的物理来源

设 $\widehat{AB}\subset\mathbb{R}^3$ 是可求长曲线段，其上分布着某种物质，点 $(x,y,z)\in\widehat{AB}$ 处的质量密度为 $\rho(x,y,z)$，求曲线段 $\widehat{AB}$ 的质量.

解 任意分割曲线段 $\widehat{AB}$，划分方式记为 $T=\{M_1,\ M_2,\ \cdots,\ M_{n-1}\}$，并令 $M_0=A,\ M_n=B$．用 Δs_i 表示曲线段 $\widehat{M_{i-1}M_i}$ 的弧长．当 $\|T\|=\max\limits_{1\leqslant i\leqslant n}\{\Delta s_i\}$ 很小时，曲线段 $\widehat{M_{i-1}M_i}$ 上的物质可近似看成是均匀分布的，因此任取 $(x_i,y_i,z_i)\in\widehat{M_{i-1}M_i}$，曲线段 $\widehat{M_{i-1}M_i}$ 的质量 $\Delta m_i\approx\rho(x_i,y_i,z_i)\Delta s_i$，从而曲线段 $\widehat{AB}$ 的质量 $M=\sum\limits_{i=1}^{n}\Delta m_i\approx\sum\limits_{i=1}^{n}\rho(x_i,y_i,z_i)\Delta s_i$，故 $M=\lim\limits_{\|T\|\to 0}\sum\limits_{i=1}^{n}\rho(x_i,y_i,z_i)\Delta s_i$．

注意到曲线段的质量是一个固定值，与曲线段的划分方式无关，也与在每一小段上点的取法无关．将这种解决问题的数学方法抽象出来，就得到第一型曲线积分的概念.

定义 14.1.3 设 $L\subset\mathbb{R}^3$ 是可求长曲线段，$f(x,y,z)$ 在曲线段 L 上有定义．任意分割曲线段 L，分割方式记为 $T=\{\Delta L_1,\ \Delta L_2,\ \cdots,\ \Delta L_n\}$，用 Δs_i 表示曲线段 ΔL_i 的弧长，任取 $(x_i,y_i,z_i)\in\Delta L_i$，令 $\|T\|=\max\limits_{1\leqslant i\leqslant n}\{\Delta s_i\}$．若 $\lim\limits_{\|T\|\to 0}\sum\limits_{i=1}^{n}f(x_i,y_i,z_i)\Delta s_i$ 存在，且该极限值与曲线段 L 的分割方式 T 无关，也与每一小段 ΔL_i 上点的取法无关，则称函数 $f(x,y,z)$ 在曲线段 L 上可积，且称该极限为函数 $f(x,y,z)$ 沿着曲线段 L 的第一型曲线积分，记为 $\int_L f(x,y,z)\mathrm{d}s$，其中 L 为积分曲线，$\mathrm{d}s$ 为弧长微元．若积分曲线 L 是封闭曲线，则曲线积分记为 $\oint_L f(x,y,z)\mathrm{d}s$．

注意到，在第一型曲线积分的定义中，Δs_i 是曲线段的弧长，因此**第一型曲线积分与积分曲线的方向无关**，即 $\int_{\widehat{AB}}f(x,y,z)\mathrm{d}s=\int_{\widehat{BA}}f(x,y,z)\mathrm{d}s$．

14.1.2　第一型曲线积分的性质

我们看到，第一型曲线积分的定义与定积分的定义类似，因此第一型曲线积分与定积分有着许多类似的性质，下列部分性质的证明留给读者.

1．线性

设 $f(x,y,z)$，$g(x,y,z)$ 在曲线段 L 上可积，则对 $\forall\alpha$，$\beta\in\mathbb{R}$，$\alpha f(x,y,z)+\beta g(x,y,z)$ 在曲线段 L 上可积，且 $\int_L(\alpha f(x,y,z)+\beta g(x,y,z))\mathrm{d}s=\alpha\int_L f(x,y,z)\mathrm{d}s+\beta\int_L g(x,y,z))\mathrm{d}s$.

2．关于积分曲线的可加性

若曲线段 L 由可求长曲线段 L_1，L_2，…，L_n 首尾相接而成，且 $\int_{L_i} f(x,y,z)\mathrm{d}s$（$i=1,2,\cdots,n$）存在，则 $\int_L f(x,y,z)\mathrm{d}s$ 存在，且 $\int_L f(x,y,z)\mathrm{d}s=\sum_{i=1}^{n}\int_{L_i} f(x,y,z)\mathrm{d}s$.

3．积分不等式

设 $f(x,y,z)$，$g(x,y,z)$ 在曲线段 L 上可积，且对 $\forall(x,y,z)\in L$，$f(x,y,z)\leqslant g(x,y,z)$，则 $\int_L f(x,y,z)\mathrm{d}s\leqslant\int_L g(x,y,z)\mathrm{d}s$.

4．可积必绝对可积

设 $f(x,y,z)$ 在曲线段 L 上可积，则 $|f(x,y,z)|$ 在曲线段 L 上可积，且

$$\left|\int_L f(x,y,z)\mathrm{d}s\right|\leqslant\int_L|f(x,y,z)|\mathrm{d}s.$$

5．对称性

设积分曲线 $L=L_1\cup L_2$．假设曲线段 L_1 与 L_2 关于 Oyz 坐标平面对称.

（1）如果 $f(-x,y,z)=-f(x,y,z)$，则

$$\int_L f(x,y,z)\mathrm{d}s=\int_{L_1} f(x,y,z)\mathrm{d}s+\int_{L_2} f(x,y,z)\mathrm{d}s=0;$$

（2）如果 $f(-x,y,z)=f(x,y,z)$，则 $\int_L f(x,y,z)\mathrm{d}s=2\int_{L_1} f(x,y,z)\mathrm{d}s$.

积分曲线关于坐标平面 Oxy 或 Oxz 的对称性讨论类似.

6．轮换对称性

若积分曲线 L 关于 x,y,z 具有轮换对称性，则 $\int_L f(x,y,z)\mathrm{d}s=\int_L f(y,z,x)\mathrm{d}s=\int_L f(z,x,y)\mathrm{d}s$.

例 14.1.1　设积分曲线 L 是球面 $x^2+y^2+z^2=a^2$ 与平面 $x+y+z=0$ 的交线，求 $\int_L x^2\mathrm{d}s$ 与 $\int_L xy\mathrm{d}s$.

解　因为积分曲线 L 关于 x,y,z 具有轮换对称性，所以 $\int_L x^2\mathrm{d}s=\int_L y^2\mathrm{d}s=\int_L z^2\mathrm{d}s$，因此

$$\int_L x^2\mathrm{d}s=\frac{1}{3}\int_L(x^2+y^2+z^2)\mathrm{d}s=\frac{2}{3}\pi a^3,$$

又$\int_L xy\mathrm{d}s=\int_L yz\mathrm{d}s=\int_L zx\mathrm{d}s$，从而

$$\int_L xy\mathrm{d}s=\frac{1}{3}\int_L(xy+yz+zx)\mathrm{d}s=\frac{1}{6}\int_L((x+y+z)^2-(x^2+y^2+z^2))\mathrm{d}s=-\frac{1}{3}\pi a^3.$$

例 14.1.2 计算$\int_L(2xy+3x^2+4y^2)\mathrm{d}s$，其中曲线$L:\dfrac{x^2}{4}+\dfrac{y^2}{3}=1$，其周长为$a$.

解 $\int_L(2xy+3x^2+4y^2)\mathrm{d}s=\int_L 2xy\mathrm{d}s+\int_L(3x^2+4y^2)\mathrm{d}s=12\int_L\left(\dfrac{x^2}{4}+\dfrac{y^2}{3}\right)\mathrm{d}s=12a.$

14.1.3 第一型曲线积分的计算

接下来探讨第一型曲线积分的计算.

定理 14.1.2 设光滑曲线段L的参数方程:

$$x=x(t),\ y=y(t),\ z=z(t),\ t\in[\alpha,\beta],$$

若$f(x,y,z)\in C(L)$，则$f(x,y,z)$在曲线L上可积，且

$$\int_L f(x,y,z)\mathrm{d}s=\int_\alpha^\beta f(x(t),y(t),z(t))\sqrt{x'(t)^2+y'(t)^2+z'(t)^2}\mathrm{d}t.$$

证明 任取曲线段L的一个分割$T=\{M_1,\ M_2,\ \cdots,\ M_{n-1}\}$，用$M_0$和$M_n$分别表示曲线段$L$的参数值为$\alpha$和$\beta$的端点，则该分割将曲线段分割成若干小段$\overset{\frown}{M_{i-1}M_i}$，$i=1,2,\cdots,n$. 设分点$M_i$对应的参数$t$的取值为$t_i$，则相应得到$[\alpha,\beta]$的一个分割$T'=\{t_0,\ t_1,\ \cdots,\ t_n\}$，其中$t_0=\alpha$，$t_n=\beta$. 任取$(\xi_i,\eta_i,\zeta_i)\in\overset{\frown}{M_{i-1}M_i}$，则存在$\tau_i\in[t_{i-1},t_i]$使得$\xi_i=x(\tau_i),\ \eta_i=y(\tau_i),\ \zeta_i=z(\tau_i)$，$i=1,2,\cdots,n.$ 由定理 14.1.1 知，曲线段$\overset{\frown}{M_{i-1}M_i}$的弧长

$$\Delta s_i=\int_{t_{i-1}}^{t_i}\sqrt{x'(t)^2+y'(t)^2+z'(t)^2}\mathrm{d}t.$$

因为$\sqrt{x'(t)^2+y'(t)^2+z'(t)^2}\in C[\alpha,\beta]$，由定积分的积分中值定理，$\exists\gamma_i\in(t_{i-1},t_i)$使得

$$\Delta s_i=\sqrt{x'(\gamma_i)^2+y'(\gamma_i)^2+z'(\gamma_i)^2}\Delta t_i,\tag{14.1.1}$$

其中$\Delta t_i=t_i-t_{i-1}$. 当$\|T\|=\max\limits_{1\leqslant i\leqslant n}\{\Delta s_i\}\to 0$时，由式（14.1.1）可知$|T'|=\max\limits_{1\leqslant i\leqslant n}\{\Delta t_i\}\to 0$，故

$$\begin{aligned}\lim_{\|T\|\to 0}\sum_{i=1}^n f(\xi_i,\eta_i,\zeta_i)\Delta s_i&=\lim_{|T'|\to 0}\sum_{i=1}^n f(x(\tau_i),y(\tau_i),z(\tau_i))\sqrt{x'(\gamma_i)^2+y'(\gamma_i)^2+z'(\gamma_i)^2}\Delta t_i\\&=\int_\alpha^\beta f(x(t),y(t),z(t))\sqrt{x'(t)^2+y'(t)^2+z'(t)^2}\mathrm{d}t,\end{aligned}$$

所以$f(x,y,z)$在曲线L上可积，且

$$\int_L f(x,y,z)\mathrm{d}s=\int_\alpha^\beta f(x(t),y(t),z(t))\sqrt{x'(t)^2+y'(t)^2+z'(t)^2}\mathrm{d}t.$$ 证毕.

空间曲线投影到平面上，即得平面上的一条曲线. 设平面光滑曲线L的参数方程

$$x=x(t),\ y=y(t),\ a\leqslant t\leqslant b,$$

则$\int_L f(x,y)\mathrm{d}s=\int_a^b f(x(t),y(t))\sqrt{x'(t)^2+y'(t)^2}\mathrm{d}t$. 若平面光滑曲线$L$的方程由函数$y=g(x)$给出，则

$$\int_L f(x,y)\mathrm{d}s=\int_a^b f(x,g(x))\sqrt{1+g'(x)^2}\,\mathrm{d}x.$$

由定理 14.1.2 及定积分的积分中值定理，可得下面的**第一型曲线积分中值定理**.

定理 14.1.3　设函数 $f(x,y,z)$ 在光滑曲线段 $L\subset\mathbb{R}^3$ 上连续，则 $\exists(x_0,y_0,z_0)\in L$ 使得

$$\int_L f(x,y,z)\mathrm{d}s=f(x_0,y_0,z_0)s,$$

其中 s 是光滑曲线段 L 的弧长.

例 14.1.3　计算 $\int_L \mathrm{e}^{\sqrt{x^2+y^2}}\mathrm{d}s$，其中 L 是极坐标系下由 $r=a,\theta=0,\theta=\dfrac{\pi}{4}$ 围成的曲线.

解　曲线 L 如图 14-1-1 所示，则

$$\int_L \mathrm{e}^{\sqrt{x^2+y^2}}\mathrm{d}s=\int_{\overline{OA}}\mathrm{e}^{\sqrt{x^2+y^2}}\mathrm{d}s+\int_{\widehat{AB}}\mathrm{e}^{\sqrt{x^2+y^2}}\mathrm{d}s+\int_{\overline{OB}}\mathrm{e}^{\sqrt{x^2+y^2}}\mathrm{d}s.$$

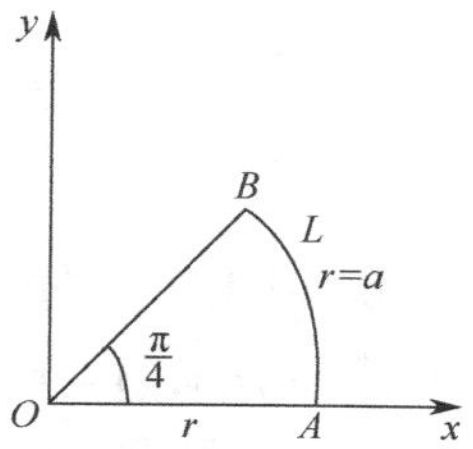

图 14-1-1

其中，在线段 $\overline{OA}$ 上，$\sqrt{x^2+y^2}=x,\mathrm{d}s=\mathrm{d}x$;

在弧段 $\widehat{AB}$ 上，$\sqrt{x^2+y^2}=a,\mathrm{d}s=a\mathrm{d}\theta$;

在线段 $\overline{BO}$ 上，$\sqrt{x^2+y^2}=\sqrt{2}x,\mathrm{d}s=\sqrt{2}\mathrm{d}x$,

所以

$$\begin{aligned}\int_L \mathrm{e}^{\sqrt{x^2+y^2}}\mathrm{d}s&=\int_{\overline{OA}}\mathrm{e}^{\sqrt{x^2+y^2}}\mathrm{d}s+\int_{\widehat{AB}}\mathrm{e}^{\sqrt{x^2+y^2}}\mathrm{d}s+\int_{\overline{OB}}\mathrm{e}^{\sqrt{x^2+y^2}}\mathrm{d}s\\&=\int_0^a \mathrm{e}^x\mathrm{d}x+\int_0^{\frac{\pi}{4}}\mathrm{e}^a a\mathrm{d}\theta+\int_0^{\frac{a}{\sqrt{2}}}\mathrm{e}^{\sqrt{2}x}\sqrt{2}\mathrm{d}x\\&=2(\mathrm{e}^a-1)+\frac{\pi}{4}a\mathrm{e}^a.\end{aligned}$$

例 14.1.4　计算 $\int_L(x^2+y^2+z^2)\mathrm{d}s$，其中曲线 L 是螺线 $x=a\cos t,\ y=a\sin t,\ z=bt$, $0\leqslant t\leqslant 2\pi$ 的一段.

解　$\int_L(x^2+y^2+z^2)\mathrm{d}s=\int_0^{2\pi}(a^2+b^2t^2)\sqrt{a^2+b^2}\mathrm{d}t=\dfrac{2\pi}{3}\sqrt{a^2+b^2}(3a^2+4\pi^2b^2)$.

例 14.1.5　设半圆弧 $L:x=a\cos\theta,\ y=a\sin\theta,\ \theta\in[0,\pi]$. 半圆弧 L 上任意一点 (x,y) 处的质量密度 $\rho(x,y)=x^2$. 在圆心处有单位质量的质点，求半圆弧 L 对质点的引力.

解　在半圆弧 L 上任意一点 (x,y) 附近取弧长微元 $\mathrm{d}s$，则质量微元 $\mathrm{d}m=x^2\mathrm{d}s$，故引力微元

$$\mathrm{d}\boldsymbol{F}=G\frac{\mathrm{d}m}{a^2}(\cos\theta,\sin\theta)=G\frac{x^2\mathrm{d}s}{a^2}(\cos\theta,\sin\theta),$$

其中 G 是万有引力常数. 所以半圆弧 L 对质点的引力 $\boldsymbol{F}=\int_L G\dfrac{x^2}{a^2}(\cos\theta,\sin\theta)\mathrm{d}s$，故引力 $\boldsymbol{F}$ 在 x 轴及 y 轴上的分量分别为 $F_x=\int_L G\dfrac{x^2}{a^2}\cos\theta\mathrm{d}s=0$,

$$F_y=\int_L G\frac{x^2}{a^2}\sin\theta\mathrm{d}s=\int_0^{\pi}Ga\cos^2\theta\sin\theta\mathrm{d}\theta=\frac{2}{3}Ga,$$

所以半圆弧对质点的引力为$\left(0,\dfrac{2}{3}Ga\right)$.

例 14.1.6 设弧 L 是螺线 $x=r\cos\omega t,\ y=r\sin\omega t,\ z=vt$（其中 $r,\ \omega,\ v$ 是常数）上对应于参数 $t=0$ 到 $t=2\pi$ 的一段．假定螺线质量均匀分布，质量线密度 $\rho=1$，计算弧 L 绕 z 轴旋转的转动惯量.

解 在弧 L 上任一点 (x,y,z) 附近取弧长为 $\mathrm{d}s$ 的一小段曲线，该段曲线的质量为 $\mathrm{d}m=\mathrm{d}s$，将其看成一个质点，该质点绕 z 轴旋转的转动惯量为 $\mathrm{d}J_z=(x^2+y^2)\mathrm{d}m=(x^2+y^2)\mathrm{d}s$，故弧 L 绕 z 轴旋转的转动惯量

$$J_z=\int_L(x^2+y^2)\mathrm{d}s=\int_0^{2\pi}r^2\sqrt{x'(t)^2+y'(t)^2+z'(t)^2}\,\mathrm{d}t$$
$$=\int_0^{2\pi}r^2\sqrt{r^2\omega^2+v^2}\,\mathrm{d}t=2\pi r^2\sqrt{r^2\omega^2+v^2}.$$

例 14.1.7 假设半圆圈 L： $x=r\cos\theta,\ y=r\sin\theta\ (0\leqslant\theta\leqslant\pi)$ 的质量分布不均匀，其质量线密度 $\rho(x,y)=x^2+y$，求其质心坐标 $(\overline{x},\overline{y})$.

解 半圆圈 L 的质量

$$M=\int_L(x^2+y)\mathrm{d}s=\int_0^{\pi}(r^2\cos^2\theta+r\sin\theta)r\mathrm{d}\theta=\frac{r^2}{2}(\pi r+4).$$

由对称性知，$\overline{x}=0$．在半圆弧 L 上任一点 (x,y) 附近取弧长为 $\mathrm{d}s$ 的一小段曲线，则其质量为 $\mathrm{d}m=(x^2+y)\mathrm{d}s$，将其看成质点，该质点关于 x 轴的静力矩 $\mathrm{d}M_x=y\mathrm{d}m=y(x^2+y)\mathrm{d}s$. 故半圆弧 L 关于 x 轴的静力矩

$$M_x=\int_L y(x^2+y)\mathrm{d}s=\int_0^{\pi}(r^4\cos^2\theta\sin\theta+r^3\sin^2\theta)\,\mathrm{d}\theta=\frac{r^3}{6}(4r+3\pi),$$

半圆弧 L 关于 x 轴的静力矩等于将其质量集中到质心时质心关于 x 轴的静力矩，因此

$$\overline{y}=\frac{M_x}{M}=\frac{r(3\pi+4r)}{3(4+\pi r)}.$$

14.1.4 柱面侧面积的计算

设 L 是 Oxy 平面上的光滑曲线段或分段光滑曲线段，$\varGamma$ 为空间连续曲线段：

$$z=f(x,y),\ (x,y)\in L,$$

$\varSigma$ 是 $\varGamma$ 投影到 Oxy 平面时所生成的母线平行于 z 轴的柱面，求 $\varSigma$ 的面积.

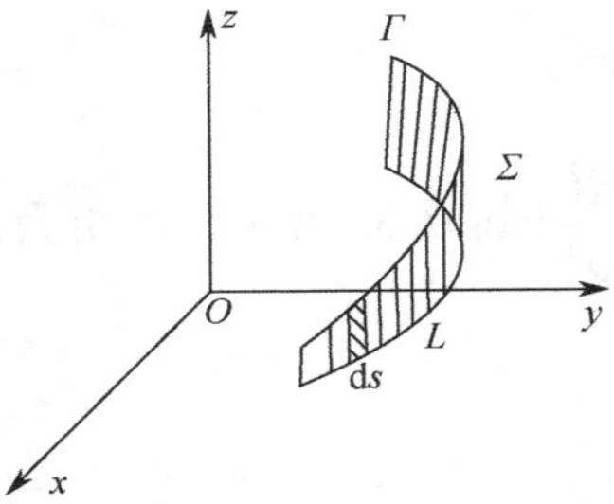

图 14-1-2

解 如图 14-1-2 所示，在曲线段 L 上取弧长为 $\mathrm{d}s$ 的一小段曲线，对 $\forall(x,y)\in\mathrm{d}s$，有小矩形的面积 $\mathrm{d}S=|f(x,y)|\mathrm{d}s$，从而柱面 $\varSigma$ 的面积 $S=\int_L|f(x,y)|\mathrm{d}s$.

例 14.1.8 求椭圆柱面 $\dfrac{x^2}{5}+\dfrac{y^2}{9}=1$ 位于 Oxy 平面上方及平面 $z=y$ 下方的部分面积.

解　由于椭圆柱面 $\dfrac{x^2}{5}+\dfrac{y^2}{9}=1$ 位于 Oxy 平面上方与平面 $z=y$ 的交线定义在平面曲线 L 上（如图 14-1-3 所示），其中

$$L:\begin{cases}\dfrac{x^2}{5}+\dfrac{y^2}{9}=1,\ y\geqslant 0;\\ z=0,\end{cases}$$

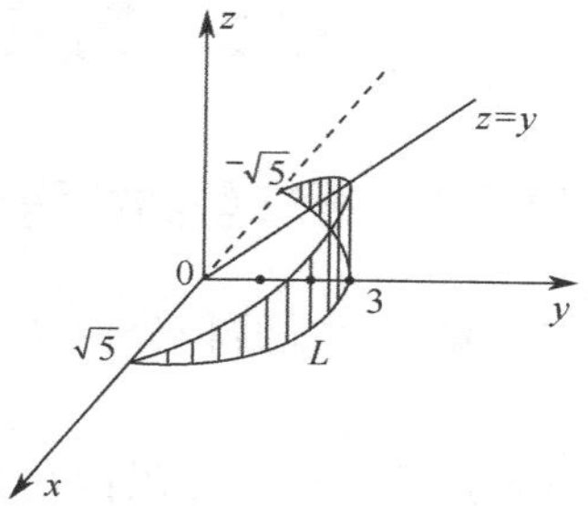

图 14-1-3

因此所求柱面的面积 $S=\int_L z\mathrm{d}s$．由于曲线 L 关于 y 轴对称，令

$$L_1:\begin{cases}\dfrac{x^2}{5}+\dfrac{y^2}{9}=1,\ x\geqslant 0,\ y\geqslant 0;\\ z=0,\end{cases}$$

则其参数方程为 $\begin{cases}x=\sqrt{5}\cos\theta,\\ y=3\sin\theta\end{cases}$ $\left(\theta\in\left[0,\dfrac{\pi}{2}\right]\right)$．因此所求柱面的面积

$$S=\int_L z\mathrm{d}s=2\int_{L_1} z\mathrm{d}s=2\int_{L_1} y\mathrm{d}s=2\int_0^{\frac{\pi}{2}}3\sin\theta\sqrt{5+4\cos^2\theta}\mathrm{d}\theta=9+\frac{15}{4}\ln 5.$$

习题 14.1

1．计算下列曲线积分.

（1）$\oint_L(3x+2y+1)^2\mathrm{d}s$，其中 L 为椭圆 $\dfrac{x^2}{4}+\dfrac{y^2}{9}=1$，其周长为 a.

（2）$\int_L(x+y)\mathrm{d}s$，其中 L 为以 $O(0,0),A(1,0),B(0,1)$ 为顶点的三角形的三条边.

（3）$\int_L\sqrt{x^2+y^2}\mathrm{d}s$，其中 L 为圆周 $x^2+y^2=2x$.

（4）$\int_L x\sqrt{x^2-y^2}\mathrm{d}s$，其中 L 为双纽线的右半支 $r^2=a^2\cos 2\theta\left(-\dfrac{\pi}{4}\leqslant\theta\leqslant\dfrac{\pi}{4},a>0\right)$.

2．计算曲线积分 $\int_L xyz\mathrm{d}s$，其中 L 的参数方程为 $x=t,y=\dfrac{2}{3}\sqrt{2}t^{\frac{3}{2}},z=\dfrac{1}{2}t^2$（$0\leqslant t\leqslant 1$）.

3．求空间曲线 $x=3t,y=3t^2,z=2t^3$，从 $O(0,0,0)$ 到 $A(3,3,2)$ 的弧长.

4．求圆柱面 $x^2+y^2=a^2$ 介于曲面 $z=a+\dfrac{x^2}{a}$ 与 $z=0$ 之间的面积（$a>0$）.

5．求柱面 $x^2+y^2=a^2$ 被平面 $z=y$ 与 $z=-y$ 所截的那部分曲面的面积.

6．计算均匀球面 $x^2+y^2+z^2=a^2$ 在第一卦限部分的边界的质心坐标 (x_0,y_0,z_0).

7．求均匀摆线 $\begin{cases}x=a(t-\sin t),\\ y=a(1-\cos t)\end{cases}$（$0\leqslant t\leqslant\pi$）的质心.

8．设圆周 $L:x^2+y^2=-2y$ 上点 (x,y) 处的质量线密度为 $\sqrt{x^2+y^2}$，求曲线 L 的质量与曲线 L 对 x 轴的静力矩.

14.2 第二型曲线积分——关于坐标的曲线积分

14.2.1 第二型曲线积分的概念

第二型曲线积分也来源于实际问题．先探讨其物理来源．设有一质点在变力

$$\boldsymbol{F}(x,y,z)=(P(x,y,z),Q(x,y,z),R(x,y,z))$$

的作用下，由点 A 沿曲线 L 运动到点 B，求力 $\boldsymbol{F}$ 对质点所做的功．

解 若质点在常力 $\boldsymbol{F}$ 的作用下，由 A 运动到 B，则常力对质点所做的功 $W=\boldsymbol{F}\cdot\overrightarrow{AB}$．在曲线 L 上从端点 A 出发，依次插入 $n-1$ 个分点 $M_0=A$，M_1，M_2，$\cdots$，M_{n-1}，$M_n=B$，构成曲线段 L 的一个划分，记为 T，该划分将曲线段分割成 n 个小段 $\overset{\frown}{M_{i-1}M_i}$，$i=1,2,\cdots,n$．当曲线段 $\overset{\frown}{M_{i-1}M_i}$ 很短时，可近似看成直线段 $\overrightarrow{M_{i-1}M_i}$．设 M_i 点的坐标为 (x_i,y_i,z_i)．任取 $(\xi_i,\eta_i,\zeta_i)\in\overset{\frown}{M_{i-1}M_i}$，于是在第 i 段，力对质点所做的功近似地等于 $\boldsymbol{F}(\xi_i,\eta_i,\zeta_i)\cdot\overrightarrow{M_{i-1}M_i}$，其中 $\overrightarrow{M_{i-1}M_i}=(\Delta x_i,\Delta y_i,\Delta z_i)$，且

$$\Delta x_i=x_i-x_{i-1},\quad \Delta y_i=y_i-y_{i-1},\quad \Delta z_i=z_i-z_{i-1}.$$

所以力 $\boldsymbol{F}$ 对质点所做功 W 的近似值

$$W\approx\sum_{i=1}^{n}\boldsymbol{F}(\xi_i,\eta_i,\zeta_i)\cdot\overrightarrow{M_{i-1}M_i},$$

令 Δs_i 为 $\overset{\frown}{M_{i-1}M_i}$ 的弧长且 $\|T\|=\max\limits_{1\leqslant i\leqslant n}\{\Delta s_i\}$．故力 $\boldsymbol{F}$ 对质点所做的功

$$\begin{aligned}W&=\lim_{\|T\|\to0}\sum_{i=1}^{n}\boldsymbol{F}(\xi_i,\eta_i,\zeta_i)\cdot\overrightarrow{M_{i-1}M_i}\\&=\lim_{\|T\|\to0}\sum_{i=1}^{n}P(\xi_i,\eta_i,\zeta_i)\Delta x_i+Q(\xi_i,\eta_i,\zeta_i)\Delta y_i+R(\xi_i,\eta_i,\zeta_i)\Delta z_i.\end{aligned}$$

注意到，力对质点所做的功与曲线段的划分方式无关，也与每一小弧段上点的取法无关．从中抽象出数学思想方法，即得到第二型曲线积分的概念．

定义 14.2.1 设 $L(A,B)$ 是可求长有向曲线段，向量值函数

$$\boldsymbol{F}(x,y,z)=(P(x,y,z),Q(x,y,z),R(x,y,z))$$

定义在曲线段 $L(A,B)$ 上，在 $L(A,B)$ 上从点 A 出发，依次插入 $n-1$ 个分点 M_1，M_2，$\cdots$，M_{n-1}，并令 $M_0=A$，$M_n=B$，则这些分点构成曲线段 $L(A,B)$ 的一个划分，记为 T．设分点 $M_i(x_i,y_i,z_i)$，并记 $\Delta x_i=x_i-x_{i-1}$，$\Delta y_i=y_i-y_{i-1}$，$\Delta z_i=z_i-z_{i-1}$．令 $\|T\|=\max\limits_{1\leqslant i\leqslant n}\{\Delta s_i\}$，其中 Δs_i 为曲线段 $\overset{\frown}{M_{i-1}M_i}$ 的弧长．任取 $(\xi_i,\eta_i,\zeta_i)\in\overset{\frown}{M_{i-1}M_i}$，若

$$\lim_{\|T\|\to0}\sum_{i=1}^{n}P(\xi_i,\eta_i,\zeta_i)\Delta x_i+Q(\xi_i,\eta_i,\zeta_i)\Delta y_i+R(\xi_i,\eta_i,\zeta_i)\Delta z_i$$

存在，且与曲线段 $L(A,B)$ 的划分方式 T 无关，也与 $\overset{\frown}{M_{i-1}M_i}$ 上点的取法无关，则称

$\boldsymbol{F}(x,y,z)$ 沿着曲线段 $L(A,B)$ 的第二型曲线积分存在，且称此极限为 $\boldsymbol{F}(x,y,z)$ 沿着 $L(A,B)$ 的第二型曲线积分，记为

$$\int_{L(A,B)} P(x,y,z)\mathrm{d}x + Q(x,y,z)\mathrm{d}y + R(x,y,z)\mathrm{d}z . \tag{14.2.1}$$

式（14.2.1）称为**第二型曲线积分的微分形式**.

14.2.2　两类曲线积分之间的关系

设有向曲线段 $L(A,B)$ 的参数方程： $x=x(t),\ y=y(t),\ z=z(t)$ ，起点 A 对应参数 $t=\alpha$ ，终点 B 对应参数 $t=\beta$. 则

$$\begin{aligned}(\mathrm{d}x,\mathrm{d}y,\mathrm{d}z) &= (x'(t),y'(t),z'(t))\mathrm{d}t \\ &= \frac{(x'(t),y'(t),z'(t))}{\sqrt{x'(t)^2+y'(t)^2+z'(t)^2}}\sqrt{x'(t)^2+y'(t)^2+z'(t)^2}\mathrm{d}t \\ &= \boldsymbol{\tau}\mathrm{d}s,\end{aligned}$$

其中 $\boldsymbol{\tau}=\dfrac{(x'(t),y'(t),z'(t))}{\sqrt{x'(t)^2+y'(t)^2+z'(t)^2}}$ 是有向曲线 $L(A,B)$ 的单位切向量. 设 α,β,γ 分别表示切向量 $\boldsymbol{\tau}$ 与 x,y,z 三个坐标轴正向的夹角，则 $\boldsymbol{\tau}=(\cos\alpha,\cos\beta,\cos\gamma)$ ，且

$$\mathrm{d}x=\cos\alpha\mathrm{d}s,\ \mathrm{d}y=\cos\beta\mathrm{d}s,\ \mathrm{d}z=\cos\gamma\mathrm{d}s ,$$

称 $(\mathrm{d}x,\mathrm{d}y,\mathrm{d}z)=\boldsymbol{\tau}\mathrm{d}s$ 为**有向弧长微元**，简记为 $\mathrm{d}\boldsymbol{s}$. 则式（14.2.1）又可写为**第二型曲线积分的向量形式**

$$\int_{L(A,B)} \boldsymbol{F}\cdot\boldsymbol{\tau}\mathrm{d}s = \int_{L(A,B)} \boldsymbol{F}\cdot\mathrm{d}\boldsymbol{s} .$$

注意到， $\int_{L(A,B)} \boldsymbol{F}\cdot\boldsymbol{\tau}\mathrm{d}s = -\int_{L(B,A)} \boldsymbol{F}\cdot(-\boldsymbol{\tau})\mathrm{d}s$ ，故**第二型曲线积分与积分曲线的方向有关**. 现在将第二型曲线积分转化为第一型曲线积分

$$\begin{aligned}&\int_{L(A,B)} P(x,y,z)\mathrm{d}x + Q(x,y,z)\mathrm{d}y + R(x,y,z)\mathrm{d}z = \int_{L(A,B)} \boldsymbol{F}\cdot\boldsymbol{\tau}\mathrm{d}s \\ &= \int_L (P(x,y,z)\cos\alpha + Q(x,y,z)\cos\beta + R(x,y,z)\cos\gamma)\mathrm{d}s,\end{aligned} \tag{14.2.2}$$

由于第一型曲线积分具有线性运算，因此由式（14.2.2），可得

$$\begin{aligned}&\int_{L(A,B)} P(x,y,z)\mathrm{d}x + Q(x,y,z)\mathrm{d}y + R(x,y,z)\mathrm{d}z \\ &= \int_{L(A,B)} P(x,y,z)\mathrm{d}x + \int_{L(A,B)} Q(x,y,z)\mathrm{d}y + \int_{L(A,B)} R(x,y,z)\mathrm{d}z.\end{aligned}$$

由于第一型曲线积分的计算是转化为定积分，从而由式（14.2.2），我们得到第二型曲线积分的计算.

14.2.3　第二型曲线积分的计算

定理 14.2.1　设有向光滑曲线段 $L(A,B)$ 的参数方程： $x=x(t),\ y=y(t),\ z=z(t)$ ，且设起点 A 对应参数 $t=\alpha$ ，终点 B 对应参数 $t=\beta$. 若 $P(x,y,z),\ Q(x,y,z),\ R(x,y,z)\in$

$C(L(A,B))$，则

$$\int_{L(A,B)} P(x,y,z)\mathrm{d}x+Q(x,y,z)\mathrm{d}y+R(x,y,z)\mathrm{d}z$$
$$=\int_{\alpha}^{\beta}\left[P(x(t),y(t),z(t))x'(t)+Q(x(t),y(t),z(t))y'(t)+R(x(t),y(t),z(t))z'(t)\right]\mathrm{d}t.$$

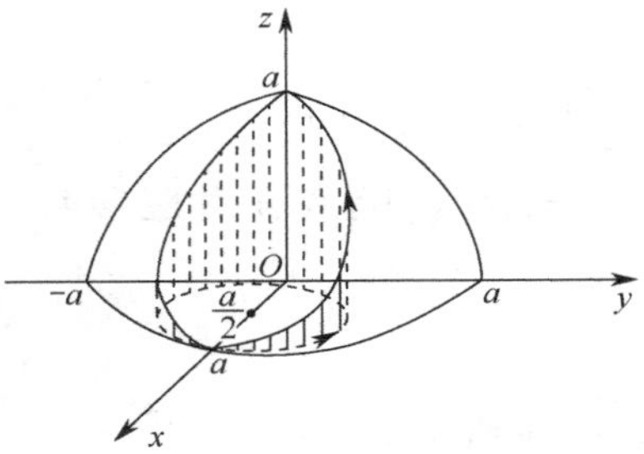

图 14-2-1

例 14.2.1 计算 $I=\int_{L^+} y^2\mathrm{d}x+z^2\mathrm{d}y+x^2\mathrm{d}z$，其中 L^+ 是曲线 $\begin{cases}x^2+y^2+z^2=a^2,\\ x^2+y^2=ax\end{cases}$（$z\geqslant 0,\ a>0$），从 x 轴正向向原点看去为逆时针方向（如图 14-2-1 所示）.

解 由于 $I=\int_{L^+} y^2\mathrm{d}x+z^2\mathrm{d}y+x^2\mathrm{d}z=\int_{L^+} y^2\mathrm{d}x+\int_{L^+} z^2\mathrm{d}y+\int_{L^+} x^2\mathrm{d}z$，观察到曲线 L 关于 Oxz 坐标平面对称，在对称点上被积函数 $y^2\cos\alpha$ 大小相等，符号相反，因此

$$\int_{L^+} y^2\mathrm{d}x=\int_{L^+} y^2\cos\alpha\mathrm{d}s=0,$$

同理 $\int_{L^+} x^2\mathrm{d}z=\int_{L^+} x^2\cos\gamma\mathrm{d}s=0$，故 $I=\int_{L^+} y^2\mathrm{d}x+z^2\mathrm{d}y+x^2\mathrm{d}z=\int_{L^+} z^2\mathrm{d}y$.

计算曲线积分的关键是适当地选取曲线的参数表示，将球面方程

$$\begin{cases}x=a\sin\varphi\cos\theta,\\ y=a\sin\varphi\sin\theta,\\ z=a\cos\varphi\end{cases}$$

代入柱面方程 $x^2+y^2=ax$ 中，得 $\sin\varphi=\cos\theta$. 由曲线 L^+ 的方向可知，θ 由 $-\dfrac{\pi}{2}$ 变化到 $\dfrac{\pi}{2}$. 所以曲线 L 的参数方程:

$$\begin{cases}x=a\cos^2\theta,\\ y=a\cos\theta\sin\theta,\\ z=a|\sin\theta|,\end{cases}$$

且 $I=\int_{L^+} z^2\mathrm{d}y=a^3\int_{-\frac{\pi}{2}}^{\frac{\pi}{2}}\sin^2\theta\cos 2\theta\mathrm{d}\theta=-\dfrac{\pi}{4}a^3.$

注意到，若定向曲线 L 位于曲面 $z=f(x,y)$ 上，记 L 在 Oxy 坐标平面上的定向投影曲线为 L_1，则**空间曲线积分可化为平面曲线积分**. 事实上，设平面曲线 L_1 的参数方程为 $\begin{cases}x=x(t),\\ y=y(t),\end{cases}$ 起点对应参数 $t=\alpha$，终点对应参数 $t=\beta$，则空间曲线 L 的参数方程

$$\begin{cases}x=x(t),\\ y=y(t),\\ z=f(x(t),y(t)),\end{cases}$$

其起点对应参数 $t=\alpha$，终点对应参数 $t=\beta$．则

$$\int_L P(x,y,z)\mathrm{d}x+Q(x,y,z)\mathrm{d}y+R(x,y,z)\mathrm{d}z$$

$$=\int_{L_1} P(x,y,f(x,y))\mathrm{d}x+Q(x,y,f(x,y))\mathrm{d}y+R(x,y,f(x,y))\left(\frac{\partial f}{\partial x}\mathrm{d}x+\frac{\partial f}{\partial y}\mathrm{d}y\right)$$

$$=\int_{L_1}\left(P(x,y,f(x,y))+R(x,y,f(x,y))\frac{\partial f}{\partial x}\right)\mathrm{d}x+\left(Q(x,y,f(x,y))+R(x,y,f(x,y))\frac{\partial f}{\partial y}\right)\mathrm{d}y.$$

例 14.2.2　计算 $I=\int_{L^+}(y-z)\mathrm{d}x+(z-x)\mathrm{d}y+(x-y)\mathrm{d}z$，其中 L^+ 是曲线 $\begin{cases}x^2+y^2=1,\\ z=x+y,\end{cases}$ 从 z 轴正向向原点看去为逆时针方向（如图 14-2-2 所示）.

解　曲线 L^+ 在 Oxy 平面的投影为单位圆周 $L_1^+: x^2+y^2=1$，正向为逆时针方向．其参数方程：$\begin{cases}x=\cos t,\\ y=\sin t,\end{cases}$ 且参数 t 由 0 变化到 2π．把 $z=x+y$ 代入曲线积分 I 中，得到 L_1^+ 上的积分：

$$I=\int_{L^+}(y-z)\mathrm{d}x+(z-x)\mathrm{d}y+(x-y)\mathrm{d}z$$

$$=\int_{L_1^+}-y\mathrm{d}x+x\mathrm{d}y=\int_0^{2\pi}\mathrm{d}t=2\pi.$$

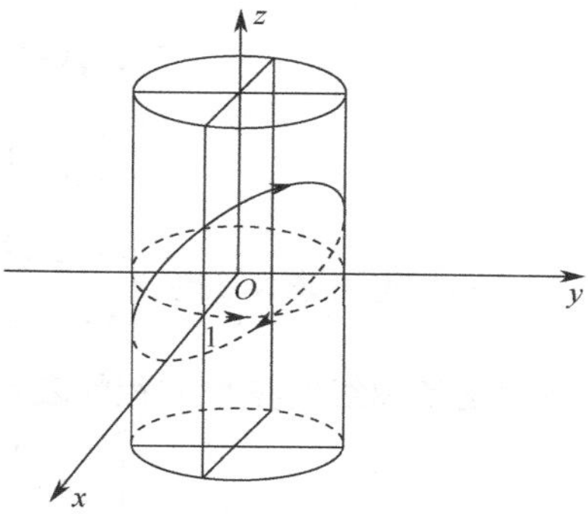

图 14-2-2

例 14.2.3　计算 $I=\int_{L^+}(y-z)\mathrm{d}x+(z-x)\mathrm{d}y+(x-y)\mathrm{d}z$，其中 L^+ 是曲线 $\begin{cases}x^2+y^2+z^2=1,\\ x+y+z=0,\end{cases}$ 从 $(1,1,1)$ 方向向原点看去为逆时针方向.

解法 1　本题若写出曲线的参数方程，将曲线积分转化为定积分，计算将很烦琐，我们考虑将第二型曲线积分转化为第一型曲线积分来计算．先求 L^+ 的单位切向量 $\boldsymbol{\tau}$，由于 L^+ 在平面 $x+y+z=0$ 上，因此 $\boldsymbol{\tau}$ 垂直于该平面的法向量 $\boldsymbol{n}_1=(1,1,1)$，又 L^+ 在球面 $x^2+y^2+z^2=1$ 上，因此 $\boldsymbol{\tau}$ 垂直于该球面的法向量 $\boldsymbol{n}_2=(x,y,z)$，所以 $\boldsymbol{\tau}$ 平行于 $\boldsymbol{n}_1\times\boldsymbol{n}_2=(z-y,x-z,y-x)$．由于 $\boldsymbol{n}_1$，$\boldsymbol{n}_2$，$\boldsymbol{\tau}$ 构成右手系，故

$$\boldsymbol{\tau}=\frac{\boldsymbol{n}_1\times\boldsymbol{n}_2}{\|\boldsymbol{n}_1\times\boldsymbol{n}_2\|}=\frac{(z-y,x-z,y-x)}{\sqrt{(z-y)^2+(x-z)^2+(y-x)^2}},$$

从而

$$I=\int_{L^+}(y-z)\mathrm{d}x+(z-x)\mathrm{d}y+(x-y)\mathrm{d}z$$

$$=\int_L(y-z,z-x,x-y)\cdot\boldsymbol{\tau}\mathrm{d}s$$

$$=-\int_L\sqrt{(y-z)^2+(z-x)^2+(x-y)^2}\mathrm{d}s$$

$$=-\int_L\sqrt{3}\mathrm{d}s=-2\sqrt{3}\pi.$$

解法 2 曲线 $L:\begin{cases}x^2+y^2+z^2=1,\\x+y+z=0\end{cases}$ 在 Oxy 平面上的投影曲线为 $L_1:\begin{cases}x^2+y^2+yx=\dfrac{1}{2},\\z=0.\end{cases}$ 由曲线 L 的方向可知平面曲线 L_1 是逆时针方向．令

$$x=\frac{1}{\sqrt{2}}\cos\theta-\frac{1}{\sqrt{6}}\sin\theta,\quad y=\frac{2}{\sqrt{6}}\sin\theta,$$

通过取点可判断当 $\theta:0\to 2\pi$ 时，L_1 取逆时针方向．因为曲线 L 位于平面 $z=-x-y$ 上，所以

$$\begin{aligned}I&=\int_{L^+}(y-z)\mathrm{d}x+(z-x)\mathrm{d}y+(x-y)\mathrm{d}z\\&=\int_{L_1^+}(2y+x)\mathrm{d}x+(-y-2x)\mathrm{d}y+(x-y)(-\mathrm{d}x-\mathrm{d}y)\\&=3\int_{L_1^+}y\mathrm{d}x-x\mathrm{d}y=-3\int_0^{2\pi}\frac{1}{\sqrt{3}}\mathrm{d}\theta=-2\sqrt{3}\pi.\end{aligned}$$

本题也可求出曲线 $\begin{cases}x^2+y^2+z^2=1,\\x+y+z=0\end{cases}$ 的参数方程，然后将曲线积分转化为定积分来计算．这条曲线的参数方程的表示不唯一，下面给出一种表示：

$$\begin{cases}x=\dfrac{1}{\sqrt{6}}\cos\varphi+\dfrac{1}{\sqrt{2}}\sin\varphi,\\y=-\dfrac{2}{\sqrt{6}}\cos\varphi,\\z=\dfrac{1}{\sqrt{6}}\cos\varphi-\dfrac{1}{\sqrt{2}}\sin\varphi,\end{cases}\qquad \varphi:0\to 2\pi.$$

请读者思考，这样的参数方程是如何求得的？为何其表示不唯一？

例 14.2.4 计算 $I=\int_{L^+}x\mathrm{d}x+y\mathrm{d}y+z\mathrm{d}z$，其中 L^+ 是曲线 $\begin{cases}x^2+y^2+z^2=a^2,\\x+y+z=0,\end{cases}$ 从 $(1,1,1)$ 方向向原点看去为逆时针方向．

解 注意到曲线 L^+ 的切向量 $\boldsymbol{\tau}$ 与球面的法向量 (x,y,z) 垂直，因此

$$I=\int_{L^+}x\mathrm{d}x+y\mathrm{d}y+z\mathrm{d}z=\int_L(x,y,z)\cdot\boldsymbol{\tau}\mathrm{d}s=0.$$

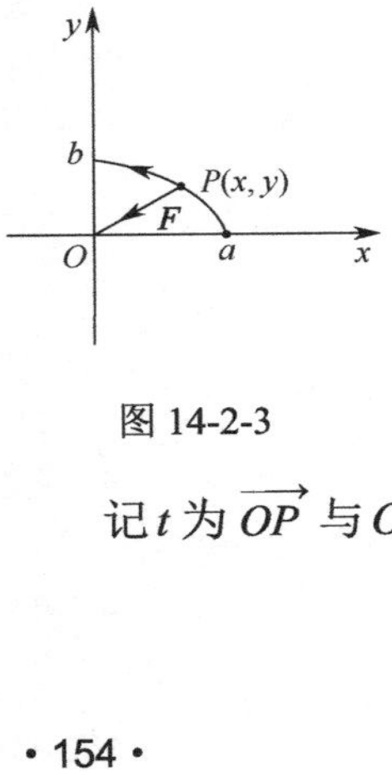

图 14-2-3

例 14.2.5 设弹性力的方向指向坐标原点，力的大小与质点到坐标原点的距离成正比，若质点按逆时针方向通过椭圆 $\dfrac{x^2}{a^2}+\dfrac{y^2}{b^2}=1$ 第一象限部分，求弹性力对质点所做的功．

解 记弹性力为 $\boldsymbol{F}$，题设中比例常数为 k，如图 14-2-3 所示，则曲线上点 $P(x,y)$ 到坐标原点的距离

$$|\overrightarrow{OP}|=\sqrt{x^2+y^2}.$$

记 t 为 $\overrightarrow{OP}$ 与 Ox 轴正向的夹角，则力 $\boldsymbol{F}$ 的方向为 $-(\cos t,\sin t)$，从而

$$\boldsymbol{F}=-k\left|\overrightarrow{OP}\right|(\cos t,\sin t)=-k(x,y).$$

质点在弹性力 $\boldsymbol{F}$ 的作用下，移动的位移矢量微元为 $\mathrm{d}\boldsymbol{s}$，故弹性力 $\boldsymbol{F}$ 对质点所做的功微元 $\mathrm{d}W=\boldsymbol{F}\cdot\mathrm{d}\boldsymbol{s}$，从而弹性力 $\boldsymbol{F}$ 对质点所做的功

$$W=\int_L \boldsymbol{F}\cdot\mathrm{d}\boldsymbol{s}=-k\int_L (x,y)\cdot(\mathrm{d}x,\mathrm{d}y)=-k\int_L x\mathrm{d}x+y\mathrm{d}y,$$

取椭圆的参数方程 $\begin{cases}x=a\cos\theta,\\ y=b\sin\theta,\end{cases}$ 则参数 θ 由 0 变化到 $\dfrac{\pi}{2}$，因此

$$W=-k\int_L x\mathrm{d}x+y\mathrm{d}y=-\frac{k}{2}\int_0^{\frac{\pi}{2}}(b^2-a^2)\sin 2\theta\mathrm{d}\theta=\frac{k(a^2-b^2)}{2}.$$

例 14.2.6　在原点处放置一电荷量为 q 的正电荷（如图 14-2-4 所示），单位正电荷分别

（1）沿着直线 L_1：$\dfrac{x-1}{1}=\dfrac{y-1}{-1}=\dfrac{z-1}{0}$ 由点 $A(2,0,1)$ 运动到点 $B(1,1,1)$ 时；

（2）沿着 Oxy 坐标平面上的圆弧 $L_2(P,Q)$：$x^2+y^2=a^2$ 由点 $P(a,0,0)$ 运动到点 $Q(0,a,0)$ 时，求电场力对单位正电荷所做的功.

解　在原点处的正电荷 q 形成的电场对点 $M(x,y,z)$ 处的单位正电荷的作用力为

$$\boldsymbol{F}(x,y,z)=\frac{kq}{(x^2+y^2+z^2)^{\frac{3}{2}}}(x,y,z),$$

其中 k 是库伦常数.

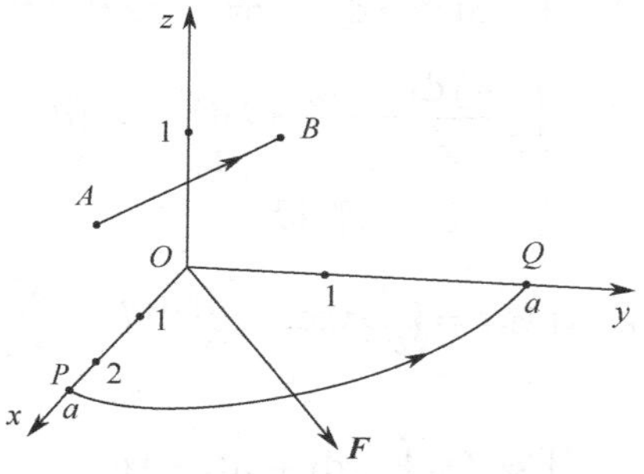

图 14-2-4

（1）直线 L_1 的参数方程：$x=1+t$，$y=1-t$，$z=1$.

点 $A(2,0,1)$ 和点 $B(1,1,1)$ 对应的参数分别为 $t_A=1$，$t_B=0$，于是电场力对电荷做的功

$$W=\int_{L_1(A,B)}\boldsymbol{F}\cdot\mathrm{d}\boldsymbol{s}=\int_{L_1(A,B)}\frac{kq}{(x^2+y^2+z^2)^{\frac{3}{2}}}(x\mathrm{d}x+y\mathrm{d}y+z\mathrm{d}z)$$

$$=\int_1^0\frac{2kqt}{(3+2t^2)^{\frac{3}{2}}}\mathrm{d}t=kq\left(\frac{1}{\sqrt{5}}-\frac{1}{\sqrt{3}}\right).$$

（2）如图 14-2-4 所示，当单位正电荷沿着圆弧 $L_2(P,Q)$ 由点 P 运动到点 Q 时，在每一子弧段上，$\boldsymbol{F}\perp\mathrm{d}\boldsymbol{s}$，因此 $\mathrm{d}W=\boldsymbol{F}\cdot\mathrm{d}\boldsymbol{s}=0$，故总功 $W=\int_{L_2(P,Q)}\boldsymbol{F}\cdot\mathrm{d}\boldsymbol{s}=0$.

习题 14.2

1．计算 $\int_{L^+}xy\mathrm{d}x+(y-x)\mathrm{d}y$，其中 L 为曲线段 $\overset{\frown}{AB}$，方向为从 A 到 B，$A=(1,1)$，

$B=(2,3)$.

（1）$\overset{\frown}{AB}$ 是线段 AB；

（2）$\overset{\frown}{AB}$ 的方程是 $y=2(x-1)^2+1$；

（3）$\overset{\frown}{AB}$ 是折线 $\overset{\frown}{ADB}$，$D=(2,1)$.

2．计算下列第二型曲线积分.

（1）$\int_{L^+}\frac{x^2\mathrm{d}y-y^2\mathrm{d}x}{x^{\frac{5}{3}}+y^{\frac{5}{3}}}$，其中 L 是星形线在第一象限中的弧段 $\begin{cases}x=a\cos^3 t,\\ y=a\sin^3 t\end{cases}\left(0\leqslant t\leqslant\frac{\pi}{2}\right)$，正向为 $(0,a)$ 到 $(a,0)$；

（2）$\oint_{L^+}\frac{(x+y)\mathrm{d}x+(y-x)\mathrm{d}y}{x^2+y^2}$，其中 L^+ 是 $x^2+y^2=a^2$，逆时针为正向；

（3）$\int_{L^+}\frac{x}{y}\mathrm{d}x+\frac{1}{y-a}\mathrm{d}y$，其中 L^+ 是旋轮线 $\begin{cases}x=a(t-\sin t),\\ y=a(1-\cos t)\end{cases}$ 从 $t=\frac{\pi}{6}$ 到 $t=\frac{\pi}{3}$ 的一段.

3．计算下列第二型曲线积分.

（1）$\int_{\overline{AB}}x\mathrm{d}x+y\mathrm{d}y+z\mathrm{d}z$，其中路径是从点 $A(1,1,1)$ 到 $B(2,3,4)$ 的直线段；

（2）$\int_{L^+}\frac{-y\mathrm{d}x+x\mathrm{d}y}{x^2+y^2}+b\mathrm{d}z$，其中 L^+ 是螺旋线 $x=a\cos t,\ y=a\sin t,\ z=bt$ 上由参数 $t=0$ 到 $t=2\pi$ 的一段有向弧段.

4．计算 $I=\int_{L^+}xyz\mathrm{d}z$，其中 $L^+:\begin{cases}x^2+y^2+z^2=1,\\ z=y,\end{cases}$ 从 z 轴正向向原点看去为逆时针方向.

5．计算 $I=\int_{L^+}z\mathrm{d}x+x\mathrm{d}y+y\mathrm{d}z$，其中 L^+ 是曲线 $\begin{cases}x^2+y^2+z^2=1,\\ x+y+z=0,\end{cases}$ 从 z 轴正向向原点看去为逆时针方向.

6．计算 $\int_{L^+}(y-z)\mathrm{d}x+(z-x)\mathrm{d}y+(x-y)\mathrm{d}z$，$L^+:\begin{cases}x^2+y^2=1,\\ z=ax+by,\end{cases}$ 从 z 轴正向向原点看去为逆时针方向.

7．计算 $\int_{L^+}(y^2-z^2)\mathrm{d}x+(z^2-x^2)\mathrm{d}y+(x^2-y^2)\mathrm{d}z$，其中 L^+ 是球面 $x^2+y^2+z^2=1$ 在第一卦限的部分与三个坐标平面的交线，其正向为从点 $(1,0,0)$ 出发，经过点 $(0,1,0)$ 到点 $(0,0,1)$，再回到点 $(1,0,0)$.

8．计算 $\oint_{L^+}\frac{x\mathrm{d}y-y\mathrm{d}x}{(ax+by)^2+(cx+dy)^2}$，$\delta=ad-bc\neq 0$. 其中 L^+ 是椭圆 $(ax+by)^2+(cx+dy)^2=1$ 的逆时针方向.

9．设 $I_R=\oint\limits_{x^2+y^2=R^2}\frac{y\mathrm{d}x-x\mathrm{d}y}{(x^2+xy+y^2)^2}$，证明 $\lim\limits_{R\to+\infty}I_R=0$.

14.3　格林公式

格林（Green）公式建立起平面有界闭区域上的二重积分与该区域的边界封闭曲线上的第二型曲线积分之间的关系.

14.3.1　格林公式

下面学习封闭曲线正向的确定.

定义 14.3.1　设区域 $D\subset\mathbb{R}^2$ 的边界 $\partial D=l$ 是由几条光滑曲线组成的. 若沿着 l 行走时，区域 D 总位于 l 的左侧，该方向定义为曲线 l 的正方向，规定了正方向的封闭曲线 l 记为 l^+. 若有界闭区域的边界是一条简单闭曲线，则逆时针方向是曲线的正向；若有界闭区域的边界是由多条简单闭曲线组成的，则最外层的边界曲线的正向是逆时针方向，而内层的所有边界曲线的正向都是顺时针方向（如图 14-3-1 所示).

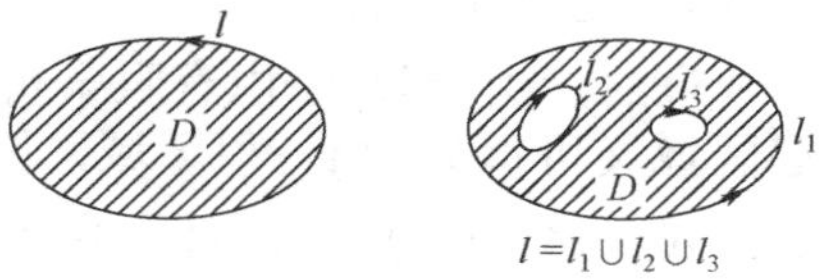

图 14-3-1

注　沿着封闭曲线的曲线积分，如果没有明确指出积分曲线的方向，默认为取曲线的正向.

定理 14.3.1　设 $D\subset\mathbb{R}^2$ 是有界闭区域，$P(x,y),\ Q(x,y)\in C^1(D)$，$D$ 的边界 $\partial D=l$ 是光滑或分段光滑的封闭曲线，则

$$\oint_{l^+}P(x,y)\mathrm{d}x+Q(x,y)\mathrm{d}y=\iint_D\left(\frac{\partial Q}{\partial x}-\frac{\partial P}{\partial y}\right)\mathrm{d}x\mathrm{d}y.\qquad(14.3.1)$$

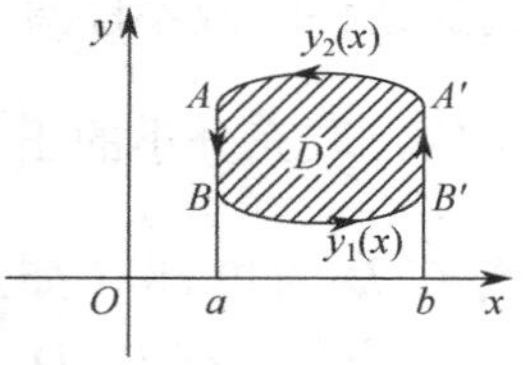

图 14-3-2

证明　分以下几种情形.

情形 1　D 为 x-型区域.

$$D=\{(x,y):\ a\leqslant x\leqslant b,\ y_1(x)\leqslant y\leqslant y_2(x)\},$$

其中 $y_1(x),\ y_2(x)\in C^1[a,b]$（如图 14-3-2 所示). 则

$$\begin{aligned}\oint_{l^+}P(x,y)\mathrm{d}x&=\int_{\overline{AB}}P(x,y)\mathrm{d}x+\int_{\overset{\frown}{BB'}}P(x,y)\mathrm{d}x+\int_{\overline{B'A'}}P(x,y)\mathrm{d}x+\int_{\overset{\frown}{A'A}}P(x,y)\mathrm{d}x\\&=\int_{\overset{\frown}{BB'}}P(x,y)\mathrm{d}x+\int_{\overset{\frown}{A'A}}P(x,y)\mathrm{d}x=\int_a^b P(x,y_1(x))\mathrm{d}x-\int_a^b P(x,y_2(x))\mathrm{d}x\qquad(14.3.2)\\&=\int_a^b\left(-\int_{y_1(x)}^{y_2(x)}\frac{\partial P}{\partial y}\mathrm{d}y\right)\mathrm{d}x=-\iint_D\frac{\partial P}{\partial y}\mathrm{d}x\mathrm{d}y.\end{aligned}$$

情形 2　D 为 y-型区域.

$$D=\{(x,y):\ c\leqslant y\leqslant d,\ x_1(y)\leqslant x\leqslant x_2(y)\},$$

其中 $x_1(y),\ x_2(y)\in C^1[c,d]$（如图 14-3-3 所示). 则类似可证

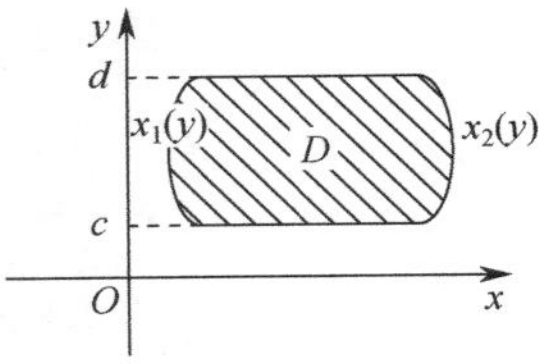

图 14-3-3

$$\oint_{l^+} Q(x,y)\mathrm{d}y = \iint_D \frac{\partial Q}{\partial x}\mathrm{d}x\mathrm{d}y. \tag{14.3.3}$$

如果 D 既是 x-型区域又是 y-型区域，则将式（14.3.2）和式（14.3.3）相加，即得式（14.3.1）.

情形 3 如果 D 可表示为有限个既是 x-型区域又是 y-型区域 $D_1, D_2, \cdots, D_n$ 的并，并且任意两个区域没有公共内点，则

$$\oint_{l^+} P(x,y)\mathrm{d}x + Q(x,y)\mathrm{d}y = \sum_{i=1}^{n}\oint_{\partial D_i} P(x,y)\mathrm{d}x + Q(x,y)\mathrm{d}y$$

$$= \sum_{i=1}^{n}\iint_{D_i}\left(\frac{\partial Q}{\partial x} - \frac{\partial P}{\partial y}\right)\mathrm{d}x\mathrm{d}y = \iint_D \left(\frac{\partial Q}{\partial x} - \frac{\partial P}{\partial y}\right)\mathrm{d}x\mathrm{d}y,$$

其中第一个等式成立，是因为沿每一条剖分线积分时，都积了两次，而且两次积分方向相反，所以沿着所有剖分线的积分和为零（如图 14-3-4 所示）.

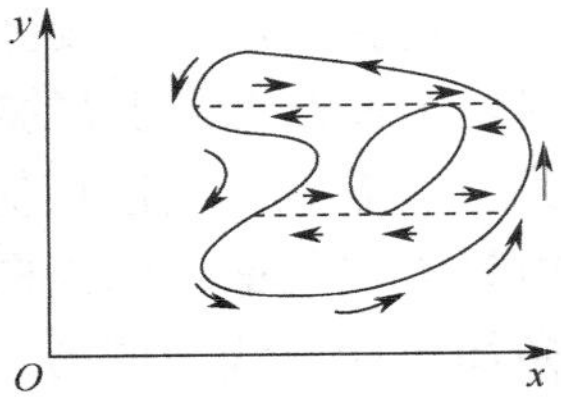

图 14-3-4

最后，由于 $\mathbb{R}^2$ 中由有限条折线围成的闭区域既可拆分为 x-型区域又可拆分为 y-型区域，因此对由有限条折线围成的闭区域，式（14.3.1）成立. 对一般区域，可以通过用折线逼近区域边界的方法证明式（14.3.1）成立. 限于篇幅，略去详细的推导过程. 证毕.

例 14.3.1 计算 $\oint_{l^+}\frac{x\mathrm{d}y - y\mathrm{d}x}{x^2+y^2}$，其中 $l^+: \frac{x^2}{a^2}+\frac{y^2}{b^2}=1$ 是逆时针方向.

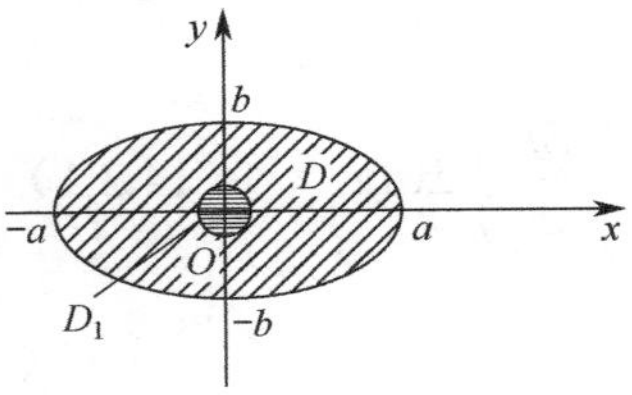

图 14-3-5

解 因为 $P(x,y)=\frac{-y}{x^2+y^2}$，$Q(x,y)=\frac{x}{x^2+y^2}$ 在点 $(0,0)$ 处不连续，所以 $P(x,y)$, $Q(x,y)$ 不满足格林公式的条件，故不能直接利用格林公式. 令 $D=\left\{(x,y): \frac{x^2}{a^2}+\frac{y^2}{b^2}\leqslant 1\right\}$，取充分小的正数 $r>0$ 使得 $D_1=\{(x,y): x^2+y^2\leqslant r^2\}$ 包含在 D 的内部（如图 14-3-5 所示）. 取 D_1 边界 ∂D_1 的逆时针为正方向，在 $D\setminus D_1$ 上应用格林公式，有

$$\oint_{l^+}\frac{x\mathrm{d}y - y\mathrm{d}x}{x^2+y^2} = \iint_{D\setminus D_1}\left[\frac{\partial}{\partial x}\left(\frac{x}{x^2+y^2}\right) - \frac{\partial}{\partial y}\left(\frac{-y}{x^2+y^2}\right)\right]\mathrm{d}x\mathrm{d}y + \oint_{(\partial D_1)^+}\frac{x\mathrm{d}y - y\mathrm{d}x}{x^2+y^2}$$

$$= \frac{1}{r^2}\oint_{(\partial D_1)^+} x\mathrm{d}y - y\mathrm{d}x = \frac{2}{r^2}\iint_{D_1}\mathrm{d}x\mathrm{d}y = 2\pi,$$

其中第三个等号又一次应用了格林公式.

例 14.3.2 计算 $I=\int_{l^+}(y^2 - y\sin 2x)\mathrm{d}x + \cos^2 x\mathrm{d}y$，其中 $l^+: \frac{x^2}{a^2}+\frac{y^2}{b^2}=1$ 的右半部分（$x\geqslant 0$），正向是逆时针方向.

解 设 $A(0,-b)$, $B(0,b)$，则 l^+ 与有向线段 $\overline{BA}$ 构成封闭曲线（如图 14-3-6 所示）. 应

用格林公式，

$$
\begin{aligned}
I&=\int_{l^+}(y^2-y\sin 2x)\mathrm{d}x+\cos^2 x\mathrm{d}y\\
&=\int_{l^+\cup\overline{BA}}(y^2-y\sin 2x)\mathrm{d}x+\cos^2 x\mathrm{d}y+\int_{\overline{AB}}(y^2-y\sin 2x)\mathrm{d}x+\cos^2 x\mathrm{d}y\\
&=\iint_D(-2y)\mathrm{d}x\mathrm{d}y+\int_{-b}^{b}\cos^2 0\mathrm{d}y=2b,
\end{aligned}
$$

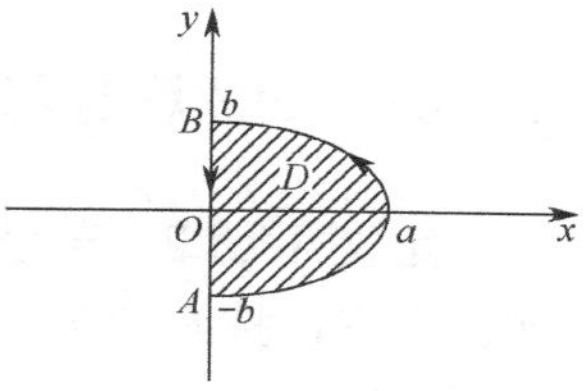

图 14-3-6

其中 D 是 l^+ 与线段 $\overline{BA}$ 所围的平面闭区域.

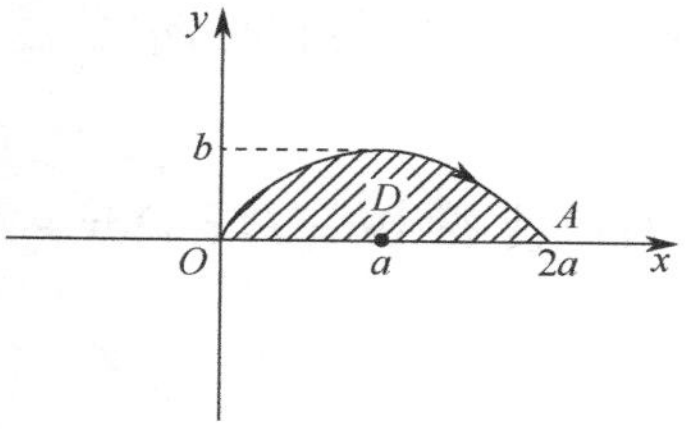

图 14-3-7

例 14.3.3　计算曲线积分 $I=\int_{l^+}\dfrac{2(1+y^2)\mathrm{e}^{2x}\mathrm{d}x+y\mathrm{e}^{2x}\mathrm{d}y}{\sqrt{1+y^2}}$，其中 l^+：上半椭圆 $\dfrac{(x-a)^2}{a^2}+\dfrac{y^2}{b^2}=1$ 从点 $(0,0)$ 到点 $A(2a,0)$.

解　若直接转化为定积分计算，将十分复杂．借助格林公式，令 D 为所给定的上半椭圆与线段 OA 所围的区域（如图 14-3-7 所示）．则应用格林公式，

$$
\begin{aligned}
I&=\int_{l^+}\frac{2(1+y^2)\mathrm{e}^{2x}\mathrm{d}x+y\mathrm{e}^{2x}\mathrm{d}y}{\sqrt{1+y^2}}\\
&=\int_{l^+\cup\overline{AO}}\frac{2(1+y^2)\mathrm{e}^{2x}\mathrm{d}x+y\mathrm{e}^{2x}\mathrm{d}y}{\sqrt{1+y^2}}+\int_{\overline{OA}}\frac{2(1+y^2)\mathrm{e}^{2x}\mathrm{d}x+y\mathrm{e}^{2x}\mathrm{d}y}{\sqrt{1+y^2}}\\
&=-\iint_D\left(\frac{\partial\left(\dfrac{y\mathrm{e}^{2x}}{\sqrt{1+y^2}}\right)}{\partial x}-\frac{\partial\left(2\sqrt{1+y^2}\mathrm{e}^{2x}\right)}{\partial y}\right)\mathrm{d}x\mathrm{d}y+\int_0^{2a}2\mathrm{e}^{2x}\mathrm{d}x=\mathrm{e}^{4a}-1.
\end{aligned}
$$

利用格林公式，还可求平面区域的面积．令 $l=\partial D$．则平面区域 D 的面积

$$S_D=\frac{1}{2}\oint_{l^+}x\mathrm{d}y-y\mathrm{d}x.$$

例 14.3.4　求平面区域 $D=\left\{(x,y):\dfrac{x^2}{a^2}+\dfrac{y^2}{b^2}\leqslant 1\right\}$ 的面积.

解　曲线 $l^+:\begin{cases}x=a\cos\theta,\\ y=b\sin\theta,\end{cases}$ θ 由 0 变化到 2π．故平面区域 D 的面积

$$S_D=\frac{1}{2}\oint_{l^+}x\mathrm{d}y-y\mathrm{d}x=\frac{1}{2}\int_0^{2\pi}ab\mathrm{d}\theta=\pi ab.$$

下面讨论**格林公式的另一种形式**．设 $D\subset\mathbb{R}^2$ 是有界闭区域，$P(x,y),\ Q(x,y)\in C^1(D)$，$D$ 的边界 $\partial D=l$ 是光滑或分段光滑的封闭曲线．设 $\boldsymbol{\tau}=(\cos\alpha,\cos\beta)$ 是封闭曲线正向单位切向量．令 $\boldsymbol{n}$ 是封闭曲线单位外法向量，则 $\boldsymbol{n}=(\cos\beta,-\cos\alpha)$，由于 $(\mathrm{d}x,\mathrm{d}y)=\boldsymbol{\tau}\mathrm{d}s$，即

$$\mathrm{d}x=\cos\alpha\mathrm{d}s,\qquad \mathrm{d}y=\cos\beta\mathrm{d}s,$$

故 $\oint_{l^+}(P,Q)\cdot\boldsymbol{n}\mathrm{d}s=\oint_{l^+}(P,Q)\cdot(\cos\beta,-\cos\alpha)\mathrm{d}s=\oint_{l^+}P\mathrm{d}y-Q\mathrm{d}x=\iint_D\left(\dfrac{\partial P}{\partial x}+\dfrac{\partial Q}{\partial y}\right)\mathrm{d}x\mathrm{d}y.$

14.3.2 曲线积分与积分路径无关的条件

定义 14.3.2 若区域 $D\subset\mathbb{R}^2$ 中的任一简单闭曲线的内部都在 D 内，称 D 是单连通区域；否则，称为多连通区域（如图 14-3-8 所示）.

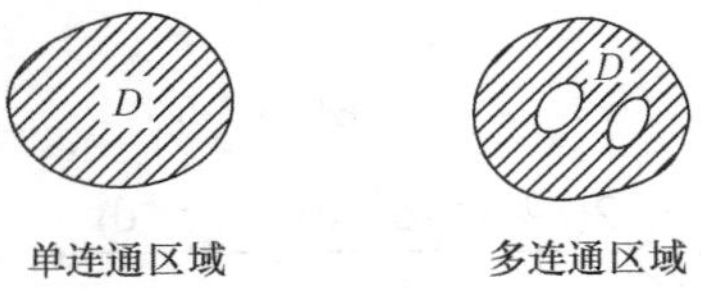

图 14-3-8

定理 14.3.2 设 $D\subset\mathbb{R}^2$ 是单连通区域，若 $P(x,y)$, $Q(x,y)\in C^1(D)$，则下列叙述等价：

（i）曲线积分 $\int_{L(A,B)}P(x,y)\mathrm{d}x+Q(x,y)\mathrm{d}y$ 与积分路径无关，只与起点 A 和终点 B 有关；

（ii）存在函数 $u(x,y)\in C^1(D)$ 使得 $\mathrm{d}u=P(x,y)\mathrm{d}x+Q(x,y)\mathrm{d}y$；

（iii）在 D 内的每一点，都有 $\dfrac{\partial P}{\partial y}=\dfrac{\partial Q}{\partial x}$ 成立；

（iv）对 D 内任意光滑或分段光滑的封闭曲线 l，$\oint_l P(x,y)\mathrm{d}x+Q(x,y)\mathrm{d}y=0$.

证明 假设（i）成立．任意固定 $(x_0,y_0)\in D$．对 $\forall(x,y)\in D$，令

$$u(x,y)=\int_{(x_0,y_0)}^{(x,y)}P(w,t)\mathrm{d}w+Q(w,t)\mathrm{d}t,$$

则

$$\begin{aligned}u(x+\Delta x,y)-u(x,y)&=\int_{(x_0,y_0)}^{(x+\Delta x,y)}P(w,t)\mathrm{d}w+Q(w,t)\mathrm{d}t-\int_{(x_0,y_0)}^{(x,y)}P(w,t)\mathrm{d}w+Q(w,t)\mathrm{d}t\\&=\int_{(x,y)}^{(x+\Delta x,y)}P(w,t)\mathrm{d}w+Q(w,t)\mathrm{d}t=\int_x^{x+\Delta x}P(w,y)\mathrm{d}w\\&=P(x+\theta\Delta x,y)\Delta x,\end{aligned}$$

其中 $\theta\in(0,1)$．故

$$\left.\frac{\partial u}{\partial x}\right|_{(x,y)}=\lim_{\Delta x\to 0}\frac{u(x+\Delta x,y)-u(x,y)}{\Delta x}=\lim_{\Delta x\to 0}P(x+\theta\Delta x,y)=P(x,y).$$

同理可证，$\forall(x,y)\in D,\ \left.\dfrac{\partial u}{\partial y}\right|_{(x,y)}=Q(x,y)$. 显然 $u(x,y)\in C^1(D)$，且 $\mathrm{d}u=P\mathrm{d}x+Q\mathrm{d}y$．

假设（ii）成立，即存在函数 $u(x,y)\in C^1(D)$ 满足 $\mathrm{d}u=P(x,y)\mathrm{d}x+Q(x,y)\mathrm{d}y$，则

$$\frac{\partial u}{\partial x}=P(x,y),\quad \frac{\partial u}{\partial y}=Q(x,y),$$

而 $\dfrac{\partial^2 u}{\partial y\partial x}=\dfrac{\partial P}{\partial y}\in C(D)$ 且 $\dfrac{\partial^2 u}{\partial x\partial y}=\dfrac{\partial Q}{\partial x}\in C(D)$，故 $\dfrac{\partial^2 u}{\partial y\partial x}=\dfrac{\partial^2 u}{\partial x\partial y}$，从而 $\dfrac{\partial P}{\partial y}=\dfrac{\partial Q}{\partial x}$ 在 D 内成立.

（iii）$\Rightarrow$（iv）假设（iii）成立．因为 $D\subset\mathbb{R}^2$ 是单连通区域，所以对 D 内任意光滑或分段光滑的封闭曲线 l，其所围成的平面有界闭区域都在 D 内，因此由格林公式立得（iv）成立.

现在证明(iv)$\Rightarrow$(i). 任取两条有向曲线段 $L_1(A,B)$ 与 $L_2(A,B)$，则 $L_1(A,B)+L_2(B,A)$ 构成一条封闭曲线，(iv) 表明 $\oint_{L_1(A,B)+L_2(B,A)} P(x,y)\mathrm{d}x+Q(x,y)\mathrm{d}y=0$，故

$$\int_{L_1(A,B)} P(x,y)\mathrm{d}x+Q(x,y)\mathrm{d}y=\int_{L_2(A,B)} P(x,y)\mathrm{d}x+Q(x,y)\mathrm{d}y,$$

所以曲线积分与积分路径无关，只与起点和终点有关. 证毕.

定义 14.3.3　设 $D\subset\mathbb{R}^2$ 是有界闭区域，且 $P(x,y),\ Q(x,y)\in C^1(D)$. 若 $\exists u(x,y)\in C^1(D)$ 使得 $\mathrm{d}u=P(x,y)\mathrm{d}x+Q(x,y)\mathrm{d}y$，称函数 $u(x,y)$ 是 $P(x,y)\mathrm{d}x+Q(x,y)\mathrm{d}y$ 在 D 中的原函数.

定理 14.3.3（曲线积分基本公式）　设 $D\subset\mathbb{R}^2$ 是有界闭区域. 若 $P(x,y),\ Q(x,y)\in C^1(D)$，且存在 D 上的连续可微函数 $u(x,y)$ 使得 $u(x,y)$ 是 $P(x,y)\mathrm{d}x+Q(x,y)\mathrm{d}y$ 的一个原函数，则对 $\forall A(x_1,y_1),\ B(x_2,y_2)\in D$，

$$\int_{L(A,B)} P(x,y)\mathrm{d}x+Q(x,y)\mathrm{d}y=u(x_2,y_2)-u(x_1,y_1), \tag{14.3.4}$$

其中 $L(A,B)$ 是任一条以 A 为起点、B 为终点的光滑或分段光滑的曲线.

证明　由 $\mathrm{d}u=P(x,y)\mathrm{d}x+Q(x,y)\mathrm{d}y$ 知 $\dfrac{\partial u}{\partial x}=P(x,y),\ \dfrac{\partial u}{\partial y}=Q(x,y)$. 设光滑曲线 $L(A,B)$ 的参数方程为 $x=x(t),\ y=y(t)$，其中起点 A 对应参数 $t=\alpha$，终点 B 对应参数 $t=\beta$. 则

$$\begin{aligned}\int_{L(A,B)} P(x,y)\mathrm{d}x+Q(x,y)\mathrm{d}y&=\int_\alpha^\beta (P(x(t),y(t))x'(t)+Q(x(t),y(t))y'(t))\,\mathrm{d}t\\&=\int_\alpha^\beta\left(\frac{\partial u}{\partial x}\cdot\frac{\mathrm{d}x}{\mathrm{d}t}+\frac{\partial u}{\partial y}\cdot\frac{\mathrm{d}y}{\mathrm{d}t}\right)\mathrm{d}t=\int_\alpha^\beta\frac{\mathrm{d}u(x(t),y(t))}{\mathrm{d}t}\,\mathrm{d}t\\&=u(x(\beta),y(\beta))-u(x(\alpha),y(\alpha))\\&=u(x_2,y_2)-u(x_1,y_1).\end{aligned}$$

证毕.

式（14.3.4）与定积分的牛顿–莱布尼茨公式类似，是向量微积分的相应公式，称为**曲线积分的基本公式**.

注　从定理 14.3.2 的证明过程可看到，区域 D 的单连通性只用在(iii)$\Rightarrow$(iv)这一步，结合定理 14.3.3，容易得到定理 14.3.2 中结论（i）、（ii）和（iv）对多连通区域也是等价的.

14.3.3　求微分式的原函数

以下设 $D\subset\mathbb{R}^2$ 是单连通区域，且 $P(x,y),\ Q(x,y)\in C^1(D)$ 满足 $\dfrac{\partial P}{\partial y}=\dfrac{\partial Q}{\partial x}$，则由定理 14.3.2 知，曲线积分 $\int_{L(A,B)} P(x,y)\mathrm{d}x+Q(x,y)\mathrm{d}y$ 与积分路径无关，因此求出微分式 $P(x,y)\mathrm{d}x+Q(x,y)\mathrm{d}y$ 在区域 D 上的一个原函数 $u(x,y)$，则由定理 14.3.3 即可求得该曲线积分值. 下面利用三种不同方法求微分式的原函数.

1. 曲线积分法

取起点 $(x_0,y_0)\in D$. 任取点 $(x,y)\in D$，则

$$u(x,y)-u(x_0,y_0)=\int_{(x_0,y_0)}^{(x,y)} P(w,t)\mathrm{d}w+Q(w,t)\mathrm{d}t$$

$$= \int_{(x_0,y_0)}^{(x,y_0)} P(w,t)\mathrm{d}w + Q(w,t)\mathrm{d}t + \int_{(x,y_0)}^{(x,y)} P(w,t)\mathrm{d}w + Q(w,t)\mathrm{d}t$$

$$= \int_{x_0}^{x} P(w,y_0)\mathrm{d}w + \int_{y_0}^{y} Q(x,t)\mathrm{d}t,$$

所以 $u(x,y) = \int_{x_0}^{x} P(w,y_0)\mathrm{d}w + \int_{y_0}^{y} Q(x,t)\mathrm{d}t + c$，其中 c 是常数.

2. 不定积分法

因为 $\dfrac{\partial u}{\partial x} = P(x,y)$，将 y 看成常数，两边对 x 求不定积分，得

$$u_1(x,y) = \int P(x,y)\mathrm{d}x,$$

故 $\dfrac{\partial u_1}{\partial x} = P(x,y)$，所以 $\dfrac{\partial(u-u_1)}{\partial x} = 0$，从而存在 $\varphi(y)$ 使得

$$u(x,y) = u_1(x,y) + \varphi(y).$$

又 $\dfrac{\partial u}{\partial y} = Q(x,y)$，因此 $\varphi'(y) = Q(x,y) - \dfrac{\partial u_1}{\partial y}$，且 $\varphi(y) = \int\left(Q(x,y) - \dfrac{\partial u_1}{\partial y}\right)\mathrm{d}y$，从而求得

$$u(x,y) = u_1(x,y) + \int\left(Q(x,y) - \frac{\partial u_1}{\partial y}\right)\mathrm{d}y.$$

3. 凑全微分法

将微分式 $P(x,y)\mathrm{d}x + Q(x,y)\mathrm{d}y$ 凑成某个函数的全微分.

例 14.3.5 设 $P(x,y) = x^4 + 4xy^3$，$Q(x,y) = 6x^2y^2 + 5y^4$. 光滑曲线段 L 从点 $(-2,-1)$ 到 $(3,0)$，求曲线积分 $\int_L P(x,y)\mathrm{d}x + Q(x,y)\mathrm{d}y$.

解 因为 $\dfrac{\partial P}{\partial y} = 12xy^2 = \dfrac{\partial Q}{\partial x}$，所以曲线积分的计算转化为求 $P(x,y)\mathrm{d}x + Q(x,y)\mathrm{d}y$ 的一个原函数. 而

$$\begin{aligned} P(x,y)\mathrm{d}x + Q(x,y)\mathrm{d}y &= (x^4 + 4xy^3)\mathrm{d}x + (6x^2y^2 + 5y^4)\mathrm{d}y \\ &= x^4\mathrm{d}x + (4xy^3\mathrm{d}x + 6x^2y^2\mathrm{d}y) + 5y^4\mathrm{d}y \\ &= \mathrm{d}\left(\frac{1}{5}x^5\right) + \mathrm{d}(2x^2y^3) + \mathrm{d}(y^5), \end{aligned}$$

故 $\int_L P(x,y)\mathrm{d}x + Q(x,y)\mathrm{d}y = \left.\dfrac{1}{5}x^5 + 2x^2y^3 + y^5\right|_{(-2,-1)}^{(3,0)} = 64.$

例 14.3.6 设 $\dfrac{\partial f}{\partial x} = (2x+1)\mathrm{e}^{(2x-y)}$，$f(0,y) = y+1$，光滑曲线 L_t 从 $(0,0)$ 到 $(1,t)$. 计算

$$I(t) = \int_{L_t} \frac{\partial f}{\partial x}\mathrm{d}x + \frac{\partial f}{\partial y}\mathrm{d}y.$$

解法 1 由于曲线积分 $I(t)$ 与积分路径无关，因此

$$I(t) = \int_{L_t} \frac{\partial f}{\partial x}\mathrm{d}x + \frac{\partial f}{\partial y}\mathrm{d}y = f(1,t) - f(0,0) = f(1,t) - 1,$$

由曲线积分法得

$$f(1,t)=f(0,t)+\int_0^1 f_x'(x,t)\mathrm{d}x=t+1+\int_0^1(2x+1)\mathrm{e}^{2x-t}\mathrm{d}x=t+1+\mathrm{e}^{2-t},$$

所以 $I(t)=t+\mathrm{e}^{2-t}$.

解法 2（不定积分法） 由 $\dfrac{\partial f}{\partial x}=(2x+1)\mathrm{e}^{(2x-y)}$ 得

$$f(x,y)=\int(2x+1)\mathrm{e}^{2x-y}\mathrm{d}x+\varphi(y)=x\mathrm{e}^{2x-y}+\varphi(y),$$

将条件 $f(0,y)=y+1$ 代入上式，即得 $\varphi(y)=y+1$，所以 $f(x,y)=x\mathrm{e}^{2x-y}+y+1$，且

$$I(t)=\int_{L_t}\frac{\partial f}{\partial x}\mathrm{d}x+\frac{\partial f}{\partial y}\mathrm{d}y=f(1,t)-f(0,0)=\mathrm{e}^{2-t}+t.$$

例 14.3.7 设 $f(x)\in C^1(\mathbb{R})$．求曲线积分 $I=\int_l\dfrac{1+y^2f(xy)}{y}\mathrm{d}x+\dfrac{x}{y^2}(y^2f(xy)-1)\mathrm{d}y$，其中曲线 l 是从点 $A\left(3,\dfrac{2}{3}\right)$ 到点 $B(1,2)$ 的直线段.

解 令 $P(x,y)=\dfrac{1+y^2f(xy)}{y}$，$Q(x,y)=\dfrac{x}{y^2}(y^2f(xy)-1)$. 因为

$$\frac{\partial P}{\partial y}=f(xy)-\frac{1}{y^2}+xyf'(xy)=\frac{\partial Q}{\partial x},$$

所以曲线积分与积分路径无关．取点 $C\left(1,\dfrac{2}{3}\right)$ 与点 A，B 一起构成围线 ABC（如图 14-3-9 所示）．于是

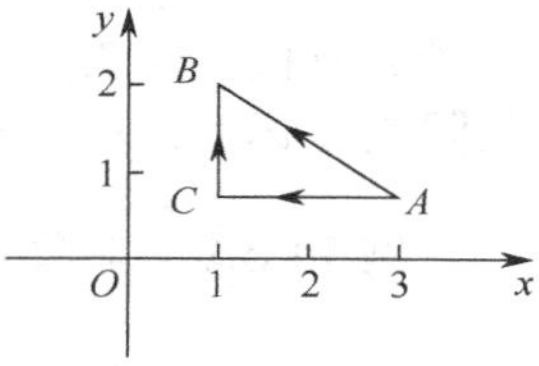

图 14-3-9

$$\begin{aligned}I&=\int_{\overline{AC}}\frac{1+y^2f(xy)}{y}\mathrm{d}x+\frac{x}{y^2}(y^2f(xy)-1)\mathrm{d}y+\int_{\overline{CB}}\frac{1+y^2f(xy)}{y}\mathrm{d}x+\frac{x}{y^2}(y^2f(xy)-1)\mathrm{d}y\\&=-\frac{3}{2}\int_1^3\left(1+\left(\frac{2}{3}\right)^2f\left(\frac{2}{3}x\right)\right)\mathrm{d}x+\int_{\frac{2}{3}}^2f(y)\mathrm{d}y-\int_{\frac{2}{3}}^2\frac{1}{y^2}\mathrm{d}y\\&=-4-\frac{2}{3}\int_1^3f\left(\frac{2}{3}x\right)\mathrm{d}x+\int_{\frac{2}{3}}^2f(y)\mathrm{d}y=-4.\end{aligned}$$

例 14.3.8 设 $f(x)\in C^1(\mathbb{R})$．若曲线积分 $\int_l(\mathrm{e}^x+2f(x))y\mathrm{d}x-f(x)\mathrm{d}y$ 与积分路径无关，且 $f(0)=0$，求曲线积分 $\int_{(0,0)}^{(1,1)}(\mathrm{e}^x+2f(x))y\mathrm{d}x-f(x)\mathrm{d}y$.

解 令 $P(x,y)=(\mathrm{e}^x+2f(x))y$，$Q(x,y)=-f(x)$．则

$$\frac{\partial Q}{\partial x}=-f'(x),\quad \frac{\partial P}{\partial y}=\mathrm{e}^x+2f(x),$$

因为曲线积分 $\int_l(\mathrm{e}^x+2f(x))y\mathrm{d}x-f(x)\mathrm{d}y$ 与积分路径无关，所以 $\dfrac{\partial Q}{\partial x}=\dfrac{\partial P}{\partial y}$，即

$$-f'(x)=\mathrm{e}^x+2f(x),$$

求解该微分方程，求得 $f(x)=\mathrm{e}^{-2x}\left(-\frac{1}{3}\mathrm{e}^{3x}+c\right)$．由 $f(0)=0$ 解得 $c=\frac{1}{3}$，故 $f(x)=\frac{1}{3}(\mathrm{e}^{-2x}-\mathrm{e}^{x})$．取折线段 $\widehat{OAB}$ 为积分路径，其中 $O(0,0)$，$A(1,0)$，$B(1,1)$，如图 14-3-10 所示，所以

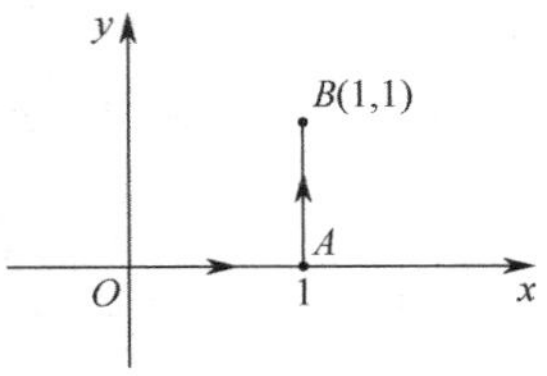

图 14-3-10

$$\int_{(0,0)}^{(1,1)}(\mathrm{e}^{x}+2f(x))y\mathrm{d}x-f(x)\mathrm{d}y=\int_0^1 P(x,0)\mathrm{d}x+\int_0^1 Q(1,y)\mathrm{d}y$$
$$=-\frac{1}{3}\int_0^1(\mathrm{e}^{-2}-\mathrm{e})\mathrm{d}y=\frac{1}{3}(\mathrm{e}-\mathrm{e}^{-2}).$$

14.3.4 全微分方程

回忆一阶常微分方程 $\frac{\mathrm{d}y}{\mathrm{d}x}=f(x,y)$，更一般的一阶微分方程可写成如下形式

$$P(x,y)\mathrm{d}x+Q(x,y)\mathrm{d}y=0\ . \tag{14.3.5}$$

定义 14.3.4 若微分方程（14.3.5）的左端是某个函数 $u(x,y)$ 的全微分，即

$$\mathrm{d}u(x,y)=P(x,y)\mathrm{d}x+Q(x,y)\mathrm{d}y\ ,$$

称微分方程（14.3.5）为全微分方程．全微分方程又称恰当方程，此时微分方程（14.3.5）的隐式通解是 $u(x,y)=c$，其中 c 为任意常数．

例 14.3.9 求微分方程 $\left(\cos x+\frac{1}{y}\right)\mathrm{d}x+\left(\frac{1}{y}-\frac{x}{y^2}\right)\mathrm{d}y=0$ 的通解．

解 因为 $\frac{\partial\left(\cos x+\frac{1}{y}\right)}{\partial y}=-\frac{1}{y^2}=\frac{\partial\left(\frac{1}{y}-\frac{x}{y^2}\right)}{\partial x}$，所以该微分方程是全微分方程，将微分式分项组合，并凑成一个全微分，则

$$\left(\cos x+\frac{1}{y}\right)\mathrm{d}x+\left(\frac{1}{y}-\frac{x}{y^2}\right)\mathrm{d}y$$
$$=\cos x\mathrm{d}x+\left(\frac{1}{y}\mathrm{d}x-\frac{x}{y^2}\mathrm{d}y\right)+\frac{1}{y}\mathrm{d}y=\mathrm{d}\left(\sin x+\frac{x}{y}+\ln|y|\right),$$

所以微分方程的通解为 $\sin x+\frac{x}{y}+\ln|y|=c$，其中 c 为任意常数．

例 14.3.10 求微分方程 $\left(\ln y-\frac{y}{x}\right)\mathrm{d}x+\left(\frac{x}{y}-\ln x\right)\mathrm{d}y=0$ 的通解．

解 因为 $\frac{\partial\left(\ln y-\frac{y}{x}\right)}{\partial y}=\frac{1}{y}-\frac{1}{x}=\frac{\partial\left(\frac{x}{y}-\ln x\right)}{\partial x}$，所以该微分方程为全微分方程．将微分式分项组合，并凑成一个全微分，得

$$\left(\ln y-\frac{y}{x}\right)\mathrm{d}x+\left(\frac{x}{y}-\ln x\right)\mathrm{d}y$$
$$=\left(\ln y\mathrm{d}x+\frac{x}{y}\mathrm{d}y\right)-\left(\frac{y}{x}\mathrm{d}x+\ln x\mathrm{d}y\right)=\mathrm{d}(x\ln y)-\mathrm{d}(y\ln x),$$

故微分方程的通解为 $x\ln y-y\ln x=c$，其中 c 为任意常数.

定义 14.3.5 若微分方程（14.3.5）不是全微分方程，但存在 $\mu(x,y)\neq 0$ 使得

$$\mu(x,y)P(x,y)\mathrm{d}x+\mu(x,y)Q(x,y)\mathrm{d}y=0 \tag{14.3.6}$$

是全微分方程，称 $\mu(x,y)$ 为微分方程（14.3.5）的积分因子.

因为 $\mu(x,y)P(x,y)\mathrm{d}x+\mu(x,y)Q(x,y)\mathrm{d}y=0$ 的解一定是 $P(x,y)\mathrm{d}x+Q(x,y)\mathrm{d}y=0$ 的解，所以只需求微分式 $\mu(x,y)P(x,y)\mathrm{d}x+\mu(x,y)Q(x,y)\mathrm{d}y$ 的原函数.

在单连通区域内，式（14.3.6）是全微分方程的充要条件是 $\dfrac{\partial(\mu P)}{\partial y}=\dfrac{\partial(\mu Q)}{\partial x}$，即

$$\mu_y' P+\mu P_y'=\mu_x' Q+\mu Q_x'. \tag{14.3.7}$$

观察到，若想通过解此偏微分方程求得积分因子 $\mu(x,y)$，一般来说比求解原微分方程更困难，但如果积分因子 $\mu(x,y)$ 仅仅是关于 x 的函数，则 $\mu_y'=0$，此时式（14.3.7）简化为 $\dfrac{\mu'(x)}{\mu}=\dfrac{P_y'-Q_x'}{Q}$. 因此如果 $\dfrac{P_y'-Q_x'}{Q}$ 仅仅与 x 有关，则可求得微分方程（14.3.5）的一个积分因子 $\mu(x)=\mathrm{e}^{\int\frac{P_y'-Q_x'}{Q}\mathrm{d}x}$. 类似分析可得，如果 $\dfrac{P_y'-Q_x'}{-P}$ 仅仅与 y 有关，则可求得微分方程（14.3.5）的一个积分因子 $\mu(y)=\mathrm{e}^{\int\frac{P_y'-Q_x'}{-P}\mathrm{d}y}$.

例 14.3.11 求微分方程 $(y\cos x-x\sin x)\mathrm{d}x+(y\sin x+x\cos x)\mathrm{d}y=0$ 的通解.

解 令 $P(x,y)=y\cos x-x\sin x,\quad Q(x,y)=y\sin x+x\cos x$. 因为

$$P_y'=\cos x,\quad Q_x'=y\cos x+\cos x-x\sin x,$$

所以 $P_y'\neq Q_x'$，故原方程不是全微分方程. 由于 $\dfrac{P_y'-Q_x'}{-P}=1$，因此 $\mu(y)=\mathrm{e}^y$ 是原微分方程的一个积分因子，即

$$\mathrm{e}^y(y\cos x-x\sin x)\mathrm{d}x+\mathrm{e}^y(y\sin x+x\cos x)\mathrm{d}y=0$$

是全微分方程. 由不定积分法，$\mathrm{e}^yP(x,y)\mathrm{d}x+\mathrm{e}^yQ(x,y)\mathrm{d}y$ 的原函数为

$$u(x,y)=\int\mathrm{e}^y(y\cos x-x\sin x)\mathrm{d}x+\varphi(y)$$
$$=\mathrm{e}^y(y\sin x+x\cos x-\sin x)+\varphi(y),$$

两边关于 y 求偏导，注意到 $u_y'=\mathrm{e}^y(y\sin x+x\cos x)$，因此 $\varphi'(y)=0$，故求得原方程的通解

$$\mathrm{e}^y(y\sin x+x\cos x-\sin x)=c,$$

其中 c 为任意常数.

例 14.3.12 求微分方程 $(x+y)\mathrm{d}x+(y-x)\mathrm{d}y=0$ 的通解.

解 容易看出方程 $(x+y)\mathrm{d}x+(y-x)\mathrm{d}y=0$ 不是全微分方程，将微分式分项组合

$$(x+y)\mathrm{d}x+(y-x)\mathrm{d}y=(x\mathrm{d}x+y\mathrm{d}y)+(y\mathrm{d}x-x\mathrm{d}y),$$

观察到$\dfrac{1}{x^2+y^2}$是$x\mathrm{d}x+y\mathrm{d}y=0$和$y\mathrm{d}x-x\mathrm{d}y=0$共同的积分因子，且

$$\frac{1}{x^2+y^2}(x\mathrm{d}x+y\mathrm{d}y)+\frac{1}{x^2+y^2}(y\mathrm{d}x-x\mathrm{d}y)=\mathrm{d}\left(\frac{1}{2}\ln(x^2+y^2)\right)+\mathrm{d}\left(\arctan\frac{x}{y}\right),$$

所以原方程的通解为$\dfrac{1}{2}\ln(x^2+y^2)+\arctan\dfrac{x}{y}=c$，其中$c$为任意常数；经检验$x=0,\ y=0$也是原方程的解.

注 原方程乘积分因子$\dfrac{1}{x^2+y^2}$后，可能会丢掉$x=0,\ y=0$的解，因此需验证.

例 14.3.13 求微分方程$(x^2+y^2-y)\mathrm{d}x+x\mathrm{d}y=0$的通解.

解 将微分方程分类组合$(x^2+y^2)\mathrm{d}x+(x\mathrm{d}y-y\mathrm{d}x)=0$，易看出$\dfrac{1}{x^2+y^2}$是方程$(x^2+y^2)\mathrm{d}x=0$和$x\mathrm{d}y-y\mathrm{d}x=0$共同的一个积分因子，方程两边同乘$\dfrac{1}{x^2+y^2}$，得全微分方程

$$\mathrm{d}x+\frac{1}{x^2+y^2}(x\mathrm{d}y-y\mathrm{d}x)=0,$$

故方程的通解为$x+\arctan\dfrac{y}{x}=c$，其中c为任意常数；经检验$x=0,\ y=0$也是方程的解.

例 14.3.14 求微分方程$y\mathrm{d}x+x(1+x^2y^2)\mathrm{d}y=0$的通解.

解 将方程分类组合$(y\mathrm{d}x+x\mathrm{d}y)+x^3y^2\mathrm{d}y=0$．对方程$y\mathrm{d}x+x\mathrm{d}y=0$，关于$xy$的函数$\varphi(xy)$都是其积分因子，因此选择一个函数$\varphi(xy)$使其也是$x^3y^2\mathrm{d}y=0$的积分因子，故

$$\frac{1}{x^3y^3}(y\mathrm{d}x+x\mathrm{d}y)+\frac{1}{y}\mathrm{d}y=0$$

是全微分方程，所以原方程的通解$-\dfrac{1}{2x^2y^2}+\ln|y|=c$，其中$c$为任意常数；经检验$x=0$和$y=0$也是原方程的解.

习题 14.3

1．计算$\displaystyle\int_{L^+}\frac{(x+y)\mathrm{d}x+(y-x)\mathrm{d}y}{x^2+y^2}$，其中$L^+$分别为

（1）区域$D=\left\{(x,y)\middle|a^2\leqslant x^2+y^2\leqslant b^2\right\}$的正向边界（$0<a<b$）；

（2）圆周$D=\left\{(x,y)\middle|\ x^2+y^2=a^2\right\}$的逆时针方向（$a>0$）．

2．借助格林公式计算下列曲线积分.

（1）$\displaystyle\int_{L^+}\ln\frac{2+y}{1+x^2}\,\mathrm{d}x+\frac{x(y+1)}{2+y}\mathrm{d}y$，$L^+$为由$x=\pm1, y=\pm1$围成的正方形，逆时针为正向；

（2）$\int_{L^+}\sqrt{x^2+y^2}\mathrm{d}x+y\left(xy+\ln(x+\sqrt{x^2+y^2})\right)\mathrm{d}y$，其中 $L^+: y=\sin(x-1)$ 是由点 $(\pi+1,0)$ 到点 $(1,0)$ 的一段弧；

（3）$\int_{L^+}(2xy^3-y^2\cos x)\mathrm{d}x+(1-2y\sin x+3x^2y^2)\mathrm{d}y$，其中 L^+ 为抛物线 $2x=\pi y^2$ 自 $(0,0)$ 到 $\left(\frac{\pi}{2},1\right)$ 的弧段.

3．设 L 为一单连通区域 $D\subset\mathbb{R}^2$ 的边界，P_0 为一定点，$P\in L, \boldsymbol{v}=\overrightarrow{P_0P}, v=\|\boldsymbol{v}\|$. 设 $\boldsymbol{n}$ 为 L 的单位外法向量，证明：$\int_L\frac{\cos\langle\boldsymbol{n},\boldsymbol{v}\rangle}{v}\mathrm{d}s=\begin{cases}0, & P_0\notin D;\\ 2\pi, & P_0\in D.\end{cases}$

4．设 L^+ 为单位圆周 $x^2+y^2=1$，取逆时针方向为其正方向，求积分 $I=\int_{L^+}\frac{x\mathrm{d}y-y\mathrm{d}x}{3x^2+7y^2}$.

5．计算下列区域面积.

（1）求包含在两椭圆 $\frac{x^2}{a^2}+\frac{y^2}{b^2}=1, \frac{x^2}{b^2}+\frac{y^2}{a^2}=1\ (a\geqslant b>0)$ 之间图形的面积；

（2）双纽线 $(x^2+y^2)^2=a^2(x^2-y^2), a>0$ 所围区域的面积；

（3）摆线 $\begin{cases}x=a(t-\sin t),\\ y=a(1-\cos t)\end{cases}(a>0)$ 的第一拱 $(0\leqslant t\leqslant 2\pi)$ 与 x 轴围成的图形面积.

6．证明：若函数 $P(x,y)$ 与 $Q(x,y)$ 在光滑曲线 L 上连续，则 $\left|\int_L P\mathrm{d}x+Q\mathrm{d}y\right|\leqslant Ms$，其中 s 是曲线 L 的弧长，$M=\max\left\{\sqrt{P(x,y)^2+Q(x,y)^2}\ \middle|\ (x,y)\in L\right\}$. 并应用此不等式估计

$$I_R=\oint_L\frac{y\mathrm{d}x-x\mathrm{d}y}{(x^2+xy+y^2)^2},$$

其中 $L: x^2+y^2=R^2$. 证明 $\lim\limits_{R\to+\infty}I_R=0$.

7．计算 $\oint_{L^+}\frac{\partial u}{\partial\boldsymbol{n}}\mathrm{d}s$，其中 $u=x^2+y^2$，L 为 $x^2+y^2=6x$，$\boldsymbol{n}$ 为 L 的单位外法向量.

8．设 D 是平面区域，∂D 为光滑或逐段光滑的封闭曲线，$\boldsymbol{n}$ 为 ∂D 的单位外法向量，$u, v\in C^2(D)$，证明：

（1）$\oint_{\partial D}v\frac{\partial u}{\partial\boldsymbol{n}}\mathrm{d}s=\iint\limits_D v\Delta u\mathrm{d}x\mathrm{d}y+\iint\limits_D\nabla u\cdot\nabla v\mathrm{d}x\mathrm{d}y$；

（2）$\oint_{\partial D}\begin{vmatrix}\frac{\partial u}{\partial\boldsymbol{n}} & \frac{\partial v}{\partial\boldsymbol{n}}\\ u & v\end{vmatrix}\mathrm{d}s=\iint\limits_D\begin{vmatrix}\Delta u & \Delta v\\ u & v\end{vmatrix}\mathrm{d}x\mathrm{d}y$. 其中 $\Delta=\frac{\partial^2}{\partial x^2}+\frac{\partial^2}{\partial y^2}$, $\nabla=\frac{\partial}{\partial x}\boldsymbol{i}+\frac{\partial}{\partial y}\boldsymbol{j}$.

9．设函数 $P(x,y), Q(x,y)\in C^1(\mathbb{R}^2)$，在以任意点 (x_0,y_0) 为中心、任意正数 r 为半径的上半圆周 L 上，总有 $\int_L P(x,y)\mathrm{d}x+Q(x,y)\mathrm{d}y=0$. 求证：在 $\mathbb{R}^2$ 上有 $P(x,y)\equiv 0, \frac{\partial Q}{\partial x}(x,y)\equiv 0$.

10．证明：若 $u(x,y)$ 是光滑闭曲线 L 所围成闭区域 D 上的调和函数

$$\left(\Delta u=\frac{\partial^2 u}{\partial x^2}+\frac{\partial^2 u}{\partial y^2}\equiv 0\right),$$

则函数$u(x,y)$在D内的值可由闭曲线L上的值唯一确定.

11．设$u(x,y)$为开区域$D\subset\mathbb{R}^2$上的调和函数，其边界∂D是光滑的封闭曲线. 证明：

（1）$u(x_0,y_0)=\dfrac{1}{2\pi}\oint_{\partial D}\left(u\dfrac{\partial \ln r}{\partial \boldsymbol{n}}-\ln r\dfrac{\partial u}{\partial \boldsymbol{n}}\right)\mathrm{d}s$，其中点$(x_0,y_0)\in D$任意，$\boldsymbol{r}$为$(x_0,y_0)$到$\partial D$上的点的向量，$r=\|\boldsymbol{r}\|$，$\boldsymbol{n}$为$\partial D$的单位外法向量；

（2）$u(x_0,y_0)=\dfrac{1}{2\pi R}\oint_L u(x,y)\mathrm{d}s$，其中$L$是以$(x_0,y_0)$为中心、$R$为半径位于$D$中的任意一个圆周.

12．证明：若$u(x,y)$是光滑闭曲线L所围成闭区域D上的调和函数（不是常数），则在D内不能取到最大（小）值，即必在曲线L上取到最大（小）值.

13．已知$f(u)$连续可微，L为任意一条分段光滑闭曲线，证明：

（1）$\oint_{L^+}f(xy)(y\mathrm{d}x+x\mathrm{d}y)=0$；

（2）$\oint_{L^+}f(x^2+y^2)(x\mathrm{d}x+y\mathrm{d}y)=0$.

14．求下列微分式的原函数.

（1）$\mathrm{d}u=\left(1-\dfrac{1}{y}+\dfrac{y}{z}\right)\mathrm{d}x+\left(\dfrac{x}{z}+\dfrac{x}{y^2}\right)\mathrm{d}y-\dfrac{xy}{z^2}\mathrm{d}z$；

（2）$\mathrm{d}u=\dfrac{(x+y-z)\mathrm{d}x+(x+y-z)\mathrm{d}y+(x+y+z)\mathrm{d}z}{x^2+y^2+z^2+2xy}$；

（3）$\mathrm{d}u=(x^2+2xy-y^2)\mathrm{d}x+(x^2-2xy-y^2)\mathrm{d}y$.

15．设曲线积分$\int_L xy^2\mathrm{d}x+y\varphi(x)\mathrm{d}y$与路径无关，其中$\varphi(x)$具有连续的导数，且$\varphi(0)=0$. 计算$I=\int_{(0,0)}^{(1,1)}xy^2\mathrm{d}x+y\varphi(x)\mathrm{d}y$.

16．求解下列常微分方程.

（1）$\mathrm{e}^y\mathrm{d}x+(x\mathrm{e}^y-2y)\mathrm{d}y=0$；

（2）$\dfrac{x\mathrm{d}x+y\mathrm{d}y}{\sqrt{x^2+y^2}}=\dfrac{y\mathrm{d}x-x\mathrm{d}y}{x^2}$；

（3）$2(3xy^2+2x^3)\mathrm{d}x+3(2x^2y+y^2)\mathrm{d}y=0$;

（4）$(x+y)(\mathrm{d}x-\mathrm{d}y)=\mathrm{d}x+\mathrm{d}y$；

（5）$\left[\dfrac{y^2}{(x-y)^2}-\dfrac{1}{x}\right]\mathrm{d}x+\left[\dfrac{1}{y}-\dfrac{x^2}{(x-y)^2}\right]\mathrm{d}y=0$；

（6）$\left(\dfrac{1}{y}\sin\dfrac{x}{y}-\dfrac{y}{x^2}\cos\dfrac{y}{x}+1\right)\mathrm{d}x+\left(\dfrac{1}{x}\cos\dfrac{y}{x}-\dfrac{x}{y^2}\sin\dfrac{x}{y}+\dfrac{1}{y^2}\right)\mathrm{d}y=0$；

（7）$y\mathrm{d}x-x\mathrm{d}y=(x^2+y^2)\mathrm{d}x$.

17．求解下列常微分方程.

（1）$(\mathrm{e}^x+3y^2)\mathrm{d}x+2xy\mathrm{d}y=0$；

（2）$y\mathrm{d}x-(x+y^3)\mathrm{d}y=0$；

（3）$(y-1-xy)\mathrm{d}x+x\mathrm{d}y=0$；

（4）$(y-x^2)\mathrm{d}x-x\mathrm{d}y=0$；

（5）$(x+2y)\mathrm{d}x+x\mathrm{d}y=0$；

（6）$x(4y\mathrm{d}x+2x\mathrm{d}y)+y^3(3y\mathrm{d}x+5x\mathrm{d}y)=0$．

18．试推导出方程 $P(x,y)\mathrm{d}x+Q(x,y)\mathrm{d}y=0$ 分别具有 $\mu(x+y)$ 和 $\mu(xy)$ 的积分因子的充要条件．

19．设 $f(x,y)$ 及 $\dfrac{\partial f}{\partial y}$ 连续，证明：方程 $\mathrm{d}y-f(x,y)\mathrm{d}x=0$ 为线性微分方程的充要条件是它有仅仅依赖于 x 的积分因子．

20．求出伯努利微分方程的积分因子．

第 15 章 曲面积分

第一型曲面积分是二重积分的推广，是将平面有界区域推广到三维空间中的有界光滑曲面．第二型曲面积分是向量值函数在曲面上的积分，它是力学、电学等学科的重要的数学工具．第一型曲面积分与积分曲面的方向无关，第二型曲面积分与积分曲面的方向有关．两种类型的曲面积分虽然在性质上有很大的差异，但第二型曲面积分可转化为第一型曲面积分，因此两种类型的曲面积分之间又有着密切的联系．高斯公式是沟通第二型曲面积分与三重积分之间的桥梁，斯托克斯公式则架起了第二型曲面积分和第二型曲线积分之间的桥梁，这两个公式在场论中占有重要的地位．

15.1 第一型曲面积分——关于面积的曲面积分

我们知道，通过内接折线段长度的极限求出了曲线的弧长，但曲面的面积却不能类似地定义为内接折面面积的极限．事实上，20 世纪末德国数学家许瓦兹（H. A. Schwarz）举出了一个反例，说明即使像圆柱面这样的简单曲面，也可以具有面积任意大的内接折面．我们在 13.4 节讨论了光滑或分片光滑的曲面是可求面积的，且利用二重积分求得光滑曲面的面积．

15.1.1 第一型曲面积分的概念

第一型曲面积分来源于实际问题，其物理来源是求光滑曲面的质量．设 $S\subset\mathbb{R}^3$ 是光滑曲面片，$\rho(x,y,z)$ 为曲面 S 上任一点 (x,y,z) 处的质量面密度，求曲面片 S 的质量．

解 若由质点构成的曲面是均匀的，则质量为密度乘以曲面的面积．对质量非均匀分布的曲面，用曲线网任意分割曲面 S，划分方式记为 $T=\{S_1, S_2, \cdots, S_n\}$，令 ΔS_i 是第 i 块小曲面 S_i 的面积，$\|T\|=\max\{\operatorname{diam}S_i \mid i=1,2,\cdots,n\}$ 为分割 T 的细度．若每一小块曲面 S_i 很小，则可近似看成质点是均匀分布的，因此对 $\forall(x_i,y_i,z_i)\in S_i$，可求得曲面片质量的近似值

$$M\approx\sum_{i=1}^{n}\rho(x_i,y_i,z_i)\Delta S_i .$$

对曲面分割得越细，和的近似精度就越高，所以 $M=\lim\limits_{\|T\|\to 0}\sum\limits_{i=1}^{n}\rho(x_i,y_i,z_i)\Delta S_i$．这个值不因对曲面的划分方式的不同而改变，也不因每一小块曲面上点的取法的不同而改变．将其解决问题的数学思想抽象出来，就得到第一型曲面积分的概念．

定义 15.1.1 设 $f(x,y,z)$ 定义在光滑曲面 $S\subset\mathbb{R}^3$ 上．任意分割曲面 S，划分方式记为

$T=\{S_1, S_2, \cdots, S_n\}$．令 ΔS_i 是第 i 块小曲面 S_i 的面积，且 $\|T\|=\max\{\operatorname{diam}S_i \mid i=1,2,\cdots,n\}$．任取 $(x_i,y_i,z_i)\in S_i$，若 $\lim\limits_{\|T\|\to 0}\sum\limits_{i=1}^{n} f(x_i,y_i,z_i)\Delta S_i$ 存在，且与曲面的划分方式 T 无关，也与每一小块曲面上点 (x_i,y_i,z_i) 的取法无关，则称此极限为 $f(x,y,z)$ 沿着曲面 S 的第一型曲面积分，记为 $\iint\limits_S f(x,y,z)\mathrm{d}S$．其中 $f(x,y,z)$ 称为被积函数，$\mathrm{d}S$ 是面积微元，S 称为积分曲面．若积分曲面 S 是封闭的，记为 $\oiint\limits_S f(x,y,z)\mathrm{d}S$．

15.1.2　第一型曲面积分的计算

第一型曲面积分与第一型曲线积分的概念类似，因此具有类似的性质，不再一一列出．第一型曲线积分的计算是转化为定积分，第一型曲面积分的计算则是转化为二重积分，即下面的定理．

定理 15.1.1　设曲面 S 的方程为 $z=f(x,y)\in C^1(D)$，其中 $D\subset\mathbb{R}^2$ 是有界闭区域．若 $h(x,y,z)\in C(S)$，则 $\iint\limits_S h(x,y,z)\mathrm{d}S$ 存在且

$$\iint\limits_S h(x,y,z)\mathrm{d}S=\iint\limits_D h(x,y,f(x,y))\sqrt{1+f_x'(x,y)^2+f_y'(x,y)^2}\,\mathrm{d}x\mathrm{d}y.$$

证明　任取曲面 S 的分割 $T=\{S_1,S_2,\cdots,S_n\}$．显然曲面 S 的分割 T 唯一地对应着参数区域 D 的一个相应分割 $T'=\{D_1,D_2,\cdots,D_n\}$．任取 $(x_i,y_i,z_i)\in S_i$，对应着 $(x_i,y_i)\in D_i$ 且 $z_i=f(x_i,y_i)$．由 13.4 节曲面的面积公式，曲面块 S_i 的面积

$$\begin{aligned}\Delta S_i&=\iint\limits_{D_i}\sqrt{1+f_x'(x,y)^2+f_y'(x,y)^2}\,\mathrm{d}x\mathrm{d}y\\&=\sqrt{1+f_x'(\xi_i,\eta_i)^2+f_y'(\xi_i,\eta_i)^2}\,\Delta\sigma_i,\end{aligned}$$

其中 $(\xi_i,\eta_i)\in D_i$，$\Delta\sigma_i$ 是平面区域 D_i 的面积．所以

$$\sum_{i=1}^{n}h(x_i,y_i,z_i)\Delta S_i=\sum_{i=1}^{n}h(x_i,y_i,f(x_i,y_i))\sqrt{1+f_x'(\xi_i,\eta_i)^2+f_y'(\xi_i,\eta_i)^2}\,\Delta\sigma_i,$$

当 $\|T\|\to 0$ 时，有 $\|T'\|\to 0$，而上式右端是连续函数乘积的积分和，因此

$$\begin{aligned}\lim_{\|T\|\to 0}\sum_{i=1}^{n}h(x_i,y_i,z_i)\Delta S_i&=\lim_{\|T'\|\to 0}\sum_{i=1}^{n}h(x_i,y_i,f(x_i,y_i))\sqrt{1+f_x'(\xi_i,\eta_i)^2+f_y'(\xi_i,\eta_i)^2}\,\Delta\sigma_i\\&=\iint\limits_D h(x,y,f(x,y))\sqrt{1+f_x'(x,y)^2+f_y'(x,y)^2}\,\mathrm{d}x\mathrm{d}y,\end{aligned}$$

故 $\iint\limits_S h(x,y,z)\mathrm{d}S$ 存在，且

$$\iint\limits_S h(x,y,z)\mathrm{d}S=\iint\limits_D h(x,y,f(x,y))\sqrt{1+f_x'(x,y)^2+f_y'(x,y)^2}\,\mathrm{d}x\mathrm{d}y.$$　证毕.

类似于定理 15.1.1 的讨论，若曲面由参数方程给出，则得到如下结论．

定理 15.1.2 设光滑曲面 S 的参数方程为 $\begin{cases} x = x(u,v), \\ y = y(u,v), \\ z = z(u,v) \end{cases}$ $(\forall (u,v)\in D)$，$D\subset \mathbb{R}^2$ 是有界闭区域．若 $h(x,y,z)\in C(S)$，则 $\iint\limits_S h(x,y,z)\mathrm{d}S$ 存在且

$$\iint\limits_S h(x,y,z)\mathrm{d}S = \iint\limits_D h(x(u,v),y(u,v),z(u,v))\sqrt{EF-G^2}\,\mathrm{d}u\mathrm{d}v,$$

其中 $E = x_u'^2 + y_u'^2 + z_u'^2$，$F = x_v'^2 + y_v'^2 + z_v'^2$，$G = x_u'x_v' + y_u'y_v' + z_u'z_v'$．

利用定理 15.1.1 及二重积分的中值定理，得到如下**曲面积分的积分中值定理**．

定理 15.1.3 设光滑曲面 Σ 的面积为 S．若 $f(x,y,z)\in C(\Sigma)$，则存在 $(\xi,\eta,\zeta)\in\Sigma$ 使得 $\iint\limits_\Sigma f(x,y,z)\mathrm{d}S = f(\xi,\eta,\zeta)S.$

对于重积分，我们知道，在正交变换下，面积微元与体积微元不变．下面的结论表明，在正交变换下，曲面的面积微元也不变．

例 15.1.1 设 Σ 和 Σ' 是两个光滑的曲面，正交变换 $\boldsymbol{U}$ 把曲面 Σ 映射为曲面 Σ'．设 $f(\boldsymbol{x})\in C(\Sigma)$，则 $\iint\limits_\Sigma f(\boldsymbol{x})\mathrm{d}S = \iint\limits_{\Sigma'} f(\boldsymbol{U}^{\mathrm{T}}\boldsymbol{y})\mathrm{d}S$．

证明 设光滑曲面 Σ 的参数方程 $\boldsymbol{x}(w,t) = \begin{pmatrix} x(w,t) \\ y(w,t) \\ z(w,t) \end{pmatrix}$，$(w,t)\in D$，$D\subset\mathbb{R}^2$ 为有界闭区域．从而由正交变换 $\boldsymbol{U}$: $\Sigma\to\Sigma'$ 导出光滑曲面 $\Sigma' = \boldsymbol{U}(\Sigma)$ 的一个参数表示 $\boldsymbol{y}(w,t) = \boldsymbol{U}\boldsymbol{x}(w,t)$，$(w,t)\in D$．则两个曲面 Σ 和 Σ' 关于上述参数表示的高斯系数 E, F, G 和 E', F', G' 分别为

$$E = \boldsymbol{x}_w'(w,t)^{\mathrm{T}}\boldsymbol{x}_w'(w,t), F = \boldsymbol{x}_t'(w,t)^{\mathrm{T}}\boldsymbol{x}_t'(w,t), G = \boldsymbol{x}_t'(w,t)^{\mathrm{T}}\boldsymbol{x}_w'(w,t),$$

$$E' = \boldsymbol{y}_w'(w,t)^{\mathrm{T}}\boldsymbol{y}_w'(w,t) = \boldsymbol{x}_w'(w,t)^{\mathrm{T}}\boldsymbol{U}^{\mathrm{T}}\boldsymbol{U}\boldsymbol{x}_w'(w,t) = \boldsymbol{x}_w'(w,t)^{\mathrm{T}}\boldsymbol{x}_w'(w,t) = E,$$

同理得到 $F' = F, G' = G$．故 $\sqrt{E'F'-G'^2} = \sqrt{EF-G^2}$ 且

$$\begin{aligned}\iint\limits_{\Sigma'} f(\boldsymbol{U}^{\mathrm{T}}\boldsymbol{y})\,\mathrm{d}S &= \iint\limits_D f(\boldsymbol{U}^{\mathrm{T}}\boldsymbol{y}(w,t))\sqrt{E'F'-G'^2}\,\mathrm{d}w\mathrm{d}t \\ &= \iint\limits_D f(\boldsymbol{x}(w,t))\sqrt{EF-G^2}\,\mathrm{d}w\mathrm{d}t \\ &= \iint\limits_\Sigma f(\boldsymbol{x})\mathrm{d}S.\end{aligned}$$

证毕．

例 15.1.2 设 $f(t)\in C(\mathbb{R})$．S 代表单位球面 $x^2+y^2+z^2=1$．证明泊松（Poisson）公式

$$\iint\limits_S f(ax+by+cz)\mathrm{d}S = 2\pi\int_{-1}^{1} f(\lambda u)\mathrm{d}u,$$

其中 $\lambda = \sqrt{a^2+b^2+c^2}$．

证明 取三阶正交矩阵 $\boldsymbol{U}$ 使得 $\boldsymbol{U}$ 的第一行为 $\begin{pmatrix} \frac{a}{\lambda} & \frac{b}{\lambda} & \frac{c}{\lambda} \end{pmatrix}$．令

$$\boldsymbol{x}=\begin{pmatrix}x\\y\\z\end{pmatrix},\quad \boldsymbol{y}=\begin{pmatrix}u\\v\\w\end{pmatrix}\quad 且\quad \boldsymbol{y}=\boldsymbol{U}\boldsymbol{x},$$

则 $ax+by+cz=\lambda u$ 且正交变换 $\boldsymbol{U}$ 把球面 $x^2+y^2+z^2=1$ 映射为球面 $u^2+v^2+w^2=1$．由例 15.1.1 可知

$$\iint\limits_{x^2+y^2+z^2=1} f(ax+by+cz)\mathrm{d}S=\iint\limits_{u^2+v^2+w^2=1} f(\lambda u)\mathrm{d}S,$$

由对称性，$\displaystyle\iint\limits_{u^2+v^2+w^2=1} f(\lambda u)\mathrm{d}S=2\iint\limits_{w=\sqrt{1-u^2-v^2}} f(\lambda u)\mathrm{d}S$．曲面 $w=\sqrt{1-u^2-v^2}$ 的面积微元

$$\mathrm{d}S=\sqrt{1+w_u'^2+w_v'^2}\,\mathrm{d}u\mathrm{d}v=\frac{1}{\sqrt{1-u^2-v^2}}\mathrm{d}u\mathrm{d}v,$$

于是

$$\iint\limits_{u^2+v^2+w^2=1} f(\lambda u)\mathrm{d}S=2\iint\limits_{u^2+v^2\leqslant 1}\frac{f(\lambda u)\mathrm{d}u\mathrm{d}v}{\sqrt{1-u^2-v^2}}=2\int_{-1}^{1} f(\lambda u)\mathrm{d}u\int_{-\sqrt{1-u^2}}^{\sqrt{1-u^2}}\frac{\mathrm{d}v}{\sqrt{1-u^2-v^2}}$$

$$=4\int_{-1}^{1} f(\lambda u)\arcsin\frac{v}{\sqrt{1-u^2}}\Bigg|_{v=0}^{v=\sqrt{1-u^2}}\mathrm{d}u=2\pi\int_{-1}^{1} f(\lambda u)\mathrm{d}u．\quad 证毕.$$

例 15.1.3　求质量密度 $\rho=1$ 的上半球面 $x^2+y^2+z^2=a^2$ $(z\geqslant 0,\ a>0)$ 绕 z 轴旋转的转动惯量.

解　上半球面 S：$z=\sqrt{a^2-x^2-y^2}$，$(x,y)\in D=\{(x,y):\ x^2+y^2\leqslant a^2\}$．在上半球面上任一点 (x,y,z) 附近任取面积为 $\mathrm{d}S$ 的一小片曲面，其质量为 $\mathrm{d}m=\mathrm{d}S$，将其看成质点，该质点绕 z 轴旋转的转动惯量为 $\mathrm{d}J_z=(x^2+y^2)\mathrm{d}m=(x^2+y^2)\mathrm{d}S$，所以上半球面绕 z 轴旋转的转动惯量

$$J_z=\iint\limits_S (x^2+y^2)\mathrm{d}S=\iint\limits_D (x^2+y^2)\sqrt{1+z_x'^2+z_y'^2}\,\mathrm{d}x\mathrm{d}y$$

$$=\iint\limits_D (x^2+y^2)\frac{a}{\sqrt{a^2-x^2-y^2}}\mathrm{d}x\mathrm{d}y\qquad（令 x=r\cos\theta,\ y=r\sin\theta）$$

$$=\int_0^{2\pi}\mathrm{d}\theta\int_0^a r^2\frac{ar}{\sqrt{a^2-r^2}}\mathrm{d}r=\frac{4}{3}\pi a^4．$$

例 15.1.4　计算 $\displaystyle\iint\limits_S z\mathrm{d}S$，其中 S 是旋转抛物面 $z=x^2+y^2$ 在 $z\leqslant\dfrac{1}{4}$ 的部分.

解　曲面 S 在 Oxy 坐标平面上的投影区域 $D=\left\{(x,y):\ x^2+y^2\leqslant\dfrac{1}{4}\right\}$．故

$$\iint\limits_S z\mathrm{d}S=\iint\limits_D (x^2+y^2)\sqrt{1+z_x'^2+z_y'^2}\,\mathrm{d}x\mathrm{d}y=\iint\limits_D (x^2+y^2)\sqrt{1+4(x^2+y^2)}\,\mathrm{d}x\mathrm{d}y,$$

令 $x=r\cos\theta,\ y=r\sin\theta$，则 $\theta\in[0,2\pi]$，$r\in\left[0,\dfrac{1}{2}\right]$，且

$$\iint_S z\mathrm{d}S=\int_0^{2\pi}\mathrm{d}\theta\int_0^{\frac{1}{2}}r^2\sqrt{1+4r^2}\,r\mathrm{d}r=\frac{1+\sqrt{2}}{60}\pi.$$

例 15.1.5 计算$\iint_S(x+y+z)\mathrm{d}S$，其中$S$是上半球面$x^2+y^2+z^2=1$，$z\geqslant 0$.

解 由对称性，$\iint_S x\mathrm{d}S=\iint_S y\mathrm{d}S=0$．曲面$S$：$z=\sqrt{1-x^2-y^2}$在$Oxy$坐标平面上的投影区域$D=\{(x,y)：x^2+y^2\leqslant 1\}$，因此

$$\iint_S(x+y+z)\mathrm{d}S=\iint_S z\mathrm{d}S=\iint_D\sqrt{1-x^2-y^2}\sqrt{1+z_x'^2+z_y'^2}\,\mathrm{d}x\mathrm{d}y=\iint_D\mathrm{d}x\mathrm{d}y=\pi.$$

例 15.1.6 计算曲面积分$\iint_S z\mathrm{d}S$，其中曲面S是螺旋面

$$x=u\cos v,\ y=u\sin v,\ z=v\ （0\leqslant u\leqslant a,\ 0\leqslant v\leqslant 2\pi）$$

的一部分.

解 计算得

$$E=(x_u')^2+(y_u')^2+(z_u')^2=1,$$
$$F=(x_v')^2+(y_v')^2+(z_v')^2=1+u^2,$$
$$G=x_u'x_v'+y_u'y_v'+z_u'z_v'=0,$$

所以$\mathrm{d}S=\sqrt{EF-G^2}\,\mathrm{d}u\mathrm{d}v=\sqrt{1+u^2}\,\mathrm{d}u\mathrm{d}v$且

$$\begin{aligned}\iint_S z\mathrm{d}S&=\iint_{\substack{0\leqslant u\leqslant a\\0\leqslant v\leqslant 2\pi}}v\sqrt{1+u^2}\,\mathrm{d}u\mathrm{d}v=\int_0^{2\pi}v\mathrm{d}v\int_0^a\sqrt{1+u^2}\,\mathrm{d}u\\&=2\pi^2\left(\frac{u}{2}\sqrt{1+u^2}+\frac{1}{2}\ln(u+\sqrt{1+u^2})\right)\Bigg|_0^a\\&=\pi^2(a\sqrt{1+a^2}+\ln(a+\sqrt{1+a^2})).\end{aligned}$$

习题 15.1

1．计算下列第一型曲面积分.

（1）$\iint_S\left(2x+\frac{4}{3}y+z\right)\mathrm{d}S$，其中$S$是平面$\frac{x}{2}+\frac{y}{3}+\frac{z}{4}=1$在第一卦限的部分；

（2）$\iint_S\frac{\mathrm{d}S}{(1+x+y)^2}$，其中$S$是四面体$x+y+z\leqslant 1,\ x\geqslant 0,\ y\geqslant 0,\ z\geqslant 0$的边界面；

（3）$\iint_S(x^2+y^2)\mathrm{d}S$，其中$S$是区域$\left\{(x,y,z)\mid\sqrt{x^2+y^2}\leqslant z\leqslant 1\right\}$的边界；

（4）$\iint_S\frac{x+y+z}{x^2+y^2+z^2}\mathrm{d}S$，其中曲面$S:x^2+y^2+z^2=a^2$，$z\geqslant 0$.

2．设 $L(x,y,z)$ 为 $O(0,0,0)$ 到椭球面 $S:\dfrac{x^2}{a^2}+\dfrac{y^2}{b^2}+\dfrac{z^2}{c^2}=1$ 上过点 $P(x,y,z)$ 的切平面的距离，求 $\iint\limits_S L(x,y,z)\mathrm{d}S$.

3．计算 $\iint\limits_S (xy+yz+zx)\mathrm{d}S$，其中曲面 S 为圆锥面 $z=\sqrt{x^2+y^2}$ 被曲面 $x^2+y^2=2ax(a>0)$ 截下的部分.

4．求 $F(t)=\iint\limits_S f(x,y,z)\mathrm{d}S$，其中曲面 $S:x^2+y^2+z^2=t^2$，且

$$f(x,y,z)=\begin{cases}x^2+y^2, & z\geqslant\sqrt{x^2+y^2};\\ 0, & z<\sqrt{x^2+y^2}.\end{cases}$$

15.2　第二型曲面积分——关于坐标的曲面积分

15.2.1　第二型曲面积分的概念

第二型曲面积分与积分曲面的方向有关，下面先讨论曲面的定向问题.

1．曲面的定向

我们通常所见的曲面大部分是双侧曲面，例如，球面有内侧与外侧，锥面有上侧与下侧等．在光滑曲面 S 上任取一点 P_0，在 P_0 处指定了方向的法向量在曲面 S 上不越过边界任意连续移动返回到点 P_0 后，如果法向量的方向不变，称这样的曲面是**双侧曲面**．约定把双侧曲面 S 的正法向量指向的一侧称为**曲面的正侧**，记为 S^+，另一侧即为负侧，记为 S^-．这样，把指定了法向量方向的双侧曲面称为**有向曲面**.

也存在单侧曲面的例子．例如，著名的默比乌斯（Möbius）带就是单侧曲面，如图 15-2-1 所示．将长方形纸带 $ABCD$ 的一端 AB 固定不动，另一端 CD 扭转 180°，将 A 与 C、B 与 D 分别黏合起来，这样得到的曲面就是单侧曲面.

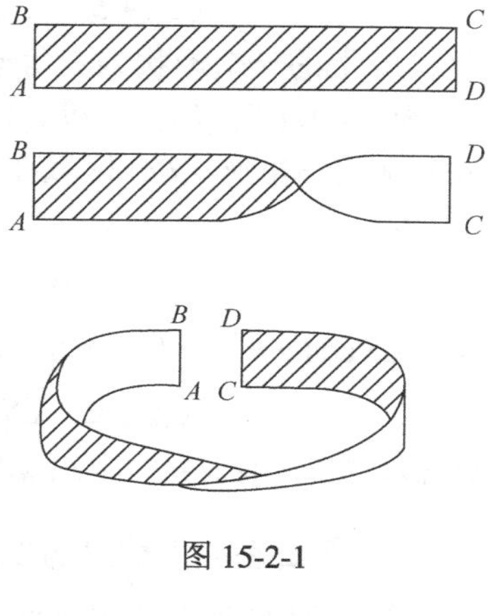

图 15-2-1

2．空间平面上区域的有向面积

设区域 Ω 在 $\mathbb{R}^3$ 空间中的平面 Π: $ax+by+cz=d,\ a^2+b^2+c^2\neq 0$ 上，定义有向平面 Π^+ 的法向量 $\boldsymbol{n}^+=\boldsymbol{n}=\dfrac{(a,b,c)}{\sqrt{a^2+b^2+c^2}}$，有向平面 Π^- 法向量为 $\boldsymbol{n}^-=-\boldsymbol{n}$．若 $a^2+b^2=0$，则此时平面方程为平行于 Oxy 坐标平面的平面 $cz=d$，令 $\boldsymbol{e}_1=\boldsymbol{i},\ \boldsymbol{e}_2=\boldsymbol{j},\ \boldsymbol{n}=\boldsymbol{k}$，则

$(\boldsymbol{e}_1,\boldsymbol{e}_2,\boldsymbol{n})$ 是一组右手系的单位正交基．若 $a^2+b^2\neq 0$，令 $\boldsymbol{e}_1=\dfrac{(b,-a,0)}{\sqrt{a^2+b^2}}$，$\boldsymbol{e}_2=\boldsymbol{n}\times\boldsymbol{e}_1=\dfrac{(ac,bc,-a^2-b^2)}{\sqrt{(a^2+b^2+c^2)(a^2+b^2)}}$，则 $(\boldsymbol{e}_1,\boldsymbol{e}_2,\boldsymbol{n})$ 是一组右手系的单位正交基（如图 15-2-2 所示）．这样，取 $\boldsymbol{r}_0=\dfrac{d}{\sqrt{a^2+b^2+c^2}}\boldsymbol{n}$，则有向平面 Π^+ 可以表示成参数化形式

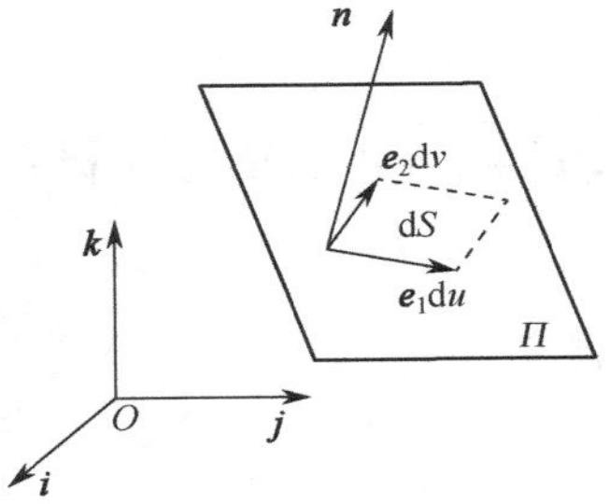

图 15-2-2

$$\Pi^+=\{\boldsymbol{r}=\boldsymbol{r}_0+\boldsymbol{e}_1u+\boldsymbol{e}_2v:\ (u,v)\in\mathbb{R}^2\},$$

而有向平面 Π^+ 上的区域 $\Omega=\{\boldsymbol{r}=\boldsymbol{r}_0+\boldsymbol{e}_1u+\boldsymbol{e}_2v:\ (u,v)\in\Omega\subset\mathbb{R}^2\}$ 在平面 Π^+ 指定一侧的面积微元

$$\mathrm{d}\boldsymbol{S}=\boldsymbol{r}_u'\times\boldsymbol{r}_v'\mathrm{d}u\mathrm{d}v=\boldsymbol{e}_1\times\boldsymbol{e}_2\mathrm{d}u\mathrm{d}v=\boldsymbol{n}\mathrm{d}u\mathrm{d}v\,.$$

因此平面 Π^+ 上的区域 Ω 在平面指定一侧的有向面积 $\boldsymbol{S}=\iint\limits_{\Omega}\mathrm{d}\boldsymbol{S}=\iint\limits_{\Omega}\boldsymbol{n}\mathrm{d}u\mathrm{d}v=\boldsymbol{n}\iint\limits_{\Omega}\mathrm{d}u\mathrm{d}v=\boldsymbol{n}S$，其中 $S=\iint\limits_{\Omega}\mathrm{d}u\mathrm{d}v$ 是区域 Ω 的面积．这样，我们在一个有向平面上的一个区域定义了一个有向面积，它的方向就是有向平面的法向．设有向平面 Π_1 上的区域 Ω_1 的有向面积为 $\boldsymbol{S}_1$，有向平面 Π_2 上的区域 Ω_2 的有向面积为 $\boldsymbol{S}_2$，任给 $\alpha_1,\ \alpha_2\in\mathbb{R}$，则 $\boldsymbol{S}=\alpha_1\boldsymbol{S}_1+\alpha_2\boldsymbol{S}_2$ 也是有向面积，且 $\mathbb{R}^3$ 中所有有向平面内可积区域的有向面积的集合构成一个三维的向量空间．

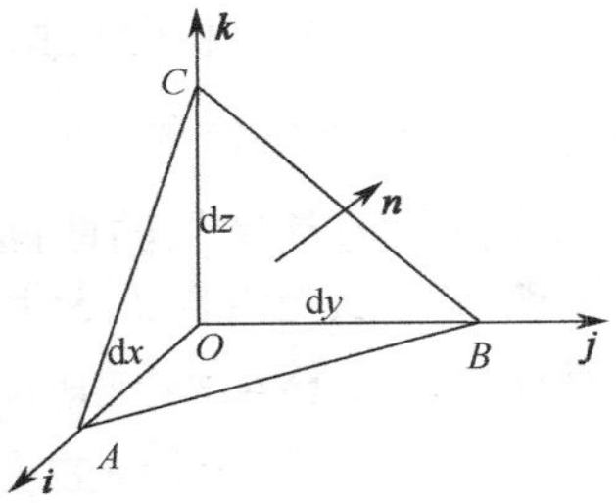

图 15-2-3

设 $\Omega\subset\Pi$ 是平面 Π：$ax+by+cz=d$ 上的一个可求面积的区域，令

$$\boldsymbol{n}=\frac{(a,b,c)}{\sqrt{a^2+b^2+c^2}}=(\cos\alpha,\cos\beta,\cos\gamma)\,.$$

考虑 Ω 上的一个形状为三角形的 ABC 区域的有向面积微元 $\mathrm{d}\boldsymbol{S}$（如图 15-2-3 所示），可以看出，三角形 OAB、OBC 和 OCA 区域分别是三角形 ABC 区域在 Oxy、Oyz 和 Ozx 平面上的投影，因此有

$$\mathrm{d}\boldsymbol{S}=\boldsymbol{n}\mathrm{d}S=\boldsymbol{i}\mathrm{d}S\cos\alpha+\boldsymbol{j}\mathrm{d}S\cos\beta+\boldsymbol{k}\mathrm{d}S\cos\gamma\,,$$

其中 $\mathrm{d}S\cos\alpha=\pm\mathrm{d}y\mathrm{d}z,\ \mathrm{d}S\cos\beta=\pm\mathrm{d}z\mathrm{d}x,\ \mathrm{d}S\cos\gamma=\pm\mathrm{d}x\mathrm{d}y$，记

$$\mathrm{d}y\wedge\mathrm{d}z=\mathrm{d}S\cos\alpha,\ \mathrm{d}z\wedge\mathrm{d}x=\mathrm{d}S\cos\beta,\ \mathrm{d}x\wedge\mathrm{d}y=\mathrm{d}S\cos\gamma\,,$$

则 $\mathrm{d}\boldsymbol{S}=\boldsymbol{i}\mathrm{d}y\wedge\mathrm{d}z+\boldsymbol{j}\mathrm{d}z\wedge\mathrm{d}x+\boldsymbol{k}\mathrm{d}x\wedge\mathrm{d}y\,.$

3．第二型曲面积分的物理来源

第二型曲面积分也来源于实际问题．设在空间区域 $\Omega\subset\mathbb{R}^3$ 内有某种流体稳定流动（与时间无关、质量均匀分布），流体在任意一点 $M\in\Omega$ 的流速为

$$\boldsymbol{F}(M)=(P(M),Q(M),R(M))\text{，其中 }P(M),\ Q(M),\ R(M)\in C(\Omega),$$

设 Ω 内有双侧曲面 Σ，在单位时间内，流体流过曲面 Σ 的体积即为流过曲面 Σ 的流量．计算：在单位时间内，流体从曲面的一侧流向另一侧的流量．

若Σ是一个平面，且流速是常向量$\boldsymbol{F}$，则在单位时间内，流体流过平面Σ的体积是母线长为$\|\boldsymbol{F}\|$的斜柱体的体积，而斜柱体的体积等于同底等高直柱体的体积．假设$\boldsymbol{n}$为平面的单位法向量，平面Σ的面积为S，则在单位时间内，流体流过平面Σ的流量$Q=\boldsymbol{F}\cdot\boldsymbol{n}S$．若$\Sigma$是曲面，流速$\boldsymbol{F}(M)$不是常向量，将曲面$\Sigma$任意分割成若干小曲面$S_1$，$S_2$，…，$S_n$，划分方式记为$T$．记第$i$个小曲面$S_i$的面积为$\Delta S_i$，任取$M_i\in S_i$，记$\boldsymbol{n}_i=(\cos\alpha_i,\cos\beta_i,\cos\gamma_i)$为曲面在点$M_i$的指定一侧的法向量．当对曲面的分割很细的情况下，流速$\boldsymbol{F}(M_i)$可近似地看成常向量，因此流体流过第i个小曲面S_i的流量近似等于$\boldsymbol{F}(M_i)\cdot\boldsymbol{n}_i\Delta S_i$（如图 15-2-4 所示）．这样，单位时间内，流体流过曲面Σ的流量Q的近似值为

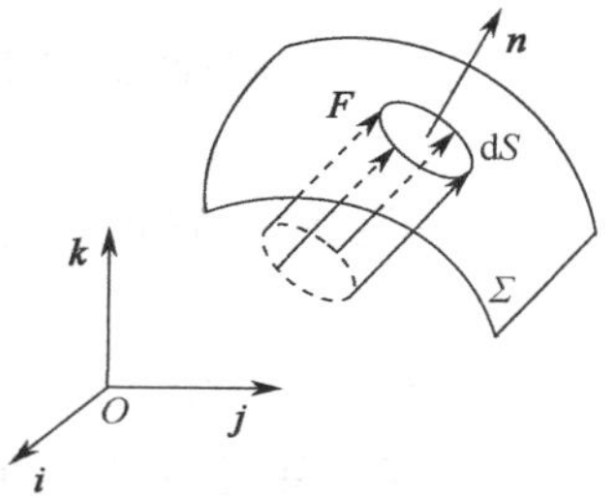

图 15-2-4

$$Q\approx\sum_{i=1}^{n}\boldsymbol{F}(M_i)\cdot\boldsymbol{n}_i\Delta S_i,$$

划分T的细度用$\|T\|=\max\{\mathrm{diam}S_i|i=1,2,\cdots,n\}$表示，因此$\lim\limits_{\|T\|\to0}\sum\limits_{i=1}^{n}\boldsymbol{F}(M_i)\cdot\boldsymbol{n}_i\Delta S_i$即为单位时间内流体流过曲面$\Sigma$的流量．其中$\boldsymbol{n}_i\Delta S_i$的三个分量分别是$\cos\alpha_i\Delta S_i$，$\cos\beta_i\Delta S_i$，$\cos\gamma_i\Delta S_i$，分别表示第$i$个小曲面$S_i$在三个坐标平面$Oyz$, Ozx, Oxy上投影的有向面积．记

$$\cos\alpha_i\Delta S_i=\Delta y_i\wedge\Delta z_i,\ \cos\beta_i\Delta S_i=\Delta z_i\wedge\Delta x_i,\ \cos\gamma_i\Delta S_i=\Delta x_i\wedge\Delta y_i,$$

故极限

$$\lim_{\|T\|\to0}\sum_{i=1}^{n}\boldsymbol{F}(M_i)\cdot\boldsymbol{n}_i\Delta S_i=\lim_{\|T\|\to0}\sum_{i=1}^{n}P(M_i)\Delta y_i\wedge\Delta z_i+Q(M_i)\Delta z_i\wedge\Delta x_i+R(M_i)\Delta x_i\wedge\Delta y_i$$

就是单位时间内流体流过曲面Σ的流量．这个流量与曲面的划分方式及每个小曲面上点的取法都无关．抛开上述问题的物理背景，将其解决问题的数学方法抽象出来，就得到第二型曲面积分的概念．

定义 15.2.1　设向量值函数$\boldsymbol{F}(M)=(P(M),Q(M),R(M))$定义在双侧曲面$S$上，在曲面$S$指定一侧做任意分割，划分方式记为$T=\{S_1,\ S_2,\ \cdots,\ S_n\}$，令$\|T\|=\max\{\mathrm{diam}S_i|i=1,2,\cdots,n\}$．用$\Delta y_i\wedge\Delta z_i$，$\Delta z_i\wedge\Delta x_i$，$\Delta x_i\wedge\Delta y_i$分别表示第$i$个小曲面$S_i$在三个坐标平面内投影的有向面积，任取$M_i\in S_i$，若极限

$$\lim_{\|T\|\to0}\sum_{i=1}^{n}P(M_i)\Delta y_i\wedge\Delta z_i+Q(M_i)\Delta z_i\wedge\Delta x_i+R(M_i)\Delta x_i\wedge\Delta y_i$$

存在，且与曲面的划分方式无关，也与每个小曲面上点的取法无关，则称此极限是向量值函数$\boldsymbol{F}$沿有向曲面S指定一侧的第二型曲面积分，记为

$$\iint_{S^+}P\mathrm{d}y\wedge\mathrm{d}z+Q\mathrm{d}z\wedge\mathrm{d}x+R\mathrm{d}x\wedge\mathrm{d}y,$$

上式称为第二型曲面积分的微分形表示．有向面积微元

$$(\mathrm{d}y\wedge\mathrm{d}z,\mathrm{d}z\wedge\mathrm{d}x,\mathrm{d}x\wedge\mathrm{d}y)=\boldsymbol{n}\mathrm{d}S=\mathrm{d}\boldsymbol{S},\tag{15.2.1}$$

其中$\boldsymbol{n}$是曲面S^+的单位法向量，因此第二型曲面积分又可表示为向量形式$\iint\limits_{S^+}\boldsymbol{F}\cdot\mathrm{d}\boldsymbol{S}$．若曲

面是封闭的，记为$\oiint_{S^+} \boldsymbol{F}\cdot \mathrm{d}\boldsymbol{S}$.

注 沿着封闭曲面的第二型曲面积分，若没有明确指出，默认曲面外侧是积分曲面的正方向.

如果曲面的方向改变，则$\iint_{S^+} \boldsymbol{F}\cdot \mathrm{d}\boldsymbol{S} = -\iint_{S^-} \boldsymbol{F}\cdot (-\mathrm{d}\boldsymbol{S})$，因此第二型曲面积分与积分曲面的方向有关.

4．两类曲面积分之间的转化

设定向曲面S^+的单位法向量$\boldsymbol{n}=(\cos\alpha,\cos\beta,\cos\gamma)$，则式（15.2.1）表明

$$\mathrm{d}y\wedge\mathrm{d}z=\cos\alpha\mathrm{d}S,\ \mathrm{d}z\wedge\mathrm{d}x=\cos\beta\mathrm{d}S,\ \mathrm{d}x\wedge\mathrm{d}y=\cos\gamma\mathrm{d}S,$$

因此

$$\iint_{S^+} P\mathrm{d}y\wedge\mathrm{d}z+Q\mathrm{d}z\wedge\mathrm{d}x+R\mathrm{d}x\wedge\mathrm{d}y=\iint_S (P\cos\alpha+Q\cos\beta+R\cos\gamma)\mathrm{d}S. \tag{15.2.2}$$

由于第一型曲面积分满足线性运算，因此由式（15.2.2），有

$$\iint_{S^+} P\mathrm{d}y\wedge\mathrm{d}z+Q\mathrm{d}z\wedge\mathrm{d}x+R\mathrm{d}x\wedge\mathrm{d}y=\iint_{S^+} P\mathrm{d}y\wedge\mathrm{d}z+\iint_{S^+} Q\mathrm{d}z\wedge\mathrm{d}x+\iint_{S^+} R\mathrm{d}x\wedge\mathrm{d}y.$$

15.2.2 第二型曲面积分的计算

已知第一型曲面积分的计算是转化为二重积分，由式（15.2.2）得到第二型曲面积分的计算.

定理 15.2.1 设曲面$S: z=f(x,y)\in C^1(D)$，$D\subset\mathbb{R}^2$是有界闭区域. 则在任意一点$(x,y,z)\in S$处曲面的法向量$\boldsymbol{n}=\pm\dfrac{1}{\sqrt{1+f_x'^2+f_y'^2}}(-f_x',-f_y',1)$. 设$P(x,y,z),Q(x,y,z),R(x,y,z)\in C(S)$，则

$$\begin{aligned}&\iint_{S^+} P\mathrm{d}y\wedge\mathrm{d}z+Q\mathrm{d}z\wedge\mathrm{d}x+R\mathrm{d}x\wedge\mathrm{d}y\\&=\pm\iint_D (-P(x,y,f(x,y))f_x'-Q(x,y,f(x,y))f_y'+R(x,y,f(x,y))\mathrm{d}x\mathrm{d}y,\end{aligned}$$

其中上述积分前面的正、负号分别对应于S^+法向量与z轴正向的夹角是锐角、钝角.

若积分曲面由参数方程给出，则第二型曲面积分的计算可转化为下面的二重积分.

定理 15.2.2 设光滑曲面S的参数方程为$\begin{cases}x=x(u,v),\\y=y(u,v),\\z=z(u,v),\end{cases}$ $(u,v)\in D$，$D\subset\mathbb{R}^2$是有界闭区域. 在任意一点$(x,y,z)\in S$处曲面的单位法向量$\boldsymbol{n}=\pm\dfrac{1}{\sqrt{A^2+B^2+C^2}}(A,B,C)$，其中

$$A=\det\frac{\partial(y,z)}{\partial(u,v)},\quad B=\det\frac{\partial(z,x)}{\partial(u,v)},\quad C=\det\frac{\partial(x,y)}{\partial(u,v)}.$$

设 $P(x,y,z),\ Q(x,y,z),\ R(x,y,z)\in C(S)$，则

$$\iint_{S^+}P\mathrm{d}y\wedge\mathrm{d}z+Q\mathrm{d}z\wedge\mathrm{d}x+R\mathrm{d}x\wedge\mathrm{d}y$$

$$=\pm\iint_D[P(x(u,v),y(u,v),z(u,v))A+Q(x(u,v),y(u,v),z(u,v))B+R(x(u,v),y(u,v),z(u,v))C]\mathrm{d}u\mathrm{d}v$$

$$=\pm\iint_D\begin{vmatrix}P & Q & R\\ x'_u & y'_u & z'_u\\ x'_v & y'_v & z'_v\end{vmatrix}\mathrm{d}u\mathrm{d}v,$$

其中正、负号取决于 S^+ 的法向量的方向.

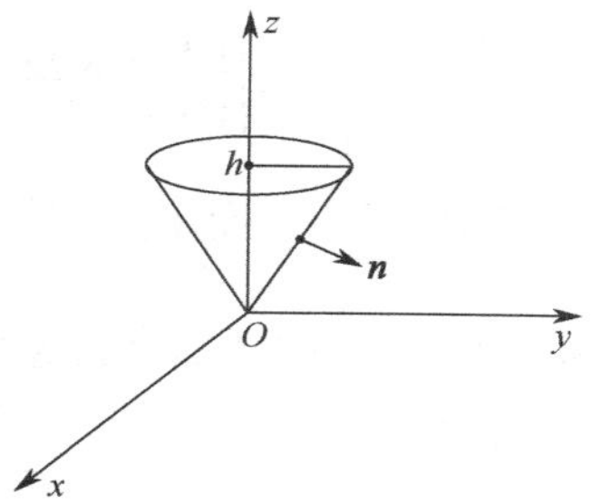

图 15-2-5

例 15.2.1　计算 $\iint_{S^+}(x^2\cos\alpha+y^2\cos\beta+z^2\cos\gamma)\mathrm{d}S$，其中 $S^+:x^2+y^2=z^2(0\leqslant z\leqslant h)$ 为外侧，$\boldsymbol{n}=(\cos\alpha,\cos\beta,\ \cos\gamma)$ 是曲面 S 的外单位法向量（如图 15-2-5 所示）.

解　曲面 S 的方程 $z=\sqrt{x^2+y^2}$，$\forall(x,y)\in D=\{(x,y):\ \ x^2+y^2\leqslant h^2\}$，则

$$z_x{}'=\frac{x}{\sqrt{x^2+y^2}},\ z_y{}'=\frac{y}{\sqrt{x^2+y^2}}.$$

令 $x=r\cos\theta,\ y=r\sin\theta,\ (r,\theta)\in[0,h]\times[0,2\pi]$. 因此

$$\iint_{S^+}(x^2\cos\alpha+y^2\cos\beta+z^2\cos\gamma)\mathrm{d}S=\iint_D(x^2,y^2,z^2)\cdot(z'_x,z'_y,-1)\ \mathrm{d}x\mathrm{d}y$$

$$=\iint_D\left(\frac{x^3+y^3}{\sqrt{x^2+y^2}}-x^2-y^2\right)\mathrm{d}x\mathrm{d}y$$

$$=-\iint_D(x^2+y^2)\mathrm{d}x\mathrm{d}y$$

$$=-\int_0^{2\pi}\mathrm{d}\theta\int_0^h r^3\mathrm{d}r=-\frac{\pi h^4}{2}.$$

例 15.2.2　计算 $\iint_{S^+}\frac{1}{x}\mathrm{d}y\wedge\mathrm{d}z+\frac{1}{y}\mathrm{d}z\wedge\mathrm{d}x+\frac{1}{z}\mathrm{d}x\wedge\mathrm{d}y$，其中 S^+：$\frac{x^2}{a^2}+\frac{y^2}{b^2}+\frac{z^2}{c^2}=1$ 为外侧.

解法 1　利用三个变量地位的对称性，只需计算三个积分中的一个即可. 下面计算 $\iint_{S^+}\frac{1}{z}\mathrm{d}x\wedge\mathrm{d}y$. 曲面

$$S^+:\begin{cases}x=a\sin\varphi\cos\theta,\\ y=b\sin\varphi\sin\theta,\\ z=c\cos\varphi\end{cases}\quad(\varphi\in[0,\pi],\ \theta\in[0,2\pi]),$$

则曲面的正单位法向量 $\boldsymbol{n}=\frac{(A,B,C)}{\sqrt{A^2+B^2+C^2}}$，其中 $A=\det\frac{\partial(y,z)}{\partial(\varphi,\theta)}=bc\sin^2\varphi\cos\theta,$

$$B=\det\frac{\partial(z,x)}{\partial(\varphi,\theta)}=ac\sin^2\varphi\sin\theta,\quad C=\det\frac{\partial(x,y)}{\partial(\varphi,\theta)}=ab\sin\varphi\cos\varphi,$$

这样 $\iint\limits_{S^+}\frac{1}{z}\mathrm{d}x\wedge\mathrm{d}y=\iint\limits_{\substack{\varphi\in[0,\pi]\\ \theta\in[0,2\pi]}}\frac{ab\sin\varphi\cos\varphi}{c\cos\varphi}\mathrm{d}\varphi\mathrm{d}\theta=\frac{4\pi ab}{c}.$

类似可得 $\iint\limits_{S^+}\frac{1}{x}\mathrm{d}y\wedge\mathrm{d}z=\frac{4\pi bc}{a}$，$\iint\limits_{S^+}\frac{1}{y}\mathrm{d}z\wedge\mathrm{d}x=\frac{4\pi ac}{b}$．故

$$\iint\limits_{S^+}\frac{1}{x}\mathrm{d}y\wedge\mathrm{d}z+\frac{1}{y}\mathrm{d}z\wedge\mathrm{d}x+\frac{1}{z}\mathrm{d}x\wedge\mathrm{d}y=\frac{4\pi}{abc}(a^2b^2+a^2c^2+b^2c^2).$$

解法 2 下面用另一种方法计算 $\iint\limits_{S^+}\frac{1}{z}\mathrm{d}x\wedge\mathrm{d}y$．椭球面分为上半椭球面 S_1 和下半椭球面 S_2，曲面 S_1 的正法向量第三个分量大于零，下椭球面 S_2 的正法向量的第三个分量小于零，因此

$$\begin{aligned}\iint\limits_{S^+}\frac{1}{z}\mathrm{d}x\wedge\mathrm{d}y&=\iint\limits_{S_1^+}\frac{1}{z}\mathrm{d}x\wedge\mathrm{d}y+\iint\limits_{S_2^+}\frac{1}{z}\mathrm{d}x\wedge\mathrm{d}y\\&=\iint\limits_{D}\frac{1}{c\sqrt{1-\frac{x^2}{a^2}-\frac{y^2}{b^2}}}\mathrm{d}x\mathrm{d}y-\iint\limits_{D}\frac{-1}{c\sqrt{1-\frac{x^2}{a^2}-\frac{y^2}{b^2}}}\mathrm{d}x\mathrm{d}y\\&=2\iint\limits_{D}\frac{1}{c\sqrt{1-\frac{x^2}{a^2}-\frac{y^2}{b^2}}}\mathrm{d}x\mathrm{d}y=\frac{4\pi ab}{c},\end{aligned}$$

其中 $D=\left\{(x,y):\frac{x^2}{a^2}+\frac{y^2}{b^2}\leqslant 1\right\}$.

例 15.2.3 计算 $I=\iint\limits_{S^+}x^2\mathrm{d}y\wedge\mathrm{d}z+y^2\mathrm{d}z\wedge\mathrm{d}x+z^2\mathrm{d}x\wedge\mathrm{d}y$，其中 S^+：$x^2+y^2+z^2=a^2$ 为外侧.

解 球面的外单位法向量为 $\boldsymbol{n}=\left(\frac{x}{a},\frac{y}{a},\frac{z}{a}\right)$，因此

$$I=\iint\limits_{S^+}x^2\mathrm{d}y\wedge\mathrm{d}z+y^2\mathrm{d}z\wedge\mathrm{d}x+z^2\mathrm{d}x\wedge\mathrm{d}y=\iint\limits_{S^+}(x^2,y^2,z^2)\cdot\boldsymbol{n}\mathrm{d}S=\iint\limits_{S}\frac{x^3+y^3+z^3}{a}\mathrm{d}S=0,$$

其中由对称性，$\iint\limits_{S}x^3\mathrm{d}S=\iint\limits_{S}y^3\mathrm{d}S=\iint\limits_{S}z^3\mathrm{d}S=0$.

例 15.2.4 计算曲面积分 $I=\iint\limits_{S^+}x\mathrm{d}y\wedge\mathrm{d}z+y\mathrm{d}z\wedge\mathrm{d}x+z\mathrm{d}x\wedge\mathrm{d}y$，其中 $S^+:\frac{x^2}{a^2}+\frac{y^2}{b^2}+\frac{z^2}{c^2}=1$ 外侧.

解 椭球面 S 的参数方程 $\begin{cases}x=a\sin\varphi\cos\theta,\\ y=b\sin\varphi\sin\theta,\\ z=c\cos\varphi,\end{cases}$ $\theta\in[0,2\pi]$，$\varphi\in[0,\pi]$．则曲面 S^+ 的单位

法向量 $\boldsymbol{n}=\dfrac{(A,B,C)}{\sqrt{A^2+B^2+C^2}}$. 其中 $A=\det\dfrac{\partial(y,z)}{\partial(\varphi,\theta)}=bc\sin^2\varphi\cos\theta$,

$$B=\det\frac{\partial(z,x)}{\partial(\varphi,\theta)}=ac\sin^2\varphi\sin\theta,\quad C=\det\frac{\partial(x,y)}{\partial(\varphi,\theta)}=ab\sin\varphi\cos\varphi,$$

所以

$$I=\iint\limits_{\substack{\varphi\in[0,\pi]\\ \theta\in[0,2\pi]}}(Ax+By+Cz)\mathrm{d}\varphi\mathrm{d}\theta=\iint\limits_{\substack{\varphi\in[0,\pi]\\ \theta\in[0,2\pi]}}abc\sin\varphi\mathrm{d}\varphi\mathrm{d}\theta=4\pi abc.$$

习题 15.2

1．计算第二型曲面积分 $\iint\limits_{S^+}(2y+z)\mathrm{d}z\wedge\mathrm{d}x+z\mathrm{d}x\wedge\mathrm{d}y$，其中 S^+ 为曲面 $z=x^2+y^2$（$0\leqslant z\leqslant 1$），其正法向量与 z 轴正向成锐角.

2．计算 $I=\iint\limits_{S^+}xz\mathrm{d}y\wedge\mathrm{d}z+2zy\mathrm{d}z\wedge\mathrm{d}x+3xy\mathrm{d}x\wedge\mathrm{d}y$，其中 S^+ 为 $z=1-x^2-\dfrac{y^2}{4}$ 在 $0\leqslant z\leqslant 1$ 的部分，取向上的法向量为其正向.

3．计算 $\iint\limits_{S^+}(y-z)\mathrm{d}y\wedge\mathrm{d}z+(z-x)\mathrm{d}z\wedge\mathrm{d}x+(x-y)\mathrm{d}x\wedge\mathrm{d}y$，其中 $S^+:z=\sqrt{x^2+y^2}$（$0\leqslant z\leqslant b$），外侧为正侧.

4．计算 $\oiint\limits_{S^+}z\mathrm{d}x\wedge\mathrm{d}y$，其中 S^+ 是球面 $x^2+y^2+(z-R)^2=R^2$ 的外侧.

5．计算 $\iint\limits_{S^+}z^2\mathrm{d}x\wedge\mathrm{d}y$，其中 S^+ 是球面 $z=\sqrt{R^2-x^2-y^2}$ 被柱面 $x^2+y^2=Rx$ 所截部分的上侧.

6．计算 $\iint\limits_{S^+}\boldsymbol{A}\cdot\mathrm{d}\boldsymbol{S}$，其中 $\boldsymbol{A}=\dfrac{x\boldsymbol{i}+y\boldsymbol{j}+z\boldsymbol{k}}{\sqrt{x^2+y^2+z^2}}$，$S^+$ 是上半球面 $z=\sqrt{R^2-x^2-y^2}$ 的下侧.

7．求流速场：$\boldsymbol{V}=xy\boldsymbol{i}+yz\boldsymbol{j}+zx\boldsymbol{k}$ 由里往外穿过球面 $x^2+y^2+z^2=1$ 在第一卦限部分的流量.

8．求 $\iint\limits_{S^+}(x^2+y^2)\mathrm{d}x\wedge\mathrm{d}y+y^2\mathrm{d}y\wedge\mathrm{d}z+z^2\mathrm{d}z\wedge\mathrm{d}x$，其中 S 是螺旋面 $x=u\cos v,\ y=u\sin v,\ z=av$ 在 $D_{uv}=\{(u,v)\,|\,0\leqslant u\leqslant 1,\ 0\leqslant v\leqslant 2\pi\}$ 的部分，上侧为正.

9．计算 $\iint\limits_{S^+}yz\mathrm{d}y\wedge\mathrm{d}z+zx\mathrm{d}z\wedge\mathrm{d}x+xy\mathrm{d}x\wedge\mathrm{d}y$，其中 S^+ 是四面体 $x+y+z=a$（$a>0$），$x=0,\ y=0,\ z=0$ 的表面，外法线为正向.

10．计算 $\iint\limits_{S^+}x^3\mathrm{d}y\wedge\mathrm{d}z$，其中 S^+ 是椭球面 $\dfrac{x^2}{a^2}+\dfrac{y^2}{b^2}+\dfrac{z^2}{c^2}=1$ 的 $x\geqslant 0$ 的部分，椭球面外侧为正侧.

15.3　高斯公式和斯托克斯公式

前面学习了格林公式，它建立起平面区域上的二重积分与该区域的边界封闭曲线上的第二型曲线积分之间的联系．本节的高斯（Gauss）公式则建立起空间区域上的三重积分与该区域的边界封闭曲面上的第二型曲面积分之间的联系；斯托克斯（Stokes）公式则架起了曲面上的第二型曲面积分与该曲面的边界封闭曲线上的第二型曲线积分之间的桥梁．格林公式、高斯公式和斯托克斯公式，三个公式有共性，都给出了几何体上的积分与在该几何体边界上的积分之间的关系．这三个公式在数学和物理上都有重要的意义．

15.3.1　高斯公式

定理 15.3.1（高斯公式）　设 $V\subset\mathbb{R}^3$ 是由光滑或分片光滑的封闭曲面 S 围成的有界闭区域．若 $P(x,y,z)$, $Q(x,y,z)$, $R(x,y,z)\in C^1(V)$，则

$$\oiint_{S^+} P\mathrm{d}y\wedge\mathrm{d}z+Q\mathrm{d}z\wedge\mathrm{d}x+R\mathrm{d}x\wedge\mathrm{d}y=\iiint_V\left(\frac{\partial P}{\partial x}+\frac{\partial Q}{\partial y}+\frac{\partial R}{\partial z}\right)\mathrm{d}x\mathrm{d}y\mathrm{d}z .$$

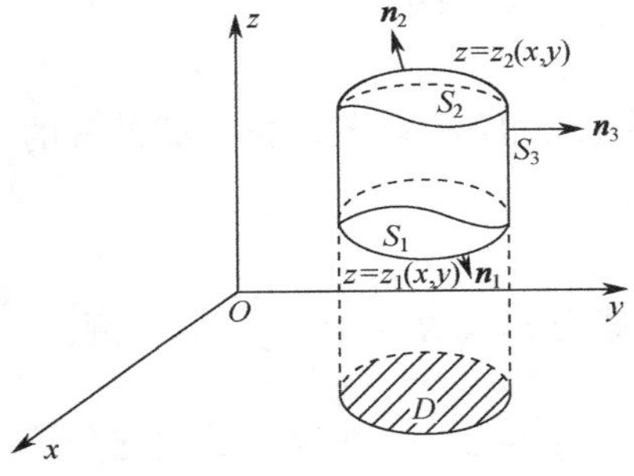

图 15-3-1

证明　首先考虑空间区域 V 是下列三类特殊区域的情形．

情形 1　设 V 是第一类区域 $V=\{(x,y,z):\ (x,y)\in D,\ z_1(x,y)\leqslant z\leqslant z_2(x,y)\}$ ．其中 D 是平面上的有界闭区域，其边界 ∂D 是光滑或分段光滑的封闭曲线，$z_1(x,y),\ z_2(x,y)\in C^1(D)$ ．则空间区域 V 的边界曲面 S 由下底面 S_1、上底面 S_2 和母线平行于 z 轴的柱面 S_3 构成，如图 15-3-1 所示．下底面 $S_1^+ : z=z_1(x,y)$ 的单位法向量 $\boldsymbol{n}_1=\dfrac{1}{\sqrt{1+(z'_{1x})^2+(z'_{1y})^2}}(z'_{1x},z'_{1y},-1)$；上底面 $S_2^+ : z=z_2(x,y)$ 的单位法向量 $\boldsymbol{n}_2=\dfrac{-1}{\sqrt{1+(z'_{2x})^2+(z'_{2y})^2}}(z'_{2x},z'_{2y},-1)$；侧面 S_3^+ 的单位法向量 $\boldsymbol{n}_3\perp\boldsymbol{k}$ ．故

$$\begin{aligned}\oiint_{S^+}R(x,y,z)\mathrm{d}x\wedge\mathrm{d}y&=\iint_{S_1^+}R(x,y,z)\mathrm{d}x\wedge\mathrm{d}y+\iint_{S_2^+}R(x,y,z)\mathrm{d}x\wedge\mathrm{d}y+\iint_{S_3^+}R(x,y,z)\mathrm{d}x\wedge\mathrm{d}y\\&=\iint_D(R(x,y,z_2(x,y))-R(x,y,z_1(x,y)))\mathrm{d}x\mathrm{d}y.\end{aligned}$$

另外，$\displaystyle\iiint_V\frac{\partial R}{\partial z}\mathrm{d}x\mathrm{d}y\mathrm{d}z=\iint_D\mathrm{d}x\mathrm{d}y\int_{z_1(x,y)}^{z_2(x,y)}\frac{\partial R}{\partial z}\mathrm{d}z=\iint_D(R(x,y,z_2(x,y))-R(x,y,z_1(x,y)))\mathrm{d}x\mathrm{d}y$，所以

$$\oiint_{S^+} R(x,y,z)\mathrm{d}x\wedge\mathrm{d}y=\iiint_V \frac{\partial R}{\partial z}\mathrm{d}x\mathrm{d}y\mathrm{d}z.$$

情形 2 设V是第二类区域$V=\{(x,y,z):(y,z)\in D,\ x_1(y,z)\leqslant x\leqslant x_2(y,z)\}$．其中$D$是平面上的有界闭区域，其边界是光滑或分段光滑的封闭曲线，$x_1(y,z),x_2(y,z)\in C^1(D)$．则类似于情形 1 可证

$$\oiint_{S^+} P(x,y,z)\mathrm{d}y\wedge\mathrm{d}z=\iiint_V \frac{\partial P}{\partial x}\mathrm{d}x\mathrm{d}y\mathrm{d}z.$$

情形 3 设V是第三类区域$V=\{(x,y,z):(x,z)\in D,\ y_1(x,z)\leqslant y\leqslant y_2(x,z)\}$．其中$D$是平面上的有界闭区域，其边界是光滑或分段光滑的封闭曲线，$y_1(x,z),y_2(x,z)\in C^1(D)$．则类似可证

$$\oiint_{S^+} Q(x,y,z)\mathrm{d}z\wedge\mathrm{d}x=\iiint_V \frac{\partial Q}{\partial y}\mathrm{d}x\mathrm{d}y\mathrm{d}z.$$

若V同时兼具这三类区域的性质，则将以上三式相加，此时高斯公式成立；若V不同时兼具这三类区域的性质，但能拆分为同时兼具这三类区域性质的内部不交的区域和，由于每两个相邻小块分界曲面上各积分两次，而曲面的方向相反，积分相互抵消，因此高斯公式成立；对一般的区域V，可利用内接多面体去逼近区域V的方法，证明高斯公式成立，推导过程略．证毕.

例 15.3.1 设$\boldsymbol{F}=\dfrac{1}{\sqrt{(x^2+y^2+z^2)^3}}(x,y,z)$，求$I=\oiint_{S^+}\boldsymbol{F}\cdot\boldsymbol{n}\mathrm{d}S$，其中$S^+$为曲面$S$的外侧，$\boldsymbol{n}$为$S^+$单位法向量.

（1）曲面S及其所围的空间区域V不包含坐标原点.

（2）曲面S所围的空间区域V包含坐标原点.

解 （1）记$P=\dfrac{x}{\sqrt{(x^2+y^2+z^2)^3}}$，$Q=\dfrac{y}{\sqrt{(x^2+y^2+z^2)^3}}$，$R=\dfrac{z}{\sqrt{(x^2+y^2+z^2)^3}}$，则

$$\frac{\partial P}{\partial x}=\frac{y^2+z^2-2x^2}{(x^2+y^2+z^2)^{\frac{5}{2}}},\quad \frac{\partial Q}{\partial y}=\frac{x^2+z^2-2y^2}{(x^2+y^2+z^2)^{\frac{5}{2}}},\quad \frac{\partial R}{\partial z}=\frac{y^2+x^2-2z^2}{(x^2+y^2+z^2)^{\frac{5}{2}}},$$

所以由高斯公式，$I=\oiint_{S^+}\boldsymbol{F}\cdot\boldsymbol{n}dS=\iiint_V\left(\dfrac{\partial P}{\partial x}+\dfrac{\partial Q}{\partial y}+\dfrac{\partial R}{\partial z}\right)\mathrm{d}x\mathrm{d}y\mathrm{d}z=0.$

（2）令$V_1=\{(x,y,z)\,|\,x^2+y^2+z^2\leqslant r^2\}$使得$V_1\subset V$．曲面$S_1^+$：$x^2+y^2+z^2=r^2$为球面外侧，单位外法向量$\boldsymbol{n}_1=\dfrac{1}{r}(x,y,z)$．则$P,\ Q,\ R\in C^1(V\setminus V_1),\ C^1(S\cup S_1)$．由（1）知

$$\oiint_{(S\cup S_1)^+}\boldsymbol{F}\cdot\boldsymbol{n}\mathrm{d}S=\iiint_{V\setminus V_1}\left(\frac{\partial P}{\partial x}+\frac{\partial Q}{\partial y}+\frac{\partial R}{\partial z}\right)\mathrm{d}x\mathrm{d}y\mathrm{d}z=0,$$

故$I=\oiint_{S^+}\boldsymbol{F}\cdot\boldsymbol{n}\mathrm{d}S=\oiint_{S_1^+}\boldsymbol{F}\cdot\boldsymbol{n}_1\mathrm{d}S=\oiint_{S_1}\dfrac{1}{r^2}\mathrm{d}S=4\pi.$

例 15.3.2 计算 $\iint\limits_{S^+}(y-z)\mathrm{d}y\wedge\mathrm{d}z+(z-x)\mathrm{d}z\wedge\mathrm{d}x+(x-y^2)\mathrm{d}x\wedge\mathrm{d}y$，其中 S^+：$x^2+y^2=z^2$ 为在 $0\leqslant z\leqslant 1$ 中的部分外侧.

解 令 S_1^+：$\begin{cases}x^2+y^2\leqslant 1,\\ z=1\end{cases}$ 方向向上. 则 S_1^+ 的单位法向量 $\boldsymbol{n}_1=(0,0,1)$，由高斯公式，有

$$\iint\limits_{(S\cup S_1)^+}(y-z)\mathrm{d}y\wedge\mathrm{d}z+(z-x)\mathrm{d}z\wedge\mathrm{d}x+(x-y^2)\mathrm{d}x\wedge\mathrm{d}y=\iiint\limits_{V}0\mathrm{d}x\mathrm{d}y\mathrm{d}z=0,$$

令 $x=r\cos\theta,\ y=r\sin\theta,\ (\theta,r)\in[0,2\pi]\times[0,1]$，则

$$\begin{aligned}&\iint\limits_{S^+}(y-z)\mathrm{d}y\wedge\mathrm{d}z+(z-x)\mathrm{d}z\wedge\mathrm{d}x+(x-y^2)\mathrm{d}x\wedge\mathrm{d}y\\&=-\iint\limits_{S_1^+}(y-z)\mathrm{d}y\wedge\mathrm{d}z+(z-x)\mathrm{d}z\wedge\mathrm{d}x+(x-y^2)\mathrm{d}x\wedge\mathrm{d}y\\&=-\iint\limits_{x^2+y^2\leqslant 1}(x-y^2)\mathrm{d}x\mathrm{d}y=\iint\limits_{x^2+y^2\leqslant 1}y^2\mathrm{d}x\mathrm{d}y\\&=\int_0^{2\pi}\mathrm{d}\theta\int_0^1 r^3\sin^2\theta\mathrm{d}r=\frac{\pi}{4}.\end{aligned}$$

利用高斯公式，还可计算空间区域的体积. 设空间区域 Ω 的边界封闭曲面为 S，则空间区域 Ω 的体积 $V_\Omega=\dfrac{1}{3}\oiint\limits_{S^+}x\mathrm{d}y\wedge\mathrm{d}z+y\mathrm{d}z\wedge\mathrm{d}x+z\mathrm{d}x\wedge\mathrm{d}y$.

例 15.3.3 计算球体 $\Omega=\{(x,y,z):\ x^2+y^2+z^2\leqslant a^2\}$ 的体积.

解 设球面 S^+：$x^2+y^2+z^2=a^2$ 的单位外法向量 $\boldsymbol{n}=\left(\dfrac{x}{a},\dfrac{y}{a},\dfrac{z}{a}\right)$，则

$$\begin{aligned}V_\Omega&=\frac{1}{3}\oiint\limits_{S^+}x\mathrm{d}y\wedge\mathrm{d}z+y\mathrm{d}z\wedge\mathrm{d}x+z\mathrm{d}x\wedge\mathrm{d}y\\&=\frac{1}{3}\oiint\limits_{S^+}(x,y,z)\cdot\boldsymbol{n}\mathrm{d}S=\frac{1}{3}\oiint\limits_{S}\frac{x^2+y^2+z^2}{a}\mathrm{d}S\\&=\frac{4\pi a^3}{3}.\end{aligned}$$

例 15.3.4 求椭球体 $\Omega=\left\{(x,y,z):\ \dfrac{x^2}{a^2}+\dfrac{y^2}{b^2}+\dfrac{z^2}{c^2}\leqslant 1\right\}$ 的体积.

解 椭球面 S 的参数方程 $\begin{cases}x=a\sin\varphi\cos\theta,\\ y=b\sin\varphi\sin\theta,\\ z=c\cos\varphi,\end{cases}$ $(\theta,\varphi)\in D$，其中

$$D=\{(\theta,\varphi):\ \theta\in[0,2\pi],\ \varphi\in[0,\pi]\},$$

故椭球体 Ω 的体积

$$V_\Omega = \frac{1}{3}\oiint\limits_{S^+} x\mathrm{d}y\wedge\mathrm{d}z + y\mathrm{d}z\wedge\mathrm{d}x + z\mathrm{d}x\wedge\mathrm{d}y$$

$$= \frac{1}{3}\left|\iint\limits_D \begin{vmatrix} x & y & z \\ x'_\varphi & y'_\varphi & z'_\varphi \\ x'_\theta & y'_\theta & z'_\theta \end{vmatrix} \mathrm{d}\varphi\mathrm{d}\theta\right| = \frac{1}{3}\left|\iint\limits_D abc\sin\varphi\mathrm{d}\varphi\mathrm{d}\theta\right| = \frac{4\pi abc}{3}.$$

例 15.3.5 计算 $I = \oiint\limits_{S^+} x^2\mathrm{d}y\wedge\mathrm{d}z + y^2\mathrm{d}z\wedge\mathrm{d}x + z^2\mathrm{d}x\wedge\mathrm{d}y$，其中曲面 S^+：$(x-a)^2 + (y-b)^2 + (z-c)^2 = R^2$ 为外侧.

解 由高斯公式，有

$$I = \oiint\limits_{S^+} x^2\mathrm{d}y\wedge\mathrm{d}z + y^2\mathrm{d}z\wedge\mathrm{d}x + z^2\mathrm{d}x\wedge\mathrm{d}y = \iiint\limits_V 2(x+y+z)\mathrm{d}x\mathrm{d}y\mathrm{d}z$$

$$= 2\iiint\limits_V [(x-a)+(y-b)+(z-c)]\mathrm{d}x\mathrm{d}y\mathrm{d}z + 2\iiint\limits_V (a+b+c)\mathrm{d}x\mathrm{d}y\mathrm{d}z,$$

其中空间区域

$$V = \{(x,y,z):\ (x-a)^2 + (y-b)^2 + (z-c)^2 \leqslant R^2\}.$$

令 $u = x-a,\ v = y-b,\ w = z-c$，则该变换将空间区域 V 映射为空间区域

$$V' = \{(u,v,w):\ u^2+v^2+w^2 \leqslant R^2\} \text{ 且 } \mathrm{d}x\mathrm{d}y\mathrm{d}z = \mathrm{d}u\mathrm{d}v\mathrm{d}w,$$

利用积分曲面关于坐标平面的对称性及被积函数的奇偶性知，

$$\iiint\limits_V [(x-a)+(y-b)+(z-c)]\mathrm{d}x\mathrm{d}y\mathrm{d}z = \iiint\limits_{V'} (u+v+w)\mathrm{d}u\mathrm{d}v\mathrm{d}w = 0.$$

又 $\iiint\limits_V (a+b+c)\mathrm{d}x\mathrm{d}y\mathrm{d}z = \frac{4}{3}\pi R^3(a+b+c)$，因此 $I = \frac{8}{3}\pi R^3(a+b+c)$.

15.3.2　斯托克斯公式

格林公式讨论的是平面封闭曲线上的第二型曲线积分与该曲线所围平面区域上的二重积分之间的关系．下面要讨论的斯托克斯公式，某种意义上可以说是格林公式的推广.

定义 15.3.1（曲面 S 的边界封闭曲线的定向） 设双侧曲面 S 的边界是封闭曲线 L．取 S 的一侧为正，规定其边界闭曲线 L 的正向按照右手螺旋法则：右手握拳，如果拇指指向曲面法向量的正向，则四指所指的方向就是曲线 L 的正向（如图 15-3-2 所示).

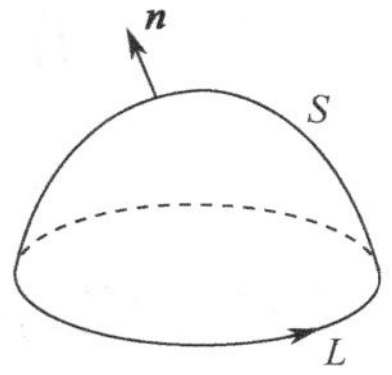

图 15-3-2

定理 15.3.2（斯托克斯公式） 设 S 是分片光滑的双侧曲面，其边界是分段光滑的封闭曲线 L，且设 $P(x,y,z),\ Q(x,y,z),\ R(x,y,z)$ 在包围曲面 S 和曲线 L 的区域上连续可微，则

$$\oint_{L^+} P\mathrm{d}x + Q\mathrm{d}y + R\mathrm{d}z = \iint\limits_{S^+} \left(\frac{\partial R}{\partial y} - \frac{\partial Q}{\partial z}\right)\mathrm{d}y\wedge\mathrm{d}z + \left(\frac{\partial P}{\partial z} - \frac{\partial R}{\partial x}\right)\mathrm{d}z\wedge\mathrm{d}x + \left(\frac{\partial Q}{\partial x} - \frac{\partial P}{\partial y}\right)\mathrm{d}x\wedge\mathrm{d}y,$$

其中曲面 S^+ 与曲线 L^+ 满足右手螺旋法则.

为便于记忆，斯托克斯公式又可记为

$$\oint_{L^+} P\mathrm{d}x + Q\mathrm{d}y + R\mathrm{d}z = \iint_{S^+} \begin{vmatrix} \mathrm{d}y \wedge \mathrm{d}z & \mathrm{d}z \wedge \mathrm{d}x & \mathrm{d}x \wedge \mathrm{d}y \\ \dfrac{\partial}{\partial x} & \dfrac{\partial}{\partial y} & \dfrac{\partial}{\partial z} \\ P & Q & R \end{vmatrix} = \iint_{S} \begin{vmatrix} \cos\alpha & \cos\beta & \cos\gamma \\ \dfrac{\partial}{\partial x} & \dfrac{\partial}{\partial y} & \dfrac{\partial}{\partial z} \\ P & Q & R \end{vmatrix} \mathrm{d}S,$$

其中 $(\cos\alpha,\ \cos\beta,\ \cos\gamma)$ 是曲面 S^+ 的单位法向量.

证明思路：分别证明下列三个等式成立：

$$\oint_{L^+} P\mathrm{d}x = \iint_{S^+} \frac{\partial P}{\partial z}\mathrm{d}z \wedge \mathrm{d}x - \frac{\partial P}{\partial y}\mathrm{d}x \wedge \mathrm{d}y\,; \tag{15.3.1}$$

$$\oint_{L^+} Q\mathrm{d}y = \iint_{S^+} \frac{\partial Q}{\partial x}\mathrm{d}x \wedge \mathrm{d}y - \frac{\partial Q}{\partial z}\mathrm{d}y \wedge \mathrm{d}z\,;$$

$$\oint_{L^+} R\mathrm{d}z = \iint_{S^+} \frac{\partial R}{\partial y}\mathrm{d}y \wedge \mathrm{d}z - \frac{\partial R}{\partial x}\mathrm{d}z \wedge \mathrm{d}x\,.$$

证明 先证式（15.3.1）成立．显然只需考虑曲面是光滑的．假设光滑曲面 S 与平行于 z 轴的直线至多交于一点.

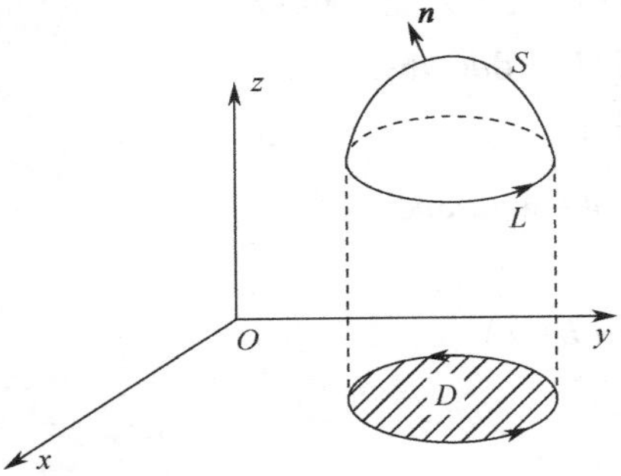

图 15-3-3

设曲面 S 在 Oxy 坐标平面上的投影为平面区域 D，且曲面 S 的方程：$z = z(x,y) \in C^1(D)$．S^+ 取曲面的上侧，如图 15-3-3 所示.

设区域 D 的边界封闭曲线 ∂D 的方程为 $x = x(t)$，$y = y(t)$，设其正向对应参数 t 从 a 到 b．因为曲面 S 的边界封闭曲线 L 在曲面 S 上，且 L 在 Oxy 坐标平面上的投影是曲线 ∂D，故曲线 L 的参数方程：

$$x = x(t),\ y = y(t),\ z = z(x(t), y(t)),$$

其正向对应参数 t 从 a 到 b．所以

$$\oint_{L^+} P(x,y,z)\mathrm{d}x = \int_a^b P(x(t),y(t),z(t))x'(t)\mathrm{d}t = \oint_{(\partial D)^+} P(x,y,z(x,y))\mathrm{d}x$$
$$= -\iint_D \left(\frac{\partial P}{\partial y} + \frac{\partial P}{\partial z}\cdot\frac{\partial z}{\partial y}\right)\mathrm{d}x\mathrm{d}y,$$

上面第三个等式应用了格林公式．另外，

$$\iint_{S^+} \frac{\partial P}{\partial z}\mathrm{d}z \wedge \mathrm{d}x - \frac{\partial P}{\partial y}\mathrm{d}x \wedge \mathrm{d}y = \iint_D \left(0, \frac{\partial P}{\partial z}, -\frac{\partial P}{\partial y}\right)\cdot\left(-\frac{\partial z}{\partial x}, -\frac{\partial z}{\partial y}, 1\right)\mathrm{d}x\mathrm{d}y$$
$$= -\iint_D \left(\frac{\partial P}{\partial z}\cdot\frac{\partial z}{\partial y} + \frac{\partial P}{\partial y}\right)\mathrm{d}x\mathrm{d}y,$$

上面两式联合表明式（15.3.1）成立.

若曲面 S 与平行于 z 轴的直线的交点多于一个，则将曲面 S 分割成若干小曲面，使得每个小曲面与平行于 z 轴的直线至多交于一点，在每个小块曲面上，式（15.3.1）成立，将其相加，在每个小块曲面的部分边界曲线上各积分两次，方向相反，故得在曲面 S 上式（15.3.1）

成立．其余两个等式的证明类似．所以，对于分片二阶光滑的曲面，Stokes 公式成立．

对于一般的分片光滑的曲面，可通过用分片二阶光滑曲面来逼近的方法证明 Stokes 公式成立．细节从略．证毕．

注意到，**斯托克斯公式与曲面 S 的形状无关**，因此以同一条封闭曲线为边界的两个不同光滑曲面，在其上的斯托克斯公式相同，所以通常找一个计算量比较小的光滑曲面．

例 15.3.6　应用斯托克斯公式计算 $I=\oint_{L^+}x^2y^3\mathrm{d}x+\mathrm{d}y+\mathrm{d}z$，其中 L^+ 是抛物面 $x^2+y^2=a^2-z$ 与平面 $z=0$ 相交的圆周，其正向与 z 轴成左手螺旋系．

解　由于斯托克斯公式与曲面的形状无关，选取以 L^+ 为边界曲线的平面 $S_1^+:\begin{cases}x^2+y^2\leqslant a^2,\\ z=0,\end{cases}$ 其法向量为 $\boldsymbol{n}_1=(0,0,-1)$（如图 15-3-4 所示）．令 $x=r\cos\theta,\ y=r\sin\theta,\ (\theta,r)\in[0,2\pi]\times[0,a]$，则

$$I=\iint_{S_1^+}\begin{vmatrix}0&0&-1\\ \dfrac{\partial}{\partial x}&\dfrac{\partial}{\partial y}&\dfrac{\partial}{\partial z}\\ x^2y^3&1&1\end{vmatrix}\mathrm{d}S=\iint_{S_1}3x^2y^2\mathrm{d}S$$

$$=\iint_{x^2+y^2\leqslant a^2}3x^2y^2\mathrm{d}x\mathrm{d}y=\int_0^{2\pi}\mathrm{d}\theta\int_0^a3r^5\cos^2\theta\sin^2\theta\mathrm{d}r=\frac{1}{8}\pi a^6.$$

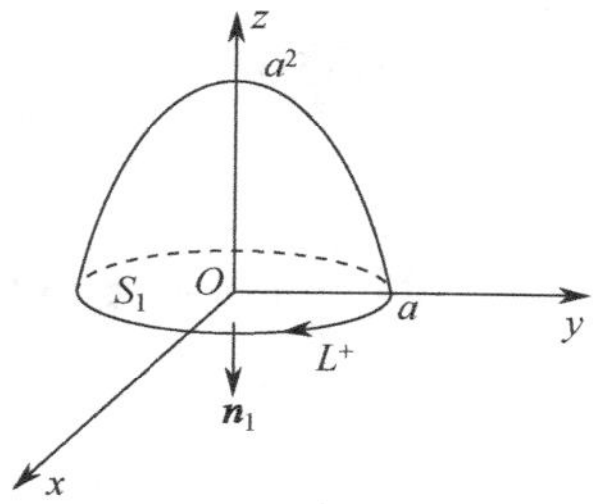

图 15-3-4

例 15.3.7　计算曲面积分 $I=\iint_{S^+}\begin{vmatrix}\mathrm{d}y\wedge\mathrm{d}z&\mathrm{d}z\wedge\mathrm{d}x&\mathrm{d}x\wedge\mathrm{d}y\\ \dfrac{\partial}{\partial x}&\dfrac{\partial}{\partial y}&\dfrac{\partial}{\partial z}\\ x-z&x^3+yz&-3xy^2\end{vmatrix}$，其中锥面 S^+：$z=2-\sqrt{x^2+y^2}$ 为在 Oxy 平面上方的部分，锥内侧为正方向．

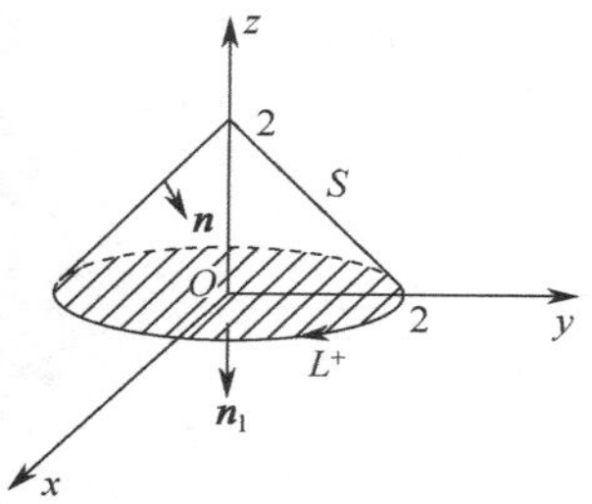

图 15-3-5

解法 1　令空间曲线 $L^+:\begin{cases}x^2+y^2=4,\\ z=0,\end{cases}$ 顺时针方向为正向（如图 15-3-5 所示），则由斯托克斯公式，有

$$I=\oint_{L^+}(x-z)\mathrm{d}x+(x^3+yz)\mathrm{d}y+(-3xy^2)\mathrm{d}z=\oint_{L^+}x\mathrm{d}x+x^3\mathrm{d}y$$

$$=-\iint_{x^2+y^2\leqslant4}3x^2\mathrm{d}x\mathrm{d}y=\int_0^{2\pi}\cos^2\theta\mathrm{d}\theta\int_0^2-3r^3\mathrm{d}r=-12\pi.$$

解法 2　由于斯托克斯公式与曲面的形状无关，取曲面 $S_1^+:\begin{cases}x^2+y^2\leqslant4,\\ z=0,\end{cases}$ 其法向量为 $\boldsymbol{n}_1=(0,0,-1)$，则

$$I=\iint_{S^+}\begin{vmatrix}\mathrm{d}y\wedge\mathrm{d}z&\mathrm{d}z\wedge\mathrm{d}x&\mathrm{d}x\wedge\mathrm{d}y\\ \dfrac{\partial}{\partial x}&\dfrac{\partial}{\partial y}&\dfrac{\partial}{\partial z}\\ x-z&x^3+yz&-3xy^2\end{vmatrix}=\iint_{S_1}\begin{vmatrix}0&0&-1\\ \dfrac{\partial}{\partial x}&\dfrac{\partial}{\partial y}&\dfrac{\partial}{\partial z}\\ x-z&x^3+yz&-3xy^2\end{vmatrix}\mathrm{d}S$$

$$=-\iint_{S_1}3x^2\mathrm{d}S=-\iint_{x^2+y^2\leqslant4}3x^2\mathrm{d}x\mathrm{d}y=-12\pi.$$

在空间中，一个动点沿着直线 L 做匀速直线运动，同时又以等角速度绕同平面的轴线 z 旋转，该动点的轨迹是一条空间曲线，称为螺旋线．螺旋线是绕在圆柱面上的曲线，而它的切线与定直线（曲面的母线）的交角是固定不变的．当动直线 L 平行于 z 轴时，称之为圆柱螺线，它是工程上应用最广泛的一种曲线．

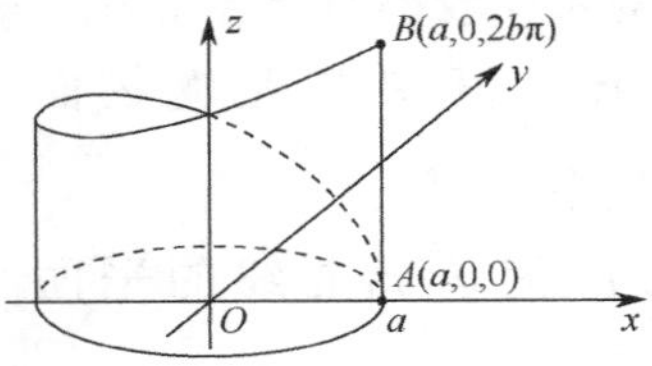

图 15-3-6

例 15.3.8 计算曲线积分 $I=\int_{L^+}(x^2-yz)\mathrm{d}x+(y^2-zx)\mathrm{d}y+(z^2-xy)\mathrm{d}z$，其中圆柱螺线 L^+: $x=a\cos\theta,\ y=a\sin\theta,\ z=b\theta$，方向从点 $A(a,0,0)$ 到 $B(a,0,2b\pi)$ 的部分（如图 15-3-6 所示）．

解 令 S 是以由有向直线段 $\overline{BA}$ 和曲线 L 形成的封闭曲线为边界的任意光滑曲面，正侧为 z 轴的正向一侧，由斯托克斯公式，有

$$\oint_{L^+ +\overline{BA}}(x^2-yz)\mathrm{d}x+(y^2-zx)\mathrm{d}y+(z^2-xy)\mathrm{d}z=\iint_{S^+}\begin{vmatrix}\mathrm{d}y\wedge\mathrm{d}z & \mathrm{d}z\wedge\mathrm{d}x & \mathrm{d}x\wedge\mathrm{d}y\\ \dfrac{\partial}{\partial x} & \dfrac{\partial}{\partial y} & \dfrac{\partial}{\partial z}\\ x^2-yz & y^2-zx & z^2-xy\end{vmatrix}=0,$$

故 $I=\int_{\overline{AB}}(x^2-yz)\mathrm{d}x+(y^2-zx)\mathrm{d}y+(z^2-xy)\mathrm{d}z=\int_0^{2\pi b}z^2\mathrm{d}z=\dfrac{8}{3}\pi^3b^3$．

例 15.3.9 求 $I=\oint_{L^+}(y^2+z^2)\mathrm{d}x+(x^2+z^2)\mathrm{d}y+(x^2+y^2)\mathrm{d}z$，其中 L^+：$\begin{cases}x^2+y^2+z^2=2Rx,\\ x^2+y^2=2rx\end{cases}$（$z\geqslant 0,\ 0<r<R$），其正向与球面上侧成右手螺旋系（如图 15-3-7 所示）．

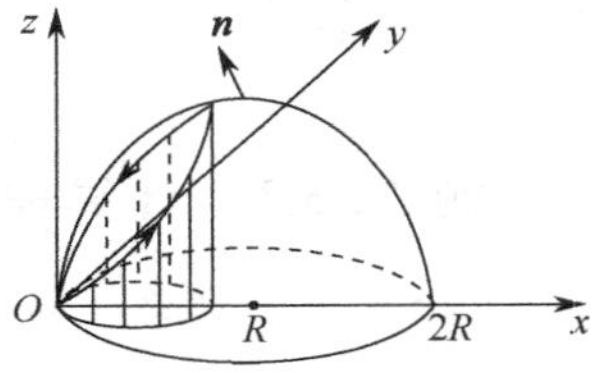

图 15-3-7

解 曲面 S：$z=\sqrt{2Rx-x^2-y^2}$，其单位正法向量

$$\boldsymbol{n}=\frac{(-z'_x,-z'_y,1)}{\sqrt{1+(z'_x)^2+(z'_y)^2}}=\left(\frac{x-R}{R},\frac{y}{R},\frac{z}{R}\right).$$

由斯托克斯公式，有

$$\begin{aligned}I&=\iint_{S^+}\begin{vmatrix}\cos\alpha & \cos\beta & \cos\gamma\\ \dfrac{\partial}{\partial x} & \dfrac{\partial}{\partial y} & \dfrac{\partial}{\partial z}\\ y^2+z^2 & x^2+z^2 & x^2+y^2\end{vmatrix}\mathrm{d}S\\ &=\iint_S\left((2y-2z)\frac{x-R}{R}+(2z-2x)\frac{y}{R}+(2x-2y)\frac{z}{R}\right)\mathrm{d}S\\ &=2\iint_S(z-y)\mathrm{d}S=2\iint_S z\mathrm{d}S=2\iint_D\sqrt{2Rx-x^2-y^2}\cdot\sqrt{1+(z'_x)^2+(z'_y)^2}\mathrm{d}x\mathrm{d}y\\ &=2R\iint_D\mathrm{d}x\mathrm{d}y=2\pi Rr^2,\end{aligned}$$

其中积分区域 $D=\{(x,y):\ x^2+y^2\leqslant 2rx\}$ 且曲面积分 $\iint_S y\mathrm{d}S=0$．

例 15.3.10　设有向曲面 $S^+: x+y+z=1,\ x,y,z\geqslant 0$，其正法向量与 $(1,1,1)$ 同向．求力 $\boldsymbol{F}=(y^2,z^2,x^2)$ 绕 S 的正向边界一周所做的功（如图 15-3-8 所示）．

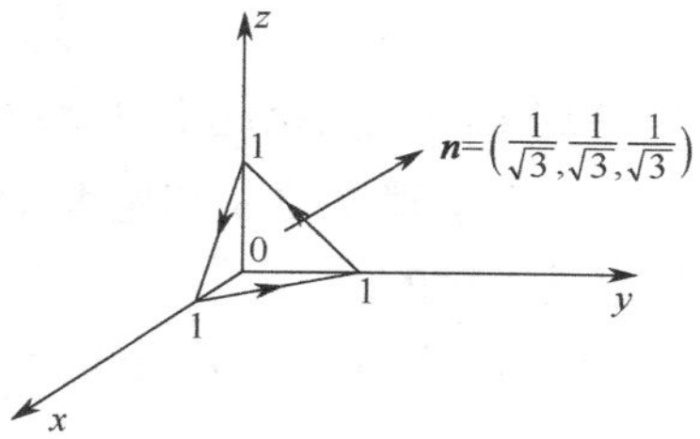

图 15-3-8

解　曲面 S 的单位正法向量 $\boldsymbol{n}=\dfrac{1}{\sqrt{3}}(1,1,1)$，其边界封闭曲线 L 由三个坐标面上的下列线段

$$\begin{cases}x+z=1,\\ y=0,\\ 0\leqslant x\leqslant 1;\end{cases}\quad \begin{cases}y+x=1,\\ z=0,\\ 0\leqslant x\leqslant 1;\end{cases}\quad \begin{cases}z+y=1,\\ x=0,\\ 0\leqslant y\leqslant 1\end{cases}$$

连接而成，L^+ 的方向是逆时针方向．则由斯托克斯公式，力 $\boldsymbol{F}$ 绕 S 的正向边界一周所做的功

$$W=\oint_{L^+}\boldsymbol{F}\cdot\mathrm{d}\boldsymbol{s}=\iint_S\frac{1}{\sqrt{3}}\begin{vmatrix}1 & 1 & 1\\ \dfrac{\partial}{\partial x} & \dfrac{\partial}{\partial y} & \dfrac{\partial}{\partial z}\\ y^2 & z^2 & x^2\end{vmatrix}\mathrm{d}S=\frac{1}{\sqrt{3}}\iint_S(-2y-2z-2x)\mathrm{d}S=-1,$$

其中曲面 S 的面积是边长为 $\sqrt{2}$ 的正三角形的面积 $\dfrac{\sqrt{3}}{2}$．

15.3.3　空间曲线积分与积分路径无关的条件

定义 15.3.2　设 $\Omega\subset\mathbb{R}^3$ 是一个区域，若 Ω 中任意一条连续可微的封闭曲线 L 在该区域都可通过连续形变收缩为一个点，等价地，存在一张完全位于 Ω 中的光滑曲面以 L 为边界封闭曲线，则称 Ω 是单连通区域（也称线单连通区域），否则称为多连通区域．

例如，开球体是单连通的，开球体内部抠了一个球形的小空洞后，剩下的部分是单连通体；开球体上打了一个贯通的圆柱形孔洞后剩下的像一粒穿了孔的珠子那样的区域是多连通体．

定理 15.3.3　设 $\Omega\subset\mathbb{R}^3$ 是单连通区域，$P(x,y,z),\ Q(x,y,z),\ R(x,y,z)\in C^1(\Omega)$．则下列等价：

（i）曲线积分 $\int_{L(A,B)}P\mathrm{d}x+Q\mathrm{d}y+R\mathrm{d}z$ 与积分路径无关，只与起点 A 和终点 B 有关．

（ii）存在 Ω 上的连续可微函数 $u(x,y,z)$ 使得 $\mathrm{d}u=P\mathrm{d}x+Q\mathrm{d}y+R\mathrm{d}z$．此时称 $u(x,y,z)$ 是微分式 $P\mathrm{d}x+Q\mathrm{d}y+R\mathrm{d}z$ 的原函数．

（iii）在 Ω 内的任意一点处，均有 $\dfrac{\partial R}{\partial y}=\dfrac{\partial Q}{\partial z},\ \dfrac{\partial P}{\partial z}=\dfrac{\partial R}{\partial x},\ \dfrac{\partial Q}{\partial x}=\dfrac{\partial P}{\partial y}$ 成立．

（iv）对 Ω 内的任意光滑或分段光滑的封闭曲线 Γ，$\oint_\Gamma P\mathrm{d}x+Q\mathrm{d}y+R\mathrm{d}z=0$．

定理的证明和平面上曲线积分与积分路径的无关性证明类似，从略．我们也有

定理 15.3.4　设 $\Omega\subset\mathbb{R}^3$ 是有界闭区域，$P(x,y,z),\ Q(x,y,z),\ R(x,y,z)\in C^1(\Omega)$．若存

在 Ω 上的连续可微函数 $u(x,y,z)$ 使得 $\mathrm{d}u=P\mathrm{d}x+Q\mathrm{d}y+R\mathrm{d}z$，则

$$\int_{L(A,B)}P\mathrm{d}x+Q\mathrm{d}y+R\mathrm{d}z=u(B)-u(A),$$

其中 $L(A,B)$ 是连接起点 A 到终点 B 的任意一条光滑曲线.

结合定理 15.3.3 和定理 15.3.4 知，定理 15.3.3 中结论（i）、（ii）与（iv）对多连通区域也是等价的.

例 15.3.11 求曲线积分 $\int_{L(A,B)}(x^2-2yz)\mathrm{d}x+(y^2-2xz)\mathrm{d}y+(z^2-2xy)\mathrm{d}z$，其中 $L(A,B)$ 是连接起点 $A(1,1,0)$ 到终点 $B(1,1,1)$ 的一条光滑曲线.

解 令 $P(x,y,z)=x^2-2yz,\ \ Q(x,y,z)=y^2-2xz,\ \ R(x,y,z)=z^2-2xy$. 因为

$$\frac{\partial P}{\partial y}=-2z=\frac{\partial Q}{\partial x},\quad \frac{\partial R}{\partial x}=-2y=\frac{\partial P}{\partial z},\quad \frac{\partial Q}{\partial z}=-2x=\frac{\partial R}{\partial y},$$

所以定理 15.3.3 表明曲线积分与积分路径无关. 故

$$\begin{aligned}&\int_{L(A,B)}(x^2-2yz)\mathrm{d}x+(y^2-2xz)\mathrm{d}y+(z^2-2xy)\mathrm{d}z\\=&\int_{\overline{AB}}(x^2-2yz)\mathrm{d}x+(y^2-2xz)\mathrm{d}y+(z^2-2xy)\mathrm{d}z\\=&\int_0^1(z^2-2)\mathrm{d}z=-\frac{5}{3}.\end{aligned}$$

习题 15.3

1．计算 $\iint\limits_{S^+}z\mathrm{d}x\wedge\mathrm{d}y$，其中

（1）S^+ 是球面 $x^2+y^2+(z-R)^2=R^2$ 的外侧；

（2）S^+ 是平面 $x+y+z=1, x=0, y=0, z=0$ 所围成四面体表面的外侧.

2．计算曲面积分 $\oiint\limits_{S^+}xz^2\mathrm{d}y\wedge\mathrm{d}z+(x^2y-z^3)\mathrm{d}z\wedge\mathrm{d}x+(2xy+y^2z)\mathrm{d}x\wedge\mathrm{d}y$，其中 S^+ 是平面 $z=0$ 和上半球面 $z=\sqrt{a^2-x^2-y^2}$ 围成立体的表面，外法线为正向.

3．利用高斯公式计算下列曲面积分.

（1）$\oiint\limits_{S^+}(x+2y+3z)\mathrm{d}x\wedge\mathrm{d}y+(y+2z)\mathrm{d}y\wedge\mathrm{d}z+(z^2-1)\mathrm{d}z\wedge\mathrm{d}x$，其中 S^+ 为平面 $x+y+z=1$ 及与三个坐标平面所围四面体的表面，外侧为正；

（2）$\oiint\limits_{S^+}\boldsymbol{A}\cdot\mathrm{d}\boldsymbol{S}$，其中 $\boldsymbol{A}=\dfrac{\boldsymbol{r}}{r^3}$，$\boldsymbol{r}=x\boldsymbol{i}+y\boldsymbol{j}+z\boldsymbol{k}$，$r=\|\boldsymbol{r}\|$，$S$ 为椭球面 $\dfrac{x^2}{a^2}+\dfrac{y^2}{b^2}+\dfrac{z^2}{c^2}=1$，外侧为正.

4．计算曲线积分 $\oint_{L^+}y\mathrm{d}x+z\mathrm{d}y+x\mathrm{d}z$，其中 L^+ 是球面 $x^2+y^2+z^2=a^2$ 与平面 $x+y+z=0$ 相交的圆周，从 x 轴正向看去为逆时针方向.

5．计算 $\oint_{L^+}y^2\mathrm{d}x+z^2\mathrm{d}y+x^2\mathrm{d}z$，其中 L 是以 $A(a,0,0)$，$B(0,b,0)$，$C(0,0,c)$（$a,b,c>0$）为顶点的三角形的边界，方向为 $A\to B\to C\to A$.

6．设 Ω 是平面 $x\cos\alpha + y\cos\beta + z\cos\gamma = 0$ 上的封闭曲线 L 所围的平面区域，且该区域的面积为 S．其中 $\vec{n} = (\cos\alpha, \cos\beta, \cos\gamma)$ 为该平面的单位法向量．求 $\oint_{L^+}\begin{vmatrix} \mathrm{d}x & \mathrm{d}y & \mathrm{d}z \\ \cos\alpha & \cos\beta & \cos\gamma \\ x & y & z \end{vmatrix}$．

7．计算 $\oint_{\Gamma^+}(y+z)\mathrm{d}x + (z+x)\mathrm{d}y + (x+y)\mathrm{d}z$，其中

$$\Gamma^+: x = a\sin t, y = 2a\sin t\cos t, z = a\cos^2 t,\ t: 0 \to \pi.$$

8．求 $\oint_{L^+}(y-z)\mathrm{d}x + (z-x)\mathrm{d}y + (x-y)\mathrm{d}z$，其中 $L^+: \begin{cases} x^2 + y^2 = a^2, \\ \dfrac{x}{a} + \dfrac{z}{b} = 1 \end{cases}$（$a > 0, b > 0$）从 x 轴正向看去是逆时针方向.

9．求 $\oint_{L^+}(y^2 - z^2)\mathrm{d}x + (z^2 - x^2)\mathrm{d}y + (x^2 - y^2)\mathrm{d}z$，其中 L^+ 是被平面 $x + y + z = \dfrac{3}{2}a$ 切出的正方体 $0 \leqslant x \leqslant a,\ 0 \leqslant y \leqslant a,\ 0 \leqslant z \leqslant a$ 的断面边界曲线，其方向与平面法向量 $\boldsymbol{n} = (1,1,1)$ 构成右手螺旋系.

10．计算曲面积分 $\iint\limits_{S^+} xz\mathrm{d}y \wedge \mathrm{d}z + (x^2 - z)y\mathrm{d}z \wedge \mathrm{d}x - x^2 z\mathrm{d}x \wedge \mathrm{d}y$，其中 S^+ 是旋转抛物面 $x^2 + y^2 = a^2 z$（$a > 0$）取 $0 \leqslant z \leqslant 1$ 部分，下侧为正.

11．计算曲面积分 $I = \iint\limits_{S^+}(8y+1)x\mathrm{d}y \wedge \mathrm{d}z + 2(1 - y^2)\mathrm{d}z \wedge \mathrm{d}x - 4yz\mathrm{d}x \wedge \mathrm{d}y$，其中 S^+ 是曲线 $z = \sqrt{y-1}$（$1 \leqslant y \leqslant 3$），$x = 0$ 绕 y 轴旋转一周所生成的曲面，其法向量与 y 轴正方向的夹角恒大于 $\dfrac{\pi}{2}$.

12．设 $\mathrm{d}u = (x^2 - 2yz)\mathrm{d}x + (y^2 - 2xz)\mathrm{d}y + (z^2 - 2xy)\mathrm{d}z$，求原函数 $u(x,y,z)$.

13．证明下列曲线积分与路径无关，并求积分值.

（1）$\int_{(0,0,0)}^{(1,2,1)}(y+z)\mathrm{d}x + (z+x)\mathrm{d}y + (x+y)\mathrm{d}z$；

（2）$\int_{(1,-1,1)}^{(1,1,-1)} y^2 z\mathrm{d}x + 2xyz\mathrm{d}y + xy^2\mathrm{d}z$.

14．计算 $I = \oint_{L^+}(y^2 - z^2)\mathrm{d}x + (2z^2 - x^2)\mathrm{d}y + (3x^2 - y^2)\mathrm{d}z$，其中 L 是平面 $x + y + z = 2$ 与柱面 $|x| + |y| = 1$ 的交线，从 z 轴正向看去为逆时针方向.

15．求曲面积分 $\oiint\limits_{S^+}(x - y + z)\mathrm{d}y \wedge \mathrm{d}z + (y - z + x)\mathrm{d}z \wedge \mathrm{d}x + (z - x + y)\mathrm{d}x \wedge \mathrm{d}y$，其中 S^+ 是封闭曲面 $|x - y + z| + |y - z + x| + |z - x + y| = 1$ 的外侧.

16．求证：$\iiint\limits_V \dfrac{\mathrm{d}a\mathrm{d}b\mathrm{d}c}{r} = \dfrac{1}{2}\oiint\limits_{S^+}\cos\langle \boldsymbol{r}, \boldsymbol{n}\rangle \mathrm{d}S$，其中 S 是体积为 V 的空间区域的边界封闭曲面，$\boldsymbol{n}$ 是 S 在点 (a,b,c) 的外单位法向量，$\boldsymbol{r}$ 是从 (x,y,z) 指向 (a,b,c) 的向量，且

$$r = \|\boldsymbol{r}\| = \sqrt{(a-x)^2 + (b-y)^2 + (c-z)^2}.$$

15.4　场论初步

前面学习的曲线积分与曲面积分及相关的定理公式，对物理学有特别重要的意义．在物理学中，我们遇到的有各式各样的场，如引力场、电场、磁场、电势场、能量场、温度场、（流体的）速度场、压力场等，虽然各种不同的场在物理性质方面一般不同，但是它们在数学方面有着许多共性，这样促使人们抽去它们的物理特性而从数学上将它们作为一个统一的对象进行研究，进而在数学上提供一个统一的工具．物理学中所谓的场，在数学上是指定义在空间（或平面）中某个给定区域上的数值函数或向量值函数．

定义 15.4.1　设 $\Omega\subset\mathbb{R}^3$ 是一个区域，若对 $\forall(x,y,z)\in\Omega$，有唯一的量 $u=f(x,y,z)$（或 $\boldsymbol{F}(x,y,z)=(P(x,y,z),\ Q(x,y,z),\ R(x,y,z))$）与之对应，称 $u=f(x,y,z)$（或 $\boldsymbol{F}(x,y,z)$）是 Ω 上的标量场（或向量场）．换句话说，定义在区域 $\Omega\subset\mathbb{R}^3$ 上的数值函数（或向量值函数）称为 $\Omega\subset\mathbb{R}^3$ 上的标量场（或向量场）．

15.4.1　梯度场

定义 15.4.2　设 $\Omega\subset\mathbb{R}^3$ 是一个区域，$u(x,y,z)$ 是 Ω 上的一个标量场，且设 $u\in C^1(\Omega)$．则对 $\forall M_0\in\Omega$，定义 u 在 M_0 的梯度为 $\mathrm{grad}\,u(M_0)=\left.\left(\dfrac{\partial u}{\partial x},\dfrac{\partial u}{\partial y},\dfrac{\partial u}{\partial z}\right)\right|_{M_0}$，称相应的向量场为梯度场．

为便于计算，在数学和物理中，引进算子 $\nabla=\left(\dfrac{\partial}{\partial x},\dfrac{\partial}{\partial y},\dfrac{\partial}{\partial z}\right)$，称为那勃勒（Nabla）算子，即 $\nabla u=\mathrm{grad}\,u$．

定义 15.4.3　若存在 $\Omega\subset\mathbb{R}^3$ 上的连续可微函数 $u(x,y,z)$ 使得 $\boldsymbol{F}(M)=\nabla u(M)$ 对 $\forall M\in\Omega$ 成立，则称 $\boldsymbol{F}$ 是 Ω 上的**有势场**．$u(x,y,z)$ 称为向量场 $\boldsymbol{F}$ 的势函数．

容易看到，任何一个连续可微的标量场都有梯度场，但并非每个连续向量场都有势函数．

1．梯度场的几何意义

在标量场 $u(x,y,z)$ 的值域中任取常数 c，则集合 $\{(x,y,z):\ u(x,y,z)=c\}$ 是标量场 $u(x,y,z)$ 的一个等值面，等值面是一张曲面．由隐函数存在定理，若在点 $M(x,y,z)$ 处 $\nabla u(M)\neq 0$，则该等值面一定存在，且向量 $\boldsymbol{n}=\mathrm{grad}\,u(M)=\nabla u(M)$ 是该等值面在点 $M(x,y,z)$ 处的法向量，即标量场 $u(x,y,z)$ 在任意一点 $M(x,y,z)$ 的梯度是等值面在该点的法向量．由此得到梯度的**几何意义：等值面上任意一点的梯度向量与等值面垂直，方向指向 $u(x,y,z)$ 的值增加最快的一侧**．

如果用平面 $z=c$ 去截曲面 $z=u(x,y)$，则得到平面 $z=c$ 上的一条曲线 $u(x,y)=c$，该

曲线上的任一点到 Oxy 坐标平面的距离都是相等的，因此称此曲线为曲面 $z=u(x,y)$ 的**等高线**．在等高线上任意一点，梯度向量 $\operatorname{grad} u=\left(\dfrac{\partial u}{\partial x},\dfrac{\partial u}{\partial y}\right)$ 与等高线垂直．

2．梯度场的物理意义

物理上来说，梯度是针对具体的应用场景的．以静电场为例，我们证明下面的结论．

例 15.4.1　证明：由点电荷在空间中激发的电场强度是梯度场．

证明　在空间 $\Omega\subset\mathbb{R}^3$ 中的某点 O 处放置一个电荷量为 q 的点电荷，则这个点电荷就在空间 Ω 中产生一个电场，使得对 $\forall M\in\Omega$，只要在点 M 有电荷存在，该电荷就会感受到点 O 处电荷库伦力（两个电荷之间发生作用的电场力）的作用．以 O 为坐标原点建立直角坐标系，这样位于 O 处电荷量为 q 的点电荷，在空间中 $\forall M(x,y,z)\neq O(0,0,0)$ 处激发的电场强度为向量值函数

$$\boldsymbol{E}(x,y,z)=\frac{kq}{|\overrightarrow{OM}|^3}\overrightarrow{OM}=\frac{kq}{(x^2+y^2+z^2)^{\frac{3}{2}}}(x,y,z),$$

其中 k 为静电力常数．令 $f(x,y,z)=\dfrac{kq}{(x^2+y^2+z^2)^{\frac{1}{2}}}$，则 $\boldsymbol{E}(x,y,z)=-\nabla f(x,y,z)$，故电场强度是电势的负梯度．证毕．

利用梯度的几何解释，可解释方程 $\boldsymbol{E}=-\nabla f$ 中出现负号的原因：由于 ∇f 是在 f 增加方向上的一个矢量，在一个正电荷 q 上的力 $\boldsymbol{F}=q\boldsymbol{E}=-q\nabla f$ 在 f 减小的方向上，因此，这个负号确保一个正电荷从一个较高的电势下移到一个较低的电势上．即场强是从电势高的地方沿变化最快的方向指向电势低的地方．

电学中的等势面是一个等值面，因此在同一等值面上具有相同的物理量．再如，温度场中的等值面就是等温面．

15.4.2　散度场

定义 15.4.4　设 $\boldsymbol{F}=(P,Q,R)$ 是 $\Omega\subset\mathbb{R}^3$ 上的连续可微向量场．任取 $M_0\in\Omega$，定义 $\boldsymbol{F}$ 在 M_0 的散度为 $\operatorname{div}\boldsymbol{F}(M_0)=\dfrac{\partial P}{\partial x}(M_0)+\dfrac{\partial Q}{\partial y}(M_0)+\dfrac{\partial R}{\partial z}(M_0)=\nabla\cdot\boldsymbol{F}(M_0)$，称相应的标量场为**散度场**．

定义 15.4.5　设 $\boldsymbol{F}=(P,Q,R)$ 是 $\Omega\subset\mathbb{R}^3$ 上的连续可微向量场．$S\subset\Omega$ 是一片定向曲面，$\boldsymbol{n}$ 为 S^+ 的单位法向量，称 $\displaystyle\iint_{S^+}\boldsymbol{F}\cdot\boldsymbol{n}\mathrm{d}S=\iint_{S^+}P\mathrm{d}y\wedge\mathrm{d}z+Q\mathrm{d}z\wedge\mathrm{d}x+R\mathrm{d}x\wedge\mathrm{d}y$ 为 $\boldsymbol{F}$ 通过 S^+ 向指定一侧的**通量**．

1．散度的物理意义

设 $\boldsymbol{F}=(P,Q,R)$ 是 $\Omega\subset\mathbb{R}^3$ 上的连续可微的稳定流体速度场．任取 $M_0\in\Omega$，以 M_0 为中心、以很小的正数 ε 为半径作球 $\mathcal{B}_\varepsilon$ 使得 $\mathcal{B}_\varepsilon\subset\Omega$，则由高斯公式，并应用三重积分的积

分中值定理，存在$\boldsymbol{\xi}\in\mathscr{B}_\varepsilon$使得$\displaystyle\iint\limits_{(\partial\mathscr{B}_\varepsilon)^+}\boldsymbol{F}\cdot\boldsymbol{n}\mathrm{d}S=\iiint\limits_{\mathscr{B}_\varepsilon}\mathrm{div}\boldsymbol{F}\mathrm{d}V=\mathrm{div}\boldsymbol{F}(\boldsymbol{\xi})V_{\mathscr{B}_\varepsilon}$，其中$V_{\mathscr{B}_\varepsilon}$是球$\mathscr{B}_\varepsilon$的体积．所以

$$\mathrm{div}\boldsymbol{F}(\boldsymbol{\xi})=\frac{1}{V_{\mathscr{B}_\varepsilon}}\oiint\limits_{(\partial\mathscr{B}_\varepsilon)^+}\boldsymbol{F}\cdot\boldsymbol{n}\mathrm{d}S$$

表示单位时间内单位体积流速场产生流体的流体量，当小球无限地向球心M_0收缩，即$\varepsilon\to0$时，有$\boldsymbol{\xi}\to M_0$，故

$$\mathrm{div}\boldsymbol{F}(M_0)=\lim_{\varepsilon\to0}\frac{1}{V_{\mathscr{B}_\varepsilon}}\oiint\limits_{(\partial\mathscr{B}_\varepsilon)^+}\boldsymbol{F}\cdot\boldsymbol{n}\mathrm{d}S,$$

称$\mathrm{div}\boldsymbol{F}(M_0)$为流速场$\boldsymbol{F}$在点$M_0$处的通量密度，刻画了流速场$\boldsymbol{F}$在点$M_0$处产生流体的能力．

若$\mathrm{div}\boldsymbol{F}(M_0)\neq0$，称流速场$\boldsymbol{F}$在$M_0$点处有流源；若$\mathrm{div}\boldsymbol{F}(M_0)>0$，称流速场$\boldsymbol{F}$在$M_0$点处有正流源；若$\mathrm{div}\boldsymbol{F}(M_0)<0$，称流速场$\boldsymbol{F}$在$M_0$点处有负流源；而当$\mathrm{div}\boldsymbol{F}(M_0)=0$时，表示在该点处无源．所以，散度描述的是源的强度．

2．高斯公式的物理解释

由散度的物理意义，可清晰地看到高斯公式所描述的物理现象．高斯公式中，

$$\oiint\limits_{S^+}\boldsymbol{F}\cdot\boldsymbol{n}\mathrm{d}S=\iiint\limits_{V}\mathrm{div}\boldsymbol{F}\mathrm{d}V,$$

左边的通量是单位时间内流体流出曲面的流量，这是一个代数和，因为在某一个局部，从曲面的里面流到外面的流体多一些；而在另外一个局部，从曲面的外面流进来的流体多一些．如果V中的某些点是源，即在这些点不仅有流体通过，它本身又生出流体，那么从场论角度来说，在这些点上，散度大于零．散度越大，产生的流体越多．显然，在V中所有点的散度总和$\displaystyle\iiint\limits_V\mathrm{div}\boldsymbol{F}\mathrm{d}V$是正数，这时必定等于流速场通过封闭曲面$S$的流量$\displaystyle\oiint\limits_{S^+}\boldsymbol{F}\cdot\boldsymbol{n}\mathrm{d}S$（有入有出，出多于入，多的部分恰是诸源所生成的流体总和）．

定义 15.4.6　若$\Omega\subset\mathbb{R}^3$上的连续可微向量场$\boldsymbol{F}=(P,Q,R)$在$\Omega$上的任意一点的散度为零，称$\boldsymbol{F}$是$\Omega$上的**无源场**．

称$\Delta=\nabla\cdot\nabla=\dfrac{\partial^2}{\partial x^2}+\dfrac{\partial^2}{\partial y^2}+\dfrac{\partial^2}{\partial z^2}$为**拉普拉斯（Laplace）算子**；方程$\Delta u=0$称为**拉普拉斯方程**；满足方程$\Delta u=0$的二阶连续可微函数$u(x,y,z)$称为**调和函数**．

定义 15.4.7　设$u(x,y,z)\in C^2(\Omega)$是调和函数，称向量场∇u为**调和场**．

设$u(x,y,z)\in C^2(\Omega)$是调和函数，则$\Delta u=\nabla\cdot\nabla u=0$，即向量场$\nabla u$是一个无源场．因此调和场可等价叙述为

定义 15.4.8　若$\Omega\subset\mathbb{R}^3$上的连续可微向量场$\boldsymbol{F}=(P,Q,R)$既是有势场，又是无源场，则称$\boldsymbol{F}$是调和场．

事实上，设连续可微的向量场$\boldsymbol{F}$是$\Omega\subset\mathbb{R}^3$上的有势场，则存在二阶连续可微的势函数$u(x,y,z)$使得对$M\in\Omega$，$\nabla u(M)=\boldsymbol{F}(M)$；又$\boldsymbol{F}$是无源场，所以

$$0=\mathrm{div}\boldsymbol{F}(M)=\nabla\cdot\boldsymbol{F}(M)=\nabla\cdot\nabla u(M)=\Delta u(M),$$

故 $\boldsymbol{F}$ 是调和场.

15.4.3　旋度场

定义 15.4.9　设 $\boldsymbol{F}=(P,Q,R)$ 是 $\Omega\subset\mathbb{R}^3$ 上的连续可微向量场. 任取 $M_0\in\Omega$，定义 $\boldsymbol{F}$ 在 M_0 的旋度为 $\mathrm{rot}\boldsymbol{F}(M_0)=\begin{vmatrix}\boldsymbol{i} & \boldsymbol{j} & \boldsymbol{k}\\ \dfrac{\partial}{\partial x} & \dfrac{\partial}{\partial y} & \dfrac{\partial}{\partial z}\\ P & Q & R\end{vmatrix}_{M_0}=\nabla\times\boldsymbol{F}(M_0)$，称相应的向量场为旋度场.

定义 15.4.10　设 $\boldsymbol{F}=(P,Q,R)$ 是 $\Omega\subset\mathbb{R}^3$ 上的向量场，$L\subset\Omega$ 是一条光滑或分段光滑的有向闭曲线，$\boldsymbol{\tau}$ 为 L^+ 的单位切向量，称 $\oint_{L^+}\boldsymbol{F}\cdot\boldsymbol{\tau}\mathrm{d}s=\oint_{L^+}P\mathrm{d}x+Q\mathrm{d}y+R\mathrm{d}z$ 为 $\boldsymbol{F}$ 沿 L^+ 的**环量（或环流量）**.

1. 旋度的物理意义

设 $\boldsymbol{F}=(P,Q,R)$ 是 $\Omega\subset\mathbb{R}^3$ 上的连续可微的稳定流体速度场. 任取 $M_0\in\Omega$，对任意的单位向量 $\boldsymbol{n}$，在通过点 M_0 并以 $\boldsymbol{n}$ 为法向量的平面上，以点 M_0 为中心，以很小的正数 $r>0$ 为半径作圆盘 D_r 使得 $D_r\subset\Omega$，由斯托克斯公式，有

$$\oint_{(\partial D_r)^+}\boldsymbol{F}\cdot\boldsymbol{\tau}\mathrm{d}s=\iint_{D_r}\mathrm{rot}\,\boldsymbol{F}\cdot\boldsymbol{n}\mathrm{d}S,$$

其中 $\boldsymbol{\tau}$ 是 $(\partial D_r)^+$ 的单位切向量，与 $\boldsymbol{n}$ 成右手螺旋系. 由第一型曲面积分的积分中值定理，$\exists\varsigma\in D_r$ 使得 $\oint_{(\partial D_r)^+}\boldsymbol{F}\cdot\boldsymbol{\tau}\mathrm{d}s=\mathrm{rot}\boldsymbol{F}(\varsigma)\cdot\boldsymbol{n}S_{D_r}$，其中 S_{D_r} 是区域 D_r 的面积，即 $\mathrm{rot}\boldsymbol{F}(\varsigma)\cdot\boldsymbol{n}=\dfrac{1}{S_{D_r}}\oint_{(\partial D_r)^+}\boldsymbol{F}\cdot\boldsymbol{\tau}\mathrm{d}s$. 该式刻画的是向量场 $\boldsymbol{F}$ 沿 $(\partial D_r)^+$ 的环流量的密度. 令 $r\to 0$，有 $\varsigma\to M_0$，故

$$\mathrm{rot}\boldsymbol{F}(M_0)\cdot\boldsymbol{n}=\lim_{r\to 0}\frac{1}{S_{D_r}}\oint_{(\partial D_r)^+}\boldsymbol{F}\cdot\boldsymbol{\tau}\mathrm{d}s$$

为 $\boldsymbol{F}$ 在 M_0 绕 $\boldsymbol{n}$ 方向的**方向旋量**，反映的是 $\boldsymbol{F}$ 在 M_0 环绕 $\boldsymbol{n}$ 的旋转强度. 若 $\mathrm{rot}\boldsymbol{F}(M_0)\neq 0$，即 $\|\mathrm{rot}\,\boldsymbol{F}(M_0)\|\neq 0$，则称 M_0 为 $\boldsymbol{F}$ 的**旋涡**，且 $\|\mathrm{rot}\boldsymbol{F}(M_0)\cdot\boldsymbol{n}\|$ 越大，$\boldsymbol{F}$ 在 M_0 处环绕 $\boldsymbol{n}$ 旋转得越快.

容易看出，$\mathrm{rot}\boldsymbol{F}(M_0)$ 的三个分量分别表示 $\boldsymbol{F}$ 在点 M_0 环绕三个坐标轴的旋转强度.

2. 斯托克斯公式的物理解释

由旋度的物理意义，斯托克斯公式中，

$$\oint_{L^+}\boldsymbol{F}\cdot\boldsymbol{\tau}\mathrm{d}s=\iint_{S^+}\mathrm{rot}\,\boldsymbol{F}\cdot\boldsymbol{n}\mathrm{d}S,$$

如果曲面 S 上某些点有旋量，即在这些点 P 上，旋度 $\|\mathrm{rot}\boldsymbol{F}(P)\|>0$，且 $\|\mathrm{rot}\boldsymbol{F}(P)\|$ 越大，旋转得越快. 因为旋度 $\mathrm{rot}\boldsymbol{F}(P)$ 与曲面 S 的法向量 $\boldsymbol{n}$ 的方向不一定相同，所以在曲面 S 上点

P 的涡旋强度只是旋度 $\mathrm{rot}\boldsymbol{F}(P)$ 在点 P 法向量 $\boldsymbol{n}$ 上的投影．显然，在曲面 S 上的所有点 P 的旋度 $\mathrm{rot}\boldsymbol{F}(P)$ 在点 P 法向量 $\boldsymbol{n}$ 上的投影 $\mathrm{rot}\boldsymbol{F}(P)\cdot\boldsymbol{n}$ 总和 $\iint\limits_{S^+}\mathrm{rot}\boldsymbol{F}\cdot\boldsymbol{n}\mathrm{d}S$ 应该等于曲面 S 上每一点涡旋强度传递到边界封闭曲线 L 上去的总量，即沿封闭曲线 L 的正向环流量 $\oint_{L^+}\boldsymbol{F}\cdot\boldsymbol{\tau}\mathrm{d}s$．

定义 15.4.11 若连续可微的向量场 $\boldsymbol{F}=(P,Q,R)$ 在 $\Omega\subset\mathbb{R}^3$ 中的任意一点 M 的旋度为零，即 $\mathrm{rot}\boldsymbol{F}(M)=0,\ \forall M\in\Omega$，则称 $\boldsymbol{F}$ 为**无旋场**．

定义 15.4.12 若向量场 $\boldsymbol{F}=(P,Q,R)$ 在 $\Omega\subset\mathbb{R}^3$ 内的曲线积分 $\int_{L(A,B)}\boldsymbol{F}\cdot\mathrm{d}\boldsymbol{s}$ 与积分路径无关，只与起点 A 和终点 B 有关，称 $\boldsymbol{F}$ 是 Ω 上的**保守场**．

曲线积分与积分路径的无关性用场论的语言叙述如下．

定理 15.4.1 若 $\boldsymbol{F}=(P,Q,R)$ 是单连通区域 Ω 上连续可微的向量场，则曲线积分 $\int_{L(A,B)}\boldsymbol{F}\cdot\mathrm{d}\boldsymbol{s}$ 与积分路径无关，只与起点 A 和终点 B 有关，等价于

（i）$\boldsymbol{F}$ 是 Ω 上的保守场；

（ii）$\boldsymbol{F}$ 是 Ω 上的有势场；

（iii）$\boldsymbol{F}$ 是 Ω 上的无旋场；

（iv）$\boldsymbol{F}$ 沿 Ω 中任意一条分段光滑的封闭曲线的环量都等于零．

15.4.4 三种运算的联合运用

设标量场 $u(M)$ 和向量场 $\boldsymbol{F}=(P,Q,R)$ 分别在 $\Omega\subset\mathbb{R}^3$ 上二阶连续可微，则

（1）$\mathrm{div}(\mathrm{rot}\boldsymbol{F})=\nabla\cdot(\nabla\times\boldsymbol{F})=(\nabla\times\nabla)\cdot\boldsymbol{F}=0$；

（2）$\mathrm{rot}(\mathrm{grad}u)=\nabla\times(\nabla u)=\nabla\times\nabla u=0$；

（3）$\mathrm{div}(\mathrm{grad}u)=\nabla\cdot(\nabla u)=\nabla\cdot\nabla u=\Delta u$；

（4）$$\begin{aligned}\mathrm{grad}(\mathrm{div}\boldsymbol{F})-\mathrm{rot}(\mathrm{rot}\boldsymbol{F})&=\nabla(\nabla\cdot\boldsymbol{F})-\nabla\times(\nabla\times\boldsymbol{F})=\nabla(\nabla\cdot\boldsymbol{F})-\nabla(\nabla\cdot\boldsymbol{F})+\nabla\cdot\nabla\boldsymbol{F}=\Delta\boldsymbol{F}\\&=(P''_{xx}+P''_{yy}+P''_{zz},\ Q''_{xx}+Q''_{yy}+Q''_{zz},\ R''_{xx}+R''_{yy}+R''_{zz}).\end{aligned}$$

15.4.5 平面向量场

若一个向量场 $\boldsymbol{F}=(P,Q)$ 定义在平面区域 D 上，且对 $\forall M\in D$，$\boldsymbol{F}(M)$ 都平行于该平面，则称 $\boldsymbol{F}$ 是 D 上的平面向量场．

1．通量

设 l 为 D 中的一条有向光滑曲线，$\boldsymbol{\tau}$ 为 l^+ 单位切向量，将 $\boldsymbol{\tau}$ 顺时针旋转 $\frac{\pi}{2}$，得到曲线 l^+ 的单位法向量 $\boldsymbol{n}$，称曲线积分 $\int_{l^+}\boldsymbol{F}\cdot\boldsymbol{n}\mathrm{d}s$ 为 $\boldsymbol{F}$ 穿过 l^+ 的通量，即 $\boldsymbol{F}$ 在 $\boldsymbol{n}$ 方向上的投影 $\boldsymbol{F}\cdot\boldsymbol{n}$ 沿 l 的第一型曲线积分．

2．环量

称曲线积分 $\int_{l^+}\boldsymbol{F}\cdot\boldsymbol{\tau}\mathrm{d}s$ 为 $\boldsymbol{F}$ 沿 l^+ 的环量，即 $\boldsymbol{F}$ 在曲线 l^+ 的切方向 $\boldsymbol{\tau}$ 上的投影 $\boldsymbol{F}\cdot\boldsymbol{\tau}$ 沿 l

的平面第一型曲线积分.

3．散度

设 $\boldsymbol{F}=(P,Q)$，对 $\forall M_0\in D$，定义 $\boldsymbol{F}$ 在 M_0 的散度为 $\mathrm{div}\boldsymbol{F}(M_0)=P_x'(M_0)+Q_y'(M_0)$.

4．旋度

设 $\boldsymbol{F}=(P,Q)$，对 $\forall M_0\in D$，定义 $\boldsymbol{F}$ 在 M_0 的旋度为 $\mathrm{rot}\boldsymbol{F}(M_0)=(Q_x'(M_0)-P_y'(M_0))\boldsymbol{k}$. 旋度 $\mathrm{rot}\boldsymbol{F}(M_0)$ 是度量向量场 $\boldsymbol{F}$ 在 M_0 处绕该点旋转的一个量.

借助于旋度和散度，格林公式可写成下列两种形式：

$$\oint_{(\partial D)^+}\boldsymbol{F}\cdot\boldsymbol{\tau}\mathrm{d}s=\iint_D\mathrm{rot}\boldsymbol{F}\cdot\boldsymbol{k}\mathrm{d}x\mathrm{d}y,\qquad \oint_{(\partial D)^+}\boldsymbol{F}\cdot\boldsymbol{n}\mathrm{d}s=\iint_D\mathrm{div}\boldsymbol{F}\mathrm{d}x\mathrm{d}y.$$

无源场、无旋场、梯度场、有势场、保守场的概念与空间向量场情形类似.

例 15.4.2　证明：向量场 $\boldsymbol{F}=yz(2x+y+z)\boldsymbol{i}+xz(x+2y+z)\boldsymbol{j}+xy(x+y+2z)\boldsymbol{k}$ 是有势场，并求出势函数.

证明　记 $P=yz(2x+y+z),\ Q=xz(x+2y+z),\ R=xy(x+y+2z)$，则

$$\mathrm{rot}\,\boldsymbol{F}=\begin{vmatrix}\boldsymbol{i}&\boldsymbol{j}&\boldsymbol{k}\\ \dfrac{\partial}{\partial x}&\dfrac{\partial}{\partial y}&\dfrac{\partial}{\partial z}\\ P&Q&R\end{vmatrix}=0,$$

故 $\boldsymbol{F}$ 是无旋场，从而是有势场. 可知曲线积分与积分路径无关，因此势函数

$$u(x,y,z)=\int_{(0,0,0)}^{(x,y,z)}P\mathrm{d}x+Q\mathrm{d}y+R\mathrm{d}z+C=\int_{(0,0,0)}^{(x,0,0)}P\mathrm{d}x+\int_{(x,0,0)}^{(x,y,0)}Q\mathrm{d}y+\int_{(x,y,0)}^{(x,y,z)}R\mathrm{d}z+C$$

$$=\int_0^z xy(x+y+2t)\mathrm{d}t+C=xyz(x+y+z)+C,$$

其中 C 是任意常数.

例 15.4.3　设有一个温度场 $U(x,y,z,t)$，场中无热源，在场中有一光滑封闭曲面 S 围成立体 V，K 是热传导系数，c 是热容量，ρ 是密度，证明：热传导方程 $c\rho\dfrac{\partial U}{\partial t}=\mathrm{div}(K\mathrm{grad}U)$.

证明　设光滑封闭曲面 S 的外单位法向量为 $\boldsymbol{n}$. 热总是从介质温度较高的部分流向温度较低的部分，温差越大，热流动得越快. 由热传导理论，单位时间内通过曲面面积微元 $\mathrm{d}S$ 的热量微元

$$\mathrm{d}Q=-K\mathrm{grad}U\cdot\boldsymbol{n}\mathrm{d}S,$$

从而在单位时间内流出封闭曲面 S 的热量

$$Q=-\oiint_{S^+}K\mathrm{grad}U\cdot\boldsymbol{n}\mathrm{d}S.\tag{15.4.1}$$

由高斯公式，有

$$\oiint_{S^+}K\mathrm{grad}U\cdot\boldsymbol{n}\mathrm{d}S=\iiint_V\mathrm{div}(K\mathrm{grad}U)\mathrm{d}x\mathrm{d}y\mathrm{d}z,$$

改变式（15.4.1）的符号，就是流入封闭曲面 S 的热量，即 $Q=\iiint\limits_V\mathrm{div}(K\,\mathrm{grad}\,U)\mathrm{d}x\mathrm{d}y\mathrm{d}z$.

另外，计算立体V吸收的热量，对$\forall(x,y,z)\in V$，在单位时间内，在该点温度增加$\dfrac{\partial U}{\partial t}$. 由热力学定律知，热量与质量和增加温度成正比，在点(x,y,z)的体积微元$\mathrm{d}x\mathrm{d}y\mathrm{d}z$，吸收的热量微元$\mathrm{d}Q=c\rho\dfrac{\partial U}{\partial t}\mathrm{d}x\mathrm{d}y\mathrm{d}z$. 从而单位时间内立体$V$所吸收的热量是

$$Q=\iiint\limits_V c\rho\frac{\partial U}{\partial t}\mathrm{d}x\mathrm{d}y\mathrm{d}z.$$

显然，流入曲面S的热量应该等于立体V所吸收的热量，即

$$\iiint\limits_V \mathrm{div}(K\mathrm{grad}U)\mathrm{d}x\mathrm{d}y\mathrm{d}z=\iiint\limits_V c\rho\frac{\partial U}{\partial t}\mathrm{d}x\mathrm{d}y\mathrm{d}z,$$

因为上式对任意立体V都成立，所以有$c\rho\dfrac{\partial U}{\partial t}=\mathrm{div}(K\mathrm{grad}U)$. 这即为热传导方程．证毕.

*15.4.6　曲线坐标系

正交曲线坐标系下的梯度、散度、旋度和拉普拉斯算子的表示，对流体力学、弹性力学和物理中的电磁学非常重要.

1．极坐标

平面上直角坐标和极坐标之间的变换为$\begin{cases}x=\rho\cos\varphi,\\ y=\rho\sin\varphi.\end{cases}$ 极坐标是由$\rho=\rho_0$（为常数）的以原点为中心的同心圆，以及$\varphi=\varphi_0$（为常数）的过原点的射线的正交曲线网组成，其中φ是射线与x轴正方向的夹角．这两组正交曲线网的任何一个交点A，都有两个单位正交基向量$\boldsymbol{e}_\rho,\boldsymbol{e}_\varphi$，其中径向单位向量$\boldsymbol{e}_\rho$与过$A$点的射线$\varphi=\varphi_0$（为常数）重合并且指向$\rho$增大方向（指向圆周外侧），而轴向单位向量$\boldsymbol{e}_\varphi$与过$A$点的圆相切，并且沿着$\varphi$增大方向（逆时针）．平面上$A$点的向量可以表示成$\boldsymbol{r}=\rho\boldsymbol{e}_\rho$．如图 15-4-1 所示，一个标量场，如温度场，在极坐标下可以写成$T(\rho,\varphi)$．如果一个标量场只是ρ的函数，即$T=T(\rho)$，则是轴对称场．一个矢量场，如速度场，在极坐标下可以写成

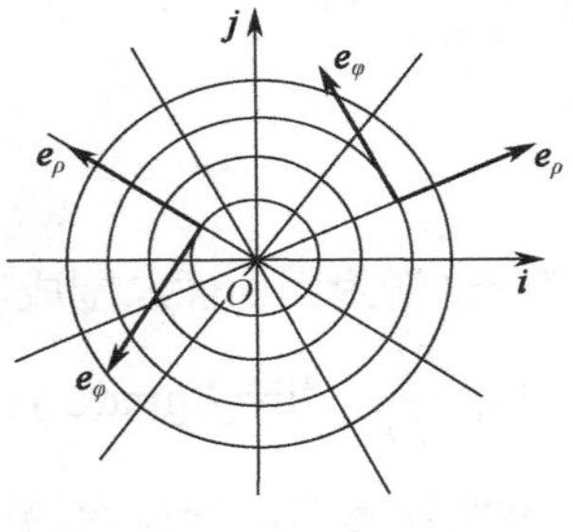

图 15-4-1

$$\boldsymbol{v}(\rho,\varphi)=v_\rho(\rho,\varphi)\boldsymbol{e}_\rho+v_\varphi(\rho,\varphi)\boldsymbol{e}_\varphi,$$

显然，极坐标下的一个向量微元为

$$\mathrm{d}\boldsymbol{r}=\mathrm{d}\rho\boldsymbol{e}_\rho+\rho\mathrm{d}\varphi\boldsymbol{e}_\varphi,$$

弧长微元为$(\mathrm{d}s)^2=\mathrm{d}\boldsymbol{r}\cdot\mathrm{d}\boldsymbol{r}=(\mathrm{d}\rho)^2+(\rho\mathrm{d}\varphi)^2$，面积微元为$\mathrm{d}S=\rho\mathrm{d}\rho\mathrm{d}\varphi$.

2．柱坐标

极坐标推广到三维空间$\mathbb{R}^3$，就是柱坐标系$\begin{cases}x=\rho\cos\varphi,\\ y=\rho\sin\varphi,\\ z=z.\end{cases}$ 由一族柱面Π_ρ: $\rho=$常数，

一族过 z 轴的平面 Π_φ: φ=常数，和一族垂直于 z 轴的平面 $\Pi_z: z=$常数相交而成．如图 15-4-2 所示，柱坐标系在一点 A 的三个单位正交基 $(\boldsymbol{e}_\rho,\boldsymbol{e}_\varphi,\boldsymbol{k})$，其中 $\boldsymbol{e}_\rho$ 是沿着过 A 点两个平面 Π_φ 和 Π_z 的交线，$\boldsymbol{e}_\varphi$ 是沿着过 A 点柱面 Π_ρ 和 Π_z 相交的圆的切线方向，$\boldsymbol{k}$ 是沿着过 A 点平面 Π_φ 和柱面 Π_ρ 的交线，而三个基向量均指向对应变量增大的方向．柱坐标下标量场一般形式为 $T(\rho,\varphi,z)$，向量场的一般形式为

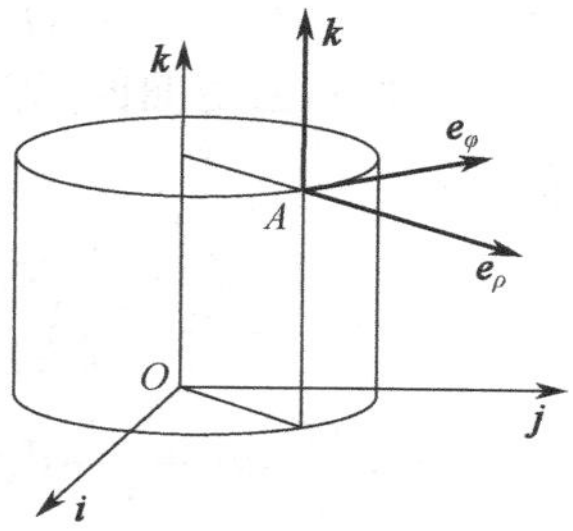

图 15-4-2

$$\boldsymbol{v}(\rho,\varphi,z)=v_\rho(\rho,\varphi,z)\boldsymbol{e}_\rho+v_\varphi(\rho,\varphi,z)\boldsymbol{e}_\varphi+v_z(\rho,\varphi,z)\boldsymbol{k}\,.$$

显然，柱坐标下的一个向量微元为 $\mathrm{d}\boldsymbol{r}=\mathrm{d}\rho\boldsymbol{e}_\rho+\rho\mathrm{d}\varphi\boldsymbol{e}_\varphi+\mathrm{d}z\boldsymbol{k}$，弧长微元为

$$(\mathrm{d}s)^2=\mathrm{d}\boldsymbol{r}\cdot\mathrm{d}\boldsymbol{r}=(\mathrm{d}\rho)^2+(\rho\mathrm{d}\varphi)^2+(\mathrm{d}z)^2,$$

一个微元体的体积微元为 $\mathrm{d}V=\rho\mathrm{d}\rho\mathrm{d}\varphi\mathrm{d}z$，面积微元为 $\mathrm{d}\boldsymbol{S}=\rho\mathrm{d}\rho\mathrm{d}\varphi\boldsymbol{k}+\mathrm{d}\rho\mathrm{d}z\boldsymbol{e}_\varphi+\rho\mathrm{d}\varphi\mathrm{d}z\boldsymbol{e}_\rho$．

3．球坐标

球坐标与直角坐标系的变换关系为 $\begin{cases}x=r\cos\theta\cos\varphi,\\ y=r\cos\theta\sin\varphi,\\ z=r\sin\theta,\end{cases}$ 其中 φ 为经度，θ 为纬度，南北极分别为 $-\dfrac{\pi}{2}$ 和 $\dfrac{\pi}{2}$．如图 15-4-3 所示，球坐标系由一族球面 Π_r：$r=r_0$（为常数）、一族过 z 轴的子午面 Π_φ：$\varphi=\varphi_0$（为常数）和一族以 O 为顶点、以 $\boldsymbol{k}$ 轴为对称轴、半顶角为 $\dfrac{\pi}{2}-\theta$ 的圆锥面 Π_θ：$\theta=\theta_0$ 相交而成．球坐标系在一点 A 的三个单位正交基 $(\boldsymbol{e}_r,\boldsymbol{e}_\varphi,\boldsymbol{e}_\theta)$，其中 $\boldsymbol{e}_r$ 是沿着过 A 点平面 Π_φ 和锥面 Π_θ 的交线（指向天），$\boldsymbol{e}_\varphi$ 是沿着过 A 点球面 Π_r 和 Π_θ 相交的圆的切线方向（指向东），$\boldsymbol{e}_\theta$ 是沿着过 A 点子午面 Π_φ 和球面 Π_r 相交的大圆切线（指向北）．球坐标下标量场一般形式为 $T(r,\varphi,\theta)$，向量场的一般形式为

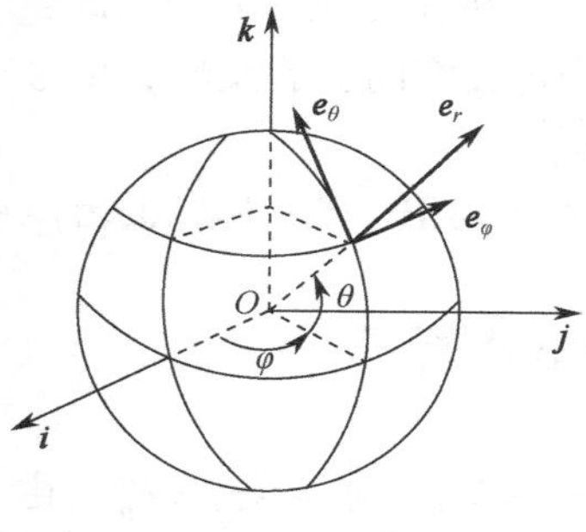

图 15-4-3

$$\boldsymbol{v}(r,\varphi,\theta)=v_r(r,\varphi,\theta)\boldsymbol{e}_r+v_\varphi(r,\varphi,\theta)\boldsymbol{e}_\varphi+v_\theta(r,\varphi,\theta)\boldsymbol{e}_\theta,$$

可以推导出球坐标下的一个向量微元为 $\mathrm{d}\boldsymbol{r}=\mathrm{d}r\boldsymbol{e}_r+r\cos\theta\mathrm{d}\varphi\boldsymbol{e}_\varphi+r\mathrm{d}\theta\boldsymbol{e}_\theta$，弧长微元为

$$(\mathrm{d}s)^2=\mathrm{d}\boldsymbol{r}\cdot\mathrm{d}\boldsymbol{r}=(\mathrm{d}r)^2+(r\cos\theta\mathrm{d}\varphi)^2+(r\mathrm{d}\theta)^2,$$

体积微元为 $\mathrm{d}V=r^2\cos\theta\mathrm{d}r\mathrm{d}\varphi\mathrm{d}\theta$，面积微元为 $\mathrm{d}\boldsymbol{S}=r^2\cos\theta\mathrm{d}\varphi\mathrm{d}\theta\boldsymbol{e}_r+r\mathrm{d}r\mathrm{d}\theta\boldsymbol{e}_\varphi+r\cos\theta\mathrm{d}r\mathrm{d}\varphi\boldsymbol{e}_\theta$．

4．一般正交曲线坐标系

考虑 $\mathbb{R}^3$ 中的向量值函数 $\boldsymbol{r}=\boldsymbol{r}(q_1,q_2,q_3)$，其中 $\boldsymbol{r}=x\boldsymbol{i}+y\boldsymbol{j}+z\boldsymbol{k}$，$(\boldsymbol{i},\boldsymbol{j},\boldsymbol{k})$ 是直角坐标系的单位正交基．定义 $\boldsymbol{n}_i=\dfrac{\partial\boldsymbol{r}}{\partial q_i}(q_{10},q_{20},q_{30})$，$i=1,2,3$，即 $\boldsymbol{n}_1$ 是曲线 C_1:$\boldsymbol{r}=\boldsymbol{r}(q_1,q_{20},q_{30})$ 在 $P_0(q_{10},\ q_{20},q_{30})$ 点的切向量，$\boldsymbol{n}_2$ 是曲线 C_2:$\boldsymbol{r}=\boldsymbol{r}(q_{10},q_2,q_{30})$ 在 P_0 点的切向量，$\boldsymbol{n}_3$ 是曲线 C_3:$\boldsymbol{r}=\boldsymbol{r}(q_{10},q_{20},q_3)$ 在 P_0 点的切向量．假设这三个切向量相互正交，即 $\boldsymbol{n}_i\cdot\boldsymbol{n}_j=0,\ i\neq j$．由于

曲线 $C_1: \boldsymbol{r}=\boldsymbol{r}(q_1,q_{20},q_{30})$ 是两个曲面 $\Pi_2: \boldsymbol{r}=\boldsymbol{r}(q_1,q_{20},q_3)$ 和 $\Pi_3: \boldsymbol{r}=\boldsymbol{r}(q_1,q_2,q_{30})$ 在 P_0 附近的交线，因此 $\boldsymbol{n}_1$ 也是曲面 $\Pi_1: \boldsymbol{r}=\boldsymbol{r}(q_{10},q_2,q_3)$ 在 P_0 点的法向量．对向量 $\boldsymbol{n}_2$ 和 $\boldsymbol{n}_3$ 有相同的几何解释．令

$$\|\boldsymbol{n}_i\|=\left\|\frac{\partial \boldsymbol{r}}{\partial q_i}(q_{10},q_{20},q_{30})\right\|=\sqrt{\frac{\partial \boldsymbol{r}}{\partial q_i}\cdot\frac{\partial \boldsymbol{r}}{\partial q_i}}=h_i(q_{10},q_{20},q_{30}),\quad i=1,2,3,$$

则有 $\mathrm{d}\boldsymbol{r}=\frac{\partial \boldsymbol{r}}{\partial q_1}\mathrm{d}q_1+\frac{\partial \boldsymbol{r}}{\partial q_2}\mathrm{d}q_2+\frac{\partial \boldsymbol{r}}{\partial q_3}\mathrm{d}q_3=h_1\mathrm{d}q_1\boldsymbol{e}_1+h_2\mathrm{d}q_2\boldsymbol{e}_2+h_3\mathrm{d}q_3\boldsymbol{e}_3$，其中 $(\boldsymbol{e}_1,\boldsymbol{e}_2,\boldsymbol{e}_3)$ 是一组单位正交向量．如图 15-4-4 所示，如果我们考察 P_0 的某个邻域中的每一点 $P(q_1,q_2,q_3)$，都存在这样的正交向量组，则 $(\boldsymbol{e}_1(P),\boldsymbol{e}_2(P),\boldsymbol{e}_3(P))$ 构成一组局部的正交曲线坐标系．不失一般性，我们通过交换下标使得 $(\boldsymbol{e}_1,\boldsymbol{e}_2,\boldsymbol{e}_3)$ 是一个右手系．一般来说，正交曲线坐标系也可以延拓到全空间，但是可能会有奇性．例如，对柱坐标，在 z 轴上，也就是 $\rho=0$ 时，幅角 φ 是无法定义的；球坐标在 z 轴上也有相同情况．上面定义的 $h_i=\left\|\frac{\partial \boldsymbol{r}}{\partial q_i}\right\|$，$i=1,2,3$ 称为 Lamé 系数．由 $\boldsymbol{r}=\boldsymbol{r}(q_1,q_2,q_3)$ 所定义的正交曲线坐标系的另一种几何解释是一个弯曲的三维空间（三维微分流形）的局部坐标，这些会在后续课程微分几何和黎曼几何中有详细论述．这个弯曲空间上的弧长定义为

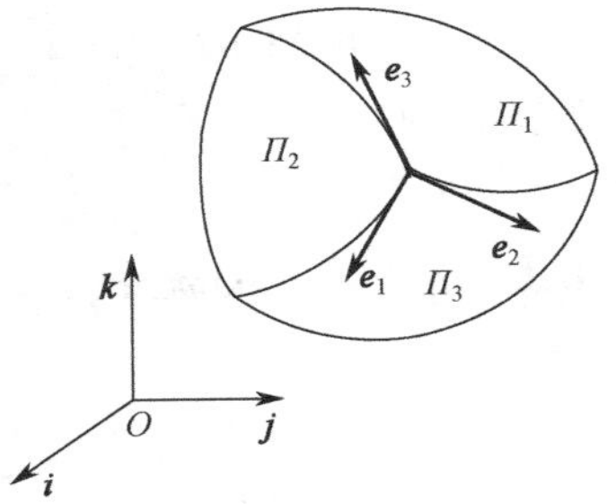

图 15-4-4

$$(\mathrm{d}s)^2=\mathrm{d}\boldsymbol{r}\cdot\mathrm{d}\boldsymbol{r}=(h_1\mathrm{d}q_1)^2+(h_2\mathrm{d}q_2)^2+(h_3\mathrm{d}q_3)^2,$$

面积微元为 $\mathrm{d}\boldsymbol{S}=h_2h_3\mathrm{d}q_2\mathrm{d}q_3\boldsymbol{e}_1+h_3h_1\mathrm{d}q_3\mathrm{d}q_1\boldsymbol{e}_2+h_1h_2\mathrm{d}q_1\mathrm{d}q_2\boldsymbol{e}_3$．体积微元为 $\mathrm{d}V=h_1h_2h_3\mathrm{d}q_1\mathrm{d}q_2\mathrm{d}q_3$．

*15.4.7 正交曲线坐标系下的梯度、旋度、散度和拉普拉斯算子

设 $\boldsymbol{r}=\boldsymbol{r}(q_1,q_2,q_3)$ 定义的正交曲线坐标系 $(\boldsymbol{e}_1,\boldsymbol{e}_2,\boldsymbol{e}_3)$ 满足 $\frac{\partial \boldsymbol{r}}{\partial q_i}=h_i\boldsymbol{e}_i$，$h_i=\left\|\frac{\partial \boldsymbol{r}}{\partial q_i}\right\|$，$\boldsymbol{e}_i\cdot\boldsymbol{e}_j=\delta_{ij}$．由向量表示的向量场关系恒等式，尽管在直角坐标系下容易验证，但同样适用于正交曲线坐标系．我们会用到下面的恒等式．

（1）令 $\boldsymbol{q}=(q_1,q_2,q_3)$，$u(\boldsymbol{q})$ 是标量场，则有 $\mathrm{d}u=\nabla u\cdot\mathrm{d}\boldsymbol{r}$，以及 $\nabla\times(\nabla u)=0$．

（2）令 $\boldsymbol{F}(\boldsymbol{q})$ 是矢量场，则有 $\nabla\times(u\boldsymbol{F})=\nabla u\times\boldsymbol{F}+u\nabla\times\boldsymbol{F}$．

令 $\nabla u=A_1\boldsymbol{e}_1+A_2\boldsymbol{e}_2+A_3\boldsymbol{e}_3$，其中 $A_i,i=1,2,3$ 待定．由于 $\mathrm{d}u=\frac{\partial u}{\partial q_1}\mathrm{d}q_1+\frac{\partial u}{\partial q_2}\mathrm{d}q_2+\frac{\partial u}{\partial q_3}\mathrm{d}q_3$，以及 $\mathrm{d}\boldsymbol{r}=h_1\mathrm{d}q_1\boldsymbol{e}_1+h_2\mathrm{d}q_2\boldsymbol{e}_2+h_3\mathrm{d}q_3\boldsymbol{e}_3$，把这些代入恒等式 $\mathrm{d}u=\nabla u\cdot\mathrm{d}\boldsymbol{r}$，有

$$\begin{aligned}\frac{\partial u}{\partial q_1}\mathrm{d}q_1+\frac{\partial u}{\partial q_2}\mathrm{d}q_2+\frac{\partial u}{\partial q_3}\mathrm{d}q_3&=(A_1\boldsymbol{e}_1+A_2\boldsymbol{e}_2+A_3\boldsymbol{e}_3)\cdot(h_1\mathrm{d}q_1\boldsymbol{e}_1+h_2\mathrm{d}q_2\boldsymbol{e}_2+h_3\mathrm{d}q_3\boldsymbol{e}_3)\\&=A_1h_1\mathrm{d}q_1+A_2h_2\mathrm{d}q_2+A_3h_3\mathrm{d}q_3.\end{aligned}$$

由于 $\mathrm{d}q_i(i=1,2,3)$ 的任意性，我们得到 $A_i=\frac{1}{h_i}\frac{\partial u}{\partial q_i}(i=1,2,3)$，因此有

$$\nabla u=\frac{1}{h_1}\frac{\partial u}{\partial q_1}\boldsymbol{e}_1+\frac{1}{h_2}\frac{\partial u}{\partial q_2}\boldsymbol{e}_2+\frac{1}{h_3}\frac{\partial u}{\partial q_3}\boldsymbol{e}_3,$$

利用该梯度公式，令 $u=q_i(i=1,2,3)$，则有 $\boldsymbol{e}_i(\boldsymbol{q})=h_i(\boldsymbol{q})\nabla q_i,\ i=1,2,3$．下面计算 $\nabla\times\boldsymbol{e}_1$，利用上面公式（2），有

$$\begin{aligned}\nabla\times\boldsymbol{e}_1&=\nabla\times(h_1\nabla q_1)=h_1\nabla\times(\nabla q_1)+\nabla h_1\times\nabla q_1=\nabla h_1\times\nabla q_1\\&=\left(\frac{1}{h_1}\frac{\partial h_1}{\partial q_1}\boldsymbol{e}_1+\frac{1}{h_2}\frac{\partial h_1}{\partial q_2}\boldsymbol{e}_2+\frac{1}{h_3}\frac{\partial h_1}{\partial q_3}\boldsymbol{e}_3\right)\times\frac{1}{h_1}\boldsymbol{e}_1=\frac{1}{h_3h_1}\frac{\partial h_1}{\partial q_3}\boldsymbol{e}_2-\frac{1}{h_1h_2}\frac{\partial h_1}{\partial q_2}\boldsymbol{e}_3,\end{aligned}$$

同样计算，可得 $\nabla\times\boldsymbol{e}_2=\frac{1}{h_1h_2}\frac{\partial h_2}{\partial q_1}\boldsymbol{e}_3-\frac{1}{h_2h_3}\frac{\partial h_2}{\partial q_3}\boldsymbol{e}_1$，$\nabla\times\boldsymbol{e}_3=\frac{1}{h_2h_3}\frac{\partial h_3}{\partial q_2}\boldsymbol{e}_1-\frac{1}{h_3h_1}\frac{\partial h_3}{\partial q_1}\boldsymbol{e}_2$．这两个式子实际上就是把上面的式子中的下标 $(1,2,3)$ 依次轮换而得到的．设向量场

$$\boldsymbol{F}(\boldsymbol{q})=F_1(\boldsymbol{q})\boldsymbol{e}_1+F_2(\boldsymbol{q})\boldsymbol{e}_2+F_3(\boldsymbol{q})\boldsymbol{e}_3,$$

则有

$$\begin{aligned}\nabla\times\boldsymbol{F}&=\nabla\times\big(F_1(\boldsymbol{q})\boldsymbol{e}_1+F_2(\boldsymbol{q})\boldsymbol{e}_2+F_3(\boldsymbol{q})\boldsymbol{e}_3\big)=\nabla\times\big(F_1\boldsymbol{e}_1\big)+\nabla\times\big(F_2\boldsymbol{e}_2\big)+\nabla\times\big(F_3\boldsymbol{e}_3\big)\\&=F_1\nabla\times\boldsymbol{e}_1+F_2\nabla\times\boldsymbol{e}_2+F_3\nabla\times\boldsymbol{e}_3+\big(\nabla F_1\big)\times\boldsymbol{e}_1+\big(\nabla F_2\big)\times\boldsymbol{e}_2+\big(\nabla F_3\big)\times\boldsymbol{e}_3\\&=F_1\left(\frac{1}{h_3h_1}\frac{\partial h_1}{\partial q_3}\boldsymbol{e}_2-\frac{1}{h_1h_2}\frac{\partial h_1}{\partial q_2}\boldsymbol{e}_3\right)+F_2\left(\frac{1}{h_1h_2}\frac{\partial h_2}{\partial q_1}\boldsymbol{e}_3-\frac{1}{h_2h_3}\frac{\partial h_2}{\partial q_3}\boldsymbol{e}_1\right)+F_3\left(\frac{1}{h_2h_3}\frac{\partial h_3}{\partial q_2}\boldsymbol{e}_1-\frac{1}{h_3h_1}\frac{\partial h_3}{\partial q_1}\boldsymbol{e}_2\right)+\\&\quad\left(\frac{1}{h_1}\frac{\partial F_1}{\partial q_1}\boldsymbol{e}_1+\frac{1}{h_2}\frac{\partial F_1}{\partial q_2}\boldsymbol{e}_2+\frac{1}{h_3}\frac{\partial F_1}{\partial q_3}\boldsymbol{e}_3\right)\times\boldsymbol{e}_1+\left(\frac{1}{h_1}\frac{\partial F_2}{\partial q_1}\boldsymbol{e}_1+\frac{1}{h_2}\frac{\partial F_2}{\partial q_2}\boldsymbol{e}_2+\frac{1}{h_3}\frac{\partial F_2}{\partial q_3}\boldsymbol{e}_3\right)\times\boldsymbol{e}_2+\\&\quad\left(\frac{1}{h_1}\frac{\partial F_3}{\partial q_1}\boldsymbol{e}_1+\frac{1}{h_2}\frac{\partial F_3}{\partial q_2}\boldsymbol{e}_2+\frac{1}{h_3}\frac{\partial F_3}{\partial q_3}\boldsymbol{e}_3\right)\times\boldsymbol{e}_3\\&=\left(\frac{1}{h_3h_1}\frac{\partial(F_1h_1)}{\partial q_3}\boldsymbol{e}_2-\frac{1}{h_1h_2}\frac{\partial(F_1h_1)}{\partial q_2}\boldsymbol{e}_3\right)+\left(\frac{1}{h_1h_2}\frac{\partial(F_2h_2)}{\partial q_1}\boldsymbol{e}_3-\frac{1}{h_2h_3}\frac{\partial(F_2h_2)}{\partial q_3}\boldsymbol{e}_1\right)+\\&\quad\left(\frac{1}{h_2h_3}\frac{\partial(F_3h_3)}{\partial q_2}\boldsymbol{e}_1-\frac{1}{h_3h_1}\frac{\partial(F_3h_3)}{\partial q_1}\boldsymbol{e}_2\right)\\&=\frac{1}{h_1h_2h_3}\begin{vmatrix}h_1\boldsymbol{e}_1&h_2\boldsymbol{e}_2&h_3\boldsymbol{e}_3\\\dfrac{\partial}{\partial q_1}&\dfrac{\partial}{\partial q_2}&\dfrac{\partial}{\partial q_3}\\h_1F_1&h_2F_2&h_3F_3\end{vmatrix},\end{aligned}$$

因此，正交曲线坐标系下旋度公式

$$\nabla\times\boldsymbol{F}=\frac{1}{h_1h_2h_3}\begin{vmatrix}h_1\boldsymbol{e}_1&h_2\boldsymbol{e}_2&h_3\boldsymbol{e}_3\\\dfrac{\partial}{\partial q_1}&\dfrac{\partial}{\partial q_2}&\dfrac{\partial}{\partial q_3}\\h_1F_1&h_2F_2&h_3F_3\end{vmatrix}.$$

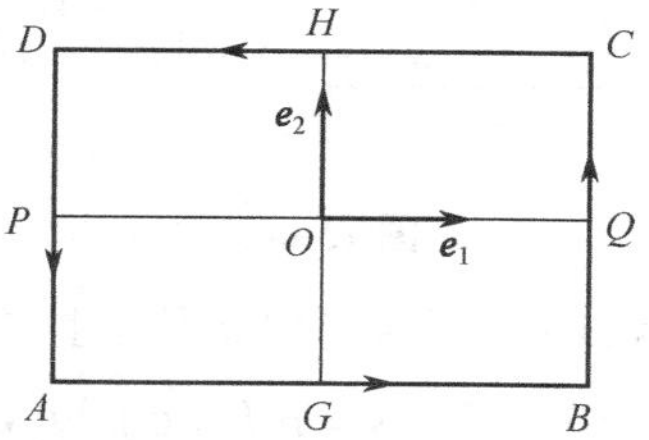

图 15-4-5

旋度公式也可以利用斯托克斯定理通过微元法推导出来．如图 15-4-5 所示，考虑以 $\boldsymbol{q}=(q_1,q_2,q_3)$ 为中心，切向量 $\boldsymbol{e}_1$ 和 $\boldsymbol{e}_2$ 张成平面内一个矩形微元 $ABCD$，

$$\Omega=\left[q_1-\frac{1}{2}\mathrm{d}q_1,q_1+\frac{1}{2}\mathrm{d}q_1,q_3\right]\times\left[q_2-\frac{1}{2}\mathrm{d}q_2,q_2+\frac{1}{2}\mathrm{d}q_2,q_3\right],$$

根据斯托克斯公式有 $\oint_{\partial\Omega}\boldsymbol{F}\cdot\mathrm{d}\boldsymbol{s}=\iint_{\Omega}\mathrm{rot}\,\boldsymbol{F}\cdot\mathrm{d}\boldsymbol{S}$．$P$ 点和 Q 点坐标分别为 $P:(q_1-\mathrm{d}q_1/2,q_2)$, $Q:(q_1+\mathrm{d}q_1/2,q_2)$, 因此有 $\int_{\overline{PQ}}\boldsymbol{F}\cdot\mathrm{d}\boldsymbol{s}=F_1(\boldsymbol{q})h_1(\boldsymbol{q})\mathrm{d}q_1$，$A,B,C,D$ 四点坐标分别为

$$A:(q_1-\mathrm{d}q_1/2,q_2-\mathrm{d}q_2/2),\ B:(q_1+\mathrm{d}q_1/2,q_2-\mathrm{d}q_2/2),$$
$$C:(q_1+\mathrm{d}q_1/2,q_2+\mathrm{d}q_2/2),\ D:(q_1-\mathrm{d}q_1/2,q_2+\mathrm{d}q_2/2),$$

因此

$$\int_{\overline{AB}}\boldsymbol{F}\cdot\mathrm{d}\boldsymbol{s}=F_1(\boldsymbol{q})h_1(\boldsymbol{q})\mathrm{d}q_1+\frac{\partial}{\partial q_2}(F_1(\boldsymbol{q})h_1(\boldsymbol{q})dq_1)\left(-\frac{\mathrm{d}q_2}{2}\right)=F_1(\boldsymbol{q})h_1(\boldsymbol{q})\mathrm{d}q_1-\frac{\partial}{\partial q_2}(F_1(\boldsymbol{q})h_1(\boldsymbol{q}))\frac{\mathrm{d}q_1\mathrm{d}q_2}{2},$$

$$\int_{\overline{CD}}\boldsymbol{F}\cdot\mathrm{d}\boldsymbol{s}=-F_1(\boldsymbol{q})h_1(\boldsymbol{q})\mathrm{d}q_1+\frac{\partial}{\partial q_2}(-F_1(\boldsymbol{q})h_1(\boldsymbol{q})\mathrm{d}q_1)\frac{\mathrm{d}q_2}{2}=-F_1(\boldsymbol{q})h_1(\boldsymbol{q})\mathrm{d}q_1-\frac{\partial}{\partial q_2}(F_1(\boldsymbol{q})h_1(\boldsymbol{q}))\frac{\mathrm{d}q_1\mathrm{d}q_2}{2}.$$

同理，G 和 H 点坐标分别为 $G:(q_1,q_2-\mathrm{d}q_2/2)$, $H:(q_1,q_2+\mathrm{d}q_2/2)$. 因此有

$$\int_{\overline{GH}}\boldsymbol{F}\cdot\mathrm{d}\boldsymbol{s}=F_2(\boldsymbol{q})h_2(\boldsymbol{q})\mathrm{d}q_2,$$

$$\int_{\overline{BC}}\boldsymbol{F}\cdot\mathrm{d}\boldsymbol{s}=F_2(\boldsymbol{q})h_2(\boldsymbol{q})\mathrm{d}q_2+\frac{\partial}{\partial q_1}(F_2(\boldsymbol{q})h_2(\boldsymbol{q})\mathrm{d}q_2)\frac{\mathrm{d}q_1}{2},$$

$$\int_{\overline{DA}}\boldsymbol{F}\cdot\mathrm{d}\boldsymbol{s}=-F_2(\boldsymbol{q})h_2(\boldsymbol{q})\mathrm{d}q_2+\frac{\partial}{\partial q_1}(-F_2(\boldsymbol{q})h_2(\boldsymbol{q})\mathrm{d}q_2)\left(-\frac{\mathrm{d}q_1}{2}\right),$$

因此

$$\oint_{\partial\Omega}\boldsymbol{F}\cdot\mathrm{d}\boldsymbol{s}=\left(\int_{\overline{AB}}+\int_{\overline{BC}}+\int_{\overline{CD}}+\int_{\overline{DA}}\right)\boldsymbol{F}\cdot\mathrm{d}\boldsymbol{s}=\left(\frac{\partial}{\partial q_1}(F_2(\boldsymbol{q})h_2(\boldsymbol{q}))-\frac{\partial}{\partial q_2}(F_1(\boldsymbol{q})h_1(\boldsymbol{q}))\right)\mathrm{d}q_1\mathrm{d}q_2.$$

另外，$\mathrm{d}\boldsymbol{S}_\Omega=h_1h_2\mathrm{d}q_1\mathrm{d}q_2\boldsymbol{e}_3$，令 $\nabla\times\boldsymbol{F}=B_1\boldsymbol{e}_1+B_2\boldsymbol{e}_2+B_3\boldsymbol{e}_3$，则有 $\iint_{\Omega}\mathrm{rot}\,\boldsymbol{F}\cdot\mathrm{d}\boldsymbol{S}=B_3h_1h_2\mathrm{d}q_1\mathrm{d}q_2$．因此，得到 $B_3=\dfrac{1}{h_1h_2}\left(\dfrac{\partial}{\partial q_1}(F_2h_2)-\dfrac{\partial}{\partial q_2}(F_1h_1)\right)$．类似地，可以得到

$$B_1=\frac{1}{h_2h_3}\left(\frac{\partial}{\partial q_2}(F_3h_3)-\frac{\partial}{\partial q_3}(F_2h_2)\right),$$

$$B_2=\frac{1}{h_3h_1}\left(\frac{\partial}{\partial q_3}(F_1h_1)-\frac{\partial}{\partial q_1}(F_3h_3)\right).$$

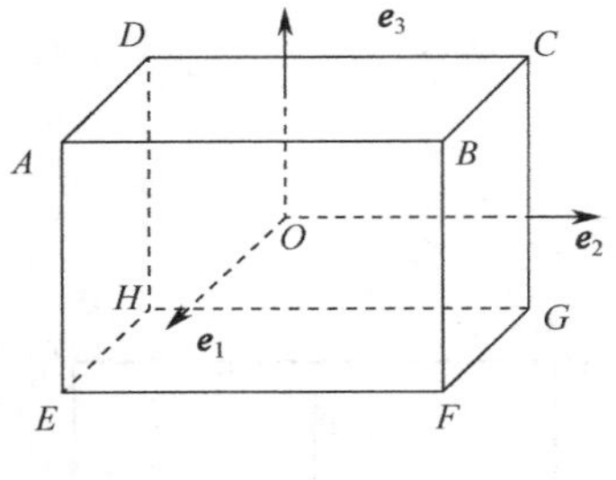

图 15-4-6

为了推导正交曲线坐标系下的散度表达，利用微元法和高斯公式 $\oiint_{S^+}\boldsymbol{F}\cdot\mathrm{d}\boldsymbol{S}=\iiint_V\mathrm{div}\boldsymbol{F}\mathrm{d}V$．图 15-4-6 所示，考虑 V 是一个以 $\boldsymbol{q}=(q_1,q_2,q_3)$ 为中心、边长为 $(\mathrm{d}q_1,\mathrm{d}q_2,\mathrm{d}q_3)$ 的微元，表面的均取外法向．向量场 $\boldsymbol{F}$ 在 $O\boldsymbol{e}_1\boldsymbol{e}_2$ 与长方体积微元相交的长方形上的积分为 $\oiint_{O\boldsymbol{e}_1\boldsymbol{e}_2\cap V}\boldsymbol{F}\cdot\mathrm{d}\boldsymbol{S}=F_3h_1h_2\mathrm{d}q_1\mathrm{d}q_2$，因此可以得到向量场在长方形 $ABCD$ 和 $EFGH$ 上的积分分别为

$$\iint_{ABCD} \boldsymbol{F}\cdot \mathrm{d}\boldsymbol{S} = F_3 h_1 h_2 \mathrm{d}q_1 \mathrm{d}q_2 + \frac{\partial}{\partial q_3}(F_3 h_1 h_2 \mathrm{d}q_1 \mathrm{d}q_2)\frac{\mathrm{d}q_3}{2},$$

$$\iint_{EFGH} \boldsymbol{F}\cdot \mathrm{d}\boldsymbol{S} = -F_3 h_1 h_2 \mathrm{d}q_1 \mathrm{d}q_2 + \frac{\partial}{\partial q_3}(-F_3 h_1 h_2 \mathrm{d}q_1 \mathrm{d}q_2)\left(-\frac{\mathrm{d}q_3}{2}\right).$$

同样方法我们有

$$\iint_{BCGF} \boldsymbol{F}\cdot \mathrm{d}\boldsymbol{S} = F_2 h_3 h_1 \mathrm{d}q_3 \mathrm{d}q_1 + \frac{\partial}{\partial q_2}(F_2 h_3 h_1 \mathrm{d}q_3 \mathrm{d}q_1)\frac{\mathrm{d}q_2}{2},$$

$$\iint_{ADHE} \boldsymbol{F}\cdot \mathrm{d}\boldsymbol{S} = -F_2 h_3 h_1 \mathrm{d}q_3 \mathrm{d}q_1 + \frac{\partial}{\partial q_2}(-F_2 h_3 h_1 \mathrm{d}q_3 \mathrm{d}q_1)\left(-\frac{\mathrm{d}q_2}{2}\right),$$

$$\iint_{EFBA} \boldsymbol{F}\cdot \mathrm{d}\boldsymbol{S} = F_1 h_2 h_3 \mathrm{d}q_2 \mathrm{d}q_3 + \frac{\partial}{\partial q_1}(F_1 h_2 h_3 \mathrm{d}q_2 \mathrm{d}q_3)\frac{\mathrm{d}q_1}{2},$$

$$\iint_{HGCD} \boldsymbol{F}\cdot \mathrm{d}\boldsymbol{S} = -F_1 h_2 h_3 \mathrm{d}q_2 \mathrm{d}q_3 + \frac{\partial}{\partial q_1}(-F_1 h_2 h_3 \mathrm{d}q_2 \mathrm{d}q_3)\left(-\frac{\mathrm{d}q_1}{2}\right),$$

因此

$$\begin{aligned}\iint_{\partial V} \boldsymbol{F}\cdot \mathrm{d}\boldsymbol{S} &= \left(\iint_{ABCD} + \iint_{EFGH} + \iint_{BCGF} + \iint_{ADHE} + \iint_{EFBA} + \iint_{HGCD}\right)\boldsymbol{F}\cdot \mathrm{d}\boldsymbol{S} \\ &= \left(\frac{\partial}{\partial q_1}(F_1 h_2 h_3) + \frac{\partial}{\partial q_2}(F_2 h_3 h_1) + \frac{\partial}{\partial q_3}(F_3 h_1 h_2)\right)\mathrm{d}q_1 \mathrm{d}q_2 \mathrm{d}q_3,\end{aligned}$$

而 $\iiint_V \mathrm{div}\boldsymbol{F}\mathrm{d}V = (\mathrm{div}\boldsymbol{F})h_1 h_2 h_3 \mathrm{d}q_1 \mathrm{d}q_2 \mathrm{d}q_3$，因此得到

$$\mathrm{div}\boldsymbol{F} = \frac{1}{h_1 h_2 h_3}\left(\frac{\partial}{\partial q_1}(F_1 h_2 h_3) + \frac{\partial}{\partial q_2}(F_2 h_3 h_1) + \frac{\partial}{\partial q_3}(F_3 h_1 h_2)\right).$$

对标量场 $u(\boldsymbol{q})$，有

$$\Delta u = \nabla\cdot(\nabla u) = \frac{1}{h_1 h_2 h_3}\left[\frac{\partial}{\partial q_1}\left(\frac{h_2 h_3}{h_1}\frac{\partial u}{\partial q_1}\right) + \frac{\partial}{\partial q_2}\left(\frac{h_3 h_1}{h_2}\frac{\partial u}{\partial q_2}\right) + \frac{\partial}{\partial q_3}\left(\frac{h_1 h_2}{h_3}\frac{\partial u}{\partial q_3}\right)\right].$$

对柱坐标，有 $h_\rho = 1,\ h_\varphi = \rho,\ h_z = 1$；对球坐标，有 $h_r = 1,\ h_\varphi = r\cos\theta,\ h_\theta = r$，因此

$$\begin{aligned}\nabla u &= \frac{\partial u}{\partial x}\boldsymbol{i} + \frac{\partial u}{\partial y}\boldsymbol{j} + \frac{\partial u}{\partial z}\boldsymbol{k} \quad \text{（直角坐标系）}\\ &= \frac{\partial u}{\partial \rho}\boldsymbol{e}_\rho + \frac{1}{\rho}\frac{\partial u}{\partial \varphi}\boldsymbol{e}_\varphi + \frac{\partial u}{\partial z}\boldsymbol{k} \quad \text{（柱坐标系）}\\ &= \frac{\partial u}{\partial r}\boldsymbol{e}_r + \frac{1}{r\cos\theta}\frac{\partial u}{\partial \varphi}\boldsymbol{e}_\varphi + \frac{1}{r}\frac{\partial u}{\partial \theta}\boldsymbol{e}_\theta \quad \text{（球坐标系）}\\ &= \frac{1}{h_1}\frac{\partial u}{\partial q_1}\boldsymbol{e}_1 + \frac{1}{h_2}\frac{\partial u}{\partial q_2}\boldsymbol{e}_2 + \frac{1}{h_3}\frac{\partial u}{\partial q_3}\boldsymbol{e}_3 \quad \text{（正交曲线坐标系）},\end{aligned}$$

$$\nabla\times\boldsymbol{F}=\begin{vmatrix}\boldsymbol{i} & \boldsymbol{j} & \boldsymbol{k}\\ \dfrac{\partial}{\partial x} & \dfrac{\partial}{\partial y} & \dfrac{\partial}{\partial z}\\ F_x & F_y & F_z\end{vmatrix}\quad（直角坐标系）$$

$$=\frac{1}{\rho}\begin{vmatrix}\boldsymbol{e}_\rho & \rho\boldsymbol{e}_\varphi & \boldsymbol{k}\\ \dfrac{\partial}{\partial\rho} & \dfrac{\partial}{\partial\varphi} & \dfrac{\partial}{\partial z}\\ F_\rho & \rho F_\varphi & F_z\end{vmatrix}\quad（柱坐标系）$$

$$=\frac{1}{r^2\cos\theta}\begin{vmatrix}\boldsymbol{e}_r & r\cos\theta\boldsymbol{e}_\varphi & r\boldsymbol{e}_\theta\\ \dfrac{\partial}{\partial r} & \dfrac{\partial}{\partial\varphi} & \dfrac{\partial}{\partial\theta}\\ F_r & r\cos\theta F_\varphi & rF_\theta\end{vmatrix}\quad（球坐标系）$$

$$=\frac{1}{h_1h_2h_3}\begin{vmatrix}h_1\boldsymbol{e}_1 & h_2\boldsymbol{e}_2 & h_3\boldsymbol{e}_3\\ \dfrac{\partial}{\partial q_1} & \dfrac{\partial}{\partial q_2} & \dfrac{\partial}{\partial q_3}\\ h_1F_1 & h_2F_2 & h_3F_3\end{vmatrix}\quad（正交曲线坐标系），$$

$$\nabla\cdot\boldsymbol{F}=\frac{\partial F_x}{\partial x}+\frac{\partial F_y}{\partial y}+\frac{\partial F_z}{\partial z}\quad（直角坐标系）$$

$$=\frac{1}{\rho}\frac{\partial(\rho F_\rho)}{\partial\rho}+\frac{1}{\rho}\frac{\partial F_\varphi}{\partial\varphi}+\frac{\partial F_z}{\partial z}\quad（柱坐标系）$$

$$=\frac{1}{r^2}\frac{\partial(r^2F_r)}{\partial r}+\frac{1}{r\cos\theta}\frac{\partial F_\varphi}{\partial\varphi}+\frac{1}{r\cos\theta}\frac{\partial(F_\theta\cos\theta)}{\partial\theta}\quad（球坐标系）$$

$$=\frac{1}{h_1h_2h_3}\left(\frac{\partial}{\partial q_1}(F_1h_2h_3)+\frac{\partial}{\partial q_2}(F_2h_3h_1)+\frac{\partial}{\partial q_3}(F_3h_1h_2)\right)\quad（正交曲线坐标系），$$

$$\Delta u=\frac{\partial^2u}{\partial x^2}+\frac{\partial^2u}{\partial y^2}+\frac{\partial^2u}{\partial z^2}\quad（直角坐标系）$$

$$=\frac{\partial^2u}{\partial\rho^2}+\frac{1}{\rho}\frac{\partial u}{\partial\rho}+\frac{1}{\rho^2}\frac{\partial^2u}{\partial\varphi^2}+\frac{\partial^2u}{\partial z^2}\quad（柱坐标系）$$

$$=\frac{1}{r^2}\frac{\partial}{\partial r}\left(r^2\frac{\partial u}{\partial r}\right)+\frac{1}{r^2\cos^2\theta}\frac{\partial^2u}{\partial\varphi^2}+\frac{1}{r^2\cos\theta}\frac{\partial}{\partial\theta}\left(\cos\theta\frac{\partial u}{\partial\theta}\right)\quad（球坐标系）$$

$$=\frac{1}{h_1h_2h_3}\left[\frac{\partial}{\partial q_1}\left(\frac{h_2h_3}{h_1}\frac{\partial u}{\partial q_1}\right)+\frac{\partial}{\partial q_2}\left(\frac{h_3h_1}{h_2}\frac{\partial u}{\partial q_2}\right)+\frac{\partial}{\partial q_3}\left(\frac{h_1h_2}{h_3}\frac{\partial u}{\partial q_3}\right)\right]\quad（正交曲线坐标系）.$$

习题 15.4

1．求向量场 $\boldsymbol{A}$ 通过闭曲面 S（从里向外）的通量 $\Phi=\oiint\limits_{S^+}\boldsymbol{A}\cdot\mathrm{d}\boldsymbol{S}$.

（1） $\boldsymbol{A}=x^3\boldsymbol{i}+y^3\boldsymbol{j}+z^3\boldsymbol{k}$， S 为球面 $x^2+y^2+z^2=R^2$；

（2） $\boldsymbol{A}=(x-y+z)\boldsymbol{i}+(y-z+x)\boldsymbol{j}+(z-x+y)\boldsymbol{k}$， S 为椭球面 $\dfrac{x^2}{a^2}+\dfrac{y^2}{b^2}+\dfrac{z^2}{c^2}=1$.

2．求向量场 $\boldsymbol{A}=\dfrac{-y\boldsymbol{i}+x\boldsymbol{j}}{x^2+y^2}+a\boldsymbol{k}$ 沿圆周 $L:\begin{cases}x^2+y^2=\varepsilon^2(\varepsilon>0),\\ z=0\end{cases}$（逆时针为正向）的环量 $\Gamma=\oint_{L^+}\boldsymbol{A}\cdot\mathrm{d}\boldsymbol{s}$.

3．设标量函数 $u=u(x,y,z)$ 及向量值函数 $\boldsymbol{A}(x,y,z)$, $\boldsymbol{B}(x,y,z)$ 在 $\mathbb{R}^3$ 中连续可微，证明下列等式：

（1） $\operatorname{div}(u\boldsymbol{A})=u\operatorname{div}(\boldsymbol{A})+\operatorname{grad}u\cdot\boldsymbol{A}$；

（2） $\operatorname{rot}(u\boldsymbol{A})=u\operatorname{rot}(\boldsymbol{A})+\operatorname{grad}u\times\boldsymbol{A}$；

（3） $\operatorname{div}(\boldsymbol{A}\times\boldsymbol{B})=\boldsymbol{B}\cdot\operatorname{rot}(\boldsymbol{A})-\boldsymbol{A}\cdot\operatorname{rot}(\boldsymbol{B})$；

（4） $\nabla(\boldsymbol{A}\cdot\boldsymbol{B})=\boldsymbol{A}\times\operatorname{rot}\boldsymbol{B}+\boldsymbol{B}\times\operatorname{rot}\boldsymbol{A}+(\boldsymbol{A}\cdot\nabla)\boldsymbol{B}+(\boldsymbol{B}\cdot\nabla)\boldsymbol{A}$；

（5） $\operatorname{rot}(\boldsymbol{A}\times\boldsymbol{B})=(\operatorname{div}\boldsymbol{B})\boldsymbol{A}-(\operatorname{div}\boldsymbol{A})\boldsymbol{B}+(\boldsymbol{B}\cdot\nabla)\boldsymbol{A}-(\boldsymbol{A}\cdot\nabla)\boldsymbol{B}$.

4．考察下列向量场是否为保守场，如果是，求出相应的势函数，并计算积分 $\int_{(4,0,1)}^{(2,1,-1)}\boldsymbol{V}\cdot\mathrm{d}\boldsymbol{s}$.

（1） $\boldsymbol{V}=y\cos(xy)\boldsymbol{i}+x\cos(xy)\boldsymbol{j}+\sin z\boldsymbol{k}$；

（2） $\boldsymbol{V}=(6xy+z^2)\boldsymbol{i}+(3x^2-z)\boldsymbol{j}+(3xz^2-y)\boldsymbol{k}$.

5．已知平面向量场 $\dfrac{x}{y}(x^2+y^2)^{\lambda}\boldsymbol{i}-\dfrac{x^2}{y^2}(x^2+y^2)^{\lambda}\boldsymbol{j}$ 为半平面 $y>0$ 内的保守场，求 λ.

6．求下列向量场的旋度.

（1） $\boldsymbol{A}=(2x+y+z)\boldsymbol{i}+(x+2y+z)\boldsymbol{j}+(x+y+2z)\boldsymbol{k}$；

（2） $\boldsymbol{A}=x\boldsymbol{i}+\mathrm{e}^y\boldsymbol{j}+xyz\boldsymbol{k}$；

（3） $\operatorname{grad}f$，其中 $f(x,y,z)=\sin(x+y+z)$.

7．求下列向量场的散度.

（1） $\boldsymbol{A}=yz(2x+y+z)\boldsymbol{i}+zx(x+2y+z)\boldsymbol{j}+xy(x+y+2z)\boldsymbol{k}$；

（2） $\boldsymbol{A}=xy\boldsymbol{i}+\mathrm{e}^{yz}\boldsymbol{j}+\sin(zx)\boldsymbol{k}$；

（3） $\boldsymbol{A}=\dfrac{1}{(x^2+y^2+z^2)^{\frac{3}{2}}}(x\boldsymbol{i}+y\boldsymbol{j}+z\boldsymbol{k})$.

8．设 $f(x)$ 是 $\mathbb{R}$ 上的连续可微函数，向量场 $\boldsymbol{F}=(xy^2+x^2y-f(x)y, f(x)y+2x, z)$ 是无旋场．求 $f(x)$ 及向量场 $\boldsymbol{F}$ 的势函数.

9．设 $f(x)$ 是 $\mathbb{R}$ 上的可微函数， $\boldsymbol{r}=x\boldsymbol{i}+y\boldsymbol{j}+z\boldsymbol{k}$， $r=\|\boldsymbol{r}\|$，求 $\operatorname{grad}f(r)$， $\operatorname{div}(f(r)\boldsymbol{r})$ 和 $\operatorname{rot}(f(r)\boldsymbol{r})$.

10．设 $\boldsymbol{r}=x\boldsymbol{i}+y\boldsymbol{j}+z\boldsymbol{k}$， $\boldsymbol{c}$ 是常向量，证明：

（1） $\operatorname{rot}\boldsymbol{r}=0$；

（2） $\operatorname{rot}(\boldsymbol{c}\times\boldsymbol{r})=2\boldsymbol{c}$.

第 16 章 数项级数

微积分是人类理性和好奇心对无限和连续统认知的一个顶峰．实数最直观的一个表示就是利用十进制，即对一个正实数 x，有

$$x = a_{-n}a_{-n+1}\cdots a_0.\, a_1a_2\cdots a_n\cdots = \sum_{k=-n}^{\infty}\frac{a_k}{10^k}$$

这样表示的实数非常符合人们对数的理解，即能够直接读出小数点后面每一位上的数字．但是，这种表达其实就是一种特殊的级数．当然，一个实数也有多种表达形式，例如，欧拉和莱布尼茨分别把 e 和 π 表示为

$$\mathrm{e} = 2 + \frac{1}{2!} + \frac{1}{3!} + \cdots + \frac{1}{n!} + \cdots = \sum_{n=0}^{\infty}\frac{1}{n!},$$

$$\frac{\pi}{4} = 1 - \frac{1}{3} + \frac{1}{5} - \frac{1}{7} + \cdots + \frac{(-1)^n}{2n+1} + \cdots = \sum_{n=0}^{\infty}\frac{(-1)^n}{2n+1}.$$

上面对数学中最重要的两个无理数 e 和 π 的表达虽然不是用十进制级数，即从这两个级数中不能够直接读出它们小数点后任意位数的具体数字，但是从满足人们好奇心甚至美学的角度，是同样令人满意的．当然，上面两个级数有收敛快慢的不同，e 的表达式收敛速度超级快，而 π 的表达式收敛速度却非常慢．

此外，数学的一个主题就是如何表示一个函数．虽然初等函数的性质已经为人们熟知，但在数学、物理和工程应用中时常会出现不能够直接利用初等函数表示的例子．例如，二阶线性常微分方程

$$xy'' + y' + xy = 0$$

的解就不是初等函数，而这个解却可用函数项级数（幂级数）

$$y(x) = a_0\left(1 + \sum_{n=1}^{\infty}(-1)^n\frac{x^{2n}}{(n!)^2\cdot 2^{2n}}\right)$$

表示．再如，弦振动方程

$$\frac{\partial^2 u}{\partial t^2} = c^2\frac{\partial^2 u}{\partial x^2}$$

满足固定边界条件 $u(0,t) = u(L,t) = 0$ 的通解可以表示为三角级数

$$u(x,t) = \sum_{n=1}^{\infty}\left(A_n\cos\frac{n\pi c}{L}t + B_n\sin\frac{n\pi c}{L}t\right)\sin\frac{n\pi}{L}x.$$

因此，第 17 章的内容是研究函数项级数 $\sum\limits_{n=1}^{\infty}u_n(x)$ 的性质．因为函数项级数 $\sum\limits_{n=1}^{\infty}u_n(x)$ 在每一个定点 $x = x_0$ 处就是一个数项级数 $\sum\limits_{n=1}^{\infty}u_n(x_0)$，所以为探讨函数项级数，要先讨论数项级数，这也是本章要讨论的问题．讨论数项级数 $\sum\limits_{n=1}^{\infty}u_n$，核心问题是什么是级数 $\sum\limits_{n=1}^{\infty}u_n$ 的

“和”．至今我们还不知道什么是无限多个数的“和”，因此需要给予定义．从有限和出发，借助于数列极限的工具给出“无限和”的定义是很自然的，即无限和 $\sum_{n=1}^{\infty} u_n$ 应该是极限 $\lim_{n\to\infty} S_n \left(S_n = \sum_{k=1}^{n} u_k \right)$．因此级数是特殊的数列，研究级数及其和数只不过是研究数列及其极限的一种新形式．这种新形式丰富和发展了研究数列的内容和方法，并为进一步研究函数项级数和其他数学理论提供了有力的工具．

16.1　级数的敛散性

16.1.1　级数收敛与发散的概念

定义 16.1.1　设 $\{u_n\}$ 是一个数列，将数列的项依次用加号连接起来，即 $u_1 + u_2 + \cdots + u_n + \cdots$，称这个形式和是数项级数，简称级数，记为 $\sum_{n=1}^{\infty} u_n$，其中，级数中的每一项 u_1，u_2，…，u_n，…称为级数的项，u_n（第 n 项）称为级数的通项或一般项．

级数是无限多个数的形式和，不难想到，由有限个数的和转化到“无限多个数的和”需要借助极限这个工具来实现．显然，级数的任意前 n 项部分和 S_n 都是已知的，于是级数对应着一个部分和数列 $\{S_n\}$．

定义 16.1.2　对级数 $\sum_{n=1}^{\infty} u_n$，称 $S_n = \sum_{k=1}^{n} u_k$ 为级数的前 n 项部分和，简称部分和．

定义 16.1.3　若级数 $\sum_{n=1}^{\infty} u_n$ 的部分和数列 $\{S_n\}$ 收敛到 S，即 $\lim_{n\to\infty} S_n = S$，则称此级数收敛，并称 S 是级数的和，表示为 $S = \sum_{n=1}^{\infty} u_n$．若部分和数列 $\{S_n\}$ 发散，则称此级数发散，此时级数没有和．

由此可见，级数的收敛与发散是通过其部分和数列的收敛与发散来定义的．

设级数 $\sum_{n=1}^{\infty} u_n$ 收敛且和为 S，令 $S_n = \sum_{k=1}^{n} u_k$，称 $r_n = S - S_n = u_{n+1} + u_{n+2} + \cdots$ 为此级数的第 n 项余和．显然 $\lim_{n\to\infty} r_n = \lim_{n\to\infty}(S - S_n) = 0$．

例 16.1.1　讨论几何级数 $\sum_{n=1}^{\infty} ar^{n-1}$ 的敛散性，其中 r 为公比，$a \neq 0$.

解　（1）当 $|r| \neq 1$ 时，级数 $\sum_{n=1}^{\infty} ar^{n-1}$ 的部分和

$$S_n = \sum_{k=1}^{n} u_k = \frac{a(1-r^n)}{1-r},$$

故若$|r|<1$，则$\lim\limits_{n\to\infty}S_n=\dfrac{a}{1-r}$，所以几何级数收敛，且其和$\sum\limits_{n=1}^{\infty}ar^{n-1}=\dfrac{a}{1-r}$；若$|r|>1$，则$\lim\limits_{n\to\infty}S_n=\infty$，因此几何级数发散.

（2）当$r=1$时，$\sum\limits_{n=1}^{\infty}ar^{n-1}=a(1+1+\cdots)$，故$\lim\limits_{n\to\infty}S_n=\lim\limits_{n\to\infty}na=\infty$，所以几何级数发散；当$r=-1$时，$\sum\limits_{n=1}^{\infty}ar^{n-1}=a[1-1+\cdots+(-1)^{n-1}+\cdots]$，此时$\lim\limits_{n\to\infty}S_n$不存在，所以几何级数发散.

综上可知，几何级数$\sum\limits_{n=1}^{\infty}ar^{n-1}$当$|r|<1$时收敛，且其和为$\dfrac{a}{1-r}$；当$|r|\geqslant 1$时发散.

利用几何级数的求和公式可将无限循环小数化为分数.

例 16.1.2 将无限纯循环小数$0.\dot{8}$化为分数.

解 $$0.\dot{8}=\sum_{n=1}^{\infty}\frac{8}{10^n}=\frac{\frac{8}{10}}{1-\frac{1}{10}}=\frac{8}{9}.$$

例 16.1.3 证明：调和级数$\sum\limits_{n=1}^{\infty}\dfrac{1}{n}$发散.

证明 令$f(x)=\ln x,\ x\in[n,n+1],\ n=1,2,\cdots$. 应用微分中值定理，$\exists\theta\in(0,\ 1)$使得

$$\ln(n+1)-\ln n=\frac{1}{n+\theta}<\frac{1}{n},$$

故$\sum\limits_{k=1}^{n}\dfrac{1}{k}>\ln(n+1)\to+\infty\ (n\to\infty)$，从而$\lim\limits_{n\to\infty}S_n=\lim\limits_{n\to\infty}\sum\limits_{k=1}^{n}\dfrac{1}{k}=+\infty$，所以级数$\sum\limits_{n=1}^{\infty}\dfrac{1}{n}$发散. 证毕.

16.1.2 收敛级数的性质

由于级数的收敛与发散是通过级数的部分和数列的收敛与发散来定义的，即级数$\sum\limits_{n=1}^{\infty}u_n$的敛散性与它的部分和数列$\{S_n\}$的敛散性是等价的，因此数列$\{S_n\}$收敛的充要条件也是$\sum\limits_{n=1}^{\infty}u_n$收敛的充要条件. 回忆数列$\{S_n\}$收敛的柯西准则：$\{S_n\}$收敛当且仅当

$$\forall\varepsilon>0,\ \exists N\in\mathbb{N}^+,\ \forall n>N,\ \forall p\in\mathbb{N}^+,\ |S_{n+p}-S_n|<\varepsilon,$$

而$|S_{n+p}-S_n|=|u_{n+1}+\cdots+u_{n+p}|$，于是得到级数的柯西收敛准则.

定理 16.1.1（柯西收敛准则） 级数$\sum\limits_{n=1}^{\infty}u_n$收敛的充要条件是

$$\forall\varepsilon>0,\ \exists N\in\mathbb{N}^+，当 n>N 时，对 \forall p\in\mathbb{N}^+，有 |u_{n+1}+\cdots+u_{n+p}|<\varepsilon .$$

若级数$\sum\limits_{n=1}^{\infty}u_n$收敛，由定理 16.1.1 的必要性，特别地取$p=1$，则有

$$\forall \varepsilon > 0,\ \exists N \in \mathbb{N}^+,\ \forall n > N,\ |u_{n+1}| < \varepsilon,$$

即 $\lim\limits_{n\to\infty} u_n = 0$．这样得到下列结论．

推论 16.1.1　设级数 $\sum\limits_{n=1}^{\infty} u_n$ 收敛，则 $\lim\limits_{n\to\infty} u_n = 0$．

由例 16.1.3 知，调和级数 $\sum\limits_{n=1}^{\infty}\dfrac{1}{n}$ 发散，但显然 $\lim\limits_{n\to\infty}\dfrac{1}{n}=0$．该例结合上述推论可知，$\lim\limits_{n\to\infty} u_n = 0$ 仅仅是级数收敛的必要条件，而非充分条件．由推论 16.1.1，可通过考察级数的通项不收敛于零获得级数发散的一个判别．

推论 16.1.2　若 $\lim\limits_{n\to\infty} u_n \neq 0$，则级数 $\sum\limits_{n=1}^{\infty} u_n$ 发散．

例 16.1.4　设级数 $\sum\limits_{n=1}^{\infty} u_n$ 收敛，判断级数 $\sum\limits_{n=1}^{\infty}\dfrac{1}{1+|u_n|}$ 是否收敛．

解　因为级数 $\sum\limits_{n=1}^{\infty} u_n$ 收敛，所以 $\lim\limits_{n\to\infty} u_n = 0$，从而 $\lim\limits_{n\to\infty}\dfrac{1}{1+|u_n|}\neq 0$，故级数 $\sum\limits_{n=1}^{\infty}\dfrac{1}{1+|u_n|}$ 发散．

定理 16.1.1 指出，级数 $\sum\limits_{n=1}^{\infty} u_n$ 收敛等价于级数 $\sum\limits_{n=1}^{\infty} u_n$ 的充分远的任意片段的绝对值可以任意小，由此可见，级数 $\sum\limits_{n=1}^{\infty} u_n$ 的敛散性仅与级数充分远的任意片段有关，而与级数 $\sum\limits_{n=1}^{\infty} u_n$ 的任意前有限项无关．于是有下述结论．

推论 16.1.3　任意改变级数的前有限项，不改变级数的敛散性．故 $\sum\limits_{n=1}^{\infty} u_n$ 与 $\sum\limits_{n=N}^{\infty} u_n$ 的敛散性相同．

根据数列极限的运算定理，可得到收敛级数的运算定理．

定理 16.1.2　若 $\sum\limits_{n=1}^{\infty} u_n$ 收敛，其和为 S，则对 $\forall c\in\mathbb{R}$，级数 $\sum\limits_{n=1}^{\infty} cu_n$ 收敛，且 $\sum\limits_{n=1}^{\infty} cu_n = cS$．

定理 16.1.3　若 $\sum\limits_{n=1}^{\infty} u_n$ 与 $\sum\limits_{n=1}^{\infty} v_n$ 都收敛，且和分别为 $A,\ B$，则 $\sum\limits_{n=1}^{\infty}(u_n \pm v_n)$ 也收敛，且其和为 $A\pm B$，即 $\sum\limits_{n=1}^{\infty}(u_n \pm v_n) = \sum\limits_{n=1}^{\infty} u_n \pm \sum\limits_{n=1}^{\infty} v_n = A\pm B$．

定理 16.1.4（收敛级数满足结合律）　若 $\sum\limits_{n=1}^{\infty} u_n$ 收敛，其和为 S，则不改变级数各项的位置，按原有的顺序将某些项结合在一起，构成的新级数

$$(u_1+u_2+\cdots+u_{n_1})+(u_{n_1+1}+u_{n_1+2}+\cdots+u_{n_2})+\cdots+(u_{n_{k-1}+1}+u_{n_{k-1}+2}+\cdots+u_{n_k})+\cdots$$

也收敛，且其和也是 S．

证明 记$S_n=\sum_{k=1}^{n}u_k$，且新级数的前k项部分和记为P_k，则

$$P_k=(u_1+u_2+\cdots+u_{n_1})+(u_{n_1+1}+u_{n_1+2}+\cdots+u_{n_2})+\cdots+(u_{n_{k-1}+1}+u_{n_{k-1}+2}+\cdots+u_{n_k})=S_{n_k},$$

即新级数的部分和数列$\{P_k\}$是原级数部分和数列$\{S_n\}$的子列．因为$\lim\limits_{n\to\infty}S_n=S$，故$\lim\limits_{k\to\infty}P_k=S$，所以新级数收敛，且其和也是$S$．证毕．

定理 16.1.4 告诉我们，收敛级数满足结合律．反之，若$\sum\limits_{k=1}^{\infty}(u_{n_{k-1}+1}+u_{n_{k-1}+2}+\cdots+u_{n_k})$收敛，其中$n_0=0,\ 1\leqslant n_1<n_2<\cdots<n_k<\cdots$，那么去掉括号后的级数$\sum\limits_{n=1}^{\infty}u_n$是否收敛？回答是不一定的．例如，$(1-1)+(1-1)+\cdots+(1-1)+\cdots$收敛，但去掉括号后级数$1-1+1-1+\cdots+1-1+\cdots$发散．

推论 16.1.4 若$\sum\limits_{k=1}^{\infty}(u_{n_{k-1}+1}+u_{n_{k-1}+2}+\cdots+u_{n_k})$发散，其中，$n_0=0$，则$\sum\limits_{n=1}^{\infty}u_n$必发散．

例 16.1.5 设$\sum\limits_{n=1}^{\infty}a_{2n-1}$与$\sum\limits_{n=1}^{\infty}a_{2n}$都收敛，证明$\sum\limits_{n=1}^{\infty}a_n$收敛．

证明 设$\sum\limits_{n=1}^{\infty}a_{2n-1}$，$\sum\limits_{n=1}^{\infty}a_{2n}$及$\sum\limits_{n=1}^{\infty}a_n$的部分和分别为$A_n$，$B_n$，$S_n$．因为$\sum\limits_{n=1}^{\infty}a_{2n-1}$与$\sum\limits_{n=1}^{\infty}a_{2n}$都收敛，所以$\lim\limits_{n\to\infty}A_n=A,\ \lim\limits_{n\to\infty}B_n=B$．又

$$S_{2n}=a_1+a_2+\cdots+a_{2n}=(a_1+a_3+\cdots+a_{2n-1})+(a_2+a_4+\cdots+a_{2n})=A_n+B_n,$$
$$S_{2n-1}=a_1+a_2+\cdots+a_{2n-1}=(a_1+a_3+\cdots+a_{2n-1})+(a_2+a_4+\cdots+a_{2n-2})=A_n+B_{n-1},$$

所以$\lim\limits_{n\to\infty}S_{2n}=A+B$且$\lim\limits_{n\to\infty}S_{2n-1}=A+B$，这样$\lim\limits_{n\to\infty}S_n=A+B$，故级数$\sum\limits_{n=1}^{\infty}a_n$收敛．证毕．

习题 16.1

1．利用定义判断下列级数的敛散性，并对收敛的级数求和．

（1）$\sum\limits_{n=1}^{\infty}100\left(\dfrac{1}{4}\right)^{n-1}$；　（2）$\sum\limits_{n=1}^{\infty}\sqrt{\dfrac{n+1}{n+2}}$；　（3）$\sum\limits_{n=1}^{\infty}\dfrac{1}{(2n-1)(2n+3)}$；

（4）$\sum\limits_{n=1}^{\infty}\dfrac{1}{n(n+1)(n+2)}$；　（5）$\sum\limits_{n=1}^{\infty}\dfrac{(-1)^n n^3}{2n^3+n}$；　（6）$\sum\limits_{n=1}^{\infty}\left(\sqrt{n+2}-2\sqrt{n+1}+\sqrt{n}\right)$；

（7）$\sum\limits_{n=1}^{\infty}\arctan\dfrac{1}{2n^2}$；　（8）$\sum\limits_{n=1}^{\infty}\dfrac{2n-1}{2^n}$；　（9）$\sum\limits_{n=1}^{\infty}\dfrac{1}{\sqrt[n]{n}}$．

2．级数$\sum\limits_{n=1}^{\infty}u_n$的部分和序列$S_n$满足$\lim\limits_{n\to\infty}S_{2n+1}$存在，$\lim\limits_{n\to\infty}u_n=0$，证明：$\sum\limits_{n=1}^{\infty}u_n$收敛．

3．已知级数$\sum\limits_{n=1}^{\infty}u_n,u_n>0$（$\forall n\geqslant1$），证明：

（1）$\sum\limits_{n=1}^{\infty}u_n$收敛 $\Leftrightarrow$ 级数$(u_1+u_2+\cdots+u_{n_1})+(u_{n_1+1}+u_{n_1+2}+\cdots+u_{n_2})+\cdots+(u_{n_{k-1}+1}+$

$u_{n_{k-1}+2}+\cdots+u_{n_k})+\cdots$ 收敛；

（2）$\sum\limits_{n=1}^{\infty}u_n$ 收敛 $\Rightarrow\sum\limits_{n=1}^{\infty}u_{2n+1}$ 收敛.

4．设数列 $\{u_n\}$ 满足 $\lim\limits_{n\to\infty}nu_n=0$，证明：级数 $\sum\limits_{n=1}^{\infty}(n+1)(u_{n+1}-u_n)$ 收敛等价于 $\sum\limits_{n=1}^{\infty}u_n$ 收敛.

5．证明：若级数 $\sum\limits_{n=1}^{\infty}u_n$ 收敛，则

（1）$\lim\limits_{n\to\infty}\dfrac{1}{n}\sum\limits_{k=1}^{n}ku_k=0$；　　（2）$\sum\limits_{n=1}^{\infty}\dfrac{u_1+2u_2+\cdots+nu_n}{n(n+1)}=\sum\limits_{n=1}^{\infty}u_n$.

6．证明：若 $\sum\limits_{k=1}^{\infty}(u_{n_{k-1}+1}+u_{n_{k-1}+2}+\cdots+u_{n_k})$ 收敛，其中 $n_0=0,\ 1\leqslant n_1<n_2<\cdots<n_k<\cdots$，且每个括号内各项的符号相同，则 $\sum\limits_{n=1}^{\infty}u_n$ 收敛.

16.2　正项级数

若级数 $\sum\limits_{n=1}^{\infty}u_n$ 每项的符号要么都为非正，要么都为非负，即若 $u_n\geqslant 0,\ \forall n\in\mathbb{N}^+$，则称 $\sum\limits_{n=1}^{\infty}u_n$ 为正项级数；若 $u_n\leqslant 0,\ \forall n\in\mathbb{N}^+$，则称 $\sum\limits_{n=1}^{\infty}u_n$ 为负项级数. 将负项级数的每一项乘以 -1，负项级数就变为正项级数，因此负项级数与此正项级数有相同的敛散性. 于是讨论负项级数的敛散性，可归结为讨论正项级数的敛散性. 下面讨论正项级数的敛散性判别法.

设 $\sum\limits_{n=1}^{\infty}u_n$ 为正项级数且 $S_n=\sum\limits_{k=1}^{n}u_k$，则 $S_{n+1}=S_n+u_{n+1}\geqslant S_n$，$n=1,2,\cdots$，即正项级数的部分和数列是单调递增的，由数列单调收敛定理立得下列结论.

定理 16.2.1　正项级数 $\sum\limits_{n=1}^{\infty}u_n$ 收敛当且仅当其部分和数列 $\{S_n\}$ 有上界.

例 16.2.1　讨论正项级数 $\sum\limits_{n=1}^{\infty}\dfrac{1}{n^p}$ 的敛散性，其中 p 为任意实数. 此级数称为**广义调和级数**，也称 p **-级数**.

解　（1）当 $p=1$ 时，为调和级数 $\sum\limits_{n=1}^{\infty}\dfrac{1}{n}$，此时级数发散.

（2）设 $p\neq 1$. 若 $p<1$，则对 $\forall n\geqslant 1,\ \dfrac{1}{n^p}\geqslant\dfrac{1}{n}$，所以

$$P_n=1+\frac{1}{2^p}+\cdots+\frac{1}{n^p}\geqslant 1+\frac{1}{2}+\cdots+\frac{1}{n}=S_n\to+\infty\quad(n\to\infty),$$

因此 $\lim\limits_{n\to\infty} P_n = +\infty$．故级数发散．若 $p>1$，因为 $f(x)=x^p$（$x>0$）是递增函数，对 $\forall x\in[n,n+1]$，有$n^p \leqslant x^p \leqslant (1+n)^p$，从而$\dfrac{1}{(1+n)^p} \leqslant \dfrac{1}{x^p} \leqslant \dfrac{1}{n^p}$，所以$\dfrac{1}{(1+n)^p} \leqslant \int_n^{n+1} \dfrac{1}{x^p}\mathrm{d}x \leqslant \dfrac{1}{n^p}$，故

$$P_n = \sum_{k=1}^{n} \frac{1}{k^p} \leqslant 1 + \int_1^2 \frac{1}{x^p}\,\mathrm{d}x + \cdots + \int_{n-1}^{n} \frac{1}{x^p}\,\mathrm{d}x = 1 + \int_1^n \frac{1}{x^p}\,\mathrm{d}x = 1 + \frac{1}{p-1}\left(1 - \frac{1}{n^{p-1}}\right) < 1 + \frac{1}{p-1},$$

即级数的部分和数列 $\{P_n\}$ 有上界，所以广义调和级数收敛．

综上，当 $p>1$ 时，广义调和级数 $\sum\limits_{n=1}^{\infty} \dfrac{1}{n^p}$ 收敛；当 $p \leqslant 1$ 时，广义调和级数 $\sum\limits_{n=1}^{\infty} \dfrac{1}{n^p}$ 发散．

关于正项级数的敛散性，有下列比较判别法．该判别法将需要判断敛散性的级数与一个已知敛散性或敛散性容易确定的级数进行比较．

定理 16.2.2（比较判别法） 设 $\sum\limits_{n=1}^{\infty} u_n$，$\sum\limits_{n=1}^{\infty} v_n$ 是两个正项级数，且存在 $N\in\mathbb{N}^+$，当 $n>N$ 时，有

$$u_n \leqslant c v_n, \tag{16.2.1}$$

其中 $c>0$ 为常数．

（i）若级数 $\sum\limits_{n=1}^{\infty} v_n$ 收敛，则级数 $\sum\limits_{n=1}^{\infty} u_n$ 收敛；

（ii）若级数 $\sum\limits_{n=1}^{\infty} u_n$ 发散，则级数 $\sum\limits_{n=1}^{\infty} v_n$ 发散．

证明 根据推论 16.1.3，改变级数的前有限项不改变级数的敛散性，为书写方便，不妨设不等式（16.2.1）对所有的 $n \geqslant 1$ 成立．记 $\sum\limits_{k=1}^{n} u_k = A_n$，$\sum\limits_{k=1}^{n} v_k = B_n$，由不等式（16.2.1），有

$$A_n = u_1 + u_2 + \cdots + u_n \leqslant c v_1 + c v_2 + \cdots + c v_n = c B_n. \tag{16.2.2}$$

(i) 若级数 $\sum\limits_{n=1}^{\infty} v_n$ 收敛，则其部分和 $\{B_n\}$ 有上界，从而式（16.2.2）表明数列 $\{A_n\}$ 有上界，故级数 $\sum\limits_{n=1}^{\infty} u_n$ 收敛．

(ii) 若级数 $\sum\limits_{n=1}^{\infty} u_n$ 发散，则 $\lim\limits_{n\to\infty} A_n = +\infty$，从而式（16.2.2）表明 $\lim\limits_{n\to\infty} B_n = +\infty$，故 $\sum\limits_{n=1}^{\infty} v_n$ 发散．证毕．

有时用比较判别法的极限形式更方便判断正项级数的敛散性．

定理 16.2.3（比较判别法的极限形式） 设 $\sum\limits_{n=1}^{\infty} u_n$，$\sum\limits_{n=1}^{\infty} v_n$ 是两个正项级数，且 $\lim\limits_{n\to\infty} \dfrac{u_n}{v_n} = k$（可以为无穷大）（$\forall n \geqslant 1,\ v_n \neq 0$）．

（i）若 $0<k<+\infty$，则级数 $\sum_{n=1}^{\infty} v_n$ 与 $\sum_{n=1}^{\infty} u_n$ 有相同的敛散性；

（ii）若 $k=+\infty$，且级数 $\sum_{n=1}^{\infty} v_n$ 发散，则级数 $\sum_{n=1}^{\infty} u_n$ 发散；

（iii）若 $k=0$，且级数 $\sum_{n=1}^{\infty} v_n$ 收敛，则级数 $\sum_{n=1}^{\infty} u_n$ 收敛.

证明（i）$\lim\limits_{n\to\infty}\dfrac{u_n}{v_n}=k$．设 $0<k<+\infty$．则对 $\varepsilon=\dfrac{k}{2}>0,\ \exists N>0,\ \forall n>N$，有 $\left|\dfrac{u_n}{v_n}-k\right|<\dfrac{k}{2}$，即当 $n>N$ 时，有 $\dfrac{k}{2}v_n<u_n<\dfrac{3k}{2}v_n$，由定理 16.2.2 知，级数 $\sum_{n=1}^{\infty} v_n$ 与 $\sum_{n=1}^{\infty} u_n$ 同收敛同发散.

（ii）若级数 $\sum_{n=1}^{\infty} v_n$ 发散，且 $\lim\limits_{n\to\infty}\dfrac{u_n}{v_n}=+\infty$，则对给定的正数 $M>0,\ \exists N>0,\ \forall n>N$，有 $\dfrac{u_n}{v_n}>M$，即 $u_n>Mv_n$，故由定理 16.2.2 知，级数 $\sum_{n=1}^{\infty} u_n$ 发散.

（iii）若级数 $\sum_{n=1}^{\infty} v_n$ 收敛，且 $\lim\limits_{n\to\infty}\dfrac{u_n}{v_n}=0$，则对 $\varepsilon=1,\ \exists N>0,\ \forall n>N$，有 $\dfrac{u_n}{v_n}<1$，即当 $n>N$ 时，有 $u_n<v_n$，故由定理 16.2.2 知级数 $\sum_{n=1}^{\infty} u_n$ 收敛．证毕.

我们已知广义调和级数 $\sum_{n=1}^{\infty}\dfrac{1}{n^p}$ 的敛散性，把它作为比较对象，可得下列比阶判别法.

定理 16.2.4（比阶判别法） 设 $\sum_{n=1}^{\infty} u_n$ 是正项级数，则下列成立：

（i）若 $\exists p>1$ 使得 $\lim\limits_{n\to\infty} n^p u_n=c$（$<+\infty$），则 $\sum_{n=1}^{\infty} u_n$ 收敛；

（ii）若 $\exists p\leqslant 1$ 使得 $\lim\limits_{n\to\infty} n^p u_n=c$（$>0$，也可以是 $+\infty$），则 $\sum_{n=1}^{\infty} u_n$ 发散.

从定理 16.2.4 看出，正项级数的敛散性是由其通项的阶决定的，当通项的阶大于 1 时，级数收敛；当通项的阶小于或等于 1 时，级数发散．比较判别法提供了判断正项级数敛散性的强有力工具，但应用它需要预先知道一个可以与给定的级数相比较且敛散性已知或容易判断的级数，有时也不方便．下面讨论与几何级数 $\sum_{n=1}^{\infty} q^n$ 作比较判断正项级数的敛散性判别法，只需通过考虑级数的通项在 $n\to\infty$ 时的性态，就可在一定范围内获知级数的敛散性，这样的判别法用起来更方便.

定理 16.2.5（比值判别法） 设 $\sum_{n=1}^{\infty} u_n$ 是正项级数，且 $\lim\limits_{n\to\infty}\dfrac{u_{n+1}}{u_n}=c$（可能为 $+\infty$）.

（i）若 $c<1$，则级数 $\sum_{n=1}^{\infty}u_n$ 收敛；

（ii）若 $c>1$ 或 $c=+\infty$，则级数 $\sum_{n=1}^{\infty}u_n$ 发散，且 $\sum_{n=1}^{\infty}u_n=+\infty$；

（iii）若 $c=1$，此时无法判断 $\sum_{n=1}^{\infty}u_n$ 的敛散性（如广义调和级数）.

证明（i）因为 $\lim\limits_{n\to\infty}\frac{u_{n+1}}{u_n}=c<1$，取 q 使得 $c<q<1$．由极限的保号性，$\exists N>0$，当 $n\geqslant N$ 时，有 $u_{n+1}<qu_n$，从而

$$u_n<qu_{n-1}<q^2u_{n-2}<\cdots<q^{n-N}u_N,$$

因为几何级数 $\sum_{n=N}^{\infty}q^{n-N}u_N$ 收敛，故由定理 16.2.2 知级数 $\sum_{n=1}^{\infty}u_n$ 收敛.

（ii）当 $c>1$ 或 $c=+\infty$ 时，取 $q>1$ 使得 $c>q>1$，则 $\lim\limits_{n\to\infty}\frac{u_{n+1}}{u_n}=c$ 表明 $\exists N>0$ 使得当 $n\geqslant N$ 时，有 $\frac{u_{n+1}}{u_n}>q$，即 $u_{n+1}>qu_n$，从而

$$u_n>qu_{n-1}>q^2u_{n-2}>\cdots>q^{n-N}u_N\to+\infty\ (n\to\infty),$$

故 $\lim\limits_{n\to\infty}u_n=+\infty$，所以级数 $\sum_{n=1}^{\infty}u_n$ 发散．证毕.

注　比值判别法又称达朗贝尔判别法．在上述证明中，是将级数 $\sum_{n=1}^{\infty}u_n$ 与几何级数 $\sum_{n=1}^{\infty}q^n$ 作比较，当 $0<q<1$ 时，有 $u_n<cq^n$，其中 $c>0$ 是常数，因此，本质上，只要 $\overline{\lim\limits_{n\to\infty}}\frac{u_{n+1}}{u_n}<1$，就 $\exists N>0$ 使得当 $n>N$ 时，有 $u_n<cq^n$，从而级数 $\sum_{n=1}^{\infty}u_n$ 收敛．类似地，若 $\underline{\lim\limits_{n\to\infty}}\frac{u_{n+1}}{u_n}>1$，则级数 $\sum_{n=1}^{\infty}u_n$ 发散.

推论 16.2.1　设 $\sum_{n=1}^{\infty}u_n$ 是正项级数，则有下列结论：

（i）若 $\overline{\lim\limits_{n\to\infty}}\frac{u_{n+1}}{u_n}<1$，则级数 $\sum_{n=1}^{\infty}u_n$ 收敛；

（ii）若 $\underline{\lim\limits_{n\to\infty}}\frac{u_{n+1}}{u_n}>1$，则级数 $\sum_{n=1}^{\infty}u_n$ 发散.

例 16.2.2　设 $u_n=\frac{3+(-1)^n}{3^n}$，证明：级数 $\sum_{n=1}^{\infty}u_n$ 收敛.

证明　$\lim\limits_{n\to\infty}\frac{u_{n+1}}{u_n}=\frac{3+(-1)^{n+1}}{3(3+(-1)^n)}$ 不存在且 $\lim\limits_{n\to\infty}\frac{u_{n+1}}{u_n}\neq\infty$，但 $\frac{u_{2n+1}}{u_{2n}}=\frac{1}{6}$，$\frac{u_{2n+2}}{u_{2n+1}}=\frac{2}{3}$，故

$\overline{\lim_{n\to\infty}}\frac{u_{n+1}}{u_n}=\frac{2}{3}<1$，所以$\sum_{n=1}^{\infty}u_n$收敛.

定理 16.2.6（根式判别法） 设$\sum_{n=1}^{\infty}u_n$是正项级数，若$\lim_{n\to\infty}\sqrt[n]{u_n}=c$（可能为$+\infty$），则

（i）当$c<1$时，级数$\sum_{n=1}^{\infty}u_n$收敛；

（ii）当$c>1$或$c=+\infty$时，级数$\sum_{n=1}^{\infty}u_n$发散，且$\sum_{n=1}^{\infty}u_n=+\infty$；

（iii）当$c=1$时，无法判断$\sum_{n=1}^{\infty}u_n$的敛散性（如广义调和级数）.

证明　（i）因为$\lim_{n\to\infty}\sqrt[n]{u_n}=c<1$，取$q<1$使得$c<q<1$．则$\exists N>0,\ \forall n\geqslant N$，有$\sqrt[n]{u_n}<q$，从而$u_n<q^n$，因为$\sum_{n=N}^{\infty}q^n$收敛，故由定理 16.2.2 知级数$\sum_{n=1}^{\infty}u_n$收敛.

（ii）当$c>1$或$c=+\infty$时，取$q>1$使得$c>q>1$，则$\lim_{n\to\infty}\sqrt[n]{u_n}=c$表明$\exists N>0$, $\forall n\geqslant N$，有$\sqrt[n]{u_n}>q$，从而$u_n>q^n\to+\infty\ (n\to\infty)$，故$\sum_{n=1}^{\infty}u_n$发散．证毕.

根式判别法又称柯西判别法．类似于推论 16.2.1 前的分析，有下列结论.

推论 16.2.2　设$\sum_{n=1}^{\infty}u_n$是正项级数，则有下列结论：

（i）若$\overline{\lim_{n\to\infty}}\sqrt[n]{u_n}<1$，则级数$\sum_{n=1}^{\infty}u_n$收敛；

（ii）若$\overline{\lim_{n\to\infty}}\sqrt[n]{u_n}>1$，则级数$\sum_{n=1}^{\infty}u_n$发散.

比值判别法比根式判别法更容易计算，但根式判别法相对更有效，这是因为若$\lim_{n\to\infty}\frac{u_{n+1}}{u_n}=c$，则一定有$\lim_{n\to\infty}\sqrt[n]{u_n}=c$；反之，则不一定．在比值判别法和根式判别法中，若极限为 1，则无法判别正项级数的敛散性．这是因为这两个判别法都用几何级数作为比较级数．注意到，几何级数在收敛的情形，其通项以指数阶速度收敛于零（当$0<q<1$时，$q^n=\mathrm{e}^{-n|\ln q|}$）；而当它发散时，通项趋于无穷大．所以对那些通项收敛于零，但不以指数阶速度收敛于零的级数，这两个判别法失效．注意到p-级数就具有这样的特性，因此此时换用p-级数作为比较级数，就得到下面的拉贝判别法.

***定理 16.2.7（拉贝判别法）** 设$\sum_{n=1}^{\infty}u_n$是正项级数，下列结论成立：

（i）若$\exists r>1$，且$\exists N_0>0$使得当$n>N_0$时，有$n\left(\frac{u_n}{u_{n+1}}-1\right)\geqslant r$，则$\sum_{n=1}^{\infty}u_n$收敛；

（ii）若$\exists N_0>0$使得当$n>N_0$时，有$n\left(\frac{u_n}{u_{n+1}}-1\right)\leqslant 1$，则$\sum_{n=1}^{\infty}u_n$发散.

证明 先证明结论（i）成立．设$r>1$，取p使得$1<p<r$，令$v_n=\frac{1}{n^p}$．注意到

$$\frac{v_n}{v_{n+1}}=\left(1+\frac{1}{n}\right)^p=1+\frac{p}{n}+o\left(\frac{1}{n}\right)\quad(n\to\infty),$$

所以$\lim\limits_{n\to\infty}n\left(\frac{v_n}{v_{n+1}}-1\right)=p<r$．故存在$N_1\in\mathbb{N}^+$，当$n\geqslant N_1$时，$n\left(\frac{v_n}{v_{n+1}}-1\right)<r$．取$N=\max\{N_0,N_1\}+1$，则当$n\geqslant N$时，$\frac{v_n}{v_{n+1}}<\frac{u_n}{u_{n+1}}$，即$\frac{u_{n+1}}{u_n}<\frac{v_{n+1}}{v_n}$，故

$$\frac{u_n}{u_N}=\frac{u_n}{u_{n-1}}\cdot\frac{u_{n-1}}{u_{n-2}}\cdot\ \cdots\ \cdot\frac{u_{N+1}}{u_N}<\frac{v_n}{v_{n-1}}\cdot\frac{v_{n-1}}{v_{n-2}}\cdot\ \cdots\ \cdot\frac{v_{N+1}}{v_N}=\frac{v_n}{v_N},$$

从而$u_n<\frac{u_N}{v_N}v_n$．因为级数$\sum\limits_{n=1}^{\infty}v_n=\sum\limits_{n=1}^{\infty}\frac{1}{n^p}$收敛，故由定理 16.2.2 知$\sum\limits_{n=1}^{\infty}u_n$收敛．

下面证明结论（ii）成立．令$v_n=\frac{1}{n}$，则$n\left(\frac{v_n}{v_{n+1}}-1\right)=1$．当$n>N_0$时，因为$n\left(\frac{u_n}{u_{n+1}}-1\right)\leqslant 1$，所以$\frac{v_n}{v_{n+1}}\geqslant\frac{u_n}{u_{n+1}}$，即$\frac{u_{n+1}}{u_n}\geqslant\frac{v_{n+1}}{v_n}$，故

$$\frac{u_n}{u_N}=\frac{u_n}{u_{n-1}}\cdot\frac{u_{n-1}}{u_{n-2}}\cdot\ \cdots\ \cdot\frac{u_{N+1}}{u_N}\geqslant\frac{v_n}{v_{n-1}}\cdot\frac{v_{n-1}}{v_{n-2}}\cdot\ \cdots\ \cdot\frac{v_{N+1}}{v_N}=\frac{v_n}{v_N},$$

从而$u_n\geqslant\frac{u_N}{v_N}v_n$．已知级数$\sum\limits_{n=1}^{\infty}v_n=\sum\limits_{n=1}^{\infty}\frac{1}{n}$发散，由比较判别法知正项级数$\sum\limits_{n=1}^{\infty}u_n$发散．证毕．

***定理 16.2.8（拉贝判别法的极限形式）** 设$\sum\limits_{n=1}^{\infty}u_n$是正项级数，且$\lim\limits_{n\to\infty}n\left(\frac{u_n}{u_{n+1}}-1\right)=r$，则

（i）当$r>1$时，$\sum\limits_{n=1}^{\infty}u_n$收敛；

（ii）当$r<1$时，$\sum\limits_{n=1}^{\infty}u_n$发散．

下面给出的积分判别法则将级数与无穷积分作比较．

定理 16.2.9（积分判别法） 设$\sum\limits_{n=1}^{\infty}u_n$是正项级数，若存在$[1,+\infty)$内非负、单调递减的连续函数$f(x)$使得$u_n=f(n)$，则$\sum\limits_{n=1}^{\infty}u_n$与无穷积分$\int_1^{+\infty}f(x)\mathrm{d}x$有相同的敛散性．

证明 因为$f(x)\geqslant 0,\ \forall x\geqslant 1$，所以$F(x)=\int_1^x f(t)\mathrm{d}t$是$[1,+\infty)$上的单调递增函数，因此无穷积分$\int_1^{+\infty}f(x)\mathrm{d}x$要么收敛要么发散到正无穷大．由$f(x)$单调递减且$u_n=f(n)$知，当$n\leqslant x<n+1$时，$u_{n+1}=f(n+1)\leqslant f(x)\leqslant f(n)=u_n$，所以$u_{n+1}\leqslant\int_n^{n+1}f(x)\mathrm{d}x\leqslant u_n$，故

$$\sum_{k=2}^{n+1}u_k \leqslant \int_1^{n+1} f(x)\,\mathrm{d}x \leqslant \sum_{k=1}^{n}u_k\,. \tag{16.2.3}$$

设$\int_1^{+\infty} f(x)\mathrm{d}x$收敛，则式（16.2.3）左边的不等式表明$S_n=\sum_{k=1}^{n}u_k\leqslant u_1+\int_1^{+\infty} f(x)\mathrm{d}x$，即$\{S_n\}$有上界，故级数$\sum_{n=1}^{\infty}u_n$收敛；现在设$\int_1^{+\infty} f(x)\mathrm{d}x$发散，则必有$\int_1^{+\infty} f(x)\mathrm{d}x=+\infty$，故式（16.2.3）右边的不等式表明

$$S_n=\sum_{k=1}^{n}u_k \geqslant \int_1^{n+1} f(x)\,\mathrm{d}x \to +\infty \quad (n\to\infty),$$

故级数$\sum_{n=1}^{\infty}u_n$发散．这就证明了正项级数$\sum_{n=1}^{\infty}u_n$与无穷积分$\int_1^{+\infty} f(x)\mathrm{d}x$有相同的敛散性．证毕．

积分判别法又称柯西积分准则．积分判别法具有直观的几何意义：当$f(x)$非负递减时，将级数$\sum_{n=1}^{\infty}f(n)$与曲线$y=f(x)$下方位于直线$x=1$右侧的底边无限长曲边三角形的面积$\int_1^{+\infty} f(x)\mathrm{d}x$作比较．

例 16.2.3　判别$\sum_{n=1}^{\infty}\frac{1}{1+a^n}$（$a>0$）的敛散性．

解　当$a\leqslant 1$时，因为$\lim\limits_{n\to\infty}\frac{1}{1+a^n}\neq 0$，故$\sum_{n=1}^{\infty}\frac{1}{1+a^n}$发散．当$a>1$时，因为$\frac{1}{1+a^n}<\frac{1}{a^n}$，而$\sum_{n=1}^{\infty}\frac{1}{a^n}$收敛，故由定理 16.2.2 知$\sum_{n=1}^{\infty}\frac{1}{1+a^n}$收敛．

例 16.2.4　若$\lim\limits_{n\to\infty}na_n=a>0$，证明$\sum_{n=1}^{\infty}a_n$发散．

证法 1　因为$\lim\limits_{n\to\infty}na_n=a>\frac{a}{2}>0$，由极限的保序性知，$\exists N>0,\ \forall n\geqslant N$，有$na_n>\frac{a}{2}$，从而$a_n>\frac{a}{2}\cdot\frac{1}{n}$，由于级数的敛散性与前有限项无关，故可假设$\sum_{n=1}^{\infty}a_n$为正项级数．而$\sum_{n=N}^{\infty}\frac{1}{n}$发散，由定理 16.2.2 知$\sum_{n=1}^{\infty}a_n$发散．证毕．

证法 2　因为$\lim\limits_{n\to\infty}na_n=a>0$，由极限的保序性，$\exists N>0,\ \forall n\geqslant N$，有$na_n>0$，故可假设$\sum_{n=1}^{\infty}a_n$为正项级数，由比阶判别法知，级数$\sum_{n=1}^{\infty}a_n$发散．证毕．

例 16.2.5　证明：若$\{a_n\}$是非负递减数列，且$\sum_{n=1}^{\infty}a_n$收敛，则$\lim\limits_{n\to\infty}na_n=0$．

证明　因为级数$\sum_{n=1}^{\infty}a_n$收敛，由级数的柯西收敛准则，$\forall\varepsilon>0,\ \exists N>0,\ \forall n>N$，取

$p=n$，有 $a_{n+1}+a_{n+2}+\cdots+a_{2n}<\varepsilon$．由于 $\{a_n\}$ 是非负递减数列，因此 $na_{2n}<\varepsilon$，即 $\lim\limits_{n\to\infty}2na_{2n}=0$. 又对 $\forall n\geqslant 1$, $a_{2n}\geqslant a_{2n+1}$，所以 $0\leqslant(2n+1)a_{2n+1}\leqslant(2n+1)a_{2n}=2na_{2n}\dfrac{2n+1}{2n}\to 0$ $(n\to\infty)$，故双边趋近定理表明 $\lim\limits_{n\to\infty}(2n+1)a_{2n+1}=0$．从而 $\lim\limits_{n\to\infty}na_n=0$．证毕.

例 16.2.6 设 $\{u_n\}$ 是非负递减数列，证明：$\sum\limits_{n=1}^{\infty}u_n$ 与 $\sum\limits_{n=1}^{\infty}2^n u_{2^n}$ 同收敛同发散.

证明 记 $\sum\limits_{n=1}^{\infty}u_n$ 和 $\sum\limits_{n=1}^{\infty}2^n u_{2^n}$ 的部分和分别为 S_n 和 P_n．设级数 $\sum\limits_{n=1}^{\infty}u_n$ 发散．由

$$
\begin{aligned}
S_{2^{n+1}-1}&=u_1+u_2+\cdots+u_{2^{n+1}-1}=u_1+(u_2+u_3)+(u_4+\cdots+u_7)+\cdots+(u_{2^n}+\cdots+u_{2^{n+1}-1})\\
&\leqslant u_1+2u_2+2^2u_4+\cdots+2^n u_{2^n}=u_1+P_n,
\end{aligned}
$$

故由比较判别法知，级数 $\sum\limits_{n=1}^{\infty}2^n u_{2^n}$ 也发散．现在假设级数 $\sum\limits_{n=1}^{\infty}u_n$ 收敛．由于

$$
\begin{aligned}
S_{2^{n+1}}&=u_1+u_2+\cdots+u_{2^{n+1}}=u_1+u_2+(u_3+u_4)+(u_5+\cdots+u_8)+\cdots+(u_{2^n+1}+\cdots+u_{2^{n+1}})\\
&\geqslant u_1+u_2+2u_4+4u_8+\cdots+2^n u_{2^{n+1}}=u_1+\frac{1}{2}P_{n+1},
\end{aligned}
$$

因此由比较判别法知级数 $\sum\limits_{n=1}^{\infty}2^n u_{2^n}$ 也收敛．证毕.

例 16.2.7 判断级数 $\sum\limits_{n=2}^{\infty}\dfrac{1}{n(\ln n)^p}$ 的敛散性.

解法 1 令 $a_n=\dfrac{1}{n(\ln n)^p}$．则 $\{a_n\}$ 是正的单调递减的数列，且 $2^n a_{2^n}=2^n\dfrac{1}{2^n(\ln 2^n)^p}=\dfrac{1}{n^p(\ln 2)^p}$，而正项级数 $\sum\limits_{n=1}^{\infty}\dfrac{1}{n^p(\ln 2)^p}$ 当 $p>1$ 时收敛，当 $p\leqslant 1$ 时发散，所以利用例 16.2.6 知，级数 $\sum\limits_{n=2}^{\infty}\dfrac{1}{n(\ln n)^p}$ 当 $p>1$ 时收敛，当 $p\leqslant 1$ 时发散.

解法 2 由积分判别法（定理 16.2.9）知，级数 $\sum\limits_{n=2}^{\infty}\dfrac{1}{n(\ln n)^p}$ 与无穷积分 $\int_2^{+\infty}\dfrac{1}{x(\ln x)^p}\mathrm{d}x$ 有相同的敛散性．故当 $p>1$ 时，级数收敛；当 $p\leqslant 1$ 时，级数发散.

例 16.2.8 判断级数 $\sum\limits_{n=1}^{\infty}\left[\mathrm{e}-\left(1+\dfrac{1}{n}\right)^n\right]^p$ 的敛散性，其中 $p>0$.

解 因为 $\mathrm{e}>\left(1+\dfrac{1}{n}\right)^n$，$\forall n\geqslant 1$，所以这是一个正项级数．由泰勒展开，

$$\ln(1+x)=x-\frac{1}{2}x^2+o(x^2) \quad 且 \quad e^x=1+x+\cdots+\frac{x^n}{n!}+o(x^n) \quad (x\to 0),$$

所以

$$\begin{aligned}
e-(1+x)^{\frac{1}{x}} &= e-e^{\frac{1}{x}\ln(1+x)}=e-e^{\frac{1}{x}\left(x-\frac{1}{2}x^2+o(x^2)\right)}=e-e^{1-\frac{1}{2}x+o(x)} \\
&= e\left(1-e^{-\frac{1}{2}x+o(x)}\right)=e\left(\frac{1}{2}x+o(x)\right)=\frac{e}{2}x+o(x) \quad (x\to 0),
\end{aligned}$$

故 $\lim\limits_{n\to\infty}n^p\left[e-\left(1+\frac{1}{n}\right)^n\right]^p=\lim\limits_{n\to\infty}n^p\left(\frac{e}{2n}+o\left(\frac{1}{n}\right)\right)^p=\left(\frac{e}{2}\right)^p$，由比阶判别法知，当 $p>1$ 时级数收敛，当 $p\leqslant 1$ 时级数发散.

例 16.2.9 判断 $\sum\limits_{n=2}^{\infty}\frac{1}{n^p\ln^q n}$ 的敛散性.

解 这是一个正项级数. 由比阶判别法知，当 $p>1$ 时，对 $\forall q$，有

$$\lim_{n\to\infty}n^{\frac{1+p}{2}}\frac{1}{n^p\ln^q n}=\lim_{n\to\infty}\frac{1}{n^{\frac{p-1}{2}}\ln^q n}=0,$$

故此时级数收敛；当 $p<1$ 时，对 $\forall q$，有 $\lim\limits_{n\to\infty}n^{\frac{1+p}{2}}\frac{1}{n^p\ln^q n}=\lim\limits_{n\to\infty}\frac{n^{\frac{1-p}{2}}}{\ln^q n}=+\infty$，故此时级数发散；当 $p=1$ 时，由例 16.2.7 知，当 $q>1$ 时，$\sum\limits_{n=2}^{\infty}\frac{1}{n\ln^q n}$ 收敛；当 $q\leqslant 1$ 时，$\sum\limits_{n=2}^{\infty}\frac{1}{n\ln^q n}$ 发散.

例 16.2.10 设 $a>0$. 讨论级数 $\sum\limits_{n=1}^{\infty}\frac{n!a^n}{n^n}$ 的敛散性.

解 令 $u_n=\frac{n!a^n}{n^n}$，则 $\lim\limits_{n\to\infty}\frac{u_{n+1}}{u_n}=\lim\limits_{n\to\infty}a\left(1+\frac{1}{n}\right)^{-n}=\frac{a}{e}$. 由比值判别法知，当 $a<e$ 时，级数收敛；当 $a>e$ 时，级数发散；当 $a=e$ 时，比值判别法失效. 此时，

$$\frac{u_n}{u_{n+1}}=\frac{1}{e}\left(1+\frac{1}{n}\right)^n=e^{n\ln\left(1+\frac{1}{n}\right)-1}，且 e^{\frac{\ln(1+x)-x}{x}}=e^{-\frac{x}{2}+o(x)}=1-\frac{x}{2}+o(x) \quad (x\to 0),$$

故由拉贝判别法的极限形式，

$$\lim_{n\to\infty}n\left(\frac{u_n}{u_{n+1}}-1\right)=\lim_{n\to\infty}n\left[-\frac{1}{2n}+o\left(\frac{1}{n}\right)\right]=-\frac{1}{2}<1,$$

所以此时级数发散.

习题 16.2

1．判断下列级数的敛散性．

（1）$\sum_{n=1}^{\infty}\frac{1}{(2n-1)2^{n-1}}$；（2）$\sum_{n=1}^{\infty}\sin\frac{\pi}{2^n}$；（3）$\sum_{n=2}^{\infty}\frac{1}{\ln n}$；

（4）$\sum_{n=1}^{\infty}\frac{\ln n}{n^{\frac{3}{2}}}$；（5）$\sum_{n=1}^{\infty}\left(\frac{1+n^2}{1+n^3}\right)^2$；（6）$\sum_{n=1}^{\infty}\frac{1}{n}\sin\frac{1}{\sqrt{n}}$；

（7）$\sum_{n=2}^{\infty}\frac{1}{\sqrt{n}}\ln\left(\frac{n+1}{n-1}\right)$；（8）$\sum_{n=1}^{\infty}\left(e^{\frac{1}{\sqrt{n}}}-1\right)$；（9）$\sum_{n=1}^{\infty}\left(1-\cos\frac{\pi}{n}\right)$；

（10）$\sum_{n=1}^{\infty}\left[\frac{1}{n}-\ln\left(1+\frac{1}{n}\right)\right]$；（11）$\sum_{n=1}^{\infty}\left(1-\frac{\ln n}{n}\right)^n$．

2．判断下列级数的敛散性．

（1）$\sum_{n=1}^{\infty}\frac{2^n}{(2n-1)!}$；（2）$\sum_{n=1}^{\infty}\frac{n^2}{2^n}$；（3）$\sum_{n=2}^{\infty}\frac{3^n n}{n^n}$；

（4）$\sum_{n=1}^{\infty}\frac{(2n-1)!!}{3^n n!}$；（5）$\sum_{n=1}^{\infty}n^3\sin\frac{\pi}{3^n}$；（6）$\sum_{n=2}^{\infty}2^{n-1}\tan\frac{\pi}{2^n}$；

（7）$\sum_{n=1}^{+\infty}\frac{1}{2^n}\left(1+\frac{1}{n}\right)^{n^2}$．

3．判断下列级数的敛散性．

（1）$\sum_{n=1}^{\infty}\frac{2^n}{\sqrt{n^n}}$；（2）$\sum_{n=3}^{\infty}\frac{1}{n^p(\ln n)^q(\ln\ln n)^r}$；

（3）$\sum_{n=1}^{\infty}\frac{1}{\sqrt[3]{n+1}}\ln\frac{n+2}{n}$；（4）$\sum_{n=1}^{\infty}\left(\sin\left(\frac{\pi}{4}+\frac{1}{n}\right)\right)^n$．

4．讨论级数 $\sum_{n=1}^{\infty}n^p(\sqrt{n+1}-2\sqrt{n}+\sqrt{n-1})$ 的敛散性．

5．证明等式：$\sum_{n=1}^{\infty}\frac{1}{n(n+10)}=\frac{1}{10}\left(1+\frac{1}{2}+\cdots+\frac{1}{10}\right)$．

6．证明下列数列极限．

（1）$\lim_{n\to\infty}\frac{n!}{n^n}=0$；（2）$\lim_{n\to\infty}\frac{n^k}{a^n}=0$（$a>1,\ k>0$）；（3）$\lim_{n\to\infty}\frac{2^n n!}{n^n}=0$．

7．证明：若数列 $\{u_n\}$ 单调递减，且 $\lim_{n\to\infty}u_n=0$，$\sum_{k=2}^{n}(u_{k-1}-u_n)$ 有界，则级数 $\sum_{n=1}^{\infty}u_n$ 收敛．

8．设 $\{u_n\}$ 是正的单调递增的数列．证明：级数 $\sum_{n=1}^{\infty}\left(1-\frac{u_n}{u_{n+1}}\right)$ 收敛的充要条件是数列 $\{u_n\}$ 有界．

9．证明：若级数$\sum_{n=1}^{\infty}u_n$（$u_n>0$）发散，$S_n=\sum_{k=1}^{n}u_k$，则级数$\sum_{n=1}^{\infty}\frac{u_n}{S_n}$也发散.

16.3　任意项级数

任意项级数又称一般项级数，级数每项的符号不定．其中有一类特殊的级数，级数中每项的正负号相间排列，这样的级数称为交错级数，即 $u_1-u_2+u_3-u_4+\cdots+u_{2n-1}-u_{2n}+\cdots$（$u_n\geqslant 0$）．对交错级数，有如下的莱布尼茨判别法.

16.3.1　莱布尼茨（Leibniz）判别法

定理 16.3.1　若交错级数$\sum_{n=1}^{\infty}(-1)^{n-1}u_n$（$u_n\geqslant 0,\ \forall n\geqslant 1$）满足下列条件：

（i）$u_n\geqslant u_{n+1}$（$\forall n\geqslant 1$），即$\{u_n\}$单调递减；

（ii）$\lim\limits_{n\to\infty}u_n=0$，

则（1）$\sum_{n=1}^{\infty}(-1)^{n-1}u_n$收敛，且其和$S$满足$u_1-u_2\leqslant S\leqslant u_1$；

（2）部分和$S_n=\sum_{k=1}^{n}(-1)^{k-1}u_k$满足$u_{n+1}-u_{n+2}\leqslant|S-S_n|\leqslant u_{n+1}$.

证明　（1）因为$\{u_n\}$单调递减，所以

$$S_{2n+2}=u_1-u_2+u_3-u_4+\cdots+u_{2n-1}-u_{2n}+u_{2n+1}-u_{2n+2}=S_{2n}+u_{2n+1}-u_{2n+2}\geqslant S_{2n},$$

且 $S_{2n}=u_1-u_2+u_3-u_4+\cdots+u_{2n-1}-u_{2n}=u_1-(u_2-u_3)-\cdots-(u_{2n-2}-u_{2n-1})-u_{2n}\leqslant u_1$，即数列$\{S_{2n}\}$单调递增有上界，故$\lim\limits_{n\to\infty}S_{2n}$存在．设$\lim\limits_{n\to\infty}S_{2n}=S$．又$\lim\limits_{n\to\infty}u_n=0$，所以$\lim\limits_{n\to\infty}S_{2n+1}=\lim\limits_{n\to\infty}(S_{2n}+u_{2n+1})=S$，故$\lim\limits_{n\to\infty}S_n=S$，因此级数$\sum_{n=1}^{\infty}(-1)^{n-1}u_n$收敛．由于$u_1-u_2\leqslant S_{2n}=u_1-u_2+\cdots+u_{2n-1}-u_{2n}\leqslant u_1$，因此级数的和$S$满足$u_1-u_2\leqslant S\leqslant u_1$.

（2）余和$S-S_n=\sum_{k=n+1}^{\infty}(-1)^{k-1}u_k$是一个首项绝对值为$u_{n+1}$的交错级数，且满足莱布尼茨判别法的条件（i）和（ii），故结论（1）表明$u_{n+1}-u_{n+2}\leqslant|S-S_n|\leqslant u_{n+1}$．证毕.

注 1　余和$S-S_n$的绝对值不超过余和中第一项的绝对值，不小于余和中前两项代数和的绝对值，这个不等式可用于估计交错级数余项的大小范围，即用部分和近似代替级数和时的误差．满足莱布尼茨判别法的交错级数称为莱布尼茨级数.

注 2　莱布尼茨判别法给出判断交错级数收敛的充分条件，对不满足莱布尼茨判别法的第一个条件的交错级数，可能收敛，也可能发散，需要进一步判断．容易看出，对这样的级数，如果相邻两项结合后的级数收敛，该级数一定收敛；如果相邻两项结合后的级数发散，原级数一定发散.

例 16.3.1 判断级数 $\sum_{n=1}^{\infty}(-1)^{n-1}\frac{n}{10^n}$ 的敛散性.

解 这是一个交错级数，由于数列 $\left\{\frac{n}{10^n}\right\}$ 单调递减且 $\lim\limits_{n\to\infty}\frac{n}{10^n}=0$，因此满足定理 16.3.1 的条件，故 $\sum_{n=1}^{\infty}(-1)^{n-1}\frac{n}{10^n}$ 收敛. 若用前 n 项部分和 S_n 近似代替级数的和 S，则可估计误差范围

$$\frac{n+1}{10^{n+1}}-\frac{n+2}{10^{n+2}}\leqslant\left|S-S_n\right|\leqslant\frac{n+1}{10^{n+1}}.$$

16.3.2 绝对收敛级数的性质

定义 16.3.1 对任意项级数 $\sum_{n=1}^{\infty}u_n$，

（i）若级数 $\sum_{n=1}^{\infty}|u_n|$ 收敛，则称级数 $\sum_{n=1}^{\infty}u_n$ 绝对收敛；

（ii）若级数 $\sum_{n=1}^{\infty}u_n$ 收敛，但级数 $\sum_{n=1}^{\infty}|u_n|$ 发散，称级数 $\sum_{n=1}^{\infty}u_n$ 条件收敛.

定理 16.3.2 若级数 $\sum_{n=1}^{\infty}|u_n|$ 收敛，则级数 $\sum_{n=1}^{\infty}u_n$ 收敛.

证明 因为 $\sum_{n=1}^{\infty}|u_n|$ 收敛，由级数的柯西收敛准则，

$$\forall\varepsilon>0,\ \exists N>0,\ \forall n>N,\ \forall p\geqslant1，有\ |u_{n+1}|+|u_{n+2}|+\cdots+|u_{n+p}|<\varepsilon,$$

故 $|u_{n+1}+u_{n+2}+\cdots+u_{n+p}|\leqslant|u_{n+1}|+|u_{n+2}|+\cdots+|u_{n+p}|<\varepsilon$，再一次由柯西收敛原理知级数 $\sum_{n=1}^{\infty}u_n$ 收敛. 证毕.

接下来讨论绝对收敛级数与条件收敛级数的特性.

设 $\sum_{n=1}^{\infty}u_n$ 是任意项级数. 令 $u_n^+=\frac{|u_n|+u_n}{2}$, $u_n^-=\frac{|u_n|-u_n}{2}$，则 $u_n^+\geqslant0$, $u_n^-\geqslant0$，且 $|u_n|=u_n^++u_n^-$, $u_n=u_n^+-u_n^-$. 级数 $\sum_{n=1}^{\infty}u_n^+$, $\sum_{n=1}^{\infty}u_n^-$ 分别称为级数 $\sum_{n=1}^{\infty}u_n$ 的**正项部分**和**负项部分**，注意到正项部分和负项部分都是正项级数.

定理 16.3.3 （i）级数 $\sum_{n=1}^{\infty}u_n$ 绝对收敛当且仅当两个正项级数 $\sum_{n=1}^{\infty}u_n^+$ 和 $\sum_{n=1}^{\infty}u_n^-$ 都收敛；

（ii）若级数 $\sum_{n=1}^{\infty}u_n$ 条件收敛，则两个正项级数 $\sum_{n=1}^{\infty}u_n^+$ 和 $\sum_{n=1}^{\infty}u_n^-$ 都发散到正无穷大.

证明 （i）设级数 $\sum_{n=1}^{\infty}|u_n|$ 收敛. 由于 $0\leqslant u_n^+\leqslant|u_n|$, $0\leqslant u_n^-\leqslant|u_n|$，因此由正项级数的比

较判别法知$\sum_{n=1}^{\infty}u_n^+$，$\sum_{n=1}^{\infty}u_n^-$ 都收敛.

假设正项级数$\sum_{n=1}^{\infty}u_n^+$，$\sum_{n=1}^{\infty}u_n^-$ 都收敛，因为$|u_n|=u_n^+ + u_n^-$，所以$\sum_{n=1}^{\infty}u_n$ 绝对收敛.

（ii）反证，假设$\sum_{n=1}^{\infty}u_n^+$ 和$\sum_{n=1}^{\infty}u_n^-$ 至少有一个收敛，不妨设$\sum_{n=1}^{\infty}u_n^+$ 收敛，则$u_n^+=\dfrac{|u_n|+u_n}{2}$表明$|u_n|=2u_n^+ - u_n$，因为$\sum_{n=1}^{\infty}u_n$ 收敛，由收敛级数的四则运算，级数$\sum_{n=1}^{\infty}|u_n|$ 收敛，故$\sum_{n=1}^{\infty}u_n$ 绝对收敛，与$\sum_{n=1}^{\infty}u_n$ 条件收敛矛盾，所以$\sum_{n=1}^{\infty}u_n^+$ 和$\sum_{n=1}^{\infty}u_n^-$ 都发散. 因为它们都是正项级数，所以必发散到正无穷大. 证毕.

已知有限和运算满足结合律、分配律、交换律. 通过上一节的讨论，我们知道收敛的级数满足结合律. 那么，收敛级数是否满足加法运算的交换律和乘法运算的分配律？分析下面的例子. 由莱布尼茨判别法知交错级数$\sum_{n=1}^{\infty}(-1)^{n-1}\dfrac{1}{n}$收敛，令$\sum_{n=1}^{\infty}(-1)^{n-1}\dfrac{1}{n}=A$. 假设该级数满足交换律，我们将其项作如下的交换：按级数中原有正项与负项的顺序，一项正两项负交替写出，即级数

$$1-\frac{1}{2}-\frac{1}{4}+\frac{1}{3}-\frac{1}{6}-\frac{1}{8}+\frac{1}{5}-\frac{1}{10}-\frac{1}{12}+\frac{1}{7}\cdots$$

收敛，由于收敛级数满足结合律，故

$$\begin{aligned}&\left(1-\frac{1}{2}\right)-\frac{1}{4}+\left(\frac{1}{3}-\frac{1}{6}\right)-\frac{1}{8}+\left(\frac{1}{5}-\frac{1}{10}\right)-\frac{1}{12}+\cdots\\ =&\frac{1}{2}-\frac{1}{4}+\frac{1}{6}-\frac{1}{8}+\frac{1}{10}-\frac{1}{12}+\cdots\\ =&\frac{1}{2}\left(1-\frac{1}{2}+\frac{1}{3}-\frac{1}{4}+\frac{1}{5}-\frac{1}{6}+\cdots\right)=\frac{1}{2}A,\end{aligned}$$

所以，交换后的新级数即使收敛，它的和与原来级数的和也不一定相等. 由此可见，一般来说，级数不满足交换律，这是有限和与无限和的区别之一. 但对绝对收敛的级数，它满足交换律和分配律. 即绝对收敛的级数具有与有限和相同的性质.

定理 16.3.4（级数重排定理） 若$\sum_{n=1}^{\infty}u_n$ 绝对收敛，其和是S，则任意交换级数各项的位置得到的新级数$\sum_{n=1}^{\infty}\tilde{u}_n$ 绝对收敛，且其和也是S.

证明 分情形讨论.

情形 1 设$\sum_{n=1}^{\infty}u_n$ 是同号级数.

不妨设$\sum_{n=1}^{\infty}u_n$ 是正项级数，则$\sum_{n=1}^{\infty}\tilde{u}_n$ 也是正项级数，且其部分和$S_n'=\sum_{k=1}^{n}\tilde{u}_k\leqslant\sum_{n=1}^{\infty}u_n$，因

为$\sum_{n=1}^{\infty}u_n$收敛，所以$\sum_{n=1}^{\infty}\tilde{u}_n$的部分和有上界，从而收敛，且$\sum_{n=1}^{\infty}\tilde{u}_n \leqslant \sum_{n=1}^{\infty}u_n$.

显然，$\sum_{n=1}^{\infty}u_n$可看成收敛级数$\sum_{n=1}^{\infty}\tilde{u}_n$任意交换各项的位置得到的新级数，因此$\sum_{n=1}^{\infty}u_n \leqslant \sum_{n=1}^{\infty}\tilde{u}_n$，这样$\sum_{n=1}^{\infty}\tilde{u}_n = \sum_{n=1}^{\infty}u_n = S$.

情形 2 设$\sum_{n=1}^{\infty}u_n$为任意项级数.

令$u_n^+ = \dfrac{|u_n|+u_n}{2}$，$u_n^- = \dfrac{|u_n|-u_n}{2}$. 因为$\sum_{n=1}^{\infty}u_n$绝对收敛，所以$\sum_{n=1}^{\infty}u_n^+$，$\sum_{n=1}^{\infty}u_n^-$都收敛. 由情形 1 知，$\sum_{n=1}^{\infty}\tilde{u}_n^+$，$\sum_{n=1}^{\infty}\tilde{u}_n^-$都收敛且$\sum_{n=1}^{\infty}u_n^+ = \sum_{n=1}^{\infty}\tilde{u}_n^+$，$\sum_{n=1}^{\infty}u_n^- = \sum_{n=1}^{\infty}\tilde{u}_n^-$，所以

$$\sum_{n=1}^{\infty}|\tilde{u}_n| = \sum_{n=1}^{\infty}(\tilde{u}_n^+ + \tilde{u}_n^-) = \sum_{n=1}^{\infty}\tilde{u}_n^+ + \sum_{n=1}^{\infty}\tilde{u}_n^-$$

收敛，且$\sum_{n=1}^{\infty}\tilde{u}_n = \sum_{n=1}^{\infty}\tilde{u}_n^+ - \sum_{n=1}^{\infty}\tilde{u}_n^- = \sum_{n=1}^{\infty}u_n^+ - \sum_{n=1}^{\infty}u_n^- = \sum_{n=1}^{\infty}(u_n^+ - u_n^-) = \sum_{n=1}^{\infty}u_n$. 证毕.

条件收敛的级数，一般来说，不满足交换律，适当变换条件收敛级数各项的位置，得到的新级数可收敛于预先给定的任意数；条件收敛的级数也存在发散的重排，这就是黎曼定理.

定理 16.3.5（黎曼定理） 若$\sum_{n=1}^{\infty}u_n$条件收敛，则

（i）对任意的实数A，适当变换级数$\sum_{n=1}^{\infty}u_n$各项的位置，得到的新级数将收敛于A；

（ii）$\sum_{n=1}^{\infty}u_n$存在发散的重排.

我们只给出定理 16.3.5（i）的证法. 应用条件收敛级数的特性，正项部分和负项部分都发散到正无穷大，且$\lim_{n\to\infty}u_n^+ = 0,\ \lim_{n\to\infty}u_n^- = 0$，设$A>0$，因为$\sum_{n=1}^{\infty}u_n^+ = +\infty$，按照级数$\sum_{n=1}^{\infty}u_n$各项的顺序，先取若干正项，使其和刚好大于$A$；又因为$\sum_{n=1}^{\infty}u_n^- = +\infty$，再取若干负项，使其和与前面取出的若干正项的和刚好小于A，接着再取若干正项……按此法无限进行下去，原级数$\sum_{n=1}^{\infty}u_n$的各项皆被交换到新的位置，得到的新级数将收敛于A.

下面讨论绝对收敛的级数满足分配律.

设$\sum_{n=1}^{\infty}u_n = A, \sum_{n=1}^{\infty}v_n = B$，两个有限和$A_n = \sum_{k=1}^{n}u_k$，$B_n = \sum_{k=1}^{n}v_k$相乘的结果是把所有可能的乘积$u_i v_j$（$i,j=1,2,\cdots,n$）加起来，仿照这个做法，我们把$\sum_{n=1}^{\infty}u_n$和$\sum_{n=1}^{\infty}v_n$的所有可能的乘

积写出来：

$$\begin{array}{cccccccccc} & v_1 & v_2 & v_3 & v_4 & \cdots & v_{n-1} & v_n & \cdots \\ u_1 & u_1v_1 & u_1v_2 & u_1v_3 & u_1v_4 & \cdots & u_1v_{n-1} & u_1v_n & \cdots \\ u_2 & u_2v_1 & u_2v_2 & u_2v_3 & u_2v_4 & \cdots & u_2v_{n-1} & u_2v_n & \cdots \\ u_3 & u_3v_1 & u_3v_2 & u_3v_3 & u_3v_4 & \cdots & u_3v_{n-1} & u_3v_n & \cdots \\ u_4 & u_4v_1 & u_4v_2 & u_4v_3 & u_4v_4 & \cdots & u_4v_{n-1} & u_4v_n & \cdots \\ \vdots & \vdots & \vdots & \vdots & \vdots & & \vdots & \vdots & \\ u_{n-1} & u_{n-1}v_1 & u_{n-1}v_2 & u_{n-1}v_3 & u_{n-1}v_4 & \cdots & u_{n-1}v_{n-1} & u_{n-1}v_n & \cdots \\ u_n & u_nv_1 & u_nv_2 & u_nv_3 & u_nv_4 & \cdots & u_nv_{n-1} & u_nv_n & \cdots \\ \vdots & \vdots & \vdots & \vdots & \vdots & & \vdots & \vdots & \end{array}$$

这是一个无穷矩阵，这些项如何相加，一般有两种：一是对角线法（柯西乘积）$c_n=\sum\limits_{i+j=n+1}u_iv_j$；另一种是方块相加 $c_n=\sum\limits_{j=1}^{n}u_nv_j+\sum\limits_{i=1}^{n-1}u_iv_n$，方块相加得到的 $\sum\limits_{k=1}^{n}c_k=A_n\cdot B_n$．但平常用得较多的是对角线相加．

有限和运算满足分配律，无限和运算是否满足乘法运算的分配律呢？一般来说是不满足的．例如，$\sum\limits_{n=1}^{\infty}(-1)^{n-1}\frac{1}{\sqrt{n}}$ 收敛，取 $u_n=v_n=(-1)^{n-1}\frac{1}{\sqrt{n}}$，且令

$$\left(\sum_{n=1}^{\infty}(-1)^{n-1}\frac{1}{\sqrt{n}}\right)\cdot\left(\sum_{n=1}^{\infty}(-1)^{n-1}\frac{1}{\sqrt{n}}\right)=\sum_{n=1}^{\infty}c_n,$$

按照对角线相加，$c_n=\sum\limits_{i+j=n+1}u_iv_j=\sum\limits_{i+j=n+1}\frac{(-1)^{n-1}}{\sqrt{ij}}$，这样

$$|c_n|=\sum_{i+j=n+1}\frac{1}{\sqrt{ij}}\geqslant\sum_{i+j=n+1}\frac{2}{i+j}=\frac{2n}{n+1}\geqslant 1,$$

故 $\lim\limits_{n\to\infty}c_n\neq 0$，因此 $\left(\sum\limits_{n=1}^{\infty}(-1)^{n-1}\frac{1}{\sqrt{n}}\right)\cdot\left(\sum\limits_{n=1}^{\infty}(-1)^{n-1}\frac{1}{\sqrt{n}}\right)=\sum\limits_{n=1}^{\infty}c_n$ 发散．但绝对收敛的级数满足分配律．

定理 16.3.6（柯西定理） 若级数 $\sum\limits_{n=1}^{\infty}u_n$ 与级数 $\sum\limits_{n=1}^{\infty}v_n$ 都绝对收敛，则由它们的项相乘所得的乘积 u_iv_j（$i,j=1,2,\cdots$）按任意次序相加所成的级数都绝对收敛，且收敛到两级数和数之乘积．

证明 由定理 16.3.4，只需证明乘积 u_iv_j（$i,j=1,2,\cdots$）按照某种次序排列所成的级数绝对收敛即可．记按照方块相加的级数为 Σ，即

$$\Sigma:\ u_1v_1+(u_1v_2+u_2v_2+u_2v_1)+\cdots+(u_1v_n+u_2v_n+\cdots+u_{n-1}v_n+u_nv_n+\cdots+u_nv_1)+\cdots,$$

此级数的前 n 项部分和 $P_n=\left(\sum\limits_{k=1}^{n}u_k\right)\cdot\left(\sum\limits_{k=1}^{n}v_k\right)$；将级数 Σ 中去掉括号后的级数记为 Δ，即

$$\Delta:\ u_1v_1+u_1v_2+u_2v_2+u_2v_1+\cdots+u_1v_n+u_2v_n+\cdots+u_{n-1}v_n+u_nv_n+\cdots+u_nv_1+\cdots,$$

设 Δ 中每项取绝对值后所得级数前 n 项部分和为 S_n，则

$$S_n \leqslant \left(\sum_{k=1}^{n}|u_k|\right)\cdot\left(\sum_{k=1}^{n}|v_k|\right) \leqslant \left(\sum_{k=1}^{\infty}|u_k|\right)\cdot\left(\sum_{k=1}^{\infty}|v_k|\right),$$

故数列 $\{S_n\}$ 有上界，从而级数 Δ 绝对收敛．由于收敛的级数满足结合律，故级数 Σ 收敛，且

$$\lim_{n\to\infty} P_n = \lim_{n\to\infty}\left(\left(\sum_{k=1}^{n}u_k\right)\cdot\left(\sum_{k=1}^{n}v_k\right)\right) = \left(\lim_{n\to\infty}\sum_{k=1}^{n}u_k\right)\cdot\left(\lim_{n\to\infty}\sum_{k=1}^{n}v_k\right) = \left(\sum_{k=1}^{\infty}u_k\right)\cdot\left(\sum_{k=1}^{\infty}v_k\right).$$

证毕．

16.3.3 条件收敛级数的两个判别法

假设交错级数 $\sum_{n=1}^{\infty}(-1)^{n-1}a_n$ 满足莱布尼茨判别法的条件，如果将其中的 $(-1)^{n-1}$ 换为任意使级数 $\sum_{n=1}^{\infty}b_n$ 的部分和数列有界的 b_n，则仍然可得到收敛的级数 $\sum_{n=1}^{\infty}a_nb_n$．这就是下面的狄利克雷判别法，在证明这个判别法之前，先介绍一个简单且有用的恒等式，称为阿贝尔变换．

引理 16.3.1（阿贝尔变换） 设 a_k，b_k（$k=1,2,\cdots,n$）是两组数，且设 $B_k=\sum_{i=1}^{k}b_i$，则

$$\sum_{k=1}^{n}a_kb_k=\sum_{k=1}^{n-1}(a_k-a_{k+1})B_k+a_nB_n. \tag{16.3.1}$$

证明 设 $B_0=0$．则 $b_k=B_k-B_{k-1}$（$k=1,2,\cdots,n$），故

$$\sum_{k=1}^{n}a_kb_k=\sum_{k=1}^{n}a_k(B_k-B_{k-1})=\sum_{k=1}^{n}a_kB_k-\sum_{k=0}^{n-1}a_{k+1}B_k=\sum_{k=1}^{n-1}(a_k-a_{k+1})B_k+a_nB_n.$$

证毕．

定理 16.3.7（狄利克雷判别法） 若数列 $\{a_n\}$ 单调且 $\lim_{n\to\infty}a_n=0$，级数 $\sum_{n=1}^{\infty}b_n$ 的部分和数列有界，则级数 $\sum_{n=1}^{\infty}a_nb_n$ 收敛．

证明 不妨设数列 $\{a_n\}$ 单调递减．则由 $\lim_{n\to\infty}a_n=0$ 知 $a_n\geqslant 0,\ n=1,2,\cdots$．令 $S_n=\sum_{k=1}^{n}b_k$．因为级数 $\sum_{n=1}^{\infty}b_n$ 的部分和数列有界，所以 $\exists M>0$ 使得 $|S_n|\leqslant M$，$n=1,2,\cdots$．记

$$B_{nk}=\sum_{j=1}^{k}b_{n+j}=S_{n+k}-S_n,\quad k=1,2,\cdots,$$

则 $|B_{nk}|\leqslant 2M,\ n,k=1,2,\cdots$．因为 $\lim_{n\to\infty}a_n=0$，所以对 $\forall\varepsilon>0,\ \exists N\in\mathbb{N}^+$，使得当 $n>N$ 时，有

$$|a_n|<\frac{\varepsilon}{2M}.$$

因此当$n>N$时，对$\forall p\in\mathbb{N}^+$，应用阿贝尔变换，有

$$\begin{aligned}\left|\sum_{k=1}^{p}a_{n+k}b_{n+k}\right|&=\left|a_{n+p}B_{np}+\sum_{k=1}^{p-1}(a_{n+k}-a_{n+k+1})B_{nk}\right|\\&\leqslant a_{n+p}\left|B_{np}\right|+\sum_{k=1}^{p-1}(a_{n+k}-a_{n+k+1})\left|B_{nk}\right|\\&\leqslant 2M\left[a_{n+p}+\sum_{k=1}^{p-1}(a_{n+k}-a_{n+k+1})\right]\\&=2Ma_{n+1}<\varepsilon,\end{aligned}$$

故由柯西收敛准则（定理 16.1.1）知，级数$\sum_{n=1}^{\infty}a_nb_n$收敛．证毕．

若$\{a_n\}$是单调有界数列，则$\lim\limits_{n\to\infty}a_n=a$存在，故$\{a_n-a\}$是单调趋于零的数列，若级数$\sum_{n=1}^{\infty}b_n$收敛，则由狄利克雷判别法知，$\sum_{n=1}^{\infty}(a_n-a)b_n$收敛，从而级数$\sum_{n=1}^{\infty}a_nb_n=\sum_{n=1}^{\infty}(a_n-a)b_n+a\sum_{n=1}^{\infty}b_n$收敛．这样，我们得到下面的阿贝尔判别法．

定理 16.3.8（阿贝尔判别法） 若$\{a_n\}$为单调有界数列，且级数$\sum_{n=1}^{\infty}b_n$收敛，则级数$\sum_{n=1}^{\infty}a_nb_n$收敛．

阿贝尔变换的几何解释：为简单起见，不妨设$a_1>a_2>\cdots>a_n>0$，$b_k>0$，$k=1,2,\cdots,n$．则式（16.3.1）中的左端表示以$b_k=B_k-B_{k-1}$为底、以a_k为高的n个阶梯形矩形的面积和，而式（16.3.1）的右端表示以B_k为底、以a_k-a_{k+1}（令$a_{n+1}=0$）为高的n个阶梯形矩形的面积和，如图 16-3-1 所示．

阿贝尔变换把求一系列竖着放的矩形的面积和问题，转化为求一系列横着放的矩形的面积和，在狄利克雷判别法（定理 16.3.7）的证明中发挥了巨大的作用．19 世纪末、20 世纪初的法国数学家勒贝格（Henri Lebesgue，1875—1941）正是采用类似的思想，把黎曼积分理论发展成为勒贝格积分理论，使得分析数学领域原来让人们束手无策的许多问题得到了解决（有关勒贝格积分，在后续课程实变函数中将会介绍）．

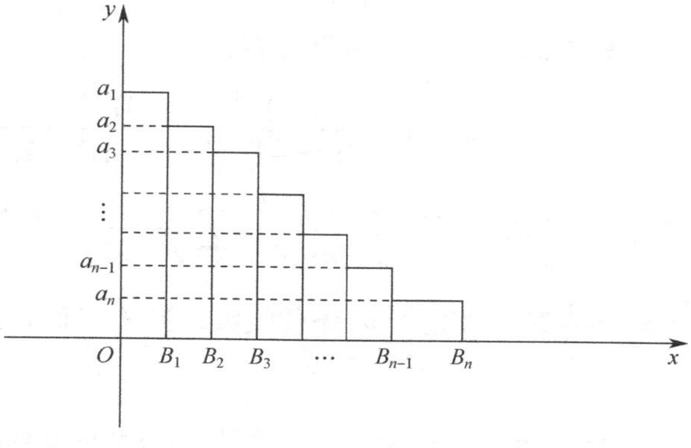

图 16-3-1

例 16.3.2 设级数$\sum_{n=1}^{\infty}a_n$收敛，证明级数$\sum_{n=1}^{\infty}\frac{a_n}{n^2}$收敛．

证明 因为$\sum_{n=1}^{\infty} a_n$收敛，所以$\lim_{n\to\infty} a_n = 0$，故对充分大的$n$，有$\left|\frac{a_n}{n^2}\right| \leqslant \frac{1}{n^2}$，而$\sum_{n=1}^{\infty}\frac{1}{n^2}$收敛，故$\sum_{n=1}^{\infty}\frac{a_n}{n^2}$绝对收敛，从而收敛．证毕．

例 16.3.3 设$\sum_{n=2}^{\infty}|a_n - a_{n-1}|$收敛，问：数列$\{a_n\}$是否收敛？

解 因为级数$\sum_{n=2}^{\infty}|a_n - a_{n-1}|$收敛，由级数的柯西收敛原理，$\forall \varepsilon > 0,\ \exists N > 0,\ \forall n > N$，$\forall p \geqslant 1$，有

$$|a_{n+1} - a_{n+p}| \leqslant |a_{n+1} - a_{n+2}| + \cdots + |a_{n+p-1} - a_{n+p}| < \varepsilon,$$

从而$\{a_n\}$是柯西列．故数列$\{a_n\}$收敛．

例 16.3.4 判断下列级数$\sum_{n=1}^{\infty} u_n$的敛散性，并指出何时绝对收敛或条件收敛，其中$\lambda \in \mathbb{R},\ \lambda \neq 0$．

（1）$u_n = \dfrac{(-1)^n}{(2n+(-1)^n)^\lambda}$；　　（2）$u_n = \ln\left(1 + \dfrac{(-1)^{n-1}}{(n+1)^\lambda}\right)$．

解 (1) 当$\lambda < 0$时，$\lim_{n\to\infty} u_n \neq 0$，所以级数$\sum_{n=1}^{\infty} u_n$发散．

当$\lambda > 0$时，$u_n = \dfrac{(-1)^n}{(2n+(-1)^n)^\lambda} \sim \dfrac{(-1)^n}{n^\lambda}\quad (n \to \infty)$，故当$\lambda > 0$时，级数$\sum_{n=1}^{\infty} u_n$收敛，且当$0 < \lambda \leqslant 1$时，级数$\sum_{n=1}^{\infty} u_n$条件收敛；当$\lambda > 1$时，级数$\sum_{n=1}^{\infty} u_n$绝对收敛．

（2）当$\lambda < 0$时，$\lim_{n\to\infty} u_n \neq 0$，所以级数$\sum_{n=1}^{\infty} u_n$发散．

当$\lambda > 0$时，将u_n泰勒展开，

$$u_n = \ln\left(1 + \frac{(-1)^{n-1}}{(n+1)^\lambda}\right) = \frac{(-1)^{n-1}}{(n+1)^\lambda} - \frac{1}{2(n+1)^{2\lambda}} + O\left(\frac{1}{n^{3\lambda}}\right) \quad (n \to \infty),$$

故当$\lambda > \frac{1}{2}$时，级数$\sum_{n=1}^{\infty}\frac{(-1)^{n-1}}{(n+1)^\lambda}, \sum_{n=1}^{\infty}\frac{1}{2(n+1)^{2\lambda}}$和$\sum_{n=1}^{\infty}\frac{1}{n^{3\lambda}}$都收敛，从而级数$\sum_{n=1}^{\infty} u_n$收敛，且当$1 \geqslant \lambda > \frac{1}{2}$时，级数$\sum_{n=1}^{\infty} u_n$条件收敛；当$\lambda > 1$时，级数$\sum_{n=1}^{\infty} u_n$绝对收敛．

例 16.3.5 讨论级数$\sum_{n=1}^{\infty}\frac{\cos n}{n}$的收敛性并证明级数$\sum_{n=1}^{\infty}\frac{\cos\frac{1}{n} - \cos n}{n}$收敛．

解 由于$\left|\sum_{k=1}^{n}\cos k\right| = \left|\dfrac{\sin\left(n+\frac{1}{2}\right) - \sin\frac{1}{2}}{2\sin\frac{1}{2}}\right| \leqslant \dfrac{1}{\sin\frac{1}{2}}$，即级数$\sum_{n=1}^{\infty}\cos n$的部分和有界．显然

数列$\left\{\dfrac{1}{n}\right\}$单调递减趋于零，由狄利克雷判别法知，级数$\sum\limits_{n=1}^{\infty}\dfrac{\cos n}{n}$收敛.

又$\dfrac{|\cos n|}{n}\geqslant\dfrac{\cos^2 n}{n}=\dfrac{1+\cos 2n}{2n}$，级数$\sum\limits_{n=1}^{\infty}\dfrac{\cos 2n}{2n}$收敛，而级数$\sum\limits_{n=1}^{\infty}\dfrac{1}{2n}$发散，故级数$\sum\limits_{n=1}^{\infty}\left|\dfrac{\cos n}{n}\right|$发散，所以$\sum\limits_{n=1}^{\infty}\dfrac{\cos n}{n}$条件收敛.

由于$\sum\limits_{n=1}^{\infty}\dfrac{\cos n}{n}$收敛，而数列$\left\{\cos\dfrac{1}{n}\right\}$单调有界，因此由阿贝尔判别法知，级数$\sum\limits_{n=1}^{\infty}\dfrac{\cos\frac{1}{n}\cos n}{n}$收敛. 证毕.

*16.3.4　无穷乘积

把一个数列依次用乘号连接起来就得到一个形式上的无穷乘积.

定义 16.3.2　设$\{p_n\}$是一个数列，称$\prod\limits_{n=1}^{\infty}p_n=p_1p_2\cdots p_n\cdots$是无穷乘积. 令$P_n=\prod\limits_{k=1}^{n}p_k$为无穷乘积$\prod\limits_{n=1}^{\infty}p_n$的前$n$项部分乘积. 若$\lim\limits_{n\to\infty}P_n=p\neq 0$，则称无穷乘积$\prod\limits_{n=1}^{\infty}p_n$收敛，且$\prod\limits_{n=1}^{\infty}p_n=p$；否则，称无穷乘积发散.

定理 16.3.9　若无穷乘积$\prod\limits_{n=1}^{\infty}p_n$收敛，则$\lim\limits_{n\to\infty}p_n=1$.

证明　设$P_n=\prod\limits_{k=1}^{n}p_k$，则$\lim\limits_{n\to\infty}P_n=p\neq 0$. 由于$p_n=\dfrac{P_n}{P_{n-1}}$，故$\lim\limits_{n\to\infty}p_n=1$. 证毕.

对收敛的无穷乘积$\prod\limits_{n=1}^{\infty}p_n$，有$\lim\limits_{n\to\infty}p_n=1$. 因此$p_n=1+a_n$，其中$\lim\limits_{n\to\infty}a_n=0$. 故无穷乘积$\prod\limits_{n=1}^{\infty}(1+a_n)$收敛的必要条件是$\lim\limits_{n\to\infty}a_n=0$. 因此存在充分大的$n$使得$1+a_n>0$，故不妨设对$\forall n\geqslant 1$，都有$1+a_n>0$. 其前$n$项部分乘积$P_n=\prod\limits_{k=1}^{n}(1+a_k)$，两边取对数，则有$\ln P_n=\sum\limits_{k=1}^{n}\ln(1+a_k)$，此为级数$\sum\limits_{k=1}^{\infty}\ln(1+a_k)$的前$n$项部分和，所以$\lim\limits_{n\to\infty}P_n$存在当且仅当级数$\sum\limits_{k=1}^{\infty}\ln(1+a_k)$收敛.

定理 16.3.10　无穷乘积$\prod\limits_{n=1}^{\infty}(1+a_n)$收敛当且仅当级数$\sum\limits_{k=1}^{\infty}\ln(1+a_k)$收敛，其中$1+a_n>0$（$\forall n\geqslant 1$）.

习题 16.3

1．若级数$\sum\limits_{n=1}^{\infty}a_n\ (a_n\geqslant 0)$收敛，证明：$\sum\limits_{n=1}^{\infty}a_n^2$收敛．问逆命题是否正确？

2．若级数$\sum\limits_{n=1}^{\infty}u_n$收敛，且$\lim\limits_{n\to\infty}\dfrac{u_n}{v_n}=1$，能否断定级数$\sum\limits_{n=1}^{\infty}v_n$收敛？

3．判断下列级数是绝对收敛、条件收敛还是发散的．

（1）$\sum\limits_{n=1}^{\infty}\dfrac{(-1)^n}{\sqrt{n+1}}$；（2）$\sum\limits_{n=1}^{\infty}(-1)^n\dfrac{n}{n+1}$；（3）$\sum\limits_{n=2}^{\infty}(-1)^n\sqrt{\dfrac{n+1}{n(n-1)}}$；

（4）$\sum\limits_{n=1}^{\infty}\dfrac{1}{2^n}\sin\dfrac{n\pi}{4}$；（5）$\sum\limits_{n=2}^{\infty}\dfrac{1}{n(\ln n)^3}\cos\dfrac{n\pi}{4}$；（6）$\sum\limits_{n=1}^{\infty}(-1)^n\dfrac{2^{n^2}}{n!}$；

（7）$\sum\limits_{n=1}^{\infty}\dfrac{(-1)^n}{n-\ln n}$；（8）$\sum\limits_{n=1}^{\infty}(-1)^n\left(\sqrt{n+1}-\sqrt{n}\right)$；（9）$\sum\limits_{n=1}^{\infty}\sin\left(\pi\sqrt{n^2+1}\right)$；

（10）$\sum\limits_{n=2}^{\infty}\dfrac{(-1)^n}{\sqrt{n+(-1)^n}}$；（11）$\dfrac{1}{\sqrt{2}-1}+\dfrac{1}{\sqrt{2}+1}+\dfrac{1}{\sqrt{3}-1}+\dfrac{1}{\sqrt{3}+1}+\cdots+\dfrac{1}{\sqrt{n}-1}+\dfrac{1}{\sqrt{n}+1}+\cdots$；

（12）$1-\ln 2+\dfrac{1}{2}-\ln\dfrac{3}{2}+\cdots+\dfrac{1}{n}-\ln\dfrac{n+1}{n}+\cdots$．

4．设正项级数$\sum\limits_{n=1}^{\infty}a_n$收敛，判断下列级数是否收敛，并说明理由．

（1）$\sum\limits_{n=1}^{\infty}\sqrt{a_n}$；（2）$\sum\limits_{n=1}^{\infty}\sqrt{a_n a_{n+1}}$．

5．设级数$\sum\limits_{n=1}^{\infty}a_n^2,\sum\limits_{n=1}^{\infty}b_n^2$收敛，证明：$\sum\limits_{n=1}^{\infty}(a_n+b_n)^2$收敛，$\sum\limits_{n=1}^{\infty}\dfrac{a_n}{n}$绝对收敛．

6．若级数$\sum\limits_{n=1}^{\infty}a_n,\sum\limits_{n=1}^{\infty}b_n$均收敛，且$a_n\leqslant c_n\leqslant b_n$，证明：$\sum\limits_{n=1}^{\infty}c_n$收敛．

7．若级数$\sum\limits_{n=1}^{\infty}(-1)^n u_n$（$u_n>0$）条件收敛，证明：$\sum\limits_{n=1}^{\infty}u_{2n}$发散．

8．设正项数列$\{u_n\}$单调递减，且级数$\sum\limits_{n=1}^{\infty}(-1)^n u_n$发散，证明：级数$\sum\limits_{n=1}^{\infty}\left(\dfrac{1}{1+u_n}\right)^n$收敛．

9．分别讨论$\sum\limits_{n=2}^{+\infty}\dfrac{(-1)^{n-1}}{\sqrt{n}+(-1)^n}$和$\sum\limits_{n=2}^{+\infty}\dfrac{(-1)^{n-1}}{n+(-1)^n}$的敛散性．

10．讨论当p为何值时，下列级数绝对收敛、条件收敛、发散．

（1）$\sum\limits_{n=1}^{\infty}\dfrac{\sin n}{n^p+\sin n}$；（2）$\sum\limits_{n=2}^{\infty}\dfrac{(-1)^n}{[n+(-1)^n]^p}$；（3）$\sum\limits_{n=1}^{\infty}\dfrac{(-1)^{n-1}}{n^p}\left(1+\dfrac{1}{2}+\cdots+\dfrac{1}{n}-\ln n\right)$．

11．设级数 $\sum_{n=1}^{\infty}u_n$ 与 $\sum_{n=1}^{\infty}v_n$ 都收敛，其和分别是 a 和 b．令 $a_n=\sum_{i=1}^{n}u_iv_{n-i+1}$，证明：若 $\sum_{n=1}^{\infty}u_n$ 绝对收敛，则级数 $\sum_{n=1}^{\infty}a_n$ 收敛，且其和为 ab．

12．证明：若级数 $\sum_{n=1}^{\infty}u_n$（$u_n>0,\ n=1,2,\cdots$）收敛，则 $\sum_{n=1}^{\infty}\frac{u_n}{\ln u_n}$ 收敛，其逆是否成立？

13．证明下列等式．

（1）$\left(\sum_{n=1}^{\infty}\frac{1}{n!}\right)\cdot\left(\sum_{n=1}^{\infty}\frac{(-1)^n}{n!}\right)=1$；　　（2）$\sum_{n=1}^{\infty}\frac{(-1)^{n-1}}{n}=\ln 2$.

14．证明下列级数收敛．

（1）$\sum_{n=2}^{\infty}\frac{\sin\frac{n\pi}{12}}{\ln n}$；

（2）若级数 $\sum_{n=1}^{\infty}\frac{a_n}{n^{\alpha}}$ 收敛，则对 $\forall\beta>\alpha$，级数 $\sum_{n=1}^{\infty}\frac{a_n}{n^{\beta}}$ 也收敛.

15．讨论级数 $\sum_{n=1}^{\infty}\left(1+\frac{1}{2}+\cdots+\frac{1}{n}\right)\frac{\cos n}{n}$ 的敛散性.

16．证明：若级数 $\sum_{n=1}^{\infty}b_n$ 收敛，且级数 $\sum_{n=1}^{\infty}(a_n-a_{n-1})$ 绝对收敛，则级数 $\sum_{n=1}^{\infty}a_nb_n$ 收敛.

第 17 章　函数项级数

函数项级数是数项级数的推广．在物理和工程应用中，需要求解各种常微分方程和偏微分方程，很多方程的解可以表示成初等函数的级数形式．此外，函数的集合是比实数集大得多的集合，例如，闭区间[0,1]到它自己所有映射的集合的基数 $c=2^{\aleph}$，而人们掌握的能够显式表示的函数则少之又少，基本上是初等函数和初等函数的积分及初等函数的级数．因此，初等函数的级数是函数论的重要工具，也是古典分析和现代分析的核心内容之一．设 $u_n(x)$ 是定义在区间 I 上的函数（$n=1,2,\cdots$），则 $\sum\limits_{n=1}^{\infty}u_n(x)$ 就是函数项级数．任意取定 $\alpha\in I$，则 $\sum\limits_{n=1}^{\infty}u_n(\alpha)$ 是数项级数，因此函数项级数也是通过考虑它的部分和数列来研究的．而其部分和数列是一个函数列，所以为研究函数项级数，我们要先探讨函数列收敛的问题．

17.1　函　数　列

17.1.1　函数列的一致收敛

对每个 $n=1,2,\cdots$，设函数 $f_n(x)$ 定义在区间 I 上．任取 $x\in I$，则 $\{f_n(x)\}$ 就是一个数列，如果这个数列收敛，即极限 $\lim\limits_{n\to\infty}f_n(x)$ 存在，称 x 是函数列 $\{f_n(x)\}$ 的**收敛点**；如果数列 $\{f_n(x)\}$ 发散，则称 x 是函数列 $\{f_n(x)\}$ 的**发散点**．函数列 $\{f_n(x)\}$ 所有收敛点的集合，称为该函数列的（逐点）**收敛域**，它是每个函数 $f_n(x)$ 的定义域 I 的子集．设 $D\subseteq I$ 是函数列 $\{f_n(x)\}$ 的收敛域，则对 $\forall x\in D$，极限 $\lim\limits_{n\to\infty}f_n(x)$ 存在，记为 $f(x)$，即 $\lim\limits_{n\to\infty}f_n(x)=f(x)$．

定义 17.1.1　设函数列 $\{f_n(x)\}$ 定义在区间 I 上，又设 $f(x)$ 在区间 $D\subseteq I$ 上有定义．如果对 $\forall x\in D$，有 $\lim\limits_{n\to\infty}f_n(x)=f(x)$ 成立，则称函数列 $\{f_n(x)\}$ 在 D 上（点点或逐点）收敛于函数 $f(x)$.

显然，求函数列的极限函数的问题，等同于对每个给定的 x，求数列 $\{f_n(x)\}$ 的极限问题．当这个数列有极限时，函数列 $\{f_n(x)\}$ 的极限函数 f 就在这个点 x 处有定义，且值 $f(x)$ 就等于这个数列的极限值；当这个数列没有极限时，极限函数 f 便在这个 x 点处没有定义．

例 17.1.1　设 $f_n(x)=\dfrac{x^{2n}}{1+x^{2n}}$，$\forall x\in\mathbb{R}$，$n=1,2,\cdots$．则对 $\forall x\in\mathbb{R}$，$\lim\limits_{n\to\infty}f_n(x)$ 存在，且当

$|x|<1$ 时，$\lim\limits_{n\to\infty} f_n(x)=0$；当 $|x|=1$ 时，$\lim\limits_{n\to\infty} f_n(x)=\dfrac{1}{2}$；当 $|x|>1$ 时，$\lim\limits_{n\to\infty} f_n(x)=1$. 因此极限函数

$$f(x)=\begin{cases}0, & |x|<1;\\ \dfrac{1}{2}, & |x|=1;\\ 1, & |x|>1.\end{cases}$$

容易观察出，每个函数 $f_n(x)=\dfrac{x^{2n}}{1+x^{2n}}$ 在 $\mathbb{R}$ 上都是连续且可微的，但极限函数 $f(x)$ 在 $x=1$ 与 $x=-1$ 两点处不连续，因此极限函数没有保持函数列的连续性.

例 17.1.2　设 $f_n(x)=n^2x(1-x)^n$, $\forall x\in\mathbb{R}$, $n=1,2,\cdots$. 如果 $x\in[0,1]$，则 $f(x)=\lim\limits_{n\to\infty} f_n(x)$ 存在且 $f(x)=0$，所以 $\int_0^1 f(x)\mathrm{d}x=0$. 但

$$\int_0^1 f_n(x)\mathrm{d}x=n^2\int_0^1 x(1-x)^n\,\mathrm{d}x=n^2\int_0^1(1-t)t^n\mathrm{d}t=\frac{n^2}{n+1}-\frac{n^2}{n+2}=\frac{n^2}{(n+1)(n+2)},$$

故 $\lim\limits_{n\to\infty}\int_0^1 f_n(x)\mathrm{d}x=1$. 因此 $\lim\limits_{n\to\infty}\int_0^1 f_n(x)\mathrm{d}x\neq\int_0^1\lim\limits_{n\to\infty} f_n(x)\mathrm{d}x$，即积分的极限不等于极限的积分，换句话说，极限运算与积分运算不能交换顺序.

例 17.1.3　设 $f_n(x)=\dfrac{\sin nx}{\sqrt{n}}$, $\forall x\in\mathbb{R}$, $n=1,2,\cdots$. 则对 $\forall x\in\mathbb{R}$，$\lim\limits_{n\to\infty} f_n(x)=0$. 但是 $f_n'(x)=\sqrt{n}\cos nx$，因此 $\forall x\in\mathbb{R}$, $\lim\limits_{n\to\infty} f_n'(x)$ 都不存在. 所以求导运算和求极限运算不能交换顺序.

例 17.1.4　设 $m,n\in\mathbb{N}^+$, $f_n(x)=\lim\limits_{m\to\infty}(\cos n!\pi x)^{2m}$. 如果 $n!x$ 是整数，则有 $f_n(x)=1$；如果 $n!x$ 不是整数，则有 $f_n(x)=0$. 因此，如果 x 是有理数且 $x=\dfrac{p}{q}$，则当 $n\geqslant|q|$ 时，$n!x$ 是整数，因此有 $f_n(x)=1$. 反之，如果 x 是无理数，则对 $\forall n\in\mathbb{N}^+$，有 $f_n(x)=0$. 我们得到

$$\lim_{n\to\infty} f_n(x)=D(x)=\begin{cases}1, & x\in\mathbb{Q};\\ 0, & x\notin\mathbb{Q},\end{cases}$$

即极限函数是狄利克雷函数. 注意到，每个 $f_n(x)$ 都不是连续函数，但有界且只有有限个可去间断点，因此在任意区间上都是黎曼可积的，而极限函数却不是黎曼可积的，从而函数列的可积性没有被保持. 这个例子也说明了与有理数集类似，黎曼可积函数空间是不完备的. 与实数集是有理数集的完备化类似，黎曼可积函数集的完备化集合是勒贝格可积函数集（将在实变函数课程中学习）.

一个自然的问题是怎样从函数列所具有的分析特性（连续性、可微性、可积性）来了解极限函数的相应分析特性. 下面分析连续性. 设函数 $f_n(x)$（$\forall n\geqslant 1$）在区间 I 上有定义且连续，且函数列 $\{f_n(x)\}$ 在 I 上点点收敛到极限函数 $f(x)$. 任取 $x_0\in I$. 为使 $f(x)$ 在 x_0 点处连续，则需对 $\forall\varepsilon>0$，找到相应的 $\delta>0$，使得对 $\forall x\in I$，只要 $|x-x_0|<\delta$，就有

$|f(x)-f(x_0)|<\varepsilon$．为了应用函数列$\{f_n(x)\}$在$I$上点点收敛到$f(x)$及每个函数$f_n(x)$的连续性，我们在$|f(x)-f(x_0)|$中插入一些项，

$$|f(x)-f(x_0)|\leqslant|f_n(x)-f(x)|+|f_n(x)-f_n(x_0)|+|f_n(x_0)-f(x_0)|. \quad (17.1.1)$$

如果不等式（17.1.1）右边的三项中每一项都小于$\dfrac{\varepsilon}{3}$，则可得到$|f(x)-f(x_0)|<\varepsilon$．由于

$$f_n(x_0)\to f(x_0)\quad(n\to\infty),$$

因此只要取n充分大即有式（17.1.1）中第三项小于$\dfrac{\varepsilon}{3}$．n取定后，由于$f_n(x)$连续，因此对$\forall\varepsilon>0$，存在$\delta>0$（依赖于取定的n），使得对$\forall x\in I$，只要$|x-x_0|<\delta$，就有$|f_n(x)-f_n(x_0)|<\dfrac{\varepsilon}{3}$．现在来看第一项，由于对$\forall x\in I$，有$\lim\limits_{n\to\infty}f_n(x)=f(x)$，因此

$$对\ \forall\varepsilon>0,\ \exists N\geqslant 1，使得当\ n>N\ 时，有\ |f_n(x)-f(x)|<\frac{\varepsilon}{3}，$$

但这个N依赖于x，可记为$N=N_x$．因为在x_0附近有无穷多x，相应地就有无穷多N_x．若这些N_x没有上界，则不存在正整数n使得对x_0附近的每个x，都有$n>N_x$，这样前面第一项的处理就失效了．因此，问题的症结在于是否存在一个对x_0附近的所有x都适用的正整数N，使得当$n>N$时，对所有的这些x，都有$|f_n(x)-f(x)|<\dfrac{\varepsilon}{3}$．如果这样的正整数$N$存在，就能找到使下列不等式

$$|f(x)-f(x_0)|<\varepsilon$$

成立的$\delta>0$．

N_x是衡量函数列$\{f_n(x)\}$趋于$f(x)$快慢的尺度：N_x越大，意味着$\{f_n(x)\}$趋于$f(x)$越慢．因此，如果对x_0附近的x，$\{f_n(x)\}$趋于$f(x)$的快慢是一致的，则由每一项$f_n(x)$在x_0的连续性，可得到$f(x)$在x_0点处连续．从例 17.1.1 看到，$f_n(x)=\dfrac{x^{2n}}{1+x^{2n}}$随着$x$越接近 1（$x>1$），当$n\to\infty$时趋于其极限$f(x)=1$的速度越慢，即对 1 右侧附近的$x$，$f_n(x)$当$n\to\infty$时趋于其极限$f(x)=1$的速度是不一致的．这就导致了函数列$\{f_n(x)\}$的极限函数在$x=1$处发生了间断．

由以上的分析看出，我们需要引进函数列一致收敛的概念．

定义 17.1.2　设函数列$\{f_n(x)\}$定义在区间I上，且对$\forall x\in D\subseteq I$，数列$\{f_n(x)\}$收敛于$f(x)$．若对$\forall\varepsilon>0,\ \exists N\geqslant 1$，使得当$n>N$时，对$\forall x\in D$，有$|f_n(x)-f(x)|<\varepsilon$，则称函数列$\{f_n(x)\}$在区间$D$上一致收敛于函数$f(x)$，记为$f_n(x)\xrightarrow{D}f(x)\ (n\to\infty)$．

从数列的柯西收敛准则及函数列一致收敛的定义可得到函数列一致收敛的柯西准则．

定理 17.1.1（一致收敛的柯西准则）　设函数列$\{f_n(x)\}$在区间I上点点收敛到函数$f(x)$．则$\{f_n(x)\}$在I上一致收敛到$f(x)$的充要条件是对$\forall\varepsilon>0,\ \exists N\geqslant 1$，使得当$n>N$时，对$\forall p\in\mathbb{N}^+$及$\forall x\in I$，有$|f_{n+p}(x)-f_n(x)|<\varepsilon$．

证明　先证必要性. 设函数列$\{f_n(x)\}$在区间I上一致收敛于函数$f(x)$. 则由定义, 对$\forall\varepsilon>0, \exists N\geqslant 1$, 使得当$n>N$时, 对$\forall x\in I$, 有$|f_n(x)-f(x)|<\frac{\varepsilon}{2}$. 故当$n>N$时, 对$\forall p\in\mathbb{N}^+$及$\forall x\in I$, 有$|f_{n+p}(x)-f(x)|<\frac{\varepsilon}{2}$, 从而

$$|f_{n+p}(x)-f_n(x)|<|f_{n+p}(x)-f(x)|+|f_n(x)-f(x)|<\varepsilon,$$

必要性得证.

下证充分性. 设对$\forall x\in I$, $\lim\limits_{n\to\infty}f_n(x)=f(x)$, 且假设对$\forall\varepsilon>0, \exists N\geqslant 1$, 使得当$n>N$时, 对$\forall p\in\mathbb{N}^+$及$\forall x\in I$, 有$|f_{n+p}(x)-f_n(x)|<\varepsilon$. 令$p\to+\infty$, 则$|f_n(x)-f(x)|\leqslant\varepsilon$, 故函数列$\{f_n(x)\}$在区间$I$上一致收敛于$f(x)$. 证毕.

定理 17.1.2（确界极限）　函数列$\{f_n(x)\}$在区间I上一致收敛于$f(x)$的充要条件是

$$\lim_{n\to\infty}\sup\{|f_n(x)-f(x)|:\ \forall x\in I\}=0.$$

证明　令$M_n=\sup\{|f_n(x)-f(x)|:\ \forall x\in I\}$, $n=1,2,\cdots$.

先证充分性. 设$\lim\limits_{n\to\infty}\sup\{|f_n(x)-f(x)|:\ \forall x\in I\}=0$, 即$\lim\limits_{n\to\infty}M_n=0$. 则对$\forall\varepsilon>0, \exists N>1$, 使得当$n>N$时, 有$M_n<\varepsilon$. 故对$\forall x\in I$, 有$|f_n(x)-f(x)|\leqslant M_n<\varepsilon$, 因此$\{f_n(x)\}$在$I$上一致收敛于$f(x)$.

下证必要性. 设函数列$\{f_n(x)\}$在I上一致收敛于极限函数$f(x)$. 则对$\forall\varepsilon>0, \exists N>1$, 使得当$n>N$时, 对$\forall x\in I$, 有$|f_n(x)-f(x)|<\varepsilon$, 故当$n>N$时, 有

$$M_n=\sup\{|f_n(x)-f(x)|:\ \forall x\in I\}\leqslant\varepsilon,$$

所以$\lim\limits_{n\to\infty}M_n=0$, 即$\lim\limits_{n\to\infty}\sup\{|f_n(x)-f(x)|:\ \forall x\in I\}=0$. 证毕.

注　设$\mathscr{B}(I)$是定义在区间I上的所有有界函数的集合, 定义上界范数（或称无穷范数）$\|f\|_\infty=\sup\limits_{x\in I}|f(x)|$, 则上面定理说明函数列$\{f_n(x)\}$在区间$I$上的一致收敛就是上界范数意义下的收敛. 回顾 10.1 节中的欧氏空间$\mathbb{R}^n$的拓扑性质, 任给$\boldsymbol{x},\boldsymbol{y}\in\mathbb{R}^n$, 定义距离

$$d_p(\boldsymbol{x},\boldsymbol{y})=\|\boldsymbol{x}-\boldsymbol{y}\|_p=\left(\sum_{k=1}^{n}|x_k-y_k|^p\right)^{\frac{1}{p}},\ 1\leqslant p<\infty;$$

同理, 任给$f,g\in R[a,b]$, 定义它们之间的距离

$$d_p(f,g)=\|f-g\|_p=\left(\int_a^b|f(x)-g(x)|^p\,\mathrm{d}x\right)^{\frac{1}{p}},\ 1\leqslant p<\infty.$$

当$p=\infty$时, 就是上面提到的上界范数. 函数序列$\{f_n\}_{n=1}^{\infty}\subset R[a,b]$称为柯西序列, 如果

$$\forall\varepsilon>0, \exists N>0, \forall m,n>N, d_p(f_m,f_n)=\|f_m-f_n\|_p<\varepsilon.$$

与$\mathbb{R}^n$中$p-$范数等价性不同, 函数空间的$p-$范数不等价. 如果$q>p$, 则$q-$范数下的柯西序列在$p-$范数下也是柯西序列, 反之则不然. 一个函数空间称为是完备的当且仅当任何一个柯西序列都收敛于该空间中的一个函数. 例 17.1.4 表明, 黎曼可积函数空间$(R[a,b],\|\bullet\|_p)$ $(1\leqslant p<\infty)$是不完备的函数空间. 这个空间的完备化需要勒贝格积分, 在后

续课程实变函数和泛函分析中会讨论.

一般来说，当函数列 $\{f_n(x)\}$ 的极限函数容易求得时，应用定理 17.1.2 判别函数列在区间上的一致收敛性较方便.

例 17.1.5 设 $f_n(x)=x\mathrm{e}^{-nx^2}$（$\forall n\geqslant 1$），证明：函数列 $\{f_n(x)\}$ 在 $\mathbb{R}$ 上一致收敛于零.

证明 易知对 $\forall x\in\mathbb{R}$，有 $\lim\limits_{n\to\infty}f_n(x)=0$．令 $f_n'(x)=(1-2nx^2)\mathrm{e}^{-nx^2}=0$，则 $x=\pm\dfrac{1}{\sqrt{2n}}$，可验证 $x=\pm\dfrac{1}{\sqrt{2n}}$ 是函数 $f_n(x)$ 的最大最小值点，故

$$\sup_{x\in\mathbb{R}}\left|f_n(x)-f(x)\right|=\sup_{x\in\mathbb{R}}\left|f_n(x)\right|=\left|f_n\left(\pm\frac{1}{\sqrt{2n}}\right)\right|=\frac{1}{\sqrt{2n}}\mathrm{e}^{-\frac{1}{2}},$$

从而 $\lim\limits_{n\to\infty}\sup\limits_{x\in\mathbb{R}}\left|f_n(x)-f(x)\right|=0$. 所以函数列 $\{f_n(x)\}$ 在 $\mathbb{R}$ 上一致收敛于零．证毕.

下面的结论容易得出，读者自证.

定理 17.1.3（i） 如果函数列 $\{f_n(x)\}$ 在非空实数集 I 上一致收敛于函数 $f(x)$，则对任意的非空子集 $I_0\subset I$，函数列 $\{f_n(x)\}$ 在 I_0 上一致收敛于 $f(x)$.

（ii）如果函数列 $\{f_n(x)\}$ 在有限个非空实数集 $I_1,I_2,\cdots,I_m$ 上一致收敛于函数 $f(x)$，则 $\{f_n(x)\}$ 在有限个集合的并集 $\bigcup\limits_{j=1}^{m}I_j$ 上一致收敛于 $f(x)$.

下面的结论给出函数列在区间上非一致收敛的一个判别法.

定理 17.1.4 设 $\{f_n(x)\}$ 是定义在 $[a,b]$ 上的一个函数列，且对 $\forall n\geqslant 1$，$f_n(x)$ 在 a 点处右连续，但数列 $\{f_n(a)\}$ 发散，则对任意的正数 $\delta<b-a$，函数列 $\{f_n(x)\}$ 在开区间 $(a,a+\delta)$ 内非一致收敛.

证明 设 $\exists\delta>0$ 使得 $\{f_n(x)\}$ 在 $(a,a+\delta)$ 上一致收敛，则对 $\forall\varepsilon>0,\ \exists N>0$，当 $n>N$ 时，对 $\forall p\in\mathbb{N}^+$ 及 $\forall x\in(a,a+\delta)$，有 $\left|f_{n+p}(x)-f_n(x)\right|<\varepsilon$．因为 $f_n(x)$ 在 a 点处右连续，故 $\lim\limits_{x\to a^+}\left|f_{n+p}(x)-f_n(x)\right|\leqslant\varepsilon$，即 $\left|f_{n+p}(a)-f_n(a)\right|\leqslant\varepsilon$，由柯西收敛原理知，数列 $\{f_n(a)\}$ 收敛，与条件矛盾．因此，函数列 $\{f_n(x)\}$ 在任何开区间 $(a,a+\delta)$（$0<\delta<b-a$）内非一致收敛．证毕.

例 17.1.6 设 $f_n(x)=x^n$，$n=1,2,\cdots$，证明：函数列 $\{f_n(x)\}$ 在 $(-1,1]$ 上非一致收敛于极限函数 $f(x)=\begin{cases}0, & -1<x<1;\\ 1, & x=1.\end{cases}$

证明 容易看出，当 $n\to\infty$ 时，$f_n(x)\to f(x)=\begin{cases}0, & -1<x<1;\\ 1, & x=1.\end{cases}$

对 $\forall n\geqslant 1$，函数 $f_n(x)=x^n$ 在 -1 点处右连续，而数列 $\{(-1)^n\}$ 发散，应用定理 17.1.4 知，函数列 $\{f_n(x)\}$ 在 $(-1,1]$ 上非一致收敛于其极限函数 $f(x)$．证毕.

在本例中，对 $\forall c\in(0,1)$，有 $\sup\left\{\left|f_n(x)-f(x)\right|:\ x\in[-c,c]\right\}=c^n$，$n=1,2,\cdots$．因此

$$\lim_{n\to\infty}\sup\left\{\left|f_n(x)-f(x)\right|:\ x\in[-c,c]\right\}=0,$$

故 $\{f_n(x)\}$ 在任意区间 $[-c,c]$（$0<c<1$）上一致收敛于零．因此，一个函数序列是否一致

收敛与所考虑的区间有密切关系.

17.1.2　函数列极限函数的分析性

定理 17.1.5（极限换序） 设函数列$\{f_n(x)\}$在区间I上一致收敛于极限函数$f(x)$，且$f_n(x)$在I上连续（$\forall n\geqslant 1$），则$f(x)$在I上连续，即$\lim\limits_{x\to x_0}\lim\limits_{n\to\infty}f_n(x)=\lim\limits_{n\to\infty}\lim\limits_{x\to x_0}f_n(x)$.

证明 任取$x_0\in I$．因为函数列$\{f_n(x)\}$在I上一致收敛于极限函数$f(x)$，所以对$\forall\varepsilon>0,\ \exists N\geqslant 1$，使得当$n>N$时，对$\forall x\in I$，有$|f_n(x)-f(x)|<\dfrac{\varepsilon}{3}$，特别地，有$|f_n(x_0)-f(x_0)|<\dfrac{\varepsilon}{3}$．因为$f_n(x)$在$I$上连续（$\forall n\geqslant 1$），取定某个$n>N$，由于$f_n(x)$在$x_0$点处连续，因此对上述给定的$\varepsilon>0$，$\exists\delta>0$，使得对$\forall x\in I$，当$|x-x_0|<\delta$时，有$|f_n(x)-f_n(x_0)|<\dfrac{\varepsilon}{3}$．故

$$|f(x)-f(x_0)|\leqslant|f_n(x)-f(x)|+|f_n(x)-f_n(x_0)|+|f_n(x_0)-f(x_0)|<\varepsilon,$$

所以$f(x)$在x_0点处连续．证毕.

定理 17.1.6（积分号下求极限） 设函数列$\{f_n(x)\}$在$[a,b]$上一致收敛于极限函数$f(x)$，且$f_n(x)$在$[a,b]$上连续（$\forall n\geqslant 1$），则函数$f(x)$在$[a,b]$上可积，且$\int_a^b\lim\limits_{n\to\infty}f_n(x)\mathrm{d}x=\lim\limits_{n\to\infty}\int_a^b f_n(x)\mathrm{d}x$.

证明 由定理 17.1.5 知，函数$f(x)$在$[a,b]$上连续，从而可积，因此我们只需证明等式成立.

因为函数列$\{f_n(x)\}$在$[a,b]$上一致收敛于极限函数$f(x)$，所以对$\forall\varepsilon>0,\ \exists N\geqslant 1$，当$n>N$时，对$\forall x\in[a,b]$，有$|f_n(x)-f(x)|<\dfrac{\varepsilon}{b-a}$，所以

$$\left|\int_a^b f_n(x)\mathrm{d}x-\int_a^b f(x)\mathrm{d}x\right|\leqslant\int_a^b|f_n(x)-f(x)|\mathrm{d}x<\varepsilon,$$

故$\int_a^b f(x)\mathrm{d}x=\lim\limits_{n\to\infty}\int_a^b f_n(x)\mathrm{d}x$，即$\int_a^b\lim\limits_{n\to\infty}f_n(x)\mathrm{d}x=\lim\limits_{n\to\infty}\int_a^b f_n(x)\mathrm{d}x$．证毕.

定理 17.1.2、定理 17.1.5 和定理 17.1.6 意味着下面的推论成立.

推论 17.1.1 闭区间上的连续函数、有界函数和可积函数作为线性空间在上界范数意义下是完备的，即$\left(C[a,b],\|\bullet\|_\infty\right)$，$\left(\mathscr{B}[a,b],\|\bullet\|_\infty\right)$和$\left(R[a,b],\|\bullet\|_\infty\right)$都是完备空间.

定理 17.1.7（微分号下取极限） 设存在$x_0\in[a,b]$使得数列$\{f_n(x_0)\}$收敛，$f_n(x)\in C^1[a,b]$（$\forall n\geqslant 1$），且函数列$\{f_n'(x)\}$在$[a,b]$上一致收敛，则函数列$\{f_n(x)\}$在$[a,b]$上一致收敛到连续可微函数$f(x)$，且$f'(x)=\lim\limits_{n\to\infty}f_n'(x)$对$\forall x\in[a,b]$成立.

证明 因为数列$\{f_n(x_0)\}$收敛，所以由数列的柯西收敛准则，对$\forall\varepsilon>0,\ \exists N_1>0$，使得当$m,n>N_1$时，有

$$|f_n(x_0)-f_m(x_0)|<\frac{\varepsilon}{2}. \tag{17.1.2}$$

又函数列$\{f_n'(x)\}$在$[a,b]$上一致收敛，不妨设函数列$\{f_n'(x)\}$在$[a,b]$上一致收敛到函数$g(x)$．故由定理 17.1.1，对上述给定的$\varepsilon>0,\exists N_2>0$使得当$m,n>N_2$时，对$\forall x\in[a,b]$，有

$$\left|f_n'(x)-f_m'(x)\right|<\frac{\varepsilon}{2(b-a)}. \tag{17.1.3}$$

由牛顿–莱布尼茨公式可知，对$\forall x\in[a,b]$及$\forall n\geqslant 1$，有

$$f_n(x)=f_n(x_0)+\int_{x_0}^{x}f_n'(t)\mathrm{d}t\,, \tag{17.1.4}$$

故当$m,n>N=\max\{N_1,N_2\}$时，由式（17.1.2）～式（17.1.4），对$\forall x\in[a,b]$，有

$$\left|f_n(x)-f_m(x)\right|\leqslant\left|f_n(x_0)-f_m(x_0)\right|+\left|\int_{x_0}^{x}(f_n'(t)-f_m'(t))\mathrm{d}t\right|<\varepsilon\,,$$

再次由定理 17.1.1 知，函数列$\{f_n(x)\}$在$[a,b]$上一致收敛，设收敛到极限函数$f(x)$.

在式（17.1.4）两边取极限并应用定理 17.1.6，得

$$f(x)=f(x_0)+\int_{x_0}^{x}\lim_{n\to\infty}f_n'(t)\mathrm{d}t=f(x_0)+\int_{x_0}^{x}g(t)\mathrm{d}t\,.$$

由定理 17.1.5 知，$g(x)\in C[a,b]$，故变上限积分$\int_{x_0}^{x}g(t)\mathrm{d}t$可导，从而$f(x)$在$[a,b]$上可导，且$f'(x)=g(x)$．证毕.

习题 17.1

1．讨论下列函数列在给定区间上的一致收敛性.

（1）$f_n(x)=\dfrac{x}{1+nx^2}$，$n=1,2,\cdots$，$x\in(-\infty,+\infty)$；

（2）$f_n(x)=\dfrac{x}{n}\ln\dfrac{x}{n}$，$n=1,2,\cdots$，（i）$x\in(0,1)$，（ii）$x\in(0,+\infty)$；

（3）$f_n(x)=n\sin\dfrac{x}{n}$，$n=1,2,\cdots$，（i）$x\in[0,a]$，（ii）$x\in(0,+\infty)$.

2．设f在(a,b)上有连续的导函数，定义

$$F_n(x)=\frac{n}{2}\left[f\left(x+\frac{1}{n}\right)-f\left(x-\frac{1}{n}\right)\right],\ x\in(a,b),\ n=1,2,\cdots.$$

证明：函数列$\{F_n(x)\}$在(a,b)上处处收敛，且在(a,b)内的任意闭区间上一致收敛.

3．设在区间$[a,b]$上的连续函数列$\{f_n(x)\}$一致收敛于极限函数$f(x)$，且已知$f(x)$在$[a,b]$上无零点，证明：函数列$\left\{\dfrac{1}{f_n(x)}\right\}$在$[a,b]$上一致收敛.

4．证明：若连续函数列$\{f_n(x)\}$在$[a,b]$上一致收敛于$f(x)$，点列$\{x_n\}\subset[a,b]$且$\lim\limits_{n\to\infty}x_n=x$，则

$$\lim_{n\to\infty}f_n(x_n)=f(x).$$

5．证明：函数列$f_n(x)=\dfrac{nx}{1+nx}$在$[0,1]$上非一致收敛，但有等式

$$\lim_{n\to\infty}\int_0^1 f_n(x)\mathrm{d}x=\int_0^1\lim_{n\to\infty}f_n(x)\mathrm{d}x,$$

这说明了什么？

6．证明：若函数 $f(x)$ 在 $\mathbb{R}$ 上任意阶可导，且函数列 $\{f^{(n)}(x)\}$ 在 $\mathbb{R}$ 上一致收敛于极限函数 $\varphi(x)$，则存在常数 c 使得 $\varphi(x)=c\mathrm{e}^x$．

17.2 函数项级数

17.2.1 函数项级数的收敛域

设函数 $u_n(x)$ 定义在区间 I 上（$n=1,2,\cdots$），称 $\sum\limits_{n=1}^{\infty}u_n(x)$ 是**函数项级数**，其中 $u_n(x)$ 称为级数的**一般项或通项**．任意取定 $\alpha\in I$，则 $\sum\limits_{n=1}^{\infty}u_n(\alpha)$ 就是数项级数，若此数项级数收敛，称 α 是该函数项级数的**收敛点**；否则，称为级数的**发散点**．

定义 17.2.1 函数项级数 $\sum\limits_{n=1}^{\infty}u_n(x)$ 的收敛点的集合称为此函数项级数的**收敛域**．

令 $S_n(x)=\sum\limits_{k=1}^{n}u_k(x)$，称为函数项级数的**前 n 项部分和函数列**．显然部分和函数列 $\{S_n(x)\}$ 在函数项级数的收敛域 D 上点点收敛，记极限函数为 $S(x)$，即

$$\lim_{n\to\infty}S_n(x)=S(x),\quad \forall x\in D,$$

因此 $S(x)=\sum\limits_{k=1}^{\infty}u_k(x)$，称 $S(x)$ 为函数项级数 $\sum\limits_{n=1}^{\infty}u_n(x)$ 在收敛域 D 上的**和函数**．

令 $R_n(x)=S(x)-S_n(x)=\sum\limits_{k=n+1}^{\infty}u_k(x)$，称为级数的**第 n 项余和**．则在函数项级数收敛域上的任意点 x，有 $\lim\limits_{n\to\infty}R_n(x)=\lim\limits_{n\to\infty}(S(x)-S_n(x))=0$．

例 17.2.1 讨论级数 $\sum\limits_{n=0}^{\infty}\dfrac{x^2}{(1+x^2)^n}$ 的收敛域，并求其和函数．

解 该级数是公比为 $\dfrac{1}{1+x^2}$ 的等比级数，当 $\dfrac{1}{1+x^2}<1$，即 $x\neq 0$ 时，级数收敛，其和函数为 $S(x)=1+x^2\ (x\neq 0)$；当 $x=0$ 时，函数项级数的每项为零，所以收敛，且和为零．故级数的收敛域是 $\mathbb{R}$，且和函数 $S(x)=\begin{cases}1+x^2, & x\neq 0;\\ 0, & x=0.\end{cases}$

本例中我们看到，函数项级数的每项 $\dfrac{x^2}{(1+x^2)^n}$ 在 $\mathbb{R}$ 上连续，但它的和函数在 $\mathbb{R}$ 上不连续．由定理 17.1.5 知，其部分和函数列 $\{S_n(x)\}$ 在 $\mathbb{R}$ 上不一致收敛到和函数 $S(x)$．

17.2.2 函数项级数的一致收敛性

定义 17.2.2 设函数项级数 $\sum_{n=1}^{\infty}u_n(x)$ 在区间 I 上点点收敛到和函数 $S(x)$，若它的部分和函数列 $\{S_n(x)\}$ 在 I 上一致收敛于 $S(x)$，则称函数项级数 $\sum_{n=1}^{\infty}u_n(x)$ 在 I 上一致收敛.

由函数列一致收敛的柯西准则，可得到函数项级数一致收敛的柯西准则.

定理 17.2.1（函数项级数一致收敛的柯西准则） 函数项级数 $\sum_{n=1}^{\infty}u_n(x)$ 在区间 I 上一致收敛当且仅当对 $\forall\varepsilon>0,\ \exists N\geqslant 1$，使得当 $n>N$ 时，对 $\forall p\in\mathbb{N}^+$ 及 $\forall x\in I$，有

$$\left|u_{n+1}(x)+u_{n+2}(x)+\cdots+u_{n+p}(x)\right|<\varepsilon.$$

特别地，当 $p=1$ 时，得到函数项级数一致收敛的一个必要条件.

推论 17.2.1 设函数项级数 $\sum_{n=1}^{\infty}u_n(x)$ 在区间 I 上一致收敛，则通项函数列 $\{u_n(x)\}$ 在 I 上一致收敛于零.

进而得到下述判断函数项级数在区间上非一致收敛的一个判别法.

推论 17.2.2 若函数列 $\{u_n(x)\}$ 在区间 I 上不一致收敛于零，则函数项级数 $\sum_{n=1}^{\infty}u_n(x)$ 在 I 上不一致收敛.

由函数列非一致收敛的判别，可立得函数项级数非一致收敛的另一判别法.

定理 17.2.2 设 $u_n(x)$ 定义在 $[a,b]$ 上（$n=1,2,\cdots$），且 $u_n(x)$（$\forall n\geqslant 1$）在 a 点处右连续，但级数 $\sum_{n=1}^{\infty}u_n(a)$ 发散，则函数项级数 $\sum_{n=1}^{\infty}u_n(x)$ 在任何开区间 $(a,a+\delta)$（$0<\delta<b-a$）内非一致收敛.

下面的结论给出判别某些函数项级数一致收敛的较为简便的判别法.

定理 17.2.3（M-判别法） 设 $u_n(x)$ 定义在区间 I 上（$\forall n\geqslant 1$）. 如果对 $\forall n\geqslant 1$，有 $\left|u_n(x)\right|\leqslant c_n\ (\forall x\in I)$，且正项级数 $\sum_{n=1}^{\infty}c_n$ 收敛，则函数项级数 $\sum_{n=1}^{\infty}u_n(x)$ 在 I 上一致收敛.

证明 因为正项级数 $\sum_{n=1}^{\infty}c_n$ 收敛，由数项级数收敛的柯西准则，对 $\forall\varepsilon>0,\ \exists N\geqslant 1,\ \forall n>N$，$\forall p\in\mathbb{N}^+$，有 $c_{n+1}+c_{n+2}+\cdots+c_{n+p}<\varepsilon$，从而，由条件 $\left|u_n(x)\right|\leqslant c_n\ (\forall x\in I)$，故对 $\forall\varepsilon>0,\ \exists N\geqslant 1,\ \forall n>N$，对 $\forall p\in\mathbb{N}^+$ 及 $\forall x\in I$，有

$$\left|u_{n+1}(x)+u_{n+2}(x)+\cdots+u_{n+p}(x)\right|\leqslant\sum_{k=1}^{p}\left|u_{n+k}(x)\right|\leqslant\sum_{k=1}^{p}c_{n+k}<\varepsilon.$$

由定理 17.2.1 知，函数项级数 $\sum_{n=1}^{\infty}u_n(x)$ 在 I 上一致收敛. 证毕.

M-判别法又称魏尔斯特拉斯（Weierstrass）判别法，或称优势判别法. 顺带说明一

下，M–判别法中的 M，是英文单词“Majorant”的第一个字母．定理中的正项级数 $\sum_{n=1}^{\infty} c_n$ 称为函数项级数 $\sum_{n=1}^{\infty} u_n(x)$ 的**强级数或控制级数**．

例 17.2.2　证明：当 $p>1$ 时，函数项级数 $\sum_{n=1}^{\infty} \frac{\sin nx}{n^p}$ 在整个数轴 $\mathbb{R}$ 上一致收敛．

证明　因为

$$\left|\frac{\sin nx}{n^p}\right| \leqslant \frac{1}{n^p}, \quad \forall x \in \mathbb{R}, \quad n=1,2,\cdots,$$

且当 $p>1$ 时，正项级数 $\sum_{n=1}^{\infty} \frac{1}{n^p}$ 收敛，所以由定理 17.2.3 知，函数项级数 $\sum_{n=1}^{\infty} \frac{\sin nx}{n^p}$ 在整个数轴 $\mathbb{R}$ 上一致收敛．证毕．

例 17.2.3　设函数列 $\{f_n(x)\}$ 定义在区间 I 上，若存在正数列 M_n（$n \geqslant 1$）满足

$$|f_{n+1}(x)-f_n(x)| \leqslant M_n, \quad \forall x \in I, \quad n=1,2,\cdots,$$

且正项级数 $\sum_{n=1}^{\infty} M_n$ 收敛，则函数列 $\{f_n(x)\}$ 在区间 I 上一致收敛．

证明　由定理 17.2.3 知，函数项级数 $\sum_{n=1}^{\infty}(f_{n+1}(x)-f_n(x))$ 在 I 上一致收敛，因此其前 n 项部分和函数列

$$S_n(x)=\sum_{k=1}^{n}(f_{k+1}(x)-f_k(x))=f_{n+1}(x)-f_1(x)$$

在 I 上一致收敛，即函数列 $\{f_n(x)\}$ 在区间 I 上一致收敛．证毕．

注意到 M–判别法在判别函数项级数一致收敛的同时，也判断了函数项级数在收敛域上的绝对收敛性．但如果函数项级数是逐点条件收敛的，则这个 M–判别法显然失效．这样，为了判断逐点条件收敛的函数项级数的一致收敛性，将判断条件收敛的数项级数的狄利克雷判别法和阿贝尔判别法适当修改，即得到下面两种判别法．

定理 17.2.4（狄利克雷判别法）　对函数项级数 $\sum_{n=1}^{\infty} a_n(x)b_n(x)$，$x \in I$，若满足

（i）对任意固定的 $x \in I$，数列 $\{a_n(x)\}$ 单调；

（ii）函数列 $\{a_n(x)\}$ 在 I 上一致收敛于 0；

（iii）函数项级数 $\sum_{n=1}^{\infty} b_n(x)$ 的部分和函数列在 I 上一致有界，即存在 $M>0$ 使得 $\left|\sum_{k=1}^{n} b_k(x)\right| \leqslant M$ 对所有的 $x \in I$ 及 $\forall n \geqslant 1$ 都成立，

则函数项级数 $\sum_{n=1}^{\infty} a_n(x)b_n(x)$ 在 I 上一致收敛．

证明　不妨设对任意固定的 $x \in I$，数列 $\{a_n(x)\}$ 单调递减且非负．对任意正整数 n 和

k，令 $S_n(x)=\sum\limits_{k=1}^{n}b_k(x)$，并记 $B_{nk}(x)=S_{n+k}(x)-S_n(x)=\sum\limits_{j=1}^{k}b_{n+j}(x)$．则由阿贝尔变换知，对任意正整数 n 和 p，有

$$\sum_{k=1}^{p}a_{n+k}(x)b_{n+k}(x)=a_{n+p}(x)B_{np}(x)+\sum_{k=1}^{p-1}(a_{n+k}(x)-a_{n+k+1}(x))B_{nk}(x),$$

因此

$$\left|\sum_{k=1}^{p}a_{n+k}(x)b_{n+k}(x)\right|\leqslant a_{n+p}(x)\left|B_{np}(x)\right|+\sum_{k=1}^{p-1}(a_{n+k}(x)-a_{n+k+1}(x))\left|B_{nk}(x)\right|. \tag{17.2.1}$$

由假设知，对 $\forall x\in I$ 及 $\forall n\geqslant 1$，有 $|S_n(x)|\leqslant M$，从而 $|B_{nk}(x)|\leqslant 2M$ 对 $\forall x\in I$ 及 $n,k=1,2,\cdots$ 成立．由式（17.2.1），得

$$\left|\sum_{k=1}^{p}a_{n+k}(x)b_{n+k}(x)\right|\leqslant 2M\left(a_{n+p}(x)+\sum_{k=1}^{p-1}(a_{n+k}(x)-a_{n+k+1}(x))\right)=2Ma_{n+1}(x),\ \forall x\in I.$$

因为函数列 $\{a_n(x)\}$ 在 I 上一致收敛于 0，所以对 $\forall\varepsilon>0,\ \exists N\in\mathbb{N}^+$，使得当 $n>N$ 时，

$$a_n(x)<\frac{1}{2M}\varepsilon,\ \forall x\in I,$$

因此对上述给定的 $\varepsilon>0$，当 $n>N$ 时，对任意的正整数 p，有

$$\left|\sum_{k=1}^{p}a_{n+k}(x)b_{n+k}(x)\right|<\varepsilon,\quad \forall x\in I.$$

由定理 17.2.1 知，级数 $\sum\limits_{n=1}^{\infty}a_n(x)b_n(x)$ 在 I 上一致收敛．证毕．

定理 17.2.5（阿贝尔判别法） 对函数项级数 $\sum\limits_{n=1}^{\infty}a_n(x)b_n(x)$，$x\in I$．若满足

（i）对任意固定的 $x\in I$，数列 $\{a_n(x)\}$ 单调；

（ii）函数列 $\{a_n(x)\}$ 在 I 上一致有界；

（iii）函数项级数 $\sum\limits_{n=1}^{\infty}b_n(x)$ 在 I 上一致收敛，

则函数项级数 $\sum\limits_{n=1}^{\infty}a_n(x)b_n(x)$ 在 I 上一致收敛．

证明 不妨设对任意固定的 $x\in I$，数列 $\{a_n(x)\}$ 单调递减且非负．则由于函数列 $\{a_n(x)\}$ 在 I 上一致有界，因此存在 $M>0$ 使得 $a_n(x)\leqslant M,\ \forall x\in I$．又函数项级数 $\sum\limits_{n=1}^{\infty}b_n(x)$ 在 I 上一致收敛，由柯西一致收敛准则，对 $\forall\varepsilon>0,\ \exists N\in\mathbb{N}^+$，使得当 $n>N$ 时，对任意的正整数 k，都有

$$\left|\sum_{j=1}^{k}b_{n+j}(x)\right|<\frac{\varepsilon}{M},\quad \forall x\in I.$$

记 $B_{nk}(x)=\sum_{j=1}^{k}b_{n+j}(x)$，即 $|B_{nk}(x)|<\frac{\varepsilon}{M}$，$\forall x\in I$. 由式（17.2.1），对上述给定的 $\varepsilon>0$，当 $n>N$ 时，对 $\forall p\in\mathbb{N}^{+}$，有

$$\left|\sum_{k=1}^{p}a_{n+k}(x)b_{n+k}(x)\right|<\frac{\varepsilon}{M}\left(a_{n+p}(x)+\sum_{k=1}^{p-1}(a_{n+k}(x)-a_{n+k+1}(x))\right)$$

$$=\frac{\varepsilon}{M}a_{n+1}(x)\leqslant\varepsilon,\ \forall x\in I.$$

故由定理 17.2.1 知，级数 $\sum_{n=1}^{\infty}a_n(x)b_n(x)$ 在 I 上一致收敛．证毕.

例 17.2.4　证明函数项级数 $\sum_{n=2}^{\infty}\frac{(-1)^n}{n+\sin x}$ 在 $\mathbb{R}$ 上一致收敛.

证明　对任意固定的 $x\in\mathbb{R}$，数列 $\left\{\frac{1}{n+\sin x}\right\}$ 单调递减，且对 $\forall x\in\mathbb{R}$，有

$$\frac{1}{n+\sin x}<\frac{1}{n-1}\to 0\ (n\to\infty),$$

所以函数列 $\left\{\frac{1}{n+\sin x}\right\}$ 在 $\mathbb{R}$ 上一致收敛于零；同时 $\left|\sum_{k=2}^{n}(-1)^k\right|\leqslant 1$，故由定理 17.2.4，函数项级数 $\sum_{n=2}^{\infty}\frac{(-1)^n}{n+\sin x}$ 在 $\mathbb{R}$ 上一致收敛．证毕.

例 17.2.5　证明函数项级数 $\sum_{n=1}^{\infty}\frac{(-1)^{n+1}}{n+x^2}\arctan(nx)$ 在 $\mathbb{R}$ 上一致收敛.

证明　对任意固定的 $x\in\mathbb{R}$，数列 $\{\arctan(nx)\}$ 单调，且

$$|\arctan(nx)|<\frac{\pi}{2},\quad \forall x\in\mathbb{R},\quad n=1,2,\cdots$$

即函数列 $\{\arctan(nx)\}$ 在 $\mathbb{R}$ 上一致有界；又 $\frac{1}{n+x^2}\leqslant\frac{1}{n}$（$\forall x\in\mathbb{R}$），$\left|\sum_{k=1}^{n}(-1)^k\right|\leqslant 1$，定理 17.2.4 表明函数项级数 $\sum_{n=1}^{\infty}\frac{(-1)^{n+1}}{n+x^2}$ 在 $\mathbb{R}$ 上一致收敛．由定理 17.2.5 知，函数项级数 $\sum_{n=1}^{\infty}\frac{(-1)^{n+1}}{n+x^2}\arctan(nx)$ 在 $\mathbb{R}$ 上一致收敛．证毕.

17.2.3　和函数的分析性

定理 17.2.6（连续性）　设函数项级数 $\sum_{n=1}^{\infty}u_n(x)$ 在区间 I 上一致收敛于其和函数 $S(x)$，且 $u_n(x)$ 在 I 上连续（$\forall n\geqslant 1$），则和函数 $S(x)$ 在 I 上连续.

证明　设函数项级数 $\sum_{n=1}^{\infty}u_n(x)$ 在 I 上一致收敛于和函数 $S(x)$，即 $S_n(x)=\sum_{k=1}^{n}u_k(x)$ 在 I

上一致收敛于 $S(x)$．又 $u_n(x)$ 在 I 上连续（$\forall n \geqslant 1$），故 $S_n(x)$ 在 I 上连续，定理 17.1.5 表明和函数 $S(x)$ 在 I 上连续．证毕．

定理 17.2.6 说明，$\lim\limits_{x\to x_0}\sum\limits_{n=1}^{\infty}u_n(x)=\sum\limits_{n=1}^{\infty}\lim\limits_{x\to x_0}u_n(x)$，即在函数项级数一致收敛的条件下，求和运算与求极限运算可交换顺序．

例 17.2.6 讨论函数项级数 $\sum\limits_{n=1}^{\infty}\frac{1}{n^x}$ 在其定义域上和函数的连续性．

解 广义调和级数 $\sum\limits_{n=1}^{\infty}\frac{1}{n^x}$ 当 $x>1$ 时收敛，因此级数的定义域为 $(1,+\infty)$．设其和函数为 $p(x)$．下证 $p(x)$ 在 $(1,+\infty)$ 上连续．

对 $\forall x\in(1,+\infty)$，$\exists\delta>0$ 使得 $1+\delta\leqslant x<+\infty$，从而 $\frac{1}{n^x}\leqslant\frac{1}{n^{1+\delta}}$．已知正项级数 $\sum\limits_{n=1}^{\infty}\frac{1}{n^{1+\delta}}$ 收敛，故由 M–判别法知，$\sum\limits_{n=1}^{\infty}\frac{1}{n^x}$ 在 $[1+\delta,+\infty)$ 上一致收敛，因此定理 17.2.6 表明和函数 $p(x)$ 在 $[1+\delta,+\infty)$ 上连续，故在 x 点处连续．由 x 的任意性知，和函数 $p(x)$ 在 $(1,+\infty)$ 上连续．

应用定理 17.2.2，由于 $\sum\limits_{n=1}^{\infty}\frac{1}{n}$ 发散，故函数项级数 $\sum\limits_{n=1}^{\infty}\frac{1}{n^x}$ 在 $(1,+\infty)$ 上不一致收敛．本例说明，函数项级数 $\sum\limits_{n=1}^{\infty}\frac{1}{n^x}$ 的每一项在 $(1,+\infty)$ 上连续，而级数在 $(1,+\infty)$ 上非一致收敛，但我们仍然得到其和函数在 $(1,+\infty)$ 上连续．这是因为，证明函数在区间内连续，只需证明函数在该区间内的每点处都连续．进而本例说明**函数项级数一致收敛是和函数连续的充分非必要条件**．通过定理 17.2.6 的逆否命题可判断函数项级数在收敛域上的非一致收敛性．

推论 17.2.3 设函数项级数 $\sum\limits_{n=1}^{\infty}u_n(x)$ 在区间 I 上点点收敛到和函数 $S(x)$，且 $u_n(x)\in C(I)$（$\forall n\geqslant 1$）．若和函数 $S(x)$ 在 I 上不连续，则函数项级数 $\sum\limits_{n=1}^{\infty}u_n(x)$ 在 I 上非一致收敛．

定理 17.2.7（可逐项积分） 若函数项级数 $\sum\limits_{n=1}^{\infty}u_n(x)$ 在 $[a,b]$ 上一致收敛于其和函数 $S(x)$，且 $u_n(x)$ 在 $[a,b]$ 上连续（$\forall n\geqslant 1$），则和函数 $S(x)$ 在 $[a,b]$ 上可积，且 $\int_a^b\left(\sum\limits_{n=1}^{\infty}u_n(x)\right)\mathrm{d}x=\sum\limits_{n=1}^{\infty}\int_a^b u_n(x)\mathrm{d}x$，即在函数项级数一致收敛的条件下，积分运算与求和运算可交换顺序．

证明 由定理 17.2.6，和函数在闭区间上连续，从而可积，现在结论跟随着定理 17.1.6．证毕．

定理 17.2.7 中，特别地，对 $\forall x\in[a,b]$，有 $\int_a^x\left(\sum\limits_{n=1}^{\infty}u_n(t)\right)\mathrm{d}t=\sum\limits_{n=1}^{\infty}\int_a^x u_n(t)\mathrm{d}t$．

定理 17.2.8（可逐项微分） 设函数项级数$\sum_{n=1}^{\infty}u_n(x)$满足下面的条件：

（i）存在$x_0\in[a,b]$使得数项级数$\sum_{n=1}^{\infty}u_n(x_0)$收敛；

（ii）$u_n(x)$在$[a,b]$上有连续导数（$\forall n\geqslant 1$）；

（iii）$\sum_{n=1}^{\infty}u_n'(x)$在$[a,b]$上一致收敛，

则函数项级数$\sum_{n=1}^{\infty}u_n(x)$在$[a,b]$上一致收敛到其和函数$S(x)$，且$S'(x)=\sum_{n=1}^{\infty}u_n'(x)$对$\forall x\in[a,b]$成立.

证明 令$S_n(x)=\sum_{k=1}^{n}u_k(x)$. 显然数列$\{S_n(x_0)\}$收敛且$S_n(x)=\sum_{k=1}^{n}u_k(x)\in C^1[a,b]$，部分和函数列$S_n'(x)=\sum_{k=1}^{n}u_k'(x)$在$[a,b]$上一致收敛，现在结论由定理 17.1.7 立得. 证毕.

注 定理 17.2.8 指出，在$\sum_{n=1}^{\infty}u_n'(x)$在$[a,b]$上一致收敛的条件下，求导运算与求和运算可交换顺序，若仅仅有$\sum_{n=1}^{\infty}u_n(x)$在区间上的一致收敛是不够的. 例如，函数项级数$\sum_{n=1}^{\infty}\frac{\sin n^3x}{n^2}$在$\mathbb{R}$上一致收敛，但$\sum_{n=1}^{\infty}n\cos n^3x$在$\mathbb{R}$上发散（$\forall x\in\mathbb{R}$, $\lim_{n\to\infty}n\cos n^3x\neq 0$）. 显然$\sum_{n=1}^{\infty}\frac{\sin n^3x}{n^2}$在$\mathbb{R}$上不能逐项微分.

例 17.2.7 讨论函数项级数$\sum_{n=1}^{\infty}\frac{1}{n^x}$在$(1,+\infty)$上和函数的可微性.

解 设$\sum_{n=1}^{\infty}\frac{1}{n^x}=p(x)$, $\forall x\in(1,+\infty)$. 显然$\left(\frac{1}{n^x}\right)'=-\frac{1}{n^x}\ln n\in C(1,+\infty)$. 对$\forall x\in(1,+\infty)$，$\exists\delta>0$使得$1+\delta\leqslant x<+\infty$，则有$\frac{\ln n}{n^x}\leqslant\frac{\ln n}{n^{1+\delta}}$. 由于$\lim_{n\to\infty}n^{1+\frac{\delta}{2}}\cdot\frac{\ln n}{n^{1+\delta}}=0$，因此正项级数$\sum_{n=1}^{\infty}\frac{\ln n}{n^{1+\delta}}$收敛，故由 M−判别法知，函数项级数$\sum_{n=1}^{\infty}\frac{\ln n}{n^x}$在$[1+\delta,+\infty)$上一致收敛，从而定理 17.2.8 表明和函数$p(x)$在$[1+\delta,+\infty)$上可导，故在$x$点处可导. 由$x$的任意性知，和函数在$(1,+\infty)$上可导.

进而，应用归纳法，还可证明函数项级数$\sum_{n=1}^{\infty}\frac{1}{n^x}$在$(1,+\infty)$内存在任意阶连续导数.

接下来证明常微分方程中初值问题解的存在唯一性定理，这是一个基本且重要的定理，该定理在上册中未能证明. 另外，在实际应用中，求微分方程的近似解更具有实际意义，在该定理下面的证明过程中也具体地提供了求近似解的途径，从而也增添了解的存在唯一性定理的实用意义.

***定理 17.2.9（Cauchy-Picard）** 设 $f(x,y)$ 在矩形区域

$$D=\{(x,y):|x-x_0|\leqslant a,\ |y-y_0|\leqslant b\}$$

中连续，并且关于变元 y 满足 Lipschitz 条件：即存在正数 L 使得对 $\forall(x,y_1),(x,y_2)\in D$ ，有

$$|f(x,y_1)-f(x,y_2)|\leqslant L|y_1-y_2|,$$

则一阶常微分方程的初值问题

$$\begin{cases} y'=f(x,y), \\ y(x_0)=y_0 \end{cases} \tag{17.2.2}$$

存在定义在 $[x_0-h,x_0+h]$ 上的唯一解 $y=\varphi(x)$ ，其中

$$h=\min\left\{a,\frac{b}{M}\right\},\ M=\max\{|f(x,y)|:\ \forall(x,y)\in D\}.$$

证明 因为 $f(x,y)$ 在有界闭矩形区域 D 上连续，所以 $\exists M>0$ 使得

$$M=\max\{|f(x,y)|:\ \forall(x,y)\in D\},$$

令 $h=\min\left\{a,\dfrac{b}{M}\right\}$ 且 $I=[x_0-h,x_0+h]$. 下面分几步证明.

Step 1 $y=y(x)$ 是初值问题（17.2.2）的解等价于 $y=y(x)$ 满足积分方程

$$y(x)=y_0+\int_{x_0}^{x}f(t,y(t))\mathrm{d}t\quad(x\in I). \tag{17.2.3}$$

设 $y=y(x)$ （ $x\in I$ ）是初值问题（17.2.2）的解，则 $y'(x)\equiv f(x,y(x))$ （ $x\in I$ ），该微分方程两边关于 x 求不定积分，利用初值条件 $y(x_0)=y_0$ ，得到 $y=y(x)$ 满足积分方程（17.2.3）. 反之，设 $y=y(x)$ $(x\in I)$ 是积分方程（17.2.3）的解，因为 $f(x,y)$ 在 D 上连续，方程两边对 x 求导，得到 $y'(x)\equiv f(x,y(x))$ ，且积分方程（17.2.3）蕴含 $y(x_0)=y_0$ ，故 $y=y(x)$ （ $x\in I$ ）是初值问题（17.2.2）的解.

Step 2 用迭代法构造 Picard 序列：

$$y_{n+1}(x)=y_0+\int_{x_0}^{x}f(t,y_n(t))\mathrm{d}t,\quad y_0(x)=y_0, \tag{17.2.4}$$

则 $y_n(x)\in C^1(I)$ 且 $|y_n(x)-y_0|\leqslant b,\ n=1,2,\cdots$.

因为 $f(x,y_0)$ 在 I 上连续，对 $\forall x\in I$ ，将 $f(x,y_0)$ 在以 x 和 x_0 为端点的闭区间上积分，利用初值条件 $y(x_0)=y_0$ ，得到 $y_1(x)=y_0+\int_{x_0}^{x}f(t,y_0)\mathrm{d}t$ ，由于 $f(x,y)$ 在有界闭矩形区域 D 上连续，故 $y_1(x)\in C^1(I)$ 且

$$|y_1(x)-y_0|=\left|\int_{x_0}^{x}f(t,y_0)\,\mathrm{d}t\right|\leqslant\int_{x_0}^{x}|f(t,y_0)|\mathrm{d}t\leqslant M|x-x_0|\leqslant Mh\leqslant b,$$

所以 $f(x,y_1(x))$ 在 I 上连续，从而可得

$$y_2(x)=y_0+\int_{x_0}^{x}f(t,y_1(t))\mathrm{d}t\in C^1(I),$$

进而通过迭代法，得到 $y_{n+1}(x)=y_0+\int_{x_0}^{x}f(t,y_n(t))\mathrm{d}t$ ，用归纳法可证 $y_n(x)\in C^1(I)$ ，且

$|y_n(x)-y_0| \leqslant b,\ n=1,2,\cdots.$

Step 3 Picard 序列在 I 上一致收敛于积分方程（17.2.3）的解.

显然，函数列 $\{y_n(x)\}$ 的收敛性等价于函数项级数

$$y_0+\sum_{n=0}^{+\infty}(y_{n+1}(x)-y_n(x)) \tag{17.2.5}$$

的收敛性. 通过归纳法，可证 $|y_{n+1}(x)-y_n(x)| \leqslant \dfrac{M}{L}\dfrac{\left(L|x-x_0|\right)^{n+1}}{(n+1)!}$，$\forall x\in I$. 故对 $\forall x\in I$，有

$$|y_{n+1}(x)-y_n(x)| \leqslant \frac{M}{L}\frac{(Lh)^{n+1}}{(n+1)!} \to 0 \quad (n\to\infty),$$

故 M−判别法表明函数项级数（17.2.5）在 I 上一致收敛，所以函数列 $\{y_n(x)\}$ 在 I 上一致收敛，设其极限函数为 $\varphi(x)=\lim\limits_{n\to\infty} y_n(x)$，则定理 17.1.5 表明 $\varphi(x)$ 在 I 上连续. 由于 $f(x,y)\in C(D)$ 且函数列 $\{y_n(x)\}$ 在 I 上一致收敛，以及 $f(x,y)$ 关于 y 满足 Lipschitz 条件知，函数列 $\{f(x,y_n(x))\}$ 在 I 上一致收敛，在式（17.2.4）两端对 $n\to\infty$ 时取极限，定理 17.1.6 保证 $\varphi(x)=y_0+\int_{x_0}^{x} f(t,\varphi(t))\mathrm{d}t,\ \forall x\in I$，即 $y=\varphi(x)$ 是初值问题（17.2.2）的一个解.

Step 4 证明初值问题的解是唯一的.

设积分方程（17.2.3）有两个解 $u(x),v(x)$. 记它们共同的存在区间为 $J=[x_0-d,\ x_0+d]$，其中 $0<d\leqslant h$，则

$$u(x)-v(x)=\int_{x_0}^{x}(f(t,u(t))-f(t,v(t)))\mathrm{d}t, \quad \forall x\in J,$$

由 Lipschitz 条件，对 $\forall x\in J$，有

$$|u(x)-v(x)| \leqslant L\int_{x_0}^{x}|u(t)-v(t)|\mathrm{d}t. \tag{17.2.6}$$

因为 $|u(x)-v(x)|$ 在 J 上连续，所以存在 $K>0$ 使得 $|u(x)-v(x)|\leqslant K$，$\forall x\in J$. 故由式（17.2.6），得

$$|u(x)-v(x)| \leqslant KL|x-x_0|,$$

将其代入式（17.2.6）右端，归纳可得，对 $\forall n\in\mathbb{N}^+$，有

$$|u(x)-v(x)| \leqslant \frac{K\left(L|x-x_0|\right)^n}{n!}, \quad \forall x\in J,$$

从而 $0\leqslant|u(x)-v(x)|\leqslant \dfrac{K(Ld)^n}{n!}\to 0\quad(n\to\infty)$，故 $u(x)=v(x),\ \forall x\in J$. 所以初值问题（17.2.2）的解是唯一的. 证毕.

注 解的存在唯一性定理是针对初值问题而言的. 其几何解释：若 $f(x,y)$ 在闭矩形区域上连续，且关于变元 y 满足 Lipschitz 条件，则微分方程（17.2.2）的解曲线不相交.

*17.2.4 两个例子

本节的剩余部分将介绍两个例子，作为函数项级数的应用，一个是“处处连续处处不可导的函数”，另一个则是一条填满整个正方形的连续曲线.

1．处处连续处处不可导的函数

这个例子有助于了解函数的连续性和可导性之间的区别．在我们所接触到的初等函数或积分定义的函数中，连续函数的不可导点总是若干孤立的点．这里将要介绍的例子由范・德・瓦尔登（Van der Waerden）于 1930 年给出，说明存在处处连续处处不可导的函数．

令 $\varphi(x)=|x-m|$，$x\in\left[m-\dfrac{1}{2},m+\dfrac{1}{2}\right]$，$m\in\mathbb{Z}$．如图 17-2-1 所示，则 $\varphi(x)$ 在 $\mathbb{R}$ 上连续，是以 1 为周期的锯齿形函数，且满足 $0\leqslant\varphi(x)\leqslant\dfrac{1}{2}$（图中实线）．定义 $\varphi_1(x)=\dfrac{\varphi(4x)}{4}$ 是定义在 $\mathbb{R}$ 上、周期为 $\dfrac{1}{4}$、最大值为 $\dfrac{1}{8}$ 的锯齿形函数（图中虚线）．换句话说，$\varphi_1(x)$ 把函数 $\varphi(x)$ 在 x 轴方向压缩了 $\dfrac{1}{4}$，在 y 轴方向也把函数 $\varphi(x)$ 压缩了 $\dfrac{1}{4}$，因此函数 $\varphi_1(x)$ 的斜率也是 ±1（拐点除外）．这种构造函数的方法是自相似法，即在 x 轴和 y 轴上分别压缩．以此类推，定义 $\varphi_k(x)=\dfrac{\varphi(4^k x)}{4^k}$，$k=0,1,2,\cdots$，则 $\varphi_k(x)\in C(\mathbb{R})$，且以 $\dfrac{1}{4^k}$ 为周期，满足 $0\leqslant\varphi_k(x)\leqslant\dfrac{1}{2\cdot4^k}$．可以证明，$\varphi_k(x)$ 在 $\left(\dfrac{2m-1}{2\cdot4^k},\dfrac{2m}{2\cdot4^k}\right)$ 上的斜率为 -1，在 $\left(\dfrac{2m}{2\cdot4^k},\dfrac{2m+1}{2\cdot4^k}\right)$ 上的斜率为 $+1$，在拐点 $\dfrac{p}{2\cdot4^k}$（$p\in\mathbb{Z}$）上不可微．

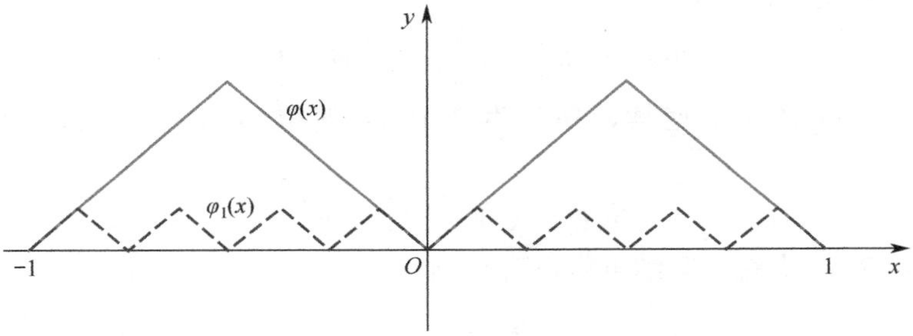

图 17-2-1

令 $\Phi(x)=\sum\limits_{k=0}^{\infty}\varphi_k(x)$，由于 $\sum\limits_{k=0}^{\infty}|\varphi_k(x)|\leqslant\dfrac{1}{2}\sum\limits_{k=0}^{\infty}\dfrac{1}{4^k}=\dfrac{2}{3}$，由 M−判别法知，级数 $\sum\limits_{k=0}^{\infty}\varphi_k(x)$ 在 $\mathbb{R}$ 上一致收敛，因此 $\Phi(x)\in C(\mathbb{R})$．

由于 $\varphi(x)=0$ 当且仅当 $x\in\mathbb{Z}$，易知 $\varphi_k(x)=0$ 当且仅当 $4^k x\in\mathbb{Z}$，且 $\varphi_k(x)=0$ 意味着 $\varphi_n(x)=0,\ \forall n\geqslant k$．令 $\mathscr{Z}=\{x\in\mathbb{R}\mid\ \exists k\in N,4^k x\in\mathbb{Z}\}$，则对 $\forall x\in\mathscr{Z}$，$\Phi(x)$ 在该点处不可微．

下面证明 $\Phi(x)$ 在 $\mathbb{R}$ 上每点都不可微．任取 $x_0\in\mathbb{R}\setminus\mathscr{Z}$．对 $\forall n\in\mathbb{N}^+$，$\exists m_n\in\mathbb{N}^+$，使得

$$m_n\leqslant2\cdot4^{n-1}\cdot x_0<m_n+1,$$

即 $\dfrac{m_n}{2\cdot 4^{n-1}}\leqslant x_0<\dfrac{m_n+1}{2\cdot 4^{n-1}}$. 所以 $\exists x_n\in I_n=\left[\dfrac{m_n}{2\cdot 4^{n-1}},\dfrac{m_n+1}{2\cdot 4^{n-1}}\right)$ 使得 $|x_n-x_0|=\dfrac{1}{4^n}$，因而

$$\frac{\Phi(x_n)-\Phi(x_0)}{x_n-x_0}=\sum_{k=0}^{\infty}\frac{\varphi_k(x_n)-\varphi_k(x_0)}{x_n-x_0}.$$

当 $k\geqslant n$ 时，$\varphi_k(x)$ 的周期 $\dfrac{1}{4^k}$ 是 $|x_n-x_0|=\dfrac{1}{4^n}$ 的因子，所以 $\varphi_k(x_n)=\varphi_k(x_0)$，因此

$$\frac{\varphi_k(x_n)-\varphi_k(x_0)}{x_n-x_0}=0;$$

而 $k<n$ 时，$\varphi_k(x)$ 在区间 $I_k=\left(\dfrac{m_k}{2\cdot 4^{k-1}},\dfrac{m_k+1}{2\cdot 4^{k-1}}\right)\supset I_n$ 上，当 m_k 为奇数时斜率为 -1，当 m_k 为偶数时斜率为 $+1$，因而

$$\frac{\Phi(x_n)-\Phi(x_0)}{x_n-x_0}=\sum_{k=0}^{n-1}(-1)^{m_k}.$$

令 $n\to\infty$ 时右端级数一般项不趋于零，因而级数不收敛. 因此我们找到了一个收敛数列 $\{x_n\}$ 使得 $x_n\to x_0$（$n\to\infty$），但 $\dfrac{\Phi(x_n)-\Phi(x_0)}{x_n-x_0}$ 的极限不存在，故 $\lim\limits_{x\to x_0}\dfrac{\Phi(x)-\Phi(x_0)}{x-x_0}$ 不存在. 所以函数 $\Phi(x)$ 在 x_0 点处不可导.

著名的点点连续点点不可微的函数还有魏尔斯特拉斯（Weierstrass）函数 $g(x)=\sum\limits_{n=0}^{\infty}a^n\cos(b^n\pi x)$，其中 $0<a<1,\ ab>1$.（Weierstrass, 1875; Hardy, 1916）.

2. 填满正方形的连续曲线（皮亚诺曲线）

1890 年，意大利数学家皮亚诺（Peano）构造了一条填满整个正方形的连续参数曲线，后来称这类曲线为皮亚诺曲线. 下面的函数构造是由索恩伯格（Schoenberg）在 1938 年给出的.

首先，引进 p 进制小数的记法：

对 $\forall t\in[0,1]$，存在由数字 $0,1,2,\cdots,p-1$ 组成的数列 $\{t_n\}$，使得 $\sum\limits_{n=1}^{\infty}\dfrac{t_n}{p^n}=t$. 实际上就是实数的 p 进制表示法.

对 $\forall(a,b)\in[0,1]\times[0,1]$，将 a,b 用二进制小数表示：

$$a=\sum_{n=1}^{\infty}\frac{a_n}{2^n},b=\sum_{n=1}^{\infty}\frac{b_n}{2^n},a_n,b_n\in\{0,1\},\quad n=1,2,\cdots.$$

令 $c_{2n-1}=a_n,c_{2n}=b_n,c=\sum\limits_{n=1}^{\infty}\dfrac{2c_n}{3^n}$，则有 $0\leqslant c\leqslant\sum\limits_{n=1}^{\infty}\dfrac{2}{3^n}=1$. 目标是构造连续函数 $\varphi(t)$ 和 $\psi(t)$，使得

$$\text{对 }\forall(a,b)\in[0,1]\times[0,1]\text{，有 }\varphi(c)=a,\psi(c)=b,$$

则连续参数曲线满足

$$x=\varphi(t),y=\psi(t),t\in[0,1],$$

即充满整个正方形 $[0,1]\times[0,1]$.

其次，定义区间$[0,2]$上的连续函数如下：

$$\omega(t)=\begin{cases}0, & t\in\left[0,\dfrac{1}{3}\right];\\ 3t-1, & t\in\left[\dfrac{1}{3},\dfrac{2}{3}\right];\\ 1, & t\in\left[\dfrac{2}{3},\dfrac{4}{3}\right];\\ -3t+5, & t\in\left[\dfrac{4}{3},\dfrac{5}{3}\right];\\ 0, & t\in\left[\dfrac{5}{3},2\right].\end{cases}$$

如图 17-2-2 所示，将$\omega(t)$按照周期 2 延拓至整个实数轴$\mathbb{R}$上：$\omega(t+2k)=\omega(t)$，$\forall t\in[0,2], k\in\mathbb{Z}$．令

$$\varphi(t)=\sum_{n=1}^{\infty}\frac{\omega(3^{2n-2}t)}{2^n},\ \psi(t)=\sum_{n=1}^{\infty}\frac{\omega(3^{2n-1}t)}{2^n}.$$

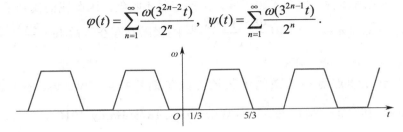

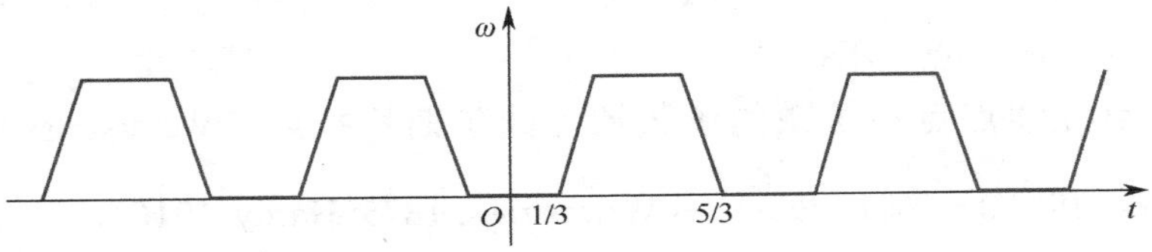

图 17-2-2

由于$0\leqslant\omega(t)\leqslant 1$，这两个级数是一致收敛的，因此$\varphi(t)$与$\psi(t)$都是$[0,1]$上的连续函数．另外，

$$3^k c=2\sum_{n=1}^{\infty}3^{k-n}c_n=2\sum_{n=1}^{k}3^{k-n}c_n+2\sum_{n=k+1}^{\infty}3^{k-n}c_n=2\sum_{n=1}^{k}3^{k-n}c_n+d_k,$$

且$c_{k+1}\in\{0,1\}$．分成两种情况讨论：

（1）如果$c_{k+1}=0$，则有$0\leqslant d_k\leqslant 2\sum\limits_{n=k+2}^{\infty}3^{k-n}=\dfrac{1}{3}$，利用函数$\omega(t)$周期 2 性质，有

$$\omega(3^k c)=\omega(d_k)=0=c_{k+1}.$$

（2）如果$c_{k+1}=1$，则有$\dfrac{2}{3}\leqslant d_k\leqslant 2\sum\limits_{n=k+1}^{\infty}3^{k-n}=1$，同样利用$\omega(t)$周期 2 性质，有

$$\omega(3^k c)=\omega(d_k)=1=c_{k+1}.$$

因此对两种情况，均有$\omega(3^k c)=c_{k+1}$．

最后，

$$\varphi(c)=\sum_{n=1}^{\infty}\frac{\omega(3^{2n-2}c)}{2^n}=\sum_{n=1}^{\infty}\frac{c_{2n-1}}{2^n}=\sum_{n=1}^{\infty}\frac{a_n}{2^n}=a,$$

$$\psi(c)=\sum_{n=1}^{\infty}\frac{\omega(3^{2n-1}c)}{2^n}=\sum_{n=1}^{\infty}\frac{c_{2n}}{2^n}=\sum_{n=1}^{\infty}\frac{b_n}{2^n}=b.$$

上面构造的点点连续点点不可微函数及皮亚诺曲线都具有自相似结构，即曲线的一个任何微小结构都相似于整体结构．读者可以在计算机上画出这些曲线，放大局部，研究它们的性质．近几十年来发展起来的分形几何学及动力系统中的混沌理论与这类曲线的特性有密切关系．

习题 17.2

1．求下列函数项级数的收敛域，并指出使级数绝对收敛、条件收敛的 x 的范围．

（1）$\sum\limits_{n=1}^{\infty} n\mathrm{e}^{-nx}$；　（2）$\sum\limits_{n=1}^{\infty} x^n \sin\dfrac{x}{2^n}$；　（3）$\sum\limits_{n=1}^{\infty} x^n \ln\left(1+\dfrac{1}{2^n}\right)$；

（4）$\sum\limits_{n=1}^{\infty}\left(\dfrac{\ln x}{3}\right)^n$；　（5）$\sum\limits_{n=1}^{\infty}\left(\dfrac{n+1}{x}\right)^n$．

2．下列函数项级数在其收敛域上是否一致收敛？

（1）$\sum\limits_{n=1}^{\infty} x^3\mathrm{e}^{-nx^2}$；　（2）$\sum\limits_{n=1}^{\infty}\dfrac{nx}{1+n^6x^2}$．

3．证明：函数项级数 $\sum\limits_{n=1}^{\infty}\left(1-\cos\dfrac{x}{n}\right)$ 在 $[-a,a]$（$a>0$）上一致收敛，在 $\mathbb{R}$ 上非一致收敛．

4．设 $u_n(x)$（$n=1,2,\cdots$）是 $[a,b]$ 上的单调函数，若 $\sum\limits_{n=1}^{\infty}u_n(a)$, $\sum\limits_{n=1}^{\infty}u_n(b)$ 绝对收敛，证明：$\sum\limits_{n=1}^{\infty}u_n(x)$ 在 $[a,b]$ 上绝对并一致收敛．

5．证明：函数 $f(x)=\sum\limits_{n=1}^{\infty}\dfrac{n}{x^n}$ 是 $(1,+\infty)$ 上的连续函数．

6．证明：级数 $\sum\limits_{n=1}^{\infty}\dfrac{x^2}{(1+x^2)^n}$ 对任意的 x 绝对收敛，但在 $(-\infty,+\infty)$ 上非一致收敛．

7．证明：函数 $f(x)=\sum\limits_{n=1}^{\infty} n\mathrm{e}^{-nx}$ 在 $(0,+\infty)$ 上连续，进一步证明在 $(0,+\infty)$ 上可微．

8．确定 $S(x)=\sum\limits_{n=1}^{\infty}\left(x+\dfrac{1}{n}\right)^n$ 的定义域，并讨论其连续性与可微性．

9．设 $\{a_n\}$ 单调趋于 0，证明：函数项级数 $\sum\limits_{n=1}^{+\infty}a_n\cos nx$ 在 $[\delta,\pi-\delta]$ $\left(0<\delta<\dfrac{\pi}{2}\right)$ 上一致收敛．

10．设 $S(x)=\sum\limits_{n=1}^{\infty}\dfrac{1}{2^n}\tan\dfrac{x}{2^n}$，计算 $\int_{\frac{\pi}{6}}^{\frac{\pi}{3}}S(x)\mathrm{d}x$．

11．级数 $\sum\limits_{n=1}^{\infty}a_n$ 收敛，证明：级数 $\sum\limits_{n=1}^{\infty}a_n\mathrm{e}^{-nx}$ 在 $[0,+\infty)$ 上一致收敛．

12．证明函数项级数 $\sum\limits_{n=1}^{\infty}(-1)^{n+1}\dfrac{1}{n^x}\dfrac{a}{1+a^n}$（$a>0$）在 $[\delta,+\infty)$（$\delta>1$）上一致收敛．

13．证明：若级数$\sum_{n=1}^{\infty} a_n$与$\sum_{n=1}^{\infty} b_n$绝对收敛，则函数项级数$\sum_{n=1}^{\infty}(a_n \cos nx + b_n \sin nx)$在$\mathbb{R}$上一致收敛．

14．证明：若级数$\sum_{n=1}^{\infty} a_n$收敛，则$\lim_{x\to 0^+}\sum_{n=1}^{\infty}\frac{a_n}{n^x}=\sum_{n=1}^{\infty} a_n$．

17.3 幂级数

幂级数是最简单的一类函数项级数．幂级数的项是严格按照升幂排列的，其前n项部分和函数是一个多项式函数，因此有类似于多项式的好的性质．例如，根据魏尔斯特拉斯逼近定理（见 18.5 节），任何一个连续函数（包括点点不可微函数），在任何一个闭区间上都可用多项式序列一致逼近．此外，幂级数还有很多其他优良性质．第一，幂级数的收敛域是一个区间，由收敛半径决定，而且收敛半径很容易求出．第二，幂级数在收敛区间内的任何一个闭区间上绝对收敛且一致收敛，因此收敛的幂级数其和函数是任意阶可导的，便于对其做微分和积分等运算．第三，幂级数在工程应用中，尤其是在数据拟合和数据处理中有重要的应用．

17.3.1 幂级数的收敛域与收敛半径

形如$\sum_{k=0}^{\infty} a_k (x-x_0)^k$的函数项级数称为幂级数，其中$\{a_n\}$，$x_0$都是常数，$a_n$称为幂级数的系数．令$x-x_0=y$，则幂级数就化为简单的形式$\sum_{k=0}^{\infty} a_k y^k$，为书写方便，下面主要讨论这种形式的幂级数．

幂级数$\sum_{k=0}^{\infty} a_k x^k$的前$n+1$项部分和函数$S_n(x)=\sum_{k=0}^{n} a_k x^k$是一个$n$次多项式，观察到0总是它的收敛点．下面讨论其收敛域．

定理 17.3.1（Abel 第一定理） 若幂级数$\sum_{k=0}^{\infty} a_k x^k$在$x_0 \neq 0$处收敛，则对任意的正数$h<|x_0|$，幂级数$\sum_{k=0}^{\infty} a_k x^k$在闭区间$[-h,h]$上绝对收敛且一致收敛．

证明 因为$\sum_{k=0}^{\infty} a_k x_0^k$收敛，所以$\lim_{k\to\infty} a_k x_0^k = 0$，故数列$\{a_k x_0^k\}$有界，即存在$M>0$使得对$\forall n \geqslant 1$，有$|a_n x_0^n| \leqslant M$．对$\forall h$满足$0<h<|x_0|$，当$|x|\leqslant h$时，有

$$|a_n x^n| = |a_n x_0^n|\left|\frac{x}{x_0}\right|^n \leqslant M\left|\frac{x}{x_0}\right|^n \leqslant M\left|\frac{h}{x_0}\right|^n,$$

因为几何级数 $\sum\limits_{n=0}^{\infty} M\left|\frac{h}{x_0}\right|^n$ 收敛，故由 M−判别法知，$\sum\limits_{k=0}^{\infty} a_k x^k$ 在 $[-h,h]$ 上绝对收敛且一致收敛．证毕．

推论 17.3.1　若 $\sum\limits_{k=0}^{\infty} a_k x^k$ 在 $x_1 \neq 0$ 处发散，则对任意的 x_2 满足 $|x_2|>|x_1|$，有 $\sum\limits_{k=0}^{\infty} a_k x^k$ 在 x_2 点处发散．

证明　用反证法．假设存在一点 x_2 满足 $|x_2|>|x_1|$ 使得幂级数 $\sum\limits_{k=0}^{\infty} a_k x^k$ 在 x_2 点处收敛，则定理 17.3.1 表明，级数在 $\sum\limits_{k=0}^{\infty} a_k x^k$ 在 $x_1 \neq 0$ 处收敛，矛盾．证毕．

定理 17.3.2　若 $\sum\limits_{k=0}^{\infty} a_k x^k$ 在 $x_1 \neq 0$ 处收敛，又在 x_2 处发散，则存在唯一的 $r>0$ 使得 $\sum\limits_{k=0}^{\infty} a_k x^k$ 在 $(-r,r)$ 内绝对收敛，而在 $[-r,r]$ 之外处处发散．

证明　设幂级数 $\sum\limits_{k=0}^{\infty} a_k x^k$ 的收敛点集为 A，显然 $0 \neq x_1 \in A$．故 A 非单点集 $\{0\}$．由推论 17.3.1 知，集合 A 有上界，所以由确界公理知，集合 A 有唯一的上确界，记 $\sup A = r\ (>0)$．对 $\forall x \in \mathbb{R}$，当 $|x|<r$ 时，存在 $x_0 \in A$ 使得 $|x|<|x_0|<r$．已知级数 $\sum\limits_{k=0}^{\infty} a_k x_0^k$ 收敛，所以由定理 17.3.1 知，$\sum\limits_{k=0}^{\infty} a_k x^k$ 在 x 点处绝对收敛，即在 $(-r,r)$ 内绝对收敛．当 $|x|>r$ 时，$x \notin A$，所以 $\sum\limits_{k=0}^{\infty} a_k x^k$ 在 x 点处发散，即幂级数在 $[-r,r]$ 之外处处发散．证毕．

容易观察出，幂级数 $\sum\limits_{n=1}^{\infty} \frac{1}{n^n} x^n$ 在 $\forall x \in \mathbb{R}$ 处绝对收敛，而幂级数 $\sum\limits_{n=1}^{\infty} n^n x^n$ 在任意非零点处发散．

约定：$\sum\limits_{k=0}^{\infty} a_k x^k$ 在除 $x=0$ 外处处发散，令 $r=0$；若在 $\mathbb{R}$ 上绝对收敛，令 $r=+\infty$．于是由定理 17.3.2，我们得到：对任意的幂级数 $\sum\limits_{k=0}^{\infty} a_k x^k$，都存在唯一的 r（$0 \leqslant r \leqslant +\infty$）使得当 $|x|<r$ 时，$\sum\limits_{n=0}^{\infty} a_n x^n$ 绝对收敛；当 $|x|>r$ 时，$\sum\limits_{n=0}^{\infty} a_n x^n$ 发散，称 r 是幂级数 $\sum\limits_{n=0}^{\infty} a_n x^n$ 的**收敛半径**，$(-r,r)$ 称为幂级数 $\sum\limits_{n=0}^{\infty} a_n x^n$ 的**收敛区间**，而 $\sum\limits_{n=0}^{\infty} a_n x^n$ 在收敛区间的端点 $x=\pm r$ 处可能收敛也可能发散，由给定的幂级数而定．幂级数的收敛区间加上它可能的收敛端点，就是幂级数的收敛域．这样，由定理 17.3.1，得到下列结论．

推论 17.3.2　幂级数 $\sum\limits_{k=0}^{\infty} a_k x^k$ 的收敛域是以原点为中心的区间．

定理 17.3.3（内闭一致收敛性） 幂级数 $\sum_{k=0}^{\infty}a_kx^k$ 在收敛区间内的任意闭区间上一致收敛且绝对收敛.

由此为讨论幂级数和函数的分析性，需要求出幂级数的收敛半径.

定理 17.3.4（收敛半径的求法） 对幂级数 $\sum_{k=0}^{\infty}a_kx^k$ ，若 $\lim_{n\to\infty}\frac{|a_{n+1}|}{|a_n|}=l$ （或 $\lim_{n\to\infty}\sqrt[n]{|a_n|}=l$），则

$$\sum_{k=0}^{\infty}a_kx^k \text{ 的收敛半径 } r=\begin{cases}\frac{1}{l}, & 0<l<+\infty;\\ +\infty, & l=0;\\ 0, & l=+\infty.\end{cases}$$

证明 因为 $\lim_{n\to\infty}\frac{|a_{n+1}x^{n+1}|}{|a_nx^n|}=l|x|$，由正项级数的比值判别法可知，

（1）若 $0<l<+\infty$ ，则当 $l|x|<1$ ，即 $|x|<\frac{1}{l}$ 时， $\sum_{n=0}^{\infty}a_nx^n$ 绝对收敛；当 $|x|>\frac{1}{l}$ 时，有 $\lim_{n\to\infty}|a_nx^n|=+\infty$ ，故 $\lim_{n\to\infty}a_nx^n\neq 0$ ，所以 $\sum_{n=0}^{\infty}a_nx^n$ 发散．因此幂级数 $\sum_{n=0}^{\infty}a_nx^n$ 的收敛半径 $r=\frac{1}{l}$.

（2）若 $l=0$ ，则对 $\forall x\in\mathbb{R}$ ，有 $l|x|=0<1$ ，所以幂级数 $\sum_{n=0}^{\infty}a_nx^n$ 在任意一点处绝对收敛，故收敛半径 $r=+\infty$.

（3）若 $l=+\infty$ ，则对 $\forall x\neq 0$ ，有 $l|x|=+\infty$ ，所以 $\lim_{n\to\infty}a_nx^n\neq 0$ ，因此幂级数 $\sum_{n=0}^{\infty}a_nx^n$ 在任意非零点处都发散，故收敛半径 $r=0$.

上面的证明是用正项级数的比值判别法计算幂级数的收敛半径的，利用正项级数的根式判别法类似可确定幂级数的收敛半径，具体过程读者自行完成．证毕.

注 1 利用比值法求收敛半径相对容易计算，但用根式法计算比比值法更有效.

例 17.3.1 求幂级数 $\sum_{k=0}^{\infty}[3+(-1)^k]x^k$ 的收敛半径.

解 因为 $\lim_{n\to\infty}\frac{3+(-1)^{n+1}}{3+(-1)^n}$ 不存在，且不是无穷大，所以比值法失效．但

$$\sqrt[n]{2}\leqslant\sqrt[n]{3+(-1)^n}\leqslant\sqrt[n]{4},$$

故 $\lim_{n\to\infty}\sqrt[n]{3+(-1)^n}=1$，所以幂级数的收敛半径是 1.

注 2 如果 $\lim_{n\to\infty}\sqrt[n]{|a_n|}$ 不存在且 $\lim_{n\to\infty}\sqrt[n]{|a_n|}\neq+\infty$，但数列 $\left\{\sqrt[n]{|a_n|}\right\}$ 有界，则 $\overline{\lim_{n\to\infty}}\sqrt[n]{|a_n|}=l$ 存在，因此类似定理 17.3.4 的讨论可得到幂级数 $\sum_{n=0}^{\infty}a_nx^n$ 的收敛半径是 $\frac{1}{l}$.

注 3　若幂级数$\sum_{n=0}^{\infty}a_nx^n$在$x=a$处条件收敛，则幂级数的收敛半径是$|a|$.

注 4　定理 17.3.4 只能用于求不缺项的幂级数的收敛半径.

例 17.3.2　求幂级数$\sum_{k=0}^{\infty}2^kx^{2k}$的收敛半径.

解　这个幂级数奇数幂项的系数为零，因此它是缺项的幂级数. 故当$\lim_{n\to\infty}\frac{2^{n+1}x^{2n+2}}{2^nx^{2n}}=2x^2<1$，即$|x|<\frac{1}{\sqrt{2}}$时幂级数收敛，$|x|>\frac{1}{\sqrt{2}}$时幂级数发散，所以幂级数的收敛半径是$\frac{1}{\sqrt{2}}$.

例 17.3.3　求幂级数$\sum_{n=1}^{\infty}\frac{1}{n^2}(x-2)^n$的收敛半径和收敛域.

解　由定理 17.3.4，$l=\lim_{n\to\infty}\frac{\frac{1}{(n+1)^2}}{\frac{1}{n^2}}=1$，因此幂级数的收敛半径是 1，收敛区间为$\{x: |x-2|<1\}=(1,3)$. 当$x=1$时，级数$\sum_{n=1}^{\infty}\frac{(-1)^n}{n^2}$收敛；当$x=3$时，级数$\sum_{n=1}^{\infty}\frac{1}{n^2}$收敛，因此收敛域是$[1,3]$.

17.3.2　幂级数和函数的分析性

定理 17.3.5（Abel 第二定理）　设幂级数$\sum_{n=0}^{\infty}a_nx^n$的收敛半径为$R$.

（i）若级数$\sum_{n=0}^{\infty}a_nR^n$收敛，则对$\forall r\in(0,R)$，幂级数$\sum_{n=0}^{\infty}a_nx^n$在$[-r,R]$上一致收敛.

（ii）若级数$\sum_{n=0}^{\infty}a_n(-R)^n$收敛，则对$\forall r\in(0,R)$，幂级数$\sum_{n=0}^{\infty}a_nx^n$在$[-R,r]$上一致收敛.

证明　设级数$\sum_{n=0}^{\infty}a_nR^n$收敛. 则对$\forall x\in[0,R]$，$\sum_{n=0}^{\infty}a_nx^n=\sum_{n=0}^{\infty}a_nR^n\cdot\left(\frac{x}{R}\right)^n$，因为数列$\left\{\left(\frac{x}{R}\right)^n\right\}_{n=1}^{\infty}$单调递减，且在$[0,R]$上一致有界，而$\sum_{n=0}^{\infty}a_nR^n$收敛，因此由定理 17.2.5 知，幂级数$\sum_{n=0}^{\infty}a_nx^n$在$[0,R]$上一致收敛，从而在$[-r,R]$上一致收敛. 级数$\sum_{n=0}^{\infty}a_n(-R)^n$收敛的情形类似可证. 证毕.

定理 17.3.6（连续性）　设幂级数$\sum_{n=0}^{\infty}a_nx^n$的收敛半径为$r$，且$S(x)=\sum_{n=0}^{\infty}a_nx^n$，$x\in(-r,r)$. 则下列结论成立：

（i）和函数 $S(x)$ 在收敛区间 $(-r,r)$ 内是连续的，即对 $\forall x_0\in(-r,r)$，有

$$\lim_{x\to x_0}\left(\sum_{k=0}^{\infty}a_k x^k\right)=\sum_{k=0}^{\infty}a_k x_0^k;$$

（ii）若 $\sum\limits_{n=0}^{\infty}a_n r^n$ 收敛，则和函数 $S(x)$ 在 r 点处左连续；

（iii）若 $\sum\limits_{n=0}^{\infty}a_n(-r)^n$ 收敛，则和函数 $S(x)$ 在 $-r$ 点处右连续.

证明 只证结论（i）. 另两个结论应用定理 17.3.5，类似可证. 对 $\forall x_0\in(-r,r)$，即 $|x_0|<r$，则存在 r' 使得 $|x_0|<r'<r$. 因为幂级数在收敛区间内的任何闭区间上一致收敛，所以幂级数在 $[-r',r']$ 上一致收敛，故和函数在 $[-r',r']$ 上连续，从而在 x_0 点处连续，由于 x_0 的任意性，因此和函数在收敛区间内连续. 证毕.

由内闭一致收敛性，幂级数在收敛区间 $(-r,r)$ 内的任何闭区间 $[a,b]$ 上一致收敛，故幂级数在 $[a,b]$ 上可逐项积分，从而得到下面的结论.

定理 17.3.7（逐项可积） 幂级数 $\sum\limits_{n=0}^{\infty}a_n x^n$ 在收敛区间 $(-r,r)$ 内的任何闭区间 $[a,b]$ 上可逐项积分.

注 设幂级数 $\sum\limits_{n=0}^{\infty}a_n x^n$ 在收敛区间 $(-r,r)$ 内的和函数为 $S(x)$，则对 $\forall x\in(-r,r)$，幂级数在 $[0,x]$ 或者 $[x,0]$ 上可逐项积分，即 $\int_0^x S(t)\mathrm{d}t=\sum\limits_{n=0}^{\infty}\dfrac{a_n}{n+1}x^{n+1}$. 故幂级数 $\sum\limits_{n=0}^{\infty}\dfrac{a_n}{n+1}x^{n+1}$ 的收敛半径不小于 $\sum\limits_{n=0}^{\infty}a_n x^n$ 的收敛半径.

引理 17.3.1 若幂级数 $\sum\limits_{n=0}^{\infty}a_n x^n$ 与 $\sum\limits_{n=1}^{\infty}na_n x^{n-1}$ 的收敛半径分别是 r_1，r_2，则 $r_1=r_2$.

证明 由引理上面的注释可知 $r_1\geqslant r_2$. 下证 $r_1\leqslant r_2$. 即假设对 $\forall x_0\in\mathbb{R}$ 使得 $0<|x_0|<r_1$，下证 $\sum\limits_{n=1}^{\infty}\left|na_n x^{n-1}\right|$ 在 x_0 点处收敛. 取 x_1 使得 $|x_0|<|x_1|<r_1$，则级数 $\sum\limits_{n=0}^{\infty}\left|a_n x_1^n\right|$ 收敛. 而

$$\left|na_n x_0^{n-1}\right|=\frac{n}{|x_0|}\cdot\left|\frac{x_0}{x_1}\right|^n\cdot\left|a_n x_1^n\right|,$$

由于 $\lim\limits_{n\to\infty}\dfrac{n}{|x_0|}\cdot\left(\left|\dfrac{x_0}{x_1}\right|\right)^n=0$，因此数列 $\left\{\dfrac{n}{|x_0|}\cdot\left|\dfrac{x_0}{x_1}\right|^n\right\}$ 有界，即 $\exists M>0$ 使得对 $\forall n\geqslant 1$，有 $\dfrac{n}{|x_0|}\cdot\left|\dfrac{x_0}{x_1}\right|^n\leqslant M$，从而 $\left|na_n x_0^{n-1}\right|=\dfrac{n}{|x_0|}\cdot\left|\dfrac{x_0}{x_1}\right|^n\cdot\left|a_n x_1^n\right|\leqslant M\left|a_n x_1^n\right|$（$\forall n\geqslant 1$），由正项级数的比较

判别法知 $\sum_{n=1}^{\infty}\left|na_n x_0^{n-1}\right|$ 收敛，所以 $r_1 \leqslant r_2$．从而 $r_1 = r_2$．证毕．

本结论表明幂级数逐项求导后收敛半径不变，但收敛域可能变小，例如，$\sum_{n=1}^{\infty}\frac{x^{n+1}}{n(n+1)}$ 的收敛域是 $[-1,1]$，$\sum_{n=1}^{\infty}\frac{x^n}{n}$ 的收敛域是 $[-1,1)$，$\sum_{n=1}^{\infty}x^{n-1}$ 的收敛域是 $(-1,1)$．一般地，假设幂级数 $\sum_{n=0}^{\infty}a_n x^n$ 的收敛半径是 r，收敛域是 I，逐项求导后的幂级数 $\sum_{n=1}^{\infty}na_n x^{n-1}$ 的收敛域是 J．下面证明 $J \subseteq I$．如果逐项求导后的幂级数 $\sum_{n=1}^{\infty}na_n x^{n-1}$ 在其收敛域 J 的某个端点处收敛，则原级数也在这个端点处收敛．以右端点 r 为例，假设 $\sum_{n=1}^{\infty}na_n r^{n-1}$ 收敛，由于 $\sum_{n=1}^{\infty}a_n r^n = \sum_{n=1}^{\infty}na_n r^{n-1}\cdot\frac{r}{n}$，而数列 $\left\{\frac{r}{n}\right\}$ 单调递减趋于零，由阿贝尔判别法知，级数 $\sum_{n=1}^{\infty}a_n r^n$ 收敛，这样就证明了 $J \subseteq I$．

定理 17.3.8（可逐项微分） 幂级数 $\sum_{n=0}^{\infty}a_n x^n$ 在收敛区间 $(-r,r)$ 内可逐项微分．即若 $S(x)=\sum_{n=0}^{\infty}a_n x^n,\ x\in(-r,r)$，则 $S'(x)=\sum_{n=1}^{\infty}na_n x^{n-1},\quad \forall x\in(-r,r).$

证明 由引理 17.3.1，$\sum_{n=1}^{\infty}na_n x^{n-1}$ 的收敛区间也是 $(-r,r)$．对 $\forall x\in(-r,r)$，则 $\exists[a,b]\subset(-r,r)$ 使得 $x\in[a,b]$，由幂函数的内闭一致收敛性知 $\sum_{n=1}^{\infty}na_n x^{n-1}$ 在 $[a,b]$ 上一致收敛，故 $S(x)$ 在 $[a,b]$ 上可导，从而在 $(-r,r)$ 内可导，且 $S'(x)=\sum_{n=1}^{\infty}na_n x^{n-1}$．证毕．

由于逐项求导后幂级数的收敛半径不变，因此有下列结论．

推论 17.3.3 幂级数 $\sum_{n=0}^{\infty}a_n x^n$ 的和函数在收敛区间 $(-r,r)$ 内存在任意阶导数，即若 $S(x)=\sum_{n=0}^{\infty}a_n x^n,\ x\in(-r,r)$，则对 $\forall k\in\mathbb{N}^+$，

$$S^{(k)}(x)=\sum_{n=k}^{\infty}n(n-1)\cdots(n-k+1)a_n x^{n-k}\quad (|x|<r).$$

由于幂级数在收敛区间内是绝对收敛的，因此有下列运算性质．

性质 17.3.1 设幂级数 $\sum_{n=0}^{\infty}a_n x^n$，$\sum_{n=0}^{\infty}b_n x^n$ 的收敛半径分别为 r_a，r_b，则

（i）$\sum_{n=0}^{\infty}a_n x^n \pm \sum_{n=0}^{\infty}b_n x^n = \sum_{n=0}^{\infty}(a_n \pm b_n)x^n,\quad (|x|<\min\{r_a,r_b\})$；

（ii）$\left(\sum_{n=0}^{\infty}a_nx^n\right)\cdot\left(\sum_{n=0}^{\infty}b_nx^n\right)=\sum_{n=0}^{\infty}\left(\sum_{k=0}^{n}a_kb_{n-k}\right)x^n$，$(|x|<\min\{r_a,r_b\})$.

例 17.3.4 求幂级数$\sum_{n=0}^{\infty}\frac{(-1)^n}{2n+1}x^{2n}$的收敛域及其上的和函数，并求级数$\sum_{n=0}^{\infty}\frac{(-1)^n}{3^n(2n+1)}$的和.

解 记$a_n=\frac{(-1)^n}{2n+1}x^{2n}$. 则当$x\neq 0$时，$\lim_{n\to\infty}\left|\frac{a_{n+1}}{a_n}\right|=x^2$. 故当$|x|<1$时，幂级数绝对收敛；当$|x|>1$时，幂级数发散，所以幂级数的收敛半径$r=1$. 当$|x|=1$时，级数$\sum_{n=0}^{\infty}\frac{(-1)^n}{2n+1}$收敛，因此幂级数的收敛域是$[-1,1]$.

令$S(x)=\sum_{n=0}^{\infty}\frac{(-1)^n}{2n+1}x^{2n}$且$f(x)=\sum_{n=0}^{\infty}\frac{(-1)^n}{2n+1}x^{2n+1}$，$\forall x\in(-1,1)$. 则

$$f'(x)=\sum_{n=0}^{\infty}(-1)^nx^{2n}=\frac{1}{1+x^2},\quad \forall x\in(-1,1),$$

由于$f(0)=0$, 因此$f(x)=\int_0^x\frac{1}{1+t^2}\mathrm{d}t=\arctan x$，$\forall x\in(-1,1)$. 故

$$S(x)=\begin{cases}\dfrac{\arctan x}{x}, & x\in[-1,1]\setminus\{0\};\\ 1, & x=0,\end{cases}\quad 且\sum_{n=0}^{\infty}\frac{(-1)^n}{3^n(2n+1)}=S\left(\frac{1}{\sqrt{3}}\right)=\frac{\sqrt{3}\pi}{6}.$$

例 17.3.5 求幂级数$\sum_{n=1}^{\infty}\frac{2^n}{n}x^n$在收敛域内的和函数.

解 易求幂级数的收敛区间$\left(-\frac{1}{2},\frac{1}{2}\right)$，设在收敛区间内的和函数是$S(x)$，即

$$S(x)=\sum_{n=1}^{\infty}\frac{2^n}{n}x^n,\quad \forall x\in\left(-\frac{1}{2},\frac{1}{2}\right).$$

因为幂级数在收敛区间内可逐项微分，所以$S'(x)=\sum_{n=1}^{\infty}2^nx^{n-1}=\frac{2}{1-2x}$，$\forall x\in\left(-\frac{1}{2},\frac{1}{2}\right)$. 故

$$S(x)-S(0)=\int_0^x\frac{2}{1-2t}\mathrm{d}t=-\ln(1-2x),\quad \forall x\in\left(-\frac{1}{2},\frac{1}{2}\right),$$

因为$S(0)=0$，所以$S(x)=-\ln(1-2x)$. 又$x=-\frac{1}{2}$时，级数$\sum_{n=1}^{\infty}\frac{2^n}{n}\left(-\frac{1}{2}\right)^n=\sum_{n=1}^{\infty}\frac{(-1)^n}{n}$收敛，所以

$$S(x)=-\ln(1-2x),\quad \forall x\in\left[-\frac{1}{2},\frac{1}{2}\right).$$

例 17.3.6 求幂级数$\sum_{n=1}^{\infty}\frac{n}{n+1}x^n$在收敛域内的和函数.

解 容易求得收敛区间和收敛域都是$(-1,1)$. 令$S(x)=\sum_{n=1}^{\infty}\frac{n}{n+1}x^n$，$\forall x\in(-1,1)$. 则

$$S(x)=\sum_{n=1}^{\infty}\frac{n}{n+1}x^n=\sum_{n=1}^{\infty}x^n-\sum_{n=1}^{\infty}\frac{1}{n+1}x^n,\ \forall x\in(-1,1),$$

其中$\sum\limits_{n=1}^{\infty}x^n=\dfrac{x}{1-x}$，$\forall x\in(-1,1)$．令$F(x)=\sum\limits_{n=1}^{\infty}\dfrac{1}{n+1}x^{n+1}$，$\forall x\in(-1,1)$．则

$$F'(x)=\sum_{n=1}^{\infty}x^n=\frac{x}{1-x},\ \forall x\in(-1,1).$$

因为$F(0)=0$，故$F(x)=\int_0^x\dfrac{t}{1-t}\mathrm{d}t=-x+\int_0^x\dfrac{1}{1-t}\mathrm{d}t=-(x+\ln(1-x))$，$\forall x\in(-1,1)$．所以

$$S(x)=\begin{cases}\dfrac{1}{1-x}+\dfrac{1}{x}\ln(1-x), & x\in(-1,1)\setminus\{0\};\\ 0, & x=0.\end{cases}$$

例 17.3.7　求级数$\sum\limits_{n=1}^{\infty}\dfrac{(-1)^n n(n+1)}{2^n}$的和．

解　先求幂级数$\sum\limits_{n=1}^{\infty}(-1)^n n(n+1)x^n$的和函数，再在$x=\dfrac{1}{2}$处取值．

容易求得幂级数$\sum\limits_{n=1}^{\infty}(-1)^n n(n+1)x^n$的收敛区间和收敛域均为$(-1,1)$．令

$$S(x)=\sum_{n=1}^{\infty}(-1)^n n(n+1)x^n=x\sum_{n=1}^{\infty}(-1)^n n(n+1)x^{n-1},\ \forall x\in(-1,1).$$

设$F(x)=\sum\limits_{n=1}^{\infty}(-1)^n n(n+1)x^{n-1}$，$\forall x\in(-1,1)$．则

$$\int_0^x F(t)\mathrm{d}t=\sum_{n=1}^{\infty}(-1)^n(n+1)x^n=G(x),\ \forall x\in(-1,1),$$

再次逐项积分得$\int_0^x G(t)\mathrm{d}t=\sum\limits_{n=1}^{\infty}(-1)^n x^{n+1}=\dfrac{-x^2}{1+x}$，$\forall x\in(-1,1)$，故$F(x)=-\left(\dfrac{x^2}{1+x}\right)''=\dfrac{-2}{(1+x)^3}$，

所以$S(x)=xF(x)=\dfrac{-2x}{(1+x)^3}$，$|x|<1$，且$\sum\limits_{n=1}^{\infty}\dfrac{(-1)^n n(n+1)}{2^n}=S\left(\dfrac{1}{2}\right)=-\dfrac{8}{27}$．

例 17.3.8　求级数$\sum\limits_{n=1}^{\infty}\dfrac{n^2}{2^n}$的和．

解　先求幂级数$\sum\limits_{n=1}^{\infty}n^2x^n$的和函数，再在$x=\dfrac{1}{2}$处取值．令

$$S(x)=\sum_{n=1}^{\infty}n^2x^n=\sum_{n=1}^{\infty}n(n+1)x^n-\sum_{n=1}^{\infty}nx^n=S_1(x)-S_2(x).$$

其中

$$S_1(x)=\sum_{n=1}^{\infty}n(n+1)x^n=\sum_{n=1}^{\infty}\left(nx^{n+1}\right)'=\left(\sum_{n=1}^{\infty}nx^{n+1}\right)'=\left(x^2\sum_{n=1}^{\infty}nx^{n-1}\right)'$$

$$=\left[x^2\left(\frac{x}{1-x}\right)'\right]'=\frac{2x}{(1-x)^3},\quad |x|<1;$$

$$S_2(x)=\sum_{n=1}^{\infty}nx^n=x\sum_{n=1}^{\infty}nx^{n-1}=x\left(\frac{x}{1-x}\right)'=\frac{x}{(1-x)^2},\ |x|<1,$$

故$\sum_{n=1}^{\infty}\frac{n^2}{2^n}=S\left(\frac{1}{2}\right)=6$.

例 17.3.9 求和$\sum_{n=1}^{\infty}\frac{1}{(2n-1)2^n}$.

解 令$S(x)=\sum_{n=1}^{\infty}\frac{1}{(2n-1)}x^{2n}$，$|x|<1$．则$S(x)=\sum_{n=1}^{\infty}\frac{1}{(2n-1)}x^{2n}=x\sum_{n=1}^{\infty}\frac{1}{(2n-1)}x^{2n-1}$，$|x|<1$.

令$S_1(x)=\sum_{n=1}^{\infty}\frac{1}{(2n-1)}x^{2n-1}$，$|x|<1$．则$S_1'(x)=\sum_{n=1}^{\infty}x^{2n-2}=\frac{1}{1-x^2}$，$|x|<1$．所以

$$S_1(x)=\int_0^x\frac{1}{1-t^2}\mathrm{d}t=\frac{1}{2}\ln\frac{1+x}{1-x},\ |x|<1,$$

从而$S(x)=\frac{x}{2}\ln\frac{1+x}{1-x}$，$|x|<1$．故$\sum_{n=1}^{\infty}\frac{1}{(2n-1)2^n}=S\left(\frac{1}{\sqrt{2}}\right)=\frac{1}{\sqrt{2}}\ln(1+\sqrt{2})$.

例 17.3.10 设$u_n(x)=\mathrm{e}^{-nx}+\frac{x^{n+1}}{n(n+1)}$（$n=1,2,\cdots$），求级数$\sum_{n=1}^{\infty}u_n(x)$的收敛域及和函数.

解 容易求得$S_1(x)=\sum_{n=1}^{\infty}\mathrm{e}^{-nx}=\frac{\mathrm{e}^{-x}}{1-\mathrm{e}^{-x}}=\frac{1}{\mathrm{e}^x-1}$, $x\in(0,+\infty)$．由于幂级数$\sum_{n=1}^{\infty}\frac{x^{n+1}}{n(n+1)}$的收敛半径为1，收敛域为$[-1,1]$，因此$\sum_{n=1}^{\infty}u_n(x)$的收敛域为$(0,1]$．令$S_2(x)=\sum_{n=1}^{\infty}\frac{x^{n+1}}{n(n+1)}$，$x\in[-1,1]$．在$(-1,1)$上对$S_2(x)$逐项求导两次，得

$$S_2'(x)=\left(\sum_{n=1}^{\infty}\frac{x^{n+1}}{n(n+1)}\right)'=\sum_{n=1}^{\infty}\frac{x^n}{n},\ S_2''(x)=\left(\sum_{n=1}^{\infty}\frac{x^n}{n}\right)'=\sum_{n=0}^{\infty}x^n=\frac{1}{1-x},$$

而$S_2(0)=S_2'(0)=0$，所以$S_2'(x)=\int_0^x\frac{\mathrm{d}t}{1-t}=-\ln(1-x)$且

$$S_2(x)=-\int_0^x\ln(1-t)\mathrm{d}t=x+(1-x)\ln(1-x),\ x\in(-1,1),$$

因此$\sum_{n=1}^{\infty}u_n(x)$的和函数

$$S(x)=S_1(x)+S_2(x)=\begin{cases}\frac{1}{\mathrm{e}^x-1}+x+(1-x)\ln(1-x), & x\in(0,1);\\ \frac{\mathrm{e}}{\mathrm{e}-1}, & x=1.\end{cases}$$

习题 17.3

1．设幂级数$S(x)=\sum_{n=0}^{\infty}a_nx^n$的收敛半径为$r$，且$\sum_{n=0}^{\infty}a_nr^n$收敛，则$\lim\limits_{x\to r^-}S(x)=\sum_{n=0}^{\infty}a_nr^n$．反之是否成立？若成立，说明理由；若不成立，举出反例.

2．设$\{a_n\}$为等差数列，$a_0 \neq 0$，试求$\sum\limits_{n=0}^{\infty} a_n x^n$的收敛半径．

3．求级数$\sum\limits_{n=1}^{\infty} \frac{1^n + 2^n + \cdots + k^n}{n^2}(x+1)^{n-1}$的收敛域，其中$k>1$为整数．

4．设$\sum\limits_{n=1}^{\infty} a_n x^n$与$\sum\limits_{n=1}^{\infty} b_n x^n$有相同的收敛半径$R$，问：$\sum\limits_{n=1}^{\infty}(a_n+b_n)x^n$的收敛半径也是$R$吗？若是，说明理由；若不是，举出反例．

5．求下列幂级数的收敛半径与收敛域．

（1）$\sum\limits_{n=1}^{\infty} \frac{x^n}{n^n}$；　（2）$\sum\limits_{n=1}^{\infty} \frac{1}{2^n} x^{2n-1}$；　（3）$\sum\limits_{n=1}^{\infty} \frac{x^{3n+1}}{(2n-1)2^n}$；

（4）$\sum\limits_{n=1}^{\infty} \frac{\ln n}{n} x^n$；　（5）$\sum\limits_{n=1}^{\infty} \frac{1}{n^p}(x-1)^n, p>0$；　（6）$\sum\limits_{n=1}^{\infty} 2^n (x+a)^{2n}$；

（7）$\sum\limits_{n=0}^{\infty} \frac{1}{(2n+1)!} x^{2n+1}$；　（8）$\sum\limits_{n=0}^{\infty} x^{n!}$．

6．求下列幂级数的收敛域及收敛域上的和函数．

（1）$\sum\limits_{n=2}^{\infty} \frac{x^n}{n(n-1)}$；　（2）$\sum\limits_{n=1}^{\infty}(2n+1)x^{2n+1}$；　（3）$\sum\limits_{n=1}^{\infty} \frac{2n-1}{2^n} x^{2n-2}$；

（4）$\sum\limits_{n=1}^{\infty}(-1)^{n+1} \frac{1}{n(n+1)} x^n$．

7．证明下列各题．

（1）对任意正整数k，证明：幂级数$\sum\limits_{n=0}^{\infty} \frac{(n!)^k}{(kn)!} x^n$的收敛半径为$k^k$，收敛域为$(-k^k, k^k)$．

（2）证明：$S(x) = \sum\limits_{n=0}^{\infty} \frac{1}{(4n)!} x^{4n}$在$(-\infty, +\infty)$上满足微分方程$S^{(4)}(x) = S(x)$（有兴趣的读者可解出$S(x)$）．

8．设$a_n \geqslant 0$，级数$\sum\limits_{n=0}^{\infty} a_n n!$收敛．记$f(x) = \sum\limits_{n=0}^{\infty} a_n x^n$，证明下列结论．

（1）$\sum\limits_{n=0}^{\infty} a_n x^n$的收敛半径为$+\infty$；

（2）$\int_0^{+\infty} f(x)\mathrm{e}^{-x}\mathrm{d}x$收敛 $\left(\int_0^{+\infty} x^n \mathrm{e}^{-x}\mathrm{d}x = n!\right)$；

（3）$\int_0^{+\infty} f(x)\mathrm{e}^{-x}\mathrm{d}x = \sum\limits_{n=0}^{\infty} a_n n!$．

9．求下列级数的和．

（1）$\sum\limits_{n=1}^{\infty} \frac{1}{n(n+1)(n+2)}$；

（2）设 $f_n(x)$ 满足 $f_n'(x)=f_n(x)+x^{n-1}\mathrm{e}^x$（$n$ 为正整数），且 $f_n(1)=\dfrac{\mathrm{e}}{n}$，求函数项级数 $\sum\limits_{n=1}^{\infty}f_n(x)$ 的和函数.

10．设 $f(x)=\sum\limits_{n=1}^{\infty}\dfrac{x^n}{n^2}$，$x\in[0,1]$．证明：对 $\forall x\in(0,1)$，有

（1）$f(x)+f(1-x)+\ln x\cdot\ln(1-x)=C$（常数）；

（2）$C=f(1)=\sum\limits_{n=1}^{\infty}\dfrac{1}{n^2}$.

11．幂级数 $\sum\limits_{n=1}^{\infty}a_nx^n$ 在 $x=3$ 处条件收敛，求 $\sum\limits_{n=1}^{\infty}na_n(x-1)^{n+1}$ 的收敛区间.

12．幂级数 $\sum\limits_{n=0}^{\infty}a_nx^n$ 与 $\sum\limits_{n=0}^{\infty}b_nx^n$ 在 $(-R,R)$ 内有相同的和函数，证明 $a_n=b_n$（$n=0,1,2,\cdots$）.

13．求函数 $f(x)=\sum\limits_{n=1}^{\infty}\left(\dfrac{a^n+b^n}{n^2}\right)x^n$（$a>0,b>0$）的导数 $f'(x)$ 与定积分 $\int_0^x f(t)\mathrm{d}t$.

17.4　函数的幂级数展开

幂级数的应用相当广泛．例如，利用函数的幂级数展开可近似计算某些函数值，定义初等超越函数等．下面列举利用幂级数的和函数表示非初等函数的例子.

我们知道，若函数 $f(x)$ 在某个区间 I（或 $\mathbb{R}$）上连续，则函数 $f(x)$ 在 I 上存在原函数

$$F(x)=\int_0^x f(t)\mathrm{d}t,\quad \forall x\in I,$$

但这个原函数 $F(x)$ 不一定是初等函数．如果原函数 $F(x)$ 不是初等函数，而函数 $f(x)$ 又可展开为幂级数，则它的原函数 $F(x)$ 可表示为幂级数的和函数．例如，$f(x)=\mathrm{e}^{-x^2}$ 在 $\mathbb{R}$ 上连续，因此它在 $\mathbb{R}$ 上存在原函数，但它的原函数 $F(x)$ 是非初等函数．因为

$$\mathrm{e}^{-x^2}=1-x^2+\frac{x^4}{2!}-\cdots+(-1)^n\frac{x^{2n}}{n!}+\cdots,$$

这个幂级数在任何闭区间上都一致收敛，于是 $f(x)=\mathrm{e}^{-x^2}$ 的原函数

$$F(x)=\int_0^x\mathrm{e}^{-t^2}\mathrm{d}t=\int_0^x\left(\sum_{n=0}^{\infty}(-1)^n\frac{t^{2n}}{n!}\right)\mathrm{d}t=\sum_{n=0}^{\infty}(-1)^n\int_0^x\frac{t^{2n}}{n!}\mathrm{d}t=\sum_{n=0}^{\infty}(-1)^n\frac{x^{2n+1}}{n!(2n+1)}\quad(\forall x\in\mathbb{R}).$$

有些微分方程的解是非初等函数，可用幂级数表示．例如，求二阶线性常微分方程

$$xy''+y'+xy=0 \tag{17.4.1}$$

的解．设微分方程的解是处处收敛的幂级数 $y(x)=\sum\limits_{n=0}^{\infty}a_nx^n$ ．求微分方程的解，实际就是求该幂级数的系数 a_i，$i=0,1,2,\cdots$．对幂级数逐项求导两次，有

$$y'(x)=\sum_{n=1}^{\infty}na_nx^{n-1},\qquad y''(x)=\sum_{n=2}^{\infty}n(n-1)a_nx^{n-2},$$

将其代入式（17.4.1），有 $\sum\limits_{n=2}^{\infty}n(n-1)a_nx^{n-1}+\sum\limits_{n=1}^{\infty}na_nx^{n-1}+\sum\limits_{n=0}^{\infty}a_nx^{n+1}=0$．即

$$a_1+\sum_{n=2}^{\infty}(n^2a_n+a_{n-2})x^{n-1}=0,\ \forall x\in\mathbb{R},$$

于是 $a_1=0$，$n^2a_n+a_{n-2}=0$，$n=2,3,\cdots$．显然 $a_{2k-1}=0$，$k=1,2,\cdots$．由递推公式，有

$$a_{2k}=(-1)^k\frac{a_0}{(k!)^2\cdot 2^{2k}},\quad k=1,2,\cdots,$$

所以微分方程的解

$$y(x)=a_0+\sum_{k=1}^{\infty}(-1)^k\frac{a_0}{(k!)^2\cdot 2^{2k}}\cdot x^{2k}=a_0\left(1+\sum_{k=1}^{\infty}(-1)^k\frac{x^{2k}}{(k!)^2\cdot 2^{2k}}\right),$$

其中 a_0 是任意常数．这个幂级数的收敛半径 $r=+\infty$ ，其和函数 $1+\sum\limits_{k=1}^{\infty}(-1)^k\dfrac{x^{2k}}{(k!)^2\cdot 2^{2k}}$ 是非初等函数，称为**贝塞尔（Bessel）函数**．

17.4.1　泰勒级数、麦克劳林级数

定理 17.4.1　若函数 $f(x)$ 在 $(a-r,a+r)$ 内能展开成幂级数，即

$$f(x)=\sum_{n=0}^{\infty}a_n(x-a)^n,\quad \forall x\in(a-r,a+r),$$

则 $f(x)$ 在 $(a-r,a+r)$ 内存在任意阶导数，且 $a_k=\dfrac{f^{(k)}(a)}{k!}$，$k=0,1,2,\cdots$，其中 $f^{(0)}(a)=f(a)$，从而展开式是唯一的．

证明　因为幂级数的和函数在收敛区间内存在任意阶导数，所以 $f(x)$ 在 $(a-r,a+r)$ 内存在任意阶导数，且

$$\begin{aligned}f^{(k)}(x)&=\sum_{n=k}^{\infty}n(n-1)\cdots(n-k+1)a_n(x-a)^{n-k}\\&=k!a_k+(k+1)k\cdots 2a_{k+1}(x-a)+\cdots,\quad (|x-a|<r),\end{aligned}$$

令 $x=a$，则 $a_k=\dfrac{f^{(k)}(a)}{k!}$，$k=0,1,2,\cdots$．因为展开式的系数被函数在该点的各阶导数唯一确定，因此展开式是唯一的．证毕．

注　若函数 $f(x)$ 在 a 点的邻域内能展开成幂级数，则 $f(x)$ 在此区间内存在任意阶导数，并且幂级数的系数可由函数 $f(x)$ 在 a 点的各阶导数唯一确定．反之，如果函数 $g(x)$ 在 a 点存在任意阶导数，我们总能形式地写出相应的幂级数 $\sum\limits_{n=0}^{\infty}\dfrac{g^{(n)}(a)}{n!}(x-a)^n$ ，记为

$$g(x) \sim \sum_{n=0}^{\infty} \frac{g^{(n)}(a)}{n!}(x-a)^n, \tag{17.4.2}$$

称为 $g(x)$ 在 a 点的**泰勒（Taylor）级数**，特别地，当 $a=0$ 时，称 $g(x) \sim \sum_{n=0}^{\infty} \frac{g^{(n)}(0)}{n!} x^n$ 为 $g(x)$ 的**麦克劳林（Maclaurin）级数**．若泰勒级数（17.4.2）在 $(a-r,a+r)$ 内收敛，那么它在 $(a-r,a+r)$ 内的和函数是否就一定是 $g(x)$？回答是否定的．例如，

$$g(x)=\begin{cases} e^{-x^{-2}}, & x \neq 0; \\ 0, & x=0, \end{cases}$$

函数 $g(x)$ 在 0 点存在任意阶导数，且 $g(0)=0$，$g^{(k)}(0)=0,\ k=1,2,\cdots$．事实上，当 $x \neq 0$ 时，

$$g'(x)=\frac{2}{x^3}e^{-x^{-2}}, \qquad g''(x)=\left(-\frac{6}{x^4}+\frac{4}{x^6}\right)e^{-x^{-2}}.$$

应用归纳法，可得到 $g^{(n)}(x)=P_n\left(\frac{1}{x}\right)e^{-x^{-2}}$，其中 $P_n\left(\frac{1}{x}\right)$ 是关于 $\frac{1}{x}$ 的多项式，即 $g^{(n)}(x)$ 是形如 $\frac{1}{x^m}e^{-x^{-2}}$（m 是正整数）的有限项的线性组合．对任意的正整数 m，令 $t=\frac{1}{x^2}$，则

$$\lim_{x\to 0}\frac{1}{x^m}e^{-x^{-2}}=\lim_{t\to+\infty}\frac{t^{\frac{m}{2}}}{e^t}=0,$$

即 $\lim\limits_{x\to 0}P_n\left(\frac{1}{x}\right)e^{-x^{-2}}=0$，故 $g^{(k)}(0)=0,\ k=1,2,\cdots$．所以 $g(x)$ 的麦克劳林级数

$$g(x) \sim \sum_{n=0}^{\infty}\frac{g^{(n)}(0)}{n!}x^n=0,\ \forall x \in \mathbb{R},$$

但当 $x \neq 0$ 时，$g(x) \neq 0$．故 $g(x) \neq \sum_{n=0}^{\infty}\frac{g^{(n)}(0)}{n!}x^n$，$\forall x \in \mathbb{R}\setminus\{0\}$．

17.4.2　函数可展开为泰勒级数的条件

在什么条件下，函数的泰勒级数收敛到函数自身？回忆带有拉格朗日余项的泰勒公式，若函数 $f(x)$ 在 $(a-r,a+r)$ 内 $n+1$ 阶可导，则对 $\forall x \in (a-r,a+r)$，$f(x)$ 在 a 点可展开为带有拉格朗日余项的 n 阶的泰勒公式 $f(x)=\sum_{k=0}^{n}\frac{f^{(k)}(a)}{k!}(x-a)^k+R_n(x)$．其中拉格朗日余项

$$R_n(x)=\frac{f^{(n+1)}(\xi)}{(n+1)!}(x-a)^{n+1},\quad \xi=a+\theta(x-a),\ 0<\theta<1.$$

这样有下面的结论．

定理 17.4.2　若函数 $f(x)$ 在 $(a-r,a+r)$ 内存在任意阶导数，则 $f(x)$ 在 $(a-r,a+r)$ 内可展开成 a 点处泰勒级数的充要条件是对 $\forall x \in (a-r,a+r)$，泰勒公式的余项 $R_n(x)\to 0$ $(n\to\infty)$．

显然通过验证泰勒公式的余项 $R_n(x)\to 0\ \ (n\to\infty)$ 判断函数可展开成泰勒级数并不方便．接下来探讨 $R_n(x)\to 0\ \ (n\to\infty)$ 的条件．

在拉格朗日余项中，如果在 $(a-r,a+r)$ 内，恒有 $\left|f^{(n+1)}(x)\right|\leqslant M$，$n=0,1,2,\cdots$，则

$$\left|R_n(x)\right|\leqslant\frac{M}{(n+1)!}\left|x-a\right|^{n+1}<\frac{Mr^{n+1}}{(n+1)!}\to 0\quad(n\to\infty),$$

这是因为正项级数 $\sum\limits_{n=0}^{\infty}\frac{r^{n+1}}{(n+1)!}$ 收敛，从而通项趋于零．这样得到下面的结论．

定理 17.4.3（函数可展开为泰勒级数的充分条件） 若函数 $f(x)$ 在 $(a-r,a+r)$ 内存在任意阶导数，且 $f(x)$ 的各阶导数在 $(a-r,a+r)$ 内一致有界，即存在 $M>0$ 使得对 $\forall x\in(a-r,a+r)$，有 $\left|f^{(n)}(x)\right|\leqslant M$，$n=0,1,2,\cdots$，则 $f(x)$ 在 $(a-r,a+r)$ 内可展开成 a 点处的泰勒级数，即

$$f(x)=\sum_{k=0}^{\infty}\frac{f^{(k)}(a)}{k!}(x-a)^k,\quad\forall x\in(a-r,a+r).$$

17.4.3　基本初等函数的麦克劳林级数

1．指数函数 $f(x)=\mathrm{e}^x$

因为 $f^{(n)}(x)=\mathrm{e}^x$，$\forall n\geqslant 1$，所以 $f^{(n)}(0)=1$，$\forall n\geqslant 1$．任取 $r>0$，对 $\forall x\in(-r,r)$，有

$$\left|f^{(n)}(x)\right|=\mathrm{e}^x\leqslant\mathrm{e}^r,\ \forall n\geqslant 0,$$

所以由定理 17.4.3 知 e^x 在 $(-r,r)$ 内可展开成麦克劳林级数，因为 r 是任意的，故 e^x 在 $\mathbb{R}$ 上可展开成麦克劳林级数，即

$$\mathrm{e}^x=\sum_{n=0}^{\infty}\frac{x^n}{n!},\quad\forall x\in\mathbb{R}.$$

由此可将 e^x 在 $\forall x_0\neq 0$ 处展开成泰勒级数 $\mathrm{e}^x=\mathrm{e}^{x_0}\sum\limits_{n=0}^{\infty}\frac{(x-x_0)^n}{n!}$，$\forall x\in\mathbb{R}$．

2．三角函数 $f(x)=\sin x$

因为 $\sin^{(n)}x=\sin\left(x+\frac{n}{2}\pi\right)$，$\forall n\geqslant 1$，所以对 $\forall x\in\mathbb{R}$，$\left|f^{(n)}(x)\right|\leqslant 1$，$\forall n\geqslant 0$，因此定理 17.4.3 表明 $\sin x$ 在 $\mathbb{R}$ 上可展开成泰勒级数．由于 $f^{(n)}(0)=\begin{cases}0, & n=2k;\\(-1)^{k-1}, & n=2k-1,\end{cases}$ 因此

$$\sin x=\sum_{n=1}^{\infty}(-1)^{n-1}\frac{x^{2n-1}}{(2n-1)!},\quad\forall x\in\mathbb{R}.$$

类似地，$\cos x$ 在 $\mathbb{R}$ 上可展开成麦克劳林级数

$$\cos x=\sum_{n=0}^{\infty}(-1)^n\frac{x^{2n}}{(2n)!},\quad\forall x\in\mathbb{R}.$$

利用三角函数的和差化积，从而也可将 $\sin x$ 或 $\cos x$ 在 $\forall x_0\neq 0$ 处展开成泰勒级数，读者自行完成．

3．对数函数 $f(x)=\ln(1+x)$

因为 $\dfrac{1}{1+x}=\sum\limits_{n=0}^{\infty}(-1)^n x^n$，$\forall |x|<1$，而幂级数在收敛区间内的任何闭区间上可逐项积分，所以

$$\ln(1+x)=\int_0^x \frac{1}{1+t}\mathrm{d}t=\sum_{n=0}^{\infty}(-1)^n\frac{x^{n+1}}{n+1}=\sum_{n=1}^{\infty}(-1)^{n-1}\frac{x^n}{n},\quad \forall x\in(-1,1),$$

当 $x=1$ 时，级数 $\sum\limits_{n=1}^{\infty}(-1)^{n-1}\dfrac{1}{n}$ 收敛，故

$$\ln(1+x)=\sum_{n=1}^{\infty}(-1)^{n-1}\frac{x^n}{n},\qquad \forall x\in(-1,1].$$

这样可将 $\ln x$ 在 $\forall x_0>0$ 处展开成泰勒级数

$$\ln x=\ln x_0+\sum_{n=1}^{\infty}(-1)^{n-1}\frac{(x-x_0)^n}{nx_0^n},\quad x\in(0,2x_0].$$

回忆，若函数 $f(x)$ 在区间 I 内存在 $n+1$ 阶导数，则 $f(x)$ 在 $a\in I$ 点可展开成带有柯西型余项的 n 阶泰勒公式 $f(x)=f(a)+\sum\limits_{k=1}^{n}\dfrac{f^{(k)}(a)}{k!}(x-a)^k+\dfrac{f^{(n+1)}(a+\theta(x-a))}{n!}(1-\theta)^n(x-a)^{n+1}$，$0<\theta<1$.

4．二项式函数 $f(x)=(1+x)^{\alpha}$

因为 $f^{(n)}(x)=\alpha(\alpha-1)\cdots(\alpha-n+1)(1+x)^{\alpha-n}$，$\forall n\geqslant 1$，所以

$$f^{(n)}(0)=\alpha(\alpha-1)\cdots(\alpha-n+1),\ \forall n\geqslant 1,$$

故 $f(x)$ 的麦克劳林级数

$$f(x)\sim 1+\alpha x+\frac{\alpha(\alpha-1)}{2!}x^2\cdots+\frac{\alpha(\alpha-1)\cdots(\alpha-n+1)x^n}{n!}+\cdots.$$

容易计算上式右端幂级数的收敛半径 $r=1$，在 $(-1,1)$ 内 $f(x)$ 在 $x=0$ 点的泰勒公式的柯西型余项

$$|R_n(x)|=\left|\frac{\alpha(\alpha-1)\cdots(\alpha-n)}{n!}x^{n+1}\right|\cdot\left|\frac{1-\theta}{1+\theta x}\right|^n\cdot|1+\theta x|^{\alpha-1},\ 0<\theta<1.$$

对 $\forall x\in(-1,1),\ 0<1-\theta<1+\theta x$，所以 $\left|\dfrac{1-\theta}{1+\theta x}\right|^n<1$．当 $\alpha\geqslant 1$ 时，有 $|1+\theta x|^{\alpha-1}\leqslant(1+|x|)^{\alpha-1}$；当 $\alpha<1$ 时，有 $|1+\theta x|^{\alpha-1}\leqslant(1-|x|)^{\alpha-1}$，所以对 $\forall x\in(-1,1)$ 及 $\forall\alpha\in\mathbb{R}$，都有 $|1+\theta x|^{\alpha-1}$ 有界．又正项级数 $\sum\limits_{n=1}^{\infty}\left|\dfrac{\alpha(\alpha-1)\cdots(\alpha-n)}{n!}x^{n+1}\right|$ $(|x|<1)$ 收敛，故

$$\lim_{n\to\infty}\frac{\alpha(\alpha-1)\cdots(\alpha-n)}{n!}x^{n+1}=0，\ \forall x\in(-1,1),$$

由定理 17.4.2 知，函数 $f(x)$ 在 $(-1,1)$ 内可展开成麦克劳林级数

$$(1+x)^{\alpha}=1+\alpha x+\frac{\alpha(\alpha-1)}{2!}x^2\cdots+\frac{\alpha(\alpha-1)\cdots(\alpha-n+1)x^n}{n!}+\cdots,\quad |x|<1.$$

上式称为**二项展开式**，是牛顿推导出来的，因此也称为**牛顿二项公式**，右端的幂级数称为**牛顿二项级数**. 关于区间端点的敛散性，比较复杂，我们不加证明地给出下述结论：

（1）当$\alpha \leqslant -1$时，幂级数的收敛域是$(-1,1)$；

（2）当$-1<\alpha<0$时，幂级数的收敛域是$(-1,1]$；

（3）当$\alpha>0$时，幂级数的收敛域是$[-1,1]$.

特别地，

$$\text{当}\alpha=-\frac{1}{2}\text{时，}(1+x)^{-\frac{1}{2}}=1+\sum_{n=1}^{\infty}(-1)^n\frac{(2n-1)!!}{(2n)!!}x^n\quad(\forall x\in(-1,1])\text{；}$$

$$\text{当}\alpha=\frac{1}{2}\text{时，}(1+x)^{\frac{1}{2}}=1+\frac{1}{2}x+\sum_{n=2}^{\infty}(-1)^{n+1}\frac{(2n-3)!!}{(2n)!!}x^n\quad(\forall x\in[-1,1]).$$

5．反正弦函数 $f(x)=\arcsin x$

因为$(\arcsin x)'=\dfrac{1}{\sqrt{1-x^2}}=1+\sum\limits_{n=1}^{\infty}\dfrac{(2n-1)!!}{(2n)!!}x^{2n}$，$(\forall x\in(-1,1))$，所以

$$\arcsin x=\int_0^x\frac{1}{\sqrt{1-t^2}}\mathrm{d}t=\sum_{n=0}^{\infty}\frac{(2n-1)!!}{(2n+1)(2n)!!}x^{2n+1},\quad \forall x\in(-1,1).$$

由于对$\forall n\geqslant 1$，$\dfrac{2n-1}{2n}<\dfrac{2n}{2n+1}$，故

$$\left(\frac{(2n-1)!!}{(2n)!!}\right)^2<\frac{(2n-1)!!}{(2n)!!}\cdot\frac{(2n)!!}{(2n+1)!!}=\frac{1}{2n+1},$$

从而$\dfrac{(2n-1)!!}{(2n)!!}<\dfrac{1}{\sqrt{2n+1}}$，且$\dfrac{(2n-1)!!}{(2n+1)(2n)!!}<\dfrac{1}{(2n+1)^{\frac{3}{2}}}$，由正项级数的比较判别法知，级数$\sum\limits_{n=0}^{\infty}\dfrac{(2n-1)!!}{(2n+1)(2n)!!}$收敛. 所以$\arcsin x=\sum\limits_{n=0}^{\infty}\dfrac{(2n-1)!!}{(2n+1)(2n)!!}x^{2n+1}$，$x\in[-1,1]$.

6．反正切函数 $f(x)=\arctan x$

因为$(\arctan x)'=\dfrac{1}{1+x^2}=\sum\limits_{n=0}^{\infty}(-1)^n x^{2n}$ $(\forall x\in(-1,1))$，所以

$$\arctan x=\int_0^x\frac{1}{1+t^2}\mathrm{d}t=\sum_{n=0}^{\infty}(-1)^n\frac{x^{2n+1}}{2n+1},\quad \forall x\in(-1,1).$$

注意到当$x=\pm 1$时，级数收敛，因此$\arctan x$在$[-1,1]$上可展开为x的幂级数

$$\arctan x=\sum_{n=0}^{\infty}(-1)^n\frac{x^{2n+1}}{2n+1},\ \forall x\in[-1,1].$$

17.4.4　利用幂级数求数的近似值

例 17.4.1　求数$\int_0^1 \mathrm{e}^{-x^2}\mathrm{d}x$的近似值.

解　因为被积函数e^{-x^2}的原函数不是初等函数，上述定积分不能用牛顿–莱布尼茨公

式求得．已知 e^{-x^2} 的幂级数展开 $\mathrm{e}^{-x^2}=\sum\limits_{n=0}^{\infty}\dfrac{(-1)^n x^{2n}}{n!},\ \forall x\in\mathbb{R}$，因此 $\int_0^1\mathrm{e}^{-x^2}\mathrm{d}x=\sum\limits_{n=0}^{\infty}\dfrac{(-1)^n}{(2n+1)n!}$，此为交错级数，若取其前 9 项部分和作为数 $\int_0^1\mathrm{e}^{-x^2}\mathrm{d}x$ 的近似值，即

$$\int_0^1\mathrm{e}^{-x^2}\mathrm{d}x\approx\sum_{n=0}^{8}\frac{(-1)^n}{(2n+1)n!},$$

则误差的绝对值 $|r_8|<\dfrac{1}{9!\cdot 19}$.

例 17.4.2 计算数 π 的近似值.

解 因为 $\arctan x=\sum\limits_{n=0}^{\infty}(-1)^n\dfrac{x^{2n+1}}{2n+1}$,$\forall x\in[-1,1]$，取 $x=1$，则 $\dfrac{\pi}{4}=\sum\limits_{n=0}^{\infty}(-1)^n\dfrac{1}{2n+1}$，所以

$$\pi=\sum_{n=0}^{\infty}(-1)^n\frac{4}{2n+1},$$

这是一个交错级数，若取前 $n+1$ 项部分和作为 π 的近似值 $\pi\approx\sum\limits_{k=0}^{n}(-1)^k\dfrac{4}{2k+1}$，则误差 $|r_n|<\dfrac{4}{2n+3}$.

例 17.4.3 将函数 $f(x)=\ln(1+\mathrm{e}^x)$ 展开为麦克劳林级数，展开到 x^4 项.

解 将函数 $f(x)=\ln(1+\mathrm{e}^x)$ 在 $x=0$ 处展开，注意到 $(\mathrm{e}^x-1)|_{x=0}=0$，所以分解为

$$\begin{aligned}f(x)&=\ln(1+\mathrm{e}^x)=\ln(2+\mathrm{e}^x-1)=\ln 2+\ln\left(1+\frac{\mathrm{e}^x-1}{2}\right)\\&=\ln 2+\frac{\mathrm{e}^x-1}{2}-\frac{1}{2}\left(\frac{\mathrm{e}^x-1}{2}\right)^2+\frac{1}{3}\left(\frac{\mathrm{e}^x-1}{2}\right)^3-\frac{1}{4}\left(\frac{\mathrm{e}^x-1}{2}\right)^4+\cdots\\&=\ln 2+\frac{1}{2}\left(x+\frac{x^2}{2}+\frac{x^3}{6}+\frac{x^4}{24}+\cdots\right)-\frac{1}{8}\left(x+\frac{x^2}{2}+\frac{x^3}{6}+\cdots\right)^2+\frac{1}{24}\left(x+\frac{x^2}{2}+\cdots\right)^3-\frac{1}{64}(x+\cdots)^4+\cdots\\&=\ln 2+\frac{x}{2}+\frac{x^2}{8}-\frac{x^4}{192}+\cdots,\quad\forall x\leqslant\ln 3.\end{aligned}$$

例 17.4.4 将 $f(x)=\ln\left(x+\sqrt{1+x^2}\right)$ 展开为麦克劳林级数.

解 先求其导数 $f'(x)=\dfrac{1}{\sqrt{1+x^2}}=1+\sum\limits_{n=1}^{\infty}(-1)^n\dfrac{(2n-1)!!}{(2n)!!}x^{2n},\ |x|\leqslant 1$．注意到 $f(0)=0$，逐项积分求得 $f(x)=x+\sum\limits_{n=1}^{\infty}(-1)^n\dfrac{(2n-1)!!}{(2n)!!}\dfrac{x^{2n+1}}{2n+1},\ |x|\leqslant 1$.

例 17.4.5 将 $f(x)=\ln(x^2-9x+20)$ 在 $x=3$ 处展开为泰勒级数.

解
$$\begin{aligned}f(x+3)&=\ln((x+3)^2-9(x+3)+20)=\ln(1-x)(2-x)=\ln(1-x)+\ln(2-x)\\&=\ln 2+\ln(1-x)+\ln\left(1-\frac{x}{2}\right)=\ln 2-\sum_{n=1}^{\infty}\frac{x^n}{n}-\sum_{n=1}^{\infty}\frac{x^n}{n\cdot 2^n},\ \forall x\in[-1,1),\end{aligned}$$

所以 $f(x)=\ln 2-\sum\limits_{n=1}^{\infty}\left(1+\dfrac{1}{2^n}\right)\dfrac{(x-3)^n}{n},\ 2\leqslant x<4$.

例 17.4.6　将 $f(x)=\sin^4 x$ 展开为麦克劳林级数.

解　$f(x)=\left(\dfrac{1-\cos 2x}{2}\right)^2=\dfrac{1}{4}-\dfrac{1}{2}\cos 2x+\dfrac{1}{8}(1+\cos 4x)$

$$=\frac{3}{8}-\frac{1}{2}\sum_{n=0}^{\infty}(-1)^n\frac{2^{2n}}{(2n)!}x^{2n}+\frac{1}{8}\sum_{n=0}^{\infty}(-1)^n\frac{4^{2n}}{(2n)!}x^{2n}$$

$$=\frac{3}{8}-\sum_{n=0}^{\infty}(-1)^n(2^{2n-1}-2^{4n-3})\frac{x^{2n}}{(2n)!},\quad \forall x\in\mathbb{R}.$$

例 17.4.7　把函数 $\ln(1+x+x^2+x^3)$ 展开成 x 的幂级数，并求收敛域.

解　因为 $\ln(1+x+x^2+x^3)=\ln(1+x)+\ln(1+x^2)$，$\ln(1+x)=\sum\limits_{n=1}^{\infty}(-1)^{n-1}\dfrac{x^n}{n}$，$-1<x\leqslant 1$，且 $\ln(1+x^2)=\sum\limits_{n=1}^{\infty}(-1)^{n-1}\dfrac{x^{2n}}{n}$，$-1\leqslant x\leqslant 1$，故

$$\ln(1+x+x^2+x^3)=\sum_{n=1}^{\infty}\frac{x^{2n-1}}{2n-1}+\sum_{n=1}^{\infty}\left(-\frac{1}{2n}+\frac{(-1)^{n-1}}{n}\right)x^{2n},\quad -1<x\leqslant 1.$$

例 17.4.8　将函数 $f(x)=\dfrac{1}{(1+x)(1+x^2)(1+x^4)(1+x^8)}$ 展成麦克劳林级数.

解　由于 $\dfrac{f(x)}{1-x}=\dfrac{1}{1-x^{16}}=\sum\limits_{n=0}^{\infty}x^{16n}$，$|x|<1$，因此

$$f(x)=(1-x)\sum_{n=0}^{\infty}x^{16n}=1-x+x^{16}-x^{17}+x^{32}-x^{33}+\cdots+x^{16n}-x^{16n+1}+\cdots,\quad |x|<1.$$

例 17.4.9　证明：$\int_0^1 x^{-x}\mathrm{d}x=\sum\limits_{n=1}^{\infty}\dfrac{1}{n^n}$.

证明　因为 $x^{-x}=\mathrm{e}^{-x\ln x}=\sum\limits_{n=0}^{\infty}\dfrac{(-1)^n x^n(\ln x)^n}{n!}$，且 $|x\ln x|\leqslant\dfrac{1}{\mathrm{e}}$，$\forall x\in[0,1]$，而 $\sum\limits_{n=0}^{\infty}\dfrac{1}{n!\mathrm{e}^n}$ 收敛，故由 M−判别法知 $\sum\limits_{n=0}^{\infty}\dfrac{(-1)^n x^n(\ln x)^n}{n!}$ 在 $[0,1]$ 上一致收敛，从而级数可逐项积分，所以

$$\int_0^1 x^{-x}\mathrm{d}x=\sum_{n=0}^{\infty}\frac{(-1)^n\int_0^1 x^n(\ln x)^n\mathrm{d}x}{n!},$$

分部积分求得

$$\int_0^1 x^n(\ln x)^n\mathrm{d}x=\frac{1}{n+1}\int_0^1(\ln x)^n\mathrm{d}x^{n+1}=-\frac{n}{n+1}\int_0^1 x^n(\ln x)^{n-1}\mathrm{d}x$$

$$=\cdots=(-1)^n\frac{n!}{(n+1)^n}\int_0^1 x^n\mathrm{d}x=(-1)^n\frac{n!}{(n+1)^{n+1}},$$

故 $\int_0^1 x^{-x}\mathrm{d}x=\sum\limits_{n=1}^{\infty}\dfrac{1}{n^n}$. 证毕.

例 17.4.10　证明：对 $\forall x\in(-\infty,+\infty)$，有 $\dfrac{\mathrm{e}^x+\mathrm{e}^{-x}}{2}\leqslant\mathrm{e}^{\frac{x^2}{2}}$.

证明 因为$\mathrm{e}^x=\sum\limits_{n=0}^{\infty}\dfrac{x^n}{n!}$，$\forall x\in\mathbb{R}$，所以$\mathrm{e}^{-x}=\sum\limits_{n=0}^{\infty}\dfrac{(-1)^n x^n}{n!}$，$\forall x\in\mathbb{R}$，故

$$\frac{\mathrm{e}^x+\mathrm{e}^{-x}}{2}=\frac{1}{2}\left(\sum_{n=0}^{\infty}\frac{x^n}{n!}+\sum_{n=0}^{\infty}\frac{(-1)^n x^n}{n!}\right)=\frac{1}{2}\sum_{n=0}^{\infty}\frac{(1+(-1)^n)x^n}{n!}$$

$$=1+\frac{x^2}{2!}+\frac{x^4}{4!}+\cdots=\sum_{n=0}^{\infty}\frac{x^{2n}}{(2n)!}，\ \forall x\in\mathbb{R},$$

而$\mathrm{e}^{\frac{x^2}{2}}=\sum\limits_{n=0}^{\infty}\dfrac{x^{2n}}{2^n n!}$，由于对$n>1$，有$2^n n!<(2n)!$，故对$\forall x\in(-\infty,+\infty)$，有$\dfrac{\mathrm{e}^x+\mathrm{e}^{-x}}{2}\leqslant \mathrm{e}^{\frac{x^2}{2}}$.

证毕.

习题 17.4

1．将下列函数在x_0点展开成幂级数，并求收敛域.

（1）$f(x)=\dfrac{1}{x-1}$，$x_0=-1$；

（2）$f(x)=\dfrac{x}{(x-1)(x+3)}$，$x_0=0$；

（3）$f(x)=\displaystyle\int_0^x\frac{\arctan t}{t}\mathrm{d}t$，$x_0=0$；

（4）$f(x)=\dfrac{1}{1+x+x^2}$，$x_0=-\dfrac{1}{2}$.

2．将下列函数展开成麦克劳林级数.

（1）$f(x)=\dfrac{\ln(1-x)}{1-x}$；

（2）$f(x)=\dfrac{1}{(1-x)^2}$；

（3）$f(x)=\dfrac{1}{2}\arctan x+\dfrac{1}{4}\ln\dfrac{1+x}{1-x}$；

（4）$f(x)=\dfrac{\mathrm{d}}{\mathrm{d}x}\left(\dfrac{\mathrm{e}^x-1}{x}\right)$；

（5）$f(x)=\ln^2(1+x)$.

3．将下列函数在$x_0=0$点展开到x^3项.

（1）$\mathrm{e}^{\sin x}$；

（2）$\mathrm{e}^x\sin x$.

4．已知$f(x)=\dfrac{x^2-x}{x+2}$，$g(x)=\dfrac{x}{(x-1)(x+2)}$，求$f^{(n)}(0)$，$g^{(n)}(0)$.

5．证明：若$|x|<\dfrac{1}{2}$，则$\dfrac{1}{1-3x+2x^2}=\sum\limits_{n=0}^{\infty}(2^{n+1}-1)x^n$.

第 18 章 傅里叶级数

函数项级数中，理论上最重要的、应用中最常见的，除幂级数外，还有三角级数，即形如

$$\frac{a_0}{2}+\sum_{n=1}^{\infty}(a_n\cos nx+b_n\sin nx)$$

的函数项级数，其中 $a_n=\frac{1}{\pi}\int_{-\pi}^{\pi}f(x)\cos nx\mathrm{d}x$，$b_n=\frac{1}{\pi}\int_{-\pi}^{\pi}f(x)\sin nx\mathrm{d}x$，$n=0,1,2,\cdots$，称为傅里叶级数. 无论是从数学理论还是从物理应用的角度，傅里叶级数都比幂级数更加重要.

三角函数最初在研究平面几何和天文学时使用. 三角级数用来表达一个复杂函数，最初用于求解弦振动方程（偏微分方程）

$$\frac{\partial^2 u}{\partial t^2}=c^2\frac{\partial^2 u}{\partial x^2},$$

边界条件为 $u(0,t)=u(L,t)=0$，初始条件为 $u(x,0)=f(x)$，$\frac{\partial u}{\partial t}(x,0)=0$. 1747 年，D'Alembert 给出方程的通解 $u(x,t)=\frac{1}{2}[f(x+ct)+f(x-ct)]$. 利用边界条件，Euler 于 1748 年得到：（1）$f(x)$ 是奇函数；（2）$f(x)$ 是周期为 $2L$ 的周期函数；（3）$f(x)=\sum_{n=1}^{\infty}A_n\sin\frac{n\pi x}{L}$，其中 A_n（$n\in\mathbb{N}$）是待定系数. 1753 年，Daniel Bernoulli 基于叠加原理给出了通解 $u(x,t)=\sum_{n=1}^{\infty}A_n\sin\frac{n\pi x}{L}\cos\frac{n\pi at}{L}$. 1777 年，Euler 在天文学的研究中，用三角函数的正交性得到了将函数表示成三角级数时的系数，也就是上面的 a_n,b_n 表达式. 但是 D'Alembert，Euler，Bernoulli 和 Lagrange 对什么函数能够用三角级数表达有很多争论. 我们应该注意到在那个时代对函数的理解是非常狭义的，即能够用一个特定解析式表达的映射，而级数收敛的概念更是很模糊的，例如，Euler 认为等式 $\sum_{n=0}^{\infty}(-1)^n=\frac{1}{2}$ 成立. 当然，当时更没有一致收敛概念.

1822 年，法国数学家傅里叶（Joseph Fourier，1768—1830）在《热的解析理论》一书中把三角级数作为一般函数的表达方法和工具，用以求解周期边界条件下的热传导方程 $\frac{\partial u}{\partial t}=k\frac{\partial^2 u}{\partial x^2}$. 用三角级数表示一般函数的方法受到了同时代的数学家 Lagrange，Laplace 和 Poisson 等的质疑，但其根本原因在于傅里叶级数的收敛性问题是一个非常深刻的数学问题. Dirichlet 在 1829 年第一次对傅里叶级数的收敛性给出了严格的证明，即 Dirichlet 收敛定理. 由于傅里叶级数的收敛性问题在经典数学分析中的核心地位，因此它是 19 世纪及 20 世纪上半叶数学分析发展的主要原动力，直接催生了数学分析中的 $\varepsilon-\delta$ 语言、函数

论、集合论、泛函分析和 Lebesgue 积分理论，以及数学公理体系．可以说，19 世纪和 20 世纪的数学分析和函数论的大数学家几乎没有一个不涉足傅里叶级数的．傅里叶级数的逐点收敛问题作为世纪难题，直到 1966 年由瑞典数学家 L. Carleson 才给以圆满解决．

傅里叶级数的神奇之处还在于其广泛的应用价值．量子力学中的测不准原理，其实是傅里叶积分不等式．可以毫不夸张地说，傅里叶级数和傅里叶积分已经渗透到物理、化学、天文、地质、理论生物等科学领域，以及机械、航空、电子、石油化工等工程领域，尤其是现代信号、系统和通信技术．数字通信的一个基本原理就是 Shannon 采样定理，是傅里叶变换的一个结论．关于傅里叶级数和傅里叶变换，本章内容非常有限，感兴趣的读者可以阅读相关理论和应用专著．

18.1 函数的傅里叶级数

18.1.1 以2π为周期函数的傅里叶级数

1. 从$\mathbb{R}^n$中向量内积到函数内积

我们在第 10 章中提过$\mathbb{R}^n$中向量的内积概念，任给$\boldsymbol{x},\boldsymbol{y}\in\mathbb{R}^n$，$\boldsymbol{x}=\sum\limits_{k=1}^{n}x_k\boldsymbol{e}_k$，$\boldsymbol{y}=\sum\limits_{k=1}^{n}y_k\boldsymbol{e}_k$，其中$\{\boldsymbol{e}_1,\boldsymbol{e}_2,\cdots,\boldsymbol{e}_n\}$是$\mathbb{R}^n$的一组标准正交基，即$\boldsymbol{x}=(x_1\quad x_2\quad\cdots\quad x_n)^{\mathrm{T}}$，$\boldsymbol{y}=(y_1\quad y_2\quad\cdots\quad y_n)^{\mathrm{T}}$为列向量，定义内积$\langle\bullet,\bullet\rangle:\mathbb{R}^n\times\mathbb{R}^n\to\mathbb{R}$为$\langle\boldsymbol{x},\boldsymbol{y}\rangle=\boldsymbol{x}^{\mathrm{T}}\boldsymbol{y}=\sum\limits_{k=1}^{n}x_ky_k$．我们也可以用下面的观点看向量内积．定义阶梯函数

$$x_s(t)=\begin{cases}x_k, & k-1\leqslant t<k,\ k=1,2,\cdots,n;\\ 0, & t<0\text{或}t\geqslant n,\end{cases}$$

$$y_s(t)=\begin{cases}y_k, & k-1\leqslant t<k,\ k=1,2,\cdots,n;\\ 0, & t<0\text{或}t\geqslant n\end{cases}$$

的内积为$\langle x_s,y_s\rangle=\int_0^n x_s(t)y_s(t)\mathrm{d}t$，则容易得到$\langle x_s,y_s\rangle=\langle\boldsymbol{x},\boldsymbol{y}\rangle=\boldsymbol{x}^{\mathrm{T}}\boldsymbol{y}$，即上述阶梯函数的内积与向量内积是一致的．现在考虑$x(t),y(t)\in R[a,b]$，给定区间$[a,b]$的一个划分

$$T:\ a=t_0<t_1<t_2<\cdots<t_n=b,$$

定义向量

$$\boldsymbol{x}_s=\left(x(t_0)\sqrt{t_1-t_0}\quad x(t_1)\sqrt{t_2-t_1}\quad\cdots\quad x(t_{n-1})\sqrt{t_n-t_{n-1}}\right)^{\mathrm{T}},$$

$$\boldsymbol{y}_s=\left(y(t_0)\sqrt{t_1-t_0}\quad y(t_1)\sqrt{t_2-t_1}\quad\cdots\quad y(t_{n-1})\sqrt{t_n-t_{n-1}}\right)^{\mathrm{T}},$$

以及阶梯函数

$$x_s(t)=\begin{cases}x(t_k), & t_k\leqslant t<t_{k+1},\ k=0,1,\cdots,n-1;\\ 0, & t<a\text{或}t\geqslant b,\end{cases}$$

$$y_s(t)=\begin{cases}y(t_k), & t_k \leqslant t < t_{k+1},\ k=0,1,\cdots,n-1;\\ 0, & t<a\text{ 或 }t\geqslant b,\end{cases}$$

则可以验证

$$\langle x_s, y_s\rangle=\int_a^b x_s(t)y_s(t)\mathrm{d}t=\sum_{k=0}^{n-1}x_s(t_k)y_s(t_k)(t_{k+1}-t_k)=\langle \boldsymbol{x}_s,\boldsymbol{y}_s\rangle=\boldsymbol{x}_s^{\mathrm{T}}\boldsymbol{y}_s .$$

即黎曼可积函数的任何一个阶梯函数的内积，都可以看成某个高维欧氏空间中向量的内积．如果令 $n\to\infty$, $|T|=\max\limits_{0\leqslant k\leqslant n-1}|t_{k+1}-t_k|\to 0$，则定义了函数 $x(t),y(t)\in R[a,b]$ 的内积

$$\langle x,y\rangle=\int_a^b x(t)y(t)\mathrm{d}t .$$

因此，函数内积可以认为是有限维欧氏空间内积到无穷维函数空间的推广．如果函数 $x(t)$, $y(t)$: $[a,b]\mapsto\mathbb{C}$，即函数值取值复数，则定义其内积

$$\langle x,y\rangle=\int_a^b x(t)\overline{y}(t)\mathrm{d}t ,$$

其中 $\overline{y}(t)$ 是 $y(t)$ 的共轭．与向量内积相似，如果两个函数的内积为零，即 $\langle x,y\rangle=0$，我们说这两个函数是相互正交的．

2．三角函数系

函数列 1, $\cos x$, $\sin x$, $\cos 2x$, $\sin 2x$, $\cdots$, $\cos nx$, $\sin nx$, $\cdots$ 称为三角函数系，2π 是此三角函数系中每个函数的周期．利用三角函数的积化和差公式

$$\cos\theta\cos\alpha=\frac{1}{2}[\cos(\theta+\alpha)+\cos(\theta-\alpha)],$$

$$\sin\theta\sin\alpha=-\frac{1}{2}[\cos(\theta+\alpha)-\cos(\theta-\alpha)],$$

$$\sin\theta\cos\alpha=\frac{1}{2}[\sin(\theta+\alpha)+\sin(\theta-\alpha)],$$

这个三角函数系具有以下性质：若 m, n 是非负整数，则

$$\langle \sin mx,\sin nx\rangle=\int_{-\pi}^{\pi}\sin mx\sin nx\mathrm{d}x=\begin{cases}0, & m\neq n;\\ \pi, & m=n.\end{cases}$$

$$\langle \cos mx,\cos nx\rangle=\int_{-\pi}^{\pi}\cos mx\cos nx\mathrm{d}x=\begin{cases}0, & m\neq n;\\ \pi, & m=n.\end{cases}$$

$$\langle \sin mx,\cos nx\rangle=\int_{-\pi}^{\pi}\sin mx\cos nx\mathrm{d}x=0,\quad m,n\in\mathbb{Z}.$$

三角函数系中，任意两个不同函数之乘积在 $[-\pi,\pi]$ 上的积分等于 0，而每个函数的平方在 $[-\pi,\pi]$ 上的定积分不等于 0，称这样的三角函数系是**正交的三角函数系**．

以正交的三角函数系为基础的函数项级数

$$\frac{a_0}{2}+\sum_{n=1}^{\infty}(a_n\cos nx+b_n\sin nx) \tag{18.1.1}$$

称为**三角级数**，其中 a_0, a_n, b_n, $n\geqslant 1$ 皆为常数．如果 $f(x)$ 在 $[-\pi,\pi]$ 上能展开成三角级数（18.1.1），或者说三角级数（18.1.1）在 $[-\pi,\pi]$ 上收敛到 $f(x)$，即

$$f(x)=\frac{a_0}{2}+\sum_{n=1}^{\infty}(a_n\cos nx+b_n\sin nx),\tag{18.1.2}$$

那么级数的系数 a_0，a_n，b_n，$n\geqslant 1$ 与其和函数 $f(x)$ 有什么关系？为讨论此问题，不妨设级数（18.1.1）在 $[-\pi,\pi]$ 上是一致收敛的，从而在 $[-\pi,\pi]$ 上可逐项积分，并且假设级数的每一项分别乘 $\cos kx$，$\sin kx$ 后在 $[-\pi,\pi]$ 上仍可逐项积分，则

$$\int_{-\pi}^{\pi}f(x)\,\mathrm{d}x=\pi a_0+\sum_{n=1}^{\infty}\left(a_n\int_{-\pi}^{\pi}\cos nx\mathrm{d}x+b_n\int_{-\pi}^{\pi}\sin nx\mathrm{d}x\right)=\pi a_0,$$

故

$$a_0=\frac{1}{\pi}\int_{-\pi}^{\pi}f(x)\,\mathrm{d}x.\tag{18.1.3}$$

将式（18.1.2）两端乘 $\cos kx$，之后在 $[-\pi,\pi]$ 上积分，利用三角函数系的正交性，得到

$$\int_{-\pi}^{\pi}f(x)\cos kx\mathrm{d}x=\sum_{n=1}^{\infty}\left(a_n\int_{-\pi}^{\pi}\cos nx\cos kx\mathrm{d}x+b_n\int_{-\pi}^{\pi}\sin nx\cos kx\mathrm{d}x\right)=\pi a_k,$$

所以

$$a_k=\frac{1}{\pi}\int_{-\pi}^{\pi}f(x)\cos kx\mathrm{d}x.\tag{18.1.4}$$

同理，式（18.1.2）两端乘 $\sin kx$ 后在 $[-\pi,\pi]$ 上积分，可得

$$b_k=\frac{1}{\pi}\int_{-\pi}^{\pi}f(x)\sin kx\mathrm{d}x.\tag{18.1.5}$$

由此可见，若 $f(x)$ 在 $[-\pi,\pi]$ 上能展开成三角级数（18.1.2），则其系数必是式（18.1.3）、式（18.1.4）、式（18.1.5）的积分.

定义 18.1.1 设 $f(x)$ 以 2π 为周期，且在 $[-\pi,\pi]$ 上黎曼可积，则积分

$$a_k=\frac{1}{\pi}\int_{-\pi}^{\pi}f(x)\cos kx\mathrm{d}x,\ k\geqslant 0,$$

$$b_k=\frac{1}{\pi}\int_{-\pi}^{\pi}f(x)\sin kx\mathrm{d}x,\ k\geqslant 1$$

称为 $f(x)$ 的傅里叶系数；以函数 $f(x)$ 的傅里叶系数为系数的三角级数，称为 $f(x)$ 的傅里叶级数，表示为 $f(x)\sim\frac{a_0}{2}+\sum_{n=1}^{\infty}(a_n\cos nx+b_n\sin nx)$.

若 $f(x)$ 在 $[-\pi,\pi]$ 上黎曼可积且以 2π 为周期，总能形式地写出 $f(x)$ 的傅里叶级数，于是产生两个问题：

（1）$f(x)$ 的傅里叶级数是否在 $[-\pi,\pi]$ 上收敛？

（2）若 $f(x)$ 的傅里叶级数在 $[-\pi,\pi]$ 上收敛，是否收敛于 $f(x)$？

对这两个问题的回答都是否定的．那么在什么条件下，$f(x)$ 的傅里叶级数在 $[-\pi,\pi]$ 上收敛，并且收敛于函数 $f(x)$？

3．狄利克雷收敛定理

定义 18.1.2 设 $f(x)$ 在 $[a,b]$ 上有界，若存在 $[a,b]$ 的一个分割 $a=x_0<x_1<\cdots<x_{n-1}<$

$x_n = b$ 使得 $f(x)$ 在每个小区间 (x_{k-1}, x_k) 上可微，且在 x_{k-1} 点处右极限 $f(x_{k-1}^+)$ 存在且广义右可导（即 $\lim\limits_{x \to x_{k-1}^+} \dfrac{f(x) - f(x_{k-1}^+)}{x - x_{k-1}}$ 存在），在 x_k 点处左极限 $f(x_k^-)$ 存在且广义左可导（即 $\lim\limits_{x \to x_k^-} \dfrac{f(x) - f(x_k^-)}{x - x_k}$ 存在），则称 $f(x)$ 在 $[a,b]$ 上分段可微。

定理 18.1.1 （狄利克雷收敛定理） 设函数 $f(x)$ 以 2π 为周期且在 $[-\pi,\pi]$ 上分段可微。则 $f(x)$ 的傅里叶级数在任意一点 $x \in \mathbb{R}$ 处都收敛，且收敛到 $\dfrac{1}{2}[f(x^+) + f(x^-)]$. 即

（i）当 x 是 $f(x)$ 的连续点时，级数收敛于 $f(x)$；

（ii）当 x 是 $f(x)$ 的第一类间断点时，级数收敛于 $\dfrac{1}{2}[f(x^+) + f(x^-)]$.

本定理的证明将在 18.2 节中给出．该定理给出 $f(x)$ 可展开成傅里叶级数的充分条件，显然函数可展开成傅里叶级数的条件比可展开成幂级数的条件低得多，从而可展开成傅里叶级数的函数比可展开成幂级数的函数广泛得多．

例 18.1.1 设 $f(x) = \begin{cases} 0, & -\pi < x \leqslant 0; \\ 1, & 0 < x \leqslant \pi. \end{cases}$ （1）求函数的傅里叶级数；（2）将函数在 $(-\pi,\pi]$ 上展开成傅里叶级数．

解 （1）$a_0 = \dfrac{1}{\pi}\displaystyle\int_{-\pi}^{\pi} f(x)\,\mathrm{d}x = 1$，

$$a_k = \frac{1}{\pi}\int_{-\pi}^{\pi} f(x)\cos kx\mathrm{d}x = \frac{1}{\pi}\int_{0}^{\pi} \cos kx\mathrm{d}x = 0,\ k = 1,2,\cdots,$$

$$b_k = \frac{1}{\pi}\int_{-\pi}^{\pi} f(x)\sin kx\mathrm{d}x = \frac{1}{\pi}\int_{0}^{\pi} \sin kx\mathrm{d}x = \frac{1}{k\pi}[1-(-1)^k] = \begin{cases} \dfrac{2}{k\pi}, & k = 2n+1; \\ 0, & k = 2n, \end{cases}$$

所以 $f(x)$ 的傅里叶级数 $f(x) \sim \dfrac{1}{2} + \dfrac{2}{\pi}\displaystyle\sum_{n=0}^{\infty} \dfrac{\sin(2n+1)x}{2n+1}$.

（2）将函数 $f(x)$ 开拓为以 2π 为周期的函数，则由狄利克雷收敛定理，上述傅里叶级数在 $\mathbb{R}$ 上点点收敛，且

$$\frac{1}{2} + \frac{2}{\pi}\sum_{n=0}^{\infty} \frac{\sin(2n+1)x}{2n+1} = \begin{cases} f(x), & 0 < |x| < \pi; \\ \dfrac{1}{2}, & x = 0,\ \pi. \end{cases}$$

这个级数在 $(-\pi,\pi]$ 上点点收敛，但可以验证它非一致收敛．在图 18-1-1 中，蓝色的取级数前五项，$N = 5$，红色的取前 15 项．可以看出，级数在间断点有明显震荡，称为吉布斯（W. Gibbs）现象．吉布斯现象导致级数非一致收敛．

4．奇、偶函数的傅里叶级数

（1）若 $f(x)$ 是以 2π 为周期的偶函数，则 $f(x)\cos nx$ 也是偶函数，而 $f(x)\sin nx$ 是奇函数，于是 $f(x)$ 的傅里叶系数：

$$a_k = \frac{2}{\pi}\int_{0}^{\pi} f(x)\cos kx\mathrm{d}x,\ k = 0,1,2,\cdots;\quad b_k = \frac{1}{\pi}\int_{-\pi}^{\pi} f(x)\sin kx\mathrm{d}x = 0,\ k \geqslant 1.$$

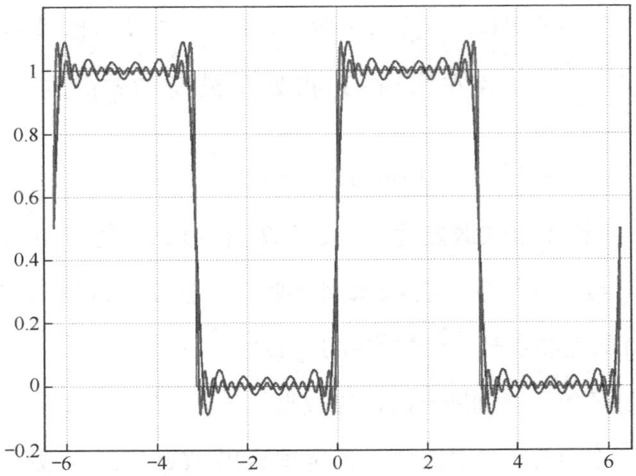

图 18-1-1

故偶函数的傅里叶级数

$$f(x)\sim\frac{a_0}{2}+\sum_{n=1}^{\infty}a_n\cos nx\text{——称为}\textbf{余弦级数}.$$

（2）若 $f(x)$ 是以 2π 为周期的奇函数，则 $f(x)\cos nx$ 也是奇函数，而 $f(x)\sin nx$ 是偶函数，于是 $f(x)$ 的傅里叶系数：

$$a_k=\frac{1}{\pi}\int_{-\pi}^{\pi}f(x)\cos kx\mathrm{d}x=0,\ k=0,1,2,\cdots;\quad b_k=\frac{2}{\pi}\int_0^{\pi}f(x)\sin kx\mathrm{d}x,\ k\geqslant 1.$$

故奇函数的傅里叶级数

$$f(x)\sim\sum_{n=1}^{\infty}b_n\sin nx\text{——称为}\textbf{正弦级数}.$$

例 18.1.2 将函数 $f(x)=|x|$ 在 $[-\pi,\pi]$ 上展开成傅里叶级数.

解 因为 $f(x)=|x|$ 在 $[-\pi,\pi]$ 上是偶函数，所以 $b_n=0$，$n\geqslant 1$. 易计算

$$a_0=\frac{1}{\pi}\int_{-\pi}^{\pi}f(x)\,\mathrm{d}x=\frac{2}{\pi}\int_0^{\pi}x\mathrm{d}x=\pi,$$

$$a_n=\frac{2}{\pi}\int_0^{\pi}x\cos nx\mathrm{d}x=\frac{2}{\pi n^2}((-1)^n-1)=\begin{cases}-\dfrac{4}{\pi n^2}, & n=2k+1;\\ 0, & n=2k.\end{cases}$$

故 $f(x)$ 的傅里叶级数 $f(x)\sim\dfrac{\pi}{2}-\dfrac{4}{\pi}\sum\limits_{n=0}^{\infty}\dfrac{\cos(2n+1)x}{(2n+1)^2}$.

将函数 $f(x)=|x|$（$x\in[-\pi,\pi]$）开拓为以 2π 为周期的周期函数，则由定理 18.1.1 知，上述傅里叶级数在 $\mathbb{R}$ 上点点收敛，且

$$|x|=\frac{\pi}{2}-\frac{4}{\pi}\sum_{n=0}^{\infty}\frac{\cos(2n+1)x}{(2n+1)^2},\qquad |x|\leqslant\pi.$$

由 M−判别法知，上述级数在$[-\pi,\pi]$上是绝对收敛且一致收敛的，其第$n+1$项系数是$\frac{1}{(2n+1)^2}$，该级数比例 18.1.1 中的傅里叶级数的收敛速度要快，例 18.1.1 中级数的第$n+1$项傅里叶系数是$\frac{1}{2n+1}$. 有不同的收敛速度的原因是本例中的周期函数在$\mathbb{R}$上是连续函数，而且除$x=k\pi\ (k\in\mathbb{Z})$外都可微，而例 18.1.1 中的函数在$x=k\pi\ (k\in\mathbb{Z})$不连续. 傅里叶级数的收敛速度与函数$f(x)$的光滑性密切相关（详见推论 18.2.2）.

利用傅里叶级数展开式可求一些数项级数的和.

例 18.1.3 求下列级数的和：

$$\sum_{n=0}^{\infty}\frac{1}{(2n+1)^2},\quad \sum_{n=1}^{\infty}\frac{1}{(2n)^2},\quad \sum_{n=1}^{\infty}\frac{1}{n^2},\quad \sum_{n=1}^{\infty}\frac{(-1)^{n-1}}{n^2}.$$

解 令

$$S=\sum_{n=1}^{\infty}\frac{1}{n^2},\quad S_1=\sum_{n=0}^{\infty}\frac{1}{(2n+1)^2},\quad S_2=\sum_{n=1}^{\infty}\frac{1}{(2n)^2},\quad S_3=\sum_{n=1}^{\infty}\frac{(-1)^{n-1}}{n^2}.$$

在例 18.1.2 中，我们得到函数$|x|$的傅里叶级数展开式，

$$|x|=\frac{\pi}{2}-\frac{4}{\pi}\sum_{n=0}^{\infty}\frac{\cos(2n+1)x}{(2n+1)^2},\qquad |x|\leqslant\pi.$$

取$x=0$，则得到$S_1=\sum_{n=0}^{\infty}\frac{1}{(2n+1)^2}=\frac{\pi^2}{8}$. 而$S_2+S_3=S_1=\frac{\pi^2}{8}$，$S_2=\frac{1}{4}S=\frac{1}{4}(S_1+S_2)$. 故

$$S_2=\frac{1}{3}S_1=\frac{\pi^2}{24},\qquad S_3=\frac{\pi^2}{12},\qquad S=\frac{\pi^2}{6}.$$

例 18.1.4 将函数$f(x)=\cos\alpha x$（α不是整数）在$[-\pi,\pi]$上展开成傅里叶级数.

解 因为函数$f(x)=\cos\alpha x$是偶函数，所以傅里叶系数$b_n=0$，$n=1,2,\cdots$. 函数可展开成余弦级数，下面计算a_n，$n=0,1,2,\cdots$.

$$a_0=\frac{2}{\pi}\int_0^{\pi}\cos\alpha x\mathrm{d}x=\frac{2\sin\alpha\pi}{\alpha\pi},$$

$$\begin{aligned}a_n&=\frac{2}{\pi}\int_0^{\pi}\cos\alpha x\cos nx\mathrm{d}x=\frac{1}{\pi}\int_0^{\pi}(\cos(\alpha+n)x+\cos(\alpha-n)x)\,\mathrm{d}x\\&=\frac{1}{\pi}\left(\frac{\sin(\alpha+n)\pi}{\alpha+n}+\frac{\sin(\alpha-n)\pi}{\alpha-n}\right)=(-1)^n\cdot\frac{2\alpha}{\pi}\cdot\frac{\sin\alpha\pi}{\alpha^2-n^2},\quad n=1,2,\cdots.\end{aligned}$$

由狄利克雷收敛定理知，函数$f(x)=\cos\alpha x$的傅里叶级数展开为

$$\cos\alpha x=\frac{\sin\alpha\pi}{\pi}\left(\frac{1}{\alpha}+2\alpha\sum_{n=1}^{\infty}(-1)^n\cdot\frac{\cos nx}{\alpha^2-n^2}\right),\quad x\in[-\pi,\pi].\tag{18.1.6}$$

在式（18.1.6）中，令$x=0$，有

$$\frac{\pi}{\sin\alpha\pi}=\frac{1}{\alpha}+\sum_{n=1}^{\infty}(-1)^n\cdot\left(\frac{1}{\alpha-n}+\frac{1}{\alpha+n}\right).\tag{18.1.7}$$

有时需要将函数$f(x)$在$[0,\pi]$（或$[-\pi,0]$）上展开成傅里叶级数，为使傅里叶系数的计算简单，我们将函数$f(x)$开拓到$[-\pi,0]$（或$[0,\pi]$）上，使其开拓的函数在$[-\pi,\pi]$上是

偶函数或奇函数，即所谓函数的偶开拓或奇开拓，从而有函数的偶式展开与奇式展开.

（1）偶式展开：$a_n=\frac{2}{\pi}\int_0^{\pi}f(x)\cos nx\mathrm{d}x,\ n\geqslant 0,\quad b_n=0,\ n\geqslant 1$.

（2）奇式展开：$b_n=\frac{2}{\pi}\int_0^{\pi}f(x)\sin nx\mathrm{d}x,\ n\geqslant 1,\quad a_n=0,\ n\geqslant 0$.

例 18.1.5 将函数 $f(x)=x^2$ 在 $[0,\pi]$ 上展开成余弦级数和正弦级数.

解 将函数 $f(x)$ 开拓为 $[-\pi,\pi]$ 上的偶函数，故 $a_0=\frac{2}{\pi}\int_0^{\pi}x^2\mathrm{d}x=\frac{2}{3}\pi^2$,

$$a_n=\frac{2}{\pi}\int_0^{\pi}x^2\cos nx\mathrm{d}x=\frac{4}{n^2}\cos n\pi=\begin{cases}\frac{4}{n^2}, & n=2k;\\ -\frac{4}{n^2}, & n=2k+1,\end{cases}$$

$$b_n=0,\ n\geqslant 1,$$

所以由定理 18.1.1 知，$x^2=\frac{\pi^2}{3}+4\sum_{n=1}^{\infty}(-1)^n\frac{\cos nx}{n^2},\ 0\leqslant x\leqslant\pi$.

将函数 $f(x)$ 开拓为 $[-\pi,\pi]$ 上的奇函数，则 $a_n=0,\ n\geqslant 0$,

$$b_n=\frac{2}{\pi}\int_0^{\pi}x^2\sin nx\mathrm{d}x=\frac{(-1)^{n+1}2\pi}{n}+\frac{4[(-1)^n-1]}{\pi n^3},\ n\geqslant 1,$$

所以由定理 18.1.1 知，$\sum_{n=1}^{\infty}\left[\frac{(-1)^{n+1}2\pi}{n}+\frac{4[(-1)^n-1]}{\pi n^3}\right]\sin nx=\begin{cases}x^2, & 0\leqslant x<\pi;\\ 0, & x=\pi.\end{cases}$

注 函数的正弦展开和余弦展开在某些点上是不一样的.

18.1.2 以 2*l* 为周期函数的傅里叶级数

如果 $f(x)$ 是以 $2l$ 为周期的函数，我们只需讨论在长度为 $2l$ 的区间 $[-l,l]$ 上将函数 $f(x)$ 展开成傅里叶级数即可. 设 $x=\frac{l}{\pi}y$，则 $y=\frac{\pi}{l}x$. 令 $f(x)=f\left(\frac{l}{\pi}y\right)=\varphi(y)$，则

$$\varphi(y+2\pi)=f\left(\frac{l}{\pi}(y+2\pi)\right)=f\left(\frac{l}{\pi}y+2l\right)=f\left(\frac{l}{\pi}y\right)=\varphi(y),$$

所以 $\varphi(y)$ 以 2π 为周期. 故 $\varphi(y)$ 的傅里叶级数为

$$\varphi(y)\sim\frac{a_0}{2}+\sum_{n=1}^{\infty}(a_n\cos ny+b_n\sin ny),$$

其中 $a_n=\frac{1}{\pi}\int_{-\pi}^{\pi}\varphi(y)\cos ny\mathrm{d}y,\ n\geqslant 0$；$b_n=\frac{1}{\pi}\int_{-\pi}^{\pi}\varphi(y)\sin ny\mathrm{d}y,\ n\geqslant 1$. 将上式中的 y 用 x 代替，则得到 $f(x)$ 的傅里叶级数

$$f(x)\sim\frac{a_0}{2}+\sum_{n=1}^{\infty}\left(a_n\cos\frac{n\pi x}{l}+b_n\sin\frac{n\pi x}{l}\right),$$

其中 $a_n=\frac{1}{l}\int_{-l}^{l}f(x)\cos\frac{n\pi x}{l}\mathrm{d}x,\ n\geqslant 0$；$b_n=\frac{1}{l}\int_{-l}^{l}f(x)\sin\frac{n\pi x}{l}\mathrm{d}x,\ n\geqslant 1$.

若 $f(x)$ 满足收敛定理的条件，则在其连续点上，$f(x)=\dfrac{a_0}{2}+\sum\limits_{n=1}^{\infty}\left(a_n\cos\dfrac{n\pi x}{l}+b_n\sin\dfrac{n\pi x}{l}\right)$.

例 18.1.6　设 $f(x)=10-x$（$5<x<15$）且 $f(x)=f(x+10)$，将函数 $f(x)$ 展开成傅里叶级数.

解　因为 $f(x)$ 以 10 为周期，所以 $f(x)=-x,\ -5<x<5$，故函数 $f(x)$ 的傅里叶系数 $a_n=0,\ n\geqslant 0$；

$$b_n=\frac{2}{5}\int_0^5(-x)\sin\frac{n\pi x}{5}\mathrm{d}x=(-1)^n\frac{10}{n\pi},$$

所以由狄利克雷收敛定理，有 $10-x=\dfrac{10}{\pi}\sum\limits_{n=1}^{\infty}\dfrac{(-1)^n}{n}\sin\dfrac{n\pi x}{5},\ 5<x<15$.

例 18.1.7　将函数 $f(x)=x^2$ 在 $(0,2)$ 上展开成以 4 为周期的余弦级数.

解　将函数 $f(x)=x^2$ 在 $[-2,2]$ 上作偶开拓，即 $F(x)=x^2,\ \forall x\in[-2,2]$. 延拓 $F(x)$ 为以 4 为周期的偶函数. 所以 $b_n=0,\ n=1,2,\cdots$；$a_0=\dfrac{1}{2}\int_{-2}^{2}x^2\mathrm{d}x=\dfrac{8}{3}$；

$$a_n=\frac{1}{2}\int_{-2}^{2}x^2\cos\frac{n\pi x}{2}\mathrm{d}x=(-1)^n\frac{16}{n^2\pi^2},\quad n=1,2,\cdots,$$

故 $F(x)=\dfrac{4}{3}+\sum\limits_{n=1}^{\infty}(-1)^n\dfrac{16}{n^2\pi^2}\cos\dfrac{n\pi x}{2},\quad \forall x\in\mathbb{R}$. 从而

$$x^2=\frac{4}{3}+\sum_{n=1}^{\infty}(-1)^n\frac{16}{n^2\pi^2}\cos\frac{n\pi x}{2},\quad \forall x\in(0,2).$$

例 18.1.8　将函数 $f(x)=\begin{cases}1, & 0<x\leqslant\dfrac{a}{2};\\ -1, & \dfrac{a}{2}<x\leqslant a\end{cases}$（$a>0$）展开成以 $2a$ 为周期的余弦级数.

解　将函数延拓为以 $2a$ 为周期的偶函数，则傅里叶系数 $b_n=0,\ n=1,2,\cdots$. 下面计算 $a_n,\ n=0,1,2,\cdots$.

$$a_0=\frac{2}{a}\int_0^a f(x)\mathrm{d}x=0;$$

$$a_n=\frac{2}{a}\int_0^a f(x)\cos\frac{n\pi x}{a}\,\mathrm{d}x=\frac{2}{a}\left(\int_0^{\frac{a}{2}}\cos\frac{n\pi x}{a}\,\mathrm{d}x-\int_{\frac{a}{2}}^{a}\cos\frac{n\pi x}{a}\,\mathrm{d}x\right)$$

$$=\frac{4}{n\pi}\sin\frac{n\pi}{2}=\begin{cases}\dfrac{4(-1)^{k-1}}{(2k-1)\pi}, & n=2k-1,k=1,2,\cdots;\\ 0, & n=2k,k=1,2,\cdots.\end{cases}$$

故由狄利克雷收敛定理，函数 $f(x)$ 的傅里叶级数在 $\mathbb{R}$ 上点点收敛，且

$$\frac{4}{\pi}\sum_{k=1}^{\infty}\frac{(-1)^{k-1}}{2k-1}\cos\frac{(2k-1)\pi x}{a}=\begin{cases}f(x), & 0<\left|x-\dfrac{a}{2}\right|<\dfrac{a}{2};\\ 0, & x=\dfrac{a}{2},a.\end{cases}$$

习题 18.1

1．将下列函数展开成以 2π 为周期的傅里叶级数．

（1）$f(x)=\begin{cases}x+\pi, & x\in[-\pi,0);\\ \pi-x, & x\in[0,\pi].\end{cases}$　　（2）$f(x)=x+x^2$，$x\in[0,2\pi]$．

（3）$f(x)=\begin{cases}1, & -\pi<x<0;\\ -x, & 0\leqslant x<\pi.\end{cases}$　　（4）$f(x)=\pi^2-x^2$，$-\pi<x\leqslant\pi$．

2．把下列各函数在 $[0,\pi]$ 上展开成正弦级数或余弦级数，并写出级数在该区间上的和函数．

（1）$f(x)=x-1$　（展开为正弦级数）；　　（2）$f(x)=\dfrac{\pi}{4}-\dfrac{x}{2}$（展开为正弦函数）；

（3）$f(x)=\begin{cases}1, & 0\leqslant x<h;\\ 0, & h\leqslant x\leqslant\pi\end{cases}$（展开为余弦函数）．

3．将 $f(x)=\mathrm{e}^x$ 在 $(-\pi,\pi)$ 上展开成傅里叶级数，并求 $\sum\limits_{n=1}^{\infty}\dfrac{1}{n^2+1}$．

4．把函数 $f(x)=x(\pi-x)$ 在 $[0,\pi]$ 上展开为正弦级数，并由此证明 $\sum\limits_{n=1}^{\infty}(-1)^{n-1}\dfrac{1}{(2n-1)^3}=\dfrac{\pi^3}{32}$．

5．把下列函数在指定区间上展开为傅里叶级数．

（1）$f(x)=|x|$（$-l<x\leqslant l$）．　　（2）$f(x)=\begin{cases}0, & -2<x\leqslant 0;\\ h, & 0<x\leqslant 2\end{cases}$（$h\neq 0$）．

6．将函数 $f(x)=1-x^2$（$x\in[0,\pi]$）展开成周期为 2π 的余弦级数，并求和 $\sum\limits_{n=1}^{+\infty}\dfrac{(-1)^{n-1}}{n^2}$．

7．设 $f(x)=\begin{cases}x, & x\in\left[0,\dfrac{l}{2}\right];\\ l-x, & x\in\left[\dfrac{l}{2},l\right].\end{cases}$ 将 $f(x)$ 在 $(0,l)$ 上展开成周期为 $2l$ 的正弦级数．

8．求函数 $f(x)=\begin{cases}\pi-x, & x\in[-\pi,0];\\ \pi+x, & x\in[0,\pi]\end{cases}$ 的傅里叶级数，并求数项级数 $\sum\limits_{n=1}^{+\infty}\dfrac{1}{(2n-1)^2}$ 的和．

9．设 $f(x)=x^2$，$x\in[0,1)$，其傅里叶级数 $\sum\limits_{n=1}^{+\infty}b_n\sin n\pi x$ 的和函数为 $S(x)$，求 $S(-1)$.

10．将 $f(x)=|\sin x|$ 展开成傅里叶级数．

11．已知周期为 2π 的可积函数 $f(x)$ 的傅里叶系数为 a_n，b_n（$n=0,1,2,\cdots$），试计算平移后的函数 $f(x+h)$（h 为常数）的傅里叶系数 $\overline{a}_n$，$\overline{b}_n$．

12．已知周期为 2π 的可积函数 $f(x)$ 的傅里叶系数为 a_n，b_n（$n=0,1,2,\cdots$），试计算

$$g(x)=\frac{1}{2h}\int_{x-h}^{x+h}f(y)\mathrm{d}y$$

的傅里叶系数 A_n，B_n．

18.2　傅里叶级数的逐点收敛性

18.2.1　傅里叶级数的性质

回忆瑕积分的概念．设函数 $f(x)$ 定义在 $(a,b]$ 上，且 a 是 $f(x)$ 唯一的瑕点．若对 $\forall\varepsilon>0$（$\varepsilon<b-a$），有 $f(x)\in R[a+\varepsilon,b]$，且 $\lim\limits_{\varepsilon\to0^+}\int_{a+\varepsilon}^{b}f(x)\,\mathrm{d}x$ 存在，则瑕积分 $\int_a^b f(x)\,\mathrm{d}x$ 收敛，且 $\int_a^b f(x)\,\mathrm{d}x=\lim\limits_{\varepsilon\to0^+}\int_{a+\varepsilon}^{b}f(x)\,\mathrm{d}x$．若瑕积分 $\int_a^b|f(x)|\,\mathrm{d}x$ 或无穷积分 $\int_a^{+\infty}|f(x)|\,\mathrm{d}x$ 收敛，即瑕积分 $\int_a^b f(x)\,\mathrm{d}x$ 或无穷积分 $\int_a^{+\infty}f(x)\,\mathrm{d}x$ 绝对收敛，我们也称 $f(x)$ 在 $[a,b]$（或 $[a,+\infty)$）上广义绝对可积.

为了讨论傅里叶级数的收敛性，我们引入下面的引理.

引理 18.2.1（Riemann-Lebesgue 引理） 设 $f(x)$ 在 $[a,b]$ 上可积或广义绝对可积（b 可以是 $+\infty$），则对 $\forall p\in\mathbb{R}$，有

$$\lim_{|p|\to+\infty}\int_a^b f(x)\sin px\mathrm{d}x=0,\quad \lim_{|p|\to+\infty}\int_a^b f(x)\cos px\mathrm{d}x=0.$$

证明　我们只证明 $\lim\limits_{|p|\to+\infty}\int_a^b f(x)\cos px\mathrm{d}x=0$，另一个极限类似可证．证明分成下面的三步：（1）对阶梯函数成立；（2）对 $[a,b]$ 上黎曼可积函数成立；（3）对广义绝对可积函数成立.

（1）先证结论对阶梯函数成立.

设 $\varDelta: a=x_0<x_1<\cdots<x_{n-1}<x_n=b$ 是区间 $[a,b]$ 的任意划分，对应该划分的一个阶梯函数为

$$f_\varDelta(x)=c_k,\ x_k\leqslant x<x_{k+1},\ k=0,1,\cdots,n-1,$$

则

$$\begin{aligned}\left|\int_a^b f_\varDelta(x)\cos px\mathrm{d}x\right|&=\left|\sum_{k=0}^{n-1}\int_{x_k}^{x_{k+1}}f_\varDelta(x)\cos px\mathrm{d}x\right|=\left|\sum_{k=0}^{n-1}c_k\int_{x_k}^{x_{k+1}}\cos px\mathrm{d}x\right|\\&=\frac{1}{|p|}\left|\sum_{k=0}^{n-1}c_k(\sin px_{k+1}-\sin px_k)\right|\leqslant\frac{2}{|p|}\sum_{k=0}^{n-1}|c_k|,\end{aligned}$$

因此当 $|p|\to+\infty$ 时，有 $\int_a^b f(x)\cos px\mathrm{d}x\to0$.

（2）设 $f(x)$ 在 $[a,b]$ 上可积.

由于黎曼可积函数 $f(x)$ 可以由阶梯函数 $f_\varDelta(x)$ 逼近，即

$$对\ \forall\varepsilon>0,\ \exists\varDelta: a=x_0<x_1<\cdots<x_{n-1}<x_n=b，使得\sum_{k=0}^{n-1}\omega_k\Delta x_k<\varepsilon,$$

其中 $\omega_k=M_k-m_k, M_k=\sup\limits_{x\in[x_k,x_{k+1}]}f(x),\ m_k=\inf\limits_{x\in[x_k,x_{k+1}]}f(x)$. 令 $c_k\in[m_k,M_k]$，则有

$$\int_a^b|f(x)-f_\varDelta(x)|\mathrm{d}x<\varepsilon,$$

故对上面给定的$\varepsilon>0$，由步骤（1）知，存在$M>0$，当$|p|>M$时，有$\left|\int_a^b f_\Delta(x)\cos px\mathrm{d}x\right|<\varepsilon$.

从而

$$\left|\int_a^b f(x)\cos px\mathrm{d}x\right| \leqslant \left|\int_a^b (f(x)-f_\Delta(x))\cos px\mathrm{d}x\right| + \left|\int_a^b f_\Delta(x)\cos px\mathrm{d}x\right|$$
$$\leqslant \int_a^b |f(x)-f_\Delta(x)|\mathrm{d}x + \left|\int_a^b f_\Delta(x)\cos px\mathrm{d}x\right| < 2\varepsilon,$$

这就证明了当$|p|\to+\infty$时，有$\int_a^b f(x)\cos px\mathrm{d}x\to 0$.

（3）假设$f(x)$在$[a,b]$上广义绝对可积.

先假设$f(x)$在$[a,b]$上有有限个瑕点，通过把$[a,b]$上的积分分解成有限个小区间上的积分和，可假设$f(x)$在$[a,b]$上只有一个瑕点，不妨设b是$f(x)$的唯一瑕点．则

$$\text{对}\ \forall\varepsilon>0,\ \exists\eta>0,\ \text{使得}\int_{b-\eta}^b |f(x)|\mathrm{d}x<\frac{1}{2}\varepsilon,$$

因为$f(x)\in R[a,b-\eta]$，由步骤（2）知，对上述给定的$\varepsilon>0$，$\exists p_0>0$，使得当$|p|>p_0$时，有

$$\left|\int_a^{b-\eta} f(x)\cos px\mathrm{d}x\right|<\frac{1}{2}\varepsilon,$$

所以当$|p|>p_0$时，有

$$\left|\int_a^b f(x)\cos px\mathrm{d}x\right| \leqslant \left|\int_a^{b-\eta} f(x)\cos px\mathrm{d}x\right| + \left|\int_{b-\eta}^b f(x)\cos px\mathrm{d}x\right|$$
$$\leqslant \left|\int_a^{b-\eta} f(x)\cos px\mathrm{d}x\right| + \int_{b-\eta}^b |f(x)|\mathrm{d}x < \varepsilon,$$

即在这种情形下，我们证明了当$|p|\to+\infty$时，有$\int_a^b f(x)\cos px\mathrm{d}x\to 0$.

再假设$f(x)$在$[a,+\infty)$上广义绝对可积．则对$\forall\varepsilon>0$，$\exists A_0>a$使得$\int_{A_0}^{+\infty}|f(x)|\mathrm{d}x<\frac{\varepsilon}{2}$.

又因为$\lim\limits_{|p|\to+\infty}\int_a^{A_0} f(x)\cos px\mathrm{d}x=0$，所以$\exists p_0$使得当$|p|>|p_0|$时，有$\left|\int_a^{A_0} f(x)\cos px\mathrm{d}x\right|<\frac{\varepsilon}{2}$，故当$|p|>|p_0|$时，有

$$\left|\int_a^{+\infty} f(x)\cos px\mathrm{d}x\right| \leqslant \left|\int_a^{A_0} f(x)\cos px\mathrm{d}x\right| + \int_{A_0}^{+\infty}|f(x)|\mathrm{d}x < \varepsilon,$$

即$\lim\limits_{|p|\to+\infty}\int_a^{+\infty} f(x)\cos px\mathrm{d}x=0.$

综合以上三种情形的讨论，引理的结论成立．证毕.

注： Riemann-Lebesgue 引理对 Lebesgue 可积函数类$L^1[a,b]$也是成立的．Riemann 可积和广义绝对可积函数是$L^1[a,b]$的子集．Riemann-Lebesgue 引理的一个直接推论就是当n趋于无穷大时，$L^1[a,b]$函数类的傅里叶系数趋于零．Riemann-Lebesgue 引理也直接导致了 Riemann 局部化定理（定理 18.2.2）.

推论 18.2.1 设a_n, b_n是$[a,b]$上可积或广义绝对可积函数$f(x)$的傅里叶系数，则

$$\lim_{n\to\infty} a_n=0,\quad \lim_{n\to\infty} b_n=0.$$

该结论表明三角级数 $\frac{1}{2}a_0+\sum_{k=1}^{\infty}(a_k\cos kx+b_k\sin kx)$ 要能成为某个可积或广义绝对可积函数的傅里叶级数，其系数 a_n, b_n 必须满足推论 18.2.1 中的结论.

下面作为 Riemann-Lebesgue 引理的应用，我们计算狄利克雷积分 $\int_0^{+\infty}\frac{\sin x}{x}\mathrm{d}x$ 的值.

例 18.2.1 计算狄利克雷积分 $\int_0^{+\infty}\frac{\sin x}{x}\mathrm{d}x$.

解 当 $x\neq 2k\pi$ 时，由三角函数的积化和差，有

$$2\sin\frac{x}{2}\left(\frac{1}{2}+\sum_{k=1}^{n}\cos kx\right)=\sin\frac{x}{2}+\sum_{k=1}^{n}\left[\sin\left(k+\frac{1}{2}\right)x-\sin\left(k-\frac{1}{2}\right)x\right]$$
$$=\sin\left(n+\frac{1}{2}\right)x,$$

所以 $\frac{1}{2}+\sum_{k=1}^{n}\cos kx=\dfrac{\sin\left(n+\frac{1}{2}\right)x}{2\sin\frac{x}{2}}$，将上式两边在 $[0,\pi]$ 上积分，得

$$\frac{\pi}{2}=\int_0^{\pi}\frac{\sin\left(n+\frac{1}{2}\right)x}{2\sin\frac{1}{2}x}\mathrm{d}x. \tag{18.2.1}$$

而

$$\int_0^{\pi}\frac{\sin\left(n+\frac{1}{2}\right)x}{2\sin\frac{1}{2}x}\mathrm{d}x=\int_0^{\pi}\left(\frac{1}{2\sin\frac{1}{2}x}-\frac{1}{x}\right)\sin\left(n+\frac{1}{2}\right)x\mathrm{d}x+\int_0^{\pi}\frac{\sin\left(n+\frac{1}{2}\right)x}{x}\mathrm{d}x,$$

由于 $\lim\limits_{x\to 0}\left(\dfrac{1}{2\sin\frac{1}{2}x}-\dfrac{1}{x}\right)=0$，由 Riemann-Lebesgue 引理知，

$$\lim_{n\to\infty}\int_0^{\pi}\left(\frac{1}{2\sin\frac{1}{2}x}-\frac{1}{x}\right)\sin\left(n+\frac{1}{2}\right)x\mathrm{d}x=0,$$

从而

$$\lim_{n\to\infty}\int_0^{\pi}\frac{\sin\left(n+\frac{1}{2}\right)x}{2\sin\frac{1}{2}x}\mathrm{d}x=\lim_{n\to\infty}\int_0^{\pi}\frac{\sin\left(n+\frac{1}{2}\right)x}{x}\mathrm{d}x=\lim_{n\to\infty}\int_0^{\left(n+\frac{1}{2}\right)\pi}\frac{\sin x}{x}\mathrm{d}x=\int_0^{+\infty}\frac{\sin x}{x}\mathrm{d}x.$$

现在由式（18.2.1）知，$\int_0^{+\infty}\frac{\sin x}{x}\mathrm{d}x=\frac{\pi}{2}$.

下面的结论给出函数的傅里叶系数趋于零的速度的一个估计.

定理 18.2.1 设 $f(x)$ 在 $[-\pi,\pi]$ 上可导，且 $f'(x)$ 在 $[-\pi,\pi]$ 上可积或广义绝对可积. 若 a_n, b_n 是 $f(x)$ 的傅里叶系数，且 $f(-\pi)=f(\pi)$，则

$$a_n = o\left(\frac{1}{n}\right),\quad b_n = o\left(\frac{1}{n}\right),\quad n\to\infty.$$

证明 记 a_n', b_n' 是 $f'(x)$ 的傅里叶系数，则利用分部积分

$$a_n = \frac{1}{\pi}\int_{-\pi}^{\pi} f(x)\cos nx\mathrm{d}x = -\frac{1}{n\pi}\int_{-\pi}^{\pi} f'(x)\sin nx\mathrm{d}x = -\frac{1}{n}b_n',$$

$$b_n = \frac{1}{\pi}\int_{-\pi}^{\pi} f(x)\sin nx\mathrm{d}x = \frac{1}{n\pi}\int_{-\pi}^{\pi} f'(x)\cos nx\mathrm{d}x = \frac{1}{n}a_n'.$$

推论 18.2.1 表明 $\lim\limits_{n\to\infty} a_n' = 0 = \lim\limits_{n\to\infty} b_n'$，所以 $a_n = o\left(\frac{1}{n}\right)$, $b_n = o\left(\frac{1}{n}\right)$, $(n\to\infty)$. 证毕.

推论 18.2.2 设 $f(x)\in C^m[-\pi,\pi]$ 且以 2π 为周期，满足 $f^{(k)}(-\pi)=f^{(k)}(\pi)$，$k=0,1,\cdots,m-1$. 若 a_n, b_n 是 $f(x)$ 的傅里叶系数，则

$$a_n = o\left(\frac{1}{n^m}\right),\quad b_n = o\left(\frac{1}{n^m}\right),\quad n\to\infty.$$

证明 对 a_n, b_n 积分公式连续使用分部积分即得. 证毕.

推论 18.2.3 设 $f(x)$ 在 $[-\pi,\pi]$ 上任意阶连续可微且以 2π 为周期，满足 $f^{(k)}(-\pi)=f^{(k)}(\pi)$, $\forall k\in\mathbb{N}$. 若 a_n, b_n 是 $f(x)$ 的傅里叶系数，则对 $\forall m\in\mathbb{N}^+$，有 $n^m a_n\to 0$, $n^m b_n\to 0$ $(n\to\infty)$.

由以上结论可知，一个周期函数的傅里叶级数的系数收敛速度与它的光滑性直接相关，函数 $f(x)$ 光滑阶数越高，其傅里叶系数趋于零的速度越快，即它的傅里叶级数的收敛速度也越快. 如果 $f(x)$ 具有无穷阶导数，则其傅里叶系数趋于零的速度高于任何幂次.

18.2.2 傅里叶级数的逐点收敛

设 $f(x)$ 以 2π 为周期且在 $[-\pi,\pi]$ 上可积或广义绝对可积，且它的傅里叶级数

$$f(x)\sim\frac{1}{2}a_0+\sum_{k=1}^{\infty}(a_k\cos kx+b_k\sin kx).$$

任取 $x_0\in[-\pi,\pi]$，级数 $\frac{1}{2}a_0+\sum\limits_{k=1}^{\infty}(a_k\cos kx_0+b_k\sin kx_0)$ 的前 $n+1$ 项部分和记为

$$S_n(x_0)=\frac{1}{2}a_0+\sum_{k=1}^{n}(a_k\cos kx_0+b_k\sin kx_0).$$

将 $a_k=\frac{1}{\pi}\int_{-\pi}^{\pi}f(x)\cos kx\mathrm{d}x$，$b_k=\frac{1}{\pi}\int_{-\pi}^{\pi}f(x)\sin kx\mathrm{d}x$ 代入上式，得

$$\begin{aligned}S_n(x_0)&=\frac{1}{2}a_0+\sum_{k=1}^{n}(a_k\cos kx_0+b_k\sin kx_0)\\&=\frac{1}{2\pi}\int_{-\pi}^{\pi}f(x)\mathrm{d}x+\frac{1}{\pi}\sum_{k=1}^{n}\left(\int_{-\pi}^{\pi}f(x)\cos kx_0\cos kx\mathrm{d}x+\int_{-\pi}^{\pi}f(x)\sin kx_0\sin kx\mathrm{d}x\right)\\&=\frac{1}{\pi}\int_{-\pi}^{\pi}f(x)\left(\frac{1}{2}+\sum_{k=1}^{n}\cos k(x_0-x)\right)\mathrm{d}x\qquad(18.2.2)\\&=\frac{1}{\pi}\int_{x_0-\pi}^{x_0+\pi}f(x_0-x)\left(\frac{1}{2}+\sum_{k=1}^{n}\cos kx\right)\mathrm{d}x\\&=\frac{1}{\pi}\int_{-\pi}^{\pi}f(x_0-x)\left(\frac{1}{2}+\sum_{k=1}^{n}\cos kx\right)\mathrm{d}x,\end{aligned}$$

称式（18.2.2）中的积分为函数 $f(x)$ 的 **Dirichlet 积分**，其中

$$D_n(x)=\frac{1}{\pi}\left(\frac{1}{2}+\sum_{k=1}^{n}\cos kx\right)$$

称为 **Dirichlet 核**，$n=1,2,\cdots$.

引理 18.2.2　在 $[-\pi,\pi]$ 上，Dirichlet 核 $D_n(x)$ 有下述表达式：

$$D_n(x)=\frac{\sin\left(n+\frac{1}{2}\right)x}{2\pi\sin\frac{1}{2}x}\ （x\neq 0），\ D_n(0)=\frac{1}{\pi}\left(\frac{1}{2}+n\right),$$

即 $D_n(x)$ 是偶函数，且 $\int_{-\pi}^{\pi}D_n(x)\,\mathrm{d}x=1$.

证明　显然，只需讨论 $x\neq 0$ 的情形．由三角函数的积化和差，有 $D_n(x)=\dfrac{\sin\left(n+\frac{1}{2}\right)x}{2\pi\sin\frac{1}{2}x}$．容易验证

$$\int_{-\pi}^{\pi}D_n(x)\,\mathrm{d}x=\frac{1}{\pi}\int_{-\pi}^{\pi}\left(\frac{1}{2}+\sum_{k=1}^{n}\cos kx\right)\mathrm{d}x=\frac{1}{2\pi}\int_{-\pi}^{\pi}\mathrm{d}x+\sum_{k=1}^{n}\int_{-\pi}^{\pi}\cos kx\mathrm{d}x=1.$$

证毕.

图 18-2-1 分别画出 $n=10$ 与 $n=30$ 的 Dirichlet 核函数的图像.

下面引入卷积的概念．设 $f(x),g(x)$ 是以 2π 为周期的函数，定义卷积 $(f*g)(x)=\int_{-\pi}^{\pi}f(t)g(x-t)\mathrm{d}t$，则容易验证，卷积满足

（1）交换律，$f*g=g*f$；

（2）线性，$f*(\alpha g+\beta h)=\alpha f*g+\beta f*h$，其中 α,β 是常数;

（3）结合律，$f*(g*h)=(f*g)*h$.

因此 Dirichlet 积分（18.2.2）可表示为 Dirichlet 核函数 $D_n(x)$ 与 $f(x)$ 的卷积，即

$$S_n(x_0)=(D_n*f)(x_0)=\int_{-\pi}^{\pi}f(x)D_n(x_0-x)\mathrm{d}x.$$

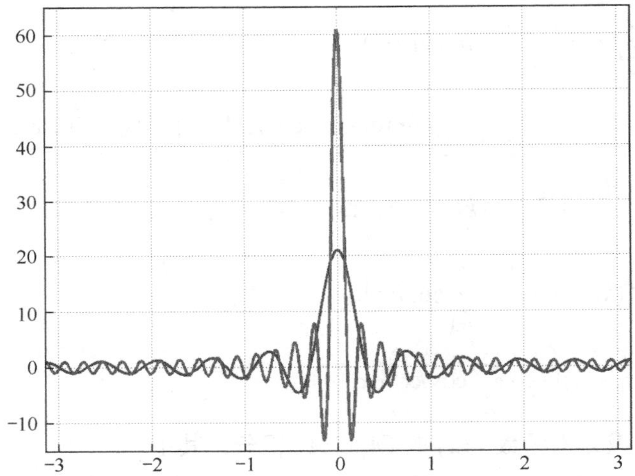

图 18-2-1

令 $x_0 - x = t$，并注意到上式积分中的被积函数以 2π 为周期，所以

$$S_n(x_0) = \int_{x_0-\pi}^{x_0+\pi} f(x_0-t)D_n(t)\mathrm{d}t = \int_{-\pi}^{\pi} f(x_0-t)D_n(t)\mathrm{d}t$$

$$= \int_{-\pi}^{0} f(x_0-t)D_n(t)\mathrm{d}t + \int_{0}^{\pi} f(x_0-t)D_n(t)\mathrm{d}t,$$

对上式中的第一个积分，令 $t=-u$，并注意到 $D_n(t)$ 是偶函数，则

$$\int_{-\pi}^{0} f(x_0-t)D_n(t)\mathrm{d}t = \int_{0}^{\pi} f(x_0+u)D_n(u)\mathrm{d}u,$$

从而

$$S_n(x_0) = \int_0^{\pi} (f(x_0+t)+f(x_0-t))D_n(t)\mathrm{d}t. \tag{18.2.3}$$

从 Dirichlet 核函数的图像（如图 18-2-1 所示）中可以看出，当 $n\to\infty$ 时，上面的积分权重主要集中在 $t=0$ 附近的一个微小邻域内．对任意小的 $\delta>0$，由于 $f(x)$ 在 $[\delta,\pi]$ 上可积，且 $\dfrac{1}{\sin\dfrac{t}{2}}$ 在 $[\delta,\pi]$ 上连续且有界，易知 $\dfrac{f(x_0+t)+f(x_0-t)}{\sin\dfrac{t}{2}}$ 在 $[\delta,\pi]$ 上可积．由引理 18.2.1 知，

$$\int_{\delta}^{\pi}\left[f(x_0+t)+f(x_0-t)\right]D_n(t)\mathrm{d}t = \frac{1}{2\pi}\int_{\delta}^{\pi}\frac{f(x_0+t)+f(x_0-t)}{\sin\dfrac{t}{2}}\sin\left(n+\frac{1}{2}\right)t\,\mathrm{d}t \to 0 \quad (n\to\infty),$$

因此 $\lim\limits_{n\to\infty} S_n(x_0)$ 存在与否及当它存在时值是多少，完全取决于积分

$$\int_0^{\delta}\left[f(x_0+t)+f(x_0-t)\right]D_n(t)\,\mathrm{d}t \quad (n\to\infty),$$

而这个积分的值仅与 $f(x)$ 在 $(x_0-\delta, x_0+\delta)$ 中的值有关，这样就得到下面的傅里叶级数的黎曼局部化定理．

定理 18.2.2（黎曼局部化定理） 设 $f(x)$ 以 2π 为周期且在 $[-\pi,\pi]$ 上黎曼可积．则 $f(x)$ 的傅里叶级数在点 x_0 是否收敛及收敛到什么数值，仅与 $f(x)$ 在 x_0 附近的微小邻域的行为有关.

由此可见，若 $f(x)$ 与 $g(x)$ 在 x_0 的充分小的邻域内有相同的值，则不论它们在这个邻域外的值如何，它们的傅里叶级数在 x_0 处都同时收敛同时发散，而且当它们收敛时有相同的值．下面的迪尼（Dini）收敛定理给出函数 $f(x)$ 的傅里叶级数收敛的充分条件．

定理 18.2.3（迪尼收敛定理） 设 $f(x)$ 以 2π 为周期且在 $[-\pi,\pi]$ 上黎曼可积．任取 $x_0\in\mathbb{R}$．对某个实数 s，令 $\varphi(t)=f(x_0+t)+f(x_0-t)-2s$．设 $\exists\delta>0$ 使得 $\dfrac{\varphi(t)}{t}$ 在 $[0,\delta]$ 上可积或广义绝对可积，则 $f(x)$ 的傅里叶级数在 x_0 点收敛于 s．

证明 因为常值函数1的傅里叶级数是它自己，所以在式（18.2.3）中，令 $f(x)\equiv 1$，则由引理 18.2.2 知 $\int_0^{\pi}D_n(t)\,\mathrm{d}t=\dfrac{1}{2}$．对任意实数 s，由式（18.2.3）及引理 18.2.2，有

$$
\begin{aligned}
S_n(x_0)-s&=\int_0^{\pi}(f(t+x_0)+f(x_0-t)-2s)D_n(t)\,\mathrm{d}t\\
&=\frac{1}{\pi}\int_0^{\pi}\frac{\varphi(t)}{2\sin\frac{1}{2}t}\sin\left(n+\frac{1}{2}\right)t\mathrm{d}t. \qquad (18.2.4)
\end{aligned}
$$

当 $t\to 0$ 时，有 $2\sin\dfrac{t}{2}=t+O(t^3)$，而由假设知，$\exists\delta>0$ 使得 $\dfrac{\varphi(t)}{t}$ 在 $[0,\delta]$ 上可积或广义绝对可积，因此 $\dfrac{\varphi(t)}{2\sin\frac{1}{2}t}$ 在 $[0,\delta]$ 上可积或广义绝对可积，从而在 $[0,\pi]$ 上可积或广义绝对可积．由黎曼–勒贝格引理 18.2.1 知，式（18.2.4）的右边当 $n\to\infty$ 时趋于零，故 $\lim\limits_{n\to\infty}S_n(x_0)=s$. 即

$$
\frac{1}{2}a_0+\sum_{k=1}^{\infty}(a_k\cos kx_0+b_k\sin kx_0)=s.
$$

证毕.

定义 18.2.1 设函数 $f(x)$ 在 x_0 处左、右极限都存在且有界．若存在 $\delta>0$, $L>0$ 及 $\alpha\in(0,1]$ 使得当 $t\in(0,\delta]$ 时，有

$$
|f(x_0+t)-f(x_0+0)|\leqslant Lt^{\alpha},\quad |f(x_0-t)-f(x_0-0)|\leqslant Lt^{\alpha},
$$

则称 $f(x)$ 在 x_0 附近满足 α –阶 Hölder 条件．若 $\alpha=1$，称 $f(x)$ 在 x_0 附近满足 Lipschitz 条件.

定理 18.2.4 设 $f(x)$ 以 2π 为周期且在 $[-\pi,\pi]$ 上黎曼可积．若函数 $f(x)$ 在 x_0 附近满足 Hölder 条件，则 $f(x)$ 的傅里叶级数在 x_0 点处收敛于 $\dfrac{1}{2}(f(x_0+0)+f(x_0-0))$.

证明 在定理 18.2.3 中，取 $s=\dfrac{1}{2}(f(x_0+0)+f(x_0-0))$，则

$$
\frac{\varphi(t)}{t}=\frac{f(x_0+t)+f(x_0+0)}{t}+\frac{f(x_0-t)+f(x_0-0)}{t},
$$

因为函数 $f(x)$ 在 x_0 附近满足 Hölder 条件，所以 $\left|\dfrac{\varphi(t)}{t}\right|\leqslant\dfrac{2L}{t^{1-\alpha}}$, $\forall t\in(0,\delta]$．当 $\alpha=1$ 时，

$\dfrac{\varphi(t)}{t}$是有界函数；当$0<\alpha<1$时，$\dfrac{\varphi(t)}{t}$在$[0,\delta]$上广义绝对可积，所以定理 18.2.3 的条件成立，故结论成立．证毕．

定理 18.2.5 设$f(x)$以2π为周期且在$[-\pi,\pi]$上黎曼可积．若$f(x)$在x_0点处存在导数$f'(x_0)$，或有两个有限的单侧导数$f'_+(x_0)$与$f'_-(x_0)$，则$f(x)$的傅里叶级数在x_0点处收敛于$f(x_0)$；若$f(x)$在x_0点处仅有两个有限的广义单侧导数

$$\lim_{t\to0^+}\frac{f(x_0+t)-f(x_0+0)}{t} \quad 与 \quad \lim_{t\to0^+}\frac{f(x_0-t)-f(x_0-0)}{-t},$$

则$f(x)$的傅里叶级数在x_0点处收敛于$\dfrac{1}{2}(f(x_0+0)+f(x_0-0))$．

证明 设$f(x)$在x_0点处有两个有限的广义单侧导数，则$\exists L>0$且$\exists\delta>0$使得当$0<t<\delta$时，有

$$|f(x_0+t)-f(x_0+0)|\leqslant Lt,\quad |f(x_0-t)-f(x_0-0)|\leqslant Lt,$$

故$f(x)$在x_0附近满足 Lipschitz 条件，在其他几种情况下也能推出同样的结论，因而由定理 18.2.4 知，$f(x)$的傅里叶级数在x_0点处收敛于$\dfrac{1}{2}(f(x_0+0)+f(x_0-0))$．证毕．

现在，由定理 18.2.5 可知，狄利克雷收敛定理（定理 18.1.1）成立．

我们知道，连续函数可以超出我们的直觉，即大多数连续函数都是点点不可微的，因此，认为连续函数的傅里叶级数一定收敛且收敛到该函数值是错误的．实际上，Du Bois-Reymond 在 1873 年给出了一个连续函数，它的傅里叶级数在一点发散到无穷（见习题 18.2 中第 4 题数学家 Fejér 给出的例子）．Kolmogorov 在 1922 年（19 岁本科生）给出了一个 Lebesgue 可积函数（L^1），它的傅里叶级数处处发散．傅里叶级数的逐点收敛问题一直是经典分析中的难题．$L^p(p>1)$函数类的逐点收敛问题长期成为经典分析领域的最重要未解难题，称为 Luzin 猜想（Luzin 是 Kolmogorov 的导师）．直到 1966 年，瑞典数学家 Carleson 证明了 Luzin 猜想的正确性，即$L^p(1<p\leqslant\infty)$函数类的傅里叶级数几乎处处收敛（发散点集最多是零测集）．$L^p(p>1)$函数集当然包含连续函数集合，因此任意一个连续函数的傅里叶级数也是几乎处处收敛的．

注意到，定理 18.2.4 中的$\alpha(0<\alpha\leqslant1)$阶 Hölder 条件，可能表现为图 18-2-2 曲线中A,B,C,D,D'和E处的情况．迪尼收敛定理要求这些点处不能过尖，如果在这样的点附近满足

$$|f(x_0+t)-f(x_0)|=\frac{c}{|\ln|t||},$$

其中c为常数，则积分$\displaystyle\int_0^\delta\left|\frac{\varphi(t)}{t}\right|\mathrm{d}t=c\int_0^\delta\frac{\mathrm{d}t}{t|\ln t|}=c|\ln|\ln t||\Big|_0^\delta=\infty$，傅里叶级数在该点不满足迪尼收敛定理的条件，因此迪尼判据不再成立．虽然图 18-2-2 中函数在某些尖点（如C点）不满足迪尼条件，但因为函数是分段单调的，所以利用下面的分段单调函数的狄利克雷收敛定理 18.2.7（给出了傅里叶级数收敛的又一充分条件），该函数的傅里叶级数在尖点处也是收敛的．

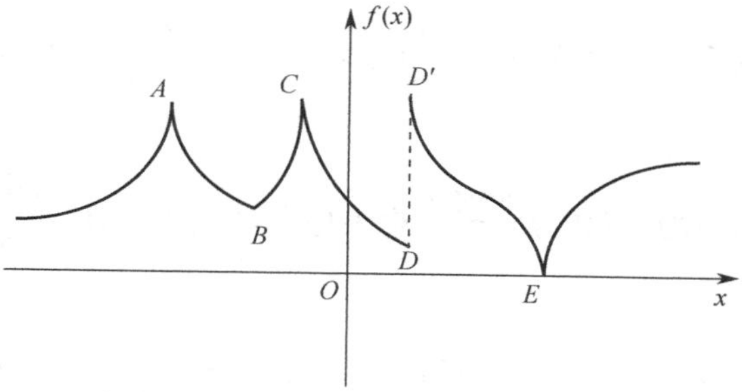

图 18-2-2

为证明下面的定理 18.2.7，先证明下列引理.

引理 18.2.3　设存在 $\delta>0$ 使得 $f(x)$ 在 $(0,\delta)$ 上单调有界，则 $\lim\limits_{\gamma\to+\infty}\int_0^\delta f(x)\dfrac{\sin\gamma x}{x}\mathrm{d}x=\dfrac{\pi}{2}f(0^+)$，其中 $f(0^+)$ 表示 $f(x)$ 在 0 点的右极限.

证明　不妨设 $f(x)$ 在 $(0,\delta)$ 上单调递增（否则考虑 $-f(x)$ ），则

$$\int_0^\delta f(x)\frac{\sin\gamma x}{x}\mathrm{d}x=f(0^+)\int_0^\delta\frac{\sin\gamma x}{x}\mathrm{d}x+\int_0^\delta(f(x)-f(0^+))\frac{\sin\gamma x}{x}\mathrm{d}x.$$

对 $I=f(0^+)\int_0^\delta\dfrac{\sin\gamma x}{x}\mathrm{d}x$，由狄利克雷积分 $\int_0^{+\infty}\dfrac{\sin x}{x}\mathrm{d}x=\dfrac{\pi}{2}$ 知，

$$I=f(0^+)\int_0^\delta\frac{\sin\gamma x}{x}\mathrm{d}x=f(0^+)\int_0^{\gamma\delta}\frac{\sin x}{x}\mathrm{d}x\to f(0^+)\int_0^{+\infty}\frac{\sin x}{x}\mathrm{d}x=\frac{\pi}{2}f(0^+)\quad(\gamma\to+\infty).$$

显然，若能证明

$$J=\int_0^\delta(f(x)-f(0^+))\frac{\sin\gamma x}{x}\mathrm{d}x\to0\quad(\gamma\to+\infty),$$

则结论成立. 任取 $\delta_1\in(0,\delta)$，令

$$J_1=\int_0^{\delta_1}(f(x)-f(0^+))\frac{\sin\gamma x}{x}\mathrm{d}x,\quad J_2=\int_{\delta_1}^{\delta}(f(x)-f(0^+))\frac{\sin\gamma x}{x}\mathrm{d}x,$$

则 $J=J_1+J_2$. 由于 $\dfrac{f(x)-f(0^+)}{x}$ 在 $[\delta_1,\delta]$ 上可积，应用 Riemann-Lebesgue 引理 18.2.1，有

$$J_2=\int_{\delta_1}^{\delta}(f(x)-f(0^+))\frac{\sin\gamma x}{x}\mathrm{d}x\to0\quad(\gamma\to+\infty).$$

现在狄利克雷积分 $\int_0^{+\infty}\dfrac{\sin x}{x}\mathrm{d}x=\dfrac{\pi}{2}$ 表明 $\exists M>0$ 使得

$$\left|\int_0^x\frac{\sin t}{t}\mathrm{d}t\right|\leqslant M,\quad\forall x\geqslant0.$$

因条件 $f(x)$ 在 $(0,\delta)$ 上单调递增，故对 $\forall\varepsilon>0$，存在充分小的 $\delta_1>0$ 使得当 $x\in(0,\delta_1]$ 时，有

$$0\leqslant f(x)-f(0^+)\leqslant\frac{\varepsilon}{2M}.$$

对上述取定的正数 δ_1，对积分 $J_1=\int_0^{\delta_1}(f(x)-f(0^+))\frac{\sin\gamma x}{x}\mathrm{d}x$ 应用积分第二中值定理 7.4.3，$\exists\xi\in[0,\delta_1]$ 使得

$$J_1=\int_0^{\delta_1}(f(x)-f(0^+))\frac{\sin\gamma x}{x}\mathrm{d}x=(f(\delta_1)-f(0^+))\int_{\xi}^{\delta_1}\frac{\sin\gamma x}{x}\mathrm{d}x,$$

故

$$|J_1|\leqslant\frac{\varepsilon}{2M}\left|\int_{\xi}^{\delta_1}\frac{\sin\gamma x}{x}\mathrm{d}x\right|=\frac{\varepsilon}{2M}\left|\int_{\gamma\xi}^{\gamma\delta_1}\frac{\sin x}{x}\mathrm{d}x\right|=\frac{\varepsilon}{2M}\left|\int_0^{\gamma\delta_1}\frac{\sin x}{x}\mathrm{d}x-\int_0^{\gamma\xi}\frac{\sin x}{x}\mathrm{d}x\right|\leqslant\varepsilon,$$

即 $J_1=\int_0^{\delta_1}(f(x)-f(0^+))\frac{\sin\gamma x}{x}\mathrm{d}x\to0\ (\gamma\to+\infty)$．从而当 $\gamma\to+\infty$ 时，有 $J=J_1+J_2\to0$．

证毕．

定理 18.2.6 设 $f(x)$ 以 2π 为周期，在 $[-\pi,\pi]$ 上可积．对 $\forall x_0\in\mathbb{R}$，若 $\exists\delta>0$ 使得 $f(x)$ 在 $(x_0-\delta,x_0)$ 和 $(x_0,x_0+\delta)$ 上分别单调有界，则 $f(x)$ 的傅里叶级数在点 x_0 收敛于 $\frac{1}{2}(f(x_0+0)+f(x_0-0))$．

证明 根据黎曼局部化定理 18.2.2，只需证明

$$\lim_{n\to\infty}\frac{1}{\pi}\int_0^{\delta}\frac{f(x_0+t)-f(x_0-t)}{t}\sin\left((n+\frac{1}{2})t\right)\mathrm{d}t=\frac{1}{2}(f(x_0+0)+f(x_0-0)).$$

由假设知，t 的函数 $f(x_0+t)$ 和 $f(x_0-t)$ 都在 $(0,\delta)$ 上单调，应用引理 18.2.3，有

$$\begin{aligned}\lim_{n\to\infty}\frac{1}{\pi}\int_0^{\delta}\frac{f(x_0+t)-f(x_0-t)}{t}\sin\left(\left(n+\frac{1}{2}\right)t\right)\mathrm{d}t&=\frac{1}{\pi}\cdot\frac{\pi}{2}(f(x_0+0)+f(x_0-0))\\&=\frac{1}{2}(f(x_0+0)+f(x_0-0)).\end{aligned}$$

证毕．

定义 18.2.2 设 $f(x)$ 在 $[a,b]$ 上有界，若存在 $[a,b]$ 的一个分割 $a=x_0<x_1<\cdots<x_{n-1}<x_n=b$ 使得 $f(x)$ 在每个小区间 (x_{k-1},x_k) 上单调（从而在 x_{k-1} 处的右极限存在，在 x_k 处的左极限存在），则称 $f(x)$ 在 $[a,b]$ 上分段单调．

说明：这里的分段单调函数是有界函数，且在 $[a,b]$ 上只能有有限个极值点．由定理 18.2.6，可立得下列的狄利克雷收敛定理．

定理 18.2.7（分段单调函数的狄利克雷收敛定理）设函数 $f(x)$ 以 2π 为周期且在 $[-\pi,\pi]$ 上分段单调有界．则 $f(x)$ 的傅里叶级数在任意一点 $x\in\mathbb{R}$ 处都收敛，且收敛到 $\frac{1}{2}[f(x+0)+f(x-0)]$.

说明：上面分段单调函数的 Dirichlet 收敛定理是 Dirichlet-Jordan 收敛定理的一个推论．Dirichlet-Jordan 收敛定理是说对 $[-\pi,\pi]$ 上的有界变差函数 $f(x)$，它的傅里叶级数处处收敛，且收敛到 $\frac{1}{2}[f(x+0)+f(x-0)]$．闭区间 $[a,b]$ 上的有界变差函数 $f(x)$ 定义如下：任给 $[a,b]$ 上的一个有限分割

$$\Delta\colon a \leqslant x_0 < x_1 < \cdots < x_{n-1} < x_n \leqslant b,$$

定义 $f(x)$ 对该分割的变差为 $V_\Delta(f,[a,b]) = \sum_{k=0}^{n-1} |f(x_{k+1}) - f(x_k)|$，定义 $f(x)$ 在 $[a,b]$ 上的变差为

$$V(f,[a,b]) = \sup\{V_\Delta(f,[a,b]) : \Delta\text{是}[a,b]\text{的一个有限分割}\},$$

如果 $V(f,[a,b]) < +\infty$，则称 $f(x)$ 是闭区间 $[a,b]$ 上的有界变差函数．有界变差函数在实分析中有重要应用．

习题 18.2

1．证明：函数 $f(x) = \dfrac{\sin x}{3+\cos x}$ 的傅里叶系数衰减速度比任意幂次都要快．

2．设 $f(t) = \cos \pi z t,\ z \in \mathbb{C} \setminus \mathbb{Z}$．（1）求该函数的傅里叶级数；（2）证明等式

$$\pi \cot \pi z = \frac{1}{z} + 2z\sum_{n=1}^{\infty} \frac{1}{z^2 - n^2}, \quad \frac{\pi}{\sin \pi z} = \frac{1}{z} + 2z\sum_{n=1}^{\infty} \frac{(-1)^n}{z^2 - n^2}.$$

3．设 $f(x) = \cosh ax,\ a > 0,\ x \in [-\pi, \pi]$．

（1）证明 $f(x)$ 的傅里叶级数一致收敛到 $f(x)$；

（2）求 $f(x)$ 的傅里叶级数；

（3）证明等式 $\displaystyle\sum_{n=1}^{\infty} \frac{1}{a^2+n^2} = \frac{\pi}{2a}\left(\coth \pi a - \frac{1}{\pi a}\right),\ a \in \mathbb{R} \setminus \{0\}$；

（4）证明 $f(x)$ 的傅里叶级数对 $x \in (-\pi, \pi)$ 可以逐点可微，并证明等式

$$\sinh ax = \frac{2\sinh \pi a}{\pi} \sum_{n=1}^{\infty} \frac{(-1)^{n+1} n}{a^2 + n^2} \sin nx,\ x \in (-\pi, \pi).$$

4．一个连续函数，它的傅里叶级数在一点发散的例子（Fejér）．

（1）定义三角多项式

$$\begin{aligned} T(x,n) = {} & \frac{\cos nx}{n} + \frac{\cos(n+1)x}{n-1} + \cdots + \frac{\cos(n+n-1)x}{1} - \\ & \frac{\cos(n+n+1)x}{1} - \frac{\cos(n+n+2)x}{2} - \cdots - \frac{\cos(n+2n)x}{n} \qquad (*) \\ = {} & \sum_{k=1}^{n} \frac{\cos(2n-k)x - \cos(2n+k)x}{k}, \end{aligned}$$

证明：$T(x,n) = 2\sin 2nx \displaystyle\sum_{k=1}^{n} \frac{\sin kx}{k}$．

（2）证明：$\displaystyle\sum_{k=1}^{\infty} \frac{\sin kx}{k}$ 是函数 $\varphi(x) = \dfrac{\pi - x}{2}$ 的傅里叶级数．

（3）证明：部分和 $\displaystyle\sum_{k=1}^{n} \frac{\sin kx}{k}$ 关于 n 和 x 一致有界，即存在常数 C，任给 $(n,x) \in \mathbb{N} \times \mathbb{R}$，

有$T(n,x)\leqslant C$.

（4）定义函数

$$f(x)=\sum_{p=1}^{\infty}\frac{1}{p^2}T(x,2^{p^3}),\qquad (**)$$

证明该级数在$\mathbb{R}$上绝对收敛且一致收敛，因此$f(x)$是连续函数.

（5）利用关系式$3\cdot 2^{p^3}<2^{(p+1)^3}\ (p\geqslant 1)$，证明：对$\forall q>p\geqslant 1$，$T(x,2^{p^3})$与$T(x,2^{q^3})$不含$x$相同倍数的余弦项．并且，如果$\cos kx$包含在$T(x,2^{p^3})$中，$\cos mx$包含在$T(x,2^{q^3})$中，则当$p<q$时一定有$k<m$．由此可得连续函数$f(x)$的傅里叶级数由级数（**）给出，但是必须得把式（**）中的余弦谐波项按照频率递增排列，即由式（*）给出的顺序求和.

（6）利用式（*）中的$T(x,n)$表达式，证明：$f(x)$的傅里叶级数部分和满足

$$S_{2\cdot 2^q}(f;0)=\frac{1}{q^2}\sum_{k=1}^{2^{q^3}}\frac{1}{k}=\frac{1}{q^2}\ln 2^{q^3}=q\ln 2\,.$$

（7）证明：$\limsup\limits_{k\to\infty}|S_k(f;0)|=+\infty$，即连续函数$f(x)$的傅里叶级数在零点发散.

（8）应用阿贝尔变换：$\sum\limits_{k=1}^{N}a_kb_k=a_NB_N-\sum\limits_{k=1}^{N-1}B_k(a_{k+1}-a_k)$，其中$B_k=\sum\limits_{i=1}^{k}b_i$，证明

$$\left|\sum_{k=1}^{p}\frac{\cos(n+k)x_0}{n-k}\right|\leqslant A(x_0)\ (p<n),\quad \left|\sum_{k=1}^{p}\frac{\cos(2n+k)x_0}{k}\right|\leqslant B(x_0)\ (p\leqslant n),$$

其中$A(x_0)$和$B(x_0)$是仅与x_0有关的有限数.

（9）证明：$f(x)$的傅里叶级数在$x_0\in(0,2\pi)$处收敛.

18.3 傅里叶级数的平方平均收敛

对在$[a,b]$上的两个可积函数$f(x)$和$g(x)$，根据研究问题的不同需要，可用不同的方法定义这两个函数在$[a,b]$上的距离$d(f,g)$．经常采用平方均值偏差，即

$$\delta^2(f,g)=\frac{1}{b-a}\int_a^b(f(x)-g(x))^2\mathrm{d}x$$

来定义两个函数$f(x)$和$g(x)$在$[a,b]$上的距离．显然，两个函数$f(x)$和$g(x)$在某点x_0的差$|f(x_0)-g(x_0)|^2$不一定很小，甚至可能很大，但只要平方均值偏差$\delta^2(f,g)$很小就满足研究某些问题的精度要求．它在泛函分析和概率论等课程中有着广泛的应用.

18.3.1 正交投影及 Bessel 不等式

回顾线性代数的知识．设$\mathcal{V}$是欧氏空间$\mathbb{R}^n$的子空间，则存在$\mathbb{R}^n$的唯一子空间$\mathcal{V}^{\perp}$，满足$\mathcal{V}^{\perp}\cap\mathcal{V}=\{0\}$，$\mathcal{V}^{\perp}+\mathcal{V}=\mathbb{R}^n$，且对$\forall \boldsymbol{x}\in\mathcal{V}$, $\forall \boldsymbol{y}\in\mathcal{V}^{\perp}$，有$\langle \boldsymbol{x},\boldsymbol{y}\rangle=\boldsymbol{x}^{\mathrm{T}}\boldsymbol{y}=0$．称线性空间

$\mathcal{V}^{\perp}$ 为 $\mathcal{V}$ 的正交补空间．我们有下面的命题．

命题 18.3.1　设 $\mathcal{V}$ 是欧氏空间 $\mathbb{R}^n$ 的子空间，任取 $\boldsymbol{v}\in\mathbb{R}^n$，则最小值问题 $\min\limits_{\boldsymbol{x}\in\mathcal{V}}\|\boldsymbol{v}-\boldsymbol{x}\|_2$ 有唯一解，满足 $\boldsymbol{v}=\boldsymbol{x}_*+\boldsymbol{y}_*$，其中 $\boldsymbol{x}_*\in\mathcal{V},\ \boldsymbol{y}_*\in\mathcal{V}^{\perp}$．

证明　任取 $\boldsymbol{v}\in\mathbb{R}^n$．对 $\forall\boldsymbol{x}\in\mathcal{V}$，定义 $f(\boldsymbol{x})=\|\boldsymbol{v}-\boldsymbol{x}\|_2^2$．设 $\xi_1,\xi_2,\cdots,\xi_m$ 是 $\mathcal{V}$ 的一组正交基，即

$$\langle\xi_i,\xi_j\rangle=\|\xi_i\|^2\delta_{ij}=\begin{cases}\|\xi_i\|^2, & i=j;\\ 0, & i\neq j,\end{cases}$$

则对 $\forall\boldsymbol{x}\in\mathcal{V}$，有 $\boldsymbol{x}=\sum\limits_{k=1}^{m}c_k\xi_k$，即

$$\begin{aligned}f(\boldsymbol{x})=\tilde{f}(c_1,c_2,\cdots,c_m)&=\left\|\boldsymbol{v}-\sum_{k=1}^{m}c_k\xi_k\right\|_2^2=\left(\boldsymbol{v}-\sum_{k=1}^{m}c_k\xi_k\right)^{\mathrm{T}}\left(\boldsymbol{v}-\sum_{k=1}^{m}c_k\xi_k\right)\\&=\|\boldsymbol{v}\|^2-2\sum_{k=1}^{m}c_k\langle\boldsymbol{v},\xi_k\rangle+\sum_{k=1}^{m}c_k^2\|\xi_k\|^2,\end{aligned}$$

其中 c_k（$k=1,2,\cdots,m$）待定，$\tilde{f}$ 取极小值的必要条件为

$$\frac{\partial\tilde{f}}{\partial c_k}=2c_k\|\xi_k\|^2-2\langle\boldsymbol{v},\xi_k\rangle=0,\quad k=1,2\cdots,m,$$

解得 $\tilde{f}$ 的驻点 $c_k^*=\dfrac{\langle\boldsymbol{v},\xi_k\rangle}{\|\xi_k\|^2}=\dfrac{\langle\boldsymbol{v},\xi_k\rangle}{\langle\xi_k,\xi_k\rangle}$, $k=1,2,\cdots,m$．因此有

$$\boldsymbol{x}_*=\sum_{k=1}^{m}c_k^*\xi_k=\sum_{k=1}^{m}\frac{\langle\boldsymbol{v},\xi_k\rangle}{\langle\xi_k,\xi_k\rangle}\xi_k,\quad \boldsymbol{y}_*=\boldsymbol{v}-\boldsymbol{x}_*,$$

并且可以验证：

（1）$\langle\boldsymbol{x}_*,\boldsymbol{y}_*\rangle=\langle\boldsymbol{x}_*,\boldsymbol{v}-\boldsymbol{x}_*\rangle=0$，即 $\boldsymbol{x}_*$ 与 $\boldsymbol{y}_*$ 正交，从而 $\boldsymbol{y}_*\in\mathcal{V}^{\perp}$；

（2）$f(\boldsymbol{x}_*)=\|\boldsymbol{v}\|_2^2-\|\boldsymbol{x}_*\|_2^2=\|\boldsymbol{y}_*\|_2^2$，满足毕达哥拉斯定理；

（3）Hesse 矩阵 $\left[\dfrac{\partial^2\tilde{f}}{\partial c_i\partial c_j}\right]_{i,j=1}^{m}=\mathrm{diag}\left\{\|\xi_1\|^2,\|\xi_2\|^2,\cdots,\|\xi_m\|^2\right\}$ 是正定矩阵，因此 $f(\boldsymbol{x}_*)$ 取严格极小值，由推论 12.3.1 可得该极小值也是函数的最小值．另一种方法是，通过配方，求得函数的最小值点．由于

$$f(\boldsymbol{x})=\|\boldsymbol{v}\|^2+\sum_{k=1}^{m}\left(c_k\|\xi_k\|-\frac{\langle\boldsymbol{v},\xi_k\rangle}{\|\xi_k\|}\right)^2-\sum_{k=1}^{m}\frac{\langle\boldsymbol{v},\xi_k\rangle^2}{\|\xi_k\|^2},$$

故当 $c_k=c_k^*$（$k=1,2,\cdots,m$）时，$f(\boldsymbol{x})$ 取得最小值．证毕．

这个命题有非常强的几何意义，如图 18-3-1 所示，$\mathbb{R}^n$ 空间中的一个给定向量 $\boldsymbol{v}$ 与子空间 $\mathcal{V}$ 中的任何一个向量 $\boldsymbol{x}$ 之差所形成的向量 $\boldsymbol{y}=\boldsymbol{v}-\boldsymbol{x}$ 的长度最小当且仅当 $\boldsymbol{y}_*=\boldsymbol{v}-\boldsymbol{x}_*$ 与 $\boldsymbol{x}_*$ 相互正交，即 $\boldsymbol{y}_*\in\mathcal{V}^{\perp}$．傅里叶级数的均方收敛与此非常类似，其麻烦之处在于所对应的空间是无穷维的，因此问题的关键在于傅里叶级数的三角函数系是否具有完备性．

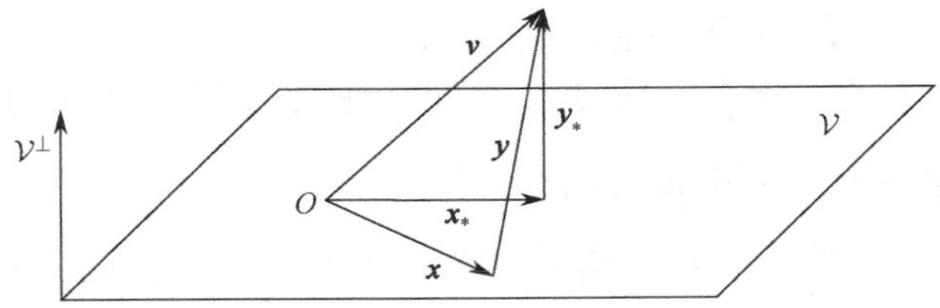

图 18-3-1

设 $f(x),g(x)\in R[a,b]$，则定义内积 $\langle f,g\rangle=\int_a^b f(x)\overline{g}(x)\mathrm{d}x$．由黎曼积分性质可知，$R[a,b]$ 是个线性空间，即对 $\forall f(x),g(x)\in R[a,b],\ \forall\alpha,\beta\in\mathbb{R}$，有 $\alpha f(x)+\beta g(x)\in R[a,b]$．因此，定义了内积的线性空间 $R[a,b]$ 就变成一个内积空间．内积可以诱导范数，定义范数

$$\|f\|_2=\sqrt{\langle f,f\rangle}=\sqrt{\int_a^b|f(x)|^2\,\mathrm{d}x}\,.$$

如果 $f\in R[a,b]$，则 $\|f\|_2<\infty$，这个函数空间记为 $R^2[a,b]$，即 $R^2[a,b]=\left\{f\in R[a,b]\,\middle|\,\|f\|_2^2=\int_a^b|f(x)|^2\mathrm{d}x<+\infty\right\}$．

注意到 $f\in R^2[a,b]$ 并不一定意味着 $f\in R[a,b]$，例如，

$$f(x)=\begin{cases}1, & x\in[0,1]\setminus\mathbb{Q};\\ -1, & x\in[0,1]\cap\mathbb{Q},\end{cases}$$

这给我们研究 $R^2[a,b]$ 中函数性质带来一定困难．此外，设函数序列 $\{f_n\}_{n\in\mathbb{N}^+}\subset R^2[a,b]$，则该序列为柯西序列当且仅当对 $\forall\varepsilon>0,\ \exists N>0,\ \forall m,n>N,\ \|f_m-f_n\|_2<\varepsilon$．可惜 $R^2[a,b]$ 中的柯西序列不一定在 $R^2[a,b]$ 中收敛．数学家 Polya 给出的例子（例 17.1.4）就是 $R^2[a,b]$ 中不收敛的柯西序列．这套教材的上册第一节就已说明，有理数集 $\mathbb{Q}$ 是不完备的，因此需要定义实数集 $\mathbb{R}$ 把有理数集完备化，否则一个有理数序列的极限就无从谈起了．对 $R^2[a,b]$ 的完备化需要定义新的积分，能够适用于诸如 Dirichlet 函数一类的复杂函数．Lebesgue 在他的 1902 年博士论文中找到了这种更广泛的积分，后人称之为 Lebesgue 积分，在后续课程实变函数中会有详细介绍．需要指出的是，如果一个函数在闭区间 $[a,b]$ 上黎曼可积或者广义绝对可积，则它一定勒贝格可积，并且勒贝格积分值等于黎曼积分值．此外，如果 $f^2(x)$ 在 $[a,b]$ 上勒贝格可积，则 $f(x)$ 也勒贝格可积．更重要的是，勒贝格积分定义下的函数空间 $L^2[a,b]=\left\{f\,\middle|\,\|f\|_2^2=\int_{[a,b]}|f(x)|^2<\infty\right\}$ 是完备的，即任何一个柯西序列都在这个函数空间中收敛，定义了内积的完备函数空间称为希尔伯特空间．因此，傅里叶级数的均方收敛的完整理论是建立在希尔伯特空间 $L^2[-\pi,\pi]$ 上的，而不是在非完备空间 $R^2[-\pi,\pi]$ 上的．但无论如何，我们下面只考虑 $R^2[a,b]$，并且允许瑕点存在．

定义 18.3.1 设 $f(x)$ 在 $[a,b]$ 上有有限个瑕点，且在 $[a,b]$ 的任意不包含这些瑕点的闭子区间上都黎曼可积，若瑕积分 $\int_a^b|f(x)|^2\,\mathrm{d}x$ 收敛，即 $\int_a^b|f(x)|^2\,\mathrm{d}x<+\infty$，则称 $f(x)$ 在

$[a,b]$上**广义平方可积**.

$[a,b]$上广义平方可积的函数一定是广义绝对可积（即瑕积分是绝对收敛）的，因此下面所说的**闭区间上的平方可积函数空间** $R^2[a,b]$ **是指，要么是黎曼可积的，要么是广义平方可积的**.

假设 $f(x)$ 以 2π 为周期且在$[-\pi,\pi]$上平方可积，则它的傅里叶级数为

$$f(x)\sim\frac{1}{2}a_0+\sum_{k=1}^{\infty}(a_k\cos kx+b_k\sin kx).$$

其 n 阶部分和记为 $S_n(f;x)=\dfrac{1}{2}a_0+\sum\limits_{k=1}^{n}(a_k\cos kx+b_k\sin kx)$. 容易验证

$$\langle f(x)-S_n(f;x),\ \sin kx\rangle=0,\ \langle f(x)-S_n(f;x),\ \cos kx\rangle=0,\ k=0,1,\cdots,n,$$

即 $f(x)-S_n(f;x)$ 与有限三角函数 $\{\cos kx\}_{k=0}^{n}\cup\{\sin kx\}_{k=1}^{n}$ 张成的有限维子空间是正交的，因此$\langle f(x)-S_n(f;x),\ S_n(f;x)\rangle=0$，从而

$$\frac{1}{\pi}\int_{-\pi}^{\pi}|f(x)-S_n(f;x)|^2\mathrm{d}x=\frac{1}{\pi}\int_{-\pi}^{\pi}|f(x)|^2\,\mathrm{d}x-\left[\frac{1}{2}a_0^2+\sum_{k=1}^{n}(a_k^2+b_k^2)\right].\tag{18.3.1}$$

由式（18.3.1），我们得到下面的贝塞尔（Bessel）不等式.

定理 18.3.1（Bessel 不等式） 设 $f(x)$ 以 2π 为周期且在$[-\pi,\pi]$上平方可积. 令 a_0，a_n，b_n $(n\geqslant 1)$是 $f(x)$ 的傅里叶系数，则

$$\frac{1}{2}a_0^2+\sum_{k=1}^{n}(a_k^2+b_k^2)\leqslant\frac{1}{\pi}\int_{-\pi}^{\pi}f(x)^2\mathrm{d}x,\ \forall n\in\mathbb{N}^*.$$

在 Bessel 不等式中，令 $n\to\infty$，则有下列不等式

$$\frac{1}{2}a_0^2+\sum_{k=1}^{\infty}(a_k^2+b_k^2)\leqslant\frac{1}{\pi}\int_{-\pi}^{\pi}f(x)^2\mathrm{d}x.$$

问题的关键在于上面的不等式是否会成为等式？我们在后面将证明等式是成立的，这个等式称为 Parseval 等式.

为进一步探讨函数 $f(x)$ 与其傅里叶级数的前 $n+1$ 项部分和在$[-\pi,\pi]$上的距离，下面引进三角多项式的概念.

18.3.2　三角多项式

令 $T_n(x)=\dfrac{1}{2}c_0+\sum\limits_{k=1}^{n}(c_k\cos kx+d_k\sin kx)$，其中 c_0，c_k，$d_k\in\mathbb{R}$ 是常数，且 $k=n$ 的项的系数 c_n，d_n 至少有一个是非零的，则 $T_n(x)$ **称为 n 阶的三角多项式**，且 $T_n(x)$ 的周期为 2π，n 称为三角多项式的阶.

平方可积函数 $f(x)$ 的傅里叶级数的 n 阶部分和

$$S_n(f;x)=\frac{1}{2}a_0+\sum_{k=1}^{n}(a_k\cos kx+b_k\sin kx).$$

由于可能出现 $a_n=0,\ b_n=0$ 的情况，因此 n 阶部分和 $S_n(f;x)$ 作为三角多项式的阶可

能只是不大于 n，即它的阶可能小于 n. 注意到，n 阶三角多项式 $T_n(x)$ 和 $f(x)$ 的傅里叶级数的 n 阶部分和 $S_n(f;x)$ 的区别在于，$S_n(f;x)$ 的系数是 Fourier 系数，而 $T_n(x)$ 的系数可以是任意的，因此，$S_n(f;x)$ 是一类特殊的三角多项式. 下面的结论说明，傅里叶级数的 n 阶部分和 $S_n(f;x)$ 在所有阶数不高于 n 的三角多项式均方逼近中是最优的.

定理 18.3.2 设 $f(x)$ 以 2π 为周期且在 $[-\pi,\pi]$ 上平方可积. 则在所有阶数不大于 n 的三角多项式 $T_n(x)$ 中，当 $T_n(x)$ 取 $f(x)$ 的傅里叶级数的 n 阶部分和 $S_n(f;x)$ 时，$T_n(x)$ 与 $f(x)$ 的均方差最小，即 $\int_{-\pi}^{\pi}|f(x)-S_n(f;x)|^2\mathrm{d}x \leqslant \int_{-\pi}^{\pi}|f(x)-T_n(x)|^2\mathrm{d}x$.

证明 设 $T_n(x)=\frac{1}{2}c_0+\sum\limits_{k=1}^{n}(c_k\cos kx+d_k\sin kx)$，利用三角函数系的正交性，有

$$\frac{1}{2\pi}\int_{-\pi}^{\pi}|f(x)-T_n(x)|^2\mathrm{d}x=\frac{1}{2\pi}\int_{-\pi}^{\pi}f(x)^2\mathrm{d}x-\frac{1}{\pi}\int_{-\pi}^{\pi}f(x)T_n(x)\mathrm{d}x+\frac{1}{2\pi}\int_{-\pi}^{\pi}T_n(x)^2\mathrm{d}x$$

$$=\frac{1}{2\pi}\int_{-\pi}^{\pi}f(x)^2\mathrm{d}x-\frac{1}{\pi}\int_{-\pi}^{\pi}f(x)\left(\frac{1}{2}c_0+\sum_{k=1}^{n}(c_k\cos kx+d_k\sin kx)\right)\mathrm{d}x+$$

$$\frac{1}{2\pi}\int_{-\pi}^{\pi}\left(\frac{1}{2}c_0+\sum_{k=1}^{n}(c_k\cos kx+d_k\sin kx)\right)^2\mathrm{d}x$$

$$=\frac{1}{2\pi}\int_{-\pi}^{\pi}f(x)^2\mathrm{d}x-\left(\frac{1}{2}a_0c_0+\sum_{k=1}^{n}(c_ka_k+d_kb_k)\right)+\frac{1}{2}\left(\frac{1}{2}c_0^2+\sum_{k=1}^{n}(c_k^2+d_k^2)\right)$$

$$=\frac{1}{2\pi}\int_{-\pi}^{\pi}f(x)^2\mathrm{d}x-\frac{1}{2}\left(\frac{1}{2}a_0^2+\sum_{k=1}^{n}(a_k^2+b_k^2)\right)+\frac{1}{2}\left(\frac{1}{2}(a_0-c_0)^2+\sum_{k=1}^{n}((c_k-a_k)^2+(d_k-b_k)^2)\right)$$

$$\geqslant\frac{1}{2\pi}\int_{-\pi}^{\pi}f(x)^2\mathrm{d}x-\frac{1}{2}\left(\frac{1}{2}a_0^2+\sum_{k=1}^{n}(a_k^2+b_k^2)\right)$$

$$=\frac{1}{2\pi}\int_{-\pi}^{\pi}|f(x)-S_n(f;x)|^2\mathrm{d}x.$$

上面不等式中的等号成立当且仅当 $a_0=c_0$，$c_k=a_k$，$d_k=b_k$，即 $T_n(x)=S_n(f;x)$，故

$$\int_{-\pi}^{\pi}|f(x)-S_n(f;x)|^2\mathrm{d}x\leqslant\int_{-\pi}^{\pi}|f(x)-T_n(x)|^2\mathrm{d}x.$$

证毕.

18.3.3 Fejér 核与一致逼近

定义 18.3.2 以 2π 为周期的连续函数序列 $\{K_n(x)\}_{n=1}^{\infty}$ 称为好核（good kernel），如果它满足下面三个条件：

（i）对 $\forall n\geqslant 1$，有 $\int_{-\pi}^{\pi}K_n(x)\mathrm{d}x=1$；

（ii）$\exists M>0,\ \forall n\geqslant 1,\ \int_{-\pi}^{\pi}|K_n(x)|\mathrm{d}x\leqslant M$；

（iii）对 $\forall\delta>0$，当 $n\to\infty$ 时，有 $\int_{-\pi}^{-\delta}|K_n(x)|\mathrm{d}x+\int_{\delta}^{\pi}|K_n(x)|\mathrm{d}x\to 0$.

条件（i）说明对 $\forall n\in\mathbb{N}^*$，函数 $K_n(x)$ 在区间 $[-\pi,\pi]$ 上的面积为 1. 条件（ii）说明

函数序列 $\{|K_n(x)|\}_{n\in\mathbb{N}^*}$ 在区间 $[-\pi,\pi]$ 上的面积是一致有界的．条件（iii）说明函数当 $n\to\infty$ 时，$K_n(x)$ 在原点的任何一个小邻域外的值都趋近于零．注意到 Dirichlet 核虽然满足条件（i）和条件（iii），但是不满足条件（ii）．事实上，有下列结论．

命题 18.3.2　对 Dirichlet 核函数 $D_n(x)=\dfrac{\sin\left(n+\dfrac{1}{2}\right)x}{2\pi\sin\dfrac{1}{2}x}$，当 $n\to\infty$ 时，有

$$\int_{-\pi}^{\pi}|D_n(x)|\mathrm{d}x=\frac{4}{\pi^2}\ln n+O(1).$$

证明　任取充分大的正整数 N，

$$\begin{aligned}
L_N&=\int_{-\pi}^{\pi}|D_N(x)|\mathrm{d}x=2\int_0^{\pi}|D_N(x)|\mathrm{d}x=\frac{2}{\pi}\int_0^{\frac{\pi}{2}}\left|\frac{\sin(2N+1)t}{\sin t}\right|\mathrm{d}t\\
&>\frac{2}{\pi}\int_0^{\frac{\pi}{2}}\frac{|\sin(2N+1)t|}{t}\mathrm{d}t=\frac{2}{\pi}\int_0^{\left(N+\frac{1}{2}\right)\pi}\frac{|\sin u|}{u}\mathrm{d}u\\
&=\frac{2}{\pi}\left(\sum_{k=0}^{N-1}\int_{k\pi}^{(k+1)\pi}\frac{|\sin u|}{u}\mathrm{d}u+\int_{N\pi}^{\left(N+\frac{1}{2}\right)\pi}\frac{|\sin u|}{u}\mathrm{d}u\right)\\
&>\frac{2}{\pi}\sum_{k=0}^{N-1}\int_{k\pi}^{(k+1)\pi}\frac{|\sin u|}{u+\pi}\mathrm{d}u>\frac{2}{\pi}\sum_{k=0}^{N-1}\frac{1}{k\pi+\pi}\int_{k\pi}^{(k+1)\pi}|\sin u|\mathrm{d}u=\frac{4}{\pi^2}\sum_{k=1}^{N}\frac{1}{k};
\end{aligned}$$

另外，由于 $D_N(x)=\dfrac{1}{2\pi}\left(\dfrac{\sin Nx}{\tan\dfrac{x}{2}}+\cos Nx\right)$，因此 $|D_N(x)|\leqslant\dfrac{1}{2\pi}\left(\dfrac{|\sin Nx|}{\left|\tan\dfrac{x}{2}\right|}+1\right)$，故

$$\begin{aligned}
L_N&=2\int_0^{\pi}|D_N(x)|\mathrm{d}x\leqslant1+\frac{1}{\pi}\int_0^{\pi}\frac{|\sin Nx|}{\left|\tan\frac{x}{2}\right|}\mathrm{d}x=1+\frac{2}{\pi}\int_0^{\frac{\pi}{2}}\frac{|\sin 2Nt|}{|\tan t|}\mathrm{d}t\\
&<1+\frac{2}{\pi}\int_0^{\frac{\pi}{2}}\frac{|\sin 2Nt|}{t}\mathrm{d}t=1+\frac{2}{\pi}\int_0^{N\pi}\frac{|\sin u|}{u}\mathrm{d}u=1+\frac{2}{\pi}\sum_{k=0}^{N-1}\int_{k\pi}^{(k+1)\pi}\frac{|\sin u|}{u}\mathrm{d}u\\
&<1+\frac{2}{\pi}\int_0^{\pi}\frac{\sin u}{u}\mathrm{d}u+\frac{2}{\pi}\sum_{k=1}^{N-1}\int_{k\pi}^{(k+1)\pi}\frac{|\sin u|}{k\pi}\mathrm{d}u\\
&=1+c+\frac{4}{\pi^2}\sum_{k=1}^{N-1}\frac{1}{k}=1+c+\frac{4}{\pi^2}\sum_{k=1}^{N-1}\frac{1}{k},
\end{aligned}$$

其中 $c=\dfrac{2}{\pi}\displaystyle\int_0^{\pi}\frac{\sin u}{u}\mathrm{d}u$．因此有 $\dfrac{4}{\pi^2}\displaystyle\sum_{k=1}^{N}\frac{1}{k}<L_N<1+c+\frac{4}{\pi^2}\sum_{k=1}^{N-1}\frac{1}{k}$．最后，利用调和级数的性质，

$$\sum_{k=1}^{n}\frac{1}{k}=\ln n+\gamma+O\left(\frac{1}{n}\right),\ n\to\infty,$$

其中 $\gamma=0.5772156649\cdots$ 是欧拉常数．故当 $N\to\infty$ 时，有

$$\int_{-\pi}^{\pi}|D_N(x)|\mathrm{d}x=\frac{4}{\pi^2}\ln N+O(1).$$

证毕.

引理 18.3.1 设$\{K_n(x)\}_{n\in\mathbb{N}^*}$是一族好核，$f(x)$是以$2\pi$为周期的分段连续函数，如果$f(x)$在$x$点处连续，则有$\lim\limits_{n\to\infty}(K_n*f)(x)=f(x)$. 如果$f(x)\in C[-\pi,\pi]$，则卷积一致收敛，即

$$(K_n*f)(x)=\int_{-\pi}^{\pi}K_n(x-t)f(t)\mathrm{d}t\xrightarrow{[-\pi,\pi]}f(x)\quad(n\to\infty).$$

证明 由于$f(x)$在x点处连续，因此对$\forall\varepsilon>0,\exists\delta>0$，当$|t|<\delta$时，有$|f(x-t)-f(x)|<\varepsilon$. 其次，$f(x)$是分段连续函数，则是有界函数，因此$\exists A>0$使得对$\forall x\in[-\pi,\pi]$, 有$|f(x)|\leqslant A$. 由于$\{K_n(x)\}_{n\in\mathbb{N}^*}$是一族好核，由好核的第三个性质知，对上面给定的$\varepsilon>0$, $\exists N>0$, 当$n>N$时，有$\int_{\delta\leqslant|t|\leqslant\pi}|K_n(t)|\ \mathrm{d}t<\varepsilon$. 再由好核的第一个性质，得到

$$(K_n*f)(x)-f(x)=\int_{-\pi}^{\pi}K_n(t)(f(x-t)-f(x))\mathrm{d}t.$$

因此，当$n>N$时，由好核的第二个性质，得到

$$\begin{aligned}&|(K_n*f)(x)-f(x)|=\left|\int_{-\pi}^{\pi}K_n(t)(f(x-t)-f(x))\mathrm{d}t\right|\\&\leqslant\int_{|t|<\delta}|K_n(t)|\cdot|f(x-t)-f(x)|\mathrm{d}t+\int_{\delta\leqslant|t|\leqslant\pi}|K_n(t)|\cdot|f(x-t)-f(x)|\mathrm{d}t\\&\leqslant\varepsilon\int_{|t|<\delta}|K_n(t)|\ \mathrm{d}t+2A\int_{\delta\leqslant|t|\leqslant\pi}|K_n(t)|\ \mathrm{d}t\\&\leqslant\varepsilon(M+2A),\end{aligned}$$

即$\lim\limits_{n\to\infty}(K_n*f)(x)=f(x)$. 如果$f(x)\in C[-\pi,\pi]$，则$f(x)$在$[-\pi,\pi]$上一致连续，即$\delta$与$x$无关，因此$N$与$x$无关，故卷积在区间$[-\pi,\pi]$上一致收敛. 证毕.

设$\{S_n(f;x)\}_{n=1}^{\infty}$是周期为$2\pi$的平方可积函数$f(x)$的傅里叶级数部分和序列，前面考虑的是这个函数序列在某一点x的收敛性. 现在我们考虑这个函数序列的平均收敛特性，即

$$\sigma_N(f)(x)=\frac{1}{N}\sum_{n=0}^{N-1}S_n(f;x),$$

称这个和为 **Cesàro 和**. 注意到一个不收敛的序列也可以是平均收敛的. 例如，部分和序列$\left\{S_n=\sum\limits_{k=0}^{n}(-1)^k\right\}_{n=0}^{\infty}$是不收敛的，即$S_n=\begin{cases}1, & n=2m;\\0, & n=2m+1\end{cases}$（$m\in\mathbb{N}$），但是

$$\sigma_N=\frac{1}{N}\sum_{n=0}^{N-1}S_n=\begin{cases}\dfrac{1}{2}, & N=2m,\ m\geqslant 1;\\[2mm]\dfrac{m}{2m+1}, & N=2m+1,\ m\geqslant 1,\end{cases}$$

因此有$\lim\limits_{N\to\infty}\sigma_N=\dfrac{1}{2}$，即级数$1-1+1-1+\cdots$平均收敛到$\dfrac{1}{2}$. 我们前面提过，数学家欧拉认为$1-1+1-1+\cdots=\dfrac{1}{2}$. 从平均收敛意义上讲，欧拉说的是对的.

我们回到傅里叶级数的平均收敛问题．前面点收敛的最重要公式是 $S_n(f;x)=(D_n*f)(x)$，其中 $D_n(x)=\dfrac{\sin\left(n+\dfrac{1}{2}\right)x}{2\pi\sin\dfrac{1}{2}x}$ 是 Dirichlet 核．因此，有

$$\sigma_N(f)(x)=\frac{1}{N}\sum_{n=0}^{N-1}S_n(f;x)=\left(\frac{1}{N}\sum_{n=0}^{N-1}D_n(x)\right)*f(x)=(F_N*f)(x),$$

其中 $F_N(x)=\dfrac{1}{N}\sum_{n=0}^{N-1}D_n(x)=\dfrac{1}{2\pi N}\left(\dfrac{\sin\dfrac{Nx}{2}}{\sin\dfrac{x}{2}}\right)^2$ 称为 **Fejér（费叶）核**．由于对 $\forall n\geqslant 0$，有 $\int_{-\pi}^{\pi}D_n(x)\mathrm{d}x=1$，因此对 $\forall N\geqslant 1$，有 $\int_{-\pi}^{\pi}F_N(x)\mathrm{d}x=1$，并且对 $\forall N\geqslant 1, F_N(x)\geqslant 0$，即 Fejér 核是非负的．此外，还可以证明，Fejér 核满足好核的三个条件，因此 Fejér 核是好核．Fejér 核 $F_N(x)$ 的图像如图 18-3-2 所示，其中蓝色曲线是 $N=10$，红色曲线是 $N=20$．当 $N\to\infty$ 时，Fejér 核趋近于 Dirac 脉冲函数．与 Fejér 核相比，Dirichlet 核不是一个非负核，它在原点附近有震荡，并且它的绝对值积分发散，因此傅里叶级数的逐点收敛问题是经典分析中的难题，而傅里叶级数平均收敛就具有非常优良的收敛性质，即一致收敛性．

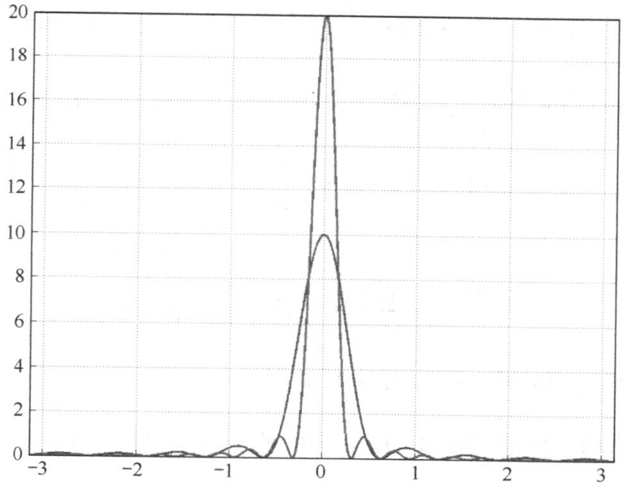

图 18-3-2

18.3.4 均方收敛

利用 Fejér 核，我们可以得到 Weierstrass 第二逼近定理．

定理 18.3.3（Weierstrass 第二逼近定理） 设 $f(x)$ 是以 2π 为周期的连续函数，则对 $\forall\varepsilon>0$，存在三角多项式函数 $Q(x)$ 使得 $|f(x)-Q(x)|<\varepsilon,\ \forall x\in\mathbb{R}$.

证明 由于 $\sigma_N(f)(x)=\dfrac{1}{N}\sum_{n=0}^{N-1}S_n(f,x)=(F_N*f)(x)$，而 Fejér 核 $\{F_N(x)\}_{n\in\mathbb{N}^+}$ 是一族好

核，由引理 18.3.1 得到$\sigma_N(f)(x)\xrightarrow{[-\pi,\pi]}f(x)\ (N\to\infty)$，而$\sigma_N(f)(x)=\dfrac{1}{N}\sum\limits_{n=0}^{N-1}S_n(f,x)$是$N-1$阶三角函数．证毕．

推论 17.1.1 说明$C\left([a,b],\|\cdot\|_\infty\right)$是一个完备的函数空间（称为 Banach 空间）．Weierstrass 第二逼近定理说明三角多项式函数集合在周期连续函数空间$\left(C[a,b],\|\cdot\|_\infty\right)$中是稠密的（上界范数意义下）．下面的定理说明连续函数集合$C[a,b]$在平方可积函数集$R^2[a,b]$中是稠密的（2–范数意义下）．

定理 18.3.4　设$f(x)$在$[a,b]$上平方可积，则对$\forall\varepsilon>0$，$\exists g(x)\in C[a,b]$使得

$$\int_a^b|f(x)-g(x)|^2\mathrm{d}x<\varepsilon.$$

证明　假设$f(x)$在$[a,b]$上有瑕点，且假设a是$f(x)$唯一的瑕点．因为

$$\int_a^b|f(x)|^2\,\mathrm{d}x=\lim_{c\to a^+}\int_c^b|f(x)|^2\,\mathrm{d}x$$

存在，所以对$\forall\varepsilon>0$，$\exists c>a$使得$\int_a^c|f(x)|^2\,\mathrm{d}x<\dfrac{\varepsilon}{6}$．又因为$f(x)\in R[c,b]$，所以$\exists M>0$使得$|f(x)|\leqslant M,\ \forall x\in[c,b]$．由可积的充要条件，对上述给定的$\varepsilon>0$，$\exists\delta>0$，使得对$[c,b]$的任一划分$\varDelta=\{x_1,x_2,\cdots,x_n\}$，当$|\varDelta|=\max\{\Delta x_i=x_i-x_{i-1}:i=1,2,\cdots,n\}<\delta$时，有$\sum\limits_{k=1}^{n}\omega_k\Delta x_k<\dfrac{\varepsilon}{6M}$，其中$\omega_k$表示$f(x)$在$[x_{k-1},x_k]$上的振幅．在$[c,b]$上定义折线线性函数

$$g(x)=f(x_{k-1})+\frac{f(x_k)-f(x_{k-1})}{x_k-x_{k-1}}(x-x_{k-1}),\ \forall x\in[x_{k-1},x_k],\ k=1,2,\cdots,n.$$

在区间$[a,c]$上，取$c_1\in(a,c)$使得$c-c_1<\dfrac{\varepsilon}{2M^2}$．令

$$g(x)=\begin{cases}0, & \forall x\in[a,c_1];\\ \dfrac{f(c)}{c-c_1}(x-c_1), & \forall x\in[c_1,c],\end{cases}$$

则$g(x)\in C[a,b]$且对$\forall x\in[a,b]$，有$|g(x)|\leqslant M$．因此

$$\begin{aligned}&\int_a^b|f(x)-g(x)|^2\,\mathrm{d}x=\int_a^c|f(x)-g(x)|^2\,\mathrm{d}x+\int_c^b|f(x)-g(x)|^2\,\mathrm{d}x\\ &\leqslant 2\int_a^c|f(x)|^2\,\mathrm{d}x+2\int_a^c|g(x)|^2\,\mathrm{d}x+2M\int_c^b|f(x)-g(x)|\mathrm{d}x\\ &=2\int_a^c|f(x)|^2\,\mathrm{d}x+2\int_{c_1}^c\frac{|f(c)|^2}{(c-c_1)^2}(x-c_1)^2\mathrm{d}x+2M\sum_{k=1}^{n}\int_{x_{k-1}}^{x_k}|f(x)-g(x)|\mathrm{d}x\\ &\leqslant\frac{\varepsilon}{3}+\frac{\varepsilon}{3}+2M\sum_{k=1}^{n}\omega_k\Delta x_k<\varepsilon.\end{aligned}$$

若$f(x)\in R[a,b]$，则类似的讨论有结论成立．证毕．

由于三角多项式在连续函数集$C\left([a,b],\|\cdot\|_\infty\right)$中稠密，而连续函数集$C[a,b]$在平方可积函数集$R^2[a,b]$中稠密，因此三角多项式在$R^2[a,b]$中是稠密的，见下面的定理．

定理 18.3.5　设 $f(x)$ 以 2π 为周期且在 $[-\pi,\pi]$ 上平方可积，则对 $\forall\varepsilon>0$，存在三角多项式函数 $Q(x)$ 使得 $\int_{-\pi}^{\pi}|f(x)-Q(x)|^2\,\mathrm{d}x<\varepsilon$.

证明　由定理 18.3.4，对 $\forall\varepsilon>0$，$\exists g(x)\in C[-\pi,\pi]$ 使得 $\int_{-\pi}^{\pi}|f(x)-g(x)|^2\,\mathrm{d}x<\dfrac{\varepsilon}{4}$. 延拓 $g(x)$ 为 $\mathbb{R}$ 上以 2π 为周期的连续函数，则由定理 18.3.3，对上述给定的 $\varepsilon>0$，存在三角多项式函数 $Q(x)$ 使得

$$\int_{-\pi}^{\pi}|Q(x)-g(x)|^2\,\mathrm{d}x<\frac{\varepsilon}{4},$$

这样

$$\int_{-\pi}^{\pi}|f(x)-Q(x)|^2\,\mathrm{d}x\leqslant 2\int_{-\pi}^{\pi}|f(x)-g(x)|^2\,\mathrm{d}x+2\int_{-\pi}^{\pi}|g(x)-Q(x)|^2\,\mathrm{d}x<\varepsilon,$$

上面的不等式用到了 $(\alpha+\beta)^2\leqslant 2(\alpha^2+\beta^2)$. 证毕.

下面定理是本节的核心结论，即傅里叶级数在 $R^2[-\pi,\pi]$ 上是均方收敛的.

定理 18.3.6　设 $f(x)$ 以 2π 为周期且在 $[-\pi,\pi]$ 上平方可积，则 $f(x)$ 的傅里叶级数在 $[-\pi,\pi]$ 上平方平均收敛于 $f(x)$，即 $\lim\limits_{n\to\infty}\int_{-\pi}^{\pi}|f(x)-S_n(f;x)|^2\,\mathrm{d}x=0$.

证明　对 $\forall\varepsilon>0$，由定理 18.3.5，存在三角多项式函数 $Q(x)$ 使得 $\int_{-\pi}^{\pi}|f(x)-Q(x)|^2\mathrm{d}x<\varepsilon$. 设三角多项式函数 $Q(x)$ 的阶为 m，则由定理 18.3.2，傅里叶级数的 m 阶部分和 $S_m(f;x)$ 在所有阶数不高于 m 的三角多项式均方逼近中是最优的，因此有

$$\int_{-\pi}^{\pi}[f(x)-S_m(f;x)]^2\mathrm{d}x\leqslant\int_{-\pi}^{\pi}[f(x)-Q(x)]^2\mathrm{d}x<\varepsilon,$$

并且再次由定理 18.3.2，对 $\forall n\geqslant m$，有

$$\int_{-\pi}^{\pi}[f(x)-S_n(f;x)]^2\mathrm{d}x\leqslant\int_{-\pi}^{\pi}[f(x)-S_m(f;x)]^2\mathrm{d}x<\varepsilon,$$

故 $\lim\limits_{n\to\infty}\int_{-\pi}^{\pi}|f(x)-S_n(f;x)|^2\,\mathrm{d}x=0$. 证毕.

由定理 18.3.6 及式（18.3.1），立得下面的帕塞瓦尔（Parseval）等式.

定理 18.3.7（帕塞瓦尔等式）　设 $f(x)$ 以 2π 为周期且在 $[-\pi,\pi]$ 上平方可积. 令 a_0，a_n，b_n（$n\geqslant1$）是 $f(x)$ 的傅里叶系数，则级数 $\dfrac{1}{2}a_0^2+\sum\limits_{k=1}^{\infty}(a_k^2+b_k^2)$ 收敛，且其和为 $\dfrac{1}{\pi}\int_{-\pi}^{\pi}f(x)^2\mathrm{d}x$，即

$$\frac{1}{\pi}\int_{-\pi}^{\pi}|f(x)|^2\,\mathrm{d}x=\frac{1}{2}a_0^2+\sum_{k=1}^{\infty}(a_k^2+b_k^2).$$

定义 18.3.3　设 $\{\varphi_k\}$ 是 $R^2[a,b]$ 中的一个标准正交系. 如果对 $\forall f\in R^2[a,b]$，均有 Parseval 等式成立，称 $\{\varphi_k\}$ 是完备的.

由 Parseval 等式知，标准正交的基本三角函数系

$$\left\{\frac{1}{\sqrt{2\pi}},\frac{\cos x}{\sqrt{\pi}},\frac{\sin x}{\sqrt{\pi}},\frac{\cos 2x}{\sqrt{\pi}},\frac{\sin 2x}{\sqrt{\pi}},\cdots,\frac{\cos nx}{\sqrt{\pi}},\frac{\sin nx}{\sqrt{\pi}},\cdots\right\}$$

在均方收敛意义下是完备的，即上述基本三角函数系是 $R^2[-\pi,\pi]$ 中的一组标准正交基，

Parseval 等式就是无穷维空间中的勾股定理，这类似命题 18.3.1 的结论.

推论 18.3.1 设 $f(x)$, $g(x)$ 以 2π 为周期且在 $[-\pi,\pi]$ 上平方可积．令 a_0，a_n，b_n（$n\geqslant 1$）和 c_0，c_n，d_n（$n\geqslant 1$）分别是 $f(x)$ 和 $g(x)$ 的傅里叶系数，则

$$\frac{1}{2}a_0c_0+\sum_{k=1}^{\infty}(a_kc_k+b_kd_k)=\frac{1}{\pi}\int_{-\pi}^{\pi}f(x)g(x)\mathrm{d}x. \tag{18.3.2}$$

证明 因为 $f(x)$, $g(x)$ 在 $[-\pi,\pi]$ 上平方可积，则

$$\int_{-\pi}^{\pi}\left|f(x)g(x)\right|\mathrm{d}x\leqslant\frac{1}{2}\int_{-\pi}^{\pi}f^2(x)\mathrm{d}x+\frac{1}{2}\int_{-\pi}^{\pi}g^2(x)\mathrm{d}x<+\infty,$$

故 $f(x)g(x)$ 在 $[-\pi,\pi]$ 上可积或广义绝对可积，从而在 $[-\pi,\pi]$ 上平方可积．由帕塞瓦尔等式知，级数 $\sum\limits_{k=1}^{\infty}(a_k^2+b_k^2)$ 和 $\sum\limits_{k=1}^{\infty}(c_k^2+d_k^2)$ 收敛．所以

$$\sum_{k=1}^{\infty}\left|a_kc_k+b_kd_k\right|\leqslant\frac{1}{2}\sum_{k=1}^{\infty}(a_k^2+b_k^2)+\frac{1}{2}\sum_{k=1}^{\infty}(c_k^2+d_k^2)<+\infty,$$

故级数 $\sum\limits_{k=1}^{\infty}(a_kc_k+b_kd_k)$ 绝对收敛，再次应用帕塞瓦尔等式，有

$$\begin{aligned}\frac{1}{\pi}\int_{-\pi}^{\pi}f(x)g(x)\mathrm{d}x&=\frac{1}{2\pi}\int_{-\pi}^{\pi}(f(x)+g(x))^2\mathrm{d}x-\frac{1}{2\pi}\int_{-\pi}^{\pi}f(x)^2\mathrm{d}x-\frac{1}{2\pi}\int_{-\pi}^{\pi}g(x)^2\mathrm{d}x\\&=\frac{1}{2}\left(\frac{1}{2}(a_0+c_0)^2+\sum_{k=1}^{\infty}((a_k+c_k)^2+(b_k+d_k)^2)\right)-\frac{1}{2}\left(\frac{1}{2}a_0^2+\sum_{k=1}^{\infty}(a_k^2+b_k^2)\right)-\\&\quad\frac{1}{2}\left(\frac{1}{2}c_0^2+\sum_{k=1}^{\infty}(c_k^2+d_k^2)\right)\\&=\frac{1}{2}a_0c_0+\sum_{k=1}^{\infty}(a_kc_k+b_kd_k).\end{aligned}$$

证毕.

作为推论 18.3.1 的应用，下面证明傅里叶级数的逐项可积性定理.

推论 18.3.2 设 $f\in R^2[-\pi,\pi]$，其傅里叶级数为 $f(x)\sim\dfrac{a_0}{2}+\sum\limits_{n=1}^{\infty}(a_n\cos nx+b_n\sin nx)$，则对 $\forall[a,b]\subset[-\pi,\pi]$，有

$$\int_a^b f(x)\mathrm{d}x=\int_a^b\frac{a_0}{2}\mathrm{d}x+\sum_{n=1}^{\infty}\int_a^b(a_n\cos nx+b_n\sin nx)\mathrm{d}x.$$

证明 任取 $g(x)\in R^2[-\pi,\pi]$，其傅里叶级数为 $g(x)\sim\dfrac{c_0}{2}+\sum\limits_{n=1}^{\infty}(c_n\cos nx+d_n\sin nx)$，其中傅里叶系数

$$c_n=\frac{1}{\pi}\int_{-\pi}^{\pi}g(x)\cos nx\mathrm{d}x,\quad d_n=\frac{1}{\pi}\int_{-\pi}^{\pi}g(x)\sin nx\mathrm{d}x.$$

由式（18.3.2），有

$$\frac{1}{\pi}\int_{-\pi}^{\pi} f(x)g(x)\mathrm{d}x = \frac{1}{2}a_0c_0 + \sum_{k=1}^{\infty}(a_kc_k + b_kd_k)$$
$$= \frac{1}{\pi}\int_{-\pi}^{\pi} \frac{a_0}{2}g(x)\mathrm{d}x + \sum_{k=1}^{\infty}\frac{1}{\pi}\int_{-\pi}^{\pi} g(x)(a_k\cos kx + b_k\sin kx),$$

在上式中取

$$g(x) = \begin{cases}1, x\in[a,b];\\ 0, x\in[-\pi,a)\cup(b,\pi],\end{cases}$$

则有

$$\int_a^b f(x)\mathrm{d}x = \int_a^b \frac{a_0}{2}\mathrm{d}x + \sum_{k=1}^{\infty}\int_a^b (a_k\cos kx + b_k\sin kx)\mathrm{d}x.$$

证毕.

这个结论说明，平方可积函数 $f(x)$ 的傅里叶级数不论是否收敛，都可以逐项积分，这是傅里叶级数特有的性质.

例 18.3.1　将函数 $f(x)=x^2$ 在 $[-\pi,\pi]$ 上展开成以 2π 为周期的傅里叶级数，并证明 $\sum\limits_{n=1}^{\infty}\frac{1}{n^4}=\frac{\pi^4}{90}$.

解　例 18.1.5 中，求得 $a_0=\frac{2}{\pi}\int_0^{\pi}x^2\mathrm{d}x=\frac{2}{3}\pi^2$，$a_n=(-1)^n\frac{4}{n^2}$，$b_n=0,\ n\geqslant 1$，且

$$x^2=\frac{\pi^2}{3}+4\sum_{n=1}^{\infty}(-1)^n\frac{\cos nx}{n^2},\ -\pi\leqslant x\leqslant\pi,$$

由帕赛瓦尔等式，$\frac{2}{9}\pi^4+\sum\limits_{n=1}^{\infty}\frac{16}{n^4}=\frac{1}{\pi}\int_{-\pi}^{\pi}x^4\mathrm{d}x=\frac{2}{5}\pi^4$，故得 $\sum\limits_{n=1}^{\infty}\frac{1}{n^4}=\frac{\pi^4}{90}$.

定理 18.3.6 有一个更简单漂亮的证明，需要用到复数形式的傅里叶级数．由欧拉公式 $\mathrm{e}^{ix}=\cos x+i\sin x$ 可知，因为

$$\left\langle \mathrm{e}^{inx},\mathrm{e}^{imx}\right\rangle=\int_{-\pi}^{\pi}\mathrm{e}^{inx}\mathrm{e}^{-imx}\mathrm{d}x=\begin{cases}0,\ m\neq n;\\ 2\pi,\ m=n,\end{cases}$$

所以函数系

$$\left\{\mathrm{e}^{inx}\right\}_{n\in\mathbb{Z}}=\left\{\cdots,\mathrm{e}^{-inx},\cdots,\mathrm{e}^{-i2x},\mathrm{e}^{-ix},1,\mathrm{e}^{ix},\mathrm{e}^{i2x}\cdots,\mathrm{e}^{inx},\cdots\right\}$$

是正交函数系．则 $f(x)$ 的傅里叶级数也可以表示成复数形式 $f(x)\sim\sum\limits_{n=-\infty}^{\infty}c_n\mathrm{e}^{inx}$，其中傅里叶系数

$$c_n=\frac{1}{2\pi}\left\langle f,\mathrm{e}^{inx}\right\rangle=\frac{1}{2\pi}\int_{-\pi}^{\pi}f(x)\mathrm{e}^{-inx}\mathrm{d}x,\ n\in\mathbb{Z}.$$

有关复数形式的傅里叶级数，将在 18.4 节详细介绍.

设 $f(x)$ 以 2π 为周期且在 $[-\pi,\pi]$ 上平方可积，函数 $f(x)$ 的复数形式的傅里叶级数

$$f(x)\sim\sum_{-\infty}^{\infty}c_n(f)\mathrm{e}^{inx}.$$

函数 $f(x)$ 的傅里叶级数的 n 阶部分和记为 $S_n(f;x)=\sum\limits_{k=-n}^{n}c_k(f)\mathrm{e}^{ikx}$.

定理 18.3.8 设 $f(x)$ 是以 2π 为周期的分段连续函数，则 $f(x)$ 的傅里叶系数

$$c_n(f)=\frac{1}{2\pi}\left\langle f(x),\mathrm{e}^{\mathrm{i}nx}\right\rangle=\frac{1}{2\pi}\int_{-\pi}^{\pi}f(x)\mathrm{e}^{-\mathrm{i}nx}\mathrm{d}x,\ n\in\mathbb{Z}$$

是唯一确定的.

证明 该定理的等价说法是，如果 $f(x)$ 和 $g(x)$ 是以 2π 为周期的分段连续函数，且有相同的傅里叶系数，则在所有连续点 x，有 $f(x)=g(x)$. 换句话说，如果 $f(x)\in C[-\pi,\pi]$，且对 $\forall n\in\mathbb{Z}$，有 $c_n(f)=0$，则 $f(x)\equiv 0$.

假设连续函数 $f(x)$ 不恒为零，则 $\exists x_0$ 使得 $f(x_0)\neq 0$，不妨设 $f(x_0)=\alpha>0$，则由连续性，给定 $\varepsilon=\dfrac{\alpha}{2}$，$\exists\delta>0$，当 $x\in(x_0-\delta,x_0+\delta)$ 时，有 $f(x)>\dfrac{\alpha}{2}$. 由定理 18.3.3 可知，Cesàro 和 $\sigma_N(f)(x)=\dfrac{1}{N}\displaystyle\sum_{n=0}^{N-1}S_n(f;x)$ 在 $x\in(x_0-\delta,x_0+\delta)$ 内一致收敛到 $f(x)$. 因此，$\exists N_0>0$，当 $N>N_0$ 时，有 $|\sigma_N(f)(x_0)-f(x_0)|<\dfrac{\alpha}{4}$，即 $\sigma_N(f)(x_0)>\dfrac{\alpha}{4}$. 另外，由于对 $\forall n\in\mathbb{Z}$，$c_n(f)=0$，而

$$\sigma_N(f)(x)=\frac{1}{N}\sum_{n=0}^{N-1}S_n(f;x)=\sum_{n=0}^{N-1}\sum_{k=-n}^{n}c_n(f)\mathrm{e}^{\mathrm{i}kx},$$

因此有 $\sigma_N(f)(x)\equiv 0$，这与 $\sigma_N(f)(x_0)>\dfrac{\alpha}{4}$ 矛盾. 证毕.

定理 18.3.6 的新证明 设 $f(x)$ 是周期为 2π 的连续函数，定义

$$\varphi(x)=\int_{-\pi}^{\pi}f(t)\overline{f}(t+x)\mathrm{d}t,$$

则容易验证 $\varphi(x)$ 也是周期为 2π 的连续函数，并且

$$\begin{aligned}
c_n(\varphi)&=\frac{1}{2\pi}\int_{-\pi}^{\pi}\varphi(x)\mathrm{e}^{-\mathrm{i}nx}\mathrm{d}x=\frac{1}{2\pi}\int_{-\pi}^{\pi}\mathrm{e}^{-\mathrm{i}nx}\mathrm{d}x\int_{-\pi}^{\pi}f(t)\overline{f}(t+x)\mathrm{d}t\\
&=\frac{1}{2\pi}\int_{-\pi}^{\pi}\mathrm{d}x\int_{-\pi}^{\pi}\mathrm{e}^{\mathrm{i}nt}f(t)\mathrm{e}^{-\mathrm{i}n(t+x)}\overline{f}(t+x)\mathrm{d}t\\
&=\frac{1}{2\pi}\int_{-\pi}^{\pi}\int_{-\pi}^{\pi}\mathrm{e}^{\mathrm{i}nt}f(t)\mathrm{e}^{-\mathrm{i}n(t+x)}\overline{f}(t+x)\mathrm{d}t\mathrm{d}x\\
&=\frac{1}{2\pi}\int_{-\pi}^{\pi}\int_{-\pi}^{\pi}\mathrm{e}^{\mathrm{i}nt}f(t)\mathrm{e}^{-\mathrm{i}ny}\overline{f}(y)\mathrm{d}t\mathrm{d}y\\
&=\frac{1}{2\pi}\int_{-\pi}^{\pi}\mathrm{e}^{\mathrm{i}nt}f(t)\mathrm{d}t\int_{-\pi}^{\pi}\mathrm{e}^{-\mathrm{i}ny}\overline{f}(y)\mathrm{d}y\\
&=\frac{1}{2\pi}\int_{-\pi}^{\pi}\mathrm{e}^{\mathrm{i}nt}f(t)\mathrm{d}t\overline{\int_{-\pi}^{\pi}\mathrm{e}^{\mathrm{i}ny}f(y)\mathrm{d}y}\\
&=2\pi c_{-n}(f)\overline{c}_{-n}(f)=2\pi|c_{-n}(f)|^2.
\end{aligned}$$

由贝塞尔不等式，有 $\displaystyle\sum_{-N}^{N}|c_n(\varphi)|=2\pi\sum_{-N}^{N}|c_n(f)|^2\leqslant\int_{-\pi}^{\pi}|f(t)|^2\,\mathrm{d}t$，因此，

$$\sum_{-\infty}^{\infty}\left|c_n(\varphi)e^{inx}\right|=\sum_{-\infty}^{\infty}\left|c_n(\varphi)\right|=2\pi\sum_{-\infty}^{\infty}\left|c_n(f)e^{inx}\right|^2\leqslant\int_{-\pi}^{\pi}\left|f(t)\right|^2 dt.$$

由 M–判别法，$\varphi(x)$ 的傅里叶级数 $\sum_{-\infty}^{\infty}c_n(\varphi)e^{inx}$ 在 $[-\pi,\pi]$ 上绝对收敛且一致收敛，并且收敛到一个连续函数．由于 $\varphi(x)$ 是周期为 2π 的连续函数，根据连续函数傅里叶级数的系数唯一性定理 18.3.8，$\varphi(x)$ 的傅里叶级数收敛到 $\varphi(x)$ 本身，即 $\varphi(x)=\sum_{-\infty}^{\infty}c_n(\varphi)e^{inx}$．令 $x=0$，则有 $\varphi(0)=\sum_{-\infty}^{\infty}c_n(\varphi)=2\pi\sum_{-\infty}^{\infty}\left|c_n(f)\right|^2$．由 $\varphi(x)$ 的定义，$\varphi(0)=\int_{-\pi}^{\pi}\left|f(t)\right|^2 dt$，因此得到复数形式下的帕塞瓦尔等式

$$\sum_{-\infty}^{\infty}\left|c_n(f)\right|^2=\frac{1}{2\pi}\int_{-\pi}^{\pi}\left|f(t)\right|^2 dt. \tag{18.3.3}$$

由于周期为 2π 的连续函数集合在 $R^2[-\pi,\pi]$ 中稠密，因此任给 $f\in R^2[-\pi,\pi]$，帕塞瓦尔等式也成立．对等式

$$\frac{1}{2\pi}\int_{-\pi}^{\pi}f(x)^2 dx-\sum_{-N}^{N}\left|c_n(f)\right|^2=\frac{1}{2\pi}\int_{-\pi}^{\pi}[f(x)-S_N(f;x)]^2 dx,$$

令 $N\to\infty$ 取极限，并且利用帕塞瓦尔等式（18.3.3），可得到均方收敛，即 $\lim\limits_{N\to\infty}\int_{-\pi}^{\pi}[f(x)-S_N(f;x)]^2 dx=0$．证毕．

需要指出的是，周期为 2π 的连续函数集合在 Lebesgue 平方可积函数集合 $L^2[-\pi,\pi]$ 中也是稠密的（实变函数的一个结论），因此，帕塞瓦尔等式和傅里叶级数的均方收敛在函数空间 $L^2[-\pi,\pi]$ 中亦成立．

如果用复数表达 $f(x)=\sum_{-\infty}^{\infty}c_n(f)e^{inx}$（$n\in\mathbb{Z}$），$g(x)=\sum_{-\infty}^{\infty}c_n(g)e^{inx}$（$n\in\mathbb{Z}$）（均方意义下），则推论 18.3.1 的结果为

$$\begin{aligned}\langle f,g\rangle_*&=\frac{1}{2\pi}\int_{-\pi}^{\pi}f(x)\overline{g}(x)dx=\frac{1}{2\pi}\int_{-\pi}^{\pi}\left(\sum_{-\infty}^{\infty}c_n(f)e^{inx}\right)\left(\sum_{-\infty}^{\infty}\overline{c}_m(g)e^{-imx}\right)dx\\&=\sum_{-\infty}^{\infty}c_n(f)\overline{c}_n(g)=\lim_{N\to+\infty}\sum_{n=-N}^{N}c_n(f)\overline{c}_n(g).\end{aligned}$$

前面说过，空间 $L^2[-\pi,\pi]=\left\{f\,\middle|\,\int_{[-\pi,\pi]}\left|f(x)\right|^2<\infty\right\}$ 在 Lebesgue 积分意义下是一个完备空间，也是一个完备的内积空间，称为 Hilbert 空间，内积定义为 $\langle f,g\rangle_*=\dfrac{1}{2\pi}\int_{-\pi}^{\pi}f(x)\overline{g}(x)dx$．我们定义另外一个内积空间

$$\boldsymbol{\ell}^2=\left\{\boldsymbol{a}=\{a_n\}_{n\in\mathbb{Z}}:=(\cdots,a_{-n},\cdots,a_{-1},a_0,a_1,\cdots,a_n,\cdots)\,\middle|\,\|\boldsymbol{a}\|_2^2=\sum_{-\infty}^{\infty}\left|a_n\right|^2<\infty\right\},$$

容易证明 $\boldsymbol{\ell}^2$ 也是一个完备空间，即任何一个柯西序列都收敛（习题 5）．事实上，$\boldsymbol{\ell}^2$ 也是

一个 Hilbert 空间，对 $\boldsymbol{a},\boldsymbol{b}\in\ell^2$，内积定义为 $\langle\boldsymbol{a},\boldsymbol{b}\rangle=\sum_{-\infty}^{\infty}a_n\overline{b}_n$，即把有限维欧氏空间的内积形式上推广到无穷维空间上.

定义傅里叶变换

$$\mathcal{F}:L^2\to\ell^2,f\mapsto\boldsymbol{c}(f):=\{c_n(f)\}_{n\in\mathbb{Z}},$$

则推论 18.3.1 意味着傅里叶变换是一个保内积变换，称为酉变换，即

$$\langle f,g\rangle_*=\langle\mathcal{F}(f),\mathcal{F}(g)\rangle=\langle\boldsymbol{c}(f),\boldsymbol{c}(g)\rangle,$$

而帕塞瓦尔等式说明傅里叶变换也是一个保范数变换，即

$$\|f\|_{L^2}=\sqrt{\langle f,f\rangle_*}=\sqrt{\int_{[-\pi,\pi]}|f(x)|^2}=\|\boldsymbol{c}(f)\|_{\ell^2}=\langle\boldsymbol{c}(f),\boldsymbol{c}(f)\rangle=\sqrt{\sum_{-\infty}^{\infty}|c_n(f)|^2},$$

因此，可以认为两个 Hilbert 空间 $L^2[-\pi,\pi]$ 和 ℓ^2 本质上是同一个 Hilbert 空间.

习题 18.3

1．设 f,g,h 是以 2π 为周期的黎曼可积函数，定义卷积 $(f*g)(x)=\frac{1}{2\pi}\int_{-\pi}^{\pi}f(t)g(x-t)\mathrm{d}t$，证明卷积具有下列性质.

（1）分配律：$f*(\alpha g+\beta f)=\alpha f*g+\beta f*h,\ \forall\alpha,\beta\in\mathbb{C}$；

（2）交换律：$f*g=g*f$；

（3）结合律：$f*(g*h)=(f*g)*h$；

（4）$f*g$ 是周期为 2π 的连续函数；

（5）$c_n(f*g)=c_n(f)c_n(g),\ n\in\mathbb{Z}$，其中 $c_n(f)$，$c_n(g)$ 和 $c_n(f*g)$ 分别是 f,g 和 $f*g$ 的傅里叶系数.

2．设 $f(t)=\mathrm{e}^{x\mathrm{e}^{it}},\ x\in\mathbb{R}$.

（1）$f(t)$ 的周期是多少？证明：f 的复数形式的傅里叶系数 $c_n(f)=\begin{cases}0, & n<0;\\ \dfrac{x^n}{n!}, & n\geqslant 0.\end{cases}$

（2）证明：$\int_0^{2\pi}\mathrm{e}^{2x\cos t}\mathrm{d}t=2\pi\sum_{n=0}^{\infty}\frac{x^{2n}}{(n!)^2}$.

（3）设 $I_n=\int_0^{\pi}(\cos t)^n\mathrm{d}t$，证明：$\int_0^{\pi}\mathrm{e}^{2x\cos t}\mathrm{d}t=\sum_{n=0}^{\infty}\frac{(2x)^n}{(n!)^2}I_n$.

3．考虑以 2π 为周期的函数 $f(x)=x(\pi-|x|),\ -\pi\leqslant x\leqslant\pi$.

（1）计算 $f(x)$ 的傅里叶系数，并证明 $f(x)=\frac{8}{\pi}\sum_{n=0}^{\infty}\frac{\sin(2n+1)x}{(2n+1)^3}$；

（2）证明：$\sum_{n=0}^{\infty}\frac{(-1)^n}{(2n+1)^3}=\frac{\pi^3}{32}$；

（3）利用帕塞瓦尔等式，证明：（a）$\sum_{n=0}^{\infty}\frac{1}{(2n+1)^6}=\frac{\pi^6}{960}$，（b）$\sum_{n=1}^{\infty}\frac{1}{n^6}=\frac{\pi^6}{945}$；

（4）试着找一些其他函数，利用上面过程，推导出级数$\sum_{n=1}^{\infty}\frac{1}{n^{2k}}$（$k\in\mathbb{N}^*$）的和．值得指出的是，迄今为止，没有人能够给出$\sum_{n=1}^{\infty}\frac{1}{n^{2k+1}}$（$k\in\mathbb{N}^*$）的显式解，包括$\sum_{n=1}^{\infty}\frac{1}{n^3}$．

4．傅里叶级数的均方收敛性证明除了上面给出的两种证明，还有其他非常漂亮的证明，下面就是一个构造性的证明，目标是证明封闭性条件：$\lim_{n\to\infty}\int_0^{2\pi}|f(x)-S_n(f;x)|^2\,dx=0$ (*).

（1）设 $f,g,h\in R^2[-\pi,\pi]$, $f(x)=\alpha g(x)+\beta h(x)$, $\alpha,\beta\in\mathbb{C}$，证明：傅里叶系数满足

$$c_n(f)=\alpha c_n(g)+\beta c_n(h).$$

（2）利用不等式$|a\pm b|^2\leqslant 2\left(|a|^2+|b|^2\right)$，证明

$$|f-S_n(f;x)|^2\leqslant 2|\alpha|^2|g-S_n(g;x)|^2+2|\beta|^2|h-S_n(h;x)|^2,$$

即

$$\int_0^{2\pi}|f-S_n(f;x)|^2dx\leqslant 2\left[|\alpha|^2\int_0^{2\pi}|g-S_n(g;x)|^2dx+|\beta|^2\int_0^{2\pi}|h-S_n(h;x)|^2dx\right].$$

（1）（2）说明，如果 g,h 满足封闭性条件 (*)，则 $f(x)=\alpha g(x)+\beta h(x)$ 也满足封闭性条件 (*)（满足封闭性条件的函数空间是一个线性空间）.

（3）设 $a_1,a_2,\cdots a_m\in\mathbb{C}$，证明：$\left|\sum_{k=1}^{m}a_k\right|^2\leqslant m\sum_{k=1}^{m}|a_k|^2$．由此证明，如果 $f(x)=\sum_{k=1}^{m}f_k(x)$，则有$\int_0^{2\pi}|f-S_n(f;x)|^2dx\leqslant m\sum_{k=1}^{m}\int_0^{2\pi}|f_k-S_n(f_k;x)|^2dx$，即如果 $f_k(x)$（$k=1,2,\cdots,m$）满足封闭性条件 (*)，则 $f(x)$ 也满足封闭性条件 (*).

（4）考虑函数 $f_\alpha(x)=\begin{cases}1, & x\in[0,\alpha];\\ 0, & x\in(\alpha,2\pi).\end{cases}$ 证明其傅里叶系数 $a_0=\frac{\alpha}{\pi}$，$a_n=\frac{\sin n\alpha}{\pi n}$（$n\geqslant 1$），$b_n=\frac{1-\cos n\alpha}{\pi n}$（$n\geqslant 1$）.

（5）证明等式$\frac{x^2}{4}-\frac{\pi x}{2}=\sum_{n=1}^{\infty}\frac{\cos nx-1}{n^2}$．

（6）证明等式$\frac{1}{\pi}\int_0^{2\pi}|f_\alpha(x)|^2\,dx=\frac{1}{2}a_0^2+\sum_{n=1}^{\infty}(a_n^2+b_n^2)$，即 $f_\alpha(x)$ 满足封闭性条件 (*).

（7）定义 $f_{\alpha\beta}(x)=\mu f_\beta(x)-\lambda f_\alpha(x)$（$0<\alpha<\beta\leqslant 2\pi$），$\lambda,\mu\in\mathbb{C}$，则根据（1）（2）结论，$f_{\alpha\beta}(x)$ 也满足封闭性条件 (*).

（8）给定区间 $[-\pi,\pi]$ 的任意一个划分 $\Delta:0=x_0<x_1<\cdots<x_{m-1}=2\pi$，定义阶梯函数 $f_s(x)=f(x_k),\ x\in[x_k,x_{k+1}),\ k=0,1,\cdots,m-1$．由（3）得知，$f_s(x)$ 满足封闭性条件 (*).

（9）设 $f(x)\in R[-\pi,\pi]$，则 $f(x)$ 有界，即 $\exists M>0,\ \forall x\in[-\pi,\pi],\ |f(x)|\leqslant M$．由于阶梯函

数空间在 $R^2[-\pi,\pi]$ 中稠密，即对 $\forall\varepsilon>0$，存在阶梯函数 $f_s(x)$ 使得 $\int_0^{2\pi}|f(x)-f_s(x)|\,\mathrm{d}x<\varepsilon$，证明 $\int_0^{2\pi}|f(x)-f_s(x)|^2\mathrm{d}x<2M\int_0^{2\pi}|f(x)-f_s(x)|\,\mathrm{d}x<2M\varepsilon$.

（10）利用贝塞尔不等式证明：

$$\begin{aligned}&\int_0^{2\pi}|f-S_n(f;x)|^2\mathrm{d}x=\int_0^{2\pi}|(f_s-S_n(f_s;x))+(f-f_s)-S_n(f-f_s;x)|^2\mathrm{d}x\\ \leqslant&\int_0^{2\pi}|f_s-S_n(f_s;x)|^2\mathrm{d}x+\int_0^{2\pi}|(f-f_s)-S_n(f-f_s;x)|^2\mathrm{d}x\\ \leqslant&\int_0^{2\pi}|f_s-S_n(f_s;x)|^2\mathrm{d}x+\int_0^{2\pi}|f-f_s|^2\mathrm{d}x,\end{aligned}$$

其中第一个不等号到第二个不等号利用了贝塞尔不等式. 利用结论（8），第一个积分当 $n\to\infty$ 时趋于零；利用（9），第二个积分可以任意小.

5．考虑空间 $\ell^2(\mathbb{N})=\left\{f:\mathbb{N}\to\mathbb{C}\;\middle|\;\|f\|_2=\sqrt{\sum_{n=0}^{\infty}|f(n)|^2}<\infty\right\}$，即 $f=(f(0),f(1),\cdots,f(n),\cdots)$. 设序列 $\{f_k\}_{k\in\mathbb{N}}\subset\ell^2(\mathbb{N})$ 是一个柯西序列，即对 $\forall\varepsilon>0,\ \exists N>0,\ \forall m,k>N,\ \|f_m-f_k\|_2<\varepsilon$.

（1）证明：对 $\forall n\in\mathbb{N}$，当 $k\to\infty$ 时，$f_k(n)$ 在复数集 $\mathbb{C}$ 中收敛，设收敛到 $f(n)$.

（2）设 $f:\mathbb{N}\to\mathbb{C},\ n\mapsto f(n)$，证明：$f\in\ell^2(\mathbb{N})$，即 $\ell^2(\mathbb{N})$ 是一个完备空间（Hilbert 空间）.

*18.4 傅里叶积分简介

18.4.1 傅里叶级数的复数形式

在电工学中，通常把如下形式的量

$$x=c\mathrm{e}^{\mathrm{i}(\theta+\omega t)}\tag{18.4.1}$$

称为复谐振动. 其中复数 $c=r\mathrm{e}^{\mathrm{i}\theta}$ 称为复振幅，实数 ω 称为圆频率. 复谐振动（18.4.1）可以写成

$$x=c\mathrm{e}^{\mathrm{i}(\theta+\omega t)}=r[\cos(\theta+\omega t)+\mathrm{i}\sin(\theta+\omega t)],$$

其实部和虚部就是通常的谐振动. 复振幅的模 $|c|=r$ 就是通常的振幅，复振幅的辐角 θ 就是通常的初相位. 在交流电的应用中，常常需要计算频率相同但振幅与初相位不同的若干量的迭加，这时采用复数形式就比采用三角函数形式方便.

周期函数的傅里叶级数展开，意味着把复杂的振动分解为谐振动分量之和. 接下来设法把各谐振动分量写成复谐振动的形式. 设 $f(t)$ 是周期为 $2l$ 的函数，其傅里叶级数为

$$f(t)\sim\frac{a_0}{2}+\sum_{n=1}^{\infty}\left(a_n\cos\frac{n\pi t}{l}+b_n\sin\frac{n\pi t}{l}\right).$$

令 $\omega=\dfrac{\pi}{l}$. 因为 $\cos n\omega t=\dfrac{\mathrm{e}^{in\omega t}+\mathrm{e}^{-in\omega t}}{2}$，$\sin n\omega t=\dfrac{\mathrm{e}^{in\omega t}-\mathrm{e}^{-in\omega t}}{2i}$，$n=1,2,\cdots$，所以

$$
\begin{aligned}
f(t) &\sim \frac{a_0}{2}+\sum_{n=1}^{\infty}\left(a_n\cos\frac{n\pi t}{l}+b_n\sin\frac{n\pi t}{l}\right)\\
&=\frac{a_0}{2}+\sum_{n=1}^{\infty}\frac{1}{2}(a_n-\mathrm{i}b_n)\,\mathrm{e}^{\mathrm{i}n\omega t}+\sum_{n=1}^{\infty}\frac{1}{2}(a_n+\mathrm{i}b_n)\,\mathrm{e}^{-\mathrm{i}n\omega t}\\
&=\sum_{n=-\infty}^{+\infty}c_n\mathrm{e}^{\mathrm{i}n\omega t}\triangleq\lim_{N\to+\infty}\sum_{n=-N}^{N}c_n\mathrm{e}^{\mathrm{i}n\omega t},
\end{aligned}
$$

其中 $c_0=\dfrac{a_0}{2}$，$c_n=\dfrac{a_n-\mathrm{i}b_n}{2}$，$c_{-n}=\dfrac{a_n+\mathrm{i}b_n}{2}=\overline{c}_n$，$n=1,2,\cdots$. 这样得到的级数被称为 $f(t)$ 的**复数形式的傅里叶级数**，记为

$$f(t)\sim\sum_{n=-\infty}^{+\infty}c_n\mathrm{e}^{\mathrm{i}n\omega t},$$

其中系数

$$
\begin{aligned}
c_0&=\frac{a_0}{2}=\frac{1}{2l}\int_{-l}^{l}f(t)\,\mathrm{d}t,\\
c_n&=\frac{a_n-\mathrm{i}b_n}{2}=\frac{1}{2l}\int_{-l}^{l}f(t)\mathrm{e}^{-\mathrm{i}n\omega t}\mathrm{d}t,\\
c_{-n}&=\frac{a_n+\mathrm{i}b_n}{2}=\frac{1}{2l}\int_{-l}^{l}f(t)\mathrm{e}^{\mathrm{i}n\omega t}\mathrm{d}t,\quad n=1,2,\cdots.
\end{aligned}
$$

用 $\mathscr{R}[-l,l]$ 表示 $[-l,l]$ 上可积的实变复值函数的集合. 定义 $f(t)$，$g(t)\in\mathscr{R}[-l,l]$ 的内积

$$\langle f(t),g(t)\rangle=\frac{1}{2l}\int_{-l}^{l}f(t)\overline{g}(t)\,\mathrm{d}t,$$

则容易验证 $\{\mathrm{e}^{\mathrm{i}n\omega t}\mid n\in\mathbb{Z}\}$ 是标准正交的函数系，其中 $\omega=\dfrac{\pi}{l}$. 这样，周期为 $2l$ 的函数 $f(t)$ 的复数形式的傅里叶级数的系数计算可写为如下公式

$$c_n=\langle f(t),\mathrm{e}^{\mathrm{i}n\omega t}\rangle,\quad n\in\mathbb{Z},$$

并且函数 $f(t)$ 的复数形式的傅里叶级数为 $f(t)\sim\sum\limits_{n=-\infty}^{+\infty}c_n\mathrm{e}^{\mathrm{i}n\omega t}$. 这可以说是把一个函数“变成”一个序列 $\{\cdots,c_{-2},c_{-1},c_0,c_1,c_2,\cdots\}$，所以它是函数空间到序列空间的一个映射. 也可以说是一个物理过程有了两个不同的“表示”：一个是表示为时间 t 的函数，称为时域表示；另一个是表示为频率 n 的函数，称为频域表示.

18.4.2　傅里叶积分：启发式介绍

我们知道一个自然现象很少是有真正周期的. 上面我们所说的函数 $f(t)$ 是周期函数，其实它原来可以定义在 $\mathbb{R}$ 上，只不过我们取了它的在 $[-l,l]$ 上的一段再作周期延拓，这样才得到周期函数. 实际上傅里叶当年是从研究一个半无限长的杆上的温度分布得出傅里叶积分的.

设 $f(t)$ 是定义在 $\mathbb{R}$ 上的一个非周期函数. 截取这个函数定义在 $[-l,l]$ 上的一段：

$$f_l(t)=f(t),\quad \forall t\in[-l,l],$$

然后将这段函数延拓为以 $2l$ 为周期的函数：

$$f_l(t+2nl)=f(t),\quad \forall t\in[-l,l],\quad n\in\mathbb{Z},$$

如果函数 $f(t)$ 是连续的，且在任何有限区间上分段可微或分段单调，则函数 $f_l(t)$ 就可以展开成傅里叶级数

$$f_l(t)=\sum_{n=-\infty}^{+\infty}c_n\mathrm{e}^{\mathrm{i}\omega_n t}=\sum_{n=-\infty}^{+\infty}\frac{1}{2l}\int_{-l}^{l}f(\tau)\mathrm{e}^{\mathrm{i}\omega_n(t-\tau)}\mathrm{d}\tau, \tag{18.4.2}$$

其中 $\omega_n=\dfrac{n\pi}{l}$，$n\in\mathbb{Z}$.

接下来，我们考察当 $l\to+\infty$ 时，函数 $f_l(t)$ 的傅里叶级数展开式（18.4.2）的趋向．为此，我们把 ω 看成一个连续变化的实变量，而把 ω_n 看成 ω 的离散取值．注意到，

$$\omega_n=\frac{n\pi}{l},\qquad \omega_{n-1}=\frac{(n-1)\pi}{l},\qquad \frac{1}{2l}=\frac{1}{2\pi}(\omega_n-\omega_{n-1})=\frac{1}{2\pi}\Delta\omega_n,$$

这样式（18.4.2）可写成如下形式

$$f_l(t)=\frac{1}{2\pi}\sum_{n=-\infty}^{+\infty}\Delta\omega_n\int_{-l}^{l}f(\tau)\mathrm{e}^{\mathrm{i}\omega_n(t-\tau)}\mathrm{d}\tau, \tag{18.4.3}$$

当 $l\to+\infty$ 时，$\Delta\omega_n=\dfrac{\pi}{l}\to 0$. 可以设想式（18.4.3）的右端趋于如下的积分

$$\frac{1}{2\pi}\int_{-\infty}^{+\infty}\mathrm{d}\omega\int_{-\infty}^{+\infty}f(\tau)\mathrm{e}^{\mathrm{i}\omega(t-\tau)}\mathrm{d}\tau,$$

这样得到

$$f(t)=\frac{1}{2\pi}\int_{-\infty}^{+\infty}\mathrm{d}\omega\int_{-\infty}^{+\infty}f(\tau)\mathrm{e}^{\mathrm{i}\omega(t-\tau)}\mathrm{d}\tau. \tag{18.4.4}$$

通过这样粗略的讨论，我们可以猜测，在适当的条件下，函数 $f(t)$ 能有形如式（18.4.4）的积分表示．称式（18.4.4）右端的积分表示为函数 $f(t)$ 的**傅里叶积分**．将式（18.4.4）右端的两个累次积分拆开，分别写成

$$\hat{f}(\omega)=\frac{1}{2\pi}\int_{-\infty}^{+\infty}f(\tau)\mathrm{e}^{-\mathrm{i}\omega\tau}\mathrm{d}\tau \tag{18.4.5}$$

和

$$f(t)=\int_{-\infty}^{+\infty}\hat{f}(\omega)\mathrm{e}^{\mathrm{i}\omega t}\mathrm{d}\omega. \tag{18.4.6}$$

定义 18.4.1 设 $f(t)$ 在 $\mathbb{R}$ 上广义绝对可积，称从函数 $f(t)$ 到函数 $\hat{f}(\omega)$ 的变换（18.4.5）为函数 $f(t)$ 的**傅里叶变换**；从函数 $\hat{f}(\omega)$ 到函数 $f(t)$ 的变换（18.4.6）称为**傅里叶逆变换**.

将这种情形与周期为 2π 的函数的傅里叶级数做一类比，若把周期为 2π 的函数 $f(t)$ 的傅里叶系数记为 $\hat{f}(n)$，则

$$\hat{f}(n)=\frac{1}{2\pi}\int_{-\pi}^{\pi}f(u)\mathrm{e}^{-\mathrm{i}nu}\mathrm{d}u,\quad \forall n\in\mathbb{Z}, \tag{18.4.7}$$

从函数 $f(t)$ 到它的傅里叶系数 $\hat{f}(n)$ 的计算式（18.4.7）可以看成“离散的傅里叶变换”，而傅里叶级数展开式 $f(t)=\sum\limits_{n=-\infty}^{+\infty}\hat{f}(n)\mathrm{e}^{int}$ 可看成“离散的傅里叶逆变换”.

在傅里叶积分式（18.4.4）中，

$$\mathrm{e}^{\mathrm{i}\omega(t-u)}=\cos\omega(t-u)+\mathrm{i}\sin\omega(t-u),$$

所以 $\int_{-\infty}^{+\infty}f(u)\mathrm{e}^{\mathrm{i}\omega(t-u)}\mathrm{d}u=\int_{-\infty}^{+\infty}f(u)\cos\omega(t-u)\mathrm{d}u+\mathrm{i}\int_{-\infty}^{+\infty}f(u)\sin\omega(t-u)\mathrm{d}u$，其实部是 ω 的偶函数，虚部是 ω 的奇函数. 所以

$$f(t)=\frac{1}{2\pi}\int_{-\infty}^{+\infty}\mathrm{d}\omega\int_{-\infty}^{+\infty}f(u)\cos\omega(t-u)\,\mathrm{d}u,$$

上式与式（18.4.4）等价，是傅里叶积分公式的另一表示.

定义 18.4.2 设 $f(t)$ 在 $\mathbb{R}$ 上广义绝对可积，称 $\hat{f}(\omega)=\frac{1}{2\pi}\int_{-\infty}^{+\infty}f(\tau)\mathrm{e}^{-\mathrm{i}\omega\tau}\mathrm{d}\tau$ 为 $f(t)$ 的傅里叶变换，其中 ω 是实数，$\hat{f}(\omega)$ 是实变量的复函数.

定理 18.4.1 设 $f(x)$ 和 $f'(x)$ 在 $\mathbb{R}$ 上广义绝对可积且设 $\lim\limits_{x\to\pm\infty}f(x)=0$，则 $\widehat{f'}(x)=\mathrm{i}x\hat{f}(x)$.

证明 由分部积分，有

$$\widehat{f'}(x)=\frac{1}{2\pi}\int_{-\infty}^{+\infty}f'(t)\mathrm{e}^{-\mathrm{i}tx}\mathrm{d}t=\frac{1}{2\pi}f(t)\mathrm{e}^{-\mathrm{i}tx}\Big|_{-\infty}^{+\infty}+\frac{\mathrm{i}x}{2\pi}\int_{-\infty}^{+\infty}f(t)\mathrm{e}^{-\mathrm{i}tx}\mathrm{d}t=\mathrm{i}x\hat{f}(x).$$

证毕.

从傅里叶变换表达式可看出，傅里叶变换具有线性运算，即

$$\widehat{(\alpha f+\beta g)}(x)=\alpha\hat{f}(x)+\beta\hat{g}(x).$$

推论 18.4.1 若 $f^{(k)}(x)$ 在 $\mathbb{R}$ 上广义绝对可积且设 $\lim\limits_{x\to\pm\infty}f^{(k)}(x)=0$，$k=0,1,2\cdots,n$，则

$$\widehat{f^{(n)}}(x)=(\mathrm{i}x)^n\hat{f}(x).$$

这说明，经过傅里叶变换，对函数的微分运算就转变为用 $\mathrm{i}x$ 相乘，求 n 阶导数就变为乘以 $(\mathrm{i}x)^n$. 这一性质使得解常系数的线性微分方程变得容易了.

例 18.4.1 求解常系数线性微分方程

$$a_nf^{(n)}(t)+a_{n-1}f^{(n-1)}(t)+\cdots+a_1f'(t)+a_0f(t)=g(t),$$

其中 a_i（$i=0,1,2,\cdots,n$）是常数，$g(t)$ 是已知函数.

解 对方程两端进行傅里叶变换，则

$$a_n(\mathrm{i}x)^n\hat{f}(x)+a_{n-1}(\mathrm{i}x)^{n-1}\hat{f}(x)+\cdots+a_1(\mathrm{i}x)\hat{f}(x)+a_0\hat{f}(x)=\hat{g}(x),$$

所以

$$\hat{f}(x)=\frac{\hat{g}(x)}{a_n(\mathrm{i}x)^n+a_{n-1}(\mathrm{i}x)^{n-1}+\cdots+a_1(\mathrm{i}x)+a_0},$$

此式右端是已知的，通过傅里叶逆变换即求得 $f(t)$.

傅里叶变换的另一个有用的性质，是将函数的卷积运算转化为乘法运算.

定义 18.4.3 设函数 $f(x)$ 与 $g(x)$ 在 $\mathbb{R}$ 上广义绝对可积，定义 $f(x)$ 与 $g(x)$ 的卷积为

$$(f*g)(t)=\frac{1}{2\pi}\int_{-\infty}^{+\infty}f(t-u)g(u)\mathrm{d}u.$$

定理 18.4.2 设函数 $f(x)$ 与 $g(x)$ 在 $\mathbb{R}$ 上广义绝对可积，则 $\widehat{f*g}(x)=\hat{f}(x)\hat{g}(x)$.

证明

$$\begin{aligned}\widehat{f*g}(x)&=\frac{1}{4\pi^2}\int_{-\infty}^{+\infty}\left(\int_{-\infty}^{+\infty}f(t-u)g(u)\mathrm{d}u\right)\mathrm{e}^{-\mathrm{i}tx}\mathrm{d}t\\&=\frac{1}{4\pi^2}\int_{-\infty}^{+\infty}g(u)\left(\int_{-\infty}^{+\infty}f(t-u)\mathrm{e}^{-\mathrm{i}tx}\mathrm{d}t\right)\mathrm{d}u\\&=\frac{1}{4\pi^2}\int_{-\infty}^{+\infty}g(u)\left(\int_{-\infty}^{+\infty}f(v)\mathrm{e}^{-\mathrm{i}(u+v)x}\mathrm{d}v\right)\mathrm{d}u\\&=\left(\frac{1}{2\pi}\int_{-\infty}^{+\infty}g(u)\mathrm{e}^{-\mathrm{i}ux}\mathrm{d}u\right)\left(\frac{1}{2\pi}\int_{-\infty}^{+\infty}f(v)\mathrm{e}^{-\mathrm{i}vx}\mathrm{d}v\right)=\hat{f}(x)\hat{g}(x).\end{aligned}$$

证毕.

下面的例子是解一个卷积型积分方程.

例 18.4.2 设 $g(x),h(x)$ 是已知函数，求解关于未知函数 $f(x)$ 的积分方程

$$f(u)=g(u)+\frac{1}{2\pi}\int_{-\infty}^{+\infty}h(u-t)f(t)\mathrm{d}t,\quad -\infty<u<+\infty.$$

解 对方程两端进行傅里叶变换，则

$$\hat{f}(x)=\hat{g}(x)+\hat{h}(x)\hat{f}(x),$$

所以 $\hat{f}(x)=\dfrac{\hat{g}(x)}{1-\hat{h}(x)}$，从而 $\hat{f}$ 通过傅里叶逆变换即能求出 $f(u)$.

18.4.3 傅里叶积分：严格理论

为了保证一个函数的傅里叶变换和逆变换都存在，考虑一类特殊函数空间，称为 Schwartz 空间 $\mathcal{S}(\mathbb{R})$.

定义 18.4.4 Schwartz 空间 $\mathcal{S}(\mathbb{R})$ 是定义在 $\mathbb{R}$ 上的光滑（C^∞，即具有任意阶导数）函数 $f:\mathbb{R}\to\mathbb{C},\ x\mapsto f(x)$，并且满足快速下降条件，即 $\forall k,l\in\mathbb{N},\ \sup\limits_{x\in\mathbb{R}}|x|^k\left|f^{(l)}(x)\right|<\infty$.

显然 $\mathcal{S}(\mathbb{R})\subset C^\infty(\mathbb{R})$. 一个最简单的 Schwartz 空间函数为高斯函数 $f(x)=\mathrm{e}^{-\pi x^2}$. 注意到函数 $f(x)=\mathrm{e}^{-|x|}$ 虽然满足快速下降条件，但是并不属于 $\mathcal{S}(\mathbb{R})$，因为它在原点不可微. 如果 $f\in\mathcal{S}(\mathbb{R})$，在本节里定义它的傅里叶变换为 $\mathscr{F}:\mathcal{S}(\mathbb{R})\to\mathcal{S}(\mathbb{R}),\ f(x)\mapsto\hat{f}(\xi)=\int_{-\infty}^{\infty}f(x)\mathrm{e}^{-2\pi\mathrm{i}x\xi}\mathrm{d}x$.

命题 18.4.1 如果 $f,g\in\mathcal{S}(\mathbb{R})$，则有

（1）线性：对 $\forall\alpha,\beta\in\mathbb{C},\ \alpha f+\beta g\to\alpha\hat{f}+\beta\hat{g}$；

（2）对 $\forall h\in\mathbb{R},\ f(x+h)\to\hat{f}(\xi)\mathrm{e}^{2\pi\mathrm{i}h\xi}$；

（3）对 $\forall h\in\mathbb{R},\ f(x)\mathrm{e}^{-2\pi\mathrm{i}hx}\to\hat{f}(\xi+h)$；

（4）对 $\forall\delta>0, f(\delta x)\to\dfrac{1}{\delta}\hat{f}\left(\dfrac{\xi}{\delta}\right)$；

（5）$f'(x)\to 2\pi\mathrm{i}\xi\hat{f}(\xi), f^{(k)}(x)\to(2\pi\mathrm{i}\xi)^k\hat{f}(\xi), \forall k\in\mathbb{N}$；

（6）$-2\pi\mathrm{i}xf(x)\to\dfrac{\mathrm{d}}{\mathrm{d}\xi}\hat{f}(\xi), (-2\pi\mathrm{i}x)^k f(x)\to\dfrac{\mathrm{d}^k}{\mathrm{d}\xi^k}\hat{f}(\xi), \forall k\in\mathbb{N}$.

上述性质可以利用积分性质、积分变量代换、分部积分及一致收敛广义积分与微分交换性质直接验证.

定理 18.4.3 $f\in\mathcal{S}(\mathbb{R})$ 当且仅当 $\hat{f}\in\mathcal{S}(\mathbb{R})$.

证明 只需要验证 $k,l\in\mathbb{N}$, $\xi^k\left(\dfrac{\mathrm{d}}{\mathrm{d}\xi}\right)^l\hat{f}(\xi)$ 是 $\dfrac{1}{(2\pi\mathrm{i})^k}\left(\dfrac{\mathrm{d}}{\mathrm{d}x}\right)^k[(-2\pi\mathrm{i}x)^l f(x)]$ 的傅里叶变换. 反之，$x^k\left(\dfrac{\mathrm{d}}{\mathrm{d}x}\right)^l f(x)$ 是 $\dfrac{1}{(-2\pi\mathrm{i})^k}\left(\dfrac{\mathrm{d}}{\mathrm{d}\xi}\right)^k[(2\pi\mathrm{i}\xi)^l\hat{f}(\xi)]$ 的傅里叶逆变换. 这里，我们假设傅里叶逆变换为 $\mathscr{F}^{-1}:\hat{f}(\xi)\mapsto f(x)=\int_{-\infty}^{\infty}\hat{f}(\xi)\mathrm{e}^{2\pi\mathrm{i}x\xi}\mathrm{d}\xi$（下面会证明）. 证毕.

定理 18.4.4 对高斯函数 $f(x)=\mathrm{e}^{-\pi x^2}$，有 $\hat{f}(\xi)=f(\xi)$，即高斯函数是傅里叶变换的单位元.

证明 令 $F(\xi)=\hat{f}(\xi)=\int_{-\infty}^{\infty}\mathrm{e}^{-\pi x^2}\mathrm{e}^{-2\pi\mathrm{i}x\xi}\mathrm{d}x$，则有 $F(0)=\int_{-\infty}^{\infty}\mathrm{e}^{-\pi x^2}\mathrm{d}x=1$. 另外，高斯函数满足 $f'(x)=-2\pi xf(x)$. 由命题 18.4.1 性质（6），有

$$F'(\xi)=\int_{-\infty}^{\infty}(-2\pi\mathrm{i}x)f(x)\mathrm{e}^{-2\pi\mathrm{i}x\xi}\mathrm{d}x=i\int_{-\infty}^{\infty}f'(x)\mathrm{e}^{-2\pi\mathrm{i}x\xi}\mathrm{d}x,$$

由性质（5），得

$$F'(\xi)=\mathrm{i}(2\pi\mathrm{i}\xi)\hat{f}(\xi)=-2\pi\xi F(\xi),$$

解此微分方程分并利用 $F(0)=1$，得到 $F(\xi)=\mathrm{e}^{-\pi\xi^2}$. 证毕.

推论 18.4.2 设 $\delta>0, K_\delta(x)=\dfrac{1}{\sqrt{\delta}}\mathrm{e}^{-\frac{\pi x^2}{\delta}}$，则有 $\widehat{K_\delta}(\xi)=\mathrm{e}^{-\pi\delta\xi^2}$. $\{K_\delta(x)\}_{\delta>0}$ 称为高斯核函数.

证明 利用命题 18.4.1 性质（4），δ 用 $\dfrac{1}{\sqrt{\delta}}$ 代替，以及定理 18.4.4.

显然，$\forall x\in\mathbb{R}, K_\delta(x)>0$，并且有 $\int_{-\infty}^{\infty}K_\delta(x)\mathrm{d}x=1$. 此外，

$$\text{对 }\forall\eta>0, \int_{|x|>\eta}K_\delta(x)\mathrm{d}x=\int_{|y|>\frac{\eta}{\sqrt{\delta}}}\mathrm{e}^{-\pi y^2}\mathrm{d}y\longrightarrow 0(\delta\to 0).$$

因此，高斯核 $\{K_\delta(x)\}_{\delta>0}$ 是好核.

推论 18.4.3 设 $f\in\mathcal{S}(\mathbb{R})$，则 $(K_\delta * f)(x)\xrightarrow{x\in\mathbb{R}}f(x)(\delta\to 0)$（一致收敛）.

命题 18.4.2 设 $f,g\in\mathcal{S}(\mathbb{R})$，则有 $\int_{-\infty}^{\infty}f(x)\hat{g}(x)\mathrm{d}x=\int_{-\infty}^{\infty}\hat{f}(y)g(y)\mathrm{d}y$.

证明 应用广义积分的积分换序定理（Fubini 定理）可得.

设 $f,g\in\mathcal{S}(\mathbb{R})$，定义卷积 $(f*g)(x)=\int_{-\infty}^{\infty}f(x-t)g(t)\mathrm{d}t$. 卷积满足下面性质.

命题 18.4.3 设 $f,g,h \in \mathcal{S}(\mathbb{R})$，则有

（i）$f*g \in \mathcal{S}(\mathbb{R})$；

（ii）交换律：$f*g = g*f$；

（iii）结合律：$f*(g*h) = f*(g*h)$；

（iv）$\widehat{(f*g)}(\xi) = \hat{f}(\xi)\hat{g}(\xi)$.

定理 18.4.5（傅里叶逆变换） 设 $f,g \in \mathcal{S}(\mathbb{R})$，则 $f(x) = \int_{-\infty}^{\infty} \hat{f}(\xi) \mathrm{e}^{2\pi \mathrm{i} x\xi} \mathrm{d}\xi$.

证明 先证 $f(0) = \int_{-\infty}^{\infty} \hat{f}(\xi)\mathrm{d}\xi$. 令 $G_\delta(x) = \mathrm{e}^{-\pi\delta x^2}$，则有 $\widehat{G_\delta}(\xi) = \frac{1}{\sqrt{\delta}} \mathrm{e}^{-\frac{\pi\xi^2}{\delta}} = K_\delta(\xi)$. 由命题 18.4.2 知，$\int_{-\infty}^{\infty} f(x)K_\delta(x)\mathrm{d}x = \int_{-\infty}^{\infty} \hat{f}(\xi)G_\delta(\xi)\mathrm{d}\xi$. 由于高斯核 $K_\delta(x)$ 是好核，当 $\delta \to 0$ 时，等式左边趋于 $f(0)$，右边趋于 $\int_{-\infty}^{\infty} \hat{f}(\xi)\mathrm{d}\xi$.

再令 $F(y) = f(x+y)$，则有 $f(x) = F(0) = \int_{-\infty}^{\infty} \hat{F}(\xi)\mathrm{d}\xi = \int_{-\infty}^{\infty} \hat{f}(\xi)\mathrm{e}^{2\pi \mathrm{i} x\xi}\mathrm{d}\xi$. 证毕.

对傅里叶变换，$\mathscr{F}: \mathcal{S}(\mathbb{R}) \to \mathcal{S}(\mathbb{R}), f(x) \mapsto \mathscr{F}(f)(\xi) = \hat{f}(\xi) = \int_{-\infty}^{\infty} f(x)\mathrm{e}^{-2\pi \mathrm{i} x\xi}\mathrm{d}x$，逆变换为 $\mathscr{F}^*: \mathcal{S}(\mathbb{R}) \to \mathcal{S}(\mathbb{R}), \hat{f}(\xi) \mapsto \mathscr{F}^*(\hat{f})(x) = f(x) = \int_{-\infty}^{\infty} \hat{f}(\xi)\mathrm{e}^{2\pi \mathrm{i} x\xi}\mathrm{d}\xi$. 因此有 $\mathscr{F}^* \circ \mathscr{F} = \mathscr{F} \circ \mathscr{F}^* = I$，其中 I 是恒等变换. 进一步，有 $\mathscr{F}^*(f)(x) = \mathscr{F}(f)(-x)$，即 $f(x)$ 的傅里叶逆变换就等于 $f(-x)$ 的傅里叶变换.

Schwartz 空间可以被赋予内积. 设 $f,g \in \mathcal{S}(\mathbb{R})$，定义内积

$$\langle f,g \rangle = \int_{-\infty}^{\infty} f(x)\overline{g}(x)\mathrm{d}x,$$

内积诱导的 2−范数为 $\|f\|_2 = \sqrt{\langle f,f \rangle} = \sqrt{\int_{-\infty}^{\infty} |f(x)|^2 \mathrm{d}x}$. 周期函数的帕塞瓦尔等式在傅里叶变换中也有对应，称为 Plancherel 等式.

定理 18.4.6（Plancherel 等式） 设 $f \in \mathcal{S}(\mathbb{R})$，则有 $\|f\|_2 = \|\hat{f}\|_2$.

证明 $f \in \mathcal{S}(\mathbb{R})$，定义 $\varphi(x) = \overline{f(-x)}$，则有 $\hat{\varphi}(\xi) = \overline{\hat{f}(\xi)}$. 定义 $g = f*\varphi$，则有

$$\hat{g}(\xi) = \hat{f}(\xi)\hat{\varphi}(\xi) = \left|\hat{f}(\xi)\right|^2.$$

利用傅里叶逆变换公式

$$g(x) = \int_{-\infty}^{\infty} \hat{g}(\xi)\mathrm{e}^{2\pi \mathrm{i} x\xi}\mathrm{d}\xi = \int_{-\infty}^{\infty} \left|\hat{f}(\xi)\right|^2 \mathrm{e}^{2\pi \mathrm{i} x\xi}\mathrm{d}\xi,$$

因此有 $g(0) = \|\hat{f}\|_2^2$. 另外，根据定义 $g = f*\varphi$，故

$$g(0) = (f*\varphi)(0) = \int_{-\infty}^{\infty} f(-t)\overline{f(-t)}\,\mathrm{d}t = \|f\|^2.$$

证毕.

定理 18.4.7 设 $f,g \in \mathcal{S}(\mathbb{R})$，则有 $\langle f,g \rangle = \langle \hat{f},\hat{g} \rangle$.

证明 设 $f,h \in \mathcal{S}(\mathbb{R})$，则有积分交换公式（命题 18.4.2）

$$\int_{-\infty}^{\infty} f(x)\hat{h}(x)\mathrm{d}x = \int_{-\infty}^{\infty} \hat{f}(y)h(y)\mathrm{d}y.$$

令 $h(x)=\overline{\hat{g}(x)}$，根据傅里叶逆变换性质，则有

$$\hat{h}(\xi)=\mathscr{F}(h)(\xi)=\mathscr{F}(\overline{\hat{g}})(\xi)=(\overline{\mathscr{F}^*(\hat{g})})(\xi)=\overline{g}(\xi),$$

因此有

$$\int_{-\infty}^{\infty} f(x)\overline{g}(x)\mathrm{d}x=\int_{-\infty}^{\infty}\hat{f}(y)\overline{\overline{\hat{g}(y)}}\mathrm{d}y=\int_{-\infty}^{\infty}\hat{f}(y)\overline{\hat{g}}(y)\mathrm{d}y,$$

即 $\langle f,g\rangle=\langle\hat{f},\hat{g}\rangle$. 证毕.

定理 18.4.7 说明傅里叶变换 $\mathscr{F}:\mathcal{S}(\mathbb{R})\to\mathcal{S}(\mathbb{R})$ 是保内积变换，即 $\langle\mathscr{F}(f),\mathscr{F}(g)\rangle=\langle f,g\rangle$. 同理，傅里叶逆变换 $\mathscr{F}^*:\mathcal{S}(\mathbb{R})\to\mathcal{S}(\mathbb{R})$ 也是保内积变换，即 $\langle\mathscr{F}^*(f),\mathscr{F}^*(g)\rangle=\langle f,g\rangle$.

下面推导 Poisson 求和公式. 设 $f\in\mathcal{S}(\mathbb{R})$，定义函数

$$F_1(x)=\sum_{-\infty}^{\infty}f(x+n),$$

则 $F_1(x)$ 是以 1 为周期的周期函数. 另外，由于 $f(x)$ 快速下降，即

$$\text{对 }\forall k>0,\ n\to\infty,\ f(x+n)<\frac{1}{|x+n|^k},$$

因此级数 $\sum\limits_{-\infty}^{\infty}f(x+n)$ 在任意一个闭区间上绝对收敛，从而一致收敛. 考虑傅里叶逆变换

$$f(x)=\int_{-\infty}^{\infty}\hat{f}(\xi)\mathrm{e}^{2\pi\mathrm{i}x\xi}\mathrm{d}\xi$$

及它对应的离散形式

$$F_2(x)=\sum_{-\infty}^{\infty}\hat{f}(n)\mathrm{e}^{2\pi\mathrm{i}nx},$$

则由于 $\hat{f}\in\mathcal{S}(\mathbb{R})$，因此级数 $F_2(x)$ 绝对收敛并且一致收敛. 此外，$F_2(x)$ 也是以 1 为周期的周期函数.

定理 18.4.8（Poisson 求和公式） 设 $f\in\mathcal{S}(\mathbb{R})$，则有

$$\sum_{-\infty}^{\infty}f(x+n)=\sum_{-\infty}^{\infty}\hat{f}(n)\mathrm{e}^{2\pi\mathrm{i}nx}.$$

特别地，取 $x=0$，则有 $\sum\limits_{-\infty}^{\infty}f(n)=\sum\limits_{-\infty}^{\infty}\hat{f}(n)$.

证明　由于 $F_1(x)$ 和 $F_2(x)$ 都是周期为 1 的函数，并且它们都一致收敛，所以它们收敛的函数也连续可微，因此它们的傅里叶级数是唯一的. 所以，只要证明 $F_1(x)$ 和 $F_2(x)$ 具有相同的傅里叶系数，就意味着 $F_1(x)=F_2(x)$. 我们有

$$\begin{aligned}\int_0^1\left(\sum_{-\infty}^{\infty}f(x+n)\right)\mathrm{e}^{-2\pi\mathrm{i}mx}\mathrm{d}x&=\sum_{-\infty}^{\infty}\int_0^1 f(x+n)\mathrm{e}^{-2\pi\mathrm{i}mx}\mathrm{d}x\\&=\sum_{-\infty}^{\infty}\int_n^{n+1}f(y)\mathrm{e}^{-2\pi\mathrm{i}my}\mathrm{d}y\\&=\int_{-\infty}^{\infty}f(y)\mathrm{e}^{-2\pi\mathrm{i}my}\mathrm{d}y=\hat{f}(m),\end{aligned}$$

其中积分与级数求和可交换是因为级数的一致收敛性. 证毕.

值得说明的是，如果 $f(x)$ 和 $\hat{f}(x)$ 满足温和衰减（moderate decrease）条件，即

$$|x| \to \infty,\ |f(x)| < \frac{A}{1+|x|^{\alpha}},\ |\hat{f}(x)| < \frac{B}{1+|x|^{\beta}},\ \alpha,\beta > 1,$$

则 Poisson 求和公式也是成立的.

对 Schwartz 空间的函数 $f \in \mathcal{S}(\mathbb{R})$，有傅里叶变换

$$\hat{f}(\xi) = \int_{-\infty}^{\infty} f(x) \mathrm{e}^{-2\pi \mathrm{i} x\xi} \mathrm{d}x$$

和傅里叶逆变换

$$f(x) = \int_{-\infty}^{\infty} \hat{f}(\xi) \mathrm{e}^{2\pi \mathrm{i} x\xi} \mathrm{d}\xi .$$

对很多实际工程应用中的函数，Schwartz 空间的光滑性和快速下降要求太苛刻了．下面考虑分段可微的绝对可积函数，即

$$\int_{-\infty}^{\infty} |f(x)| \mathrm{d}x < \infty .$$

类似于傅里叶级数的部分和，定义

$$\begin{aligned}
S_A(x) &= \int_{-A}^{A} \mathrm{e}^{2\pi \mathrm{i} x\xi} \mathrm{d}\xi \int_{-\infty}^{\infty} f(t) \mathrm{e}^{-2\pi \mathrm{i} t\xi} \mathrm{d}t \\
&= \int_{-\infty}^{\infty} f(t) \mathrm{d}t \int_{-A}^{A} \mathrm{e}^{2\pi \mathrm{i}\xi(x-t)} \mathrm{d}\xi \\
&= \int_{-\infty}^{\infty} f(t) \frac{\mathrm{e}^{2\pi \mathrm{i} A(x-t)} - \mathrm{e}^{-2\pi \mathrm{i} A(x-t)}}{2\pi \mathrm{i}(x-t)} \mathrm{d}t \\
&= \frac{1}{\pi} \int_{-\infty}^{\infty} f(t) \frac{\sin 2\pi A(x-t)}{x-t} \mathrm{d}t \\
&= \frac{1}{\pi} \int_{-\infty}^{\infty} f(x+u) \frac{\sin(2\pi A u)}{u} \mathrm{d}u \\
&= \frac{1}{\pi} \int_{0}^{\infty} [f(x+u) + f(x-u)] \frac{\sin(2\pi A u)}{u} \mathrm{d}u.
\end{aligned}$$

利用 Dirichlet 积分 $\int_0^{\infty} \frac{\sin Bu}{u} \mathrm{d}u = \frac{\pi}{2}$（$B > 0$），有

$$\frac{f(x+0)+f(x-0)}{2} = \frac{1}{\pi} \int_0^{\infty} \frac{f(x+0)+f(x-0)}{u} \sin(2\pi A u) \mathrm{d}u ,$$

因此有

$$S_A(x) - \frac{f(x+0)+f(x-0)}{2} = \frac{1}{\pi} \int_0^{\infty} \frac{[f(x-u)-f(x-0)]+[f(x+u)-f(x+0)]}{u} \sin(2\pi A u) \mathrm{d}u .$$

若 $f(x)$ 在 x 附近满足 Hölder 条件

$$|f(x+u)-f(x+0)| \leqslant L u^{\alpha},\quad |f(x-u)-f(x-0)| \leqslant L u^{\alpha},\quad \alpha > 0 ,$$

则有

$$
\begin{aligned}
& S_A(x)-\frac{f(x+0)+f(x-0)}{2} \\
=& \frac{1}{\pi}\int_0^{\infty}\frac{[f(x-u)-f(x-0)]+[f(x+u)-f(x+0)]}{u}\sin(2\pi Au)\mathrm{d}u \\
=& \frac{1}{\pi}\int_0^{\delta}\frac{[f(x-u)-f(x-0)]+[f(x+u)-f(x+0)]}{u}\sin(2\pi Au)\mathrm{d}u+ \\
& \frac{1}{\pi}\int_{\delta}^{\infty}\frac{[f(x-u)-f(x-0)]+[f(x+u)-f(x+0)]}{u}\sin(2\pi Au)\mathrm{d}u \\
=& I_1+I_2,
\end{aligned}
$$

其中 $|I_1|\leqslant\int_0^{\delta}2Lu^{\alpha-1}\mathrm{d}u=\dfrac{2L}{\alpha}\delta^{\alpha}$，即对 $\forall\varepsilon>0,\ \exists\delta>0,\ |I_1|<\varepsilon$. 而当 $A\to\infty$ 时，由 Riemann-Lebesgue 引理，$I_2\to 0$. 因此，当 $f(x)$ 在 x 附近满足 Hölder 条件时，有

$$
S_{\infty}(x)=\frac{f(x+0)+f(x-0)}{2},
$$

也就是说，$(\mathscr{F}^*\circ\mathscr{F})(f)(x)=\dfrac{f(x+0)+f(x-0)}{2}$.

定理 18.4.9　若 $f(x)$ 在 $\mathbb{R}$ 上满足：

（ i ）分段连续且满足 Hölder 条件；

（ ii ）在间断点处左右极限存在；

（iii）绝对可积，即 $\int_{-\infty}^{+\infty}|f(x)|\mathrm{d}x<\infty$，

则有 $(\mathscr{F}^*\circ\mathscr{F})(f)(x)=\dfrac{f(x+0)+f(x-0)}{2}$.

香农采样定理（Whittaker, 1915；Nyquist, 1928；Kotelnikov, 1933；Shannon, 1949）是信号与系统理论中的一个重要定理，是现代数字通信和数字信息的一个基本定理. 如果一个信号的带宽（傅里叶变换的函数的截止频率）是有限的，则以高于该带宽 2 倍频率以上的采样频率采样，采样以后的离散信号包含连续信号的所有信息.

定理 18.4.10　设信号 $f(t)$ 的傅里叶变换 $\hat{f}(\xi)=\int_{-\infty}^{+\infty}f(t)\mathrm{e}^{-2\pi\mathrm{i}xt\xi}\mathrm{d}t$. 假设 $f(t)$ 具有有限带宽，即对 $\forall|\xi|>B$，有 $\hat{f}(\xi)=0$，B 称为信号带宽. 则对 $\forall B_0>B$，如果信号满足 $\sum\limits_{-\infty}^{+\infty}|f(nT)|<\infty$，就有

$$
f(t)=\sum_{n=-\infty}^{+\infty}f(nT)\operatorname{sinc}\frac{\pi}{T}(t-nT),\quad \operatorname{sinc}x=\frac{\sin x}{x},\quad T=\frac{1}{2B_0},
$$

即信号 $f(t)$ 完全由采样序列 $\{f(nT)\}_{n\in\mathbb{Z}}$ 确定，并且上面级数在 $\mathbb{R}$ 上一致收敛.

证明　把 $\hat{f}(\xi)$ 以 $2B_0$ 为周期延拓到整个实轴形成周期函数，则把 $\hat{f}(\xi)$ 展开成傅里叶级数

$$
\hat{f}(\xi)=\sum_{-\infty}^{+\infty}c_n\mathrm{e}^{\frac{n\pi\mathrm{i}}{B_0}\xi},\quad c_n=\frac{1}{2B_0}\int_{-B_0}^{B_0}\hat{f}(\xi)\mathrm{e}^{-\frac{n\pi\mathrm{i}}{B_0}\xi}\mathrm{d}\xi,
$$

由于 $f(t)$ 的带宽为 B，因此有

$$f(t)=\int_{-\infty}^{+\infty}\hat{f}(\xi)\mathrm{e}^{2\pi\mathrm{i}xt\xi}\mathrm{d}\xi=\int_{-B_0}^{B_0}\hat{f}(\xi)\mathrm{e}^{2\pi\mathrm{i}xt\xi}\mathrm{d}\xi,$$

令 $t=-\dfrac{n}{2B_0}$，则有 $c_n=\dfrac{1}{2B_0}f\left(-\dfrac{n}{2B_0}\right)$. 定义 $T=\dfrac{1}{2B_0}$，则 $c_n=Tf(-nT)$，即

$$\hat{f}(\xi)=\sum_{-\infty}^{+\infty}Tf(-nT)\mathrm{e}^{\frac{n\pi\mathrm{i}}{B_0}\xi}.$$

因此，$f(t)=\int_{-B_0}^{B_0}\hat{f}(\xi)\mathrm{e}^{2\pi\mathrm{i}xt\xi}\mathrm{d}\xi=\int_{-B_0}^{B_0}\sum_{-\infty}^{+\infty}Tf(-nT)\mathrm{e}^{\frac{n\pi\mathrm{i}}{B_0}\xi}\mathrm{e}^{2\pi\mathrm{i}t\xi}\mathrm{d}\xi$

$$\begin{aligned}&=\sum_{-\infty}^{+\infty}Tf(-nT)\int_{-B_0}^{B_0}\mathrm{e}^{2\pi\mathrm{i}(t+nT)\xi}\mathrm{d}\xi\\&=\sum_{-\infty}^{+\infty}Tf(-nT)\frac{1}{2\pi\mathrm{i}(t+nT)}(\mathrm{e}^{2\pi\mathrm{i}(t+nT)B_0}-\mathrm{e}^{-2\pi\mathrm{i}(t+nT)B_0})\\&=\sum_{-\infty}^{+\infty}f(-nT)\operatorname{sinc}\frac{\pi}{T}(t+nT)=\sum_{-\infty}^{+\infty}f(nT)\operatorname{sinc}\frac{\pi}{T}(t-nT),\end{aligned}$$

上面积分号与级数求和号可以交换是因为级数在 $\mathbb{R}$ 上一致收敛．证毕．

实际上，香农采样定理对有限带宽有限能量信号，即当 $\|f\|_2=\|\hat{f}\|_2<+\infty$ 时，亦成立．

习题 18.4

1．设 $f(x)=\chi_{[-1,1]}(x)=\begin{cases}1, & |x|\leqslant 1;\\ 0, & |x|>1,\end{cases}\quad g(x)=\begin{cases}1-|x|, & |x|\leqslant 1;\\ 0, & |x|>1.\end{cases}$

（1）证明：f,g 的傅里叶变换分别为 $\hat{f}(\xi)=\dfrac{\sin 2\pi\xi}{\pi\xi}=2\operatorname{sinc}2\pi\xi,\ \hat{g}(\xi)=\operatorname{sinc}^2\pi\xi.$

（2）对 $g(x)$ 利用 Poisson 求和公式证明：$\displaystyle\sum_{-\infty}^{+\infty}\frac{1}{(n+\alpha)^2}=\left(\frac{\pi}{\sin\pi\alpha}\right)^2$，$\alpha\notin\mathbb{Z}$.

（3）证明等式 $\displaystyle\sum_{-\infty}^{+\infty}\frac{1}{n+\alpha}=\pi\cot\pi\alpha,\ \alpha\notin\mathbb{Z}$.（提示：对（2）中等式作积分）

2．设 $f(x)$ 在 $\mathbb{R}$ 上温和下降，并且它的傅里叶变换满足

$$\hat{f}(\xi)=O\left(\frac{1}{|\xi|^{1+\alpha}}\right),\ |\xi|\to\infty,\ \alpha>0,$$

利用傅里叶逆变换公式，证明：$\exists M>0,\ \forall x,h\in\mathbb{R},\ |f(x+h)-f(x)|\leqslant M|h|^{\alpha}$.（注：若 $\alpha\in(0,1)$，称为 Hölder 条件；若 $\alpha=1$，称为 Lipschitz 条件；若 $\alpha>1$，则连续可微）

3．（1）设 $f(x)=\mathrm{e}^{-a|x|},\ a>0,\ x\in\mathbb{R}$，求傅里叶变换，并证明 $\displaystyle\int_0^{+\infty}\frac{\cos x\xi}{a^2+\xi^2}\mathrm{d}\xi=\frac{\pi}{2a}\mathrm{e}^{-a|x|}$.

（2）设 $f(x)=\begin{cases} e^{-ax}, & x\geqslant 0; \\ -e^{-ax}, & x<0, \end{cases}$ 其中 $a>0, x\in\mathbb{R}$，求傅里叶变换，并证明

$$\int_0^{+\infty}\frac{\cos x\xi}{a^2+\xi^2}\mathrm{d}\xi=\frac{\pi}{2}e^{-a|x|}\operatorname{sgn}x.$$

*18.5　函数逼近定理

18.5.1　魏尔斯特拉斯第一逼近定理

定理 18.5.1（魏尔斯特拉斯第一逼近定理） 设 $f(x)\in C[a,b]$，则对 $\forall\varepsilon>0$，存在多项式函数 $P(x)$ 使得对 $\forall x\in[a,b]$，都有 $|f(x)-P(x)|<\varepsilon$，且 $P(a)=f(a)$，$P(b)=f(b)$.

证明一（C.H. Bernstein，苏联科学院院士） 用伯恩斯坦（Bernstein）多项式逼近. 假设 $[a,b]=[0,1]$.

先证明对 $\forall x\in[0,1]$ 及任意的正整数 n，不等式 $\sum\limits_{k=0}^{n}C_n^k(k-nx)^2x^k(1-x)^{n-k}\leqslant\dfrac{n}{4}$ 成立.

由二项展开式 $(x+y)^n=\sum\limits_{k=0}^{n}C_n^kx^ky^{n-k}$，两边对 x 求导，再乘以 x，得

$$nx(x+y)^{n-1}=\sum_{k=0}^{n}kC_n^kx^ky^{n-k}.$$

而关于 x 求导两次，再乘以 x^2，则得 $n(n-1)x^2(x+y)^{n-2}=\sum\limits_{k=0}^{n}k(k-1)C_n^kx^ky^{n-k}$. 记

$$p_{n_k}(x)=C_n^kx^k(1-x)^{n-k},$$

则 $\sum\limits_{k=0}^{n}p_{n_k}(x)=1$. 在上面的两个式子中取 $y=1-x$，有

$$nx=\sum_{k=0}^{n}kp_{n_k}(x)\quad 且\quad n(n-1)x^2=\sum_{k=0}^{n}k(k-1)p_{n_k}(x),$$

故

$$\begin{aligned}\sum_{k=0}^{n}C_n^k(k-nx)^2x^k(1-x)^{n-k}&=n^2x^2\sum_{k=0}^{n}C_n^kx^k(1-x)^{n-k}-2nx\sum_{k=0}^{n}kC_n^kx^k(1-x)^{n-k}+\\&\quad\sum_{k=0}^{n}k^2C_n^kx^k(1-x)^{n-k}\\&=n^2x^2-2n^2x^2+n(n-1)x^2+nx\\&=nx(1-x)\leqslant\frac{n}{4}\quad(0\leqslant x\leqslant 1).\end{aligned}$$

因此证明了不等式 $\sum\limits_{k=0}^{n}C_n^k(k-nx)^2x^k(1-x)^{n-k}\leqslant\dfrac{n}{4}$，其中 $0\leqslant x\leqslant 1$.

定义 $f(x)$ 的伯恩斯坦多项式

$$B_n(f,x)=\sum_{k=0}^{n}C_n^k f\left(\frac{k}{n}\right)x^k(1-x)^{n-k},\quad \forall x\in[0,1],$$

观察到 $B_n(f,0)=f(0),\ B_n(f,1)=f(1)$. 再证明当 $n\to\infty$ 时，$B_n(f,x)$ 在 $[0,1]$ 上一致收敛于 $f(x)$.

因为 $\sum_{k=0}^{n}C_n^k x^k(1-x)^{n-k}=1, \forall x\in[0,1]$，所以有

$$\sum_{k=0}^{n}f(x)C_n^k x^k(1-x)^{n-k}=f(x),\quad \forall x\in[0,1],$$

故

$$\left|f(x)-B_n(f,x)\right|\leqslant\sum_{k=0}^{n}\left|f(x)-f\left(\frac{k}{n}\right)\right|C_n^k x^k(1-x)^{n-k},\quad \forall x\in[0,1].\tag{18.5.1}$$

对 $\forall\varepsilon>0$，因为 $f(x)\in C[0,1]$，所以 $f(x)$ 在 $[0,1]$ 上一致连续，故 $\exists\delta>0$ 使得对 $\forall x,y\in[0,1]$，当 $|x-y|<\delta$ 时，有 $|f(x)-f(y)|<\dfrac{\varepsilon}{2}$.

对 $\forall x\in[0,1]$，将式（18.5.1）右端的和分为两部分，一部分是关于所有满足 $\left|\dfrac{k}{n}-x\right|<\delta$ 的 k 求和，将这样的 $0\leqslant k\leqslant n$ 的集合记为 Λ_k；另一部分是关于所有满足 $\left|\dfrac{k}{n}-x\right|\geqslant\delta$ 的 k 求和，这样的 k 的集合记为 Δ_k. 则当 $k\in\Lambda_k$ 时，有 $\left|f\left(\dfrac{k}{n}\right)-f(x)\right|<\dfrac{\varepsilon}{2}$，所以

$$\sum_{k\in\Lambda_k}\left|f(x)-f\left(\frac{k}{n}\right)\right|\cdot C_n^k x^k(1-x)^{n-k}\leqslant\frac{\varepsilon}{2}.$$

因为 $f(x)\in C[0,1]$，所以存在 $M>0$ 使得对 $\forall x\in[0,1]$，有 $|f(x)|\leqslant M$. 对 $\forall k\in\Delta_k$，有 $\left|\dfrac{k}{n}-x\right|\geqslant\delta$，从而 $\dfrac{(k-nx)^2}{n^2\delta^2}\geqslant 1$，故

$$\begin{aligned}\sum_{k\in\Delta_k}\left|f(x)-f\left(\frac{k}{n}\right)\right|C_n^k x^k(1-x)^{n-k}&\leqslant 2M\sum_{k\in\Delta_k}C_n^k x^k(1-x)^{n-k}\\&\leqslant\frac{2M}{n^2\delta^2}\sum_{k\in\Delta_k}(k-nx)^2C_n^k x^k(1-x)^{n-k}\\&\leqslant\frac{2M}{n^2\delta^2}\sum_{k=0}^{n}(k-nx)^2C_n^k x^k(1-x)^{n-k}\\&\leqslant\frac{2M}{n^2\delta^2}\cdot\frac{n}{4}=\frac{M}{2n\delta^2}.\end{aligned}$$

对上述给定的 $\varepsilon>0$，取正整数 N 使得当 $n>N$ 时，有 $\dfrac{M}{2n\delta^2}<\dfrac{\varepsilon}{2}$. 故当 $n>N$ 时，对 $\forall x\in[0,1]$，有

$$\left|f(x)-B_n(f,x)\right|\leqslant\sum_{k\in\Lambda_k}\left|f(x)-f\left(\frac{k}{n}\right)\right|C_n^k x^k(1-x)^{n-k}+\sum_{k\in\Delta_k}\left|f(x)-f\left(\frac{k}{n}\right)\right|C_n^k x^k(1-x)^{n-k}<\varepsilon,$$

这就证明了当 $n\to\infty$ 时，$B_n(f,x)$ 在 $[0,1]$ 上一致收敛于 $f(x)$.

现在考虑任意的有界闭区间 $[a,b]$，令 $y=\dfrac{x-a}{b-a}$，则当 $x\in[a,b]$ 时，有 $y\in[0,1]$. 令

$$g(y)=f(a+(b-a)y),$$

则 $g(y)\in C[0,1]$. 由前面的证明可知，对 $\forall\varepsilon>0$，存在多项式 $Q(y)$ 使得 $|g(y)-Q(y)|<\varepsilon$ 对 $\forall y\in[0,1]$ 成立，且 $Q(0)=g(0)$, $Q(1)=g(1)$. 令 $P(x)=Q\left(\dfrac{x-a}{b-a}\right)$. 因为 $f(x)=g\left(\dfrac{x-a}{b-a}\right)=g(y)$，且一个多项式经过变量代换 $y=\dfrac{x-a}{b-a}$ 后仍是一个多项式，所以 $P(x)$ 是多项式.

证明二（Lebesgue 证明） 步步逼近法.

（1）函数 $\sqrt{x}$ 在 $[0,2]$ 上可以用多项式一致逼近. 它也可以有两种证明方法.

（i）幂级数 $\displaystyle\sum_{n=0}^{\infty}\frac{\alpha(\alpha-1)\cdots(\alpha-n+1)}{n!}t^n=(1+t)^{\alpha}$（$\alpha>0$）在 $|t|\leqslant 1$ 上一致收敛.

令 $\alpha=\dfrac{1}{2}$, $t=x-1$，则幂级数 $\displaystyle\sum_{n=0}^{\infty}\frac{(-1)^{n-1}(2n-1)!!}{(2n-1)(2n)!!}(x-1)^n=\sqrt{x}$ 在 $[0,2]$ 上一致收敛.

（ii）令 $g_0(x)=0$，$g_{k+1}(x)=g_k(x)+\dfrac{1}{2}[x-g_k^2(x)]$，$x\in[0,2]$. 显然 $g_k(x)$ 为 2^k 阶多项式，并且由上面递推关系得到

$$\sqrt{x}-g_{k+1}(x)=\left[\sqrt{x}-g_k(x)\right]\left[1-\frac{\sqrt{x}+g_k(x)}{2}\right].$$

用归纳法易证：对 $\forall k\in\mathbb{N}$, $0\leqslant g_k(x)\leqslant\sqrt{x}$. 由递推关系，得到

$$\begin{aligned}0\leqslant\sqrt{x}-g_k(x)&=\left(\sqrt{x}-g_{k-1}(x)\right)\left(1-\frac{\sqrt{x}+g_{k-1}(x)}{2}\right)\leqslant\left(\sqrt{x}-g_{k-1}(x)\right)\left(1-\frac{\sqrt{x}}{2}\right)\\&=\left(\sqrt{x}-g_{k-2}(x)\right)\left(1-\frac{\sqrt{x}+g_{k-2}(x)}{2}\right)\left(1-\frac{\sqrt{x}}{2}\right)\leqslant\left(\sqrt{x}-g_{k-2}(x)\right)\left(1-\frac{\sqrt{x}}{2}\right)^2\\&=\cdots\leqslant\cdots\leqslant\sqrt{x}\left(1-\frac{\sqrt{x}}{2}\right)^k.\end{aligned}$$

另外，由于 $x\in[0,2]$，则

$$1=\left(1-\frac{\sqrt{x}}{2}+\frac{\sqrt{x}}{2}\right)^{k+1}\geqslant\left(1-\frac{\sqrt{x}}{2}\right)^{k+1}+C_{k+1}^{1}\frac{\sqrt{x}}{2}\left(1-\frac{\sqrt{x}}{2}\right)^k\geqslant\frac{k+1}{2}\sqrt{x}\left(1-\frac{\sqrt{x}}{2}\right)^k,$$

因此 $0\leqslant\sqrt{x}-g_k(x)\leqslant\dfrac{2}{k+1}$，即 $\sqrt{x}-\dfrac{2}{k+1}\leqslant g_k(x)\leqslant\sqrt{x}$，故 $g_k(x)\xrightarrow{x\in[0,2]}\sqrt{x}\quad(k\to\infty)$.

（2）任给 $c>0$，函数 $|x|$ 在 $[-c,c]$ 上可以用多项式一致逼近，因此折线函数

$$\varphi(x)=\frac{1}{2}x+\frac{1}{2}|x|$$

在 $[-c,c]$ 上可以用多项式一致逼近. 由于 $g_k(x)\xrightarrow{x\in[0,1]}\sqrt{x}\quad(k\to\infty)$，令 $h_k(x)=$

$cg_k\left(\dfrac{x^2}{c^2}\right)$，则 $h_k(x)\xrightarrow{x\in[-c,c]}|x| \quad (k\to\infty)$.

（3）对$[a,b]$上的任意折线函数

$$\Phi(x)=\lambda_0+\lambda_1\varphi(x-x_0)+\lambda_2\varphi(x-x_1)+\cdots+\lambda_m\varphi(x-x_{m-1}),$$

转折点坐标为(x_i,y_i)（$i=0,1,\cdots,m$），满足$a=x_0<x_1<\cdots<x_m=b$，则系数λ_i（$i=0,1,\cdots,m$）由转折点坐标唯一确定．证明如下：

由 $y_i=\Phi(x_i)$（$i=1,2,\cdots,m$）可知

$$\begin{cases}\lambda_0=y_0,\\ \lambda_0+(x_1-x_0)\lambda_1=y_1,\\ \lambda_0+(x_2-x_0)\lambda_1+(x_2-x_1)\lambda_2=y_2,\\ \lambda_0+(x_3-x_0)\lambda_1+(x_3-x_1)\lambda_2+(x_3-x_2)\lambda_3=y_3,\\ \quad\vdots\\ \lambda_0+(x_m-x_0)\lambda_1+(x_m-x_1)\lambda_2+\cdots+(x_m-x_{m-1})\lambda_m=y_m,\end{cases}$$

显然上面线性方程组有唯一解：

$$\lambda_0=y_0,\ \lambda_1=\frac{y_1-y_0}{x_1-x_0},\ \lambda_2=\frac{y_2-y_0}{x_2-x_1}-\frac{x_2-x_0}{x_2-x_1}\frac{y_1-y_0}{x_1-x_0},\ \cdots.$$

由（2）可知 $\varphi(x-x_k)=\dfrac{1}{2}(x-x_k)+\dfrac{1}{2}|x-x_k|$（$k=0,1,\cdots,m$）可用多项式一致逼近，所以折线函数 $\Phi(x)=\lambda_0+\sum\limits_{k=1}^{m}\lambda_k\varphi(x-x_{k-1})$ 可以用多项式一致逼近．

（4）有界闭区间上任意连续函数均可用折线函数一致逼近．

设 $f(x)\in C[a,b]$，则 $f(x)$ 在$[a,b]$上一致连续，即

$$对\ \forall\varepsilon>0，\exists\delta>0，当|x'-x''|<\delta 时，|f(x')-f(x'')|<\varepsilon，$$

考虑$[a,b]$的分割：$a=x_0<x_1<x_2<\cdots<x_m=b$，满足 $x_{k+1}-x_k<\delta$，$k=0,1,\cdots,m-1$，并定义折线 $\Phi(x)$ 如下：

$$\Phi(x)=f(x_k)+\frac{f(x_{k+1})-f(x_k)}{x_{k+1}-x_k}(x-x_k),\quad x\in[x_k,x_{k+1}],\quad k=0,1,\cdots,m-1,$$

定义 $\alpha_k(x)=\dfrac{x_{k+1}-x}{x_{k+1}-x_k}$，$\beta_k(x)=\dfrac{x-x_k}{x_{k+1}-x_k}$，则有

$$\forall x\in[x_k,x_{k+1}],\ \alpha_k(x),\beta_k(x)\in[0,1],\ \alpha_k(x)+\beta_k(x)=1,$$

从而 $\Phi(x)=f(x_k)\alpha_k(x)+f(x_{k+1})\beta_k(x)$, $x\in[x_k,x_{k+1}]$, $k=0,1,\cdots,m-1$, $\forall x\in[a,b]$，则存在区间$[x_k,x_{k+1}]$，使得 $x\in[x_k,x_{k+1}]$，因此有

$$\begin{aligned}|f(x)-\Phi(x)|&=|f(x)-f(x_k)\alpha_k(x)-f(x_{k+1})\beta_k(x)|\\&=|f(x)[\alpha_k(x)+\beta_k(x)]-f(x_k)\alpha_k(x)-f(x_{k+1})\beta_k(x)|\\&\leqslant\alpha_k(x)|f(x)-f(x_k)|+\beta_k(x)|f(x)-f(x_{k+1})|\\&<[\alpha_k(x)+\beta_k(x)]\varepsilon=\varepsilon,\end{aligned}$$

故连续函数可用折线函数一致逼近．

从上面讨论可知，连续函数可用折线函数一致逼近，而折线函数可用多项式一致逼近，因而，连续函数可用多项式一致逼近.

证明三（Landau 核） 设 $f(x)\in C[a,b]$，令 $t=\dfrac{2x-(a+b)}{b-a}$，以及

$$g(t)=f\left(\frac{1}{2}(a+b+(b-a)t)\right)-\frac{1}{2}[f(a)+f(b)+(f(b)-f(a))t],$$

显然，如果 $g(t)$ 在闭区间 $[-1,1]$ 上能用多项式一致逼近，即任给 $\varepsilon>0$，存在多项式 $P(t)$ 使得 $|g(t)-P(t)|<\varepsilon,\forall t\in[0,1]$，则有 $|f(x)-Q(x)|<\varepsilon,\ \forall x\in[a,b]$，其中

$$Q(x)=P\left(\frac{2x-(a+b)}{b-a}\right)+\frac{1}{2}\left\{f(a)+f(b)+\frac{f(b)-f(a)}{b-a}[2x-(a+b)]\right\},$$

显然有 $g(-1)=g(1)=0$.

下面定义 Landau 核序列 $\{K_n(t)\}_{n\in\mathbb{N}}$，

$$K_n(t)=\begin{cases}\dfrac{(1-t^2)^n}{c_n}, & t\in[-1,1];\\ 0, & t\in\mathbb{R}\setminus[-1,1],\end{cases}$$

其中 $c_n=\int_{-1}^{1}(1-t^2)^n\mathrm{d}t$. 由于 $\forall t\in[-1,1],\ K_n(t)\geqslant 0$ 及 $\int_{-1}^{1}K_n(t)\mathrm{d}t=1$，因此满足定义（18.3.2）的好核性质（1）和（2）. 下面证明 Landau 核满足好核性质（3）. 由于

$$c_n=2\int_0^1(1-t^2)^n\mathrm{d}t=2\int_0^1(1-t)^n(1+t)^n\mathrm{d}t\geqslant 2\int_0^1(1-t)^n\mathrm{d}t=\frac{2}{n+1},$$

任给 $\delta>0$，有

$$\int_\delta^1K_n(t)\mathrm{d}t=\frac{1}{c_n}\int_\delta^1(1-t^2)^n\mathrm{d}t\leqslant\frac{n+1}{2}\int_\delta^1(1-\delta^2)^n\mathrm{d}t=\frac{n+1}{2}(1-\delta^2)^n(1-\delta),$$

因此当 $n\to\infty$ 时，$\int_{\delta\leqslant|t|\leqslant1}K_n(t)\mathrm{d}t\leqslant(n+1)(1-\delta^2)^n(1-\delta)\to0$. 性质（3）得证.

考虑卷积函数序列 $\{p_n(t)\}_{n\in\mathbb{N}}=\{K_n*g(t)\}_{n\in\mathbb{N}}$，由引理 18.3.1 可知，任给 $\forall\varepsilon>0$，$\exists N>0$，当 $n>N$ 时，有 $|p_n(t)-g(t)|=|(K_n*g)(t)-g(t)|<\varepsilon,\ \forall t\in[-1,1]$. 现在计算 $p_n(t)$，

$$p_n(t)=\int_{-\infty}^{\infty}K_n(t-\tau)g(\tau)\mathrm{d}\tau=\int_{-1}^{1}K_n(t-\tau)g(\tau)\mathrm{d}\tau,$$

由 Landau 核定义 $K_n(t-\tau)$ 是 $(t-\tau)$ 的 $2n$ 阶多项式，令

$$K_n(t-\tau)=q_0(\tau)+tq_1(\tau)+\cdots+t^{2n}q_{2n}(\tau),$$

其中 $q_k(\tau)$（$k=0,1,\cdots,2n$）是 τ 的多项式，因此

$$\begin{aligned}p_n(t)&=\int_{-1}^{1}K_n(t-\tau)g(\tau)\mathrm{d}\tau=\int_{-1}^{1}\left(\sum_{k=0}^{2n}t^kq_k(\tau)\right)g(\tau)\mathrm{d}\tau\\&=\sum_{k=0}^{2n}t^k\left[\int_{-1}^{1}q_k(\tau)g(\tau)\mathrm{d}\tau\right]=\sum_{k=1}^{2n}C_kt^k,\end{aligned}$$

其中 $C_k=\int_{-1}^{1}q_k(\tau)g(\tau)\mathrm{d}\tau$（$k=0,1,\cdots,2n$）. 即 $p_n(t)$ 是所需要的逼近多项式（$2n$ 阶）.

证明四（Gauss 核） 在上一节我们知道 Gauss 核 $\{K_\delta(x)\}_{\delta>0}=\left\{\frac{1}{\sqrt{\delta}}\mathrm{e}^{-\frac{\pi x^2}{\delta}}\right\}_{\delta>0}$ 是好核．取 $M>0$，满足 $(-M,M)\supset[a,b]$，令

$$g(x)=\begin{cases}0, & |x|\geqslant M;\\ f(x), & x\in[a,b];\\ \dfrac{f(a)}{a+M}(x+M), & x\in[-M,a];\\ \dfrac{f(b)}{b-M}(x-M), & x\in[b,M],\end{cases}$$

则 $g(x)\in C[-M,M]$，因此 $g(x)$ 有界，设 $|g(x)|\leqslant B$．由于高斯核是好核，因此由引理 18.3.1，

$$\text{对}\ \forall\varepsilon>0,\ \exists\delta_0>0,\ \left|g(x)-(K_{\delta_0}*g)(x)\right|<\varepsilon,\ \forall x\in\mathbb{R}.$$

另外，我们知道 $\mathrm{e}^x=\sum_{n=0}^{\infty}\frac{x^n}{n!}$ 在 $\mathbb{R}$ 上一致收敛．因此，

$$\exists N>0,\ \left|K_{\delta_0}(x)-P_N(x)\right|<\frac{\varepsilon}{4MB},\quad \forall x\in[-M,M],$$

其中 $P_N(x)=\frac{1}{\sqrt{\delta_0}}\sum_{n=0}^{N}\frac{1}{n!}\left(-\frac{\pi x^2}{\delta_0}\right)^n$．由于 $g(x)$ 在区间 $[-M,M]$ 之外为零，则

$$\begin{aligned}\left|(K_{\delta_0}*g)(x)-(P_N*g)(x)\right|&=\left|\int_{-\infty}^{\infty}[K_{\delta_0}(x-t)-P_N(x-t)g(t)]\mathrm{d}t\right|\\&=\left|\int_{-M}^{M}[K_{\delta_0}(x-t)-P_N(x-t)g(t)]\mathrm{d}t\right|\\&\leqslant\int_{-M}^{M}\left|K_{\delta_0}(x-t)-P_N(x-t)\right||g(t)|\mathrm{d}t\\&\leqslant\sup_{y\in[-2M,2M]}\left|K_{\delta_0}(y)-P_N(y)\right|\int_{-M}^{M}|g(t)|\mathrm{d}t\\&\leqslant\frac{\varepsilon}{4MB}\cdot 2MB=\frac{\varepsilon}{2}.\end{aligned}$$

由三角不等式，得到

$$\begin{aligned}\left|g(x)-(P_N*g)(x)\right|&=\left|[g(x)-(K_{\delta_0}*g)(x)]-[(P_N*g)(x)-(K_{\delta_0}*g)(x)]\right|\\&\leqslant\left|g(x)-(K_{\delta_0}*g)(x)\right|+\left|(K_{\delta_0}*g)(x)-(P_N*g)(x)\right|\\&\leqslant\frac{\varepsilon}{2}+\frac{\varepsilon}{2}=\varepsilon,\qquad\forall x\in[-M,M]\supset[a,b].\end{aligned}$$

注意到 $P_N(x-t)=\frac{1}{\sqrt{\delta_0}}\sum_{n=0}^{N}\frac{1}{n!}\left(-\frac{\pi(x-t)^2}{\delta_0}\right)^n=\frac{1}{\sqrt{\delta_0}}\sum_{n=0}^{2N}h_n(t)x^n$，其中 $h_n(t)$ 是变量 t 的多项式函数，因此有 $(P_N*g)(x)$ 是多项式函数，即

$$\begin{aligned}(P_N * g)(x) &= \int_{-M}^{M} P_N(x-t)g(t)\mathrm{d}t \\ &= \frac{1}{\sqrt{\delta_0}}\int_{-M}^{M}\left(\sum_{n=0}^{2N} h_n(t)x^n\right)g(t)\mathrm{d}t \\ &= \frac{1}{\sqrt{\delta_0}}\sum_{n=0}^{2N}\left(x^n\int_{-M}^{M} h_n(t)g(t)\mathrm{d}t\right) \\ &= \frac{1}{\sqrt{\delta_0}}\sum_{n=0}^{2N} C_n x^n,\end{aligned}$$

其中 $C_n = \int_{-M}^{M} h_n(t)g(t)\mathrm{d}t$. 证毕.

上面四个证明各有千秋. Bernstein 证明利用 Bernstein 多项式和插值，貌似神来之笔，本质上是高等数学中非常常用的单位划分法（partition of unity）；Lebesgue 证明则步步为营，稳扎稳打，充分显示了现代分析中的逼近论方法的作用；而 Landau 核证明和 Gauss 核证明则利用现代分析方法的积分核函数理论，构造了 Landau 多项式，即上述证明中的 $p_n(t)$. 值得一提的是，Gauss 核证明是 Weierstrass 论文中使用的方法. Weierstrass 发现逼近定理时（1885 年），他已经 70 岁高龄了，极少有数学家在晚年还有如此强的创造力.

18.5.2　魏尔斯特拉斯第二逼近定理

在 18.3 节，我们利用 Fejér 核证明了魏尔斯特拉斯第二逼近定理，第二逼近定理也可以由第一逼近定理直接推导出.

定理 18.5.2（魏尔斯特拉斯第二逼近定理）　设 $f(x)$ 是以 2π 为周期的连续函数，则对 $\forall\varepsilon>0$ ，存在三角多项式函数 $Q(x)$ 使得 $|f(x)-Q(x)|<\varepsilon,\ \forall x\in\mathbb{R}$.

证明　分三步证明.

Step 1　设 $f(x)$ 是以 2π 为周期的连续偶函数，我们证明对 $\forall\varepsilon>0$ ，存在三角多项式偶函数 $Q(x)$ 使得 $|f(x)-Q(x)|<\varepsilon,\ \forall x\in\mathbb{R}$.

因为 $f(x)$ 是 $[0,\pi]$ 上的连续函数，所以 $f(\arccos y)$ 是 $[-1,1]$ 上的连续函数. 故由引理 18.3.1，对 $\forall\varepsilon>0$ ，存在多项式 $P(y)$ 使得对 $\forall y\in[-1,1]$ ，有 $|f(\arccos y)-P(y)|<\varepsilon$. 进而得到

$$|f(x)-P(\cos x)|<\varepsilon,\quad \forall x\in[0,\pi],$$

由于 $f(x), P(\cos x)$ 都是以 2π 为周期的偶函数，所以上式对 $\forall x\in\mathbb{R}$ 成立.

Step 2　假设 $f(x)$ 是任何一个以 2π 为周期的连续函数，我们证明对上述给定的 $\varepsilon>0$ ，存在三角多项式 $Q_1(x)$ 使得 $\left|f(x)\sin^2 x-Q_1(x)\right|<\dfrac{\varepsilon}{2},\quad \forall x\in\mathbb{R}.$

令 $g(x)=f(x)+f(-x),\quad h(x)=(f(x)-f(-x))\sin x$. 则 $g(x), h(x)$ 都是以 2π 为周期的偶函数. 由第一步证明的结论知，对上述给定的 $\varepsilon>0$ ，存在三角多项式 $T_1(x), T_2(x)$ 使得对 $\forall x\in\mathbb{R}$ ，有

$$|g(x)-T_1(x)|<\frac{\varepsilon}{4},\quad |h(x)-T_2(x)|<\frac{\varepsilon}{4}.$$

这样，对 $\forall x\in\mathbb{R}$ ，有

$$\begin{aligned}&\left|2f(x)\sin^2 x-(T_1(x)\sin^2 x+T_2(x)\sin x)\right|\\&=\left|(g(x)-T_1(x))\sin^2 x+(h(x)-T_2(x))\sin x\right|\\&\leqslant\frac{\varepsilon}{4}\sin^2 x+\frac{\varepsilon}{4}|\sin x|\leqslant\frac{\varepsilon}{2},\end{aligned}$$

令 $Q_1(x)=\frac{1}{2}(T_1(x)\sin^2 x+T_2(x)\sin x)$ ，完成第二步的证明.

现在，对函数 $f\left(x-\frac{\pi}{2}\right)$ 应用第二步的结论，对上述给定的 $\varepsilon>0$ ，存在三角多项式 $Q_2(x)$ 使得

$$\left|f\left(x-\frac{\pi}{2}\right)\sin^2 x-Q_2(x)\right|<\frac{\varepsilon}{2},\quad \forall x\in\mathbb{R},$$

令 $x-\frac{\pi}{2}=y$ ，且变换后的变量仍用 x 表示，并记 $Q_3(x)=Q_2\left(x+\frac{\pi}{2}\right)$ ，则 $Q_3(x)$ 仍是一个三角多项式，且得到

$$|f(x)\cos^2 x-Q_3(x)|<\frac{\varepsilon}{2},\quad \forall x\in\mathbb{R}.$$

令 $Q(x)=Q_1(x)+Q_3(x)$ ，则对 $\forall x\in\mathbb{R}$ ，有

$$\begin{aligned}|f(x)-Q(x)|&=|f(x)-(Q_1(x)+Q_3(x))|\\&\leqslant\left|f(x)\sin^2 x-Q_1(x)\right|+\left|f(x)\cos^2 x-Q_3(x)\right|<\varepsilon.\end{aligned}$$

证毕.

最后说一下函数逼近问题．整个微积分的核心就是用简单的集合（如有理数集、开集、闭集）通过极限过程去逼近一个复杂集合．例如，实数集是有理数集合的完备化，若当可测集和勒贝格可测集可以用有限个或者可数个简单开集（长方块集）去逼近．魏尔斯特拉斯逼近定理说明一个闭区间上的连续函数可以用多项式或者三角函数序列一致逼近．换句话说，就是多项式集和三角函数集在连续函数集内在无穷范数意义下是稠密的．我们知道，特殊的连续函数集合、分段线性函数集，也就是折线函数集合在黎曼可积函数集合内是稠密的，当然是在 1–范数意义下，即任给 $\varepsilon>0$ ，存在分段线性函数 $f_{\mathrm{pl}}(x)$ ，满足

$$\int_a^b\left|f(x)-f_{\mathrm{pl}}(x)\right|\mathrm{d}x<\varepsilon.$$

当然，阶梯函数在黎曼可积函数集合内也是稠密的．注意到，折线函数和阶梯函数都有有限个不可微点（拐点或者间断点）．对更一般的函数，如勒贝格可积函数集合 $L^1[a,b]$ ，就不能用折线函数和阶梯函数逼近了，但是可以用具有可数个拐点的分段线性函数及具有可数个间断点的阶梯函数（称为简单函数）去逼近．换句话说，连续函数在 $L^1[a,b]$ 中是稠密的（1–范数意义下）．因此，多项式函数集合和三角函数集合在 $L^1[a,b]$ 中

也是稠密的．可以说，人们对复杂函数空间的理解都是通过简单函数的逼近去理解的．值得一提的是，对有限维空间 $\mathbb{R}^n$，所有 p −范数（$1\leqslant p\leqslant\infty$）都是等价的．但是对函数空间 $L^p[a,b](1\leqslant p\leqslant\infty)$，不同的 p −范数代表完全不同的函数空间，这里 p −范数定义为

$$\|f\|_p=\left(\int_{[a,b]}|f|^p\right)^{\frac{1}{p}},$$

积分是在勒贝格意义下的．对勒贝格积分、函数空间、函数空间中的算子和变换的更深理解在后续课程实分析、复分析、傅里叶分析和泛函分析等课程中介绍．

习题 18.5

1．定义 Legender 多项式 $P_n(x)=\dfrac{1}{n!2^n}\dfrac{\mathrm{d}^n(x^2-1)^n}{\mathrm{d}x^n}$，其中 $x\in[-1,1]$．

（1）对 $\forall 0\leqslant k\leqslant n-1$，证明 $\left\langle P_n(x),x^k\right\rangle=\int_{-1}^{1}x^kP_n(x)\mathrm{d}x=0$．（提示：利用分部积分）

（2）证明：$\{P_n(x)\}_{n\in\mathbb{N}}$ 是一个正交函数系，即对 $\forall m,n\in\mathbb{N}$,

$$\left\langle P_n(x),P_n(x)\right\rangle=\begin{cases}0, & m\neq n;\\ \dfrac{2}{2n+1}, & m=n.\end{cases}$$

（3）证明：$P_n(x)$ 满足 Legender 方程 $(1-x^2)P_n''-2xP_n'+n(n+1)P_n=0$，以及它的等价形式 $[(1-x^2)P_n']'+n(n+1)P_n=0$．

（4）设 $P_0(x)=1$，证明 Legender 多项式满足递推关系 $P_{n+1}'-xP_n'=(n+1)P_n$．

（5）利用递推关系式，写出 Legender 多项式 $n\leqslant 7$ 的具体形式，并用软件画出图像．

2．定义 Laguerre 多项式 $L_n(x)=\mathrm{e}^x\dfrac{\mathrm{d}^n}{\mathrm{d}x^n}(x^n\mathrm{e}^{-x}),\ x\in[0,+\infty),\ n\in\mathbb{N}$，证明：

（1）$L_n(x)$ 是 n 阶多项式；

（2）$L_n(x)$ 满足方程 $xL_n''+(1-x)L_n'+nL_n=0$；

（3）函数系 $\{L_n(x)\}_{n\in\mathbb{N}}$ 在区间 $[0,\infty)$ 上是以 e^x 为权重的正交函数系，即

$$\left\langle L_m(x),L_n(x)\right\rangle_{\mathrm{e}^x}=\int_0^{+\infty}\mathrm{e}^xL_m(x)L_n(x)\mathrm{d}x=0,\ \forall m\neq n.$$

3．定义 Hermite 函数 $H_n(x)=(-1)^n\mathrm{e}^{x^2}\dfrac{\mathrm{d}^n\mathrm{e}^{-x^2}}{\mathrm{d}x^n},\ x\in(-\infty,+\infty),\ n\in\mathbb{N}$．

（1）写出当 $n\leqslant 5$ 时 Hermite 多项式的具体形式，证明 $H_n(x)$ 是 n 阶多项式；

（2）证明 $H_n(x)$ 满足方程 $H_n''-2xH_n'+2nH_n=0$；

（3）定义 Hermite 函数 $\psi_n(x)=\mathrm{e}^{-x^2}H_n(x)$，证明 $\psi_n(x)$ 满足方程 $\psi_n''+(2n+1-x^2)\psi_n=0$；

（4）证明当 $|x|\to\infty$ 时，$\psi_n(x)\to 0$；

（5）证明 Hermite 函数系正交，即 $\left\langle\psi_m,\psi_n\right\rangle=\int_{-\infty}^{+\infty}\psi_m(x)\psi_n(x)\mathrm{d}x=0,\ \forall m\neq n$．

第 19 章 含参积分

将定积分的被积函数由一元函数推广到多元函数，就得到含有参变量的定积分；将广义积分的被积函数由一元函数推广到多元函数，就得到含有参变量的广义积分. 第 11 章的隐函数给出了非初等函数的一种表示法，含参变量积分则给出了非初等函数的另一种表示法. 含参积分的值含有参变量，因而含参积分是参变量的函数，因此需要研究它的分析性：连续性、可积性及可微性.

19.1 含参定积分

定义 19.1.1 设二元函数 $f(x,u)$ 定义在闭矩形区域 $D=[a,b]\times[\alpha,\beta]$ 上，对 $\forall u\in[\alpha,\beta]$，若 $f(x,u)\in R[a,b]$，则 $\varphi(u)=\int_a^b f(x,u)\mathrm{d}x$ 称为含参变量 u 的定积分.

定理 19.1.1 设 $f(x,u)\in C(D)$，其中 $D=[a,b]\times[\alpha,\beta]$. 则含参定积分 $\varphi(u)=\int_a^b f(x,u)\mathrm{d}x$ 在 $[\alpha,\beta]$ 上连续.

证明 任取 $u_0\in[\alpha,\beta]$. 对 $\forall\varepsilon>0$，因为 $f(x,u)\in C(D)$，所以在 D 上一致连续. 故存在 $\delta>0$，使得对 $\forall(x,u),\ (x,u_0)\in D$，当 $|u-u_0|<\delta$ 时，有

$$|f(x,u)-f(x,u_0)|<\frac{\varepsilon}{b-a},$$

从而

$$|\varphi(u)-\varphi(u_0)|\leqslant\int_a^b|f(x,u)-f(x,u_0)|\mathrm{d}x<\varepsilon,$$

所以 $\varphi(u)$ 在 u_0 点处连续，由于 $u_0\in[\alpha,\beta]$ 的任意性，故 $\varphi(u)$ 在 $[\alpha,\beta]$ 上连续. 证毕.

定理 19.1.1 指出，当被积函数在闭矩形区域上连续时，含参定积分是连续的，即对 $\forall u_0\in[\alpha,\beta],\ \lim\limits_{\substack{u\to u_0\\u\in[\alpha,\beta]}}\varphi(u)=\varphi(u_0)$，故

$$\lim_{\substack{u\to u_0\\u\in[\alpha,\beta]}}\int_a^b f(x,u)\mathrm{d}x=\int_a^b f(x,u_0)\mathrm{d}x=\int_a^b\lim_{\substack{u\to u_0\\u\in[\alpha,\beta]}}f(x,u)\mathrm{d}x,$$

这表明关于参变量的极限运算与关于积分变量的定积分运算可交换顺序，因此这个定理也称为**“积分号下求极限”**. 不难看出，该定理也可推广到被积函数含有多个参变量的情形，读者可自己完成陈述并证明.

定理 19.1.2 设 $f(x,u)$ 定义在闭矩形区域 $D=[a,b]\times[\alpha,\beta]$ 上，且满足下列条件：

(i) 对 $\forall u\in[\alpha,\beta]$，$f(x,u)$ 关于 x 在 $[a,b]$ 上可积；

(ii) $f(x,u)$ 关于变量 u 存在偏导数，且 $f_u'(x,u)\in C(D)$，则 $\varphi(u)=\int_a^b f(x,u)\mathrm{d}x$ 在

$[\alpha,\beta]$ 上可导，且 $\varphi'(u)=\int_a^b f_u'(x,u)\mathrm{d}x$（$\forall u\in[\alpha,\beta]$）.

证明　对 $\forall u\in[\alpha,\beta]$，令

$$\varphi(u)=\int_a^b f(x,u)\mathrm{d}x,$$

任取 $u_0\in[\alpha,\beta]$，取 Δu 使得 $u_0+\Delta u\in[\alpha,\beta]$，则

$$\varphi(u_0+\Delta u)-\varphi(u_0)=\int_a^b (f(x,u_0+\Delta u)-f(x,u_0))\mathrm{d}x.$$

因为 $f_u'(x,u)\in C(D)$，对函数 $f(x,u)$，关于变量 u 在以 $u_0+\Delta u$ 和 u_0 为端点的区间上应用微分中值定理，存在 $0<\theta<1$ 使得 $f(x,u_0+\Delta u)-f(x,u_0)=f_u'(x,u_0+\theta\Delta u)\Delta u$，现在定理 19.1.1 表明

$$\begin{aligned}\lim_{\Delta u\to 0}\frac{\varphi(u_0+\Delta u)-\varphi(u_0)}{\Delta u}&=\lim_{\Delta u\to 0}\int_a^b f_u'(x,u_0+\theta\Delta u)\mathrm{d}x\\&=\int_a^b \lim_{\Delta u\to 0} f_u'(x,u_0+\theta\Delta u)\mathrm{d}x=\int_a^b f_u'(x,u_0)\mathrm{d}x,\end{aligned}$$

故 $\varphi(u)$ 在 $u_0\in[\alpha,\beta]$ 可导且 $\varphi'(u_0)=\int_a^b f_u'(x,u_0)\mathrm{d}x$. 证毕.

定理 19.1.2 指出，在被积函数满足定理的条件下，求导运算和定积分运算可交换顺序，这个性质称为**"积分号下可求导"**. 从定理 19.1.1 和定理 19.1.2 的证明不难发现，将参变量的变化区间由闭区间换为任何一个区间，相应的结论都是成立的.

定理 19.1.2 是有关含参定积分的可导性，只有被积函数含有参变量. 一般情况下，除被积函数外，积分的上、下限也含有参变量.

定理 19.1.3　设 $f(x,u),\ f_u'(x,u)\in C(D)$，其中 $D=[a,b]\times[\alpha,\beta]$，而 $a(u),\ b(u)$ 在 $[\alpha,\beta]$ 上可导且对 $\forall u\in[\alpha,\beta],\ a(u),\ b(u)\in[a,b]$，则 $\varphi(u)=\int_{a(u)}^{b(u)} f(x,u)\mathrm{d}x$ 在 $[\alpha,\beta]$ 上可导，且

$$\varphi'(u)=\int_{a(u)}^{b(u)} f_u'(x,u)\mathrm{d}x+b'(u)f(b(u),u)-a'(u)f(a(u),u).$$

证明　对 $\forall u\in[\alpha,\beta]$，令 $y=a(u),\ z=b(u)$ 且 $F(u,y,z)=\int_y^z f(x,u)\mathrm{d}x$，则

$$\varphi(u)=F(u,a(u),b(u)).$$

因为 $F_u'=\int_y^z f_u'(x,u)\mathrm{d}x\in C(D),\ F_y'=-f(y,u)\in C(D),\ F_z'=f(z,u)\in C(D)$，所以 F 可微，故由复合函数的可微性知 $\varphi(u)$ 可导，且

$$\begin{aligned}\varphi'(u)&=F_u'+F_y'a'(u)+F_z'b'(u)\\&=\int_{a(u)}^{b(u)} f_u'(x,u)\mathrm{d}x+b'(u)f(b(u),u)-a'(u)f(a(u),u).\end{aligned}$$

证毕.

例 19.1.1　设 $F(t)=\int_t^{t^2}\frac{\sin tx}{x}\mathrm{d}x$. 求 $F'(t)$.

解　应用定理 19.1.3，得 $F'(t)=\int_t^{t^2}\cos tx\mathrm{d}x+\frac{2\sin t^3}{t}-\frac{\sin t^2}{t}=\frac{3\sin t^3-2\sin t^2}{t}$.

接下来讨论含参定积分的可积性.

引理 19.1.1 设 $f(x,y)\in C([a,b]\times[\alpha,\beta])$. 对 $\forall x\in[a,b]$, $\forall t\in[\alpha,\beta]$，令 $g(x,t)=\int_\alpha^t f(x,y)\mathrm{d}y$. 则下列结论成立：

（i）$g(x,t)\in C([a,b]\times[\alpha,\beta])$；

（ii）设对 $\forall x\in[a,b]$，$\alpha(x),\ \beta(x)\in[\alpha,\beta]$，若 $\alpha(x),\ \beta(x)\in C[a,b]$，则

$$F(x)=\int_{\alpha(x)}^{\beta(x)} f(x,y)\mathrm{d}y\in C[a,b].$$

证明 （i）对 $\forall(x_0,t_0),\ (x,t)\in[a,b]\times[\alpha,\beta]$，有

$$\begin{aligned}|g(x,t)-g(x_0,t_0)|&=\left|\int_\alpha^t f(x,y)\mathrm{d}y-\int_\alpha^{t_0} f(x_0,y)\mathrm{d}y\right|\\&\leqslant\int_\alpha^{t_0}|f(x,y)-f(x_0,y)|\mathrm{d}y+\left|\int_{t_0}^t|f(x,y)|\mathrm{d}y\right|.\end{aligned}$$

由于 $f(x,y)\in C([a,b]\times[\alpha,\beta])$，故 $f(x,y)$ 在 $[a,b]\times[\alpha,\beta]$ 上一致连续，所以对 $\forall\varepsilon>0$，$\exists\delta_1>0$，使得当 $|x-x_0|<\delta_1$ 时，对 $\forall y\in[\alpha,\beta]$，有

$$|f(x,y)-f(x_0,y)|<\frac{\varepsilon}{2(\beta-\alpha)},$$

故当 $|x-x_0|<\delta_1$ 时，

$$\int_\alpha^{t_0}|f(x,y)-f(x_0,y)|\mathrm{d}y<\frac{\varepsilon}{2(\beta-\alpha)}(t_0-\alpha)\leqslant\frac{\varepsilon}{2}.$$

又 $f(x,y)\in C([a,b]\times[\alpha,\beta])$ 知，$\exists M>0$ 使得 $|f(x,y)|\leqslant M$，$\forall(x,y)\in[a,b]\times[\alpha,\beta]$. 这样对上述给定的 $\varepsilon>0$，取 $\delta_2=\dfrac{\varepsilon}{2M}$，当 $|t-t_0|<\delta_2$ 时，有

$$\left|\int_{t_0}^t|f(x,y)|\mathrm{d}y\right|\leqslant M|t-t_0|<\frac{\varepsilon}{2}.$$

令 $\delta=\min\{\delta_1,\ \delta_2\}$. 则当 $\sqrt{(x-x_0)^2+(t-t_0)^2}<\delta$ 时，有 $|x-x_0|<\delta$ 且 $|t-t_0|<\delta$，故

$$|g(x,t)-g(x_0,t_0)|<\varepsilon,$$

所以 $g(x,t)$ 在任意的一点 $(x_0,t_0)\in[a,b]\times[\alpha,\beta]$ 处连续，从而在 $[a,b]\times[\alpha,\beta]$ 上连续.

（ii）由于 $g(x,t)\in C([a,b]\times[\alpha,\beta]),\alpha(x),\beta(x)\in C[a,b]$，且

$$F(x)=g(x,\beta(x))-g(x,\alpha(x)),\ \forall x\in[a,b],$$

由复合函数的连续性知，$F(x)\in C[a,b]$. 证毕.

例 19.1.2 求 $\lim\limits_{a\to0}\int_a^{1+a}\dfrac{\mathrm{d}x}{1+x^2+a^2}$.

解 由引理 19.1.1 知 $\lim\limits_{a\to0}\int_a^{1+a}\dfrac{\mathrm{d}x}{1+x^2+a^2}=\int_0^1\dfrac{\mathrm{d}x}{1+x^2}=\dfrac{\pi}{4}$.

定理 19.1.4 设 $D=[a,b]\times[\alpha,\beta]$，且 $f(x,u)\in C(D)$. 则含参定积分 $\varphi(u)=\int_a^b f(x,u)\mathrm{d}x$ 在 $[\alpha,\beta]$ 上可积，且 $\int_\alpha^\beta\varphi(u)\mathrm{d}u=\int_a^b\left(\int_\alpha^\beta f(x,u)\,\mathrm{d}u\right)\mathrm{d}x$.

证明 因为 $f(x,u)\in C(D)$，由定理 19.1.1 知，$\varphi(u)=\int_a^b f(x,u)\,\mathrm{d}x\in C[\alpha,\beta]$，从而 $\varphi(u)$ 在 $[\alpha,\beta]$ 上可积. 对 $\forall t\in[\alpha,\beta]$，令

$$L_1(t)=\int_\alpha^t\left[\int_a^b f(x,u)\mathrm{d}x\right]\mathrm{d}u\text{，}\quad L_2(t)=\int_a^b\left[\int_\alpha^t f(x,u)\mathrm{d}u\right]\mathrm{d}x\text{，}$$

由变上限积分知，$L_1(t)$ 可导且

$$L_1'(t)=\int_a^b f(x,t)\mathrm{d}x.$$

由引理 19.1.1 知 $g(x,t)=\int_\alpha^t f(x,u)\mathrm{d}u\in C(D)$，又 $g_t'(x,t)=f(x,t)\in C(D)$，因此定理 19.1.2 表明 $L_2(t)$ 可导且

$$L_2'(t)=\int_a^b f(x,t)\mathrm{d}x\text{，}$$

所以 $L_1'(t)=L_2'(t)$，故 $L_1(t)=L_2(t)+c$，其中 c 是任意常数．因为 $L_1(\alpha)=L_2(\alpha)=0$，所以 $c=0$．故 $L_1(\beta)=L_2(\beta)$，即 $\int_\alpha^\beta\left[\int_a^b f(x,u)\mathrm{d}x\right]\mathrm{d}u=\int_a^b\left[\int_\alpha^\beta f(x,u)\mathrm{d}u\right]\mathrm{d}x$．证毕.

这个定理说明，只要被积函数在闭矩形区域上连续，则两个定积分可交换积分顺序.

例 19.1.3　计算 $\int_0^1\frac{x^b-x^a}{\ln x}\mathrm{d}x$，$b>0$，$a>0$.

解法 1　因为 $\lim\limits_{x\to0^+}\frac{x^b-x^a}{\ln x}=0$，$\lim\limits_{x\to1^-}\frac{x^b-x^a}{\ln x}=b-a$，所以上述积分是定积分．把 $y(x)=\frac{x^b-x^a}{\ln x}$ 看成含参变量 x 的积分，则

$$y(x)=\frac{x^b-x^a}{\ln x}=\left.\frac{x^u}{\ln x}\right|_a^b=\int_a^b x^u\mathrm{d}u.$$

因为 $f(x,u)=x^u\in C([0,1]\times[a,b])$（不妨假设 $a<b$），所以定理 19.1.3 表明两个定积分可交换积分顺序，故

$$\int_0^1\frac{x^b-x^a}{\ln x}\mathrm{d}x=\int_0^1\left(\int_a^b x^u\mathrm{d}u\right)\mathrm{d}x=\int_a^b\left(\int_0^1 x^u\mathrm{d}x\right)\mathrm{d}u=\int_a^b\frac{1}{u+1}\mathrm{d}u=\ln\frac{b+1}{a+1}.$$

解法 2　记 $I(a,b)=\int_0^1\frac{x^b-x^a}{\ln x}\mathrm{d}x$．对 $\forall a>0$，$\exists[\alpha,\beta]\subset(0,+\infty)$ 使得 $a\in[\alpha,\beta]$．任意固定 $b>0$．令 $f(x,a)=\frac{x^b-x^a}{\ln x}$，因为

$$f(x,a)\in C([0,1]\times[\alpha,\beta])\text{ 且 }f_a'(x,a)=-x^a\in C([0,1]\times[\alpha,\beta])\text{，}$$

由定理 19.1.2 知

$$I_a'(a,b)=\int_0^1\frac{\partial\left(\frac{x^b-x^a}{\ln x}\right)}{\partial a}\mathrm{d}x=\int_0^1(-x^a)\mathrm{d}x=-\frac{1}{a+1}\text{，}$$

这样 $I(a,b)=-\ln(1+a)+c(b)$ 且 $I_b'(a,b)=c'(b)$．类似的讨论表明

$$I_b'(a,b)=\int_0^1\frac{\partial\left(\frac{x^b-x^a}{\ln x}\right)}{\partial b}\mathrm{d}x=\int_0^1 x^b\mathrm{d}x=\frac{1}{b+1}\text{，}$$

因此$c'(b)=\dfrac{1}{b+1}$，故$c(b)=\ln(1+b)+c$且$I(a,b)=\ln\dfrac{1+b}{1+a}+c$，其中$c$是任意常数．注意到$I(a,a)=0$，故$c=0$，所以$I(a,b)=\ln\dfrac{1+b}{1+a}$．

例 19.1.4 计算$I(a)=\int_0^{\pi}\ln(1+a\cos x)\mathrm{d}x$，其中$|a|<1$.

解 对$\forall a\in(-1,1)$, $\exists[\alpha,\beta]\subset(-1,1)$使得$a\in[\alpha,\beta]$．令$D=[0,\pi]\times[\alpha,\beta]$，则$\ln(1+a\cos x)\in C(D)$，且$\dfrac{\partial\ln(1+a\cos x)}{\partial a}=\dfrac{\cos x}{1+a\cos x}\in C(D)$，因此$I(a)$在$[\alpha,\beta]$内可导，且

$$I'(a)=\int_0^{\pi}\frac{\cos x}{1+a\cos x}\mathrm{d}x=\frac{1}{a}\int_0^{\pi}\left(1-\frac{1}{1+a\cos x}\right)\mathrm{d}x.$$

令$t=\tan\dfrac{x}{2}$，计算不定积分

$$\int\frac{1}{1+a\cos x}\mathrm{d}x=\int\frac{2}{1+a+(1-a)t^2}\mathrm{d}t=\frac{2}{\sqrt{1-a^2}}\arctan\left(\sqrt{\frac{1-a}{1+a}}\tan\frac{x}{2}\right)+c,$$

则$I'(a)=\dfrac{\pi}{a}-\dfrac{\pi}{a\sqrt{1-a^2}}$，所以$I(a)=\pi\ln(1+\sqrt{1-a^2})+C$．注意到$I(0)=0$，因此$C=-\pi\ln 2$，故

$$I(a)=\pi\ln\left(\frac{1+\sqrt{1-a^2}}{2}\right).$$

习题 19.1

1．求下列极限．

（1）$\lim\limits_{a\to0}\int_{-1}^{1}\sqrt{x^2+a^2}\mathrm{d}x$；（2）$\lim\limits_{a\to0}\int_{-\pi}^{\pi}\dfrac{1}{1+a\sin x}\mathrm{d}x$;

（3）$\lim\limits_{a\to0}\dfrac{1}{a}\int_a^{1+a}\dfrac{\sin ax^2}{x}\mathrm{d}x$;（4）$\lim\limits_{u\to0}\int_{\sin u}^{\cos u}x\ln x\ln(x^2+u^2)\mathrm{d}x$.

2．设$f(x,y)=\operatorname{sgn}(x-y)$．证明：$F(y)=\int_0^1 f(x,y)\mathrm{d}x$是$\mathbb{R}$上的连续函数．

3．求下列极限（计算过程要求写出合理的根据）．

（1）$\lim\limits_{x\to0}\int_0^1\dfrac{y}{x^2}\mathrm{e}^{-\frac{y^2}{x^2}}\mathrm{d}y$；（2）$\lim\limits_{x\to0}\int_0^1\dfrac{y^2}{x^2}\mathrm{e}^{-\frac{y^2}{x^2}}\mathrm{d}y$；

（3）$\lim\limits_{x\to0}\int_0^1\dfrac{y^3}{x^2}\mathrm{e}^{-\frac{y^2}{x^2}}\mathrm{d}y$.

4．求下列函数的导数．

（1）$F(x)=\int_x^{x^2}\mathrm{e}^{-xy^2}\mathrm{d}y$;（2）$F(x)=\int_{a+x}^{b+x}\dfrac{\sin ux}{u}\mathrm{d}u$;

（3）$F(x)=\int_0^x\dfrac{\ln(1+ux)}{u}\mathrm{d}u$;（4）$F(x)=\int_0^x f(u+x,u-x)\mathrm{d}u$,　$f\in C^1$;

（5）$F(x)=\int_0^x\left(\int_u^{2x}\ln(1+t^2+u^2)\mathrm{d}t\right)\mathrm{d}u$;　　（6）$F(x)=\int_0^{x^2}\left(\int_{t-x}^{t+x}\sin(x^2-s^2-t^2)\mathrm{d}s\right)\mathrm{d}t$.

5．设 $f(x)$ 可微，且 $F(x)=\int_0^x(x+u)f(u)\mathrm{d}u$，求 $F''(x)$.

6．设函数 $f(t,s)$ 连续，求 $F(x)=\int_0^x\int_{t^2}^{x^2}f(t,s)\mathrm{d}s\mathrm{d}t$ 的导数.

7．设函数 $f(x,y)$ 连续，求 $F(t)=\iint\limits_{x^2+y^2\leqslant t^2}f(x,y)\mathrm{d}x\mathrm{d}y$ 的导数.

8．证明：$u(x)=\dfrac{1}{2}(\varphi(x+at)+\varphi(x-at))+\dfrac{1}{2a}\int_{x-at}^{x+at}\phi(s)\mathrm{d}s$ 是弦振动方程 $\dfrac{\partial^2 u}{\partial t^2}=a^2\dfrac{\partial^2 u}{\partial x^2}$ 的解，其中 $\varphi\in C^2,\phi\in C^1$.

9．利用积分号下求导计算下列积分.

（1）$\int_0^{\frac{\pi}{2}}\ln(a^2\cos^2 x+\sin^2 x)\mathrm{d}x,\quad a>0$；

（2）$\int_0^{\pi}\ln(1-2a\cos x+a^2)\mathrm{d}x,\quad |a|<1$.

10．计算下列积分.

（1）$\int_0^1\dfrac{\arctan x}{x}\dfrac{1}{\sqrt{1-x^2}}\mathrm{d}x$　（提示：$\dfrac{\arctan x}{x}=\int_0^1\dfrac{1}{1+x^2y^2}\mathrm{d}y$）；

（2）$\int_0^1\dfrac{x^b-x^a}{\ln x}\sin(\ln\dfrac{1}{x})\mathrm{d}x,a,b>0$（提示：$\dfrac{x^b-x^a}{\ln x}=\int_a^b x^y\mathrm{d}y$）.

11．证明：若 $f(t)=\left(\int_0^t \mathrm{e}^{-x^2}\mathrm{d}x\right)^2$，$g(t)=\int_0^1\dfrac{\mathrm{e}^{-(1+x^2)t^2}}{1+x^2}\mathrm{d}x$，则

$$f'(t)+g'(t)=0,\ f(t)+g(t)=\frac{\pi}{4},\quad t\geqslant 0.$$

19.2　含参广义积分

对广义积分，当被积函数由一元函数推广为多元函数时，就得到含有参变量的广义积分．含参广义积分在数学物理和物理应用中广泛出现．我们知道，广义积分包含无穷积分和瑕积分，二者可相互转化，因此理论上它们是平行的．这样含有参变量的广义积分也包含两种类型：含参无穷积分和含参瑕积分，这两类含参广义积分在理论上也是平行的，因此我们着重讨论含参变量无穷积分.

19.2.1　含参广义积分的一致收敛性

回忆无穷积分 $\int_a^{+\infty}f(x)\mathrm{d}x$ 的收敛性概念．若对 $\forall p>a$，$f(x)\in R[a,p]$ 且 $\lim\limits_{p\to+\infty}\int_a^p f(x)\mathrm{d}x$ 存在，称无穷积分 $\int_a^{+\infty}f(x)\mathrm{d}x$ 收敛.

定义 19.2.1 设 $I\subset\mathbb{R}$ 是区间，且二元函数 $f(x,u)$ 定义在区域 $D=[a,+\infty)\times I$ 上．对 $\forall u\in I$，若 $\int_a^{+\infty}f(x,u)\mathrm{d}x$ 收敛，则 $\varphi(u)=\int_a^{+\infty}f(x,u)\mathrm{d}x$ 称为含有参变量 u 的无穷积分．

本节总用 I 表示一个区间，可以是开区间、闭区间、半开半闭区间或无穷区间．由定义 19.2.1，含参无穷积分是定义在某个区间上的函数，因此我们需要讨论它的分析性．首先，由含参无穷积分的定义，对 $\forall u\in I$，$\int_a^{+\infty}f(x,u)\mathrm{d}x$ 收敛，即对 $\forall A>a$，$\lim\limits_{A\to+\infty}\int_a^A f(x,u)\mathrm{d}x$ 存在，故对 $\forall\varepsilon>0$，$\exists M_u>a$，$\forall A>M_u$，有 $\left|\int_a^A f(x,u)\mathrm{d}x-\int_a^{+\infty}f(x,u)\mathrm{d}x\right|<\varepsilon$.

若 $\sup\{M_u>a:u\in I\}=M_0<+\infty$，则得到下面一致收敛的概念．

定义 19.2.2 设二元函数 $f(x,u)$ 定义在区域 $D=[a,+\infty)\times I$ 上．若对 $\forall\varepsilon>0$，$\exists M_0>a$ 使得当 $A>M_0$ 时，对 $\forall u\in I$，有 $\left|\int_A^{+\infty}f(x,u)\mathrm{d}x\right|<\varepsilon$，称 $\int_a^{+\infty}f(x,u)\mathrm{d}x$ 在 I 上一致收敛．

由无穷积分的柯西收敛原理立得含参无穷积分的柯西一致收敛原理．

定理 19.2.1（柯西一致收敛原理） 设二元函数 $f(x,u)$ 定义在区域 $D=[a,+\infty)\times I$ 上．则 $\int_a^{+\infty}f(x,u)\mathrm{d}x$ 在 I 上一致收敛当且仅当对 $\forall\varepsilon>0$，$\exists M_0>a$ 使得当 $A_1>M_0, A_2>M_0$ 时，对 $\forall u\in I$，有 $\left|\int_{A_1}^{A_2}f(x,u)\mathrm{d}x\right|<\varepsilon$.

有时需要用到含参无穷积分 $\int_a^{+\infty}f(x,u)\mathrm{d}x$ 在 I 上非一致收敛的叙述：设二元函数 $f(x,u)$ 定义在区域 $D=[a,+\infty)\times I$ 上，若 $\exists\varepsilon_0>0$，对 $\forall M>a$，$\exists A_1$，$A_2>M$ 及 $u_0\in I$，使得 $\left|\int_{A_1}^{A_2}f(x,u_0)\mathrm{d}x\right|\geqslant\varepsilon_0$，则 $\int_a^{+\infty}f(x,u)\mathrm{d}x$ 在 I 上非一致收敛．

例 19.2.1 证明：$\int_0^{+\infty}u\mathrm{e}^{-xu}\mathrm{d}x$ 在 $[a,b]$（$a>0$）上一致收敛，在 $(0,b)$ 内非一致收敛．

证明 （1）对 $\forall\varepsilon>0$，取 $A_0=-\dfrac{1}{a}\ln\dfrac{\varepsilon}{2}>0$，则对 $\forall A_1>A_2>A_0$ 及 $\forall u\in[a,b]$,

$$\left|\int_{A_1}^{A_2}u\mathrm{e}^{-xu}\mathrm{d}x\right|=\left|\mathrm{e}^{-A_1u}-\mathrm{e}^{-A_2u}\right|\leqslant 2\mathrm{e}^{-A_2a}<2\mathrm{e}^{-A_0a}=\varepsilon,$$

由柯西一致收敛原理知，$\int_0^{+\infty}u\mathrm{e}^{-xu}\mathrm{d}x$ 在 $[a,b]$ 上一致收敛．

（2）取 $0<\varepsilon_0<\mathrm{e}^{-1}-\mathrm{e}^{-2}$，则对 $\forall A>0$，取 $A_1>A$ 使得 $u_0=\dfrac{1}{A_1}\in(0,b)$，有

$$\left|\int_{A_1}^{2A_1}u_0\mathrm{e}^{-xu_0}\mathrm{d}x\right|=\mathrm{e}^{-1}-\mathrm{e}^{-2}>\varepsilon_0,$$

故 $\int_0^{+\infty}u\mathrm{e}^{-xu}\mathrm{d}x$ 在 $(0,b)$ 上非一致收敛．证毕．

定理 19.2.2（魏尔斯特拉斯判别法或 M–判别法） 设二元函数 $f(x,u)$ 定义在区域 $D=[a,+\infty)\times I$ 上，且设 $f(x,u)$ 关于 x 在 $[a,+\infty)$ 上连续．若存在 $[a,+\infty)$ 上的非负连续函数 $F(x)$ 使得 $\int_a^{+\infty}F(x)\mathrm{d}x$ 收敛，且对 $\forall(x,u)\in[a,+\infty)\times I$，$|f(x,u)|\leqslant F(x)$，则 $\int_a^{+\infty}f(x,u)\mathrm{d}x$ 关于 $u\in I$ 一致收敛．

证明　因为$\int_a^{+\infty}F(x)\mathrm{d}x$收敛，由无穷积分的柯西收敛原理，对$\forall\varepsilon>0,\ \exists M_0>a$，使得对$\forall A_2>A_1>M_0$，有$\int_{A_1}^{A_2}F(x)\mathrm{d}x<\varepsilon$. 故对$\forall u\in I$，有

$$\left|\int_{A_1}^{A_2}f(x,u)\mathrm{d}x\right|\leqslant\int_{A_1}^{A_2}|f(x,u)|\mathrm{d}x\leqslant\int_{A_1}^{A_2}F(x)\mathrm{d}x<\varepsilon,$$

由定理 19.2.1 知，$\int_a^{+\infty}f(x,u)\mathrm{d}x$在$I$上一致收敛. 证毕.

定理中的函数$F(x)$称为**优函数**，因此 M−判别法又称优函数判别法.

例 19.2.2　证明：含参无穷积分$\int_1^{+\infty}\dfrac{\sin xu}{x^2+u^2}\mathrm{d}x$在$\mathbb{R}$上一致收敛.

证明　对$\forall u\in\mathbb{R}$，有$\left|\dfrac{\sin xu}{x^2+u^2}\right|\leqslant\dfrac{1}{x^2}$，而$\int_1^{+\infty}\dfrac{1}{x^2}\mathrm{d}x$收敛，因此含参无穷积分$\int_1^{+\infty}\dfrac{\sin xu}{x^2+u^2}\mathrm{d}x$在$\mathbb{R}$上一致收敛. 证毕.

注意到，用 M−判别法判别含参无穷积分是一致收敛的，则此无穷积分必绝对收敛，这样对一致收敛且条件收敛的无穷积分，M−判别法失效，因此这个判别法有一定的局限性. 对这样的情况，类似于函数项级数，有下面的 Dirichlet 判别法和 Abel 判别法.

定理 19.2.3（Dirichlet 判别法）　设二元函数$f(x,u),g(x,u)$定义在区域$D=[a,+\infty)\times I$上，满足下列条件：

（i）对充分大的A，$\int_a^A f(x,u)\mathrm{d}x$关于$u\in I$一致有界，即$\exists M>0$使得对充分大的$A>a$及$\forall u\in I$，有$\left|\int_a^A f(x,u)\mathrm{d}x\right|\leqslant M$；

（ii）对任意固定的$u\in I$，$g(x,u)$是x的单调函数，且$\lim\limits_{x\to+\infty}g(x,u)=0$关于$u\in I$一致成立，则$\int_a^{+\infty}f(x,u)g(x,u)\mathrm{d}x$在$I$上一致收敛.

证明　任取$A_1<A_2$. 因为对任意固定的$u\in I$，$g(x,u)$是x的单调函数，所以积分第二中值定理 7.4.3 表明，存在$\xi\in[A_1,A_2]$使得

$$\int_{A_1}^{A_2}f(x,u)g(x,u)\,\mathrm{d}x=g(A_1,u)\int_{A_1}^{\xi}f(x,u)\mathrm{d}x+g(A_2,u)\int_{\xi}^{A_2}f(x,u)\,\mathrm{d}x.$$

由第一个条件，$\exists M>0$使得对任意充分大的$A_1,A_2>a$及$\forall u\in I$，有

$$\left|\int_{A_1}^{\xi}f(x,u)\,\mathrm{d}x\right|\leqslant\left|\int_a^{\xi}f(x,u)\,\mathrm{d}x\right|+\left|\int_a^{A_1}f(x,u)\,\mathrm{d}x\right|\leqslant 2M,$$

$$\left|\int_{\xi}^{A_2}f(x,u)\,\mathrm{d}x\right|\leqslant\left|\int_a^{\xi}f(x,u)\,\mathrm{d}x\right|+\left|\int_a^{A_2}f(x,u)\,\mathrm{d}x\right|\leqslant 2M.$$

由第二个条件，$\lim\limits_{x\to+\infty}g(x,u)=0$关于$u\in I$一致成立，因此

$$\text{对}\ \forall\varepsilon>0,\ \exists A_0>a,\ \text{当}\ x>A_0\ \text{时，对}\ \forall u\in I,\ \text{有}\ |g(x,u)|<\frac{\varepsilon}{4M},$$

所以取$A_1,A_2>A_0$，对$\forall u\in I$，有

$$\left|\int_{A_1}^{A_2} f(x,u)g(x,u)\,\mathrm{d}x\right| < \varepsilon,$$

故由定理 19.2.1 知，$\int_a^{+\infty} f(x,u)g(x,u)\mathrm{d}x$ 在 I 上一致收敛．证毕．

例 19.2.3 证明：含参无穷积分$\int_0^{+\infty} \frac{\sin x^2}{1+x^p}\mathrm{d}x$ 在$[0,+\infty)$ 上一致收敛．

证明 令 $x=\sqrt{t}$，则 $\int_0^{+\infty} \frac{\sin x^2}{1+x^p}\mathrm{d}x = \int_0^{+\infty} \frac{\sin t}{2\left(1+t^{\frac{p}{2}}\right)\sqrt{t}}\mathrm{d}t$．对任意充分大的 A，$\left|\int_0^A \sin x\mathrm{d}x\right| \leqslant 2$；而函数$\frac{1}{\left(1+t^{\frac{p}{2}}\right)\sqrt{t}}$（$p \geqslant 0$）关于 t 单调递减，且关于 p 一致有界，于是，由定理 19.2.3（Dirichlet 判别法）知，$\int_0^{+\infty} \frac{\sin x^2}{1+x^p}\mathrm{d}x$ 在$[0,+\infty)$ 上一致收敛．证毕．

定理 19.2.4（Abel 判别法） 设二元函数 $f(x,u)$，$g(x,u)$ 定义在区域 $D=[a,+\infty)\times I$ 上，满足下列条件：

（i）$\int_a^{+\infty} f(x,u)\mathrm{d}x$ 关于 $u \in I$ 一致收敛；

（ii）对任意固定的 $u \in I$，$g(x,u)$ 是 x 的单调函数，且 $g(x,u)$ 关于 $u \in I$ 一致有界，即 $\exists M>0$ 使得对 $\forall x \geqslant a$ 及 $\forall u \in I$，有 $|g(x,u)| \leqslant M$，

则 $\int_a^{+\infty} f(x,u)g(x,u)\mathrm{d}x$ 在 I 上一致收敛．

19.2.2 含参广义积分的分析性

定理 19.2.5（连续性） 设 $f(x,u)$ 在 $D=[a,+\infty)\times[\alpha,\beta]$ 上连续，且 $\int_a^{+\infty} f(x,u)\mathrm{d}x$ 在 $[\alpha,\beta]$ 上一致收敛，则 $\int_a^{+\infty} f(x,u)\mathrm{d}x$ 在 $[\alpha,\beta]$ 上连续．

证明 因为 $\int_a^{+\infty} f(x,u)\mathrm{d}x$ 在 $[\alpha,\beta]$ 上一致收敛，所以对 $\forall \varepsilon>0$, $\exists A_0>a$，当 $A>A_0$ 时，对 $\forall u \in [\alpha,\beta]$，有

$$\left|\int_A^{+\infty} f(x,u)\mathrm{d}x\right| < \frac{\varepsilon}{3}.$$

因为 $f(x,u)$ 在 $D=[a,+\infty)\times[\alpha,\beta]$ 上连续，所以定理 19.1.1 表明 $\int_a^A f(x,u)\mathrm{d}x$ 在 $[\alpha,\beta]$ 上连续．任取 $u_0 \in [\alpha,\beta]$．故对上述给定的 $\varepsilon>0$，$\exists \delta>0$，对 $\forall u \in [\alpha,\beta]$，当 $|u-u_0|<\delta$ 时，有

$$\left|\int_a^A f(x,u)\mathrm{d}x - \int_a^A f(x,u_0)\mathrm{d}x\right| < \frac{\varepsilon}{3};$$

对 $\forall u \in [\alpha,\beta]$，记 $\varphi(u) = \int_a^{+\infty} f(x,u)\mathrm{d}x$．则

$$\left|\varphi(u)-\varphi(u_0)\right| \leqslant \left|\int_a^A f(x,u)\mathrm{d}x-\int_a^A f(x,u_0)\mathrm{d}x\right|+\left|\int_A^{+\infty} f(x,u)\mathrm{d}x\right|+\left|\int_A^{+\infty} f(x,u_0)\mathrm{d}x\right|<\varepsilon,$$

所以 $\varphi(u)$ 在 $u_0 \in[\alpha,\beta]$ 连续，由 u_0 的任意性知 $\varphi(u)$ 在 $[\alpha,\beta]$ 上连续．证毕.

此定理表明 $\int_a^{+\infty} f(x,u)\mathrm{d}x$ 在 $[\alpha,\beta]$ 上一致收敛的前提下，若被积函数连续，则极限运算和积分运算可交换顺序，即积分号下可取极限：

$$\lim_{u\to u_0}\int_a^{+\infty} f(x,u)\mathrm{d}x=\int_a^{+\infty}\lim_{u\to u_0} f(x,u)\mathrm{d}x.$$

定理 19.2.6（可积性） 设 $f(x,u)$ 在 $D=[a,+\infty)\times[\alpha,\beta]$ 上连续，且 $\int_a^{+\infty} f(x,u)\mathrm{d}x$ 在 $[\alpha,\beta]$ 上一致收敛，则 $\int_a^{+\infty} f(x,u)\mathrm{d}x$ 在 $[\alpha,\beta]$ 上可积且

$$\int_\alpha^\beta\left[\int_a^{+\infty} f(x,u)\mathrm{d}x\right]\mathrm{d}u=\int_a^{+\infty}\left[\int_\alpha^\beta f(x,u)\mathrm{d}u\right]\mathrm{d}x .$$

证明 由定理 19.2.5 知 $\varphi(u)=\int_a^{+\infty} f(x,u)\mathrm{d}x \in C[\alpha,\beta]$，从而 $\varphi(u)\in R[\alpha,\beta]$.

因为 $\int_a^{+\infty} f(x,u)\mathrm{d}x$ 在 $[\alpha,\beta]$ 上一致收敛，所以对 $\forall\varepsilon>0,\ \exists A_0>a$，当 $A>A_0$ 时，对 $\forall u\in[\alpha,\beta]$，有 $\left|\int_A^{+\infty} f(x,u)\mathrm{d}x\right|<\varepsilon$．取定 $A>A_0$，由定理 19.1.4 知，

$$\int_\alpha^\beta\left[\int_a^A f(x,u)\mathrm{d}x\right]\mathrm{d}u=\int_a^A\left[\int_\alpha^\beta f(x,u)\mathrm{d}u\right]\mathrm{d}x .$$

又 $\int_\alpha^\beta \varphi(u)\mathrm{d}u=\int_\alpha^\beta\left[\int_a^A f(x,u)\mathrm{d}x\right]\mathrm{d}u+\int_\alpha^\beta\left[\int_A^{+\infty} f(x,u)\mathrm{d}x\right]\mathrm{d}u$，故

$$\left|\int_\alpha^\beta \varphi(u)\mathrm{d}u-\int_a^A\left(\int_\alpha^\beta f(x,u)\mathrm{d}u\right)\mathrm{d}x\right| \leqslant \int_\alpha^\beta\left|\int_A^{+\infty} f(x,u)\,\mathrm{d}x\right|\mathrm{d}u<\varepsilon(\beta-\alpha),$$

即 $\int_\alpha^\beta \varphi(u)\mathrm{d}u=\lim\limits_{A\to+\infty}\int_a^A\left(\int_\alpha^\beta f(x,u)\mathrm{d}u\right)\mathrm{d}x=\int_a^{+\infty}\left(\int_\alpha^\beta f(x,u)\mathrm{d}u\right)\mathrm{d}x$．证毕.

定理 19.2.7（可导性） 设 $f(x,u)\in C(D),\ f_u'(x,u)\in C(D)$，其中 $D=[a,+\infty)\times[\alpha,\beta]$ 上，且满足下列条件：

（i）对 $\forall u\in[\alpha,\beta]$，无穷积分 $\int_a^{+\infty} f(x,u)\mathrm{d}x$ 收敛；

（ii）含参无穷积分 $\int_a^{+\infty} f_u'(x,u)\mathrm{d}x$ 在 $[\alpha,\beta]$ 上一致收敛，

则 $\int_a^{+\infty} f(x,u)\mathrm{d}x\in C^1([\alpha,\beta])$ 且 $\dfrac{\mathrm{d}\left(\int_a^{+\infty} f(x,u)\mathrm{d}x\right)}{\mathrm{d}u}=\int_a^{+\infty} f_u'(x,u)\mathrm{d}x$，$\forall u\in[\alpha,\beta]$.

证明 对 $\forall u\in[\alpha,\beta]$，令 $\varphi(u)=\int_a^{+\infty} f(x,u)\mathrm{d}x$. 因为 $f_u'(x,u)\in C(D)$，且 $\int_a^{+\infty} f_u'(x,u)\mathrm{d}x$ 在 $[\alpha,\beta]$ 上一致收敛，所以对 $\forall u\in[\alpha,\beta]$，定理 19.2.6 表明 $\int_a^{+\infty} f_u'(x,u)\mathrm{d}x$ 在 $[\alpha,u]$ 上可积，且

$$\int_\alpha^u\left[\int_a^{+\infty} f_t'(x,t)\mathrm{d}x\right]\mathrm{d}t=\int_a^{+\infty}\left[\int_\alpha^u f_t'(x,t)\mathrm{d}t\right]\mathrm{d}x=\int_a^{+\infty}(f(x,u)-f(x,\alpha))\,\mathrm{d}x=\varphi(u)-\varphi(\alpha),$$

由定理 19.2.5 知，$\int_a^{+\infty} f_t'(x,t)\mathrm{d}x \in C([\alpha,\beta])$. 故 $\varphi(u)$ 可导，且 $\varphi'(u)=\int_a^{+\infty} f_u'(x,u)\mathrm{d}x$. 证毕.

定理 19.2.7 中的条件 $\int_a^{+\infty} f(x,u)\mathrm{d}x$ 在 $[\alpha,\beta]$ 上点点收敛可减弱为下面的条件.

定理 19.2.8 设 $f(x,u)\in C(D)$ 且 $f_u'(x,u)\in C(D)$，其中 $D=[a,+\infty)\times[\alpha,\beta]$. 设存在 $u_0\in[\alpha,\beta]$ 使得 $\int_a^{+\infty} f(x,u_0)\mathrm{d}x$ 收敛，且 $\int_a^{+\infty} f_u'(x,u)\mathrm{d}x$ 在 $[\alpha,\beta]$ 上一致收敛，则下列结论成立：

（i）$\int_a^{+\infty} f(x,u)\mathrm{d}x$ 在 $[\alpha,\beta]$ 上一致收敛；

（ii）$\varphi(u)=\int_a^{+\infty} f(x,u)\mathrm{d}x\in C^1([\alpha,\beta])$ 且 $\varphi'(u)=\int_a^{+\infty} f_u'(x,u)\mathrm{d}x$.

证明 由定理 19.2.7 知，我们只需证明 $\int_a^{+\infty} f(x,u)\mathrm{d}x$ 在 $[\alpha,\beta]$ 上一致收敛. 因为 $\int_a^{+\infty} f_u'(x,u)\mathrm{d}x$ 在 $[\alpha,\beta]$ 上一致收敛，由定理 19.2.1 知，对 $\forall\varepsilon>0$, $\exists A_1>a$，当 $A,\ A'>A_1$ 时，对 $\forall u\in[\alpha,\beta]$，有 $\left|\int_{A'}^{A} f_u'(x,u)\mathrm{d}x\right|<\dfrac{\varepsilon}{2(\beta-\alpha)}$.

又 $\int_a^{+\infty} f(x,u_0)\mathrm{d}x$ 收敛，故由无穷积分的柯西收敛原理，对上述给定的 $\varepsilon>0$, $\exists A_2>a$，当 $A,\ A'>A_2$ 时，有 $\left|\int_{A'}^{A} f(x,u_0)\mathrm{d}x\right|<\dfrac{\varepsilon}{2}$.

令 $A_0=\max\{A_1,\ A_2\}$. 对 $\forall u\in[\alpha,\beta]$，因为

$$f(x,u)-f(x,u_0)=\int_{u_0}^{u} f_t'(x,t)\mathrm{d}t,$$

故当 $A,\ A'>A_0$ 时，

$$\int_{A'}^{A}(f(x,u)-f(x,u_0))\mathrm{d}x=\int_{A'}^{A}\left(\int_{u_0}^{u} f_t'(x,t)\mathrm{d}t\right)\mathrm{d}x=\int_{u_0}^{u}\left(\int_{A'}^{A} f_t'(x,t)\mathrm{d}x\right)\mathrm{d}t,$$

从而

$$\begin{aligned}\left|\int_{A'}^{A} f(x,u)\mathrm{d}x\right| &\leqslant \left|\int_{u_0}^{u}\left(\int_{A'}^{A} f_t'(x,t)\mathrm{d}x\right)\mathrm{d}t\right|+\left|\int_{A'}^{A} f(x,u_0)\mathrm{d}x\right| \\ &\leqslant \left|\int_{u_0}^{u}\left|\int_{A'}^{A} f_t'(x,t)\mathrm{d}x\right|\mathrm{d}t\right|+\left|\int_{A'}^{A} f(x,u_0)\mathrm{d}x\right|<\varepsilon,\end{aligned}$$

所以 $\int_a^{+\infty} f(x,u)\mathrm{d}x$ 在 $[\alpha,\beta]$ 上一致收敛. 证毕.

定理 19.2.6 是有关积分换序的问题，其中一个积分是定积分. 下面讨论两个积分都是无穷积分的情形. 对定理的证明，由于篇幅所限，感兴趣的读者可参考数学分析相应内容.

***定理 19.2.9** 设 $f(x,u)$ 在 $D=[a,+\infty)\times[c,+\infty)$ 上连续，且满足

（i）对 $\forall d>c$，$\int_a^{+\infty}|f(x,u)|\mathrm{d}x$ 在 $[c,d]$ 上一致收敛；

（ii）对 $\forall b>a$，$\int_c^{+\infty}|f(x,u)|\mathrm{d}u$ 在 $[a,b]$ 上一致收敛；

(iii) $\int_c^{+\infty}\left[\int_a^{+\infty}|f(x,u)|\mathrm{d}x\right]\mathrm{d}u$ 和 $\int_a^{+\infty}\left[\int_c^{+\infty}|f(x,u)|\mathrm{d}u\right]\mathrm{d}x$ 中至少有一个存在，

则另一个广义积分必存在，且下列两个等式成立：

$$\int_c^{+\infty}\left[\int_a^{+\infty}|f(x,u)|\mathrm{d}x\right]\mathrm{d}u=\int_a^{+\infty}\left[\int_c^{+\infty}|f(x,u)|\mathrm{d}u\right]\mathrm{d}x,$$

$$\int_c^{+\infty}\left[\int_a^{+\infty}f(x,u)\mathrm{d}x\right]\mathrm{d}u=\int_a^{+\infty}\left[\int_c^{+\infty}f(x,u)\mathrm{d}u\right]\mathrm{d}x.$$

例 19.2.4 证明：$\int_0^{+\infty}\frac{\mathrm{e}^{-ax}-\mathrm{e}^{-bx}}{x}\mathrm{d}x=\ln b-\ln a$，$0<a<b$.

证明 由于 $\int_0^{+\infty}\frac{\mathrm{e}^{-ax}-\mathrm{e}^{-bx}}{x}\mathrm{d}x=\int_0^{+\infty}\left(\int_a^b\frac{\partial\left(-\frac{\mathrm{e}^{-yx}}{x}\right)}{\partial y}\mathrm{d}y\right)\mathrm{d}x=\int_0^{+\infty}\left(\int_a^b\mathrm{e}^{-yx}\mathrm{d}y\right)\mathrm{d}x$，又对 $\forall y\in[a,b]$，

$\mathrm{e}^{-yx}\leqslant\mathrm{e}^{-ax}$，而 $\int_0^{+\infty}\mathrm{e}^{-ax}\mathrm{d}x=\frac{1}{a}$ 收敛，定理 19.2.2 表明 $\int_0^{+\infty}\mathrm{e}^{-yx}\mathrm{d}x$ 在 $[a,b]$ 上一致收敛．因为 $\mathrm{e}^{-yx}\in C([0,+\infty)\times[a,b])$，因此由定理 19.2.6，两个积分可交换顺序，故

$$\int_0^{+\infty}\frac{\mathrm{e}^{-ax}-\mathrm{e}^{-bx}}{x}\mathrm{d}x=\int_0^{+\infty}\left(\int_a^b\mathrm{e}^{-yx}\mathrm{d}y\right)\mathrm{d}x=\int_a^b\left(\int_0^{+\infty}\mathrm{e}^{-yx}\mathrm{d}x\right)\mathrm{d}y=\int_a^b\frac{1}{y}\mathrm{d}y=\ln\frac{b}{a}.$$

例 19.2.5 计算 $I(u)=\int_0^{+\infty}\mathrm{e}^{-ax^2}\cos(ux)\mathrm{d}x, a>0.$

解 对 $\forall u\in\mathbb{R}$，$\exists[\alpha,\beta]\subset(-\infty,+\infty)$ 使得 $u\in[\alpha,\beta]$. 记 $f(x,u)=\mathrm{e}^{-ax^2}\cos(ux)$，则 $f_u'(x,u)=-x\mathrm{e}^{-ax^2}\sin(ux)$. 对 $\forall(x,u)\in[0,+\infty)\times[\alpha,\beta]$，$|f_u'(x,u)|=\left|-x\mathrm{e}^{-ax^2}\sin(ux)\right|\leqslant x\mathrm{e}^{-ax^2}$，而 $\int_0^{+\infty}x\mathrm{e}^{-ax^2}\mathrm{d}x$ 收敛，故由定理 19.2.2 知，$\int_0^{+\infty}f_u'(x,u)\mathrm{d}x$ 在 $[\alpha,\beta]$ 上一致收敛．定理 19.2.7 表明

$$I'(u)=\int_0^{+\infty}-x\mathrm{e}^{-ax^2}\sin(ux)\mathrm{d}x=\frac{1}{2a}\mathrm{e}^{-ax^2}\sin(ux)\Big|_{x=0}^{x=+\infty}-\int_0^{+\infty}\frac{u}{2a}\mathrm{e}^{-ax^2}\cos(ux)\mathrm{d}x=-\frac{u}{2a}I(u),$$

解微分方程得 $I(u)=c\mathrm{e}^{-\frac{u^2}{4a}}$，其中 c 是任意常数．当 $u=0$ 时，

$$I(0)=\int_0^{+\infty}\mathrm{e}^{-ax^2}\mathrm{d}x=\frac{1}{\sqrt{a}}\int_0^{+\infty}\mathrm{e}^{-t^2}\mathrm{d}t=\frac{\sqrt{\pi}}{2\sqrt{a}},$$

（这里利用了泊松积分 $\int_0^{+\infty}\mathrm{e}^{-t^2}\mathrm{d}t=\frac{\sqrt{\pi}}{2}$）．故 $I(u)=\frac{\sqrt{\pi}}{2\sqrt{a}}\mathrm{e}^{-\frac{u^2}{4a}}$.

下面计算一个著名的 Dirichlet 积分．

例 19.2.6 计算 Dirichlet 积分 $D(\alpha)=\int_0^{+\infty}\frac{\sin\alpha x}{x}\mathrm{d}x$ 的值．

解 当 $\alpha=0$ 时，$D(\alpha)=0$；当 $\alpha>0$ 时，因为 $\lim\limits_{x\to0^+}\frac{\sin\alpha x}{x}=\alpha$，所以 $\frac{\sin\alpha x}{x}$ 在 $[0,+\infty)$

上有界，又 $\left|\int_0^t \sin\alpha x\mathrm{d}x\right| = \left|\frac{1-\cos\alpha t}{\alpha}\right| \leqslant \frac{2}{\alpha}$，由无穷积分的 Dirichlet 判别法知，无穷积分 $\int_0^{+\infty}\frac{\sin\alpha x}{x}\mathrm{d}x$ 收敛，而

$$D(\alpha)=\int_0^{+\infty}\frac{\sin\alpha x}{x}\mathrm{d}x=\int_0^{+\infty}\frac{\sin\alpha x}{\alpha x}\mathrm{d}\alpha x=\int_0^{+\infty}\frac{\sin x}{x}\mathrm{d}x=D(1).$$

若 $\alpha<0$，则 $\alpha=-|\alpha|$，且 $\sin\alpha x=-\sin|\alpha|x$，所以 $D(\alpha)=-D(1)$，这样

$$D(\alpha)=\begin{cases} D(1), & \alpha>0; \\ 0, & \alpha=0; \\ -D(1), & \alpha<0. \end{cases}$$

任取正整数 n，对 $\forall y\in[0,n]$，令 $I(y)=\int_0^{+\infty}\mathrm{e}^{-yx}\frac{\sin x}{x}\mathrm{d}x$ 且 $f(x,y)=\mathrm{e}^{-yx}\frac{\sin x}{x}$．因为

$$\lim_{x\to 0}\mathrm{e}^{-yx}\frac{\sin x}{x}=1,$$

令 $f(0,y)=1$，则 $f(x,y)\in C([0,+\infty)\times[0,n])$．因为 $\int_0^{+\infty}\frac{\sin x}{x}\mathrm{d}x$ 收敛，e^{-yx} 关于 x 单调，且 $\mathrm{e}^{-yx}\leqslant 1$（关于 y 一致有界），所以由定理 19.2.4 知 $I(y)=\int_0^{+\infty}\mathrm{e}^{-yx}\frac{\sin x}{x}\mathrm{d}x$ 在 $[0,n]$ 上一致收敛，故 $I(y)$ 在 $[0,n]$ 上连续且 $I(0)=\int_0^{+\infty}\frac{\sin x}{x}\mathrm{d}x$．

对 $\forall y_0\in(0,n)$，$\exists\delta>0$ 使得 $[y_0-\delta,y_0+\delta]\subset(0,n)$．因为 $\left|\mathrm{e}^{-yx}\sin x\right|\leqslant \mathrm{e}^{-(y_0-\delta)x}$，而 $\int_0^{+\infty}\mathrm{e}^{-(y_0-\delta)x}\mathrm{d}x=\frac{1}{y_0-\delta}$ 收敛，由定理 19.2.2 知，$\int_0^{+\infty}\mathrm{e}^{-yx}\sin x\mathrm{d}x$ 在 $[y_0-\delta,y_0+\delta]$ 上一致收敛．又 $\mathrm{e}^{-yx}\sin x\in C([0,+\infty)\times[y_0-\delta,y_0+\delta])$，因此定理 19.2.7 表明

$$I'(y)=-\int_0^{+\infty}\mathrm{e}^{-yx}\sin x\mathrm{d}x=-1+\int_0^{+\infty}y^2\mathrm{e}^{-yx}\sin x\mathrm{d}x,$$

所以对 $\forall y\in(0,n]$，$I'(y)=-\frac{1}{1+y^2}$，从而 $I(y)-I(n)=-\arctan y+\arctan n$，这样 $I(0)=\lim_{y\to 0}I(y)=I(n)+\arctan n$．因为 $\lim_{n\to\infty}\arctan n=\frac{\pi}{2}$，且

$$|I(n)|\leqslant\int_0^{+\infty}\mathrm{e}^{-nx}\frac{|\sin x|}{x}\mathrm{d}x\leqslant\int_0^{+\infty}\mathrm{e}^{-nx}\mathrm{d}x=\frac{1}{n}\to 0\quad(n\to\infty),$$

所以 $I(0)=\frac{\pi}{2}$．因此 $D(\alpha)=\int_0^{+\infty}\frac{\sin\alpha x}{x}\mathrm{d}x=\begin{cases}\frac{\pi}{2}, & \alpha>0; \\ 0, & \alpha=0; \\ -\frac{\pi}{2}, & \alpha<0.\end{cases}$

注 $\int_1^{+\infty}\frac{\sin x}{x}\mathrm{d}x$ 中被积函数的原函数不是初等函数，因此无法用牛顿–莱布尼茨公式求得其值．现在引入一个参变量，把这个广义积分看成一个含参广义积分在一点的值，便

可根据含参广义积分的运算规则避开求原函数，从而计算出其值．这种人为引进参变量的方法是微积分中一个很有用的技巧．下面利用定理 19.2.9 计算$\int_0^{+\infty}\frac{\sin x}{x}\mathrm{d}x$的值．

解 任取$y\in[0,+\infty)$．容易验证两个含参无穷积分$\int_0^{+\infty}\left|\frac{\sin x}{\mathrm{e}^{xy}}\right|\mathrm{d}x$和$\int_0^{+\infty}\left|\frac{\sin x}{\mathrm{e}^{xy}}\right|\mathrm{d}y$在任意区间上一致收敛．因为

$$\int_0^{+\infty}\frac{\sin x}{\mathrm{e}^{xy}}\mathrm{d}x=-\int_0^{+\infty}\frac{1}{\mathrm{e}^{xy}}\mathrm{d}\cos x=-\frac{\cos x}{\mathrm{e}^{xy}}\Big|_0^{+\infty}-y\int_0^{+\infty}\frac{\cos x}{\mathrm{e}^{xy}}\mathrm{d}x=1-y\int_0^{+\infty}\frac{\mathrm{d}\sin x}{\mathrm{e}^{xy}}$$

$$=1-\frac{y\sin x}{\mathrm{e}^{xy}}\Big|_0^{+\infty}-y^2\int_0^{+\infty}\frac{\sin x}{\mathrm{e}^{xy}}\mathrm{d}x=1-y^2\int_0^{+\infty}\frac{\sin x}{\mathrm{e}^{xy}}\mathrm{d}x,$$

所以$\int_0^{+\infty}\frac{\sin x}{\mathrm{e}^{xy}}\mathrm{d}x=\frac{1}{1+y^2}$．从而应用定理 19.2.9，有

$$\int_0^{+\infty}\frac{\sin x}{x}\mathrm{d}x=\int_0^{+\infty}\sin x\left(\int_0^{+\infty}\frac{1}{\mathrm{e}^{xy}}\mathrm{d}y\right)\mathrm{d}x=\int_0^{+\infty}\left(\int_0^{+\infty}\frac{\sin x}{\mathrm{e}^{xy}}\mathrm{d}x\right)\mathrm{d}y=\int_0^{+\infty}\frac{1}{1+y^2}\mathrm{d}y=\frac{\pi}{2}.$$

例 19.2.7 设$a>0$．求欧拉积分$I(a)=\int_0^{+\infty}\frac{x^{a-1}}{1+x}\mathrm{d}x$的定义域，并求其值．

解 因为$x=0$可能成为被积函数的瑕点，所以将积分分为两部分：

$$\int_0^{+\infty}\frac{x^{a-1}}{1+x}\mathrm{d}x=\int_0^1\frac{x^{a-1}}{1+x}\mathrm{d}x+\int_1^{+\infty}\frac{x^{a-1}}{1+x}\mathrm{d}x.$$

当$a<1$时，$x=0$是被积函数的瑕点，因为$\lim\limits_{x\to0}x^{1-a}\frac{x^{a-1}}{1+x}=1$，所以当$1-a<1$，即$a>0$时，瑕积分$\int_0^1\frac{x^{a-1}}{1+x}\mathrm{d}x$收敛．由于

$$\lim_{x\to+\infty}x\frac{x^{a-1}}{1+x}=\begin{cases}1, & a=1;\\ +\infty, & a>1,\end{cases}$$

因此当$a\geqslant1$时，无穷积分$\int_1^{+\infty}\frac{x^{a-1}}{1+x}\mathrm{d}x$发散．因为$\lim\limits_{x\to+\infty}x^{2-a}\frac{x^{a-1}}{1+x}=1$，故当$2-a>1$，即$a<1$时，无穷积分收敛．所以当$0<a<1$时，广义积分收敛；当$a\geqslant1$时发散．

记$I_1=\int_0^1\frac{x^{a-1}}{1+x}\mathrm{d}x,\ \ I_2=\int_1^{+\infty}\frac{x^{a-1}}{1+x}\mathrm{d}x$. 下面分别计算这两个广义积分的值．由于

$$\frac{x^{a-1}}{1+x}=\sum_{n=0}^{\infty}(-1)^n x^{a+n-1}\quad(0<x<1),$$

且该级数在$[0,\delta]$（$0<\delta<1$）上一致收敛，故可逐项积分，即

$$\int_0^{\delta}\frac{x^{a-1}}{1+x}\mathrm{d}x=\sum_{n=0}^{\infty}(-1)^n\int_0^{\delta}x^{a+n-1}\mathrm{d}x=\sum_{n=0}^{\infty}(-1)^n\frac{\delta^{a+n}}{a+n},$$

由阿贝尔第二定理（定理 17.3.5）知，上式右端的级数在$[0,1]$上一致收敛，因此和函数在$\delta=1$处左连续，故

$$\lim_{\delta\to 1^-}\int_0^{\delta}\frac{x^{a-1}}{1+x}\mathrm{d}x=\lim_{\delta\to 1^-}\sum_{n=0}^{\infty}(-1)^n\frac{\delta^{a+n}}{a+n}=\sum_{n=0}^{\infty}(-1)^n\frac{1}{a+n},$$

因此$I_1=\int_0^1\frac{x^{a-1}}{1+x}\mathrm{d}x=\sum_{n=0}^{\infty}(-1)^n\frac{1}{a+n}=\frac{1}{a}+\sum_{n=1}^{\infty}(-1)^n\frac{1}{a+n}$.

下面计算$I_2=\int_1^{+\infty}\frac{x^{a-1}}{1+x}\mathrm{d}x$. 设$x=\frac{1}{y}$，则$I_2=\int_1^{+\infty}\frac{x^{a-1}}{1+x}\mathrm{d}x=\int_0^1\frac{y^{-a}}{1+y}\mathrm{d}y=\int_0^1\frac{y^{(1-a)-1}}{1+y}\mathrm{d}y$. 类似于上述瑕积分的计算方法，求得

$$I_2=\int_1^{+\infty}\frac{x^{a-1}}{1+x}\mathrm{d}x=\int_0^1\frac{y^{(1-a)-1}}{1+y}\mathrm{d}y=\sum_{n=0}^{\infty}\frac{(-1)^n}{(1-a)+n}=\sum_{n=1}^{\infty}\frac{(-1)^{n-1}}{(1-a)+n-1}=\sum_{n=1}^{\infty}\frac{(-1)^n}{a-n},$$

于是

$$\int_0^{+\infty}\frac{x^{a-1}}{1+x}\mathrm{d}x=I_1+I_2=\frac{1}{a}+\sum_{n=1}^{\infty}(-1)^n\left(\frac{1}{a+n}+\frac{1}{a-n}\right).$$

由 18.1 节的式（18.1.7）知$\frac{1}{a}+\sum_{n=1}^{\infty}(-1)^n\left(\frac{1}{a+n}+\frac{1}{a-n}\right)=\frac{\pi}{\sin a\pi}$，因此

$$I(a)=\int_0^{+\infty}\frac{x^{a-1}}{1+x}\mathrm{d}x=\frac{\pi}{\sin a\pi}.$$

19.2.3 欧拉积分：伽马函数与贝塔函数

伽马函数和贝塔函数是含参变量广义积分所定义的非初等函数，是由欧拉首先提出并研究的. 因为欧拉提出了许多正确的问题，并凭借敏捷的头脑和直觉思维能力找到正确的答案，冯·诺伊曼曾把欧拉称为“他那个时代最杰出的数学家”. 伽马函数可能出现在需要应用复杂的微积分的任何场所，从概率论到微分方程，再到解析数论. 伽马函数被看成分析学中首屈一指同时或许是最重要的“高级函数”. 所谓“高级函数”是指在定义中需要用到微积分概念的函数. 在刻画初等数学的特征方面，除代数函数、指数函数或三角函数外，伽马函数占据一席之地. 另外，伽马函数在物理中也有广泛的应用.

含参广义积分$\Gamma(\alpha)=\int_0^{+\infty}x^{\alpha-1}\mathrm{e}^{-x}\mathrm{d}x$称为**伽马函数**. 在上册广义积分一章中，我们讨论了伽马函数的定义域是$(0,+\infty)$，下面讨论伽马函数的性质.

性质 19.2.1 $\Gamma(\alpha)$在$(0,+\infty)$上连续且存在任意阶导数.

证明 先证伽马函数在其定义域内是连续的.

任取$\alpha\in(0,+\infty)$，则$\exists[a,b]\subset(0,+\infty)$使得$\alpha\in[a,b]$，

$$\Gamma(\alpha)=\int_0^1 x^{\alpha-1}\mathrm{e}^{-x}\mathrm{d}x+\int_1^{+\infty}x^{\alpha-1}\mathrm{e}^{-x}\mathrm{d}x.$$

下面分别证明含参瑕积分$\int_0^1 x^{\alpha-1}\mathrm{e}^{-x}\mathrm{d}x$和含参无穷积分$\int_1^{+\infty}x^{\alpha-1}\mathrm{e}^{-x}\mathrm{d}x$在$[a,b]$上一致收敛.

（i）当$x\in(0,1]$时，$x^{\alpha-1}\mathrm{e}^{-x}\leqslant x^{a-1}\mathrm{e}^{-x}$，而瑕积分$\int_0^1 x^{a-1}\mathrm{e}^{-x}\mathrm{d}x$收敛，故由 M−判别法知，$\int_0^1 x^{\alpha-1}\mathrm{e}^{-x}\mathrm{d}x$在$[a,b]$上一致收敛.

（ii）当 $x\in[1,+\infty)$ 时，$x^{\alpha-1}\mathrm{e}^{-x}\leqslant x^{b-1}\mathrm{e}^{-x}$，而无穷积分 $\int_1^{+\infty}x^{b-1}\mathrm{e}^{-x}\mathrm{d}x$ 收敛，故 $\int_1^{+\infty}x^{\alpha-1}\mathrm{e}^{-x}\mathrm{d}x$ 在 $[a,b]$ 上一致收敛.

因此 $\int_0^{+\infty}x^{\alpha-1}\mathrm{e}^{-x}\mathrm{d}x$ 在 $[a,b]$ 上一致收敛. 因为二元函数 $x^{\alpha-1}\mathrm{e}^{-x}$ 在 $(x,\alpha)\in(0,+\infty)\times[a,b]$ 上连续，由定理 19.2.5 知，$\Gamma(\alpha)$ 在 $[a,b]$ 上连续，所以在 α 点处连续，从而在 $(0,+\infty)$ 上连续.

下证 $\Gamma(\alpha)$ 在 $(0,+\infty)$ 内可导. 任取 $\alpha\in(0,+\infty)$，则 $\exists[a,b]\subset(0,+\infty)$ 使得 $\alpha\in[a,b]$. 下面分别证明 $\int_0^1 x^{\alpha-1}\mathrm{e}^{-x}\ln x\mathrm{d}x$ 和 $\int_1^{+\infty}x^{\alpha-1}\mathrm{e}^{-x}\ln x\mathrm{d}x$ 在 $[a,b]$ 上一致收敛.

（i）当 $x\in(0,1]$ 时，$\left|x^{\alpha-1}\mathrm{e}^{-x}\ln x\right|\leqslant\left|x^{a-1}\ln x\right|$，而瑕积分 $\int_0^1 x^{a-1}|\ln x|\mathrm{d}x$ 收敛，故由 M−判别法知含参瑕积分 $\int_0^1 x^{\alpha-1}\mathrm{e}^{-x}\ln x\mathrm{d}x$ 在 $[a,b]$ 上一致收敛.

（ii）当 $x\in[1,+\infty)$ 时，$\left|x^{\alpha-1}\mathrm{e}^{-x}\ln x\right|\leqslant\left|x^{\alpha}\mathrm{e}^{-x}\dfrac{\ln x}{x}\right|\leqslant x^{b}\mathrm{e}^{-x}$，而无穷积分 $\int_1^{+\infty}x^{b}\mathrm{e}^{-x}\mathrm{d}x$ 收敛，故含参无穷积分 $\int_1^{+\infty}x^{\alpha-1}\mathrm{e}^{-x}\ln x\mathrm{d}x$ 在 $[a,b]$ 上一致收敛.

因此含参变量广义积分 $\int_0^{+\infty}x^{\alpha-1}\mathrm{e}^{-x}\ln x\mathrm{d}x$ 在 $[a,b]$ 上一致收敛. 因为 $x^{\alpha-1}\mathrm{e}^{-x}$ 和 $x^{\alpha-1}\mathrm{e}^{-x}\ln x$ 在 $(x,\alpha)\in(0,+\infty)\times[a,b]$ 上连续，故由定理 19.2.7 知 $\Gamma(\alpha)$ 在 $[a,b]$ 上可导，且

$$\Gamma'(\alpha)=\int_0^{+\infty}x^{\alpha-1}\mathrm{e}^{-x}\ln x\mathrm{d}x.$$

类似可证 $\Gamma(\alpha)$ 在 $(0,+\infty)$ 内存在任意阶导数，且 $\Gamma^{(n)}(\alpha)=\int_0^{+\infty}x^{\alpha-1}\mathrm{e}^{-x}(\ln x)^n\mathrm{d}x$. 证毕.

性质 19.2.2　$\Gamma(\alpha+1)=\alpha\Gamma(\alpha),\ \forall\alpha>0.$

证明　对 $\forall\alpha>0$，有

$$\Gamma(\alpha+1)=\int_0^{+\infty}x^{\alpha}\mathrm{e}^{-x}\mathrm{d}x=-x^{\alpha}\mathrm{e}^{-x}\Big|_0^{+\infty}+\alpha\int_0^{+\infty}x^{\alpha-1}\mathrm{e}^{-x}\mathrm{d}x=\alpha\Gamma(\alpha).$$

证毕.

对 $\forall\alpha>0$，$\exists n\in\mathbb{N}^+$ 使得 $n<\alpha\leqslant n+1$，逐次应用递推公式，得

$$\Gamma(\alpha+1)=\alpha\Gamma(\alpha)=\alpha(\alpha-1)\cdots(\alpha-n)\Gamma(\alpha-n),$$

而 $0<\alpha-n\leqslant1$，所以只要知道 Γ 函数在 $(0,1]$ 上的函数值，即可求出 Γ 函数在任意一点的函数值. 在 $\Gamma(\alpha+1)=\alpha(\alpha-1)\cdots(\alpha-n+1)\Gamma(\alpha-n+1)$ 中，取 $\alpha=n$，有 $\Gamma(n+1)=n!\Gamma(1)$，而

$$\Gamma(1)=\int_0^{+\infty}\mathrm{e}^{-x}\mathrm{d}x=1,$$

所以 $n!=\Gamma(n+1)=\int_0^{+\infty}x^{n}\mathrm{e}^{-x}\mathrm{d}x$，这是 $n!$ 的分析表达式.

性质 19.2.3　Γ 函数是严格下凸的，即 $\Gamma''(\alpha)>0$　（$\forall\alpha>0$）.

证明　因为 $\Gamma''(\alpha)=\int_0^{+\infty}x^{\alpha-1}\mathrm{e}^{-x}(\ln x)^2\mathrm{d}x$，且 $x^{\alpha-1}\mathrm{e}^{-x}(\ln x)^2>0$，所以 $\Gamma''(\alpha)>0$. 证毕.

因为 $\Gamma(\alpha+1)=\alpha\Gamma(\alpha)$（$\forall\alpha>0$）且 $\lim\limits_{\alpha\to0^+}\Gamma(\alpha+1)=1$，所以 $\lim\limits_{\alpha\to0^+}\Gamma(\alpha)=+\infty$. 又 $\Gamma(n+1)=n!$，故 $\lim\limits_{\alpha\to+\infty}\Gamma(\alpha)=+\infty$. 观察到 $\Gamma(2)=\Gamma(1)=1$，而 $\Gamma(\alpha)\in C[1,2]$，在 $(1,2)$ 内可导，由洛尔定理，$\exists\alpha_0\in(1,2)$ 使得 $\Gamma'(\alpha_0)=0$，又 $\Gamma''(\alpha)>0$，所以 Γ 函数在唯一的驻点 α_0 处取得极小值，也是最小值. 根据这些性质，可描绘出 Γ 函数的图像，留给读者自行完成.

在Γ函数的表达式中，令 $x=u^2$，则可得到Γ函数的另一常用表达式

$$\Gamma(\alpha)=\int_0^{+\infty}x^{\alpha-1}\mathrm{e}^{-x}\mathrm{d}x=2\int_0^{+\infty}u^{2\alpha-1}\mathrm{e}^{-u^2}\mathrm{d}u,\quad \alpha>0.$$

特别地，取 $\alpha=\dfrac{1}{2}$，则 $\Gamma\left(\dfrac{1}{2}\right)=2\int_0^{+\infty}\mathrm{e}^{-u^2}\mathrm{d}u=\sqrt{\pi}$.

含参瑕积分 $\mathrm{B}(p,q)=\int_0^1 x^{p-1}(1-x)^{q-1}\mathrm{d}x$ 称为**贝塔函数**．贝塔函数的定义域是 $(0,+\infty)\times(0,+\infty)$，下面讨论贝塔函数的性质．

性质 19.2.4 $\mathrm{B}(p,q)=\mathrm{B}(q,p),\ \forall p>0,\ \forall q>0.$

证明 $\mathrm{B}(p,q)=\int_0^1 x^{p-1}(1-x)^{q-1}\mathrm{d}x\underset{y=1-x}{=}\int_0^1(1-y)^{p-1}y^{q-1}\mathrm{d}y=\mathrm{B}(q,p).$

性质 19.2.5 对 $\forall p>0,\ q>0$，下列等式成立：

（i）$\mathrm{B}(p+1,q)=\dfrac{p}{p+q}\mathrm{B}(p,q)$；

（ii）$\mathrm{B}(p,q+1)=\dfrac{q}{p+q}\mathrm{B}(p,q)$；

（iii）$\mathrm{B}(p+1,q+1)=\dfrac{pq}{(p+q)(p+q+1)}\mathrm{B}(p,q).$

证明

$$\begin{aligned}\mathrm{B}(p+1,q)&=\int_0^1 x^p(1-x)^{q-1}\mathrm{d}x=\int_0^1\left(\frac{x}{1-x}\right)^p(1-x)^{p+q-1}\mathrm{d}x\\&=-\frac{1}{p+q}\int_0^1\left(\frac{x}{1-x}\right)^p\mathrm{d}(1-x)^{p+q}=\frac{p}{p+q}\int_0^1\left(\frac{x}{1-x}\right)^{p-1}(1-x)^{p+q}\frac{1}{(1-x)^2}\mathrm{d}x\\&=\frac{p}{p+q}\int_0^1 x^{p-1}(1-x)^{q-1}\mathrm{d}x\\&=\frac{p}{p+q}\mathrm{B}(p,q),\end{aligned}$$

这样证明了等式（i）．由对称性立得等式（ii）成立．利用等式（i）和（ii）可得等式（iii）．

特别地，令 $q=n-1,\ n\in\mathbb{N}^+,\ n\geqslant 2$，有

$$\begin{aligned}\mathrm{B}(p,n)&=\frac{n-1}{p+n-1}\mathrm{B}(p,n-1)=\frac{(n-1)(n-2)}{(p+n-1)(p+n-2)}\mathrm{B}(p,n-2)\\&=\cdots=\frac{(n-1)(n-2)\cdots 2\cdot 1}{(p+n-1)(p+n-2)\cdots(p+1)}\mathrm{B}(p,1),\end{aligned}$$

而 $\mathrm{B}(p,1)=\int_0^1 x^{p-1}\mathrm{d}x=\dfrac{1}{p}$，即 $\mathrm{B}(p,n)=\dfrac{(n-1)!}{(p+n-1)(p+n-2)\cdots(p+1)p}$，取 $p=m\in\mathbb{N}^+$，则

$$\mathrm{B}(m,n)=\frac{(n-1)!}{(m+n-1)(m+n-2)\cdots(m+1)m}=\frac{(n-1)!(m-1)!}{(m+n-1)!}=\frac{\Gamma(m)\Gamma(n)}{\Gamma(m+n)},$$

上面这个关系可推广到对 $\forall p>0,\forall q>0$ 成立．

性质 19.2.6　$B(p,q)=\dfrac{\Gamma(p)\Gamma(q)}{\Gamma(p+q)}$，$\forall p>0,\forall q>0$.

由性质 19.2.6 及 Γ 函数的性质立得贝塔函数的如下性质.

性质 19.2.7　$B(p,q)$ 在 $(0,+\infty)\times(0,+\infty)$ 上连续且存在任意阶偏导数.

性质 19.2.8　对 $\forall p>0,\forall q>0$，$B(p,q)=2\int_0^{\frac{\pi}{2}}\cos^{2p-1}\theta\sin^{2q-1}\theta\mathrm{d}\theta$.

令 $x=\cos^2\theta$，则 $B(p,q)=\int_0^1 x^{p-1}(1-x)^{q-1}\mathrm{d}x=2\int_0^{\frac{\pi}{2}}\cos^{2p-1}\theta\sin^{2q-1}\theta\mathrm{d}\theta$. 故

$$\int_0^{\frac{\pi}{2}}\cos^{2p-1}\theta\sin^{2q-1}\theta\mathrm{d}\theta=\frac{1}{2}B(p,q)=\frac{\Gamma(p)\Gamma(q)}{2\Gamma(p+q)}.$$

在上式中，令 $q=\dfrac{n+1}{2}$，$p=\dfrac{1}{2}$. 则对 $\forall n>-1$，有

$$\int_0^{\frac{\pi}{2}}\sin^n\theta\mathrm{d}\theta=\frac{\Gamma\left(\frac{n+1}{2}\right)\Gamma\left(\frac{1}{2}\right)}{2\Gamma(1+\frac{n}{2})},$$

故当 $n=0$ 时，$\Gamma\left(\dfrac{1}{2}\right)=\sqrt{\pi}$.

性质 19.2.9　余元公式：$\Gamma(p)\Gamma(1-p)=\dfrac{\pi}{\sin p\pi}$，$\forall p\in(0,1)$.

证明　对 $\forall p>0$, $\forall q>0$，$B(p,q)=\int_0^1 x^{p-1}(1-x)^{q-1}\mathrm{d}x$. 令 $x=\dfrac{y}{1+y}$，则 $\mathrm{d}x=\dfrac{1}{(1+y)^2}\mathrm{d}y$ 且

$$B(p,q)=\int_0^{+\infty}\frac{y^{p-1}}{(1+y)^{p+q}}\mathrm{d}y.$$

令 $q=1-p$（$0<p<1$），则 $B(p,1-p)=\int_0^{+\infty}\dfrac{y^{p-1}}{1+y}\mathrm{d}y$. 由性质 19.2.6 知，

$$B(p,1-p)=\Gamma(p)\Gamma(1-p),$$

即 $\Gamma(p)\Gamma(1-p)=\int_0^{+\infty}\dfrac{y^{p-1}}{1+y}\mathrm{d}y$. 由例 19.2.7 知，

$$\Gamma(p)\Gamma(1-p)=\int_0^{+\infty}\frac{y^{p-1}}{1+y}\mathrm{d}y=\frac{\pi}{\sin p\pi}.$$

证毕.

令 $p=\dfrac{1}{2}$，由余元公式，可得 $\Gamma\left(\dfrac{1}{2}\right)=\sqrt{\pi}$，又 $\Gamma\left(\dfrac{1}{2}\right)=\int_0^{+\infty}x^{-\frac{1}{2}}\mathrm{e}^{-x}\mathrm{d}x$，故 $\int_0^{+\infty}x^{-\frac{1}{2}}\mathrm{e}^{-x}\mathrm{d}x=\sqrt{\pi}$. 作变量代换，令 $x=t^2$，则又得到已知的概率积分 $\int_0^{+\infty}\mathrm{e}^{-t^2}\mathrm{d}t=\dfrac{\sqrt{\pi}}{2}$.

习题 19.2

1. 利用积分号下可微分，求下列积分.

（1）$\int_0^{+\infty} x\mathrm{e}^{-ax^2}\sin yx\mathrm{d}x$，$a>0$；　（2）$\int_0^{+\infty}\frac{\mathrm{e}^{-x^2}-\mathrm{e}^{-ax^2}}{x}\mathrm{d}x$，$a>0$；

（3）$\int_0^{+\infty}\frac{1-\cos\alpha x}{x}\mathrm{e}^{-2x}\mathrm{d}x$.

2．利用积分号下可积分，求下列积分.

（1）$\int_0^{+\infty}\frac{\cos ax-\cos bx}{x^2}\mathrm{d}x$，$a,b>0$；　（2）$\int_0^{+\infty}\frac{\mathrm{e}^{-ax}-\mathrm{e}^{-bx}}{x}\sin x\mathrm{d}x$，$a>0,b>0$.

3．证明：含参无穷积分$\int_0^{+\infty}\frac{\sin tx}{x}\mathrm{d}x$在包含$t=0$的区间上不一致收敛.

4．证明：含参无穷积分$\int_0^{+\infty}\mathrm{e}^{-tx}\frac{\sin 3x}{x+t}\mathrm{d}x$关于$t\in[0,+\infty)$一致收敛.

5．设$f(x,t)$在$[a,+\infty)\times[\alpha,\beta]$上连续，如果对$\forall t\in[\alpha,\beta)$，$\int_a^{+\infty}f(x,t)\mathrm{d}x$都收敛，但$\int_a^{+\infty}f(x,\beta)\mathrm{d}x$发散，证明：$\int_a^{+\infty}f(x,t)\mathrm{d}x$在$[\alpha,\beta)$上非一致收敛.

6．$\int_a^{+\infty}f(x,t)\mathrm{d}x$关于$t\in I$一致收敛，函数$g(t)$在$I$上有界，证明：$\int_a^{+\infty}f(x,t)g(t)\mathrm{d}x$关于$t\in I$一致收敛.

7．判别下列含参无穷积分在指定区间上的一致收敛性.

（1）$\int_1^{+\infty}\frac{y^2-x^2}{(y^2+x^2)^2}\mathrm{d}x$，在$\mathbb{R}$上；　（2）$\int_0^{+\infty}\frac{x\sin yx}{1+x^2}\mathrm{d}x$，在$[a,+\infty)$上（$a>0$）；

（3）$\int_0^{+\infty}\mathrm{e}^{-xy}\sin x\mathrm{d}x$，在$[0,+\infty)$上.

8．证明：函数$F(u)=\int_0^{+\infty}\frac{\cos x}{1+(x+u)^2}\mathrm{d}x$在$(-\infty,+\infty)$上连续并且无穷次可微.

9．证明：（1）$\int_{-\infty}^{+\infty}\mathrm{e}^{-x^4}\mathrm{d}x=\frac{1}{2}\Gamma\left(\frac{1}{4}\right)$；　（2）$\int_0^{+\infty}x^m\mathrm{e}^{-x^n}\mathrm{d}x=\frac{1}{n}\Gamma\left(\frac{m+1}{n}\right)$，$n>0$，$m>-1$；

（3）$\int_0^{\frac{\pi}{2}}\sqrt{\sin\theta}\mathrm{d}\theta\int_0^{\frac{\pi}{2}}\frac{1}{\sqrt{\sin\theta}}\mathrm{d}\theta=\pi$.

10．利用Γ函数和B函数求下列积分：

（1）$\int_0^{+\infty}\frac{x^2}{1+x^4}\mathrm{d}x$；　（2）$\int_0^{\pi}\frac{1}{\sqrt{3-\cos\theta}}\mathrm{d}\theta$；　（3）$\int_0^1\frac{1}{\sqrt{1-x^{\frac{1}{4}}}}\mathrm{d}x$；

（4）$\int_0^{+\infty}\frac{x^m}{(a+bx^n)^p}\mathrm{d}x$，$a>0$，$b>0$，$0<\frac{m+1}{n}<p$；

（5）$\int_{-1}^1(1-x^2)^n\mathrm{d}x$，$n\in\mathbb{N}^+$.

11．证明：$\int_0^{+\infty}\mathrm{e}^{-ax^2}\mathrm{d}x=\frac{1}{2}\sqrt{\frac{\pi}{a}}$，$a>0$.

12．无穷积分$F(t)=\int_0^{+\infty}\mathrm{e}^{-tx}f(x)\mathrm{d}x$（$t>0$）称为拉普拉斯变换．它说明函数$f(x)$变成函数$F(t)$．求下列函数的拉普拉斯变换.

（1）$f(x)=x^n$，$n\in\mathbb{N}$；　　（2）$f(x)=\sqrt{x}$；　　（3）$f(x)=x\mathrm{e}^{-ax}$，$t>-a$.

13．证明迪尼定理：设 $f(x,y)$ 是 $[a,+\infty)\times[c,d]$ 上的非负连续函数，且对 $\forall y\in[c,d]$，广义积分 $g(y)=\int_a^{+\infty}f(x,y)\mathrm{d}x$ 收敛．如果函数 $g(y)$ 在 $[c,d]$ 上连续，则含参无穷积分 $\int_a^{+\infty}f(x,y)\mathrm{d}x$ 关于 $y\in[c,d]$ 一致收敛.

14．利用积分号可求导，计算下列积分.

（1）$\int_0^{+\infty}\mathrm{e}^{-tx^2}x^{2n}\mathrm{d}x,\ t>0$；　　（2）$\int_0^{+\infty}\mathrm{e}^{-ax^2-\frac{b}{x^2}}\mathrm{d}x,\ a>0,\ b>0$；

（3）$\int_0^{+\infty}\frac{1}{(y+x^2)^{n+1}}\mathrm{d}x,\ y>0$.

参考文献

1. 张筑生. 数学分析新讲（第一、二、三册）[M]. 北京：北京大学出版社，2010.
2. 常庚哲，史济怀. 数学分析教程（上、下册）[M]. 合肥：中国科学技术大学出版社，2017.
3. 刘玉琏，傅沛仁，刘伟，等. 数学分析讲义（上、下册）[M]. 北京：高等教育出版社，2021.
4. 崔尚斌. 数学分析教程（上、中、下册）[M]. 北京：科学出版社，2013.
5. 菲赫金哥尔茨. 数学分析原理（第一、二卷）[M]. 北京：人民教育出版社，2013.
6. 吉米多维奇. 数学分析习题集[M]. 北京：高等教育出版社，2010.
7. 王高雄，周之铭，朱思铭，等. 常微分方程[M]. 北京：高等教育出版社，2019.
8. 章纪民，闫浩，刘智新. 高等微积分教程[M]. 北京：清华大学出版社，2015.
9. 韩云瑞，扈志明，张广远. 微积分教程[M]. 北京：清华大学出版社，2006.
10. 齐民友. 高等数学[M]. 北京：高等教育出版社，2019.
11. 同济大学数学系. 高等数学[M]. 7 版. 北京：高等教育出版社，2014.
12. 谢惠民，等. 数学分析习题课讲义[M]. 北京：高等教育出版社，2019.
13. V A Zorich. Mathematical Analysis (Ⅰ & Ⅱ)[M]. Berlin: Springer-Verlag, 2004.
14. R Courant, F John. Introduction to Calculus and Analysis (Ⅰ & Ⅱ)[M]. Berlin: Springer-Verlag, 2000.
15. S Lang. Undergraduate Analysis[M]. Berlin: Springer-Verlag, 2000.
16. W Fleming. Functions of Several Variables[M]. Berlin: Springer-Verlag, 1977.
17. W Rudin. Principles of Mathematical Analysis[M]. 北京：机械工业出版社，2003.
18. E M Stein, R Shakarchi. Fourier Analysis: An Introduction[M]. Princeton: Princeton University Press, 2003.
19. A N Kolmogorov, S V Fomin. Introductory Real Analysis[M]. London: Dover Publication Inc, 1970.
20. C Gasquet, P Witomski. Fourier Analysis and Applications: Filtering, Numerical Computation, Wavelets[M]. Berlin: Springer-Verlag, 1998.